Theresa Deutscher

Arithmetische und geometrische Fähigkeiten von Schulanfängern

VIEWEG+TEUBNER RESEARCH

**Dortmunder Beiträge zur Entwicklung
und Erforschung des Mathematikunterrichts
Band 3**

Herausgegeben von:
Prof. Dr. Hans-Wolfgang Henn
Prof. Dr. Stephan Hußmann
Prof. Dr. Marcus Nührenbörger
Prof. Dr. Susanne Prediger
Prof. Dr. Christoph Selter
Technische Universität Dortmund

Eines der zentralen Anliegen der Entwicklung und Erforschung des Mathematikunterrichts stellt die Verbindung von konstruktiven Entwicklungsarbeiten und rekonstruktiven empirischen Analysen der Besonderheiten, Voraussetzungen und Strukturen von Lehr- und Lernprozessen dar. Dieses Wechselspiel findet Ausdruck in der sorgsamen Konzeption von mathematischen Aufgabenformaten und Unterrichtsszenarien und der genauen Analyse dadurch initiierter Lernprozesse.

Die Reihe „Dortmunder Beiträge zur Entwicklung und Erforschung des Mathematikunterrichts" trägt dazu bei, ausgewählte Themen und Charakteristika des Lehrens und Lernens von Mathematik – von der Kita bis zur Hochschule – unter theoretisch vielfältigen Perspektiven besser zu verstehen.

Theresa Deutscher

Arithmetische und geometrische Fähigkeiten von Schulanfängern

Eine empirische Untersuchung unter besonderer
Berücksichtigung des Bereichs Muster und Strukturen

Mit einem Geleitwort von Prof. Dr. Christoph Selter

VIEWEG+TEUBNER RESEARCH

Bibliografische Information der Deutschen Nationalbibliothek
Die Deutsche Nationalbibliothek verzeichnet diese Publikation in der
Deutschen Nationalbibliografie; detaillierte bibliografische Daten sind im Internet über
<http://dnb.d-nb.de> abrufbar.

Dissertation Technische Universität Dortmund, 2011

Erstgutachter: Prof. Dr. Christoph Selter
Zweitgutachter: Prof. Dr. Marcus Nührenbörger
Drittgutachter: Prof. Dr. Klaus Hasemann

Tag der Disputation: 16.03.2011

1. Auflage 2012

Alle Rechte vorbehalten
© Vieweg+Teubner Verlag | Springer Fachmedien Wiesbaden GmbH 2012

Lektorat: Ute Wrasmann | Britta Göhrisch-Radmacher

Vieweg+Teubner Verlag ist eine Marke von Springer Fachmedien.
Springer Fachmedien ist Teil der Fachverlagsgruppe Springer Science+Business Media.
www.viewegteubner.de

Umschlaggestaltung: KünkelLopka Medienentwicklung, Heidelberg
Gedruckt auf säurefreiem und chlorfrei gebleichtem Papier

ISBN 978-3-8348-1723-5

Geleitwort

Vor dem Hintergrund der großen Heterogenität der Schülerschaft haben die Leitprinzipien der Diagnose und der davon geleiteten individuellen Förderung in den letzten Jahren zunehmend an Bedeutung in den bildungspolitischen, fachdidaktischen und professionstheoretischen Diskussionen und Entwicklungsbemühungen gewonnen.

Denn für den Lernerfolg vielfach empirisch belegt ist die große Bedeutung der diagnostischen Kompetenz sowie der Handlungskompetenz der Lehrperson im Bereich der individuellen Förderung. Hierzu bedarf es von Seiten der Fachdidaktik der kontinuierlichen Generierung von *Hintergrundwissen* darüber, wie Kinder denken, und zudem der (Weiter)Entwicklung geeigneter, alltagstauglicher *Instrumente*.

Zu beidem leistet die vorliegende Arbeit einen Beitrag, indem einerseits neue Erkenntnisse über das mathematische Denken von Schülerinnen und Schülern gewonnen und andererseits vorhandene Instrumente nicht nur genutzt, sondern auch adaptiert und systematisch erprobt werden.

Natürlich sind Untersuchungen zu Lernständen von Kindern, die gerade eingeschult worden sind, per se nichts Neues. Der Schulanfang bzw. die unmittelbar voran gehende Vorschulzeit sind vermutlich sogar der Bereich, dem sich die mathematikdidaktische Vorkenntnis-Forschung bislang am intensivsten gewidmet hat.

So ist nicht erst seit heute allgemein bekannt, dass Kinder bereits zu Schulbeginn über erstaunlich hohe, aber auch sehr heterogene mathematische Lernstände verfügen. Die meisten dieser Arbeiten konzentrieren sich jedoch auf grundlegende Aufgaben zum Zahlbegriff und zu einfachen Rechenoperationen.

Die vorliegende Arbeit hingegen verfolgt das Ziel, einen *umfassenden* Blick auf die Lernstände von Schulanfängerinnen und Schulanfängern in der Arithmetik und der Geometrie zu werfen. Hierzu wurden mit jedem der insgesamt 108 Kinder zwei Interviews geführt, die sowohl qualitativ als auch quantitativ ausgewertet wurden. So wird es möglich, die arithmetischen und die geometrischen Vorkenntnisse der Schülerinnen und Schüler differenziert und kontrastiv zu erfassen.

Einen Schwerpunkt setzt die Autorin dabei auf Aufgaben, die in besonderer Weise der Leitidee ‚Muster und Strukturen' zugeordnet werden können. Zum einen ist dieses eine Leitidee, die sowohl Bildungsstandards als auch einflussreiche Fachpublikationen als zentral und übergreifend postulieren. Aber zum anderen ist auch zu konstatieren, dass es bislang erst wenige Forschungsergebnisse insbesondere dazu gibt, über welche Lernstände Schulanfängerinnen und Schulanfänger hier verfügen.

Insofern war diese Arbeit überfällig. Frau Deutscher betritt mit ihr Neuland, das es auch in scheinbar relativ gut erforschten Gebieten noch gibt. Und sie schafft es mit der richtigen Mischung aus Sensibilität für die Besonderheiten der Einzelfälle und aus Fähigkeit zu deren Systematisierung entscheidende Beiträge zur Kartographie zu leisten.

Christoph Selter

Danksagung

Bei der Durchführung der vorliegenden Arbeit erfuhr ich auf vielfältige Weise wertvolle Unterstützung. An dieser Stelle möchte ich mich bei den nachfolgend genannten Personen aufrichtig bedanken.

Mein besonderer Dank gilt meinem Doktorvater Herrn Prof. Christoph Selter für die hervorragende Betreuung. Er bot mir die Möglichkeit, mich im Rahmen der Dissertation an der mathematikdidaktischen Forschung zu beteiligen und hat mich in jeder Hinsicht im Arbeitsprozess, insbesondere bei der Umsetzung eigener Ideen, außerordentlich unterstützt.

Herrn Prof. Erich Christian Wittmann verdanke ich das Forschungsthema, welches mich von Beginn an motivierte und viele interessante Fragen und Antworten bereit hielt. Ferner gilt ihm mein Dank für die kritischen, konstruktiven Gespräche hinsichtlich der Gestaltung und Umsetzung der Untersuchung ausgehend von seinen Schuleingangstests.

Wesentliche fachliche Hinweise für die Fertigstellung der Arbeit habe ich Herrn Prof. Marcus Nührenbörger und Herrn Prof. Klaus Hasemann zu verdanken, die sich darüber hinaus zur Begutachtung meiner Arbeit bereit erklärten.

Zudem danke ich Frau Dr. Bettina Seipp für ihre Unterstützung bei der quantitativen Auswertung.

Die Arbeitsgruppe von Herrn Prof. Christoph Selter sowie das Doktorandenseminar des IEEM boten mir die Möglichkeit, mit den Kolleginnen und Kollegen am Institut in einen fachlichen Austausch zu treten. Die hieraus resultierenden Anregungen trugen in einem nicht unerheblichen Teil zum Gelingen dieser Arbeit bei. In diesem Zusammenhang danke ich allen Institutsmitgliedern für die angenehme, freundschaftliche Arbeitsatmosphäre.

Die produktiven Gespräche mit Kathrin Akinwunmi und Florian Schacht reflektierten den Arbeitsprozess und trieben diesen voran. Martina Sundheim gab mir erste Anregungen zur Überarbeitung des GI-Tests Geometrie.

Ohne die Unterstützung der studentischen Hilfskräfte Annika Girulat, Sonja Pötsch, Johannes Pott und Martin Reinold wäre die Durchführung der Untersuchung in dem vorliegenden Umfang nicht möglich gewesen.

Den an der Studie teilnehmenden Kindern sowie ihren Eltern und Lehrerinnen und Lehrern bin ich zu großem Dank verpflichtet. Die Interviews mit den Kindern stellen eine wesentliche Basis der Arbeit dar.

Meiner Familie, meinem Freund und meinen Freunden bin ich für ihre unermüdliche Unterstützung und für ihr Interesse an meiner Arbeit sehr dankbar.

Theresa Deutscher

Inhaltsverzeichnis

Abbildungsverzeichnis

Abb. 8.13: Zusammenhang der erreichten Punktzahlen in den Aufgabenblöcken A1 und A3 (Anzahlen der Kinder entsprechen den Werten der Blasenmittelpunkte)...................... 426

Abb. 8.14: Zusammenhang der erreichten Punktzahlen in den Aufgabenblöcken A1 und A7 (Anzahlen der Kinder entsprechen den Werten der Blasenmittelpunkte)...................... 426

Abb. 8.15: Zusammenhang der erreichten Punktzahlen in den Aufgabenblöcken A3 und A4 (Anzahlen der Kinder entsprechen den Werten der Blasenmittelpunkte)...................... 427

Abb. 8.16: Zusammenhang der erreichten Punktzahlen der Schulanfängerinnen und Schulanfänger im Arithmetik- und Geometrietest...................... 431

Abb. 8.17: Zusammenhang der erreichten Punktzahlen im Arithmetik- und Geometrietest bei den Mädchen...................... 432

Abb. 8.18: Zusammenhang der erreichten Punktzahlen im Arithmetik- und Geometrietest bei den Jungen...................... 432

Abb. 9.1: Verbindung arithmetischer und geometrischer Strukturen der Teilmuster bei der ‚Teilmusterwahrnehmung' am Beispiel der Aufgabe ‚A3a: Punktefelder bestimmen'...................... 436

Abb. 9.2: Unterschiedliche Strukturdeutungen am Beispiel des geometrischen ‚Gittermusters'...................... 437

Abb. 9.3: Die mathematischen Fertigkeiten der Kinder können die Wahl der ‚Strukturdeutung' beeinflussen...................... 437

Abb. 9.4: Unterschiedliche Musterdeutungen am Beispiel der arithmetischen Plättchenmuster...................... 438

Abb. 9.5: Beispiel extrem hoher Lernstände einiger Schülerinnen und Schüler bei einer Aufgabe aus dem Arithmetiktest...................... 441

Abb. 9.6: Abhängigkeit des Bearbeitungserfolgs von den Vorgehensweisen der Kinder am Beispiel der Aufgabe ‚Koordinaten'.... 442

Abb. 9.7: Inter- und intraindividuell heterogene Erfolgsquoten zweier Schülerinnen in den verschiedenen Aufgabenblöcken des Arithmetiktests...................... 442

Abb. 9.8: Unterschätzung der Lernstände von Schulanfängerinnen und Schulanfängern in der Praxis...................... 443

Tabellenverzeichnis

Abkürzungsverzeichnis

F   Wert der F-Verteilung

n   Stichprobenumfang

p   Irrtumswahrscheinlichkeit

r   Produkt-Moment-Korrelation

s   Standardabweichung

t   Wert der t-Verteilung

$\bar{x}$ arithmetisches Mittel

Einleitung

Ziel der Arbeit ist die Darstellung und Analyse mathematischer Lernstände von Schulanfängerinnen und Schulanfängern zu arithmetischen und geometrischen Grundideen. Die Bedeutsamkeit der Feststellung von Lernständen wird eingangs aus verschiedenen disziplinären Perspektiven herausgearbeitet und die Grundideen der Arithmetik und Geometrie als mathematikdidaktische Bezugsbasis erläutert. Dem Bereich ,Muster und Strukturen' kommt dabei aufgrund des diesbezüglichen Auswertungsschwerpunkts dieser Arbeit eine besondere Berücksichtigung zu. Ausgehend von den Ergebnissen themenverwandter Studien schließt sich eine eigene empirische Untersuchung an, in der durch Leitfadeninterviews die arithmetischen und geometrischen Lernstände von 108 Kindern zu Schulbeginn erfasst werden. Die Auswertung beruht auf der Triangulation qualitativer und quantitativer Methoden. Besonders ausführlich werden die Lernstände der Schülerinnen und Schüler zu arithmetischen und geometrischen Mustern und Strukturen in Detailanalysen betrachtet. In kurzen Überblicksanalysen werden die Erfolgsquoten und Vorgehensweisen der Schulanfängerinnen und Schulanfänger bei den Aufgaben zu den jeweils sieben Grundideen der Arithmetik und Geometrie dargestellt. Von den erreichten Testpunktzahlen ausgehend werden zum einen die Lernstände unterschiedlicher Schülergruppen (getrennt nach Geschlecht, Alter und sozialem Einzugsgebiet der besuchten Grundschule) verglichen, zum anderen mögliche Zusammenhänge in den Lernständen der Schulanfängerinnen und Schulanfänger in (den verschiedenen Grundideen) der Arithmetik und der Geometrie statistisch untersucht.

Vor dem Hintergrund des unterrichtlichen Leitprinzips der individuellen Förderung ist die Kenntnis der Lernausgangslagen der Schülerinnen und Schüler eine Grundvoraussetzung für die Gestaltung geeigneter Lernumgebungen (vgl. Ministerium für Schule und Weiterbildung NRW 2008, 12). Auch dem Anfangsunterricht kommt dabei keine Ausnahmestellung als vermeintliche „Stunde Null" zu (vgl. Selter 1995a).

Das bestehende Interesse an den mathematischen Fähigkeiten von Schulanfängerinnen und Schulanfängern wurde in den 80er und 90er Jahren insbesondere durch die Erkenntnis, dass Kinder bereits zu Schulbeginn über erstaunlich hohe, aber auch sehr heterogene mathematische Lernstände verfügen (vgl. Schmidt 1982a; Schmidt & Weiser 1982; Spiegel 1992a; Hengartner & Röthlisberger 1994; van den Heuvel-Panhuizen 1995; Grassmann et al. 1995; Selter 1995a) hervorgerufen.

Ergänzt wurde das Forschungsfeld in den letzten Jahren insbesondere durch weiterführende Studien zu den Lernständen von Schulanfängerinnen und Schulanfängern in einigen zentralen arithmetischen Inhaltsbereichen wie dem Zählen und Rechnen (vgl. Hasemann 2001; Moser Opitz 2002; Kaufmann 2003; Krajewski 2003; Caluori 2004; Dornheim 2008). Die gängigen genormten Tests zur Feststellung mathematischer Lernstände zu Schulbeginn, wie beispielsweise der OTZ (vgl. Luit et al. 2001) oder der DEMAT 1+ (vgl. Krajewski et al. 2002), konzentrieren sich ebenfalls insbesondere auf grundlegende Aufgaben zum Zahlbegriff und zu Rechenoperationen.

Die Lernstände der Kinder in den übrigen arithmetischen Gebieten sowie in der Geometrie wurden bisher, wenn überhaupt, nur vereinzelt und meist nur in ersten Ansätzen untersucht (vgl. Grassmann 1996; Waldow & Wittmann 2001; Eichler 2004; Mulligan et al. 2004/2005a; Moser Opitz et al. 2007) – auch wenn die Bedeutsamkeit geometrischer Fähigkeiten für das Mathematiklernen immer wieder betont wird (vgl. Winter 1976; Bauersfeld 1992; Franke 2000; Eichler 2007).

Eine systematische Aufarbeitung der Lernstände von Schulanfängerinnen und Schulanfängern hinsichtlich aller zentralen Inhaltsbereiche der Mathematik auszurichten erscheint sinnvoll, um der inhaltlichen Spannbreite des Unterrichtsfachs und den Kindern in ihren verschiedenen Kompetenzen (vgl. van den Heuvel-Panhuizen & Gravemeijer 1991, 140) gerecht zu werden. Das Projekt ‚mathe 2000' bietet mit der Strukturierung der Arithmetik und der Geometrie mittels Grundideen (vgl. Wittmann 1995, 20f.; Müller et al. 1997, 46; Wittmann 1999) eine Vorlage für die inhaltlich umfassende Unterrichtsgestaltung (vgl. Wittmann & Müller 2004 / 2005) und damit auch für zentrale Inhaltsbereiche von Lernstandfeststellungen (vgl. Wittmann & Müller 2004, 222; Waldow & Wittmann 2001).

Ausgehend von diesen Annahmen setzt sich die vorliegende Arbeit – im Gegensatz zu den meisten anderen Untersuchungen in diesem Themenbereich – zum Ziel, einen *umfassenden* Blick auf die Lernstände von Schulanfängerinnen und Schulanfängern in den fundamentalen Bereichen der Elementarmathematik zu werfen, die sowohl der Arithmetik wie auch der Geometrie zugrunde liegen. Eine solche breite Perspektive eröffnet nicht nur einen inhaltlich weiten Überblick über die Fähigkeiten der Kinder, sondern bietet auch die Möglichkeit, allgemeine lernerübergreifende Zusammenhänge zwischen den Lernständen in verschiedenen Inhaltsbereichen aufzuzeigen und ihre Bedeutung für das Lernen und Lehren von Mathematik zu diskutieren.

In der folgenden Untersuchung werden anhand eines weiterentwickelten Grundideen-Tests Arithmetik (vgl. Wittmann & Müller 2004) und eines überarbeiteten Grundideen-Tests Geometrie (vgl. Waldow & Wittmann 2001) die Lernstände von

Schulanfängerinnen und Schulanfängern in Bezug auf die Grundideen der zwei Inhaltsbereiche erhoben und analysierend dargestellt. Der Begriff ‚Test' wird dabei nicht im psychometrischen Sinn (vgl. Lienert & Raatz 1994) verstanden, sodass keine „entsprechend umfangreiche[n] empirische[n] Untersuchungen zu den messtechnischen Qualitäten des Tests und den Korrelaten der Testergebnisse" angestrebt werden (Krohne & Hock 2007, 26), sondern die Konstruktion rein fachinhaltlichen und fachdidaktischen Aspekten und Erfahrungswerten zugrunde liegt.

In Form von klinischen Interviews werden der Arithmetik- und der Geometrietest mit jeweils denselben 108 Schulanfängerinnen und Schulanfängern durchgeführt und sowohl qualitativ als auch quantitativ ausgewertet. Einerseits werden hierbei die Lernstände der Schülerinnen und Schüler zu arithmetischen und geometrischen Mustern und Strukturen bei drei ausgewählten Aufgaben im Detail betrachtet. So kommt dem Bereich ‚Muster und Strukturen', der zuletzt auch in die Bildungsstandards (vgl. KMK 2004a) als einer der fünf zentralen Inhaltsbereiche des Fachs aufgenommen wurde, eine grundlegende Bedeutung in der Mathematik zu. Das diesbezügliche Forschungsfeld weist jedoch noch erhebliche Lücken auf, welche die vorliegende Arbeit zumindest ansatzweise versucht zu schließen. Andererseits wird die Darstellung und Analyse der Erfolgsquoten und Vorgehensweisen der Schulanfängerinnen und Schulanfänger bei den Aufgaben zu den einzelnen Grundideen verfolgt, um die Lernstände der Kinder hinsichtlich der verschiedenen Inhaltsbereiche der Arithmetik und Geometrie aufzuzeigen. Abschließende statistische Analysen lassen die Lernstände unterschiedlicher Schülergruppen (getrennt nach Geschlecht, Alter und sozialem Einzugsgebiet der besuchten Grundschule) aufzeigen und Zusammenhänge in den Lernständen der Kinder in unterschiedlichen Inhaltsbereichen innerhalb und zwischen der Arithmetik und der Geometrie herausarbeiten.

Die Arbeit zeichnet sich somit insbesondere durch folgende Merkmale aus:

1) Es wird eine fachinhaltlich breite Erhebung der mathematischen Lernstände von Schulanfängerinnen und Schulanfängern durchgeführt, welche die Mathematik in ihren verschiedenen Inhaltsbereichen sowie die verschiedenen Kompetenzen der Kinder erfassen lässt.

2) Die verwendeten Tests sind systematisch von den Grundideen der Arithmetik (vgl. Müller & Wittmann 1995) und der Geometrie (vgl. Wittmann 1999) abgeleitet und weisen somit eine starke fachinhaltliche Verankerung auf.

3) Die Lernstände der Kinder zum Bereich ‚Muster und Strukturen' werden in einem bisher noch nicht vorliegenden Maße sowohl für das Inhaltsgebiet der

Arithmetik sowie das der Geometrie und in ihrer Verknüpfung herausgearbeitet.

4) Die Untersuchung betrachtet die Fähigkeiten der Kinder in den Inhaltsbereichen der Arithmetik und Geometrie parallel, die verwendeten Tests sind in ihrer inhaltlichen Strukturierung und ihrem Anforderungsniveau vergleichbar konzipiert und werden von denselben Schülerinnen und Schülern bearbeitet; so wird ein erstmaliger Vergleich zwischen arithmetischen und geometrischen Lernständen von Kindern zu Schulbeginn durchgeführt.

Im *ersten Kapitel* dieser Arbeit wird dementsprechend aus verschiedenen disziplinären Perspektiven herausgearbeitet, welche Bedeutsamkeit der Feststellung von Lernständen zukommt. Welche Besonderheiten sich hierbei für den Schulanfang ergeben, wird in Zusammenhang mit der Darstellung empirischer Studien und Entwicklungsarbeiten zu den Vorerfahrungen von Schulanfängerinnen und Schulanfängern im *zweiten Kapitel* zusammengefasst. Im *dritten Kapitel* bildet die Beschreibung des Konzepts ‚fundamentaler Ideen‘ den fachdidaktischen Hintergrund zur Systematisierung der fachlichen Inhaltsbereiche, die am Beispiel der Grundideen der Arithmetik und Geometrie (vgl. Wittmann 1995, 20f.; Wittmann 1999) erörtert und für den Inhaltsbereich ‚Muster und Strukturen‘ exemplarisch konkretisiert werden. Ausgehend von der theoretischen Bezugsbasis und dem gegenwärtigen Forschungsstand werden im *vierten Kapitel* die Forschungsfragen präzisiert und ein darauf abgestimmtes Design der Untersuchung entwickelt und die Testaufgaben dargelegt. Die Ergebnispräsentation erfolgt in den Kapiteln fünf bis acht. Drei der Interviewaufgaben werden im *fünften Kapitel* herausgegriffen, um die Lernstände der Schülerinnen und Schüler zu arithmetischen und geometrischen Mustern und Strukturen in Detailanalysen in ausführlicher Form zu untersuchen. Kapitel sechs und sieben bieten Überblicksanalysen zu den Lernständen der an der Untersuchung beteiligten Schulanfängerinnen und Schulanfängern zu den Grundideen der Arithmetik (*Kapitel sechs*) und der Geometrie (*Kapitel sieben*). Im *achten Kapitel* werden die Untersuchungsergebnisse aus statistischer Perspektive betrachtet und die Vorerfahrungen unterschiedlicher Schülergruppen (getrennt nach Geschlecht, Alter und sozialem Einzugsgebiet der besuchten Grundschule) dargestellt und untersucht, inwiefern Zusammenhänge in den Fähigkeiten der Kinder zwischen (den verschiedenen Inhaltsbereichen) der Arithmetik und Geometrie gegeben sind. *Kapitel 9* fasst die zentralen Ergebnisse der Arbeit zusammen und diskutiert ihre Bedeutung für Forschung und Unterrichtspraxis.

1 Bedeutsamkeit der Feststellung von Lernständen

Der Feststellung von Lernständen kommen ganz unterschiedliche Bedeutungen zu. So richten verschiedene Disziplinen den Fokus auf Lernstandfeststellungen – entsprechend ihrer spezifischen Interessen – recht unterschiedlich aus. Um den breiten theoretischen Hintergrund der Bedeutsamkeit der Feststellung von Lernständen zu verdeutlichen und hieraus entstehende Leitideen für die Umsetzung von Lernstandfeststellungen, insbesondere auch für diese Arbeit, festzuhalten, werden in diesem Kapitel unterschiedliche disziplinäre Sichtweisen auf dieses Thema eingenommen. Die Entwicklungslinien und Interessen an Lernständen und ihrer Feststellung werden aus psychologischer und pädagogischer sowie aus erkenntnistheoretischer und fachdidaktischer Perspektive nachgezogen.

Die Betrachtung unterschiedlicher Sichtweisen auf Lernstände und ihrer Feststellung ermöglicht ein entsprechend vielseitiges Gesamtbild, welches sich aus den Interessen der dieser Arbeit zugrundeliegenden (Nachbar-)Disziplinen zusammensetzt. Der Umfang der jeweiligen disziplinären Sichtweisen macht eine Auswahl besonders charakteristischer Merkmale notwendig, so dass die Herausstellung des Spezifischen, des für diese Arbeit Wesentlichen, Ziel des Aufgreifens der vier verschiedenen Perspektiven ist. Diese sind dabei nicht immer trennscharf und verfügen über teilweise gemeinsame historische Wurzeln und geteilte inhaltliche Leitideen.

Aus *psychologischer Sicht* (Kapitel 1.1) werden Lernstände im Wesentlichen als ‚psychische Merkmale' verstanden, die vor dem Hintergrund sachlich und thematisch vielfältiger Fragestellungen bei einer oder mehreren Personen erhoben werden (vgl. Kubinger 2009, 7). Die *didaktisch orientierte Pädagogik* (Kapitel 1.2) konzentriert sich erheblich präziser, vornehmlich auf die spezifischen Lernstände von Schülerinnen und Schülern in Zusammenhang mit entsprechenden Lernangeboten, mit dem hauptsächlichen Ziel der Optimierung des individuellen Lernens (vgl. Ingenkamp & Lissmann 2008, 13ff.). Durch die *erkenntnistheoretische Perspektive* (Kapitel 1.3) wird insbesondere der konkrete, selbsttätige Lern*prozess* von Schülerinnen und Schülern in den Blick genommen. Lernständen kommen dabei als Ausgangsbasis und Spiegelbild des Lernens zwei zentrale Rollen zu (vgl. Dewey 1974; Glasersfeld 1983). Die Sicht auf Lernstände aus *fachdidaktischer Perspektive* (Kapitel 1.4) bündelt die Leitideen der Nachbardisziplinen und passt diese auf das Lernen von Mathematik an. Ein zentrales Beispiel hierfür stellt das genetische Prinzip dar (vgl. Schubring 1978, A1). Den Lernständen der

Kinder kommt hierbei eine zentrale Bedeutung zu, da nicht nur die Fachstrukturen, sondern in gleichem Maße auch die Strukturen der Lernenden die entsprechende Bezugsbasis bilden (vgl. Dewey 1974; Wittmann 1995). Insgesamt ergeben sich aus den verschiedenen disziplinären Perspektiven unterschiedliche Leitideen für die Umsetzung von Lernstandfeststellungen, welche für diese Arbeit richtungsweisend herausgestellt werden (Kapitel 1.5).

1.1 Psychologische Perspektive

Das Interesse an Lernständen entsteht aus psychologischer Perspektive durch die Erkenntnis, „dass sich Menschen habituell unterscheiden, und dass diese Unterschiede feststellbar sind" (Krohne & Hock 2007, 2). Mit der Frage, wie dementsprechende Unterschiede in den Lernständen systematisch untersucht und damit „diagnostische Aussagen an der Realität" überprüft werden können, beschäftigt sich die psychologische Diagnostik, die eine „Methodenlehre innerhalb der Psychologie" darstellt (Krohne & Hock 2007, 1). Mittels ‚psychometrischer Tests' (vgl. Bühner 2004, 18f.) werden hierbei unter anderem auch mathematische Lernstände erhoben und hinsichtlich ihrer Heterogenität analysiert. So werden beispielsweise internationale Lernstanderhebungen wie TIMSS für die Grundschule (vgl. Bos et al. 2008) oder PISA für die Sekundarstufe (vgl. Prenzel et al. 2007) mit Verfahren, denen psychometrische Gütekriterien zugrunde liegen, durchgeführt. Psychologisch ausgerichtete Forschungsprojekte zu mathematischen Lernständen untersuchen seit den letzten Jahren insbesondere Zusammenhänge zwischen der Entwicklung mathematischer Fähigkeiten und maßgeblichen Prädiktoren (vgl. Krajewski 2003; Weißhaupt et al. 2006; Dornheim 2008).

1.1.1 Entwicklungslinien der psychologischen Diagnostik

Die Grundideen des Diagnostizierens können bis in die Antike zurückgeführt werden. Einerseits sind hier die frühen Selektionsverfahren der Chinesen für den öffentlichen Dienst zu nennen, welche sich in ihren Vorläufern 3000 bis 4000 Jahre zurück verfolgen lassen (vgl. Krohne & Hock 2007, 10). Andererseits wird der Begriff der Diagnose seit der Antike in Zusammenhang mit medizinischem Vorgehen verbunden, welches Gesundheitsstörungen bestimmte Krankheitsbegriffe zuordnet und seine „Bedeutung durch die entscheidungslenkende Funktion beim ärztlichen Tun, etwa dem Stellen einer Behandlungsindikation oder eine Krankheitsprognose", erhält (Saß 1992, 17).

Beginnend mit dem 18. Jahrhundert wurden in gehäuftem Maße persönlichkeits-psychologische und diagnostische Untersuchungen in der Psychologie vorgenommen, wobei „die diagnostischen Aussagen [...] stark spekulativ und wissenschaftlich überwiegend unbegründet waren" (Krohne & Hock, 2007, 12). Als Beispiel hierfür dient Lavaters Physiognomik, in der er anhand meist von ihm gekannten Personen meinte aufweisen zu können, dass „aufgrund einer natürlichen Analogie die äußere Erscheinung des Menschen ein Spiegel seiner Seele ist" (Lück 1991, 130).

Die psychologische Diagnostik im heutigen Sinne entstand im 19. Jahrhundert zum einen in Zusammenhang mit den durch die Nachbardisziplinen Biologie, Mathematik und Physik gelieferten Messmodellen, die es erstmals ermöglichten, Unterschiede in den Merkmalen von Menschen quantitativ zu erfassen, sowie zum anderen mit Darwins Evolutionstheorie, die interindividuelle Differenzen als unerlässliche Grundlage der Selektion nachwies (vgl. Pospeschill & Spinth 2009, 18).

Als direkte Konsequenz hierauf folgten in der psychologischen Diagnostik zunächst Untersuchungen zur Messung psychischer Merkmale und ihrer Gesetzmäßigkeiten generell, bevor die Abweichungen dieser Merkmale zwischen verschiedenen Personen untersucht wurden. Galton trug, als ein einflussreicher Vertreter dieser Zeit, mit seiner Erfassung von Intelligenz mittels der Normalverteilung dazu bei, ein Konzept zu entwerfen, allgemein kognitive Fähigkeiten feststellen und miteinander vergleichen zu können. Mit der Entwicklung der ‚mental tests' leistete er einen wesentlichen Beitrag zur Testentwicklung insgesamt und veranlasste und trug zu der Diskussion der statistischen Auswertung dieser bei (vgl. Krohne & Hock 2007, 12ff.).

Während sich die ersten systematischen Untersuchungen der Experimentalpsychologen mit eher anwendungsfernen Fragestellungen beschäftigten und in Labors durchgeführt wurden, so wurden die Forschungsfragen mit der Zeit immer anwendungsorientierter. Die diesbezüglichen Fragestellungen kamen oftmals aus den Nachbardisziplinen der Psychiatrie und der Pädagogik (vgl. Krohne & Hock 2007, 15). Binet ist hier als ein Vertreter zu nennen, der die psychologische Diagnostik und Testentwicklung im Anwendungsfeld ‚Schule' in besonderem Maße weiterentwickelte und die Intelligenzforschung im Allgemeinen stark beeinflusste. Von den Schulbehörden bekam er 1904 den Auftrag, einen Intelligenztest zu entwickeln, der als Auswahlmethode für leistungsschwache Schülerinnen und Schüler, die Förderung im Rahmen des Besuchs einer Sonderschule benötigen, dienen sollte. Der mit Simon zusammen konstruierte Test (vgl. Binet & Simon 1905) lieferte 1911/1912 die Grundlage des von Stern (vgl. 1912) entwickelten Intelligenzquotienten (vgl. Krohne & Hock 2007, 15ff.).

Etwa ein viertel Jahrhundert nach dem Aufkommen der Intelligenzdiagnostik kam die durch die psychiatrische Praxis beeinflusste Persönlichkeitsdiagnostik auf (vgl. Pospeschill & Spinath 2009, 20). Hierbei ging es nun nicht mehr primär um das objektiv zu beobachtende Verhalten, sondern um die Erfassung subjektiver Wahrnehmungen, die zunehmend als Ursprung von psychischen Problemen gewertet wurden. Neben dem Interview stellte sich der Fragebogen als ein diesbezüglich geeignetes Erhebungsinstrument der Psychologen heraus. Woodworth wird in diesem Zusammenhang als Stammvater moderner Fragebogen bezeichnet. Sein ,personal data sheet' (vgl. Woodworth 1918) besteht aus einer Liste von 116 Items, welches durch die Beantwortung mit ,ja' und ,nein' die Auslese besonders geeigneter Soldaten ermöglichen sollte und aus sonst mündlich gestellten Fragen von Psychiatern zusammengesetzt wurde (vgl. Krohne & Hock 2007, 20).

Die Verwendung psychologisch-diagnostischer Verfahren erstreckte sich in den letzten Jahrzehnten auf ganz unterschiedliche Anwendungsfelder (vgl. Krohne & Hock 2007, 418ff.), unter denen auch die Erforschung des Lernens eine zentrale Position einnimmt.

Im folgenden Kapitel wird der Fokus auf psychologische Untersuchungen der Bildungsforschung zum Fach Mathematik ausgerichtet, um somit – im Gegensatz zu der vornehmlichen Betrachtung individueller Lernprozesse in den weiteren Abschnitten – einen Überblick über die Bedeutung von Lernständen und ihrer Feststellung auf eher allgemeiner, schülerübergreifender Ebene zu erhalten.

1.1.2 Bedeutung von Lernständen und ihrer Feststellung

Aus psychologisch-diagnostischer Perspektive ergeben sich drei wesentliche Bedeutungen von Lernständen und ihrer Feststellung, die im Folgenden anhand von exemplarischen Studien aus der Bildungsforschung dargestellt werden.

Lernstände als Entwicklungsstände und Ausgangspunkte weiterer Lernprozesse

Die LOGIK- (vgl. Weinert & Schneider 1999) sowie auch die SCHOLASTIK-Studie (vgl. Weinert & Helmke 1997) stehen als zwei große deutsche Untersuchungen exemplarisch für die Nutzung von Lernstandfeststellungen zur Aufzeichnung der Entwicklung von Kindern. Die beiden Langzeitstudien untersuchen individuelle Entwicklungsverläufe ab dem Kindergartenalter bzw. ab dem Grundschulalter über mehrere Jahre hinweg. Neben Persönlichkeitsmerkmalen der Kinder werden ihre kognitiven, sozialen, motorischen und schulischen Kompetenzen erfasst. Die über die Jahre hinweg festgestellten Lernstände lassen die

Entwicklungen von Kindern für die einzelnen Inhaltsbereiche aufzeigen und miteinander in Verbindung setzen. Die Autoren betrachten Lernen dabei als ‚kumulativen Prozess' (vgl. Weinert & Helmke 1997, 462). Die Lernstände der Kinder stellen daher die Ausgangsbasis für weiterführende Lernprozesse dar, die kumulativ aufeinander aufbauen. So wird die allgemeine Intelligenz nicht mehr als alleiniges „Lernpotential" angesehen, insbesondere im fortgeschrittenen Lernprozess innerhalb einer „Wissen- oder Fertigkeitsdomäne" verliert sie ihre zentrale Stellung (Weinert & Helmke 1993, 34f.).

Durch Lernstandfeststellungen können somit Ausgangspunkte für weiterführende Lernprozesse identifiziert und sinnvolle Bedingungen für entsprechende Lern- und Entwicklungsumgebungen ausgemacht werden.

Lernstände als Prädiktoren für weiteren Lernerfolg

In den letzten Jahren wurden mathematische Lernstandfeststellungen vermehrt dazu herangezogen, um Zusammenhänge zwischen lernspezifischen Faktoren zu untersuchen. In den Langzeituntersuchungen von Kaufmann (vgl. 2003), Krajewski (vgl. 2003), Weißhaupt et al. (vgl. 2006) und Dornheim (vgl. 2008) werden beispielsweise mittels standardisierter Tests die mathematischen und teils auch andere kognitive Lernstände der Kinder erhoben und auf ihre Zusammenhänge hin untersucht, mit dem Ziel, Prädiktoren von Rechenleistungen herauszuarbeiten.

Lernstände werden hierbei als Prädiktoren des weiteren Lernerfolgs gesehen. Anhand der Testergebnisse können insbesondere ‚Risikokinder' erfasst werden, die mit entsprechenden Fördermaßnahmen in ihrem Lernen unterstützt werden müssen, um bestehende Benachteiligungen auszugleichen. So können beispielsweise in der Untersuchung von Dornheim (vgl. 2008, 528) über ein Drittel der ‚Risikokinder' vor Schuleintritt identifiziert werden.

Lernstände als Spiegelbild von Schule und Gesellschaft

Lernstände geben nicht nur über die Fähigkeiten des einzelnen Lernenden Aufschluss, sondern können auch im Rahmen von Unterricht, dem Schulsystem und der Gesellschaft interpretiert werden und Informationen über diesbezügliche Zusammenhänge liefern. Mit diesem Ziel beschäftigen sich unter anderem internationale Vergleichsstudien wie TIMSS für den Grundschulbereich (vgl. Bos et al. 2008) oder PISA für den Sekundarstufenbereich (vgl. Prenzel et al. 2007).

Exemplarisch werden die diesbezüglichen Befunde zur Heterogenität der Lernstände deutscher Jugendlicher, wie sie von Prenzel & Burba (vgl. 2006) aufgegriffen werden, dargestellt: So ist zunächst die – im Vergleich zu anderen Ländern – große Streuung in den Lernständen der Schülerinnen und Schüler hervorzuheben. Diese lässt sich jedoch nicht damit begründen, dass auf hohem Niveau keine homogenen Lernstände erreicht werden können. So zeigt sich in den Ländern, „die bei PISA 2000 sehr gut abschnitten", dass „die Leistungen sehr viel weniger streuen als in Deutschland" (Prenzel & Burba 2006, 24). Zudem wird nachgewiesen, dass die Lernstände in wesentlicher Weise von bestimmten äußeren Faktoren beeinflusst werden, wie insbesondere von der sozialen Herkunft, dem Migrationsstatus, dem Geschlecht oder der Region, in der die Jugendlichen aufwachsen (vgl. Prenzel & Burba 2006, 26). Prenzel & Burba (vgl. 2006, 26ff.) stellen heraus, dass in keinem der anderen PISA-Teilnehmerstaaten die soziale Herkunft oder der Migrationsstatus einen solch großen Einfluss auf die Lernstände der Schülerinnen und Schüler hat, wie es in Deutschland der Fall ist.

Die Sicht auf Lernstände als Spiegelbild von Schule und Gesellschaft, ermöglicht, einflussreiche Faktoren im Bildungsprozess von Kindern und Jugendlichen zu identifizieren und entsprechend zielgerichtete Maßnahmen zur Verbesserung der Bildungsbedingungen einleiten zu können.

1.2 Pädagogische Perspektive

Die pädagogische Diagnostik ist vornehmlich an den Leistungsunterschieden von Schülerinnen und Schülern interessiert und erhebt diese mit den zwei nicht immer zu vereinbarenden Zielen: 1) der Verbesserung des Lernens sowie 2) der Erteilung von Qualifikationen (vgl. Ingenkamp & Lissmann 2008, 20). Somit fokussiert die Pädagogik im Unterschied zur Psychologie insbesondere Möglichkeiten der effektiven Vermittlung von Bildungsinhalten und der Dokumentation der Qualität des Gelernten. Erstmals wurde der Begriff ‚pädagogische Diagnostik' von Ingenkamp 1968 in Referenz zur Diagnostik in der Medizin und der Psychologie vorgeschlagen (vgl. Lüking 1976 in Ingenkamp & Lissmann 2008, 12).

Die Unterschiedlichkeit von Schülerinnen und Schülern ist in der Pädagogik durch den Terminus ‚Heterogenität' geprägt. Diese kann sich zum einen beispielsweise in der Multikulturalität, in Geschlechterdifferenzen oder in gesundheitlichen Beeinträchtigungen von Lernenden ausdrücken (vgl. Prengel 2006), zum anderen werden, teilweise damit zusammenhängende, Differenzen in den Lernständen der Lernenden unter diesen Begriff gefasst (vgl. Brügelmann 2003). Eine Aufgabe der Pädagogik besteht darin, zu erforschen, wie mit Heterogenität in Bildungseinrichtungen umgegangen und wie diese produktive genutzt werden kann.

1.2.1 Entwicklungslinien der pädagogischen Diagnostik

Auch wenn sie zwei eigenständige Disziplinen darstellen, teilen sich die pädagogische und die psychologische Diagnostik einige ihrer Wurzeln. Grund hierfür ist, dass einerseits ein beachtlicher Anteil der Fragestellungen der psychologischen Diagnostik aus der Pädagogik stammten (vgl. Kapitel 1.1.1), andererseits hat die pädagogische Diagnostik im Laufe der Zeit Methoden und Denkweisen der psychologischen Diagnostik übernommen (vgl. Ingenkamp & Lissmann 2008, 12).

Die Entwicklungslinien der pädagogischen Diagnostik verlaufen in zwei Strängen, welche auf die beiden Ziele der Disziplin zurückzuführen sind.

Die Verbesserung der Lernbedingungen, als eines der beiden Ziele pädagogischer Diagnostik, wurde seit jeher mit der Bemühung um möglichst hohe Lernerfolge von Pädagogen verfolgt. Über einen langen Zeitraum wurden dementsprechende Bemühungen jedoch eher „intuitiv und ohne wissenschaftliche Reflexion" umgesetzt (vgl. Ingenkamp & Lissmann 2008, 20).

Die Erteilung von Qualifikationen, als das zweite Ziel pädagogischer Diagnostik, ist in ihrer historischen Entwicklung stark von den vorherrschenden Gesellschaftsstrukturen beeinflusst. Erst ab dem 18. Jahrhundert begann in Europa der Einlass in bestimmte Berufsgruppen verstärkt von persönlichen Qualifikationen und immer weniger von sozialen Zugehörigkeiten abzuhängen. So wurden beispielsweise ab dem Jahr 1790 Prüfungen für den öffentlichen Dienst eingeführt, welche die Selektion auf der Basis von Persönlichkeits- und Leistungsmerkmalen vornahmen. Die Demokratisierung begünstigte dabei die Aufstiegschancen des Bürgertums wesentlich, mit dem bis in die zweite Hälfte des 20. Jahrhunderts hinein „ein eminentes gesellschaftspolitisches Reformpotenzial zur Liberalisierung individuellen Aufstiegs verbunden" war (Ingenkamp & Lissmann 2008, 23).

Eine wissenschaftliche Fundierung der diagnostischen Methoden erfolgte in der Pädagogik, wie auch in der psychologischen Diagnostik (vgl. Kapitel 1.1.1), im 19. Jahrhundert (vgl. Ingenkamp 1990, 28). Objektive Verfahren der Lernstandfeststellung entstanden insbesondere im Rahmen von Schulleistungstests. Rices ‚Rechtschreiblisten', welche 1894 in den USA veröffentlicht wurden, stellen den Anfang dieser Entwicklung dar. 1904 trieb Thorndike (vgl. 1904) die Entwicklung quantitativer Testverfahren mit seinem Buch ‚An introduction to the theory of mental and social measurement' voran. Der erste standardisierte Rechentest wurde von einem Schüler Thorndikes im Jahre 1908 entworfen (vgl. Marsolek 1971, 14).

Insbesondere im Vergleich zu den USA (vgl. Resnick 1982), wurde in Deutschland psychometrischen Tests lange Zeit keine wesentliche Bedeutung zugeschrieben (vgl. Ingenkamp 1971, 26). Lediglich im Rahmen von ‚Schulreifetests' fanden in Deutschland ab Mitte des 20. Jahrhunderts quantitative Lernstanderhebungen vermehrt Verwendung (vgl. Ingenkamp 1990, 243ff.). Tests zur Diagnose von Lese- und Rechtschreibschwächen wurden nur vereinzelt als Leistungsfeststellunginstrumente herangezogen (vgl. Ingenkamp 2008, 24). Der geringe Einsatz von Tests wurde zudem im letzten Drittel des 20. Jahrhunderts durch die Anti-Test-Bewegung (vgl. Zeuch 1973) verkleinert.

Erst seit den letzten Jahren liegen wieder vermehrt standardisierte Tests zur Feststellung mathematischer Lernstände vor (vgl. Krajewski et al. 2002; Krajewski et al. 2004; Roick et al. 2004a; Roick et al. 2004b; Hasemann 2005). Standardisierte Schulleistungstests wie TIMSS (vgl. Bos et al. 2008) oder PISA (vgl. Baumert et al. 2001; Prenzel et al. 2004; Prenzel et al. 2007) beeinflussen seit einigen Jahren die pädagogische Diskussion in hohem Maße. Als eine zentrale Konsequenz hieraus erfolgte 2003/2004 die bundesweite Einführung der Bildungsstandards (vgl. KMK 2004a/b; Köller 2008).

Insgesamt hat eine Kombination aus diagnostischen Techniken und diagnostischer Forschung im Laufe der Jahre „zu immer mehr verfeinerten didaktischen Vorgehensweisen geführt, um individuelle Lernvoraussetzungen und Lernangebote möglichst optimal aufeinander abzustimmen" (Ingenkamp & Lissmann 2008, 21). Das Konzept der ‚inneren Differenzierung' wird seit den 1970er Jahren (vgl. Klafki & Stöcker 1976) als eine „zentrale didaktisch-methodische Problemlösestrategie für den Umgang mit Heterogenität an deutschen Schulen betrachtet", die jedoch immer noch mit Problemen in der praktischen Umsetzung verknüpft ist (Trautmann & Wischer 2008, 159).

Welche Rolle Lernständen und ihrer Feststellung aus pädagogischer Sicht dabei zukommt, stellt das nächste Kapitel dar.

1.2.2 Bedeutung von Lernständen und ihrer Feststellung

Der Feststellung von Lernständen kommen aus pädagogisch-diagnostischer Perspektive zwei wesentliche, voneinander abhängige Bedeutungen zu. Zum einen bildet die diagnostische Kompetenz von Lehrpersonen die Grundlage individueller Förderung, zum anderen stellt sie damit eine wesentliche Komponente der Berufsprofessionalität von Lehrerinnen und Lehrern dar.

Lernstandfeststellung als Grundlage individueller Förderung

„Will man Kinder individuell fördern, so heißt dies nichts anderes, als ihnen die Möglichkeit zu geben, individuell zu lernen" (Braun & Schmischke 2008, 30).

Individuelles Lernen erfolgt ausgehend von der ‚Zone der aktuellen Entwicklung' (vgl. Kretschmann 2006a), die von Kind zu Kind unterschiedlich ist und erhoben werden muss, um ein auf die Schülerinnen und Schüler abgestimmtes Lernangebot machen zu können. So ist die „Pädagogische Diagnostik zur Verbesserung des Lernens [...] unentbehrlicher Bestandteil jedes planmäßigen Lehrvorganges" (Ingenkamp & Lissmann 2008, 20).

Das Ministerium für Schule und Weiterbildung NRW (2008, 15) gibt in diesem Zusammenhang vor: „Die Lehrkräfte sind verpflichtet, den Schülerinnen und Schülern durch differenzierenden Unterricht jene individuelle Förderung zukommen zu lassen, die zu tragfähigen Grundlagen für das weitere Lernen führt". Weiter heißt es im Lehrplan für das Fach Mathematik: „Auf der Grundlage der beobachteten Lernentwicklung reflektieren die Lehrkräfte ihren Unterricht und ziehen daraus Schlüsse für die Planung des weiteren Unterrichts und für die Gestaltung der individuellen Förderung" (vgl. Ministerium für Schule und Weiterbildung NRW 2008, 67).

Brügelmann (vgl. 2005a) macht in Zusammenhang mit dem Lesenlernen auf den ‚Karawaneneffekt' aufmerksam, der sich entsprechend auf das Mathematiklernen übertragen lässt. Dieser verweist darauf, dass die meisten Kinder mit geringeren Lernständen auch zu einem späteren Zeitpunkt einen, im Vergleich zu ihren Mitschülerinnen und Mitschülern, ebenfalls wieder geringeren Lernstand aufweisen werden. So sollte bei der individuellen Förderung den „Fortschritten jeder Teilgruppe" der Schülerinnen und Schüler eine größere Aufmerksamkeit zukommen als den „Abständen innerhalb der Gesamtgruppe" der Kinder. „Bei einer Karawane verwundert es niemanden, wenn der, der zuletzt auf die Reise gegangen ist, auch als letzter ankommt. Bedeutsamer ist der Weg, den jeder Einzelne und die Karawane als ganze geschafft haben" (Brügelmann 2005a, 65).

Diagnostische Kompetenz als Komponente der Lehrerprofessionalität

Der diagnostischen Kompetenz von Lehrerinnen und Lehrern wird aktuell ein sehr hoher Stellenwert zugesprochen, was sich insbesondere in der Präsenz dieses Themas in der Lehreraus- und Fortbildung widerspiegelt (vgl. Schrader & Helmke 2001, 49 in Hesse & Latzko 2009, 13). So belegen einschlägige Forschungsbefunde den Zusammenhang zwischen diagnostischer Kompetenz von Lehrenden und ihrem Unterrichtserfolg (vgl. Weinert 2000; Darling-Hammond & Bransford 2005; Baumert & Kunter 2006; Helmke 2009). Seit PISA 2000 steht dieses Thema zudem im öffentlichen Interesse und nimmt „bei den Handlungsfeldern der Kultusministerkonferenz einen prominenten Platz" ein (Helmke et al. 2003, 15).

Die Bedeutsamkeit der diagnostischen Kompetenz von Lehrenden ergibt sich dadurch, dass der Unterricht und die damit verbundenen Lernumgebungen den Lernstände der Schülerinnen und Schülern angepasst sein müssen, um einen möglichst großen Lernerfolg hervorrufen zu können. Eine entsprechende Passung kann nur erreicht werden, wenn die Lehrkraft über die Fähigkeiten der Lernenden informiert ist (vgl. Horstkemper 2006). „Dabei reicht die Aneignung berufsbezogenen Hintergrundwissens nicht aus; eine wesentliche Zielsetzung sollte zudem darin bestehen, Bewußtheit zu entwickeln: Die Lehrerinnen und Lehrer sollen lernen, über Lehr-/ Lernprozesse produktiv zu reflektieren" (Selter 1995b, 116).

1.3   Erkenntnistheoretische Perspektive

Das zunehmende Interesse an den Lernständen von Kindern ist aus erkenntnistheoretischer Perspektive im Wesentlichen das Resultat einer veränderten Sichtweise auf das Lernen an sich. Aus konstruktivistischer Perspektive wird Lernen als aktiver Erkenntniserwerb verstanden, den die Lernenden in der Auseinandersetzung mit ihrer Umwelt selbsttätig vollziehen (vgl. Dewey 1974; Glasersfeld 1983). Dabei greifen die Lernenden auf ihr Vorwissen zurück, finden hierfür in der gegebenen Lernsituation produktive Anwendung und setzen ihre Fähigkeiten in der Bewältigung der Situation fort. Die individuellen Lernstände der Schülerinnen und Schüler werden dabei als konkrete Ausgangspunkte von Lernprozessen erachtet und die Äußerungen der Lernenden als Spiegelbild individueller Deutungs- und Denkweisen gesehen, denen bei der Erforschung kindlichen Denkens sowie im Unterricht angemessene Berücksichtigung zukommen sollte (vgl. Selter & Spiegel 1997; Hengartner 1999).

Die Theorie des Konstruktivismus wird in ihren verschiedenen Ausrichtungen auf unterschiedliche Weisen ausgeformt. Gemeinsam ist den konstruktivistisch geprägten Sichtweisen auf Lernen die Beschäftigung mit den Fragen nach der Objektivität von Wissen, seiner Struktur und Entstehung, der instruktionalen Förderung (vgl. Gerstenmaier & Mandl 1995, 880) sowie das Bild „of construction from carpentry or architecture. This metaphor is about the building up of structures from pre-existing pieces, possibly specially shaped for the task. In its individualistic form the metaphor describes understanding as the building of mental structures" (Ernest 2010a, 39).

Diese Arbeit stützt sich auf die moderate und pragmatische Ausformung des Konstruktivismus, die als gemeinsamer Grundgedanke der verschiedenen konstruktivistischen Theorien aufgefasst wird (vgl. Duit 1995, 919). Die konstruktivistische Sichtweise wird in dieser Arbeit der empiristischen Auffassung von Lernen gegenübergestellt und als grundlegender Fortschritt in der Geschichte der Erkenntnis- und Lerntheorie bewertet.

1.3.1   Entwicklungslinien des Konstruktivismus

Die Wurzeln des Konstruktivismus können auf den Philosophen Xenophanes (500 v. Chr.) zurückdatiert werden, der erstmals davon ausging, „dass wir es nur mit Erfahrungen zu tun haben und nie mit Dingen an sich" (Glasersfeld 2001, 53). Es begann sich die philosophische Position zu entwickeln, „that we as human beings have no access to an objective reality, that is, a reality independent of our way of knowing it. Rather, we construct our knowledge of our world from our perceptions and experiences [...]" (Simon 1995, 115). Richtig ausgeschärft und etabliert hat sich die konstruktivistische Sichtweise in der Philosophie jedoch erst mehr als 2000 Jahre später durch Vertreter wie Berkeley, Vico und Kant (vgl. Glasersfeld 1995). Lange Zeit war es für die Machthaber weitaus angenehmer, auf dem Standpunkt zu beruhen, dass ihnen der „Zugang zur endgültigen Wahrheit" vorbehalten bliebe (vgl. Glasersfeld 2001, 54) – eine Ansicht, die nur schwerlich mit konstruktivistischen Ideen zu vereinbaren ist.

In der Pädagogik wurde im Wesentlichen erst Anfang des 20. Jahrhunderts der konstruktivistische Grundgedanke in den Forderungen der Reformpädagogik aufgegriffen. So lässt Dewey, um einen Hauptvertreter zu nennen, 1902 dem Kind eine aktive Rolle im Lernprozess zukommen:

„But, again, no such thing as imposition of truth from without, as insertion of truth from without, is possible. All depends upon the activity which the mind itself undergoes in responding to what is presented from without. ...The case is of Child. It is his present powers which are to assert themselves; his present capacities which are to be exercised; his present attitudes which are to be realized" (Dewey 1974, 30f.).

Ganz deutlich hebt er die Rolle der individuellen Fähigkeiten und Einstellungen des Lernenden hervor, von denen ein jeder Lernprozess ausgeht. „Folgt man Dewey, so ist es nicht die Aufgabe der Lehrenden, den Stoff an die Kinder, sondern zwischen dem Stoff und den Kindern zu vermitteln" (Selter 1997, 4).

Auch in der Mathematikdidaktik gab es einzelne frühe Bewegungen, das Lernen von Mathematik unter konstruktivistischer Perspektive zu betrachten und auf den Unterricht zu übertragen. Jedoch blieben die aus heutiger Sicht überzeugenden Texte, wie beispielsweise Kühnels ‚Neubau des Rechenunterrichts' (1916), in der Diskussion weitestgehend unbeachtet. So vertrat Kühnel schon Anfang des 20. Jahrhunderts das immer noch aktuelle Lehrkonzept: „Nicht Leitung und Rezeptivität sondern Organisation und Aktivität ist es, was das Lehrverfahren der Zukunft kennzeichnet" (Kühnel 1954, 70). Auch die Untersuchungen von Oehl (vgl.

1935) stellen erste revolutionäre Ansätze in der mathematikdidaktischen Forschung dar. Oehl nimmt in seiner Arbeit eine prozessorientierte Sichtweise auf
das Vorgehen der Kinder ein, die seine Arbeit in fortschrittlicher Weise von den
zeitgenössischen Untersuchungen abhebt:

„Die Untersuchung ist also in erster Linie entwicklungsorientiert. Wir unterscheiden uns
damit von den meisten Veröffentlichungen auf diesem Gebiet, die in der Hauptsache be-
strebt sind, einen bestimmten erreichten Stand, sei es bei Schülern der höheren Klassen
oder bei vorschulpflichtigen Kindern oder bei Naturvölkern, zu fixieren und zu untersuchen" (Oehl 1935, 306).

Die Tatsache, dass solche vielversprechenden Ansätze weitestgehend unterschätzt
blieben, kann zum Teil damit begründet werden, dass „die Entwicklung in den
Bezugsdisziplinen der Didaktik, insbesondere der Psychologie und der Philosophie der Mathematik, noch nicht genügend fortgeschritten war" (Wittmann
2005a, 149). Zudem bestand die Vorstellung, dass die massiven Strukturen der
Mathematik keine unterrichtliche Öffnung zulassen würden. Die Fachstruktur
könne, so die Auffassung vergangener Tage, nur dadurch vermittelt werden, dass
sie in ihrer scheinbar naturgemäßen Folge gestuft und kleinschrittig vermittelt
wird (vgl. Wittmann 1995, 13).

Lehr- und Lerntheorien wurden weit bis ins 20. Jahrhundert hinein vornehmlich
von den Ideen des Behaviorismus geprägt. Die allgemeine Vorstellung bestand
darin, dass Lernen die passive Aufnahme von Wissen sei, die durch das Nachgehen bzw. die schlichte Aufnahme von vorgezeigten Gedankengängen erreicht
werden könne (vgl. Skinner 1965). Die Vorstellung, dass das Wissen in den Kopf
des Lernenden problemlos und ohne Veränderungen „rein geschüttet" werden
kann, spiegelt sich in der Metapher des ‚Nürnberger Trichters' (vgl. Harsdörffer
1648-1653) wider. Mit dem Ziel, das Lehren und Lernen effektiv zu gestalten,
wurden Lehrmaschinen herangezogen, die den individuellen Lerntempi der Schülerinnen und Schüler gerecht zu werden schienen. So wurde auf heterogene Fähigkeiten quantitativ eingegangen, qualitative Unterschiede blieben in dem klein-
und gleichschrittigen, produktorientierten Unterrichtsansätzen unberücksichtigt:

„Each step must be so small that it can always be taken, yet in taking it the student moves
somewhat closer to fully competent behavior. The machine must make sure that these
steps are taken in a carefully prescribed order" (Skinner 1958, 970).

Die „unterstellte Berechenbarkeit von Lernen sowie die suggerierte Kontrollier-
barkeit von Unterricht und seinen Wirkungen" machte diese Theorie des Lernens
für Didaktiker und Pädagogen ansprechend (Brügelmann 2005b, 61 f.), was unter
anderem zu der langen Aufrechterhaltung dieser Sichtweise beitrug.

Behavioristische Theorien des Lernens und Lehrens folgten im Wesentlichen
folgenden Ansichten:

- "View of learning process: Change in behavior

- Locus of learning: Stimuli in external environment

- Educator's role: Arranges environment to elicit desired response" (Ernest 2010b, 55)

Bis Mitte des 20. Jahrhunderts gab es infolgedessen für die Forschung keinen allgemeinen Anreiz, sich mit den (mathematischen) Denkprozessen von Kindern auseinanderzusetzen. Alles, was Kinder wissen, wurde ihnen, so die Theorie, entweder - sofern es korrekt ist - in irgendeiner Form „eingeflößt", inkorrekte kindliche Vorstellungen werden bei der unterrichtlichen Behandlung des Themengebiets mit korrektem Wissen einfach „überschrieben".

Erst im Zuge der kognitiven Wende, Mitte des 20. Jahrhunderts, wurde, maßgeblich beeinflusst durch die Arbeiten Piagets, der Konstruktivismus als theoretische Grundlage der geistigen Entwicklung betrachtet und entwickelte durch seine konstruktivistisch ausgerichteten Erkenntnis- und Lerntheorien starken Einfluss. „Was bei Piaget aber Konstruktion der Operationen und Begriffe im Zuge der Entwicklung und Erfahrungsgewinn aufgrund spontaner Betätigung ist", das wird in den Lehr-/Lerntheorien „als Konstruktion im Zuge des Lernens" verstanden (Aebli 1993, 392). Eine gedankliche Kehrtwende fand statt: "knowledge is not passively received but actively built up by the cognizing subject" (Glasersfeld 1989, 182 in Ernest 2010a, 40). Theorien des Lernens und Lehrens aus konstruktivistischer Perspektive gehen nun von einer veränderten Ausgangsbasis aus:

- "View of learning process: Internal mental process including insight, information processing, memory, perception

- Locus of learning: Internal cognitive structuring

- Educator's role: Structures content of learning activity" (Earnest 2010b, 55).

Wesentliche Beiträge zu diesem tiefgreifenden Paradigmenwechsel haben in der Mathematikdidaktik Freudenthal (vgl. 1973) und die von ihm begründete Forschungsgruppe in Utrecht (Niederlande), die englische Association of Teachers of Mathematics (ATM) und in Deutschland Didaktiker wie Wittmann (vgl. 1974) und Winter (vgl. 1989) geleistet. Die angenommene Diskrepanz zwischen einer unbeweglichen Fachstruktur und individuellen Lernprozessen wurde dabei aufgelöst. Freudenthal (1973, 110) stellt in diesem Zusammenhang heraus: „Dass es neben der fertigen Mathematik noch Mathematik als Tätigkeit gibt, weiß jeder Mathematiker unbewußt, aber nur wenigen scheint es bewußt zu sein, und da es nur selten betont wird, wissen Nichtmathematiker es gar nicht". Das Lernen von Mathematik wird fortan mehr und mehr als Tätigkeit angesehen, welche umso erfolgreicher verläuft, „je mehr der Fortschritt im Wissen, Können und Urteilen

des Lernenden auf selbständigen entdeckerischen Unternehmungen beruht"
(Winter 1989, 1).

Auch wenn in der Mathematikdidaktik nicht in besonders hohem Maße, so spiegeln sich diese Tendenzen jedoch in der naturwissenschaftlichen Forschung allgemein in einem „Boom von Arbeiten zu ‚Schülervorstellungen'", der Mitte der
70er Jahre einsetzte, wider (Duit 1995, 906, vgl. auch Kapitel 2.2.1). Hierbei
wurde unter Rückgriff auf theoretische Modelle und Untersuchungsmethoden aus
der Psychologie das kindliche Denken erforscht. Die Psychologen wiederum
„untersuchten ihre Theorien anhand naturwissenschaftlicher Inhalte" (Duit 1995,
907). So kam eine zunehmende Verknüpfung der naturwissenschaftlichen und der
psychologischen Forschung zustande (vgl. Kapitel 1.1.1).

Eine gängige Untersuchungsmethode in der Mathematikdidaktik, die damals wie
heute gern für die Untersuchung von kindlichem Denken und Vorgehen eingesetzt wird, ist die klinische Methode, deren Wurzeln auf die psychologischen
Arbeiten Piagets zurückzuführen sind (vgl. Wittmann 1982, 36ff.; Kapitel 4.3.2).

Seit Mitte der 80er Jahre sind aktiv-entdeckende Lernformen (vgl. Müller &
Wittmann 1995, 6) in den Lehrplänen verankert (vgl. Ministerium für Wissenschaft und Forschung des Landes Nordrhein-Westfalen 1985) und somit nicht nur
eine für die theoretische Fachdidaktik, sondern auch eine für die Praxis unerlässliche Leitidee geworden.

1.3.2 Bedeutung von Lernständen und ihrer Feststellung

Ausgehend von konstruktivistischen Lehr-/Lerntheorien haben sich wesentliche
didaktische Leitideen entwickelt. Im Folgenden werden zwei zentralen Kerngedanken skizziert, die in besonderem Maße verdeutlichen, warum und inwiefern
den Lernständen von Schülerinnen und Schülern und ihrer Feststellung eine zentrale Rolle im Unterricht beigemessen werden sollte.

Lernstände als Ausgangspunkte von Lehr-/Lernprozessen

Im Vergleich zu der behavioristischen Auffassung von Lernen und Lehren verändern sich die Rollen der Lehrerinnen und Lehrer sowie der Schülerinnen und
Schüler aus konstruktivistischer Perspektive erheblich. Die Lehrperson ist nun
nicht mehr Wissensvermittler, sondern wird als Initiator anregender Lernumgebungen und als Begleiter auf den Lernwegen der Schülerinnen und Schüler betrachtet. Der Lernende nimmt hingegen nun nicht mehr die Rolle eines zu beleh-
renden Subjekts ein, sondern ist „Baumeister der eigenen Erkenntnis" (Spiegel
1992a, 23).

In der Mathematikdidaktik nahmen konstruktivistische Sichtweise auf das Lernen und Lehren unterschiedliche Ausprägungen an. Mit den ‚Grundfragen des Mathematikunterrichts' (1974) trug Wittmann sehr früh und in hohem Maße zur Verbreitung konstruktivistischer Sichtweisen im Sinne des ‚entdeckenden Lernens' (vgl. Bruner 1961) bei. In Hinblick auf die Lernstände der Schülerinnen und Schüler bedeutet dies konkret, dass die Lehrperson „am Lernprozeß des Schülers teilnehmen und ihn nicht einfach nur beobachten" soll. Voraussetzung hierfür ist, dass sie „den augenblicklichen Zustand des Schülers rekonstruieren und diagnostizieren kann" (Wittmann 1974, 15).

Andere Autoren beschränken sich hingegen auch zu späteren Zeitpunkten nur auf abgeschwächte Formen konstruktivistischer Lehr-/Lerntheorien und betrachten das ‚entdeckende Lernen' lediglich als Ergänzung, aber nicht als Ersatz für das ‚rezeptive Lernen' (vgl. Ausubel 1968). Anstatt durchgängig ganzheitlich aktiv-entdeckende Lehr- und Lernformen zu verfolgen, betont beispielsweise Zech (vgl. 1977, 165ff.) in seinem ‚Grundkurs Mathematikdidaktik' ebenso den Nutzen klein- und gleichschrittiger Unterrichtsformen, welche die Lernstände der Lernenden zwar nicht außer Betracht lassen, doch denen beim „Regellernen" – schon allein aus der Sache heraus – weniger Aufmerksamkeit zukommt. Individuelle Lernstände geben hierbei insbesondere ein allgemeines Niveau an, nach dem sich „das Unterrichtstempo und die Schwierigkeit der Aufgabenstellungen" zu richten haben. Zudem geben die Lernstände an, „welche Schüler am meisten Hilfe gebrauchen und welche Schüler am ehesten helfen können" (Zech 1977, 37f).

Winter (1984, 6) kontrastiert die sich aus den Blickwinkeln des ‚Lernens durch Belehrung' und des ‚Lernens durch gelenkte Entdeckung' ergebenden Lehr- und Lernprozesse, die in der folgenden Darstellung, aufgrund des thematischen Fokus dieses Kapitels, durch die Anbindung der jeweiligen Bedeutsamkeit der Lernstände der Schülerinnen und Schüler erweitert werden.

Tabelle 1.1 Lehr-/Lernprozesse und die Bedeutsamkeit von Lernständen beim Lernen durch Belehrung vs. Lernen durch gelenkte Entdeckung

Lernen durch Belehrung		Lernen durch gelenkte Entdeckung	
Die Lehrperson	Bedeutsamkeit von Lernständen	Die Lehrperson	Bedeutsamkeit von Lernständen
Akzentuiert den Stoff, dosiert ihn und bietet ihn dar.	Den individuellen Lernständen kommt bei der Stoffauswahl sowie der Aufbereitung und Darbietung des Stoffes keine Aufmerksamkeit zu.	Bietet Situationen an, die zum Fragen, Erkunden, Nachdenken herausfordern.	Die reichhaltigen Lernumgebungen bieten den Lernenden individuelle Anknüpfungspunkte, um „echte", sie im Lernprozess weiterführende Fragestellungen entwickeln zu lassen.
Hilft dem Schüler bei der Lösung von Aufgaben.	Die individuellen Lernstände der Lernenden werden bei den Hilfestellungen des Lehrers nicht berücksichtigt. Der Lehrer sieht die Hilfe darin, das Verfahren bzw. die Problemstellung noch einmal vorzurechnen bzw. vor den Augen der Lernenden zu lösen.	Hilft dem Schüler, damit er sich bei der Lösung von Aufgaben selbst helfen kann.	Die Hilfestellungen werden nach dem Prinzip der minimalen Hilfe angeboten, um die Lernenden durch individuelle Anknüpfungspunkte an bereits vorhandenem Wissen selbst auf eine Problemlösung kommen zu lassen.
Versteht sich in erster Linie als Vermittler, als Instrukteur.	Der fest vorgeschriebene Lehrstoff wird additiv von außen hinzugegeben. Die individuellen Lernstände der Kinder werden nicht differenziert beachtet.	Fühlt sich für die gesamte Entwicklung des Schülers verantwortlich.	Der Lehrstoff wird an die individuellen Bedürfnisse der Lernenden angepasst und vorhandene Lernstände und Interessen werden weiter ausgeformt.

Lernen durch Belehrung		Lernen durch gelenkte Entdeckung	
Die Lehrperson	Bedeutsamkeit von Lernständen	Die Lehrperson	Bedeutsamkeit von Lernständen
Beschränkt sich auf das Lehren fachsystematisch geordneter Inhalte.	Die Fachstruktur wird vorwiegend als Ausgangspunkt von Lehrinhalten herangezogen.	Sucht Beziehungen zur Lebenswelt des Schülers, versucht auch, Wissen über das Wissen zu entwickeln.	An die individuellen Lernstände der Kinder wird insofern angeknüpft, dass Verbindungen zu ihrer Lebenswelt hergestellt werden und sich die Kinder darüber hinaus über ihre eigenen Lernstände und Lernprozesse bewusst werden sollen.
Neigt zum isolierten Einüben von Fertigkeiten und abfragbarem Wissen.	Individuelle Lernstände bleiben weitgehend unberücksichtigt, denn die Stoffvermittlung erfolgt klein- und gleichschrittig.	Bemüht sich um Integration von Fertigkeiten und Wissenselementen in die Schulung übergeordneter intellektueller Fähigkeiten.	Der Lernstoff wird mit den individuellen Fähigkeiten der Lernenden verbunden und wiederum für weiteres Lernen herangezogen.
Legt besonderen Wert auf Einübung von Mechanismen.	Individuelle Lernstände sind uninteressant, denn Mechanismen können auch ohne tieferes Verständnis, welches oft auf Vorkenntnissen beruht, ausgeführt werden.	Legt größeren Wert auf die Assimilation von komplexen Schemata.	Die individuellen Fähigkeiten der Kinder müssen aktiviert werden, wenn der Lernende das Neuerlernte mit diesen abgleichen soll.

Individuelle Lernstände nehmen aus konstruktivistischer Perspektive somit einen zentralen Stellenwert an unterschiedlichen Punkten im Lehr-/Lernprozess ein und werden als Anknüpfungspunkte herangezogen, um Lernen bestmöglich gelingen zu lassen.

Lernstände als Spiegelbild individuellen Lernens

Die Lernstände von Schülerinnen und Schülern fallen ganz unterschiedlich aus, was insbesondere auf die Leistungsheterogenität sowie die unterschiedlichen Denkweisen der Kinder zurückgeführt werden kann.

Spiegel & Walter (vgl. 2005) unterscheiden dabei zwischen der vertikalen und der horizontalen Heterogenität der Kinder. Unter vertikaler Heterogenität verstehen sie das variierende Leistungsniveau und unter horizontaler Heterogenität die unterschiedlichen Vorgehensweisen der Kinder. Die Unterschiedlichkeit der Lernstände der Kinder wird im Unterricht meistens dem Leistungsniveau der Schülerinnen und Schüler gleichgesetzt, welches im Generellen auch am ehesten bei unterrichtlichen Differenzierungsmaßnahmen Berücksichtigung findet. Doch bedeutet ein Eingehen auf die Lernenden nicht primär, quantitative Unterschiede aufzugreifen, sondern auch qualitative Differenzen zu berücksichtigen. So wird durch die konstruktivistische Sicht auf Lernen nur allzu deutlich, dass Lernprozesse nicht immer auf die gleiche Weise erfolgen. Lernen ist individuell und Denkweisen können somit auch verschiedenartige Gestalt annehmen und durchaus verschiedene Entwicklungsphasen durchlaufen – erst einmal ganz abgesehen davon, was besonders geschickten Überlegungen oder gar der Konvention entspricht.

Spiegel und Selter (vgl. 2003) stellen die Andersartigkeit in den Denkweisen von Kindern anhand der folgenden fünf Punkte dar:

Kinder denken anders als,

• wir Erwachsene denken

• wir es erwarten

• wir es möchten

• andere Kinder

• sie selbst.

„Die Leitidee ‚individuelles Lernen' meint, dass die Lehrerin die persönlichen Lernwege und individuellen Lösungsversuche der Kinder nicht nur wahrnimmt und zulässt, sondern sie bewusst unterstützt, zu ihrer Darstellung ermutigt und ihren Austausch unter den Kindern anregt" (Hengartner 1992, 22). Somit liegen dem individuellen Lernen einerseits eine ‚Individualisierung von Lernen' sowie andererseits eine ‚Vernetzung von Lernen' zugrunde. Dabei rückt der Gedanke, „dass Leistungsheterogenität im Mathematikunterricht produktiv zum Vorteil aller Kinder genutzt werden kann" in den Vordergrund (Schipper 2007, 79).

Individualisierung von Lernen ist nicht dadurch abgedeckt, dass Unterschiede in der Bewertung in „richtig/falsch" klassifiziert werden und den Kindern entsprechend „angepasste" Aufgaben gegeben werden, sondern, dass „Aufgabenstellungen weiterhin offen sind, unterschiedliche Zugänge ermöglichen und auf unterschiedlichem Niveau gelöst werden können" (Lorenz 2004, 27). Bei der ‚natürlichen Differenzierung' (vgl. Hengartner 2004) können sich die Lernenden aufgrund selbstbestimmten Lernens in der ‚Zone der nächsten Entwicklung' bewegen – die beste Bedingung für einen Lernzuwachs. Den Denkwegen der Kinder muss dabei mit Kompetenzorientierung (vgl. Selter & Spiegel 2001) begegnet werden. Anstatt den Blick auf die Defizite der Lernenden zu richten, geht es um das „Explizit machen, was gelungen ist – dies ist die pädagogisch kraftvolle Alternative zum Korrigieren und Verbessern von Fehlern" (Ruf & Winter 2006, 57). Nur so können die Denkwege der Kinder erfasst, verstanden und die Kinder auf ihren Lösungswegen begleitet werden (vgl. Hengartner 1999, 10f.).

Die Vernetzung von Lernen in sozial-interaktiven Kontexten bildet darüber hinaus die Grundlage fundamentaler Lernfortschritte (vgl. Nührenbörger & Schwarzkopf 2010) und regen Schülerinnen und Schüler im Allgemeinen, insbesondere aber auch Kinder unterschiedlichen Leistungsstands, zum Austausch und zur Reflexion ihrer Vorgehensweisen und Denkwege an (vgl. Schipper 1996, 15; Nührenbörger 2009). Erst am Ende des Lernprozesses werden die Schülerinnen und Schüler von ihren individuellen Vorgehensweisen zur Konvention geführt (vgl. Brügelmann 1994, 9 in Spiegel & Walter 2005, 225).

Lernstände stellen somit ein Spiegelbild individuellen Lernens dar. Sie sind Ausgangspunkt für weiterführende Lernprozesse der einzelnen Schülerinnen und Schüler, können aber auch für ein Lernen voneinander in der Lerngruppe sinnvoll genutzt werden.

1.4   Fachdidaktische Perspektive

In dem fachdidaktischen Unterrichtsansatz des ‚genetischen Prinzips' verschmelzen mathematische, erkenntnistheoretische, psychologische und pädagogische Kerngedanken in der Leitidee, dass „Lehren und Lernen von Mathematik von einer Entwicklungsauffassung her konzipiert" wird (Schubring 1978, A1). Hiervon ausgehend lassen sich Lernstände und die Bedeutsamkeit der Feststellung dieser auf theoretischer Basis betrachten.

Beim genetischen Unterrichtsansatz wird zum einen die Genese mathematischer Inhalte als Anlass zum Nacherschaffen und zum Erfahren mathematischer Strukturen und ihrer Anwendungsmöglichkeiten genutzt. Zum anderen nimmt der

Lernende das Mathematiktreiben ausgehend von seinem individuellen Lernstand auf und setzt seine mathematischen Fähigkeiten in seiner Tätigkeit weiter fort. Die genetische Methode wird somit einerseits der Fachstruktur der Mathematik gerecht, andererseits geht das Prinzip auch angemessen auf die kognitiven Strukturen der Lernenden ein, die sich ausgehend von ihren Vorkenntnissen aktiv mit den Lerninhalten auseinandersetzen (vgl. Wittmann 1981, 144).

1.4.1 Entwicklungslinien des genetischen Prinzips

Die Auffassung, dass ein Erkenntnisgewinn insbesondere induktiv, „vom Besonderen zum Allgemeinen", verläuft, wurde erstmals von Bacon im frühen 17. Jahrhundert der Wissenschaftsauffassung des Rationalismus entgegengestellt (vgl. Schubring 1978, B3ff.). Bacon kritisiert diese „als eine Art Zusammenreihung vorher schon gefundener Dinge", die keine „Erfindungsmethoden oder Entwürfe zu neuen Werken" liefert (Bacon 1971, 27). In seinem Werk ‚The advancement of learning' überträgt er im Jahr 1605 diese Sichtweise auf das Lernen. Wissensvermittlung soll seiner Ansicht nach auf jene Weise erfolgen, wie sich das Wissen einst entwickelt hat (vgl. Bacon 1986, 135).

200 Jahre später, Anfang des 19. Jahrhunderts, liegen Nachweise vor, dass das genetische Prinzip als pädagogisch-didaktische Leitidee vereinzelt aufgegriffen wurde. Doch diese Umsetzungen beeinflussten die Verbreitung und weitere Entwicklung des Unterrichtsansatzes nur geringfügig (vgl. Schubring 1978, B40ff.).

Erst Klein veranlasste zu Beginn des 20. Jahrhunderts eine nachhaltige Auseinandersetzung mit dem genetischen Prinzip in der Mathematikdidaktik. Mit seinen Bänden zur ‚Elementarmathematik vom höheren Standpunkt aus' konkretisiert er den Lehransatz und machte ihn für Lehrer und Lernende erfahrbar (vgl. Wittmann 1981, 132). Kritisiert wurde Klein jedoch für seine historische und biogenetische Ausrichtung des genetischen Prinzips. So hebt beispielsweise Toeplitz (1927, 92f. in Wittmann 1981, 134) hervor, dass nicht die geschichtliche Entwicklung des Gegenstands, sondern „die *Genesis der Probleme*, der Tatsachen und Beweise, um die entscheidenden Wendepunkte in dieser Genesis" ausschlaggebend sind.

Wirklich etablieren konnte sich das genetische Prinzip in Anlehnung an die Auffassung Toeplitz' erst in der zweiten Hälfte des letzten Jahrhunderts durch die voneinander unabhängigen Arbeiten Wagenscheins und Wittenbergs. Diese Trendwende kann insbesondere auf die Mathematik-Curriculumreform zurückgeführt werden:

„Es ist einerseits die Auseinandersetzung mit der als Formalismus heftig abgelehnten ‚modernen Mathematik', die jetzt auch Mathematiker für das genetische Prinzip eintreten läßt, wie die ebenfalls durch die Curriculumreform begründete Suche nach einer Art der Curriculumskonstruktion, die eine Begriffsentwicklung ermöglicht, die sowohl dem Charakter der Entwicklung der Mathematik wie der geistigen Entwicklung des Kindes entspricht." (Schubring 1978, B 146)

So betont Wittenberg (1963, 257) die Sachbezogenheit als ein zentrales Merkmal der Lernsituation, welche er folgendermaßen ausschärft:

„Sein Lernen ist dauernd ein Bemühen um klar bestimmte, überzeugende geistige Gegenstände. Unser Ausformen der Themenkreise hatte letzten Endes zum Ziel, den Lehrstoff zu derartigen ‚echten' Untersuchungsgegenständen zu gestalten. Was wir wiederherzustellen suchen, ist die natürliche Situation jeder schöpferischen geistigen Arbeit – die hingebungsvolle Beschäftigung mit einer wohlbestimmten *Sache*. Wir setzen uns damit in klaren Gegensatz zum künstlichen didaktischen Atomismus des herkömmlichen Unterrichts."

Wittenberg (1963, 257) sieht darin eine tiefgreifende Rollenveränderung des ansonsten lediglich „oberflächlich aktiven" Lernenden in einen „wahrhaft Bildungsbegierigen [...], der sich aus eigenem Antrieb und spontanem Interesse mit wohlbestimmten Gegenständen beschäftigt". Die Voraussetzung für den Erfolg eines solchen Unterrichts sieht Wittenberg (1963, 68) in der Vermittlung einer „echte(n) Erfahrung der Mathematik", welche wiederum erst dadurch entstehen kann, dass der Unterrichtsaufbau den Erfahrungsbereichen der Lernenden entspricht.

Wagenschein, der auch als ein Vertreter des exemplarischen Lernens bekannt ist (vgl. Wagenschein 1956), rückte von dieser Position zugunsten des genetischen Prinzips zunehmend ab und richtete seine späteren Arbeiten hauptsächlich nach diesem Leitprinzip aus. Er begründet den Wandel mit der, „in der neueren Didaktik aufkommenden Tendenz, deduktiv, ja axiomatisch vorzugehen", der er mit der genetischen Sichtweise versuchte entgegenzutreten (Wagenschein 1970, 7).

Wagenschein gelang es in überzeugender Weise, mit seinen didaktischen Arbeiten auf Zustimmung zu stoßen. So ist Wagenschein erheblich für die Verbreitung des genetischen Prinzips mitverantwortlich. Der Unterrichtsansatz erhielt dabei nicht nur Einzug in die Mathematikdidaktik der höheren Schulstufen und der Hochschuldidaktik, sondern wird auch in der Grundschuldidaktik als tragfähiger Unterrichtsansatz nachgegangen (vgl. Schubring 1978, B 155).

Die außerordentliche Stärke des genetischen Prinzips liegt in der gleichzeitigen und gleichwertigen Berücksichtigung der Gegenstandsstrukturen der Fachinhalte und der kognitiven Strukturen der Lernenden. Hierunter sind einerseits die Grundideen der Mathematik als Fachstrukturen (vgl. Kapitel 3) und die Lernstände der Schülerinnen und Schüler als Struktur der Lernenden zu verstehen.

Hierbei gehört es zu der Herausforderung der Lehrperson, sich zu überlegen, „welche naiven Vorerfahrungen und welche im Unterricht erarbeiteten Vorkenntnisse die Schüler wohl mitbringen, wie ein bestimmtes Ziel mit den Mitteln der Schüler erreicht werden könnte, ob eine vorgesehene Problemsituation für die Schüler genügend Ansatzpunkte bietet und wie sie darauf reagieren könnten [...]. Gleichzeitig muß der Lehrer seine Sicht des Themas kritisch daraufhin untersuchen, ob sie *stillschweigende* Annahmen, Konventionen und mathematische Idiosynkrasien enthält, die nur dem Eingeweihten verständlich sind" (Wittmann 1981, 149) und somit eine möglichst stabile Verbindung zwischen Fachstrukturen und den Strukturen der Lernenden herstellen.

Somit wird „das klassische Gegensatzpaar *Fachorientierung – Kindorientierung*" überwunden (vgl. Selter 1997, 4), welches nun nicht nur gänzlich miteinander vereinbar ist, sondern sich gegenseitig bedingt. „Werdende lernen am wirksamsten am Werdendem" (Wagenschein 1999, 113) und so liegt dem Mathematikbild „das gleiche Menschenbild zu Grunde, das auch den pädagogischen Vorstellungen von Kind, Schule und Unterricht zu Grunde liegt" (Wittmann 2003, 19).

1.4.2 Bedeutung von Lernständen und ihrer Feststellung

Die Bedeutung von Lernständen und ihrer Feststellung lässt sich in Bezug auf die Fachdidaktik anhand von drei zentralen genetischen Leitideen festmachen. Für die vorliegende Arbeit sind die ‚Schüler- und Fachorientierung', das ‚Spiralprinzip' und die ‚Fortschreitende Schematisierung' drei grundlegende Prinzipien, die im Folgenden genauer betrachtet werden.

Lernstände als Ausgangspunkt einer Orientierung am Schüler und am Fach

Ausgangspunkt der Schülerorientierung ist die Annahme, dass Lernen nur dann nachhaltig stattfinden kann, wenn die Lerninhalte an den Lernständen der Schülerinnen und Schüler anknüpfen: „The most important single factor influencing learning is what the learner already knows. Ascertain this and teach him accordingly" (Ausubel 1968, vi). Nur so können Verbindungen zu alten Lerninhalten erzeugt werden, die es zulassen, den neuen Lernstoff zu erschließen. Sie bieten einen Rahmen, in dem der neue Lerninhalt eingeordnet und somit besser in seiner Position verstanden werden kann.

Neben den stoffinhaltlichen Vorerfahrungen der Kinder richtet sich die Schülerorientierung auch nach den individuellen Interessen und Alltagsbezügen der Lernenden, um auch hierdurch eine motivierende, sinnstiftende Lernsituation zu begünstigen (vgl. Köppen 1987).

Doch eine starke Schülerausrichtung des Unterrichts birgt auch immer die Gefahr, nur noch das Kind und nicht mehr das Fach im Auge zu haben. So unterstreicht Wittmann (1995) in seinem Aufsatz ‚Aktiv-entdeckendes und soziales Lernen im Rechenunterricht – vom Kind und vom Fach aus‘ die beidseitige Ausrichtung eines schüler- sowie fachorientierten Unterrichts, wie ihn bereits Dewey (vgl. 1974) forderte und er im genetischen Prinzip realisiert wird.

Auch eine Öffnung vom Fach aus kann den Kindern somit in ihrer Individualität gerecht werden. Problemstellungen und Aufgaben „können von unterschiedlichen Voraussetzungen aus, mit unterschiedlichen Mitteln, auf unterschiedlichem Niveau und verschieden weit bearbeitet werden. [...] Die Lösungswege sind frei. Wie bestimmte Werkzeuge eingesetzt und die Ergebnisse dargestellt werden, bleibt in hohem Maße dem Problemlöser überlassen" (Wittmann 1996, 5). Hierbei gehen die Lernaktivitäten in ganz natürlicher Weise von den Lernständen der Lernenden aus.

Lernstände als Ausgangspunkt des Spiralprinzips

Desweiteren stellen Lernstände und ihre Feststellung einen wesentlichen Ausgangspunkt des Spiralprinzips dar.

In seinem Werk ‚Der Prozeß der Erziehung‘ entwickelt Bruner (1970) den Begriff der Curriculum-Spirale. Ausgangspunkt ist die Forderung, dass naturwissenschaftliche Inhalte von Schulbeginn an mit „intellektueller Redlichkeit" sowohl gelehrt werden können als auch gelehrt werden sollen (Bruner 1970, 26). Bruner schließt darin einerseits die Ausrichtung des Unterrichts nach den fundamentalen Ideen der jeweiligen Fachwissenschaft sowie andererseits die Ausrichtung an den kindlichen Denkmitteln und der für die Lernenden verständlichen Darstellungsmittel ein (vgl. Wittmann 1981, 84). Entscheidend ist die Idee, „daß geistige Tätigkeit überall dieselbe ist, an den Fronten des Wissens ebenso wie in einer dritten Klasse", der Unterschied liegt lediglich „im Niveau, nicht in der Art der Tätigkeit" (Bruner 1970, 27).

So „werden anfangs intuitive, ganzheitliche, undifferenzierte Vorstellungen zunehmend von formaleren, deutlicher strukturierten, analytisch durchdrungenen Kenntnissen überlagert" (Müller & Wittmann 1984, 158), indem grundlegende Ideen „in mehreren Durchgängen auf verschiedenen kognitiven und sprachlichen Niveaus" behandelt werden" (vgl. Hefendehl-Hebeker 2004, 67). Somit entfallen „vordergründige didaktische Lösungen, die später ein Umdenken erforderlich machen" und eine Aufschiebung der Behandlung von Wissensgebieten, die noch nicht vollständig abschließbar wären (Wittmann 1981, 86). Das Spiralprinzip beruht auf der immer wiederkehrenden Behandlung von Fachinhalten wie auch von Darstellungsmitteln und Aufgabenformaten. Wie diese von der Grundschule bis zu den Sekundarstufen I und II stufenübergreifend im Sinne des Spiralprinzips behandelt werden können, zeigen Walther (vgl. 1985), Müller (vgl. 1997) und Wittmann (vgl. 1997) in besonders anschaulicher Weise auf.

Die Lernstände der Schülerinnen und Schüler werden zur Verortung auf der Curriculum-Spirale herangezogen, um den Lerninhalt ausgehend von den Vorkenntnissen der Lernenden weiterzuentwickeln. Jedes Lernstandniveau kann dabei Ausgangspunkt eines jeden Lerninhalts sein.

Lernstände als Ausgangspunkt fortschreitender Schematisierung

Die fortschreitende Schematisierung geht von der im genetischen Prinzip verankerten Prozesshaftigkeit des Lernens von Mathematik aus und stellt eine Leitidee dar, wie den Lernwegen von Schülerinnen und Schülern angemessen begegnet werden kann. So steht am Anfang nicht, wie im traditionellen Mathematikunterricht, die fertige Mathematik, die standardisierte Vorgehensweisen der Lernenden zur Folge hat, welche als entweder korrekt oder inkorrekt zu bewerten sind. Vielmehr stehen informelle Vorgehensweisen der Kinder am Beginn des Lernprozesses (vgl. Ginsburg 1975, 63), die sich erst nach und nach dem konventionellen Vorgehen annähern und eine Betrachtung auf qualitativer Ebene erfordern. Mit einer „Vereinfachung von ‚unten‘" wird den Kindern dabei in ihrer „Komplexität ihrer Erfahrungen" entgegengekommen und ihnen „Raum gegeben für die Vielfalt und das unterschiedliche Niveau der Lösungen, zu denen sie individuell fähig sind" (Brügelmann 1994, 9).

So wurde insbesondere im Wiskobas Projekt (vgl. Treffers 1978) die unterrichtliche Leitidee, dass Schülerinnen und Schüler in ihrer Fortschreitung von informellen zu formellen Vorgehensweisen begleitet werden, ausgeformt und die fortschreitende Schematisierung zum wesentlichen Unterrichtsziel ernannt. Die Lernenden werden dazu angeregt und dabei unterstützt, „ihr Wissen zu immer eleganteren und weniger fehleranfälligen Formen des Verständnisses weiterzuentwickeln" (Selter 1997, 5). Dabei wird Heterogenität in der Lerngruppe nicht durch Fördermaßnahmen versucht zu reduzieren. „Im Gegenteil: Verschiedene Lösungen der gleichen Aufgabe werden als Repräsentanten von Schematisierungen auf unterschiedlichem Niveau nicht nur akzeptiert, sie werden vielmehr bewußt als Ausgangspunkt für Unterrichtsgespräche genutzt" (Schipper 1996, 15).

Der genauen Betrachtung der individuellen Vorgehensweisen und Denkwege der Kinder kommt in Zusammenhang mit ihrer Schematisierung eine wesentliche Bedeutung zu. So ist es die Aufgabe der Lehrperson, zu entscheiden, „ob etwas eine akzeptable Vereinfachung oder eine Verfälschung ist" (Wittmann 1981, 13),

d. h. zu beurteilen, ob bestehende Vorgehensweisen und Vorstellungen eine solide, mathematisch korrekte Grundlage darstellen, die ein sinnvolles Fortschreiten ermöglichen, und die entsprechende Weiterarbeiten zu initiieren. Ein Beispiel für den Ablauf fortschreitender Schematisierung zeigt unter anderem Selter (vgl. 1995c) für das Einmaleins auf.

1.5 Resultierende Leitideen

Von dem theoretischen Hintergrund von Lernstandfeststellungen und ihrer Bedeutsamkeit ausgehend, resultieren einerseits verschiedene Motive und Methoden der Lernstandfeststellung, die im Folgenden in ihren Umsetzungsmöglichkeiten übersichtsartig skizziert werden. Andererseits ergeben sich konkrete Leitideen für die folgende Untersuchung, die in ihren Funktionen erläutert werden.

1.5.1 Motive und Methoden von Lernstandfeststellungen

Der Begriff ‚Lernstandfeststellung' stellt einen recht weiten Begriff dar, der im Zusammenhang mit unterschiedlichen Motiven und Methoden der Erhebung von Lernständen verwendet wird. Im Folgenden wird das entsprechende Begriffsfeld geordnet und eine skizzenhafte Übersicht entsprechender Ausprägungen von Lernstandfeststellungen gegeben.

Begriffsklärung

Ganz allgemein hat die Erhebung von Lernständen immer eine Erfassung der Fähigkeiten der Lernenden zum Ziel. Dabei wird unter dem Begriff ‚Lernstand' die bei einem Lernenden vorliegende Ausprägung spezifischer Fähigkeiten verstanden. Andersherum gesehen, sind die konkreten Fähigkeiten der Schülerinnen und Schüler Indikatoren für bestimmte Lernstände. Will man einen bestimmten Lernstand erfassen, so erhebt man demnach die dem angestrebten Inhalt entsprechenden Fähigkeiten, um sich daraufhin ein Gesamtbild dieser und damit eine Aussage zu dem Lernstand des Lernenden machen zu können[1].

---

[1] Der Begriff ‚Lernstände' wird in dieser Arbeit, soweit nicht anders vermerkt, synonym zu den Begriffen ‚Lernausgangslagen', ‚Vorerfahrungen' und ‚Fähigkeiten' verwendet. Die Begriffe ‚Lernstandfestellung' und ‚Lernstanderhebung' werden ebenfalls synonym gebraucht.

Bedingungsfaktoren

Die konkrete Durchführung von Lernstandfeststellungen kann sehr unterschiedlich ausfallen und begründet sich in einem Zusammenspiel unterschiedlicher Interessen verschiedener Personengruppen sowie der jeweiligen Zielgruppen, Rahmenbedingungen und Methoden. Dieses Gefüge lässt sich wie in Abbildung 1.1 dargestellt umreißen, wobei zu betonen ist, dass es sich hierbei um keine abgeschlossene Darstellung handelt, sondern um eine exemplarische Übersicht der Vielfalt der Umsetzungen von Lernstandfeststellungen.

Rahmenbedingungen
- zeitliche Kapazitäten
- räumliche Kapazitäten
- personelle Kapazitäten
- finanzielle Kapazitäten
- ...

Interessen
- Grundlagen für individuelle Förderung
- Schullaufbahnlenkung
- Rückmeldung zum eigenen Unterrichtserfolg
- allg. fachdidaktische Erkenntnisse
- Schulentwicklung
- ...

(vgl. Kretschmann 2006b, 29)

Durchführende der Lernstandfeststellung
- Lehrerinnen und Lehrer
- Bildungsinstitutionen
- Wissenschaftlerinnen und Wissenschaftler
- Testagenturen
- ...

Zielgruppen
- Individuum
- Klasse
- repräsentative Schülergruppe
- bundesweit Lernende (VERA)
- ...

Methoden
- diagnostische Beobachtung
- diagnostisches Gespräch / Interview
- diagnostischer Test
- ...

(vgl. Hesse & Latzko 2009, 82ff.)

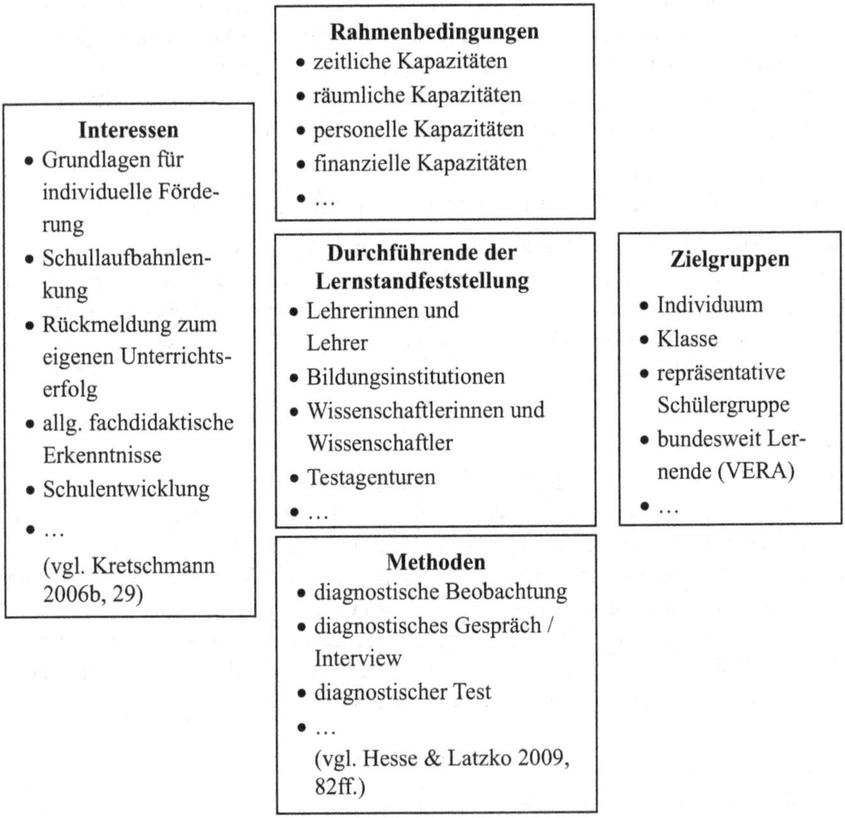

Abbildung 1.1 Bedingungsfaktoren von Lernstandfeststellungen

Die Feststellung von Lernständen kann daher einerseits beispielsweise aus selbstbestimmten, vereinzelt durch die Lehrperson schriftlich oder mündlich durchgeführten Standortbestimmungen, die zur klassenbezogenen Optimierung des weiteren Unterrichtsverlauf herangezogen werden, bestehen (vgl. Sundermann & Selter 2006, 24ff.). Andererseits, um ein besonders kontrastreiches Beispiel zu geben, sind unter Lernstandfeststellungen auch flächendeckend angelegte, verpflichtende und terminlich fixierte standardisierte Vergleichsarbeiten wie beispielsweise VERA, organisiert vom Institut für Qualitätsentwicklung im Bildungswesen, zu verstehen. Durch diese erhalten Lehrerinnen und Lehrer Rückmeldung zu den Lernstände ihrer Schülerinnen und Schüler im Vergleich zum Bundesdurchschnitt, während gleichzeitig Daten zur wissenschaftlichen Schul- und Unterrichtsentwicklung von den Durchführenden erhoben werden (für eine kritische Diskussion von standardisierten Vergleichsuntersuchungen siehe Brügelmann 2005c; Heymann 2005; Wittmann 2005b; Hartung-Beck 2009).

Weitere Konstellationen der einzelnen Bedingungsfaktoren von Lernstandfeststellungen gibt es erdenklich viele, so dass die Feststellung von Lernständen ganz unterschiedliche Ausprägungen aufzeigen kann.

Welche Ziele von Lernstandfeststellungen unter welchen Bedingungsfaktoren erreicht werden können, muss von Fall zu Fall kritisch geprüft werden. Verschiedene Konstellationen von Bedingungsfaktoren lassen somit jeweils unterschiedliche Ziele zu. Brügelmann (vgl. 2005d) übt in diesem Zusammenhang Kritik an den landesweiten Leistungstests durch VERA, die seiner Meinung nach vorgeben mehr leisten zu können als durch die entsprechenden Rahmenbedingungen möglich ist.

Strukturell-inhaltliche Konstruktions- und Auswertungsmöglichkeiten

Lernstanderhebungen können auch auf strukturell-inhaltlicher Basis unterschiedlich konstruiert sein:

Lernstanderhebungen können *offene mathematische Betätigungsfelder* bzw. „mathematisch anregende Situationen" (Lorenz 2004, 3) bieten, wie beispielsweise die einen inhaltlichen Impuls gebende Vorlage der Einspluseinstafel (vgl. Steinweg 1995), in denen sich Kinder frei orientieren und ihrem Fähigkeitsniveau entsprechend, eigenständig gewählten mathematischen Beobachtungen und Tätigkeiten nachgehen können. Offen sind auch die Lösungswege beim Einsatz von Eigenproduktionen (vgl. Selter 1994a), mit denen Lernstände, den individuellen Kompetenzen entsprechend, vorwiegend prozessorientiert erfasst werden.

Lernzielkontrollen, wie sie oft dem Begleitmaterial von Schulbüchern beiliegen (vgl. beispielsweise Röhr 2004/2005), beinhalten meist *geschlossene Aufgaben,* welche im Wesentlichen die im Unterricht behandelten Inhalte umfassen und im Vergleich zu offenen Aufgaben recht schnell zu bearbeiten und auszuwerten sind.

Hierzu gehören beispielsweise diagnostische Aufgabensätze, welche systematisch die Bewältigung diverser inhaltlicher Anforderungen erheben (vgl. Gerster 1982; Lorenz & Radatz 1993, 221ff.; Deutscher & Selter 2007).

Das Spektrum strukturell-inhaltlicher Konstruktionsmöglichkeiten reicht bis zu *standardisierten Tests,* wie beispielsweise den Deutschen Mathematiktests für das erste bis vierte Schuljahr (Krajewski et al. 2002/2004 und Roick et al. 2004a/b), welche die Erstellung von Leistungsprofilen ermöglichen. Die Lernstände können hierbei mit Hilfe von Schablonen ökonomisch, aber auch ausschließlich produktorientiert ausgewertet und mit verschiedenen Werteskalen verglichen und somit eingeordnet werden.

Die Entscheidung für die konkrete Umsetzung einer Lernstanderhebung hängt von den spezifischen Motiven und Rahmenbedingungen der Durchführenden ab und kann, über die dargestellten Möglichkeiten hinaus, in ganz unterschiedlichen Varianten strukturell-inhaltliche Umsetzung finden.

Methodische Konstruktions- und Auswertungsmöglichkeiten

Die methodische Konstruktion und Auswertung von Lernstandfeststellungen wird in der Literatur insbesondere durch die Begriffspaare ‚qualitative und quantitative Lernstandfeststellung' sowie ‚Defizit- und Kompetenzorientierung' geprägt. Durch diese Begriffe lässt sich exemplarisch darstellen, hinsichtlich welcher Merkmale Lernstandfeststellungen methodisch konstruiert und ausgewertet werden können.

Die konkrete Zielsetzung der Lernstanderhebung bestimmt, ob eine Diagnose quantitativ oder qualitativ durchgeführt wird (vgl. Weinert 1990, 22). Der Einsatz *qualitativer Analysen* kommt einer sachstrukturellen Diagnose, in welcher die Vorgehensweisen, aber auch Schwierigkeiten und Fehlvorstellungen der Lernenden erfasst werden können am ehesten nach und wird somit als besonders informativ betrachtet (vgl. van den Heuvel-Panhuizen & Gravemeijer 1991, 140). Er ist jedoch auch recht aufwändig und somit lediglich mit einer stark begrenzten Anzahl von Schülerinnen und Schülern durchführbar. *Quantitative Analysen* haben hingegen den Vorteil, mit weniger Aufwand, Lernstandtendenzen verhältnismäßig großer Schülergruppen erfassen zu können. Sie sind im Vergleich zu qualitativen Analysen jedoch weniger informativ.

Im Wesentlichen sollte die *Kompetenzorientierung* (vgl. S. 23), also das, „was die Kinder schon können", bei der Auseinandersetzung mit Lernständen im Vordergrund stehen (Selter & Spiegel 2001, 20), um die Kinder von diesem Standpunkt ausgehend in ihrem weiteren Lernen zu begleiten. Doch findet die parallele Betrachtung von Schwierigkeiten und Fehlern (*Defizitorientierung*) der Kinder ebenfalls ihre Berechtigung (vgl. Radatz 1980, 59). So können beispielsweise Schülerfehler als Grundlage zur Diagnose von Fehlvorstellungen und als Anknüpfungspunkte zur individuellen Förderung produktiv genutzt werden (vgl. Radatz 1989, 5).

Zeitliche Verortung im Lehr-/Lernprozess

Je nachdem, welche Ziele bei der Lernstandfeststellung verfolgt werden, kann darin unterschieden werden, an welcher Stelle im Lehr-/Lernprozess diese durchzuführen ist. Die *Lernausgangsdiagnose* ermöglicht es der Lehrperson, sich vor der unterrichtlichen Thematisierung eines Inhalts über die diesbezüglichen Lernstände der Schülerinnen und Schüler zu informieren, um somit die Gestaltung des Unterrichts dementsprechend anzupassen. Eine *Lernprozessdiagnose* zeichnet sich hingegen „durch die kontinuierliche Auswertung des Lernprozesses aus und soll die Lehrkraft in die Lage versetzen, den Unterricht noch im Prozess zu steuern und den Bedürfnissen der Lernenden anzupassen [...]" (Hußmann et al. 2007, 2). Die vermutlich am häufigsten angewandte Lernstandfeststellung ist die *Lernergebnisdiagnose*, die am Ende einer Lernphase verortet ist. Diese gibt Aufschluss über die in der Unterrichtseinheit erreichten Lernstände der Schülerinnen und Schüler (vgl. Hußmann et al. 2007, 1ff.).

Gefahr der Stigmatisierung

Wie anhand des theoretischen Hintergrunds deutlich wird, kommt der Lernstanddiagnose nicht zuletzt die Bedeutung zu, „den möglichen, sich langsam anbahnenden Lernschwierigkeiten vorzubeugen" (Lernstände als Prädiktoren für weiteren Lernerfolg, vgl. S. 9). Hierbei geht es „um das Verstehen von Denkprozessen und sich entwickelnden Fehlvorstellungen oder Verengungen mathematischer Begriffe und dem Verhaften an insuffizienten Rechenstrategien, wie etwa dem Zählen" (Lorenz 2002, 26) und der gezielten Förderung dieser Schwächen. Die Gefahr besteht jedoch, „sie hingegen als Mittel – womöglich – stigmatisierend wirkender Selektion für ein zukünftiges Eintreten von Lernschwierigkeiten zu nehmen" (Schmidt 2003, 43), was kontraproduktive Folgen hätte und daher zu vermeiden ist.

1.5.2   Konsequenzen für die vorliegende Arbeit

Aus den vorangegangenen Betrachtungen ergeben sich einige zentrale Konsequenzen für die Konzeption und den Einsatz einer Lernstandfeststellung in der vorliegenden Arbeit:

- Die Leitidee des *Lernens als kumulativer Prozess* (vgl. S. 9) stellt die theoretische Ausgangsbasis dieser Arbeit dar. Den Lernständen von Kindern kommt eine wesentliche unterrichtliche Bedeutung zu, da sie ausschlaggebende Grundlagen für weiterführende Lernprozesse darstellen. Die Erfassung und Darstellung der Lernstände von Schulanfängerinnen und Schulanfängern kann in diesem Sinne für die Planung geeigneter Lernumgebungen für den Anfangsunterricht genutzt werden.

- Bei dieser Arbeit liegt die Intention der Aufzeichnung mathematischer Lernstände von Schulanfängerinnen und Schulanfängern selbstverständlich nicht darin, eine vollständige und stets übertragbare Darstellung kindlicher Fähigkeiten zu erzielen. Spiegel und Selter (vgl. 2003) machen auf generelle *Andersartigkeiten in den Denk- und Vorgehensweisen von Kindern* aufmerksam (vgl. S. 22ff.), die allgemeingültige Aussagen oft nicht zulassen und vor dem Hintergrund einer Aufwertung individueller und flexibler Vorgehensweisen der Kinder (vgl. Selter 1999a) auch nicht erstrebenswert machen. Die hier vorliegende Darstellung der Lernstände der an der Untersuchung beteiligten Schülerinnen und Schüler kann die Betrachtung individueller Lernstände der Kinder der eigenen Klasse daher nur unterstützen, ersetzen lässt sich diese jedoch in keinem Fall.

- In Hinblick auf den reflektierten Umgang mit *Lehr-/Lernprozesse* im Allgemein und *individueller Förderung* im Speziellen ist es für Lehrerinnen und Lehrer von zentraler Bedeutung, einen Überblick über gängige, aber auch gerade über außergewöhnliche Denk- und Vorgehensweisen von Schülerinnen und Schüler zu erhalten, um in zunehmendem Maße verständnisvoll, angemessen und flexibel die Lernstände der Kinder feststellen und auf diese eingehen zu können (Diagnostische Kompetenz als Komponente der Lehrerprofessionalität, vgl. S. 13f.). Die vorliegende Arbeit liefert hierzu einen Beitrag.

- Die Leitidee von *Lernständen als Spiegelbild individuellen Lernens* (vgl. S. 22ff.) ist insbesondere für die genaueren Analysen der Lernstände der Kinder für die vorliegende Untersuchung richtungsweisend. So stehen nicht nur die quantitativen Unterschiede der Schulanfängerinnen und Schulanfänger bei der Bearbeitung der Aufgaben im Fokus, sondern auch die verschiedenen Vorgehensweisen der Schülerinnen und Schüler. Hierbei geht es darum, die Vielfalt und gerade auch die Außergewöhnlichkeit und die Abweichungen von der Konvention in den Vorgehensweisen und Denkwegen der Kinder kompetenzorientiert aufzuzeigen, die Defizite dabei jedoch ebenfalls differenziert darzustellen.

- Die beidseitige *Schüler- und Fachorientierung* (vgl. S. 27) ist grundlegend für das in dieser Arbeit entwickelte Untersuchungsdesign (vgl. Kapitel 4). So begründen sich die Lernstandfeststellungen dieser Untersuchung in einem Interesse an den Fähigkeiten der Kinder, welches wiederum an den fundamentalen Ideen der Inhaltsbereiche der Arithmetik und der Geometrie ausgerichtet ist und somit die Fachstruktur systematisch berücksichtigt. Die Auswertung fokussiert das Nachvollziehen der Vorgehensweisen und Denkwege der Schülerinnen und Schüler, welches durch fachinhaltliche Aspekte flankiert wird, um den mathematischen Gehalt in gleichem Maße einzubeziehen.

- Das *Spiralprinzip* (vgl. S. 28) stellt die theoretische Grundlage für die Ausrichtung der Lernstanderhebungen nach den Grundideen der Arithmetik und der Geometrie dar. Die Testaufgaben umfassen grundlegende Themengebiete, welche die Grundschulmathematik in ihren Inhalten umfassen und welche auf unterschiedlichem Niveau über die gesamte Grundschulzeit hinweg immer wieder aufgegriffen werden.

- Der Leitidee der *fortschreitenden Schematisierung* (vgl. S. 28f.) wird in dieser Arbeit insbesondere bei der Analyse der Aufgabenbearbeitungen der Kinder nachgegangen. So werden diese nicht nur quantitativ nach richtigen und falschen Lösungen klassifiziert, sondern auch in Hinblick auf den Schematisierungsgrad ihrer Vorgehensweisen betrachtet (Beispiel: die Strategien ‚Zählen‘, ‚Rechnen‘ und ‚Wissen‘ bei Additionsaufgaben mit Material). Durch die verschiedenen Schematisierungsstufen der Vorgehensweisen der Schulanfängerinnen und Schulanfänger werden unterschiedliche Lernstände deutlich.

2 Lernstände am Schulanfang

Als bildungsinstitutioneller Übergang vom Kindergarten zur Grundschule lässt der Schulanfang Lernständen und ihrer Feststellung einige Besonderheiten zukommen. Vor dem Hintergrund der institutionellen und fachdidaktischen Rahmenbedingungen werden Lernstände und Lernstandfeststellungen zu Schulbeginn im ersten Teil dieses Kapitels in ihren besonderen Merkmalen dargestellt. Im zweiten Teil des Kapitels werden, ausgehend von einer kurzen Darstellung der Entwicklung des Forschungsfelds zu den mathematischen Lernständen von Schulanfängerinnen und Schulanfängern, wesentliche Untersuchungsergebnisse und deren didaktische Konsequenzen herausgearbeitet. Eine Übersicht weiterführender Forschungsfragen schließt das Kapitel ab.

Der Schulanfang stellt für die Durchführung von Lernstandfeststellungen einen besonderen Kontext dar, der sowohl aus institutioneller als auch aus fachdidaktischer Sicht zu betrachten ist. So bringt der Übergang vom Kindergarten zur Grundschule einerseits einige einschlagende institutionelle Veränderungen mit sich, welche Lernstandfeststellungen von Schulanfängerinnen und Schulanfängern in ihren *Motiven* stark beeinflussen. Andererseits sind die gegebenen Bedingungen zu Schulanfang auch aus fachdidaktischer Perspektive differenziert zu betrachten, da auch hier mehrere Besonderheiten in den Lernständen der Schulanfängerinnen und Schulanfänger und der Feststellung dieser begründet liegen und in bestimmte *Kriterien* für Lernstandfeststellungen resultieren. Im ersten Teil des Kapitels (Kapitel 2.1) werden – unter Verknüpfung dieser beiden Sichtweisen – Besonderheiten der Lernstandfeststellung am Schulanfang herausgearbeitet.

Die besonderen Merkmale der Lernstandfeststellung zu Schulbeginn beeinflussen insbesondere auch das Forschungsinteresse in diesem Bereich. Hierauf wird im zweiten Teil des Kapitels (Kapitel 2.2) eingegangen. Zum einen werden die Entwicklungslinien des Forschungsfelds nachgezogen und verschiedene Typen von Lernstanderhebungen aufgezeigt (Kapitel 2.2.1). Zum anderen werden zentrale Ergebnisse empirischer Untersuchungen dargestellt und hinsichtlich ihrer didaktischen Konsequenzen diskutiert (Kapitel 2.2.2). Aus den theoretischen und empirischen Darstellungen von Lernständen und ihrer Feststellung am Schulanfang werden im letzten Teil des Kapitels (Kapitel 2.2.3) weiterführende Forschungsinteressen herausgearbeitet, die den Hintergrund der vorliegenden empirischen Untersuchung bilden.

2.1 Besonderheiten der Lernstandfeststellung am Schulanfang

Der Eintritt in die Schule ist durch einen bildungsinstitutionellen Umbruch ge-kennzeichnet, der sich auf verschiedenen Ebenen vollzieht. Insbesondere zeichnet sich dieser durch folgende Aspekte aus:

• Zusammensetzung einer *neuen Lerngruppe* und einer Lehrperson

• Eintritt der Kinder in eine erstmalig *verpflichtende Bildungseinrichtung* mit bindendem Curriculum,

• (oftmals im Gegensatz zu den Erzieherinnen und Erziehern) in den Unter-richtsfächern *in hohem Maße ausgebildete Lehrerinnen und Lehrer.*

Für die Lernstände von Schulanfängerinnen und Schulanfängern und ihre Feststel-lung ergeben sich hieraus drei grundlegende Motive, die im Folgenden hinsicht-lich ihrer entsprechenden fachdidaktischen Kriterien erörtert werden.

Keine einheitliche curriculare Bezugsbasis

Da Schulanfängerinnen und Schulanfänger keine einheitliche, curricular gestützte mathematische Vorbildung erfahren haben, welche als Bezugsbasis für den an-knüpfenden Unterricht herangezogen werden kann (wie es zumindest rein theore-tisch in den folgenden Schuljahren durch die Lehrpläne gesichert ist), sind Lern-standerhebungen zu Schulbeginn von besonderer Relevanz. Die Vorerfahrungen der Schulanfängerinnen und Schulanfänger können sehr unterschiedlich ausge-prägt sein. Nicht nur, weil nicht alle Kinder einen Kindergarten besucht haben, sondern auch in ihrer alltäglichen Umwelt ganz verschiedene individuelle Vorer-fahrungen sammeln konnten.

Seit Jahrzehnten wird auf die Heterogenität der Schulanfängerinnen und Schulan-fänger aus schulpädagogischer und psychologischer Sicht mit sogenannten ‚Schulreifetests' reagiert, die nicht unumstritten als Diagnosemittel und neben dem Lebensalter als zweites Maß für die Bestimmung der Schuleignung von Kin-dern eingesetzt werden (vgl. Faust-Siehl et al. 1996, 139f.). Die Verfahren und Inhalte sind dabei äußerst unterschiedlich, „da die Komponenten die Schulfähig-keit ausmachen, nicht einheitlich festgelegt sind" (Reichenbach & Lücking 2007, 9). Teilweise werden hierbei auch pränumerische und vereinzelt auch numerische Lernstände erfasst und stellen somit die ersten in der Schulpraxis verbreiteten Lernstandfeststellungen zu mathematischen Inhaltsbereichen dar.

Ausdrücklich mathematische Lernstanderhebungen, wie beispielsweise der stan-dardisierte ‚Osnabrücker Test zur Zahlbegriffsentwicklung' (van Luit et al. 2001), verfügen über keine so lange Tradition und werden erst seit den letzten Jahren zur Ermittlung der Fähigkeiten von Schulanfängerinnen und Schulanfänger herangezogen (vgl. Kaufmann 2006, 160). Gleiches gilt für nicht-standardisierte mathematische Lernstandfeststellungen für den Schulanfang wie beispielsweise den ‚GI-Test Arithmetik' (Wittmann & Müller 2004). Diese Lernstanderhebungen werden zudem nicht unter dem Aspekt der Auslesefunktion, sondern unter der Funktion der individuellen Förderung betrachtet, welche im Anschluss aufgrund der erhobenen Lernstände der Kinder eingeleitet werden kann.

Erste Instanz mit fachspezifischen diagnostischen Fähigkeiten

Lorenz (vgl. 2008, 4) verweist auf die diagnostische Kompetenz von Lehrkräften, die es, in der Kette der Betreuerinnen und Betreuern der Kinder, oft erst ihnen möglich macht, die mathematischen Fähigkeiten der Kinder fachspezifisch einzuschätzen und mögliche zukünftige Lernschwierigkeiten anhand fehlender oder schwach ausgeprägter Vorerfahrungen der Schülerinnen und Schüler zu identifizieren. Somit kommt den Lehrerinnen und Lehrern von Anfangsklassen eine besondere Verantwortung bei der Lerneingangsdiagnose der Schulanfängerinnen und Schulanfänger zu.

Bei der Erfassung der mathematischen Lernstände der Kinder ist zwischen jeweils zwei Arten von Fähigkeiten zu unterscheiden:

Zum einen wird ein Unterschied zwischen *Vorerfahrungen* und *Vorkenntnissen* der Kinder gemacht. Vorerfahrungen werden in „zufälligen Begegnungen mit Umweltsituationen" erworben, wohingegen Fähigkeiten, welche die Lernenden im Rahmen von Unterricht erwerben, als Vorkenntnisse bezeichnet werden (Wittmann 1981, 15). Möchte man daher an die Fähigkeiten von Schulanfängerinnen und Schulanfängern anknüpfen, so richtet sich der Lernausgangspunkt primär an den Vorerfahrungen der Kinder, da der Anteil an Fähigkeiten, der in organisierten Lernsituationen erworben wurde, bei Kindern zu Schulbeginn verhältnismäßig gering ist. Erst im Laufe der Schulzeit richtet sich das Weiterlernen primär an den Vorkenntnissen der Schülerinnen und Schüler aus.

Zum anderen werden die Fähigkeiten von Lernenden nach *informellen* und *formellen Fähigkeiten* unterschieden. Informelle Fähigkeiten sind Fähigkeiten, die auf eigenen Überlegungen und selbst entwickelten, meist kontextbezogenen Vorgehensweisen beruhen und nicht selten von der Konvention abweichen. Formelle Fähigkeiten entsprechen hingegen der mathematischen Norm und werden vorwiegend im schulischen Kontext vermittelt bzw. erworben. Bei der Erfassung der Fähigkeiten von Schulanfängerinnen und Schulanfängern, aber auch bei der Lernstanderfassung von Schülerinnen und Schülern fortgeschrittener Schuljahre, ist die Bewusstheit über diesen Unterschied für die Konstruktion, die Auswertung und die Bewertung von Lernstanderhebungen von zentraler Bedeutung. Möchte man an die Vorerfahrungen der Kinder im Sinne der fortschreitenden Schematisierung anknüpfen, kann es sinnvoll sein, wenn bewusst individuell unterschiedliche Lösungswege der Kinder herausgefordert werden, die einen konkreten, durchaus erst einmal informellen Anknüpfungspunkt für weitere Lernprozesse aufzeigen (vgl. Schipper 1996). Ein Umweltbezug der Aufgaben kann dabei zur Aktivierung informeller Fähigkeiten beitragen.

Eng verbunden mit dem hohen Informationsgehalt der informellen Fähigkeiten und Vorgehensweisen der Kinder, ist der prozessorientierte Blick auf die Kompetenzen der Schülerinnen und Schüler. „Möglicherweise ist es für den Unterricht günstiger, eine Perspektive einzunehmen, die Entwicklungsunterschiede nicht als ‚weiter vor – weiter zurück', oder als ‚schneller – langsamer' auffasst, sondern auf unterschiedliche Wege sich mathematischen Ideen zu nähern und in bestehendes Wissen zu integrieren" (Lorenz 2004, 28). Gerade von Schulanfängerinnen und Schulanfängern ist noch kein „fertiges Wissen" zu erwarten, was die Prozessorientierung vielleicht für diese Schülergruppe gerade besonders einsichtig und leicht, in jedem Fall jedoch notwendig macht.

Geringe Kenntnisse über die inhaltlichen Lernstände der Lerngruppe

Bei Übernahme der Klasse zu Schulbeginn, verfügt die Lehrperson meistens nur über geringe Kenntnisse über die inhaltlichen Lernstände der Schülerinnen und Schüler. Es liegen meistenteils keine (umfassenden) mathematischen Lernstandfeststellungen der Kinder vor, auf die sich die Lehrperson beziehen könnte. Um den Lernstoff den Fähigkeiten der Kinder angepasst auswählen zu können, ist es für Lehrerinnen und Lehrer notwendig, die Lernstände der Kinder recht schnell zu erheben und sich hierdurch ein präzises Bild von den Lernausgangslagen der Schulanfängerinnen und Schulanfänger machen zu können.

Einer näheren Betrachtung bedürfen in diesem Zusammenhang die Lerninhalte, welche Lernstandfeststellungen zu Schulanfang fokussieren. Hier gehen die Auffassungen unterschiedlicher Autoren recht weit auseinander, was weitestgehend mit den Motiven der jeweiligen Lernstanderhebungen zusammenhängt, aber auch auf unterschiedliche allgemeine didaktische Auffassungen zurückzuführen ist.

Lorenz (2003, 18) plädiert beispielsweise für die Erfassung mathematischer Vorläuferfähigkeiten, die den Lerninhalten der ersten Klasse zugrunde liegen: „Da der Mathematikunterricht erst beginnen soll, kann es in der ersten Phase kurz nach Schuleintritt nicht darum gehen, die arithmetische Kompetenz der angehenden Schülerinnen und Schüler durch einen Test zu erfassen. Dies sind Fähigkeiten, die sie erst im Laufe der Schuljahre entwickeln sollen. Vielmehr gilt es, zu diesem Zeitpunkt jene kognitiven Fähigkeiten zu erheben, die für das Lernen im Unterricht notwendig sind [...] und deren Störungen sich zu gravierenden Lernschwierigkeiten auswachsen können". So beinhaltet beispielsweise der ,Hamburger Rechentest' (Lorenz 2006) Aufgaben zu mathematischen Vorläuferfähigkeiten, mit dem Ziel, auf mögliche zukünftige Lernschwierigkeiten aufmerksam zu machen.

Einen ganz anderen inhaltlichen Schwerpunkt setzen die Autoren des ,GI-Eingangstests Arithmetik' (Wittmann & Müller 2004) und des ,GI-Eingangstests Geometrie' (Waldow & Wittmann 2001). Die beiden Tests beinhalten Aufgaben zu den Grundideen der Arithmetik und der Geometrie, welche weitestgehend dem Inhaltsbereich des ersten Schuljahres angehören, diesen teilweise jedoch auch überschreiten. Der Einsatz dieser Tests erfolgt mit der Intention, abschätzen zu können, „ob ein Kind zusätzlichen Förderbedarf hat, ob es selbstständig lernen kann und ob es ggf. im Curriculum schneller vorrücken kann" (Wittmann & Müller 2004, 222).

Trotz der erheblichen Unterschiede in der inhaltlichen Ausrichtung der vorgestellten Lernstanderhebungen ist eine inhaltliche Spannbreite bei allen drei Tests gegeben, die ein auf die Inhalte bezogenes, weites Fähigkeitsspektrum der Kinder erheben lässt (vgl. van den Heuvel-Panhuizen & Gravemeijer 1991, 140).

2.2 Empirische Befunde und didaktische Konsequenzen

Auch wenn erste Untersuchungen zu den mathematischen Fähigkeiten von Schulanfängerinnen und Schulanfängern bereits Ende des 19. Jahrhunderts durchgeführt und in der Zeit danach immer wieder einzelne Studien zu diesem Thema publiziert wurden, kann von einem richtig auflebenden Forschungsfeld erst seit den 80er Jahren des vorangehenden Jahrhunderts gesprochen werden.

Im Folgenden wird der Entwicklungsverlauf der Studien chronologisch umrissen (Kapitel 2.2.1) sowie die zentralen Ergebnisse der Untersuchungen herausgearbeitet und ihre jeweiligen didaktischen Konsequenzen für Unterrichtspraxis und Forschung dargestellt (Kapitel 2.2.2). Ein aus den Befunden resultierendes, weiterführendes Forschungsinteresse wird zusammenfassend im letzten Abschnitt des Kapitels aufgezeigt (Kapitel 2.2.3).

2.2.1 Entwicklungslinien des Forschungsfelds

„Denn schon der Umstand, dass jedes Kind seine besonderen Eigentümlichkeiten, die wir in den Begriff INDIVIDUALITÄT zusammenfassen, besitzt, deutet darauf hin, dass im einzelnen Falle die Kenntnis der psychologischen Bedingungen nicht ausreichen kann, sichere Schlüsse zu ziehen. Und dann sind es natürlich die dem Kind entgegentretenden Objekte der Aussenwelt (Natur- und Menschenleben), welche eine Mannigfaltigkeit des kindlichen Gedankenkreises herbeiführen, die nicht erkannt werden kann, so lange man bloss von den allgemeinen psychologischen Bedingungen ausgeht.[...] Und so kann es auch nicht anders sein, schon diese Objekte allein müssen bewirken, dass jedes Kind seinen individuellen Gedankenkreis mit zur Schule bringt. Will man denselben aber kennen lernen, so bedarf es ganz besonderer, vor allem planmässiger Untersuchungen und fortgesetzter Beobachtungen." (Hartmann 1896, 60)

Hartmann verweist bereits Ende des 19. Jahrhunderts auf die Notwendigkeit der empirischen Erhebung von Lernständen, mit dem Ziel, nicht nur allgemeine, sondern auch ganz konkrete Aussagen über die Fähigkeiten von Schulanfängerinnen und Schulanfängern treffen zu können. Er ist dabei nicht der einzige Pionier in diesem Gebiet. So nennt er beispielsweise Sigismund, Stoy, die Berliner Statistik und den Plauischen Versuch, die diese Leitidee gleichermaßen verfolgen und, mit Ausnahme von Sigismund, diesbezügliche empirische Daten sammeln (vgl. Hartmann 1896, 61ff.). Auch Hartmann (vgl. 1896) selbst führt eine Erhebung zu den Lernständen von Kindern zu Schulbeginn durch, die Annaberger-Erhebung, in der er in Einzelinterviews 1321 Kindern Sachfragen zu verschiedenen Inhaltsgebieten aus ihrer Lebenswelt stellt. Auch sechs Fragen zu mathematischen Inhalten (‚Kenntnis geometrischer Grundformen und Körper', ‚Aufforderung zum Zählen bis 10') sollen die Kinder beantworten. Diese werden nach richtig und falsch beantworteten Fragen produktorientiert ausgewertet.

Hartmann (1896, 82) wertet die Antworten der Kinder nach ‚richtigen' und ‚falschen' Antworten aus:

| Nr. | Objekt. | Die betr. Vorstellung etc. hatten von | | | Angabe in Prozenten | | |
		660 Knaben	652 Mädchen	1312 Sa.	Knaben	Mädchen	Sa.
79	Dreieck.	62	66	128	9	10	10
80	Viereck.	101	90	191	15	14	15
81	Würfel.	214	293	507	32	45	39
82	Kreis.	280	284	564	42	43	43
83	Kugel.	546	510	1056	83	78	80
84	Zählen 1 bis 10.	456	405	861	69	62	66

Abbildung 2.1 Produktorientierte Untersuchung der Lernstände von Schulanfängerinnen und Schulanfängern

Schipper (2002, 120) stellt in Zusammenhang mit dieser Untersuchung, die eine der Ersten in diesem Gebiet darstellt, insbesondere die Tatsache heraus, „dass schon in dieser [...] Studie zwei Motive deutlich werden, die auch bei allen nachfolgenden Untersuchungen festzustellen sind, nämlich

1. das *Anknüpfungsmotiv*, das ist die Hoffnung, mit Hilfe einer genaueren Kenntnis der Vorkenntnisse von Schulanfängern einen Anfangsunterricht gestalten zu können, der an die Vorkenntnisse anknüpft und so einen reibungslosen Übergang von der vorschulischen in die schulische Zeit gewährleist und

2. *das Motiv der curricularen Innovation*, d. h. die Hoffnung, dass die gewonnenen Befunde eine hinreichend tragfähige Grundlage darstellen, auch andere davon zu überzeugen, dass das gegenwärtige Curriculum obsolet ist und dringend der Veränderung bedürfe, nach subjektiver Überzeugung natürlich dringend der Verbesserung im Sinne der eigenen didaktischen Grundposition."

Somit stellen diese ersten Untersuchungen bereits wichtige Leitideen für die folgende Entwicklung des Forschungsfelds heraus.

1935 setzt Oehl mit seiner Untersuchung zum ‚Zahlendenken und Rechnen bei Schulanfängern' (Oehl 1935) einen Meilenstein in der Forschungslandschaft, indem er – gegenüber den alleinig inhaltsorientierten Untersuchungen seiner Zeit – eine prozessorientierte Erfassung und Darstellung der Vorerfahrungen der Kinder verfolgt. Dieser, aus heutiger Sicht fruchtbare Ansatz, bleibt jedoch lange Zeit ein Einzelfall.

Ein zentrales Merkmal der Untersuchung von Oehl (vgl. 1935) ist die Darstellung verschiedener Vorgehensweisen der Kinder wie beispielsweise bei der Addition:

Addieren durch Weiterzählen
I: „11 + 2?"
S: „11 ist; und dann 1 und noch 1, ist 13."
I: „6 + 2?"
S: „Jetzt ist 6 und dann kommt 7, und da wußte ich 8."

Addieren auf Grund von „festen Beziehungen"
I: „3 + 4?"
S: „ist 7."
I: „Wie hast du das gemacht?"
S: „4 + 4 ist 8; das wußt' ich, 3 + 4 ist 7; das ist 1 weniger."

(Oehl 1935, 337 und 339)

Abbildung 2.2 Prozessorientierte Untersuchung der Lernstände von Schulanfängerinnen und Schulanfängern (Beispiel I)

Insbesondere die psychologischen Untersuchungen Piagets, in der Mitte des 20. Jahrhunderts, die sich mit dem mathematischen Denken von Kindern befassen, beeinflussten eine allgemeine Kehrtwende. Kindliches Denken wird nun in Bezug auf allgemeine Entwicklungsstufen betrachtet und somit einer Prozessorientierung gefolgt (für eine detaillierte Auseinandersetzung mit den Untersuchungen Piagets ist auf Oeveste 1987 zu verweisen).

Ein zentrales Ergebnis der Untersuchungen von Piaget ist die Festlegung von Entwicklungsstufen wie sie beispielsweise beim Abzeichnen von Modellen auftreten:

Teilstadium I A   Teilstadium I B   Übergang I B und II A   Teilstadium II A

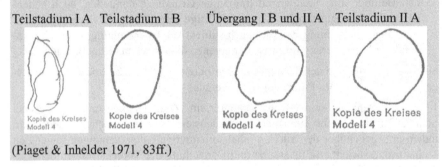

(Piaget & Inhelder 1971, 83ff.)

Abbildung 2.3 Prozessorientierte Untersuchung der Lernstände von Schulanfängerinnen und Schulanfängern (Beispiel II)

Doch stellt sich die von Piaget entwickelte Stufenfolge zur kognitiven Entwicklung nur als bedingt zielführend heraus. Weiterführende Studien richten die Erfassung kindlicher Entwicklungslinien noch mehr an den individuellen Vorerfahrungen und Vorstellungen der Kinder aus und erfassen diese nicht mehr alleinig im beschränkten Rahmen vorgegebenen Strukturen wissenschaftlicher Theorien (vgl. Duit 1995, 906f.).

Während sich im englischsprachigen Raum das Forschungsfeld der Vorerfahrungen von Schulanfängerinnen und Schulanfängern bereits in der frühen zweiten Hälfte des 20. Jahrhunderts durch wesentliche Beiträge von beispielsweise Rea & Reys (vgl. 1970) und Hendrickson (vgl. 1979) etabliert, leiten Schmidt (vgl. 1982a/b) und Schmidt & Weiser (1982) voneinander unabhängig die diesbezüglichen neuzeitlicheren Untersuchungen in Deutschland erst etwas später ein. Aufgrund der Beobachtung, „dass die Kinder bei Schuleintritt bereits beachtliche Fähigkeiten im Umgang mit Zahlen besitzen" (Schmidt 1982a, 64), stellen die Autoren nicht nur durch ihren Untersuchungsaufbau, sondern auch durch die bestätigenden Forschungsergebnisse – eine der Mengenlehre widersprechende

Position dar: „Entgegen dem gegenwärtig in der Bundesrepublik häufig prakti-
zierten Anfangsunterricht erscheint es daher nicht forderlich, dem expliziten Umgang mit Zahlen eine ausgedehnte pränumerische Phase voranzustellen (Schmidt
1982a, 64; vgl. auch Schipper 2002, 122). Auch Schmidt & Weiser (1982, 260)
argumentieren: „Es erscheint jedenfalls absurd, daß bei dem Kenntnisstand der
Schulanfänger die ersten Zahlwörter nach mehreren Wochen zum erstenmal ‚offi-
ziell' auftreten, nachdem die zugehörigen Äquivalenzklassen aufgebaut worden
sind".

Schmidt (vgl. 1982) zeigt auf, dass viele Schulanfängerinnen und Schulanfänger
über höhere Lernstände verfügen als allgemein angenommen wird.

Aufgabe: Zähle, so weit du kannst!

Ergebnisse:

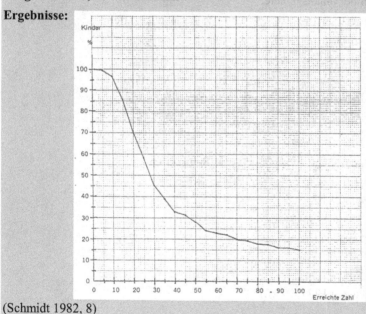

(Schmidt 1982, 8)

Abbildung 2.4 Erste zentrale Ergebnisse zu den Lernständen von Schulanfängerinnen
und Schulanfängern

Doch Konsequenzen werden aus diesen Untersuchungen in der mathematikdidaktischen Forschung und Unterrichtspraxis nur langsam gezogen. Padberg (1986 in
Grassmann 1995, 302) spricht diesbezüglich von einer „Ignorierung der Vorkenntnisse der Schüler". Die Befunde werden jedoch „durch den weiteren Schub

an Erhebungen – zum Teil mit inhaltlich anderen Situationen arbeitend, teils dem quantitativ-statistischen, teils dem qualitativ-analysierenden Design verpflichtet – in den 1990er-Jahren einerseits bekräftigt, andererseits im inhaltlichen Detail weiter ausdifferenziert“ (Schmidt 2003, 28).

Eine Welle von Untersuchungen mit Schulanfängerinnen und Schulanfängern entstand aus den in den Niederlanden von van den Heuvel-Panhuizen entwickelten ‚Utrechter Aufgaben‘ (vgl. Heuvel-Panhuizen 1990a/1990b/1995).

Die ‚Utrechter Aufgaben‘ (vgl. Heuvel-Panhuizen 1995) erheben die Lernstände von Schulanfängerinnen und Schulanfängern zu verschiedenen arithmetischen Inhaltsbereichen des Anfangsunterrichts.

Eine Auswahl der Inhaltsgebiete:

Größer-Kleiner-Beziehung

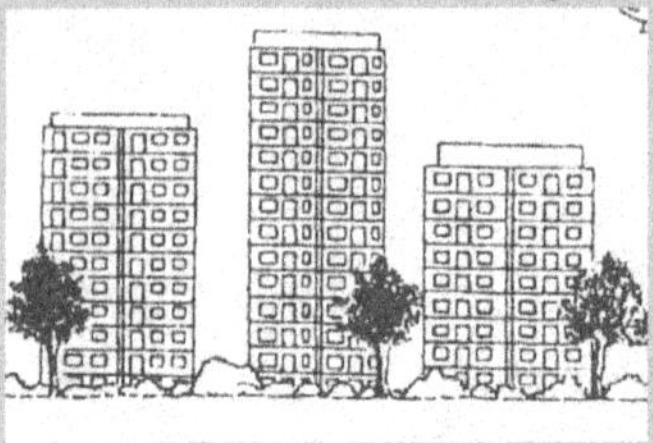

Kenntnis von Ziffern

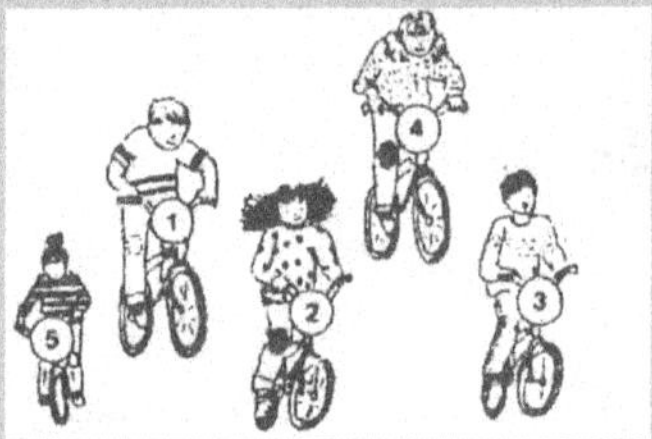

Rückwärtszählen

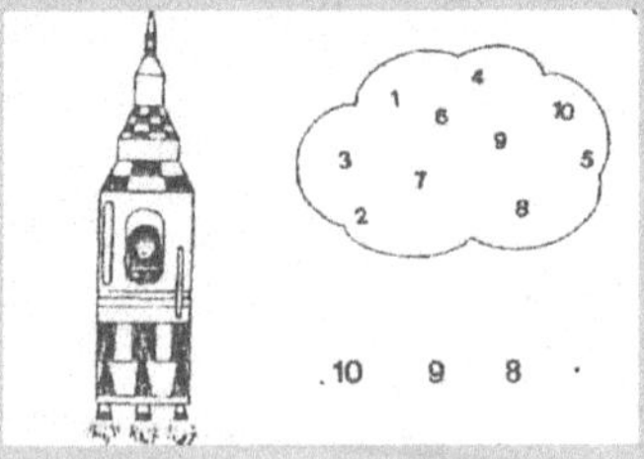

Subtraktion

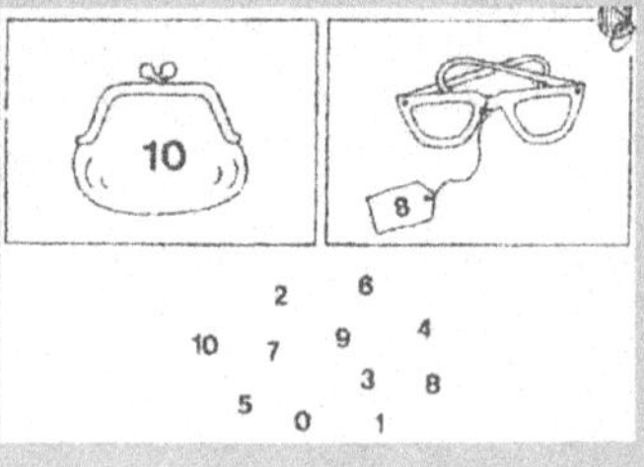

(Heuvel-Panhuizen 1995, 103ff.)

Abbildung 2.5 Testaufgaben zu verschiedenen arithmetischen Inhaltsbereichen des Anfangsunterrichts

Eine Besonderheit der Untersuchungen besteht neben der Erfassung der Fähigkeiten der Kinder, in der Befragung von Experten (Grundschullehrerinnen und Grundschullehrer, Schulräte, Studierende etc.) nach ihren Einschätzungen der Erfolgsquoten der Schulanfängerinnen und Schulanfänger (vgl. Heuvel-Panhuizen 1995, 105). Um unter anderem einen Ländervergleich zu ermöglichen, werden die

Aufgaben in verschiedenen Untersuchungen in der Schweiz (vgl. Hengartner & Röthlisberger 1994), in Deutschland (vgl. Selter 1995a), in Berlin/Brandenburg, der Tschechischen und Slowakischen Republik (vgl. Grassmann 1995 und Hošpesová 1995) und in weiteren Teilen Deutschlands (vgl. Schroedel Verlag 1996) durchgeführt. Die Ergebnisse der Studien weisen alle recht hohe, aber auch sehr heterogene Kompetenzen der Kinder zu Schulbeginn auf, die im Allgemeinen von Experten stark unterschätzt werden (vgl. S. 52ff.).

Aufgrund der „Tatsache, daß in Untersuchungen zu Vorkenntnissen von Schulanfängern häufig eine Beschränkung auf arithmetische Kenntnisse erfolgt" (Grassmann 1996, 25), greift Grassmann (vgl. 1996) Testaufgaben eines in Tschechien entwickelten Geometrietests für Schulanfängerinnen und Schulanfänger auf.

Aufgaben zur Feststellung geometrischer Lernstände von Schulanfängerinnen und Schulanfängern in der Untersuchung von Grassmann (1996,25):

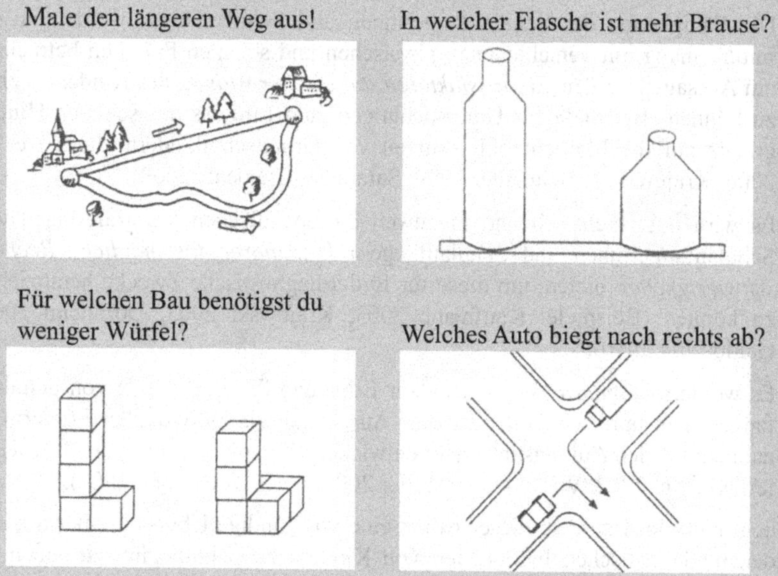

Abbildung 2.6 Testaufgaben zu verschiedenen geometrischen Inhaltsbereichen des Anfangsunterrichts

Mit den sechs Testaufgaben erhebt sie grundlegende geometrische Kompetenzen von 583 Schülerinnen und Schülern. Die schriftlichen Tests und die in einer Klasse mündlich durchgeführten Einzelgespräche zeigen auch für diesen mathematischen Inhaltsbereich auf, dass an die geometrischen Lernstände der Kinder zu Schulanfang differenziert angeknüpft werden muss, wobei die genaue Beobachtung der Denkweisen der Kinder eine notwendige Grundlage bildet (vgl. Grassmann 1996, 27).

In den darauffolgenden Jahren setzen sich die Untersuchungen zu den Fähigkeiten von Schulanfängerinnen und Schulanfängern fort, wobei sich die Forschungsfragen auf verschiedene inhaltliche Schwerpunkte ausweiten. Die wesentlichen Tendenzen spiegeln sich in vier zentralen Forschungsinteressen wider:

- Die Erfassung der Vorerfahrungen von Schulanfängerinnen und Schulanfängern wird auf *spezifische mathematische Inhaltsbereiche* konkretisiert, um mehr über die diesbezüglichen Vorgehensweisen und Denkwege der Kinder zu erfahren (Beispiele zum Inhaltsbereich ‚Geld‘: Franke & Kurz 2003; Grassmann et al. 2005/2006/2008).

- Die Fähigkeiten der Schulanfängerinnen und Schulanfänger werden in Zusammenhang mit verschiedenen physischen und sozialen Faktoren betrachtet, um Aussagen zu den *Einflussfaktoren auf die Lernstände* der Kinder machen zu können (Beispiele für Untersuchungen zum Einfluss des sozialen Hintergrunds auf die Mathematikleistungen von Grundschulkindern: Jordan et al. 2006; Krajewski & Schneider 2009; Sarama & Clements 2009).

- Es wird untersucht, ob und inwieweit die spezifischen Vorerfahrungen von Schulanfängerinnen und Schulanfängern *Indikatoren für mögliche Rechenschwierigkeiten* bieten, um diese für förderdiagnostische Zwecke heranziehen zu können (Beispiele: Kaufmann 2003, Krajewski 2003, Dornheim 2008, Gaidoschik 2010).

- Es werden *(standardisierte) Tests* zur Erhebung der Lernstände von Schulanfängerinnen und Schulanfängern als Ausgangsbasis individueller Fördermaßnahmen für den Anfangsunterricht entwickelt (Beispiele: Luit et al. 2001, Krajewski et. al 2002, Wittmann & Müller 2004, Peter-Koop et al. 2007).

Es liegt nicht im Interesse dieser Arbeit eine vollständige Übersicht aller Studien zu den mathematischen Fähigkeiten von Kindern zu Schulbeginn zu geben. In Ergänzung zu der groben Skizzierung der Entwicklung des Forschungsfelds in diesem Kapitel, werden wesentliche Ergebnisse der Studien im anschließenden Kapitel dargestellt, mit dem Ziel, das Forschungsinteresse für die eigene Untersuchung einzubetten und auszuschärfen.

2.2.2 Zentrale Ergebnisse

Im Folgenden werden zentrale Forschungsbefunde zu den mathematischen Lernständen von Schulanfängerinnen und Schulanfängern zusammengefasst und hinsichtlich ihrer Konsequenzen für Forschung und Unterrichtspraxis erläutert. Die Auswahl der Forschungsergebnisse konzentriert sich hierbei insbesondere auf *allgemeine, inhaltsübergreifende* Erkenntnisse. Aufgrund der inhaltlichen Breite der vorliegenden Untersuchung ist es erst in Zusammenhang mit der Darstellung der Ergebnisse in den Kapiteln 5, 6 und 7 sinnvoll, eine nähere Übersicht der *inhaltsbezogenen* Forschungsbefunde zu den jeweiligen Themenbereichen zu geben. Diese dient dann zur Einbettung und zum Vergleich mit den in dieser Untersuchung vorliegenden Befunden. Im Folgenden werden inhaltsbezogene Befunde, ohne Anspruch auf Vollständigkeit, lediglich zur Konkretisierung inhaltsübergreifender Erkenntnisse aufgezeigt.

Hieraus ergibt sich folgende Kapitelstruktur:

	Inhalt	Seite
Erfolgsquoten und Vorgehensweisen bei (verschiedenen Inhaltsbereichen) der Arithmetik und Geometrie	Der Schulanfang als ein weiterführendes Lernen	49
	Unterschätzung der Kompetenzen von Schulanfängerinnen und Schulanfängern	52
	Heterogene Fähigkeiten der Schulanfängerinnen und Schulanfänger (Unterschiede in den Lösungshäufigkeiten / Unterschiede in den Vorgehensweisen)	54
	Lernstände als möglicher Indikator für den Erfolg weiteren Lernens	62
Lernstandbeeinflussende Faktoren	Das Alter als Einflussfaktor	64
	Das Geschlecht als Einflussfaktor	66
	Der soziale Hintergrund als Einflussfaktor	68
Inhaltsbezogene Korrelationen		69

Erfolgsquoten und Vorgehensweisen bei der Arithmetik und Geometrie

Der Schulanfang als ein weiterführendes Lernen: Insbesondere in den frühen Untersuchungen von Schmidt (vgl. 1982a/b) und Schmidt & Weiser (vgl. 1982) sowie in den mit Bezug zu den ‚Utrechter-Aufgaben' durchgeführten Studien Mitte der 90er-Jahre werden die beachtlich hohen mathematischen Vorerfahrungen von Schulanfängerinnen und Schulanfängern als ein wesentliches Forschungsergebnis herausgestellt. Insbesondere im Kontext des Zeitalters der Mengenlehre, aber auch in den darauffolgenden Jahren ging die Gestaltung des Anfangsunterrichts meist wortwörtlich vom Lernanfang aus und investierte viel Zeit in die vermeintliche Vermittlung mathematischer Grundlagen sowie in kleinschrittiges Vorgehen (vgl. Padberg 2005, 29). Konträr dazu, zeigen die Studien wesentliche Vorerfahrungen der jungen Schülerinnen und Schüler auf, die, um nur ein paar Beispiele zu nennen, darin bestehen, dass die Kinder durchschnittlich bereits fünf bis sechs der zehn Ziffern korrekt schreiben und etwas mehr als neun Ziffern richtig benennen können. Die Verknüpfung der Zahlwörter und ihrer Anzahlen gelingt mindestens knapp 80% der Kinder bei (An-)Zahlen bis zehn, bei Werten bis 20 ungefähr der Hälfte der Schulanfängerinnen und Schulanfänger (vgl. Schmidt 1982b, 166f.).

Wie selbstverständlich der Umgang vieler Kinder mit Zahlen bis 20 zu Schulbeginn ist, zeigen auch Hengartner & Röthlisberger (vgl. 1994, 10) auf. Für ihre Untersuchung nutzen sie eine Auswahl von 13 ‚Utrechter Aufgaben', die sie rund 200 Schulanfängerinnen und Schulanfängern aus der Schweiz vorlegten. Die Ergebnisse zeigen beispielsweise, dass vier Fünftel der untersuchten Kinder bis zu der Zahl ‚zehn' vorwärtszählen können, und ein fast ebenso großer Anteil der Kinder in der Lage dazu ist, Additionsaufgaben in diesem Zahlenraum zu lösen, vorausgesetzt es besteht die Möglichkeit des Zählens. So beziehen sich die Fähigkeiten der Kinder zu Schulanfang nicht nur auf Zahlenkenntnisse, sondern auch auf Rechenoperationen (vgl. auch Spiegel 1992a). Moser Opitz (2002, 147) stellt für den heilpädagogischen Bereich ebenfalls die Erkenntnis heraus, „dass viele Schulanfängerinnen und Schulanfänger in den Kleinklassen grössere numerische Kompetenzen mitbringen als die gängigen heilpädagogischen Mathematiklehrmittel voraussetzen". Weitere Nachweise zu den arithmetischen Vorerfahrungen von Schulanfängerinnen und Schulanfängern geben beispielsweise Carpenter et al. (vgl. 1981), Spiegel (vgl. 1979), Carpenter et al. (vgl. 1993), Maier (vgl. 1995), Selter (vgl. 1995a), Rinkens (vgl. 1996) und Hasemann (vgl. 2006).

Auch in dem Inhaltsbereich Geometrie zeigen Kinder zu Schulbeginn erhebliche Vorerfahrungen auf. Höglinger & Senftleben (vgl. 1997) erfassen in ihrer Untersuchung beispielsweise den Umgang der Schülerinnen und Schüler mit Formen, Symmetrien und Drehbewegungen. Hierfür haben die Autoren Einzelinterviews mit 50 Kindern aus drei Schulen Niederbayerns durchgeführt. Die Autoren, um nur einen kleinen Einblick in die Ergebnisse der Studie zu geben, stellen dabei die sichere Beherrschung der Flächenform ‚rund' heraus. Auch wenn häufige Fehlvorstellungen zum ‚Dreieck' und ‚Viereck' vorliegen, die sich insbesondere auf Sonderformen wie die Raute, das Trapez oder das stumpfwinklige Dreieck beziehen, können dennoch mehr als die Hälfte aller Kinder die jeweiligen Formen auch diesen Formengruppen zuordnen. Bei der Aufgabe zum räumlichen Denkvermögen, bei der die Kinder die Auswirkung der Drehung eines Riesenrads um

180° auf die Position einer Gondel bestimmen sollen, weisen die Autoren ebenfalls erhebliche Fähigkeiten der Schulanfängerinnen und Schulanfänger nach. 60% der Kinder ist es möglich, diese Aufgabe zu lösen. So können die Schülerinnen und Schüler nicht selten auch Aufgaben korrekt bearbeiten, die nach üblichen Verteilungsplänen erst für einen späteren Zeitpunkt angedacht sind (vgl. Rosin 1995, 53). Ähnliche Nachweise zur Geometrie liefern beispielsweise die Untersuchungen von Grassmann (vgl. 1996), Kuøina et al. (vgl. 1998), Waldow & Wittmann (vgl. 2001) und Eichler (vgl. 2004).

Aus den Befunden geht hervor, dass der Anfangsunterricht als ein weiterführender Unterricht zu verstehen ist, auch wenn die curriculumbasierte Schulung der Kinder erst gerade beginnt. Hieraus ergeben sich einige zentrale Schlussfolgerungen für Unterricht und Forschung:

Schlussfolgerungen für den Unterricht:

- Die mathematischen Fähigkeiten der Schulanfängerinnen und Schulanfänger sind „in den wenigsten Fällen Resultat systematischer Unterweisung" und sind daher ein Beleg für die Auffassung, dass sich Lernen durch Eigenaktivität der Kinder ereignet. Der Anfangsunterricht sollte daher ein Umfeld für die Kinder bieten, „das eigene Wissen möglichst selbstständig weiterzuentwickeln" (Spiegel 1992a, 23).

- Im Rahmen des Anfangsunterrichts wäre es „ein grosser Fehler, quasi bei Null zu beginnen. Man sollte nicht mit einem pränumerischen Teil auf etwas vorbereiten, was viele schon können, oder den Zahlenraum künstlich auf 6 begrenzen" (Hengartner & Röthlisberger 1994, 23).

- „Der Unterricht sollte den Schülern möglichst viele Gelegenheiten bieten, ihr Vorwissen zu zeigen, einzusetzen und weiterzuentwickeln. Dadurch eröffnen sich auch für die Lehrerinnen wichtige Orientierungspunkte für Angebote zum Weiterlernen" (Selter 1995a, 15).

- Entsprechende Anknüpfungspunkte für die Kinder zu schaffen, „heißt auch, an die – tatsächlichen oder vorstellbaren – Alltagserfahrungen der Schüler anzuknüpfen und es ihnen zu ermöglichen, diese zum Ausgangspunkt ihres Lernprozesses zu machen" (Selter 1995a, 16). Hier kann auf den ‚realistischen Mathematikunterricht' der Niederländer verwiesen werden (vgl. Treffers 1983).

Schlussfolgerungen für die Forschung:

- Die Untersuchungen zu den Lernständen von Schulanfängerinnen und Schulanfängern sind auf weitere Inhaltsbereiche des mathematischen Anfangsunterrichts zu erweitern, um zunehmend breitere Kenntnisse über die Lernstände der Kinder zu erhalten. Dies betrifft die bisher noch unberücksichtigten Teil-

gebiete der Arithmetik, aber auch insbesondere die Geometrie, der bisher verhältnismäßig wenig Aufmerksamkeit bei diesen Untersuchungen zugekommen
ist (vgl. Forschungsinteresse 2 und Forschungsinteresse 3, Kapitel 2.2.3).

**Unterschätzung der Kompetenzen von Schulanfängerinnen und Schulanfän-
gern:** In Zusammenhang mit der Verwendung der ‚Utrechter-Aufgaben' ergibt sich
in mehreren Untersuchungen und in Bezug auf unterschiedliche Personenkreise
eine tendenzielle Unterschätzung der Erfolgsquoten der Schulanfängerinnen und
Schulanfänger seitens der Experten. So täuscht sich anfangs die 18-köpfige Ex-
pertenkommission der Testentwickler (vgl. Heuvel-Panhuizen 1990b) bei den zu
erwartenden Fähigkeiten der Schulanfängerinnen und Schulanfänger vor der Erst-
erprobung der Tests massiv (vgl. Selter 1993, 350). Auch bei der Verwendung der
Testaufgaben in weiteren Untersuchungen werden Experten (insbesondere Lehrerinnen und Lehrer, Studierende und Lehramtsanwärterinnen und Lehramtsanwärter) gebeten, die Kompetenzen der Schulanfängerinnen und Schulanfänger abzu-
schätzen. Auch hier ist eine erheblich niedrigere Vorabeinschätzungen der Kinder
durch die Experten zu verzeichnen (vgl. van den Heuvel-Panhuizen 1990b).

Testergebnisse von 198 Erstklässlerinnen und Erstklässlern zu den 13 Utrechter
Aufgaben (erster Balken) im Vergleich zu den Leistungserwartungen von 61 Lehrerinnen und Lehrern (zweiter Balken):

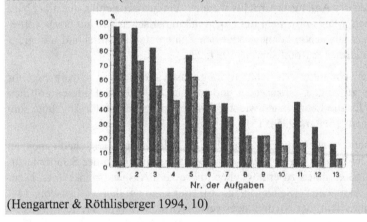

(Hengartner & Röthlisberger 1994, 10)

Abbildung 2.7 Unterschätzung der Lernstände der Schulanfängerinnen und Schulanfänger durch Experten

In der Schweiz erhalten Hengartner & Röthlisberger (vgl. 1994) mit ihrer Untersuchung, an der 61 Lehrpersonen teilnehmen, ein sich mit den niederländischen

Ergebnissen deckendes Resultat: „Zweimal gehen die Lehrerinnen und Lehrer also von zu tiefen Erwartungen aus: einmal am Schulanfang bei der Einführung der Zahlen, was dann zum üblichen kleinschrittigen Erweitern der Zahlen führt; später im Verlauf des ersten Mathematikunterrichts wieder, wenn sie den Kindern nur einfache Additions- und Subtraktionsaufgaben, nicht aber komplexere Problemstellungen zutrauen" (Hengartner & Röthlisberger 1994, 11).

Selter (vgl. 1995a) analysiert die durchschnittlich niedrigen Erwartungen verschiedener Expertengruppen (Lehrerinnen und Lehrer, Lehramtsanwärterinnen und Lehramtsanwärter und Studierende) in seiner Untersuchung in Deutschland, insgesamt etwa 400 Personen, getrennt voneinander. Die Auswertung zeigt, dass, „wie zu erwarten, die *praktizierenden* Lehrerinnen erheblich bessere Einschätzungen abgaben als die Lehramtsanwärterinnen und die Studentinnen" (Selter 1995, 14). Die relative Schwierigkeit der Aufgaben wird von den Experten dabei recht genau eingeschätzt (vgl. Selter 1995, 13).

Grassmann et al. (vgl. 1995) arbeiten ergänzend heraus, dass Lehrpersonen, welche zu dem Untersuchungszeitpunkt eine erste Klasse unterrichten, die Fähigkeiten der Kinder besser einschätzen können als ihre Kolleginnen und Kollegen. Die Autoren können in diesem Zusammenhang zudem nachweisen, dass „auch die Erwartungshaltungen der Lehrer eine große Heterogenität aufweisen" (Grassmann et al. 1995, 315). So weichen die Einschätzungen der Erfolgsquoten der Schulanfängerinnen und Schulanfänger in Bezug auf einige Aufgaben über 80 Prozent voneinander ab.

Die Befunde stellen die Kompetenzen von Schulanfängerinnen und Schulanfängern als oftmals unterschätzte Fähigkeiten dar. Dabei beziehen sich alle Studien auf Inhaltsbereiche der Arithmetik, die Geometrie findet hierbei keine Betrachtung.

Schlussfolgerungen für den Unterricht:

- Selter (vgl. 1995a, 16) verweist hinsichtlich der Studien von Rosenthal & Jacobson (vgl. 1968) auf die Gefahr, dass sich niedrige Vorabeinschätzungen negativ, als „selbst-erfüllende Prophezeiung", auf die Fähigkeiten der Schulanfängerinnen und Schulanfänger auswirken können und deshalb eine Revidierung der gängigen Vorstellungen notwendig ist. Diese Forderung wird ebenfalls durch die Untersuchung von Grassmann & Thiel (2003, 251f.), durchgeführt in mehreren ersten Schuljahren, gestützt: „Wir sehen hierin die Wirkung eines pädagogischen Optimismus. Lehrkräfte, die ihren Schülerinnen und Schülern mehr zutrauen, fordern diese auch mehr, wodurch die Kinder tatsächlich mehr lernen und bessere Leistungen erbringen".

- Die Inhalte von Schulbüchern, an denen sich Lehrerinnen und Lehrer bei der Unterrichtsgestaltung im Wesentlichen orientieren und welche auch als eine plausible Ursache für die aufgezeigten Fehleinschätzungen herangezogen werden können, sollten die Vorerfahrungen von Kindern bei Schuleintritt unbedingt berücksichtigen und die Lehrpersonen dazu anregen, diese auch im Unterricht aufzugreifen (vgl. Hengartner & Röthlisberger 1994, 22; Grassmann 1995, 321).

- Da sich Lehrpersonen weder „auf Lehrmittelvorlagen noch Lehrpläne verlassen" können und auch nicht „auf die eigene und fremde langjährige Praxis" (Hengartner & Röthlisberger 1994, 22), sind Aufgaben zur Erhebung der Vorerfahrungen der Kinder von besonderer Relevanz, um ein Angebot an Standortbestimmungen zu machen (vgl. Selter 1993, 352).

Schlussfolgerungen für die Forschung:

- Die Studien beziehen sich ausschließlich auf arithmetische Inhalte, der Bereich der geometrischen Lernstände findet keine Berücksichtigung. Hier gilt es durch entsprechende Untersuchungen festzustellen, inwiefern die Unterschätzung der Fähigkeiten von Schulanfängerinnen und Schulanfängern seitens der Experten auch für den Inhaltsbereich der Geometrie zutrifft.

- Inwieweit sich die Kenntnis von Lehrerinnen und Lehrer über die Lernstände von Schulanfängerinnen und Schulanfängern in den letzten Jahren verändert hat, stellt eine zweite wesentliche Fragestellung für weiterführende Untersuchungen dar.

Aufgrund der andersartigen Schwerpunktsetzung dieser Arbeit, wird diesen Forschungsinteressen in der folgenden Arbeit nicht weiter nachgegangen.

Heterogene Fähigkeiten der Schulanfängerinnen und Schulanfänger: Die Unterschiedlichkeit in den mathematischen Lernständen ist ein wesentliches und einstimmiges Ergebnis der Untersuchungen mit Schulanfängerinnen und Schulanfängern. Es werden dabei unterschiedliche Differenzen in den Blick genommen: Unterschiede in den Lösungshäufigkeiten und Unterschiede in den Vorgehensweisen der Kinder.

Unterschiede in den Lösungshäufigkeiten: In Bezug auf die teilweise äußerst unterschiedlichen Erfolgsquoten einzelner Schulanfängerinnen und Schulanfänger wird in einer Vielzahl von Studien die große Leistungsheterogenität der Kinder hervorgehoben. So stellen beispielsweise Hengartner & Röthlisberger (vgl. 1994, 11) heraus, dass sich die Vorerfahrungen der stärksten gegenüber den schwächsten zehn Prozent der Kinder zu Schulbeginn massiv unterscheiden. So löst erstere Gruppe elf, zwölf oder alle 13 arithmetischen Aufgaben der Lernstanderhebung, während die andere Gruppe der Schülerinnen und Schüler lediglich zwei bis vier der Aufgaben erfolgreich bewältigt. Kaufmann (vgl. 2003, 71) stellt diese Erkenntnis für die stärksten und schwächsten 25 Prozent der Schulanfängerinnen und Schulanfänger heraus, die einerseits 30 Punkte und mehr und andererseits weniger als 23 Punkte (von 34 möglichen Punkten) im Arithmetiktest erreichen. Auch Hasemann (vgl. 1998, 265f.) macht auf die hohe Differenz der leistungsstärksten und leistungsschwächsten Schulanfängerinnen und Schulanfänger im arithmetischen Bereich aufmerksam. Als jedoch viel alarmierender bezeichnet er die Unterschiede, welche sich zwischen den leistungsschwächsten 25 Prozent und den restlichen Kindern zeigen. So lösen die schwächsten Kinder zu Schulbeginn bei den fünf schwierigsten (der insgesamt acht) Aufgaben durchschnittlich zwei Aufgaben weniger als die restlichen 75 Prozent der Kinder.

Die Tabelle schlüsselt die Anzahl der richtigen Lösungen der besten 25% der Kinder (75-100%), der Gesamtgruppe ohne die schwächsten 25% (25-100%) und der schwächsten 25% (0-25%) bei den jeweiligen Testaufgaben auf.

Untertest:	Vergleichen	Klassifizierung	1-1-Zuordnung	Reihenfolgen
T1 : Mittelw.	4,5	3,5	3,3	2,1
T2: Mittelw.	4,6	3,7	3,6	2,7
T2: 75-100%	4,9	4,3	4,6	4,4
T2: 25-100%	4,8	3,9	3,9	3,2
T2: 0-25%	4,0	3,0	2,7	1,1

Untertest:	Zahlwörter	Zählen mit Zeigen	Zählen ohne Zeigen	Einfaches Rechnen
T1 : Mittelw.	2,6	2,9	2,2	2,8
T2: Mittelw.	2,9	3,3	2,5	3,1
T2: 75-100%	4,4	4,4	3,7	4,5
T2: 25-100%	3,4	3,7	3,0	3,5
T2: 0-25%	1,2	1,9	1,2	1,1

(Hasemann 1998, 265)

Abbildung 2.8 Unterschiede in den Lösungshäufigkeiten von Schulanfängerinnen und Schulanfänger in der Arithmetik

Die durchgehend niedrigen Erfolgsquoten der leistungsschwachen Schülerinnen und Schüler können zumindest ansatzweise durch korrelative Zusammenhänge der getesteten Kompetenzen eine Erklärung finden (vgl. S. 69f.).

Die Unterschiedlichkeit der Lösungshäufigkeiten ist jedoch nicht nur auf individueller Ebene der Schulanfängerinnen und Schulanfänger zu beobachten, sondern auch innerhalb einer und zwischen verschiedenen Klassen gegeben. So weist beispielsweise Selter (vgl. 1995a, 15) Differenzen in den Lösungshäufigkeiten der Schulanfängerinnen und Schulanfänger ein und derselben Klassen von 4 (von 6) Aufgaben auf. Hengartner & Röthlisberger (vgl. 1994, 12f.) stellen große Differenzen zwischen verschiedenen Schulklassen und ihren jeweiligen Aufgabenbearbeitungen heraus. Die Erfolgsquoten der Klassen unterscheiden sich bei den einzelnen Aufgaben mit bis zu 64 durchschnittlichen Prozentpunkten.

Das Diagramm zeigt die stark unterschiedlichen Erfolgsquoten verschiedener Klassen beim Lösen der dargestellten Subtraktionsaufgabe.

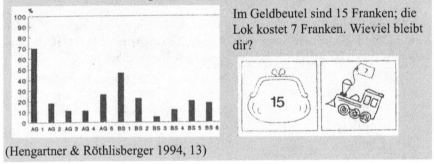

Im Geldbeutel sind 15 Franken; die Lok kostet 7 Franken. Wieviel bleibt dir?

(Hengartner & Röthlisberger 1994, 13)

Abbildung 2.9 Unterschiede in den durchschnittlichen Erfolgsquoten verschiedener Klassen in der Arithmetik

Ähnliche Ergebnisse ermitteln auch Grassmann (vgl. 1995, 316f.) und Rinkens (vgl. 1996). Krajewski (vgl. 2003, 167) stellt ebenfalls erhebliche Leistungsunterschiede zwischen den Klassen fest, trotz vergleichbarer Werte bei den Intelligenzleistungen dieser und spezifiziert somit den Leistungsunterschied auf die mathematischen Fähigkeiten der Kinder.

So ernst die Vorerfahrungen der Schulanfängerinnen und Schulanfänger genommen werden sollten, so wichtig ist es aber auch, die mathematischen Fähigkeiten der Kinder nicht zu verallgemeinern und zu überschätzen. So macht Schipper (2002, 138) darauf aufmerksam, dass die kontextgebundenen Aufgabenstellungen, die oft in den Lernstanderhebungen verwendet werden, „nur einen kleinen Ausschnitt derjenigen arithmetischen Fähigkeiten" erfassen, „die Kinder im Anfangsunterricht erwerben sollen". Seiner Ansicht nach sollten diese Fähigkeiten unbedingt als Ausgangspunkte für weitere Lernprozesse nach dem Prinzip der fortschreitenden Schematisierung herangezogen werden, „die pauschale Botschaft von der hohen mathematischen Kompetenz von Schulanfängern ist jedoch nicht geeignet, Lehrerinnen und Lehrer für diese Unterschiede zu sensibilisieren". In diesem Zusammenhang stellen auch Grassmann et al. (2005, 62) für kontextbezogene Aufgaben exemplarisch heraus, „dass Kinder im Allgemeinen zu Schulbeginn (noch) keine Experten im Umgang mit Geld sind, wie es ja auch bei der Komplexität der Fragen aus den verschiedensten Gebieten, die mit dieser Größe zusammenhängen, auch nicht verwundert".

In Zusammenhang mit den geometrischen Lernständen von Schulanfängerinnen und Schulanfängern weisen Waldow & Wittmann (vgl. 2001) in ihren klinischen Interviews (auf Grundlage des mathe 2000-Geometrie-Tests) mit 83 Kindern aus vier verschiedenen Schulklassen auf große Unterschiede in den Lösungshäufigkeiten der Schülerinnen und Schüler hin.

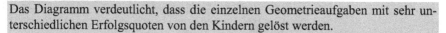

Das Diagramm verdeutlicht, dass die einzelnen Geometrieaufgaben mit sehr unterschiedlichen Erfolgsquoten von den Kindern gelöst werden.

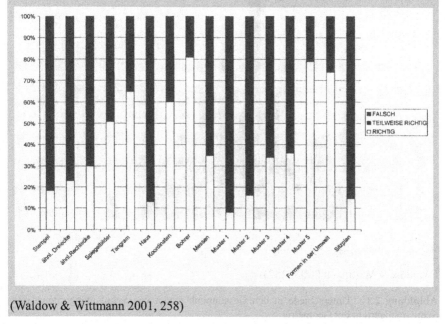

(Waldow & Wittmann 2001, 258)

Abbildung 2.10 Unterschiede in den Erfolgsquoten von Schulanfängerinnen und Schulanfängern in der Geometrie

So sind die Differenzen zum einen in den aufgabenbezogenen Lösungen der Schülerinnen und Schüler auszumachen, welche mit stark unterschiedlichen Erfolgsquoten bearbeitet werden. Der Prozentsatz der Kinder, welche die jeweiligen Testaufgaben vollständig korrekt lösen können, liegt zwischen knapp 10% und über 80%. Zum anderen werden von den 32 maximal erreichbaren Punkten des Gesamttests von den Schulanfängerinnen und Schulanfängern der Untersuchung sechs bis 29 Punkte erreicht. Im Gegensatz zu der zuvor aufgezeigten inhaltsbezogenen Leistungsspanne werden hierbei die heterogenen Lernstände auf Schülerebene deutlich.

Das Diagramm verdeutlicht die große Streuung der Gesamttestpunktzahlen der Kinder im Geometrietest.

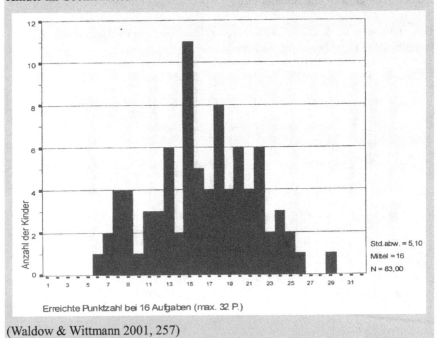

(Waldow & Wittmann 2001, 257)

Abbildung 2.11 Unterschiede in den Gesamtpunktzahlen von Schulanfängerinnen und Schulanfängern in der Geometrie

Vergleichbare Ergebnisse zu den Unterschieden in den Lösungshäufigkeiten bei der Bearbeitung geometrischer Aufgaben zeigen die Untersuchungen von

Grassmann (vgl. 1996), Höglinger & Senftleben (vgl. 1997), Eichler (vgl. 2004) und Moser Opitz et al. (vgl. 2007).

Unterschiede in den Vorgehensweisen: Schmidt & Weiser (vgl. 1982), um ein Beispiel für eine vergleichsweise frühe Untersuchung zu den arithmetischen Vorerfahrungen von Schulanfängerinnen und Schulanfängern zu nennen, betonen neben den quantitativ unterschiedlichen Fähigkeiten der Kinder insbesondere auch die qualitativen Differenzen in ihren Lösungsstrategien. So zeichnen die Autoren beispielsweise fünf verschiedene Typen von Vorgehensweisen in Zusammenhang mit einer Additionsaufgabe mit Material nach.

Es folgt ein Beispiel zur Addition mit Material (Schmidt & Weiser 1982, 254ff.):

Aufgabenstellung: „Vor dem Kind liegt eine offene Schachtel mit vier schwarzen Plättchen sowie eine leere offene Schachtel. Vor dem Interviewer liegt eine offene Schachtel mit drei weißen Plättchen. Weiter liegen auf dem Tisch noch 10 rote Plättchen. ‚Du hast eine Schachtel mit schwarzen Plättchen. Ich habe eine Schachtel mit weißen Plättchen. Lege in die Schachtel so viele rote Plättchen wie wir beide zusammen an Plättchen haben.'"

Vorgehensweisen:

„a) 6 Kinder zählten die beiden Summanden-Kollektionen zusammen

b) 2 Kinder zählten die beiden Summanden-Kollektionen ebenfalls zusammen, stellten jedoch die Kollektion der roten Plättchen simultan mit diesem Auszählen durch Stück-für-Stück-Rekonstruktion her.

c) 3 Kinder lösten die Aufgabe durch simultanes Erfassen der Anzahl einer der Summanden-Kollektionen und anschließendes Weiterzählen um die Anzahl der zweiten Kollektion.

d) 8 Kinder rekonstruierten die beiden Summanden-Kollektionen simultan und zählten anschließend diese Anzahlen mit den roten Plättchen ab.

e) 3 Kinder lösten die Aufgabe durch simultanes Erfassen der Anzahlen der Summanden-Kollektion, anschließendes Addieren mit Hilfe von Rechensätzen und Abzählen der roten Plättchen."

Abbildung 2.12 Unterschiede in den Vorgehensweisen von Schulanfängerinnen und Schulanfängern in der Arithmetik

Weitere Untersuchungen zu den Vorgehensweisen von Schulanfängerinnen und Schulanfängern liegen im Bereich der Arithmetik beispielsweise von Hendrickson (vgl. 1979), Carpenter et al. (vgl. 1981), Spiegel (vgl. 1992b), Grassmann et al.

(vgl. 1995), Hošpesová, A. & Budejovice (vgl. 1998), Hasemann (vgl. 2001/2005) und Gaidoschik (vgl. 2010) vor.

Hinsichtlich der geometrischen Lernstände von Schulanfängerinnen und Schulanfängern arbeitet insbesondere die australische Forschungsgruppe um Mulligan und Mitchelmore heterogene Vorgehensweisen von Kindern vor bzw. zu Schulbeginn heraus und stellt diesbezügliche Entwicklungsprozesse dar (vgl. Mulligan & Prescott 2003; Mulligan et al. 2004; Mulligan et al. 2005a/2005b). Sie verweisen beispielsweise im Bereich von Größen und diesbezüglichen Strukturen auf unterschiedliche kindliche Vorstellungen und Entwicklungsphasen, die durch eine qualitative Betrachtung von Schülerdokumenten gewonnen wird (vgl. Mulligan et al. 2005a; Kapitel 3.2.3).

Die folgenden Schülerdokumente zeigen wesentlich unterschiedliche Vorgehensweisen bei der Strukturfortsetzung von Flächen auf.

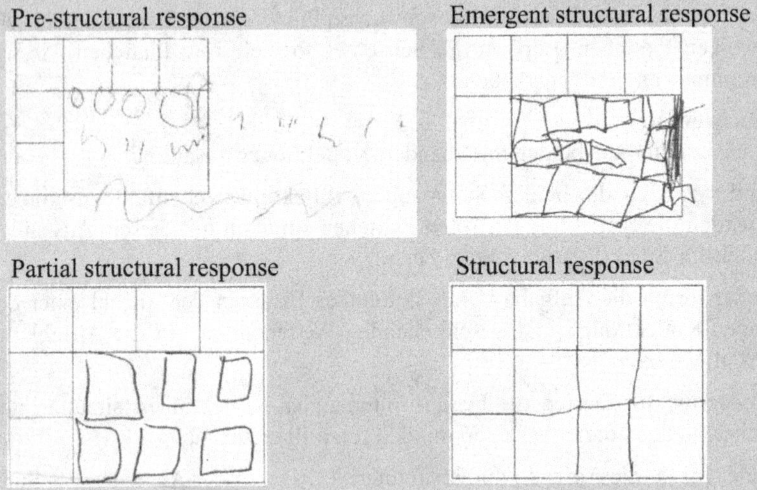

Pre-structural response

Emergent structural response

Partial structural response

Structural response

(Mulligan et al. 2005a, 5ff.)

Abbildung 2.13 Unterschiede in den Vorgehensweisen von Schulanfängerinnen und Schulanfängern in der Geometrie (Beispiel 1)

Eichler (vgl. 2004, 16) weist ebenfalls eine große Heterogenität in den geometrischen Lösungswegen von Schülerinnen und Schülern nach. Er erhebt in seiner Untersuchung die Lernstände von 1000 Kindern zu Schuleintritt in Bezug auf ganz unterschiedliche geometrische Inhaltsbereiche, unter anderem beispielsweise zum Vergleich von Längen und Flächen (vgl. Abb. 2.14).

Der Anteil qualitativer Untersuchungen zu den Fähigkeiten von Schulanfängerinnen und Schulanfängern fällt im Vergleich zu quantitativ angelegten Studien sowohl bezüglich der Arithmetik sowie der Geometrie insgesamt gering aus.

Es folgen verschiedene Vorgehensweisen der Kinder beim Längenvergleich.

Aufgabe: Welcher Käfer hat den kürzeren Weg?

Vorgehensweisen:
- Mit Handspannen abmessen (19%)
- Fingerbreiten aneinander legen und Weglänge auszählen (vereinzelt)
- Simulation des Krabbelns der Käfer („synchrones Vorgehen"), welcher früher da ist, hat den kürzeren Weg (vereinzelt)
- Erklärung, dass man die drei Teilstrecken des Marienkäfers insgesamt betrachten muss (21%)
- Teilstrecken des Marienkäfers werden auf der Kante eines Blattes abgetragen und die Gesamtstrecke mit dem anderen Weg verglichen (8%)
(vgl. Eichler 2004, 16)

Abbildung 2.14 Unterschiede in den Vorgehensweisen von Schulanfängerinnen und Schulanfängern in der Geometrie (Beispiel 2)

Schlussfolgerungen für den Unterricht:

- „Aufgrund der großen Heterogenität ist Differenzierung von Anfang an eine unbedingte Notwendigkeit. Lernangebote müssen so gestaltet werden, dass sie allen Kindern Möglichkeiten der Entwicklung bieten [...] (Grassmann 1999, 16). Es scheint dabei „unerlässlich zu sein, das Vorwissen und die Vorgehensweisen der Kinder am Schulbeginn angemessen zu berücksichtigen und die ‚Ausgangslage' individuell zu prüfen" (Hengartner 1999, 22).

- Die schwächsten Kinder weisen so gravierende Defizite auf, „dass es nur mit sehr großem pädagogischen und didaktischem Geschick gelingen kann, Kinder mit diesen Defiziten angemessen zu fördern, ohne gleichzeitig die Mehrzahl zu unterfordern" (Hasemann 1998, 266).

• Aus der Heterogenität der Schulanfängerinnen und Schulanfänger ergibt sich, „dass die Kinder ihre eigenen Wege zur Mathematik finden müssen, dass es nicht darum gehen kann, möglichst schnell einheitliche, normierte Wege bei der Lösung von Aufgaben zu gehen, dass nicht alle Kinder stets zur gleichen Zeit genau die gleichen Aufgaben bearbeiten können" (Grassmann 1999, 16).

Schlussfolgerungen für die Forschung:

• Es erscheint notwendig, „diese Untersuchungen zu ergänzen durch Untersuchungen, die sich den Strategien einzelner Kinder bei der Lösung derartiger Aufgaben zuwenden, um genauer an die Lernprozesse von Kindern heranzukommen" (Grassmann et al. 1995, 321) (vgl. Forschungsinteresse 1 und Forschungsinteresse 2, Kapitel 2.2.3).

Lernstände als möglicher Indikator für den Erfolg weiteren Lernens: Die Idee, Lernstanderhebungen von Schulanfängerinnen und Schulanfängern zur Erfassung möglicher (zukünftiger) Rechenschwächen heranzuziehen, ist Ausgangspunkt eines weitreichenden Forschungsfelds, welches sich mit Vorhersagemöglichkeiten und angepassten Fördermaßnahmen für rechenschwache Kinder befasst (vgl. Gersten et al. 2005). Die allgemeine Bedeutung dieser Studien ist für die Unterrichtspraxis und die individuelle Förderung leistungsschwacher Kinder ausgesprochen hoch. Für eine ausführliche Übersicht der einschlägigen Untersuchungen sei auf Dornheim (vgl. 2008) und Krajewski & Schneider (vgl. 2009) hingewiesen.

Gaidoschik (vgl. 2010) weist in Zusammenhang mit einer groß angelegten Untersuchung einen positiven Zusammenhang zwischen der Ausprägung des Zahlwissens (‚Vorwärtszählen' und ‚Quasi-Simultanerfassung') und der Entwicklung von additiven Rechenstrategien bei Kindern des ersten Schuljahres nach. 139 Kinder waren an der Untersuchung beteiligt und wurden im Verlauf des ersten Schuljahres dreimal befragt. „Durch die Untersuchungsergebnisse werden die zuvor genannten Studien zu Prädiktoren von Rechenleistung konkretisiert und aufgezeigt, „*in welcher Weise* das frühe Zahlwissen als ‚Prädiktor der Rechenleistung' wirksam wird. [...] Die Studie zeigt nämlich, dass jene Kinder, die zu Schulbeginn über ein *höheres Zahlwissen* verfügen, auch eher in der Lage sind, das *zählende Rechnen* schon im Laufe des ersten Schuljahres mehr und mehr zugunsten Fakten nutzender Strategien hinter sich zu lassen." (Gaidoschik 2010, 558).

Im Inhaltsbereich der Geometrie liegen keine vergleichbaren Untersuchungen vor.

Schlussfolgerungen für den Unterricht:

- Lernschwächen „müssen früh erkannt werden, da jede Verzögerung gerade im Mathematikunterricht aufgrund seiner hierarchischen Struktur zu Kenntnislücken führt, die sich sehr rasch in breites Unverständnis ausweiten." (Lorenz 2008, 6)

- Bereits im Vorschulalter sollten Chancen für frühe mathematische Bildung genutzt werden, „um auch Risikokindern einen guten Start in die Grundschule zu ermöglichen", was insbesondere einer Weiterentwicklung von mathematischen Frühförderprogrammen und „eine ergänzende verbesserte Aus- und Weiterbildung von Erzieherinnen und Grundschullehrerinnen" benötigt (Dornheim 2008, 523 f.).

- Dem Zeitpunkt des Schulanfangs kommt bei der Prävention von Rechenschwierigkeiten eine besondere Rolle zu. Denn „je eher [...] erkannt wird, daß ein Kind die für das Rechenlernen notwendigen Fähigkeiten noch nicht entwickelt hat, um so erfolgsversprechender läßt sich durch spielerisches Üben diese Entwicklung nachholen und beschleunigen, ohne daß für den Schüler bereits Mißerfolge seine Lernbiographie belasten und sich eine Mathematikangst auswächst, die den Schulerfolg bedroht" (vgl. Lorenz & Radatz 1993, 37).

- Gaidoschik (2010, 567) fordert in diesem Zusammenhang zweigleisig zu fahren: „*Fachdidaktisch qualifizierte* mathematische Förderung schon im Kindergarten" und einen „*fachdidaktisch qualifizierten* Mathematikunterricht vom ersten Schultag an".

Schlussfolgerungen für die Forschung:

- Im Sinne der Untersuchung von Gaidoschik (vgl. 2010) erscheint es sinnvoll, weitere Studien durchzuführen, welche die Prädiktoren von mathematischem Lernerfolg näher betrachten und zu analysieren, auf welche Art diese auf Lernstände Einfluss nehmen und welche diesbezüglich charakteristischen Prozesse dabei zu beobachten sind.

- Da sich das Forschungsgebiet auf die Arithmetik beschränkt, sind ergänzende Untersuchungen zum Inhaltsbereich der Geometrie von Interesse.

Aufgrund der andersartigen Schwerpunktsetzung dieser Arbeit, wird diesen Forschungsinteressen in der folgenden Arbeit nicht weiter nachgegangen.

Lernstandbeeinflussende Faktoren

Unterschiede in den Fähigkeiten der Schulanfängerinnen und Schulanfänger können teilweise auf verschiedene physische und soziale Bedingungen der Kinder zurückgeführt werden.

Das Alter als Einflussfaktor: Die frühe Untersuchung von Rea & Reys (vgl. 1970, 69) zeigt signifikante Unterschiede in den Fähigkeiten von Kindern unter 5 Jahren, 2 Monaten und Kindern älter als 5 Jahre, 8 Monate in allen Bereichen des eingesetzten, breit gefächerten Mathematiktests auf. Wenige Monate wirken sich, der Untersuchung zufolge, daher bereits signifikant auf die mathematischen Fähigkeiten der Kinder dieses Alters aus, ohne, dass eine curriculare Schulung der Kinder vorliegt.

Zur Oeveste (1987, 134) zeigt mit seiner Untersuchung auf, dass jedoch „in keinem Fall [...] mehr als 50% der gemeinsamen Varianz von Alter und konkret operationaler Entwicklungskonfiguration erklärt" werden können. Auch Moser Opitz et al. (2007, 148) stellen im Rahmen der Durchführung des mathe 2000-Geometrietests (vgl. Waldow & Wittmann 2001) mit 89 Kindern im Alter von vier bis sieben Jahren dar, dass sich die Fähigkeiten der Kinder nicht nur abhängig vom Lebensalter entwickeln, „sondern dass bereichsspezifische, d. h. erfahrungsabhängige Aspekte eine Rolle zu spielen scheinen".

Caluori (vgl. 2004, 128f.) bestätigt die rasante Fähigkeitszunahme von Kindern im Vorschulalter (vgl. Abb. 2.15) anhand des Osnabrücker Test zur Zahlbegriffsentwicklung (vgl. Luit et al. 2001).

So erhöhen sich die 39 (von 100) erreichten Durchschnittpunkte im ersten Kindergartenjahr um 22 Punkte auf 61 (von 100) durchschnittlich erreichte Testpunkte im zweiten Kindergartenjahr in seiner Untersuchung. In besonders hohem Maße erhöhen sich die Fähigkeiten der Kinder in Testbereichen, die das Zählen ansprechen.

In den Inhaltsbereichen, welche das mengen- und zahlbezogene Vorwissen ansprechen, sehen auch Clarke et al. (vgl. 2008, 280f.) besonders hervorstechende Zuwächse bei Kindern im letzten Kindergartenjahr. Die Autoren führten die Untersuchung mittels des ENRP-Interviewleitfadens mit 850 Kindern aus verschiedenen Kindergärten im Nordwesten Deutschlands durch.

Auch Hasemann (vgl. 2001, 35) weist einen beträchtlichen Fähigkeitszuwachs von Kindergartenkindern in den drei Monaten vor Schulbeginn auf. Ähnliche Ergebnisse liegen bei Stern (vgl. 1999, 161f.) vor.

Das Diagramm zeigt die Lernstandzuwächse in verschiedenen Inhaltsbereichen vom ersten (erster Balken) zum zweiten (zweiter Balken) Kindergartenjahr auf.

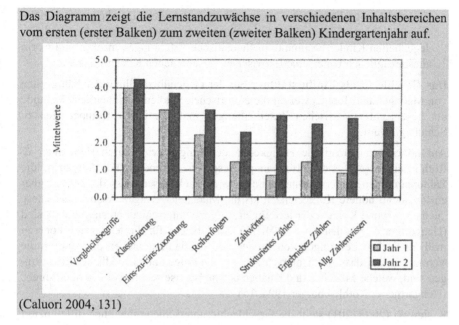

(Caluori 2004, 131)

Abbildung 2.15 Das Alter der Kinder als lernstandbeeinflussender Faktor

Schlussfolgerungen für den Unterricht:

- Über den tendenziellen Zusammenhang der mathematischen Lernstände und dem Alter der Kinder sollten sich Erzieherinnen und Erzieher bewusst sein, um diese Erkenntnis bei der Diagnose und Bewertung von Lernständen berücksichtigen zu können.

- Der vom Alter abhängige Fähigkeitszuwachs in verschiedenen Inhaltsbereichen kann mitunter als Grundlage der Gestaltung von diesbezüglichen Lernumgebungen für Kindergartenkinder dienen.

Schlussfolgerungen für die Forschung:

- Die empirischen Befunde beziehen sich insbesondere auf Kindergartenkinder. Inwieweit die Lernstände (in unterschiedlichen Inhaltsbereichen) von Schulanfängerinnen und Schulanfänger mit dem Alter der Kinder in einem Zusammenhang stehen, gilt näher zu untersuchen. (vgl. Forschungsinteresse 4, Kapitel 2.2.3).

- In Anknüpfung an die Forschungsergebnisse von Moser Opitz et al. (vgl. 2007) erscheint es vielversprechend, mehr über den Zusammenhang alters-

und erfahrungsabhängiger Lernzuwächse zu erfahren. Das könnte beispielsweise konkret heißen, näher zu untersuchen, zu welchen Zeitpunkten und Gelegenheiten Kinder bestimmte mathematische Erfahrungen machen und worin diesbezüglichen Unterschiede zwischen verschiedenen Kindern liegen.

Das Geschlecht als Einflussfaktor: Bei der Gegenüberstellung der Fähigkeiten von Mädchen und Jungen weisen die empirischen Studien uneinheitliche Befunde der geschlechterspezifischen Zuschreibungen mathematischer Kompetenzen zu Schulbeginn auf.

Auf höhere mathematische Fähigkeiten der Jungen wird durch Hengartner & Röthlisberger (vgl. 1994, 14f.) hingewiesen. Insbesondere bei Aufgaben, die Zahloperationen fordern, können die Autoren nachweisen, dass die Jungen über entscheidend höhere Kompetenzen als die Mädchen verfügen. Wobei auch diese „je nach Art und Kontext der jeweiligen Aufgabe unterschiedlich ausgeprägt" sind (Hengartner & Röthlisberger 1994, 15). Als Ursache für die tendenziell höheren mathematischen Leistungen von Jungen bei Schulanfang stellen die Autoren die Vermutung auf, dass „die Unterschiede u.a. die Folge unterschiedlicher Erwartungen sind, welche Mädchen und Knaben beispielsweise seitens der Eltern erfahren" (Hengartner & Röthlisbberger 1994, 15).

Krajewski (2003, 201) stellt die Geschlechterunterschiede inhaltlich differenziert und bezogen auf den Entwicklungsverlauf der Kinder dar. So zeigen die Jungen in ihrer Untersuchung ein halbes Jahr vor Schuleintritt einen Vorsprung bezüglich der visuell-räumlichen Vorstellung sowie beim Zahlenvorwissen, „den sie jedoch am Ende der Kindergartenzeit nur noch im Teilbereich ‚Zählfähigkeiten aufrecht erhalten" können. Die Autorin verweist weiterführend darauf, dass die Jungen auch noch zu Ende des ersten Schuljahres über höhere mathematische Fähigkeiten verfügen und sich insbesondere weniger von ihnen im unteren Leistungsviertel befinden als von den Mädchen (19% zu 33%) und sich mehr im oberen Leistungsviertel (30% zu 21%) bewegen. Im zweiten Schuljahr können in Bezug auf die Studie jedoch keine signifikanten Unterschiede mehr zwischen den Geschlechtern festgestellt werden (vgl. Krajewski 2003, 166).

Gaidoschik (vgl. 2010, 568) führt den Befund, dass Jungen Ende des ersten Schuljahres über höhere mathematische Fähigkeiten verfügen als Mädchen, auf die Tatsache zurück, dass sich Jungen, aufgrund ihres höheren Zahlenwissens zu Schulanfang, im Laufe des ersten Schuljahres schneller und vermehrt vom zählenden Rechnen lösen können als Mädchen und als Resultat bessere mathematische Leistungen erzielen.

Im Vergleich zu den zuvor aufgeführten Untersuchungen werden in anderen Studien gegenteilige Ergebnisse ermittelt. In einer frühen Untersuchung von Rea &

Reys (1970, 70) erbringen die Mädchen signifikant höhere Leistungen im Bereich „number, geometry, recall, and total score" als die Jungen. Keine wesentlichen Unterschiede können von den Autoren in den Bereichen „money, vocabulary, pattern identification, and measurement" festgestellt werden. Auch Kesting (2005, 108) erhält das Ergebnis, „dass die Mädchen im ersten Schuljahr bei den Aufgaben mit signifikantem Unterschied besser waren als ihre Mitschüler". Die diesbezüglichen Aufgaben betreffen die halb-symbolische Addition sowie die Achsensymmetrie. Wobei hinsichtlich der Aufgabe zur Achsensymmetrie anzumerken ist, dass der geschlechtsspezifische Leistungsunterschied ein Resultat der konkreten Formenwahl darstellen könnte, die es den Jungen mit weniger Erfolg ermöglicht, die Herzform zu vervollständigen. In der auf die Geometrie bezogenen Untersuchung von Waldow & Wittmann (vgl. 2001, 259) zeigen bei allen Aufgaben, bei denen ein Unterschied zwischen den Erfolgsquoten von Jungen und Mädchen zu konstatieren ist, ebenfalls die Mädchen bessere Leistungen auf.

Darüber hinaus liegen auch Untersuchungsergebnisse vor, die sich weder für die mathematische Überlegenheit der Jungen noch die der Mädchen aussprechen. So stellt beispielsweise Grassmann (1997, 5) in Zusammenhang mit ihren Untersuchungen heraus, „daß weder im arithmetischen noch im geometrischen Bereich signifikante Unterschiede [...] festzustellen waren". Doch auch in dieser Untersuchung beeinflussen unterschiedliche Arten von Aufgaben und deren Kontexte die Erfolgsquoten der Geschlechter im Einzelfall (vgl. Grassmann 1997, 5f.). Während die Mädchen beispielsweise bei kontextgebundenen Operationen besser abschneiden als die Jungen, erbringen die Jungen bei formalen Operationsaufgaben höhere Leistungen. Auch Caluori (vgl. 2004, 129) kann zwischen den Fähigkeiten der weiblichen und männlichen Kindergartenkinder keine allgemeinen Kompetenzunterschiede bezogen auf ihre Zahlbegriffsentwicklung feststellen. So erreichen die Jungen in seiner Untersuchung 50 Punkte und die Mädchen 51 der insgesamt 100 Punkte. Hasemann (vgl. 1998, 264f.) verweist auf Grundlage seiner Untersuchungsergebnisse ebenfalls auf die ausgeglichenen mathematischen Kompetenzen der Jungen und Mädchen.

<u>Schlussfolgerungen für den Unterricht:</u>

- Mit der Frage, inwieweit geschlechterspezifische Differenzen im Mathematikunterricht aufgegriffen werden sollten, beschäftigt sich Grassmann (1997, 7). Sie spricht sich dafür aus, dass der Gegebenheit nicht mit geschlechterspezifischen Anforderungen oder Aufgaben begegnet werden sollte, sondern dass es vielmehr darum geht, auf „alle Kinder unabhängig vom Geschlecht" auf ihre „speziellen Fähigkeiten" einzugehen.

- Gaidoschik (2010, 570) stellt heraus, „dass im vorschulischen Bereich daran gearbeitet werden müsste, gerade auch Mädchen für Zahlen (und Zahlenmuster, Zahlstrukturen, Zahlenzusammenhänge...) zu interessieren; und was sich dabei am ehesten bildungspolitisch steuern lässt, ist die Förderung im Kindergarten".

Schlussfolgerungen für die Forschung:

- Die Frage, ob geschlechterspezifische Unterschiede bei den Fähigkeiten von Kindergartenkindern und Schulanfängerinnen und Schulanfängern vorliegen, ist aufgrund der stark voneinander abweichenden Forschungsbefunde noch nicht geklärt. Hier müssen weitere Untersuchungen bezogen auf den Inhaltsbereich der Arithmetik sowie den der Geometrie eine der Positionen nachweisbar bekräftigen. Die vorliegende Arbeit leistet hierzu einen Beitrag (vgl. Forschungsinteresse 4, Kapitel 2.2.3).

Der soziale Hintergrund als Einflussfaktor: Der soziale Hintergrund von Schülerinnen und Schülern steht in einem eindeutig nachweisbaren Zusammenhang mit den mathematischen Fähigkeiten der Kinder. Für den Vorschulbereich zeigen Jordan et al. (vgl. 2006), dass Kindergartenkinder aus geringverdienenden Familien statistisch über niedrigere mathematische Fähigkeiten verfügen als Kinder aus Familien mit einem mittleren Einkommen (vgl. auch Sarama & Clements 2009). Während der Kindergartenjahre eignen sich Kinder aus geringverdienenden Familien zudem auch vergleichsweise geringere mathematische Fähigkeiten an, was sich im ersten Schuljahr fortsetzt (vgl. Jordan et al. 2007). Für den Primarbereich weisen Krajewski & Scheider (vgl. 2009) ebenfalls geringe, aber signifikante Korrelationen zwischen dem sozialökonomischen Status von Erst- und Viertklässlern nach. Ihren Untersuchungen entsprechend lassen sich 13% der Varianz des mathematischen Schulerfolgs von Viertklässlern durch ihre soziale Herkunft erklären. Mit steigendem Alter der Kinder lässt sich ein zunehmender Zusammenhang zwischen dem sozialen Hintergrund und den mathematischen Leistungen der Schülerinnen und Schüler verzeichnen, wie insbesondere aus den Ergebnissen der PISA-Studie für den Sekundarstufenbereich hervorgeht (vgl. Ehmke et al. 2004). Hierbei werden erhebliche Zusammenhänge zwischen der sozialen Herkunft der Kinder und ihren mathematischen Leistungen nachgewiesen.

Schlussfolgerungen für den Unterricht:

- Jordan & Levine (vgl. 2009) verweisen auf verschiedene Maßnahmen, um benachteiligte Kinder aus Familien mit sozial schwachem Hintergrund zu fördern. Förderungsmöglichkeiten sehen die Autoren in ausgewiesenen Frühförderprogrammen (vgl. Starkey & Klein 2008), mittels ausgewählter, spielerischer Aktivitäten (vgl. Siegler 2009) oder in der gezielten Förderung der Eltern-Kind-Interaktion (vgl. Blevins-Knabe & Musun-Miller 1996; Clements & Sarama 2008). Allgemein betonen auch Rijt & Luit (vgl. 1998) die Wirksamkeit von Frühförderprogrammen auf die mathematischen Leistungen von Kindern.

Schlussfolgerungen für die Forschung:

* Aus den aufgeführten Befunden wird die Notwendigkeit deutlich, den sozialen Hintergrund von Kindern als Einflussfaktor auf die Lernstände zu berücksichtigen und näher zu untersuchen, beispielsweise in welchen Inhaltsbereichen der soziale Hintergrund besonders hohe Auswirkungen zeigt (und warum) (vgl. Forschungsinteresse 4, Kapitel 2.2.3).

Inhaltsbezogene Korrelationen

Einige wenige Studien beschäftigen sich mit den statistischen Zusammenhängen verschiedener inhaltsbezogener Fähigkeiten. So zeigt beispielsweise Schmidt (vgl. 1982a, 38), dass zwischen dem verbalen Zählen und dem Umgang mit Zahlen unter kardinalem Aspekt ein mäßiger Zusammenhang besteht, der sich in einem Korrelationskoeffizienten von $r = 0,43$ aufzeigen lässt. Dem Zahlenvorwissen kommen auch bei Krajewskis Untersuchung (2003, 159) die „höchsten Zusammenhänge mit den anderen beiden Prädiktoren" (‚Mengenvorwissen' und ‚Zahlenspeed') zu. Zur Oeveste (vgl. 1987) und Caluori (vgl. 2004) zeigen Entwicklungszusammenhänge bzw. positive Korrelationen zwischen pränumerischen Fähigkeiten untereinander und pränumerischen und numerischen Leistungen auf. Diese können ebenfalls größtenteils als gering bis moderat beschrieben werden (vgl. Caluori 2004, 232). So ist anzunehmen, „dass die verschiedenen Kompetenzen im pränumerischen und numerischen Bereich sich gegenseitig unterstützen und sich vielfach zeitlich parallel entwickeln und entfalten" (Caluori 2004, 233) und somit auch Kinder, die zwei Aufgaben aus verwandten Inhaltsbereichen bearbeiten, tendenziell eher beide Aufgaben lösen bzw. beide Aufgaben nicht lösen können. In diesen Befunden kann eine Ursache für das Phänomen der hohen Diskrepanz in den Testleistungen leistungsschwächerer und leistungsstärkerer Kindern gesehen werden (vgl. S. 54ff.).

Schlussfolgerungen für den Unterricht:

* Die Kenntnis über konkrete inhaltsbezogene Korrelationen dient als Hintergrundwissen bei der Feststellung von Lernständen und der daran anschließenden individuellen Förderung, bei der Zusammenhänge in spezifischen inhaltlichen Lernständen Berücksichtigung finden müssen, um Kompetenzen in Bezug aufeinander wahrnehmen und ihre gegenseitigen Entwicklung anregen zu können.

Schlussfolgerungen für die Forschung:

- Es gilt genauer zu untersuchen, in welchen Inhaltsbereichen Zusammenhänge in den Lernständen der Schulanfängerinnen und Schulanfänger bestehen und welche Auswirkungen diese auf mathematische Lehr- und Lernprozesse haben (vgl. Forschungsinteresse 5, Kapitel 2.2.3).

2.2.3 Weiterführendes Forschungsinteresse

Aus den zusammengefassten Forschungsbefunden ergeben sich bedeutsame Ausgangspunkte für die weitere Analyse mathematischer Lernstände von Schulanfängerinnen und Schulanfängern. Eine gezielte Auswahl an Aspekten führt zu den Forschungsinteressen (FI) der vorliegenden Arbeit.

Folgende Tabelle verdeutlicht den konkreten Zusammenhang der zentralen empirischen Befunde in diesem Forschungsfeld und den weiterführenden Forschungsinteressen dieser Arbeit. So sind in der linken Spalte die Kategorien der zentralen empirischen Befunde vermerkt, in der rechten Spalte werden die entsprechenden weiterführenden Forschungsinteressen zugeordnet und daran anschließend beschrieben.

Tabelle 2.1 Entwicklung der Forschungsinteressen aus den entsprechenden empirischen Befunden

Empirische Befunde (Kapitel 2.2.2 und 3.2.3)	Weiterführende Forschungsinteressen (Kapitel 2.2.3 und 3.2.4.)
...zu den Lernständen von Schulanfängerinnen und Schulanfängern	
Vorgehensweisen bei Mustern und Strukturen (S. 90ff.)	FI 1
Erfolgsquoten und Vorgehensweisen bei (verschiedenen Inhaltsbereichen) der	FI 2
Arithmetik und Geometrie (S. 49ff.)	FI 3
Lernstandbeeinflussende Faktoren (S. 64ff.)	FI 4
Inhaltsbezogene Korrelationen (S. 69f.)	FI 5

FI 1 – Vorgehensweisen bei Mustern und Strukturen

Die Erfassung *qualitativer Lernstände* bildet ein zentrales Interesse der Arbeit, um mehr über die konkreten Fähigkeiten und Vorgehensweisen der Schulanfängerinnen und Schulanfänger zu erfahren. Im Gegensatz zu den mehrheitlich quantitativen Untersuchungen des Forschungsfelds, liegen verhältnismäßig wenige qualitative Betrachtungen vor, welche die Fähigkeiten der Kinder auf Prozessebene analysieren (vgl. Kapitel 2.2.2). Als inhaltlicher Fokus der qualitativen Analysen der vorliegenden Untersuchung wird der Inhaltsbereich *Muster und Strukturen* ausgewählt. Hierbei werden die Vorgehensweisen der Schülerinnen und Schüler bei der Bearbeitungen einzelner Aufgaben in Detailanalysen hauptsächlich qualitativ ausgewertet, ergänzend jedoch auch quantifiziert, um eine Übersicht über das quantitative Auftreten der beobachteten Phänomene zu erhalten.

In Kapitel 3.2 werden die theoretischen und empirischen Grundlagen zum Inhaltsbereich *Muster und Strukturen* herausgearbeitet und der Stellenwert dieses Inhaltsgebiets für die Mathematikdidaktik im Allgemeinen und für diese Arbeit im Speziellen dargelegt.

FI 2 und 3 – Erfolgsquoten und Vorgehensweisen in der Arithmetik und Geometrie

Dass Schulanfängerinnen und Schulanfänger über beachtliche mathematische Fähigkeiten verfügen, zeigen die verschiedenen Untersuchungen im Forschungsfeld einstimmig auf. Doch werden die konkreten Lernstände der Kinder im Wesentlichen in sehr beschränkten Inhaltsbereichen der Mathematik erhoben (vgl. Kapitel 2.2.2). Hier knüpft das Interesse dieser Arbeit an, die Fähigkeiten der Schülerinnen und Schüler in den verschiedenen Bereichen des Fachs zu erheben, um ein ganzheitliches Bild der Fähigkeiten der Schülerinnen und Schüler zu erhalten. Strukturgebend werden hierbei die *Grundideen der Arithmetik* und die *Grundideen der Geometrie* (vgl. Wittmann 1995, 20f.; Müller et al. 1997; Wittmann 1999) – somit insgesamt 14 Inhaltsbereiche der Mathematik aufgegriffen. Hierdurch wird gesichert, dass die Lernstände der Kinder zu allen wesentlichen mathematischen Inhalten der Arithmetik und der Geometrie erhoben werden und der inhaltlichen Breite des Fachs und den verschiedenen Kompetenzen der Schulanfängerinnen und Schulanfänger dadurch Rechnung getragen wird. Die Strukturierung des Fachs mittels Grundideen wird in Kapitel 3.1 theoretisch beleuchtet und hinsichtlich der inhaltlichen Strukturierung der Arithmetik und der Geometrie nach Wittmann und Müller (vgl. Müller & Wittmann 1995; Wittmann 1999) präzisiert.

Die Forschungsergebnisse ermutigen darüber hinaus dazu, nicht nur Vorläuferfähigkeiten und elementarste mathematische Vorerfahrungen zu erheben, sondern das Anforderungsniveau nach oben hin zu öffnen, um die ganze Leistungsspanne der Schülerinnen und Schüler zu erfassen (vgl. S. 52 ff.). Es ist von Interesse zu erfahren, bezüglich welcher Inhalte des (fortgeschrittenen) Anfangsunterrichts, die

Schulanfängerinnen und Schulanfänger bereits über Vorerfahrungen verfügen und wie diese konkret aussehen.

Forschungsinteresse 2 ist an den diesbezüglichen Lernständen von Schulanfängerinnen und Schulanfängern in den verschiedenen Inhaltsbereichen der Arithmetik interessiert.

Forschungsinteresse 3 beschäftigt sich analog mit den diesbezüglichen Lernständen der Schülerinnen und Schüler in den einzelnen Inhaltsbereichen der Geometrie.

Hinsichtlich beider Forschungsinteressen werden die Lernstände zu den jeweiligen Inhaltsbereichen in Überblicksanalysen ausgewertet und dargestellt. Die Erfolgsquoten und Vorgehensweisen der Kinder werden in Bezug auf die jeweiligen Aufgabenbearbeitungen insbesondere quantitativ ausgewertet, zusätzlich werden sie bei der Darstellung durch qualitative Illustrationen der Vorgehensweisen ergänzt.

FI 4 – Lernstandbeeinflussende Faktoren

Die Erkenntnis, dass *gesellschaftliche und physische Faktoren* einen Einfluss auf Lernstände haben können (vgl. S. 63ff.), veranlasst, diese Aspekte auch bei der vorliegenden Untersuchung zu berücksichtigen. So werden das *soziale Einzugsgebiet* der besuchten Grundschule, das *Alter* und das *Geschlecht* der Schulanfängerinnen und Schulanfänger in Zusammenhang mit den Lernständen der Kinder insgesamt bzw. in Bezug auf die Lernstände in verschiedenen Inhaltsbereichen betrachtet und der diesbezügliche Einfluss auf die Fähigkeiten der Schülerinnen und Schüler untersucht.

FI 5 – Inhaltsbezogene Korrelationen

Einige Studien weisen Zusammenhänge zwischen den Fähigkeiten von Schulanfängerinnen und Schulanfängern in bestimmten Inhalten auf (vgl. S. 69). Die Arbeit verfolgt das Interesse, der Korrelation der Lernstände in verschiedenen Inhaltsbereichen systematisch nachzugehen und insbesondere auch den Zusammenhang zwischen arithmetischen und geometrischen Fähigkeiten der Schulanfängerinnen und Schulanfänger zu betrachten.

Für die folgende Untersuchung werden die einzelnen Forschungsinteressen durch spezifische Forschungsfragen in Kapitel 4.2 konkretisiert.

Die innerhalb der Forschungsinteressen vorgenommene Präzisierung der Untersuchung hinsichtlich der inhaltlichen Struktur (Grundideen) und des inhaltlichen Fokus dieser Arbeit (Muster und Strukturen) bedarf näherer Erläuterung. Im an-

schließenden Kapitel 3 werden die Strukturierung des Fachs (und der vorliegenden Untersuchung) mittels *Grundideen* (Kapitel 3.1) und die Spezifizierung der
Arbeit auf die zentrale Grundidee *Muster und Strukturen* (Kapitel 3.2) theoretisch
und empirisch dargelegt und in ihren zentralen Merkmalen und ihrem zentralen
Stellenwert für diese Arbeit herausgearbeitet.

3   Grundideen der Mathematik

Mit der Darstellung des Konzepts der Grundideen der Mathematik werden in diesem Kapitel fundamentale Aspekte der Fachstruktur umfasst, die den fachinhaltlich-theoretischen Bezugsrahmen dieser Arbeit bilden. Im ersten Teil des Kapitels (Kapitel 3.1) werden Grundideen als fachlich-strukturierendes Konzept zur systematischen Gliederung der zentralen Fachinhalte beschrieben und in ihren Entwicklungszügen dargestellt. Im Speziellen wird hierbei die Zusammenstellung arithmetischer und geometrischer Grundideen nach Müller & Wittmann (vgl. 1995, 20f.) aufgegriffen. An diese anknüpfend werden mit dem GI-Test Arithmetik (vgl. Wittmann & Müller 2004) und dem GI-Test Geometrie (vgl. Waldow & Wittmann 2001) zwei Testdesigns dargestellt, mittels welcher sich die Lernstände von Schulanfängerinnen und Schulanfängern zu den Grundideen der Arithmetik und der Geometrie erheben lassen und welche für die folgende Untersuchung als Vorlagen dienen. Im zweiten Teil des Kapitels (Kapitel 3.2) werden ‚Muster und Strukturen' als eine der fünf inhaltsbezogenen Kompetenzen der Bildungsstandards (vgl. KMK 2004a) – aufgrund der diesbezüglichen thematischen Fokussierung der vorliegenden Untersuchung – herausgestellt. Die Kerngedanken dieser Grundidee werden aus fachinhaltlicher, fachdidaktischer sowie empirischer Perspektive beleuchtet, um somit eine Basis zur Formulierung weiterführender Forschungsinteressen und einen Auswertungshintergrund zu schaffen.

3.1   Grundideen als fachlich-strukturierendes Konzept

Die Strukturierung der Fachinhalte mittels Grundideen[3] ist eine wesentliche Leitidee der Mathematikdidaktik, der in dieser Arbeit in besonderem Maße in der Anlage des Forschungsinteresses und Untersuchungsdesigns nachgegangen wird. Im Folgenden wird das Konzept der Grundideen in seinen Entwicklungslinien skizziert und als fachlich-strukturierendes Mittel des Fachs Mathematik herausgearbeitet.

---

[3] Die Begriffe ‚Grundidee' und ‚fundamentale Idee' werden in dieser Arbeit synonym verwendet.

3.1.1. Entwicklungslinien des Konzepts der Grundideen

Die Notwendigkeit, „sich offenkundig auf unmittelbare und einfache Weise mit einigen wenigen Ideen von weitreichender Bedeutung" zu befassen, betont Whitehead in Bezug auf Unterricht bereits 1929 (nach Schwill 1993, 20). Er begründet die Bedeutsamkeit dieser Forderung damit, dass ansonsten „die Schüler [...] ratlos vor einer Unmenge von Einzelheiten" stehen, „die weder zu großen Ideen noch zu alltäglichem Denken eine Beziehung erkennen lassen". Auch wenn Whitehead den Gedanken der ‚Grundidee' noch nicht näher präzisiert, so ist der Ansatzpunkt richtungsweisend: Die fachlichen Einzelheiten des Unterrichts sollen in ein Gefüge gebracht werden, welches auf zentralen, fachinhaltlichen Ideen beruht.

1960 wird in Zusammenhang mit den Ausführungen der Idee der ‚Curriculum-Spirale' (vgl. Spiralprinzip, S. 28) der Begriff ‚fundamentale Ideen' von Bruner in seinem Buch ‚The Process of Education' geprägt. Bruner fordert, dass sich Unterricht an den ‚fundamentalen Ideen' des Faches orientiert und konkretisiert die Umsetzung in folgenden Punkten:

• Die Entwicklung neuer Curricula sollte unbedingt von führenden Wissenschaftlern der den Unterrichtsfächern zugrundeliegenden Disziplinen begleitet werden (vgl. Loch in Bruner 1970, 14). Erst so wird es im vollen Maße realisierbar, die Struktur der fundamentalen Ideen der Fächer herauszuarbeiten und in ihren Anforderungen – d. h. „welcher Stoff in welchem Alter mit welchem Ergebnis verwendet werden sollte" (Bruner 1970, 62) - den Fähigkeiten der Schülerinnen und Schüler anzupassen.

• „Das entscheidende Unterrichtsprinzip in jedem Fach oder jeder Fächergruppe ist die Vermittlung der Struktur, der ‚fundamental ideas', der jeweils zugrundeliegenden Wissenschaften und die entsprechende Wiederholung der Einstellung des Forschers durch den Lernenden, dessen Bemühungen, wie bescheiden sie auch sein mögen, sich nicht der Art, sondern nur dem Niveau nach von der in einer bestimmten Wissenschaft geforderten Forschungshaltung unterscheiden" (Loch in Bruner 1970, 14). So geht Bruner davon aus, dass

• die fundamentalen Ideen der Fächer „jedem Menschen gleich welcher Altersstufe und sozialen Herkunft auf der Grundlage der Denk- und Darstellungsmittel, die er mitbringt, in einfacher Form vermittelt werden" können (Loch in Bruner 1970, 14).

• Das erfordert eine spiralförmige Anlage des Curriculums, welche die fundamentalen Ideen immer wieder unter steigenden kognitiven und sprachlichen Anforderungen aufgreift (vgl. Loch in Bruner 1970, 14).

Bruner stützt seine Forderung der Ausrichtung des Unterrichts nach den Grundideen des Faches damit, dass der Lehrgegenstand somit fassbarer, länger verfügbar, praktisch umsetzbar sowie für einen Schulübergang günstiger wird (vgl. Bruner 1970, 35f.).

Die daran anknüpfende Weiterarbeit am Konzept der ‚Grundideen' zeigt sich einerseits in der Erstellung verschiedener Kataloge ‚fundamentaler Ideen' bezüglich unterschiedlicher Inhaltsbereiche der Mathematik. Es erfolgen beispielsweise Aufstellungen zu den Bereichen:

- Fundamentale Ideen der Stochastik (Heitele 1975)

- Fundamentale Ideen reeller Funktionen (Fischer 1976)

- Fundamentale Ideen der linearen Algebra und analytischen Geometrie (Tietze 1979)

- Fundamentale Ideen der Analysis (Schweiger 1982)

- Fundamentale Ideen der Informatik im Mathematikunterricht (Knöß 1989)

- Fundamentale Ideen der angewandten Mathematik (Humenberger & Reichel 1995).

Andererseits – aber gerade auch erst hervorgerufen durch die Beschäftigung mit der Aufstellung konkreter Listen – wurde das Konzept der Grundideen weiter ausgeschärft. Die Auseinandersetzung erfolgte zum einen hinsichtlich der Definition, Gestalt und des Nutzens, zum anderen bezüglich der Auswahl- und Entwicklungskriterien von Zusammenstellungen von Grundideen. Den konkreten Entwicklungslinien wird im Rahmen dieser Arbeit nicht weiter nachgegangen. Detaillierte Übersichten liegen bei Schweiger (vgl. 1992), Humenberger & Reichel (vgl. 1995) und Borovcnik (vgl. 1996) vor.

Um zusammenfassend einen Versuch aufzugreifen, den Charakter von Grundideen zu umreißen, wird Schwills (1993, 23) Definition herangezogen, welche die Ideen Bruners (vgl. 1970), Schreibers (vgl. 1983) und Schweigers (vgl. 1982) zu einer neuen Sichtweise vereint: „Eine *fundamentale Idee* (bezgl. einer Wissenschaft) ist ein Denk-, Handlungs-, Beschreibungs- oder Erklärungsschema, das

(1) in verschiedenen Bereichen (der Wissenschaft) vielfältig anwendbar oder erkennbar ist (*Horizontalkriterium*),

(2) auf jedem intellektuellen Niveau aufgezeigt und vermittelt werden kann (*Vertikalkriterium*),

(3) in der historischen Entwicklung (der Wissenschaft) deutlich wahrnehmbar ist und längerfristig relevant bleibt (*Zeitkriterium*)

(4) einen Bezug zu Sprache und Denken des Alltags und der Lebenswelt besitzt (*Sinnkriterium*)."

In der Mathematikdidaktik wird das Konzept der Grundideen erstmals 1974 von Wittmann (vgl. 1981) in den ‚Grundfragen des Mathematikunterrichts' aufgegriffen und als zentrale Leitidee von Mathematikunterricht bewertet:

„Die *Erklärungskraft der fundamentalen Begriffe und Ideen* der Mathematik kann und soll von Anfang an ausgenutzt werden. Der Mathematikunterricht ist demgemäß vom Kindergarten bis zur Hochschule in einem Zug zu konzipieren. Der Weg dazu ist frei, da die Mathematik nicht an ein absolutes Niveau der Strenge und nicht an die symbolische Darstellungsform gebunden ist, sondern sich auf vielfache Weise konkretisieren, elementarisieren und vereinfachen lässt" (Wittmann 1981, 28).

Wittmann (vgl. 1981, 86) leitet aus dem spiralförmigen Curriculumaufbau zudem das mathematikdidaktische ‚Prinzip des vorwegnehmenden Lernens' und das ‚Prinzip der Fortsetzbarkeit' ab. Diese Prinzipien stellen seitdem wesentliche Grundlagen der Mathematikdidaktik dar.

Nachdem in diesem Kapitel das *Konzept der Grundideen* erörtert wurde, wird im folgenden Kapitel eine konkrete *Umsetzung der Grundideen* in der Mathematikdidaktik von Müller & Wittmann (vgl. 1995, 20f.) dargestellt. Diese wird in der anschließenden Untersuchung als wesentliches Mittel zur Strukturierung der Inhaltsbereiche der Lernstandfeststellung aufgegriffen.

3.1.2 Grundideen der Arithmetik und Geometrie nach Wittmann & Müller

Eine erstmalige explizite Auflistung fundamentaler Ideen für den Mathematikunterricht der Primarstufe erfolgt durch Müller & Wittmann (vgl. 1995, 20f.) im Rahmen des Projekts ‚mathe 2000'. Sie betonen: „Die Inhalte der Mathematik lassen sich im aktiv-entdeckenden Unterricht dadurch am sinnvollsten erschließen, daß man sich auf die Grundideen konzentriert und diese über die Schuljahre hinweg konsequent entwickelt" (Müller & Wittmann 1995, 20f.). Das Projekt setzt diesen Kerngedanken um, indem jeweils sieben Grundideen der Arithmetik und sieben Grundideen der Geometrie herausgearbeitet und in ihren Inhalten und ihrer unterrichtlichen Umsetzung dargestellt werden. Diese sind über die vier Grundschuljahre fortgesetzt bis zum sechsten Schuljahr zu behandeln und können „organisch in eine entsprechende Liste von Grundideen der Algebra" übergeleitet werden (Müller & Wittmann 1995, 20f.). So sind die Grundideen im Sinne des ‚Spiralprinzips' (vgl. S. 28) nicht ausschließlich auf den Grundschulunterricht beschränkt, sondern können bereits im Kindergarten angebahnt und bis zur Hochschule hin immer wieder vertiefend und erweiternd aufgegriffen werden, so dass bei den Schülerinnen und Schülern ein fundamentales Verständnis der Fachinhalte entstehen kann. Die jeweils ersten fünf Grundideen beziehen sich im Wesentlichen auf innermathematische Aspekte der Arithmetik und der Geometrie. Die jeweils letzten beiden Grundideen auf anwendungsbezogene Aspekte der zwei Inhaltsbereiche (vgl. Müller & Wittmann 1995, 21) und stehen daher „in direktem Zusammenhang mit dem allgemeinen Lernziel ‚Mathematisieren'" (Wittmann 1999, 212). Genauso gut können sie auch als „Grundideen von Größen und Sachrechnen" verstanden werden (Wittmann & Müller 2004, 8). Ferner ist bei der Auswahl und Beschreibung der einzelnen Grundideen „das operative Prinzip eingearbeitet, das den Blick auf die Dreiheit von 'Objekten', ‚Operationen' und ‚Wirkungen der Operationen'" lenkt (Wittmann 2009, 26).

Für die Arithmetik entwickeln Müller & Wittmann (1995, 20f.) folgende Liste an Grundideen:

Tabelle 3.1 Grundideen der Arithmetik nach Müller & Wittmann

Grundideen der Arithmetik (Müller & Wittmann 1995)	
Zahlenreihe	Die natürlichen Zahlen bilden eine Reihe, von der Abschnitte beim Zählen durchlaufen werden.
Rechnen, Rechengesetze, Rechenvorteile	Mit den natürlichen Zahlen kann man nach bestimmten Gesetzen mündlich, halbschriftlich und schriftlich rechnen und dabei Rechenvorteile nutzen. Der Zahlbereich wird später unter Beibehaltung der Rechengesetze erweitert durch Bruchzahlen und negative Zahlen.
Zehnersystem	Das Zahlsystem ist dekadisch gegliedert, wobei sich die Tausenderstruktur in den Millionen, Milliarden usw. periodisch wiederholt. Außerdem ist der Zehner in zwei Fünfer gegliedert.
Rechenverfahren	Schriftliche Rechenverfahren führen das Rechnen mit Zahlen auf das Rechnen mit einstelligen Zahlen zurück (Ziffernrechnen). Diese Verfahren sind automatisierbar und können von Rechengeräten übernommen werden.
Arithmetische Gesetzmäßigkeiten und Muster	Mit Zahlen kann man aufgrund bestimmter Eigenschaften und Beziehungen Gesetzmäßigkeiten, Formeln und Muster („Strukturen") erzeugen, deren tiefere Zusammenhänge in Zahlentheorie und Kombinatorik systematisch dargestellt werden.
Zahlen in der Umwelt	Zahlen lassen sich vielfältig verwenden als Anzahlen, Ordnungszahlen, Maßzahlen, Operatoren und Codes.

Grundideen der Arithmetik (Müller & Wittmann 1995)	
Übersetzung in die Zahlensprache	Sachsituationen lassen sich mit Hilfe arithmetischer Begriffe in die Zahlensprache übersetzen, mit Hilfe arithmetischer Verfahren lösen, und aus der Lösung können praktische Folgerungen gezogen werden.

Die Grundideen der Geometrie präzisiert Wittmann (1999) folgendermaßen:

Tabelle 3.2 Grundideen der Geometrie nach Wittmann

Grundideen der Geometrie (Wittmann 1999)	
Geometrische Formen und ihre Konstruktion	Tragendes Gerüst der elementargeometrischen Formenwelt ist der *dreidimensionale* Raum, der von Formgebilden unterschiedlicher Dimension bevölkert wird: 0-dimensionalen *Punkten*, 1-dimensionalen *Linien*, 2-dimensionalen *Flächen*, 3-dimensionalen *Körpern*. Geometrische Formen lassen sich auf vielfältige Weise *konstruieren (herstellen) und definieren*. Dadurch werden ihnen Eigenschaften aufgeprägt. Aus einfachen *Grundformen* (Gerade, Kreis, Dreieck, Quadrat, Würfel, Kugel, Ebene, Zylinder,...) können komplexere Konfigurationen gewonnen werden.
Operieren mit Formen	Geometrische Figuren und Körper lassen sich verlagern (insbesondere verschieben, drehen, spiegeln), verkleinern/vergrößern, auf eine Ebene projizieren, scheren, in einer bestimmten Richtung stauchen/dehnen, verzerren, in Teile zerlegen, mit anderen Figuren und Körpern zu komplexeren Gebilden zusammensetzen, zum Schnitt bringen, überlagern. Dabei ist es interessant herauszufinden, welche Beziehungen entstehen und welche Eigenschaften bei diesen Operationen erhalten bleiben oder sich in gesetzmäßiger Weise verändern.
Koordinaten	Zur Lagebeschreibung von Punkten mit Hilfe von Zahlen können auf Linien, Flächen und im Raum Koordinatensysteme eingeführt werde, die in der analytischen Geometrie zur rechnerischen Erfassung geometrischer Sachverhalte und in der Analysis zur graphischen Darstellung von Funktionen genutzt werden.
Maße	Messung der Länge, des Flächeninhalts, des Rauminhalts nach Vorgabe von Maßeinheiten (Einheitsstrecke, Einheitsquadrat, Einheitswürfel), Winkelmessung, Winkelberechnung, Umfangs-, Flächeninhalts- und Volumformel, trigonometrische Formeln.
Muster	Es gibt unübersehbar viele Möglichkeiten, Punkte, Linien, Flächen, Körper und Maße so in Beziehung zu setzen, dass geometrische *Muster und Strukturen* entstehen, deren tieferer Grund in geometrischen Theorien (euklidische Geometrie, kombinatorische Geometrie, Graphentheorie, projektive Geometrie, ...) systematisch herausgear-

Grundideen der Geometrie (Wittmann 1999)	
	beitet wird. Diese Muster und Strukturen können bereits auf inhalt-lich-anschaulichem Niveau sauber begründet werden.
Formen in der Umwelt	Reale Gegenstände, Operationen an und mit ihnen sowie Beziehungen zwischen ihnen können mit Hilfe geometrischer Begriffe *beschrieben* werden. Die *Technik* entwickelt Verfahren, mit deren Hilfe aus geeig-netem Rohmaterial geometrische Formen hergestellt werden können, die bestimmten Zwecken genügen. In der *bildenden Kunst* (Malerei, Grafik, Plastik) werden geometrische Formen als Ausdrucksmittel eingesetzt.
Geometrisier -ung	Raumgeometrische Sachverhalte und Problemstellungen, aber auch Zahlbeziehungen und abstrakte Beziehungen, können *in die Sprache der Geometrie übersetzt* und geometrisch bearbeitet werden. Eine wichtige Rolle spielen dabei die *Graphentheorie* und die *Darstellende Geometrie* (Parallelprojektion, Zentralperspektive,...), die mit Hilfe der Computergraphik heute bequem nutzbar ist.

Wie sich die Grundideen über die vier Grundschuljahre hinweg nach dem Spiral-prinzip immer wieder aufgreifen, vertiefen und weiterentwickeln lassen (vgl. Müller & Wittmann 1995, 21), zeigen Wittmann & Müller (vgl. 2004/2005) in dem Schulbuch ‚Das Zahlenbuch' für die entsprechenden Schuljahre konkret auf.

Für das Interesse dieser Arbeit, die Lernstände von Schulanfängerinnen und Schulanfängern auf umfangreicher inhaltlicher Basis zu erheben, um der Breite des Fachs und den unterschiedlichen Kompetenzen der Kinder gerecht zu werden (vgl. Forschungsinteressen 2 und 3, Kapitel 2.2.3), stellt sich eine Strukturierung der Lernstandfeststellung gemäß der jeweils sieben Grundideen der Arithmetik und der Geometrie als unbedingt zweckerfüllend heraus. Die diesbezüglichen ‚Grundideen-Tests' (Wittmann & Müller 2004; Waldow & Wittmann 2001), welche im nächsten Kapitel vorgestellt werden, bilden eine geeignete Schablone zur Entwicklung der Testinstrumente der vorliegenden Untersuchung (vgl. Kapi-tel 4.3.3).

3.1.3 Die Grundideen-Tests von Wittmann & Müller

Wittmann und Müller stellen die Grundideen der Arithmetik und der Geometrie nicht nur als geeignete Strukturvorgabe für Unterrichtsinhalte (vgl. Kapitel 3.1.2), sondern dementsprechend auch als strukturierende Mittel von Lernstand-erhebungen heraus, welche die Lernstände der Kinder den einzelnen Grundideen entsprechend erfassen und berücksichtigen lassen. Demzufolge entwickeln die

Autoren den GI-Eingangstest Arithmetik (Wittmann & Müller 2004) und den GI-Eingangstest Geometrie (Waldow & Wittmann 2001), wobei die Abkürzung „GI" für „Grundideen" steht. Die „Tests" liegen dabei rein fachinhaltlichen und fachdidaktischen Leitideen und Erfahrungswerten zugrunde, Funktionen im psychometrischen Sinn (vgl. Lienert & Raatz 1994) werden nicht verfolgt.

Der parallele Aufbau beider Tests beruht auf einigen zentralen Gestaltungskriterien, die im Folgenden anhand exemplarischer Darstellungen der Aufgabenblöcke des Arithmetik- und Geometrietests aufgezeigt werden:

- Die Grundideen der Arithmetik und der Geometrie bilden die jeweiligen Bereiche der *sieben Aufgabenblöcke* der beiden Tests. Ein Aufgabenblock besteht aus mindestens einem, meistens jedoch mehreren konkreteren Inhaltsbereichen, die sich wiederum aus verschiedenen Aufgaben zusammensetzen, welche die Fähigkeiten der Kinder bezüglich der ausgewählten inhaltlichen Schwerpunkte erheben.

Test	Aufgabenblock	Inhaltsbereich	Aufgabe
Arithmetik-test	A1 - Zahlenreihe A2 - Rechnen A3 - Zehnersystem A4 - Rechenverfahren A5 – Gesetzmäßigkeiten und Muster A6 - Zahlen in der Umwelt A7 - Kleine Sachaufgaben	Zahlenreihe vorwärts Zahlsymbole Nachfolger Vorgänger Anzahlbestimmung ⋮	Aufforderung zum Zählen Zahlwörter bzw. Zahlsymbole zuordnen ⋮
Geometrie-test	G1 G2 G3 ⋮ G7		

Abbildung 3.1 Inhaltliche Strukturierung der GI-Tests am Beispiel des Aufgabenblocks ‚Zahlenreihe'

- Die Testaufgaben werden den Schülerinnen und Schülern mündlich in *Einzelinterviews* gestellt (der Geometrietest kann auch als Gruppentest durchgeführt werden), die Testdauer beträgt zwischen 20 und 30 Minuten. Im Arithmetiktest wird bei den Aufgaben teilweise ergänzendes Material wie beispielsweise

Wendekarten oder Plättchen verwendet. Beim Geometrietest liegen zu allen Aufgaben DIN-A4-Testblätter vor, auf denen die Aufgabenbearbeitungen von den Kindern durchgeführt werden.

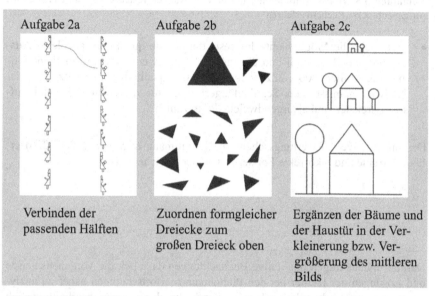

Aufgabe 2a	Aufgabe 2b	Aufgabe 2c
Verbinden der passenden Hälften	Zuordnen formgleicher Dreiecke zum großen Dreieck oben	Ergänzen der Bäume und der Haustür in der Verkleinerung bzw. Vergrößerung des mittleren Bilds

Abbildung 3.2 Testblätter des Geometrietests am Beispiel des Aufgabenblocks ‚Operieren mit Formen'

- Die Testaufgaben beziehen sich im Wesentlichen auf Lerninhalte des ersten Schuljahres, teilweise werden auch darüber liegende Anforderungen erfasst. Waldow & Wittmann (vgl. 2001, 248) betonen in diesem Zusammenhang das relativ hohe Schwierigkeitsniveau des Geometrietests für Schulanfängerinnen und Schulanfänger. Auch beim Arithmetiktest werden Inhalte des ersten Schuljahres behandelt bzw. überschreiten diese an einigen Stellen auch.

Aufgabe 4a: „2 und 2 sind 4. Kannst du dir denken, wie viel 200 und 200 sind?" ... „Und wie viel sind 2000 und 2000?"

Aufgabe 4b:„Wie viel ist 102 und 1?"...Wie viel ist 201 und 201?"... „Wie viel ist 1002 und 2?"

Der Zahlenraum übersteigt bei diesem Aufgabenblock das Anforderungsniveau der ersten Klasse erheblich. Doch durch den möglichen Rückgriff auf Rechenverfahren wird den Schulanfängerinnen und Schulanfängern dennoch zugetraut, sich die Ergebnisse im Hunderterraum und darüber hinaus, ausgehend von kleinen Zahlenräumen, zu erschließen.

Abbildung 3.3 Hohes Anforderungsniveau ausgewählter Testaufgaben am Beispiel des Aufgabenblocks ‚Rechenverfahren'

• Es besteht die Möglichkeit, die Tests durch eine quantitativ angelegte Auswertungstabelle schnell und übersichtlich auszuwerten. Hierzu merken Wittmann & Müller (2004, 222) jedoch an, dass „qualitative Einschätzungen der Zahlvorkenntnisse von Schulanfängern [...] für den Unterricht viel aufschlussreicher sind als irgendwelche Punktzahlen".

Das quantitative Auswertungsschema nach Wittmann & Müller (2004, 226) erfasst korrekte und inkorrekte Fortsetzungen der Plättchenmuster.

☐ **Block 5: Arithmetische Muster**
Material: Wendeplättchen

Muster fortsetzen	a. rbrbrbrb…	b. rrbbbrrbbbrrbbb…	c. rbbrrrbbbbbrrrrrb…
Punktzahl	1	1	1

Darüber hinaus tragen qualitative Beobachtungen dazu bei, die Vorgehensweisen und Lösungen der Kinder bei den Plättchenmusterfortsetzungen näher zu analysieren und somit neben dem Erfolg der Kinder bei der Aufgabenbearbeitung auch ihren Lösungsprozess sowie ihre Fähigkeiten, ihre Musterfortsetzungen zu begründen, zu erfassen.

Abbildung 3.4 Möglichkeiten der quantitativen und qualitativen Auswertung der Tests am Beispiel des Aufgabenblocks ‚Arithmetische Gesetzmäßigkeiten und Muster'

Zusammenfassend lässt sich hervorheben, dass die GI-Tests fachdidaktisch verankerte Lernstandfeststellungen für den Anfangsunterricht darstellen, die auf den zentralen Inhalten der Arithmetik und Geometrie beruhen und sich auf Lerninhalte des (teilweise fortgeschrittenen) Anfangsunterrichts beziehen.

Anmerkend sei zu ergänzen, dass die Testkonstruktion ausgehend von fundamentalen Ideen nicht neu ist. Bereits 1995 wurde diese Idee in Zusammenhang mit der Strukturierung von Testaufgaben eines Geometrietests in den Niederlanden umgesetzt (vgl. Moor 1999, 523).

3.2 Die Grundidee: Muster und Strukturen

Der Grundidee ‚Muster und Strukturen' kommt, weit über die Position als eine der jeweils sieben Grundideen der Arithmetik und Geometrie nach Wittmann und Müller (vgl. Wittmann & Müller 1995; Wittmann 1999) hinaus, eine ganz besondere inhaltliche Bedeutung in der Mathematik zu. Wittmann & Müller (2007, 42) stellen Muster und Strukturen als das „Wesen der Mathematik" heraus und in den Bildungsstandards (vgl. KMK 2004a, 8) nehmen sie die Position einer der fünf zentralen inhaltsbezogenen Kompetenzen ein, um nur zwei zentrale Beispiele zu nennen.

Aufgrund der inhaltlichen Bedeutsamkeit der fundamentalen Idee ‚Muster und Strukturen' und der Tatsache, dass die diesbezüglichen Lernstände von Schulanfängerinnen und Schulanfängern bisher nur in ersten Ansätzen untersucht worden sind (vgl. Steinweg 2001; Mulligan et al. 2004/2005b), setzt die vorliegende Arbeit einen Schwerpunkt auf die diesbezüglichen Fähigkeiten der Kinder (vgl. Forschungsinteresse 1, Kapitel 2.2.3 und Kapitel 3.2.4). Dieser Untersuchungsfokus wird in diesem Kapitel vor dem Hintergrund des fachinhaltlichen (Kapitel 3.2.1), fachdidaktischen (Kapitel 3.2.2) und empirischen (Kapitel 3.2.3) Rahmens dieser Grundidee herausgearbeitet und durch die Darstellung des weiterführenden Forschungsinteresses (Kapitel 3.2.4) hieran anknüpfend konkretisiert.

3.2.1 Fachinhaltlicher Rahmen

Muster gehören seit jeher zum Gegenstand mathematischer Aktivitäten. Gleichwohl welchen Bereich der Mathematik man betrachtet, stehen unterschiedlichste Muster im Zentrum des Interesses. Hierzu gehören beispielsweise Zahlenmuster, Formenmuster oder Bewegungsmuster, um nur einige zu nennen. Da Muster einen gemeinsamen, fundamentalen Kern der zahlreichen Teilgebiete der Mathematik darstellen, wird die Mathematik auch als „die Wissenschaft von den Mustern" bezeichnet (vgl. Sawyer 1955, 11f.; Devlin 1994, 3).

Sawyer (1955, 12) beschreibt Muster im weitesten Sinne als „any kind of regularity that can be recognized by the mind". Dabei beschränkt er sich nicht nur auf Regelmäßigkeiten innerhalb der Mathematik, sondern bezieht sich ebenfalls auch auf ganz andere Disziplinen, beispielsweise Muster in der Biologie, wie etwa die Wahrnehmung eines Vogels, der das schwarz-gelbe Muster einer Wespe erkennt. Sawyer (vgl. 1955, 12) betont darüber hinaus, dass die Auseinandersetzung mit Mustern für das Leben generell, aber ganz besonders für die geistige Tätigkeit im Speziellen grundlegend ist. Er verweist in diesem Zusammenhang auf den Menschen, der beispielsweise die Regelmäßigkeit erkennt, dass das Wachsen einer

Pflanze aus der Aussaat eines Korns resultiert und sich somit befähigt, Pflanzen zu kultivieren. Wittmann & Müller (2007, 48) stellen in diesem Zusammenhang heraus: „unser ganzes kognitives System ist auf Muster ausgerichtet, denn das Gehirn wäre gar nicht in der Lage, jeden Einzelfall gesondert zu behandeln".

Auch wenn sich die Begriffe ‚Muster' und ‚Struktur' „nicht scharf definieren und voneinander abgrenzen lassen", kann dennoch eine grobe Unterscheidung getroffen werden (Wittmann & Müller 2007, 43). Bei Strukturen handelt es sich „um grundlegende, vorgegebene Muster", die im Lernprozess „definiert" (vorgegeben) werden und somit als Grundlage mathematischer Tätigkeiten dienen (Wittmann & Müller 2007, 43/49). Als Muster im eigentlichen Sinne werden in die mathematischen Strukturen hineingedeutete Regelmäßigkeiten verstanden, die „entdeckt, beschrieben, begründet, unter Forschern kommuniziert und zur Lösung realer Probleme genutzt" werden können (Wittmann & Müller 2007, 49). Mathematische Muster werden daher – ausgehend von den zugrundeliegenden mathematischen Strukturen – von Lernenden selbst konstruiert. Als Beispiel für den Anfangsunterricht kann die Zahlenreihe genannt werden, die nach vorangehender Beschreibung eine mathematische Struktur darstellt, die den Schülerinnen und Schülern im Lernprozess vorgegeben wird. In diese mathematische Struktur können wiederum zahlreiche Muster hineingedeutet werden, wie beispielsweise, dass ungerade und gerade Zahlen in der Zahlenreihe abwechselnd auftreten. Um das gefundene Muster begründen zu können, muss auf die zugrundeliegenden mathematischen Strukturen der Zahlenreihe zurückgegriffen werden.

Mittels der Kenntnis über die mathematischen Strukturen und die entsprechenden Werkzeugen der Mathematik können Muster untersucht, erklärt, miteinander in Verbindung gesetzt und angewandt werden:

„As the science of patterns, a lot of mathematical activity is concerned with finding new patterns in the world, analyzing those patterns, formulating axioms to describe them and facilitate further study, looking for the appearance in a new domain of patterns observed somewhere else, and applying mathematical theories and results to phenomena in everyday world." (Devlin 1994, 52)

So betrachtet die Mathematik längst nicht nur innermathematische Muster des Faches, sondern bezieht sich auch auf andere Disziplinen und außermathematische, reale Muster. Dabei stellen Muster ein mächtiges, aus den Naturwissenschaften resultierendes und gleichzeitig auf diese anwendbares Werkzeug der Mathematik dar. Die Schönheit von Mustern wirkt dabei als Antrieb für mathematische Tätigkeiten (vgl. Sawyer 1955, 12). So verweist Devlin (1994, 6) auf Hardy (1940), welcher hervorhebt: „the mathematician's patterns, like the painter's or the poet's, must be *beautiful*". Diese Schönheit kann dabei einerseits eine höchst abstrakte innere Schönheit, „a beauty that can be observed, and appreciated, only by those sufficiently well trained in the disciplin" (Devlin 1994, 6) sein, andererseits aber auch im „ästhetische[n] Reiz der Muster in den Anfängen der mathematischen Tätigkeit" liegen (Steinweg 2001, 11).

Im Allgemeinen können Muster ganz unterschiedlicher Natur sein: "[…] patterns can be either real or imagined, visual or mental, static or dynamic, qualitative or quantitative, purely utilitarian or of little more than recreational interest" (Devlin 1994, 3). Arithmetische Muster weisen Strukturen zwischen Zahlen bzw. Zahlaufgaben auf, die durch „Ordnung und Regelmäßigkeit, Wiederholung sowie Vorhersagbarkeit" geprägt sind (vgl. Rathgeb-Schnierer 2007, 11). Geometrische Muster beziehen sich hingegen auf strukturelle Zusammenhänge geometrischer Inhalte wie Form und Lage. Dabei reichen Muster auch hierbei „von einfach zugänglichen arithmetischen und geometrischen bis hinauf zu hochkomplexen, abstrakten Mustern" (Wittmann 2004, 52).

Ausgehend vom fachinhaltlichen Hintergrund wird deutlich, dass Muster und Strukturen den *gemeinsamen Kern* der Mathematik und ihrer verschiedenen Teilbereiche darstellen und des Weiteren auf ganz *unterschiedlichen Niveaus* wahrgenommen und mit ihnen umgegangen werden kann. Auf diese zwei Aspekte lässt sich die zentrale Stellung von Mustern und Strukturen für die Fachdidaktik im Allgemeinen und die vorliegende Arbeit im Speziellen zurückführen, wie im folgenden Kapitel dargestellt wird.

3.2.2 Fachdidaktischer Rahmen

Der Grundidee ‚Muster und Strukturen', deren zentraler Stellenwert im vorangehenden Kapitel fachinhaltlich begründet wurde, wird in der Fachdidaktik als zentraler Inhaltsbereich des Unterrichtsfachs herausgestellt. So stellen ‚Muster und Strukturen' beispielsweise eine der fünf inhaltsbezogenen Kompetenzen in den Bildungsstandards (vgl. KMK 2004a, 8) dar. Im Lehrplan findet sich die Grundidee insbesondere in dem Leitprinzip der ‚Strukturorientierung' wieder, welche besagt, „dass mathematische Aktivität häufig im Finden, Beschreiben und Begründen von Mustern besteht" (Ministerium für Schule und Weiterbildung des Landes Nordrhein-Westfalen 2008, 55).

Die zentrale Eigenschaft von Mustern und Strukturen, dass sie auf ganz unterschiedlichen Niveaus wahrgenommen werden können und bereits auf ganz elementaren Weisen in mathematischen Tätigkeiten einfließen (vgl. Kapitel 3.2.1), macht diese Grundidee vom Anfangsunterricht an zu einem zentralen Unterrichtsinhalt.

Einsichten in operative Beziehungen ermöglichen beispielsweise ein gefestigtes und tiefes Inhaltsverständnis von Zahlen, Operationen und ihren Zusammenhängen.

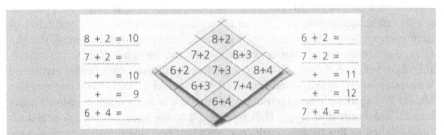

Operative Behandlung von Additionsaufgaben an der Einspluseins-Tafel
(Wittmann & Müller 2004, Das Zahlenbuch, Band 1, 78)

Abbildung 3.5 Verständnissicherung durch Einsichten in Muster und Strukturen am Beispiel von operativen Beziehungen

Wittmann & Müller (2007, 48f.) betonen in diesem Zusammenhang die grundlegende Bedeutung von Mustern für den Mathematikunterricht, indem sie argumentieren, „je mehr ein Kind einzelne Zahlen, einzelne Figuren, einzelne Rechnungen, einzelne Wissenselemente und Fertigkeiten, usw. ‚unter einen Hut bringen' kann, desto geringer wird sein Gedächtnis belastet, desto leichter fällt ihm die Übersicht und desto gezielter kann es seine Kenntnisse einsetzen". Strukturen und Muster machen es daher möglich, „viele Einzelfälle mit einem Schlag gemeinsam" zu erfassen. Muster erstrecken sich dabei über alle Inhaltsbereiche der Mathematik und sind somit als „übergeordnet" anzusehen (Wittmann & Müller 2007, 42). Waters (2004, 566) betrachtet Muster auf einer noch globaleren Ebene und stellt heraus: "patterning is foundational within and beyond the mathematics curriculum because it assists children to make sense of their everyday world".

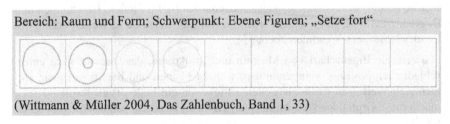

Bereich: Raum und Form; Schwerpunkt: Ebene Figuren; „Setze fort"

(Wittmann & Müller 2004, Das Zahlenbuch, Band 1, 33)

Abbildung 3.6 Integration der fundamentalen Idee ‚Muster und Strukturen' in die einzelnen Inhaltsbereiche am Beispiel ‚Ebene Figuren'

Im aktuellen Lehrplan werden ‚Muster und Strukturen' daher bewusst nicht als gesonderter Bereich behandelt, sondern in den Inhaltsbereichen selbst aufgegriffen. „Muster und Strukturen bestimmen häufig die einzelnen Themenbereiche und können zur Verdeutlichung zentraler mathematischer Grundideen genutzt werden" (Ministerium für Schule und Weiterbildung des Landes Nordrhein-Westfalen 2008, 56).

Ziel dabei ist es, Kindern die Möglichkeit zu geben, „‚der Mathematik' authentisch zu begegnen" (Steinweg 2003, 71) und „Muster nicht als statisch anzusehen, die als Fertigprodukte zu lehren seien. […] Man muss die Muster vielmehr als dynamische Muster verstehen, die im Lernprozess von den Lernenden interaktiv erforscht, fortgesetzt und umgestaltet werden können" (Wittmann 2005b, 14). Vogel (2005, 585f.) gibt in Anlehnung an Radatz et al. (vgl. 1998) und Steinweg (vgl. 2000) eine Übersicht möglicher Tätigkeiten bei der Beschäftigung mit Mustern an. Dazu gehören

- das Erkennen

- das Nachzeichnen

- das Vergleichen

- das Fortsetzen und

- das Beschreiben von Mustern.

Arithmetische Muster können dabei in verschiedener Form auftreten – beispielsweise in Zahlenfolgen, in Rechenaufgaben, in Aufgabenformaten oder auch in operativ strukturierten Aufgabenserien (vgl. Rathgeb-Schnierer 2007, 11). Selter (vgl. 1999) verdeutlicht, welche vielfältigen Aktivitäten sich bereits allein in einer konkreten Form von Mustern, in Zahlenfolgen, eröffnen. So können beim Fortsetzen von Zahlenfolgen beispielsweise folgende reichhaltige Fragen bzw. Aufgabenschwerpunkte aufgeworfen werden: Wie lautet die Regel? Wie könnte es weitergehen? Wie könnte der Anfang lauten? Wie könnten die fehlenden Zahlen lauten? Wo steckt der Fehler? Welche Zahl könnte dort hingehören?

Solche oder ähnliche Fragestellungen, die in Zusammenhang mit Mustern behandelt werden, sind überwiegend nicht nur mathematisch-inhaltlicher Natur, sondern fordern auch prozessbezogene Kompetenzen. So kommt insbesondere dem ‚Kreativ sein' und dem ‚Beschreiben und Begründung' ein besonderer Stellenwert bei der Auseinandersetzung mit Mustern zu. Schülerinnen und Schüler können beispielsweise herausgefordert werden, eigene Muster zu erfinden (vgl. Steinweg & Klein 2001, 10f.) oder über Muster „eigenständig zu reflektieren und theoretische Erkenntnisse über mathematische Muster zu machen und zu bewei-

sen" (Steinweg 2001, 57). Aber auch „sich auszudrücken und Worte zu finden,
um beobachtete Phänomene festzuhalten" kann ein weiterer Schwerpunkt bei der
Beschäftigung mit Mustern sein (Steinweg 2003, 69).

Bei der folgenden Aufgabe zu Zahlenmauern sollen die Kinder Zusammenhänge
entdecken und diesbezügliche Auffälligkeiten beschreiben.

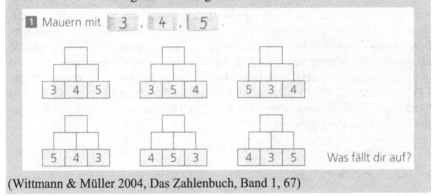

(Wittmann & Müller 2004, Das Zahlenbuch, Band 1, 67)

Abbildung 3.7 Förderung prozessbezogener Kompetenzen bei der Auseinandersetzung
mit Mustern am Beispiel von Zahlenmauern

Der Austausch in der Lerngruppe wird hierbei immer wieder angestrebt, denn
„dem einen Kind sind vielleicht andere Aspekte aufgefallen als dem anderen"
(Steinweg 2003, 70), sodass Beschreibungen und Begründungen im gegenseitigen Erklären eine authentische Notwendigkeit finden, verschiedene Vorgehensweisen kontrastiert und von den Schülerinnen und Schülern erprobt werden können.

3.2.3 Empirischer Rahmen

Eine überschaubare Anzahl recht aktueller Untersuchungen bildet den empirischen Hintergrund zum Umgang von Kindern mit mathematischen Mustern und
Strukturen. Insbesondere ist hier die Textsammlung von Orton (1999) als umfangreiche Zusammenstellung zu diesem Themenbereich zu nennen. Steinwegs
(2001a) Studie ‚Zur Entwicklung des Zahlenmusterverständnisses bei Kindern'
stellt eine der wenigen großen deutschen Untersuchungen in diesem Themenbereich dar. In Zusammenhang mit den Lernstanderhebungen mit Schulanfängerinnen und Schulanfängern in den 1990er-Jahren (vgl. Hengartner & Röthlisberger

1994; Heuvel-Panhuizen 1995; Grassmann 1995; Selter 1995a) wird der Bereich 'Muster und Strukturen' nicht als ein zentraler Inhalt fokussiert. Zur empirischen Einbettung der vorliegenden Arbeit sind drei Forschungsstränge zum Muster- und Strukturverständnis von Kindern hervorzuheben:

Bedeutung des Muster- und Strukturverständnisses für Vorgehensweisen und Unterrichtserfolg

Die Untersuchungsergebnisse der australischen Forschungsgruppe um Mulligan, zur Bedeutung des Strukturverständnisses für Vorgehensweisen und Unterrichtserfolg, stellen einen empirischen Eckpfeiler zu diesem Thema dar. Mulligan et al. (2005b, 1) fassen ihre Untersuchungsergebnisse in zwei wesentlichen Punkten zusammen. Als einen zentralen Befund stellen sie heraus:

1) „Children's perception and representation of mathematical structure generalised across a range of mathematical content domains and contexts."

Sie legen ihrer Arbeit daher das in den vorangehenden Kapiteln 3.2.1 und 3.2.2 dargestellte Verständnis von Mustern und Strukturen zugrunde und betrachten Muster und Strukturen ebenfalls inhaltsübergreifend und nicht als einen isolierten Inhaltsbereich der Mathematik. So gehen die Autoren der Frage nach, welche Vorstellungen bezogen auf mathematische Strukturen dem Denken von Schulanfängerinnen und Schulanfängern in unterschiedlichen Inhaltsbereichen zugrunde liegen und inwieweit diese mit den Strukturen des Fachs übereinstimmen. Ausgehend von dem Theorierahmen 'kognitiver Repräsentationssysteme' (vgl. Goldin 2002) betrachten die Autoren Schülerdokumente hinsichtlich der strukturellen Entwicklung innerer, kognitiver mathematischer Ideen und Repräsentationen (vgl. Mulligan et al. 2005b, 2). Hierbei arbeiten sie vier grobe Stufen heraus, welche die Entwicklungsphasen des Strukturverständnisses der Schulanfängerinnen und Schulanfänger verkörpern:

„In an initial *pre-structural stage*, representations lacked any evidence of mathematical or spatial structure; most examples showed idiosyncratic features. This is followed by an *emergent inventive-semiotic stage* where representations show some elements of structure in which characters or configurations are first given meaning in relation to previously constructed representations. The next stage shows evidence of *partial structure*: Some aspects of mathematical notation and/or spatial features such as grids or arrays are found. The following stage is a *stage of structural development*, where the representations clearly integrate mathematical and spatial structural features" (Mulligan et al. 2004, 395f.; vgl. auch Beispiele zu den unterschiedlichen Phasen bei der Strukturfortsetzung von Flächen in Abb. 2.1.3, S. 60).

Auch wenn diese Stufeneinteilung die Entwicklungslinien lediglich schemenhaft nachzeichnet, gibt sie dennoch einen guten Überblick über wesentliche Merkmale der kindlichen Entwicklung des Strukturverständnisses. Die Stufen können als sinnvoller theoretischer Ansatzpunkt für die Einordnung und Bewertung der Vorgehensweisen von Kindern im Umgang mit Strukturen gesehen werden. Resultierend aus einem Vergleich des Strukturverständnisses von Erstklässlern mit ihren allgemeinen mathematischen Fähigkeiten kommen Mulligan et al. (2005b, 1) zu ihrem zweiten zentralen Forschungsbefund:

2) "Early school mathematics achievement was strongly linked with the child's development and perception of mathematical structure."

So weisen Mulligan & Prescott (2003, 539) für schwache Schülerinnen und Schüler die Schwierigkeit nach, numerische Basisfähigkeiten zu erwerben, da ihnen die zugrundeliegenden mathematischen und räumlichen Strukturen oft verschlossen bleiben. Leistungsstarke Kinder hingegen weisen überwiegend sehr ausgeprägte Strukturierungsfähigkeiten auf. Dem Strukturverständnis kommt somit eine entscheidende Rolle beim Mathematiklernen zu (vgl. Papic & Mulligan 2005, 610).

Bedeutung des Muster- und Strukturverständnisses für mathematische Repräsentationen

Ein zweiter wesentlicher Forschungsstrang in Zusammenhang mit den Fähigkeiten von Schülerinnen und Schülern im Umgang mit Mustern und Strukturen ist die Analyse des Verständnisses der Lernenden hinsichtlich mathematischer Repräsentationen. Klaudt (2005, 17) stellt in diesem Zusammenhang den wesentlichen Unterschied zwischen „äußeren Repräsentationen, die fachinhaltliche Strukturen abbilden sollen" und den „internen psychologischen Repräsentationssystemen, welche die Kinder aufbauen und nutzen", dar. So müssen die Schülerinnen und Schüler die mathematischen Repräsentationen erst deuten, um diese in ihren Strukturen und Mustern erfassen und nutzen zu können. Lorenz (1993, 32) zeigt anhand von Fallbeispielen leistungsschwächerer Kinder auf, „daß die durch die unterrichtlichen Materialien ausgebildeten Vorstellungsbilder zum einen idiosynkratisch, zum anderen auch wenig effektiv sind" – für das Zahlverständnis und erfolgreiche Rechenleistungen jedoch ein sinnhafter und flexibler Umgang mit Repräsentationen eine notwendige Bedingung darstellt (vgl. Lorenz 2009).

Unter Berücksichtigung der empirischen und theoretischen Mehrdeutigkeit von Anschauungsmitteln (vgl. Voigt 1990; Lorenz 1991; Steinbring 1994) analysiert Söbbeke (vgl. 2005) in diesem Zusammenhang die visuelle Strukturierungsfähigkeit von Schülerinnen und Schülern hinsichtlich verschiedener Anschauungsmittel. Die Autorin arbeitet dabei vier Deutungsebenen heraus:

1) Ebene konkret empirischer Deutungen:

„Die Kinder konstruieren spontan *keine* Strukturen in das Anschauungsmittel hinein, vielmehr dominiert eine Sicht auf Einzelelemente und konkrete Objekte, die mit einer Klassifizierung nach äußeren Merkmalen einhergeht. Insgesamt stehen die Deutungselemente weitgehend isoliert nebeneinander, ohne dass sie miteinander koordiniert oder in Bezug zueinander gesetzt werden. Echte strukturbezogene Umdeutungen sind nicht festzustellen." (Söbbeke 2005, 346)

2) Ebene des Zusammenspiels von partiell empirischen Deutungen mit ersten strukturorientierten Deutungen:

„Ein Kind löst in Deutungsphasen, die dieser Ebene zugeordnet werden, seine Interpretationen partiell von den konkreten Aspekten der Darstellung und richtet seine Aufmerksamkeit vermehrt auf abstrakte Beziehungen und Strukturen. Neben *Einzelelementen* werden *individuelle*, aber auch *intendierte Struk*turen und *Substrukturen* in die Darstellung hineingedeutet, die jedoch weitestgehend isoliert nebeneinander stehen und im Sinne *konkreter Objekte* genutzt werden." (Söbbeke 2005, 347)

3) Ebene strukturorientierter Deutungen mit zunehmender, flexibler Nutzung von Beziehungen und Umdeutungen:

„In Deutungsphasen, die dieser Ebene zugewiesen werden, zeigt sich eine aktive Konstruktion von *individuellen* und *intendierten Strukturen* und *Beziehungen*. Hierbei werden verschiedene Aspekte des Datenmaterials in die Überlegungen einbezogen. Im Vergleich zu der zweiten Ebene werden die Strukturen insgesamt vielfältiger konstruiert und flexibler umgedeutet. Die Struktureinheiten stehen *nicht* im Sinne *konkreter Objekte* isoliert nebeneinander, sondern werden als Teile des Ganzen gesehen, strukturbezogen zerlegt und zusammengefügt. Im Ganzen ist diese Ebene der visuellen Strukturierungsfähigkeit gekennzeichnet von Beziehungen und Umdeutungen." (Söbbeke 2005, 348)

4) Ebene strukturorientierter, relationaler Deutungen mit umfassender Nutzung von Beziehungen und flexiblen Umdeutungen:

„Die Kinder konstruieren in Deutungen, die dieser Ebene zugeordnet werden, aktiv Beziehungen und Strukturen in die Darstellung hinein, die nicht mehr (wie in den ersten drei Ebenen) individuell begründet werden, sondern *intendierten Strukturen* und *Substrukturen* entsprechen. Insgesamt zeigt sich in Deutungen dieser Ebene eine strukturorientierte, relationale Sicht auf das Medium, indem *komplexe und umfassende* Beziehungen aufgebaut und flexible, umfassende Umdeutungen vorgenommen werden." (Söbbeke 2005, 349)

Söbbeke (2005, 377) schlussfolgert, dass „durch *kindgerechte* Gespräche über theoretische Mehrdeutigkeiten, Strukturen und Beziehungen in einem Anschauungsmittel, über unterschiedliche Deutungen und Umdeutungen verschiedener Kinder zu einem Anschauungsmittel, die miteinander *verglichen* und *aufeinander bezogen* werden, [kann] bei Grundschulkindern ein erstes Verstehen der

epistemologischen ‚Idee' von symbolischen Repräsentationen angelegt werden"
kann. Die Studie stellt einen überzeugenden Ansatz dar, welcher den heterogenen
Umgang von Kindern mit Strukturen in Anschauungsmaterialien aufzeigt und
verallgemeinernd eindeutig zuordbare Ebenen der Strukturdeutung klassifiziert
und somit einen theoretischen Rahmen schafft.

In Zusammenhang mit der Rekonstruktion der Strukturdeutungen der Schulanfängerinnen und Schulanfänger in den Detailanalysen der vorliegenden Untersuchung (Kapitel 5), werden die einzelnen Deutungsebenen nach Söbbeke (vgl.
2005) konkretisiert und an Beispielen, welche die Bandbreite der einzelnen
Strukturdeutungen deutlich machen, voneinander abgegrenzt und für die Auswertung der hier vorliegenden Untersuchungsdaten angepasst.

Bedeutung des Muster- und Strukturverständnisses am Beispiel des An-
schauungsmaterials ‚Punktefelder'

Das Punktefeld ist wohl das Anschauungsmittel, für welches der Umgang der
Schülerinnen und Schüler bisher am differenziertesten hinsichtlich der Nutzung
von Strukturen betrachtet wurde. Die Studien beziehen sich dabei auf den Um-
gang der Kinder mit dem Hunderterfeld bzw. auf Punktefelder im
Hunderzahlenraum (vgl. Scherer 1995; Rottmann & Schipper 2002; Benz 2005;
Söbbeke 2005). Betrachtet werden hierbei die Vorgehensweisen und Schwierig-
keiten von Kindern beim Lesen von Zahldarstellungen, beim Übersetzen von
Zahldarstellungen in Rechensätze und bei der Durchführung von Operationen am
Hunderterfeld bzw. an Ausschnitten dieses.

Anhand der verschiedenen Vorgehensweisen von Schülerinnen und Schülern bei
der Anzahlermittlung zeigt Scherer (vgl. 1995, 178ff.) die Vielfältigkeit auf, mit
der lernbehinderte Kinder die Struktur der dezimalen Punktedarstellung für ihren
Abzählprozess nutzen. So differieren einerseits die Leserichtungen (zeilenweise /
spaltenweise ausgehend von links, rechts, oben oder unten), die Gruppierungen
der Punkte beim Zählen in Schritten, aber auch die Tatsache, ob die Kinder überhaupt die Strukturen des Punktefelds in ihren Abzählprozess integrieren. Der
vielfältige Umgang mit den Punktefeldstrukturen kann in der Untersuchung auch
bei der Durchführung von Operationen an Ausschnitten des Hunderterfelds aufgezeigt werden (vgl. Scherer 1995, 184f./187).

Auch Benz (vgl. 2005, 132ff.) hebt die unterschiedlichen und nicht selten unkonventionellen Materiallösungen von Zweitklässlern bei der Durchführung von
Rechnungen am Hunderterfeld hervor. Sie folgert aus dem informellen Materialgebrauch der Kinder, dass eine noch intensivere Beschäftigung mit den Strukturen des Hunderterfelds im Unterricht nötig sei, in der auch die individuellen Vor-

gehensweisen der Kinder Berücksichtigung finden. Hierbei sieht Benz die schnelle Ablösung vom Material nicht als primäres Ziel. Ihrer Meinung nach sollte insbesondere „ein effektiver und rechnender Umgang" mit dem Anschauungsmittel angestrebt werden (Benz 2005, 316). Söbbeke (vgl. 2005, 375) vergleicht die Forderung, einerseits individuelle Deutungsweisen der Kinder zuzulassen und zu thematisieren und andererseits einzelne Strategien hervorzuheben, um daran bestimmte mathematische Aspekte aufzuzeigen, mit der Thematisierung unterschiedlicher Rechenwege. Bei der Behandlung von Rechenstrategien werden individuelle und flexible Herangehensweisen mit einer in der Regel hohen Selbstverständlichkeit im Unterricht aufgegriffen und mit den Kindern umfangreich reflektiert. Eine ähnlich ausführliche Behandlung verschiedener und flexibler Vorgehensweisen ist ihrer Auffassung nach auch bei Anschauungsmitteln anzustreben (vgl. auch Krauthausen 1995, 103). Diese Forderung würde auch der von Scherer (vgl. 1995, 180f.) festgehalten Erkenntnis, dass viele Kinder sich nicht von einmal gewählten Strukturen lösen können (auch wenn andere Sichtweisen für die Anzahlbestimmung der Punktdarstellung geeigneter wären), gerecht werden.

Wird bei der unterrichtlichen Thematisierung auch der rechnende Umgang mit dem Material gefördert, kann dem, bei einigen Kindern lang anhaltenden zählenden Rechnen entgegengewirkt werden. So zeigen die Forschungsbefunde, dass das zählende Rechnen bei vielen lernbehinderten Kindern (vgl. Scherer 1995, 184/187), aber auch bei Aufgabenbearbeitungen von Zweitklässler aus Regelschulen (Anfang des Schuljahres werden 44% der Aufgaben zählend gelöst, Ende des Schuljahres noch 22% (vgl. Benz 2005, 164)) eine immer wieder auftauchende Vorgehensweise bei der Anzahlermittlung und der Durchführung von Operationen im Zahlenraum bis Hundert – auch beim Rückgriff auf strukturierte Punktdarstellungen – ist.

Dass die unterrichtliche Behandlung des Materialgebrauchs nicht allen Schülerinnen und Schülern gerecht wird, wird ebenfalls durch die Forschungsergebnisse von Rottmann & Schipper (vgl. 2002) untermauert. Leistungsschwache Kinder, die wesentlich auf das Material angewiesen sind, haben in vielen Fällen Schwierigkeiten mit dem Gebrauch des Materials und der Veranschaulichung der gegebenen Operationen. Bei leistungsstärkeren Kindern ist der Materialgebrauch während des zweiten Schuljahres nur noch gering. So haben sie sich bereits von der Anschauungsebene gelöst und führen die Operationen im Kopf durch (vgl. Rottmann & Schipper 2002, 60; vgl. auch Benz 2005, 147/152). Die hierbei zentrale und gleichzeitig alarmierende Erkenntnis ist, dass gerade leistungsschwachen Schülerinnen und Schülern des Öfteren der Zugang zum Material fehlt und sich ohne ein Handeln am Material nur schwerlich ein Verständnis für die Zehnerstruktur, für Zahldarstellungen und Rechenoperationen bilden und verinnerlichen kann, welches ein Weiterlernen erst ermöglicht. Rottmann und Schipper (2002, 71) stellen als Konsequenz heraus, dass Arbeitsmittel, genauso wie Veranschaulichungen, „selbst zum Unterrichtsgegenstand gemacht werden müssen".

Aufgrund der zentralen Bedeutung von Mustern und Strukturen für die Mathematik und den Mathematikunterricht – theoretisch als „Wesen der Mathematik" (Wittmann & Müller 2007, 42) und empirisch als Einflussfaktor auf die allgemeine mathematische Kompetenz von Schülerinnen und Schüler (vgl. Mulligan et al. 2005b, 1) zu betrachten – wird in Zusammenhang mit der vorliegenden Untersuchung ein Schwerpunkt auf die Analyse der Vorgehensweisen der Schulanfängerinnen und Schulanfänger mit arithmetischen und geometrischen Mustern und Strukturen gelegt.

3.2.4 Weiterführendes Forschungsinteresse

Wie in Kapitel 2.2.3 herausgestellt, liegt es im besonderen Interesse dieser Arbeit einen ausgewählten, grundlegenden Inhaltsbereich genauer zu betrachten und in Detailanalysen die diesbezüglichen Vorgehensweisen der Schulanfängerinnen und Schulanfänger auf Prozessebene zu analysieren. Für diese Analyse scheint sich die Grundidee ‚Muster und Strukturen' in besonderem Maße zu eigenen. Zum einen stellt diese einen besonders fundamentalen (vgl. Wittmann & Müller 2007) und stark einflussreichen (vgl. Mulligan et al. 2005b) Inhaltsbereich sowohl in Bezug auf die Arithmetik als auch auf die Geometrie dar, so dass diesbezügliche Befunde tief- und gleichzeitig weitreichende Einsichten versprechen. Zum anderen lässt das diesbezügliche Forschungsfeld noch zentrale Fragestellungen offen, denen in der folgenden Analyse nachgegangen wird (vgl. Forschungsfragen 1, Kapitel 4.2).

So ist es für diese Arbeit von besonderem Interesse, die Vorgehensweisen der Kinder mit Mustern und Strukturen in Zusammenhang mit arithmetischen sowie geometrischen Aufgabenstellungen zu untersuchen und neben den *Strukturdeutungen* nach Söbbeke (vgl. 2005; Kapitel 3.2.3) auch *Musterdeutungen* zu identifizieren und zu definieren und in Abhängigkeit voneinander darzustellen und zu präzisieren. Die Gegebenheit, dass die analysierten Aufgabenbearbeitungen aus jeweils unterschiedlichen Inhaltsbereichen der Arithmetik und Geometrie entnommen werden (vgl. Kapitel 4.3.5), trägt dazu bei, die Übertragbarkeit der zwei Konzepte zu prüfen.

Auch der Deutung und Nutzung von Strukturen in Anschauungsmaterialien wird in Zusammenhang mit unterschiedlich großen Punktefeldern nachgegangen und die Vorgehensweisen der Schulanfängerinnen und Schulanfänger bei der Anzahlermittlung der entsprechenden Punkte diesbezüglich untersucht (Kapitel 5.3).

In Kapitel 4.2 werden die diesbezüglichen Forschungsfragen konkretisiert und der Untersuchungsschwerpunkt weiter ausgeschärft.

4 Untersuchungsdesign

Das Untersuchungsdesign setzt sich aus dem Ziel der Studie, der diesbezüglichen Forschungsfragen sowie der davon abgeleiteten methodischen und zeitlichen Konzeption der Untersuchung zusammen. Ausgehend vom aktuellen Forschungsstand und dem daraus hervorgehenden, weiterführenden Forschungsinteresse werden die Forschungsfragen der Untersuchung in diesem Kapitel konkretisiert und der methodische Aufbau und zeitliche Ablauf der Untersuchung dargestellt. Insbesondere wird die Weiterentwicklung der GI-Tests (vgl. Wittmann & Müller 2004 und Waldow & Wittmann 2001) in die der Untersuchung angepassten Testinstrumente sowie die Auswahl der Stichprobe dokumentiert. Die Methoden der Datenerhebung und Datenauswertung werden zugunsten der Nachvollziehbarkeit genauer erläutert.

4.1 Ziel der Untersuchung

Das Ziel der Untersuchung besteht darin, die mathematischen Lernstände von Schulanfängerinnen und Schulanfängern auf breiter inhaltlicher Basis bezüglich der Grundideen der Arithmetik (vgl. Wittmann 1995, 20f.) und der Geometrie (vgl. Wittmann 1999) zu erheben und in ihren inhalts- und schülergruppenbezogenen Zusammenhängen zu analysieren (vgl. Kapitel 2.2.3) sowie die Vorgehensweisen der Kinder hinsichtlich des Inhaltsbereichs ‚Muster und Strukturen' in besonderem Maße herauszuarbeiten (vgl. Kapitel 3.2.4).

4.2 Forschungsfragen

Die in den vorangehenden Kapiteln dargestellten theoretischen und empirischen Grundlagen bilden den Ausgangspunkt für die Konkretisierung der Forschungsfragen. Somit betten sich die Forschungsfragen in die Strukturen des diesbezüglichen Forschungsfelds ein, mit dem Ziel, dieses durch bedeutungsvolle, weiterführende Erkenntnisse zu bereichern.

Tabelle 4.1 stellt die Struktur der Entwicklung der Forschungsfragen sowie der diesbezüglichen Ergebnisdarstellung mit Verweis auf die entsprechenden Kapitel der Arbeit dar. Hierbei handelt es sich um eine Erweiterung der Tabelle 2.1 (vgl. Kapitel 2.2.3), welche die zentralen Kategorien empirischer Befunde des Forschungsfelds und die hieraus resultierenden, weiterführenden Forschungsinteressen in ihrem Zusammenhang aufzeigt. In Tabelle 4.1 werden die jeweiligen Forschungsfragen, die dazugehörigen Kapitel der Ergebnisdarstellung und die entsprechenden zusammenfassenden Kapitel in drei neuen Tabellenspalten ergänzt.

Tabelle 4.1 Entwicklung der Forschungsfragen und der diesbezüglichen Ergebnisdarstellung

Empirische Befunde	Weiterführende Forschungsinteressen	Forschungsfragen	Ergebnisdarstellung	Zusammenfassung und Diskussion
(Kapitel 2.2.2 und 3.2.3)	(Kapitel 2.2.3 und 3.2.4)	(Kapitel 4.2)	(Kapitel 5 bis 8)	(Kapitel 9)
...zu den Lernständen von Schulanfängerinnen und Schulanfängern				
Vorgehensweisen bei Mustern und Strukturen	FI 1	FF 1	Kapitel 5	Kapitel 9.1
Erfolgsquoten und Vorgehensweisen bei (verschiedenen Inhaltsbereichen) der Arithmetik und Geometrie	FI 2	FF 2	Kapitel 6, 7 und 8.1	Kapitel 9.2
	FI 3	FF 3		
Lernstandbeeinflussende Faktoren	FI 4	FF 4	Kapitel 8.2	Kapitel 9.3
Inhaltsbezogene Korrelationen	FI 5	FF 5	Kapitel 8.3 und 8.4	Kapitel 9.4

Die Forschungsfragen (FF) werden demzufolge gemäß der zuvor dargestellten empirischen Befunden (vgl. Kapitel 2.2.2 und Kapitel 3.2.3) sowie der daraus resultierenden, weiterführenden Forschungsinteressen (FI) (vgl. Kapitel 2.2.3 und Kapitel 3.2.4) gegliedert. Der gegebenen Reihenfolge liegt dabei keine Wertung zugrunde.

Es folgt die Formulierung der Forschungsfragen FF1 bis FF5:

FF 1 – Vorgehensweisen bei Mustern und Strukturen:

Welche Vorgehensweisen zeigen Schulanfängerinnen und Schulanfänger in Zusammenhang mit arithmetischen und geometrischen Mustern und Strukturen auf? (Ausführliche Detailanalyse)

• Inwieweit nehmen Kinder die Muster und Strukturen wahr, wie deuten sie diese und setzen ihre Erkenntnisse in den Aufgabenbearbeitungen um?

• In welchem Zusammenhang stehen die Struktur- und Musterdeutungen der Kinder?

FF 2 – Erfolgsquoten bei (verschiedenen Inhaltsbereichen) der Arithmetik und Geometrie:

Welche Erfolgsquoten bzw. Punktzahlen zeigen Schulanfängerinnen und Schulanfänger bei den Aufgaben zu den Grundideen der Arithmetik und der Geometrie, die dem Anforderungsniveau des (teilweise fortgeschrittenen) mathematischen Anfangsunterrichts entsprechen, auf?

• Welche Erfolgsquoten bzw. Punktzahlen ergeben sich bei den einzelnen Aufgaben, Aufgabenblöcken und den beiden Gesamttests?

• Wie groß sind die Streuungen der Erfolgsquoten bzw. Punktzahlen der Schülerinnen und Schüler bei den einzelnen Aufgaben, Aufgabenblöcken und den beiden Gesamttests?

• Inwiefern sind intraindividuelle Differenzen in den Erfolgsquoten bzw. Punktzahlen einzelner Kinder hinsichtlich verschiedener mathematischer Inhaltsbereiche zu beobachten?

FF 3 – Vorgehensweisen bei verschiedenen Inhaltsbereichen der Arithmetik und Geometrie:

Welche Vorgehensweisen zeigen Schulanfängerinnen und Schulanfänger bei den jeweiligen Aufgaben zu den Grundideen der Arithmetik und der Geometrie, die dem Anforderungsniveau des (teilweise fortgeschrittenen) mathematischen Anfangsunterrichts entsprechen, auf? Welche abweichenden Lösungen und diesbezüglichen Schwierigkeiten sind dabei gegebenenfalls zu beobachten? (Beschränkte Überblicksanalyse)

FF 4 – Lernstandbeeinflussende Faktoren:

Inwieweit wirken sich verschiedene Einflussfaktoren auf die Lernstände der Schulanfängerinnen und Schulanfänger zu den Grundideen der Arithmetik und der Geometrie aus?

• Inwiefern wirken sich die physischen Einflussfaktoren *Geschlecht* und *Alter* auf die Erfolgsquoten bzw. Punktzahlen der Kinder (in unterschiedlichen Inhaltsbereichen) aus?

- Inwiefern wirkt sich das *soziale Einzugsgebiet* der besuchten Grundschulen auf die Erfolgsquoten bzw. Punktzahlen der Kinder (in unterschiedlichen Inhaltsbereichen) aus?

FF 5 – Inhaltsbezogene Korrelationen:

Welche Zusammenhänge bestehen zwischen den Lernständen von Schulanfängerinnen und Schulanfängern in unterschiedlichen Inhaltsbereichen?

- Inwiefern sind Korrelationen bezüglich der Lernstände zu verschiedenen arithmetischen Grundideen bzw. zum Gesamttest Arithmetik zu verzeichnen?

- Inwiefern sind Korrelationen bezüglich der Lernstände zu verschiedenen geometrischen Grundideen bzw. zum Gesamttest Geometrie zu verzeichnen?

- Inwiefern stehen die arithmetischen und geometrischen Lernstände der Schulanfängerinnen und Schulanfänger in einem statistischen Zusammenhang?

Um die Forschungsfragen zielgeleitet beantworten zu können, wird eine entsprechende Konzeption der Untersuchung gewählt, welche unter geeigneten Rahmenbedingungen die benötigten Daten erheben und mittels angemessener Auswertungsmethoden analysieren lässt. Im Folgenden werden die zentralen konzeptionellen Aspekte der Untersuchung dargestellt und mit den Forschungsfragen dieser Arbeit in Verbindung gesetzt und erläutert.

4.3   Konzeption der Untersuchung

Im Folgenden wird der inhaltliche Aufbau und zeitliche Ablauf der Untersuchung (Kapitel 4.3.1), die Durchführungsmethode (Kapitel 4.3.2) sowie die Weiterentwicklung der Testinstrumente innerhalb der Voruntersuchung (Kapitel 4.3.3), die Stichprobe (Kapitel 4.3.4) und das methodische Vorgehen bei der Auswertung (Kapitel 4.3.5) beschrieben.

4.3.1 Aufbau und Ablauf

Um den Studienaufbau und -ablauf rekonstruierbar zu machen, werden in Tabelle 4.2 die einzelnen Untersuchungsphasen in Bezug auf ihre inhaltlichen Schwerpunkte und ihren zeitlichen Verlauf dokumentiert.

Tabelle 4.2 Inhaltliche Schwerpunkte und zeitlicher Ablauf der Untersuchungsphasen

Untersuchungsphase	Inhaltliche Schwerpunkte	Zeitlicher Ablauf
I	**Ausarbeitung des Untersuchungsdesigns / Literaturarbeit** • Festlegung der Forschungsfragen und -Methoden ausgehend von Theorie und Empirie • Planung des Aufbaus und des Ablaufs der Untersuchung • Anpassung der GI-Tests Arithmetik und Geometrie	07/07 bis 12/07
II	**Erprobung und Weiterentwicklung der Testinstrumente** • Erprobung der angepassten GI-Tests mit 20 Kindern im letzten Kindergartenjahr im Januar/Februar in videographierten Einzelinterviews • Überarbeitung und Erstellung der Endfassung der Testinstrumente • Entwicklung eines Kodierungsschemas	01/08 bis 06/08
III	**Durchführung der Untersuchung / Dateneingabe** • Durchführung des Arithmetik- und Geometrietests mit 108 Schulanfängerinnen und Schulanfängern in der zweiten bis vierten Schulwoche in videographierten Einzelinterviews • Dateneingabe anhand des Kodierungsschemas	07/08 bis 12/08
IV	**Auswertung der Untersuchungsdaten** • Auswertung der Untersuchungsdaten mit den Schwerpunkten der Darstellung der Ergebnisse 1) der Vorgehensweisen der Schulanfängerinnen und Schulanfänger bei arithmetischen und geometrischen Mustern und Strukturen (Detailanalysen) 2) des Arithmetiktests (Übersichtsanalysen) 3) des Geometrietests (Übersichtsanalysen) 4) der statistischen Gesamtauswertung beider Tests • Erarbeitung der Schlussfolgerungen für Forschung und Unterrichtspraxis	01/09 bis 06/10

So setzt sich die hier vorliegende Studie aus vier Phasen zusammen, wobei die ersten beiden Phasen die Untersuchung vorbereiten und die dritte und vierte Phase die Datenerhebung und -auswertung beinhalten.

4.3.2 Durchführungsmethode

Zur Erhebung der Lernstände der Schulanfängerinnen und Schulanfänger wird die Methode des *klinischen Interviews* eingesetzt, mit der sowohl der Arithmetiktest als auch der Geometrietest durchgeführt werden. Hierbei bearbeiten die Kinder die Aufgaben ihren Fähigkeiten entsprechend und werden aufgefordert, ihre Gedanken und Vorgehensweisen zu erläutern. Diese Methode bietet die Gelegenheit, direkt ersichtlichen, aber auch gerade zunächst unverständlichen und abweichenden Gedankengängen der Kinder nachzugehen, mit dem Ziel, das Kind in seinem Denken nachvollziehen und verstehen zu können (vgl. Wittmann 1982, 36).

Dieser Leitgedanke beeinflusste auch maßgeblich die Entwicklung des ursprünglich psychoanalytischen Verfahrens durch Piaget in der psychologischen Forschung (vgl. Selter & Spiegel 1997, 101) und stellt aufgrund der Möglichkeit, das Denken von Lernenden konkret zu erfassen, eine geeignete und akzeptierte Untersuchungsmethode in der mathematikdidaktischen Forschung dar (vgl. Easley 1977; Ginsburg 1981; Wittmann 1982, 36ff.; Selter 1990; Beck & Maier 1993; Krauthausen 1994; Selter & Spiegel 1997, 100ff.; Benz 2005).

In dieser Arbeit bezieht sich der Begriff ,klinisches Interview' auf das revidierte klinische Verfahren, da nicht nur die sprachlichen Äußerungen, sondern auch die Handlungen der Kinder am Material in die Analyse einbezogen werden (vgl. Selter & Spiegel 1997, 101). Um eine Vergleichbarkeit der Interviewergebnisse zu gewährleisten, werden die klinischen Interviews in halbstandardisierter Form durchgeführt. Das heißt, „die zu untersuchende Frage, das Material und die zu stellenden Fragen werden vorher festgelegt. Der weitere Verlauf des Experiments wird aber offen gelassen, damit der Interviewer nachfragen und spontane Hypothesen testen kann" (Wittmann 1982, 37). Eine übersichtliche Darstellung allgemeiner Vor- und Nachteile von klinischen Interviews liegt bei Benz (vgl. 2005, 106ff.) vor und wird an dieser Stelle nicht erneut ausgeführt.

Die Wahl der Methode des ,klinischen Interviews' wird im Folgenden für die Besonderheiten der vorliegenden Studie in ihren zentralen Argumenten begründet:

- Zur Beantwortung der Untersuchungsfragen sind neben quantitativen Aussagen über die Richtigkeit der Aufgabenbearbeitungen der Schulanfängerinnen und Schulanfänger (Forschungsfragen 2, 4 und 5) auch qualitative Aussagen über die Vorgehensweisen der Kinder zu machen (Forschungsfragen 1 und 3). Eine geeignete Datengrundlage wird durch klinische Interviews gewonnen, welche die Aufgabenbearbeitungen der Kinder nicht nur in Bezug auf das Ergebnis, sondern auch den entsprechenden Bearbeitungsprozess festhalten und nachvollziehbar machen.

- Insbesondere bei der Analyse der Vorgehensweisen der Schulanfängerinnen und Schulanfänger bei Mustern und Strukturen (Forschungsfrage 1) ist ein Bezug auf die Materialhandlungen der Kinder zwingend notwendig, welche beim klinischen Interview mit erfasst werden. Ebenfalls hinsichtlich vieler anderer Testaufgaben (beispielsweise Anzahlbestimmung von Plättchen (Aufgabe 1e des Arithmetiktests) oder Orientierung im Koordinatenfeld (Aufgabe 3a des Geometrietests) besteht in der Berücksichtigung der Handlungen der Kinder am Material eine wesentliche Stärke der Untersuchungsmethode.

- Durch die Möglichkeit, Nachfragen innerhalb der halb-standardisierten Interviews zu stellen, kann den individuellen Denkwegen und Bearbeitungsweisen der Kinder nachgegangen werden, indem sie zu ihrem Vorgehen befragt werden (Was meinst du damit? Wie hast du das denn herausgefunden? ...) und die Schülerinnen und Schüler ihre entsprechenden Gedanken erläutern können. Wesentlich bedingt durch das Alter der Schulanfängerinnen und Schulanfänger fällt es ihnen nicht immer leicht, ihre Überlegungen und Vorgehensweisen eindeutig und verständlich zu äußern. Die Möglichkeit für Rückfragen ist somit bei dieser Schülergruppe besonders dringlich.

- Auch die Kinder haben die Möglichkeit, Verständnisprobleme bei der Aufgabenstellung mit der Interviewerin bzw. dem Interviewer zu klären. Schulanfängerinnen und Schulanfänger können hiervon in besonderem Maße profitieren, da sie in der Regel nur über wenige Erfahrungen mit den Aufgabenformaten verfügen.

Um die Interviews zum Arithmetik- und Geometrietest mit den insgesamt 108 Kindern der Untersuchung in den ersten Schulwochen durchführen und die Erstauswertung des hierbei entstehenden, umfangreichen Videomaterials zeitnah vollziehen zu können, sind vier studentische Hilfskräfte bei der Datenerhebung und Dateneingabe (vgl. Tabelle 4.2, Phase 3) beteiligt. Die Hilfskräfte werden von der Autorin präzise in die gewünschte Nutzung der Interviewleitfäden eingewiesen und hinsichtlich der Dateneingabe gemäß eines vorstrukturierten Auswertungsschemas, basierend auf der Auswertung der Voruntersuchung, vertraut gemacht. Durch diese Maßnahmen wird die Einheitlichkeit der Datenerhebung und Dateieingabe durch die Beteiligten gesichert.

4.3.3 Testinstrumente

In diesem Abschnitt werden die Auswahl und Weiterentwicklung des GI-Tests Arithmetik (vgl. Wittmann & Müller 2004; vgl. auch Kapitel 3.1.3) und des GI-Tests Geometrie (vgl. Waldow & Wittmann 2001; vgl. auch Kapitel 3.1.3) als

Testinstrumente dieser Untersuchung beschrieben und die endgültigen Testversionen aufgeführt.

Auswahl der GI-Tests als Vorlage für die Testinstrumente

Die Auswahl der GI-Tests als Vorlage für die Testinstrumente begründet sich in ihrer starken fachinhaltliche Verankerung, welche es ermöglicht, die Lernstände der Schulanfängerinnen und Schulanfänger zu den Grundideen der Arithmetik und der Geometrie auf breiter inhaltlicher Basis systematisch zu erheben (vgl. Ziel der Untersuchung, Kapitel 4.1, insbesondere Forschungsfragen 2 bis 5, Kapitel 4.2).

Der strukturell ähnliche Aufbau der Tests bietet desweiteren die Voraussetzungen für einen Vergleich der Testergebnisse (vgl. Forschungsfragen 4 und 5, Kapitel 4.2). Die Struktur der Tests setzt sich beides Mal aus sieben Aufgabenblöcken zu den jeweils sieben Grundideen der Arithmetik und der Geometrie nach Wittmann und Müller (vgl. Kapitel 3.1.2 und Kapitel 3.1.3) zusammen. Tabelle 4.3 gibt eine entsprechende Übersicht der Aufgabenblöcke des Arithmetik- und Geometrietests.

Tabelle 4.3 Aufgabenblöcke des Arithmetik- und des Geometrietests

Aufgabenblöcke des Arithmetiktests	Aufgabenblöcke des Geometrietests
Block A1: Zahlenreihe	**Block G1:** Geometrische Formen und ihre Konstruktion
Block A2: Rechnen, Rechengesetze, Rechenvorteile	**Block G2:** Operieren mit Formen
Block A3: Zehnersystem	**Block G3:** Koordinaten
Block A4: Rechenverfahren	**Block G4:** Maße
Block A5: Arithmetische Gesetzmäßigkeiten und Muster	**Block G5:** Geometrische Gesetzmäßigkeiten und Muster
Block A6: Zahlen in der Umwelt	**Block G6:** Formen in der Umwelt
Block A7: Kleine Sachaufgaben	**Block G7:** Kleine Sachsituationen

Die Reihenfolge der Aufgabenblöcke variiert bei der Durchführung der Tests in der vorliegenden Untersuchung gleichmäßig, sodass zum einen unterschiedliche Aufgabenblöcke aufeinander folgen und zum anderen der Bearbeitungszeitpunkt der jeweiligen Aufgabenblöcke in den Interviews alterniert. Tabelle 4.4 dokumentiert die unterschiedlichen Rotationen der Aufgabenblöcke.

Tabelle 4.4 Bearbeitungsreihenfolgen der Aufgabenblöcke des Arithmetik- und Geometrietests

Bearbeitungsreihenfolgen der Aufgabenblöcke des Arithmetiktests	Bearbeitungsreihenfolgen der Aufgabenblöcke des Geometrietests
A1, A2, A3, A4, A5, A6, A7	G1, G2, G3, G4, G5, G6, G7
A1, A2, A4, A3, A7, A6, A5	G1, G4, G3, G2, G7, G6, G5
A1, A2, A5, A6, A7, A3, A4	G1, G5, G6, G7, G2, G3, G4
A1, A2, A7, A6, A5, A4, A3	G1, G7, G6, G5, G4, G3, G2

Beim Arithmetiktest wird immer mit dem Aufgabenblock A1 (‚Zahlenreihe') und dem darauffolgenden Block A2 (‚Rechnen, Rechengesetzte, Rechenvorteile') begonnen und beim Geometrietest immer mit dem Aufgabenblock G1 (‚Geometrische Formen und ihre Konstruktion') angefangen. Die Begründung liegt darin, dass die besonders leicht zugänglichen, grundlegenden Aufgaben in diesen Blöcken einen außerordentlich günstigen Einstieg in die Tests gewährleisten und somit jeweils am Anfang der Interviews eingesetzt werden.

Auch die Teilaufgaben der Aufgaben ‚A2c: Ergänzen mit Material' und ‚A5a: Plättchenmuster fortsetzen' rotieren, um einen möglichen Reihenfolgeeffekt innerhalb dieser Aufgaben zu umgehen.

Mit der einen Hälfte der Kinder wird zuerst der Arithmetiktest durchgeführt, mit der anderen Hälfte der Kinder wird mit dem Geometrietest begonnen.

Da die Testaufgaben unterschiedlich anspruchsvolle Inhalte des Anfangsunterrichts umfassen, ist die Erhebung eines breiten anforderungsbezogenen Fähigkeitsspektrums mit den Tests realisierbar, welches von recht hohen, dennoch realistischen Vorerfahrungen der Schulanfängerinnen und Schulanfänger ausgeht (vgl. Waldow & Wittmann 2001, 248). Desweiteren überzeugt die Durchführungsmethode der Tests in ‚klinischen Interviews' (vgl. Kapitel 4.3.2) und die Struktur der Aufgaben, die sowohl eine quantitative als auch eine qualitative Auswertung der Aufgabenbearbeitungen zulässt (vgl. Kapitel 4.3.5).

Weiterentwicklung der Testvorlagen

Die Testvorlagen (vgl. Wittmann & Müller 2004 und Waldow & Wittmann 2001) werden in zwei Durchgängen dem Untersuchungsrahmen angepasst (vgl. Tabelle 4.2, Phase 1 und 2). In einem ersten Durchgang werden die Testaufgaben hinsichtlich der bisherigen Erfahrungen mit den beiden Tests überarbeitet[3] und dem konkreten Untersuchungszweck angepasst. Die veränderten Tests unterliegen nach der Erprobung in der Voruntersuchung einer Evaluation und weiteren Überarbeitung. Bei diesem zweiten Überarbeitungsdurchgang werden insbesondere Änderungen vorgenommen, um möglichen Verständnisproblemen entgegenzuwirken – oftmals reichen hierzu kleinere Änderungen am Aufgabenformat bzw. sprachliche Änderung der Aufgabenformulierung aus.

Im Folgenden werden die zentrale Motive, welche bei der Anpassung der Tests auf die Untersuchung verfolgt werden, aufgeführt, wobei stets darauf geachtet wird, dass die beiden Tests in etwa dem gleichen zeitlichen Umfang und Anforderungsniveau entsprechen, damit ein Vergleich der erfassten arithmetischen und geometrischen Lernstände problemlos umsetzbar ist:

- Der Umfang der einzelnen Aufgabenblöcke wird einander angeglichen. Aufgabenblöcke kleineren Umfangs (Block A3, A5, G4 und G7[4]) werden durch weitere Aufgaben ergänzt.

Im Original-GI-Test-Arithmetik besteht der Aufgabenblock A3 ‚Zehnersystem‘ lediglich aus einer Aufgabe zur Hundertertafel. Eine weitere Aufgabe (‚A3a: Punktefelder bestimmen‘), zur Anzahlermittlung der Punkte in zehnerstrukturierten Punktefeldern, wird ergänzt:

Aufgabenstellung: Das Kind bekommt nacheinander ein Zwanzigerfeld, ein Hunderterfeld und ein Tausenderfeld vorgelegt und soll die Anzahl der Punkte bestimmen.

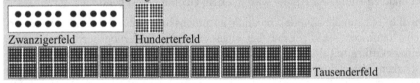

Abbildung 4.1 Weiterentwicklung der Testvorlagen – Ergänzung kleinerer Aufgabenblöcke durch weitere Aufgaben (Beispiel)

---

[3] Der Geometrietest wird mithilfe von Anregungen des Autors des Tests, Herrn Prof. E. Ch. Wittmann, und Frau M. Sundheim, ehemalige Mitarbeiterin des IEEM, in seiner ursprünglichen Version überarbeitet. Hierzu dienen insbesondere die Erfahrungen mit dem Einsatz des Tests in früheren Erprobungen und Untersuchungen, aufgrund welcher die Eignung der Aufgaben beurteilt wird. Auch wenn in kleinerem Ausmaß wird ebenfalls der Arithmetiktest in Rücksprache mit Herrn Prof. E. Ch. Wittmann für die vorliegende Untersuchung in einigen Punkten verändert.
[4] Die Aufgaben(block)bezeichnungen ‚A‘ bzw. ‚G‘ indizieren, ob die jeweiligen Aufgaben dem Arithmetiktest (‚A‘) oder dem Geometrietest (‚G‘) angehören.

- Drei Aufgaben werden in einen anderen Aufgabenblock verschoben, in dem sie das Bild der Fähigkeiten der Kinder zu der jeweiligen Grundidee noch besser komplettieren (A1e, G1a, G2b).

Die Aufgabe ‚G2b: Dreiecke' wird von dem Aufgabenblock G1 ‚Geometrische Formen und ihre Konstruktion' in den Aufgabenblock G2 ‚Operieren mit Formen' verschoben, da sich die Auswertung maßgeblich daran orientiert, inwieweit die Operationen ‚Drehung' und ‚Verkleinerung' den Kindern geläufig sind, beziehungsweise ihnen Schwierigkeiten beim Vergleich der Dreiecke bereiten.

Aufgabenstellung:*„Du sollst jetzt die Dreiecke einkreisen, die genauso aussehen wie das große Dreieck, aber nur ein bisschen kleiner sind."*

Abbildung 4.2 Weiterentwicklung der Testvorlagen – Verschiebung von Aufgaben in einen anderen Aufgabenblock (Beispiel)

- Aufgaben werden verändert bzw. ergänzt, um

  - ○ ... die Lernstände in den jeweiligen Inhaltsbereichen noch differenzierter erfassen zu können (A5a: Muster 1 wird ergänzt, Erfassung eines noch elementareren Musterverständnisses; G3a: verschiedene Größen der Koordinatenfelder, um größere Spannbreite an Lernständen zu erfassen; G4a (Aufgabenteil 2): Ergänzung eines einfachen Längenvergleichs, um ganz elementare Fähigkeiten zum Inhaltsbereich ‚Maße' zu erheben; G5a und G5b: weitere geometrische Muster, um die Lernstände in diesem Inhaltsbereich auf breiterer Basis zu erheben; G7b und G7c: weitere Sachsituationen für eine umfassendere Erhebung der Lernstände zu dieser Grundidee)

Die Aufgabe ‚A5a: Plättchenmuster fortsetzen' besteht in der Originalversion aus der Fortsetzung zweier Plättchenmuster. Um ein noch elementareres Musterverständnis und somit auch Lernstände schwächerer Kinder erfassen zu können, wird die Aufgabe um ein erstes, einfacheres Muster ergänzt.

Aufgabenstellung: *„Kannst du das Muster weiterlegen?"*

Muster 1 (neu): ● ● ● ● ●

Muster 2 (bereits vorhanden): ● ● ● ● ● ● ● ● ● ● ●

Muster 3 (bereits vorhanden): ● ● ● ● ● ● ● ● ● ● ● ●

Abbildung 4.3 Weiterentwicklung der Testvorlagen – Ergänzung von Teilaufgaben, um Lernstände differenzierter zu erfassen (Beispiel)

o ... die Lernstände der Kinder bezüglich weiterer mathematischer Inhalte zu
erfassen (A3a: Umgang mit zehnerstrukturierten Punktefeldern; A5b: Fortsetzung von Zahlenmustern; A6c: Bewusstheit über Zahlen in der Umwelt;
G4b: Durchführung von Flächenvergleichen)

Der Aufgabenblock A5 ‚Arithmetische Gesetzmäßigkeiten und Muster' beschränkt sich in der Originaltestversion auf das Fortsetzen von Plättchenmustern.
Um auch die Lernstände der Schulanfängerinnen und Schulanfänger beim Fortsetzen von Zahlenmustern zu erheben, wird eine diesbezügliche Aufgabe („A5b:
Zahlenmuster fortsetzen') ergänzt.

Aufgabenstellung: $\boxed{1}$ $\boxed{3}$ $\boxed{5}$

„Kannst du dir denken, wie es weitergeht? Welche Zahl kommt als nächstes?" Dem Kind
stehen die restlichen Wendekarten bis 10 zum Anlegen ungeordnet zur Verfügung.

Abbildung 4.4 Weiterentwicklung der Testvorlagen – Ergänzung von Aufgaben, um
Lernstände hinsichtlich weiterer Inhalte zu erfassen (Beispiel)

o ... das Schwierigkeitsniveau den Lernständen der Schulanfängerinnen und
Schulanfänger anzupassen (A3b: in der neuen Hundertertafel fehlen erheblich mehr Zahlen als im Originaltest, um die Aufgabe zu erschweren; G3a:
die Beschriftung der Koordinatenfelder entfällt, um die Aufgabe zu erschweren; G7a: wird durch einen weniger komplexen Sitzplan vereinfacht)
(vgl. Abb. 4.5)

o ... die Aufgaben für die Kinder noch verständlicher und zugänglicher zu
machen (A7c: bildliche Darstellung der Situation, Änderung des Minuen-
den von sechs auf fünf, um diesen in der Darstellung nicht aus mehreren
Münzen zusammensetzen zu müssen; G1b: erste Zuordnung ist eingezeichnet, um das Bearbeitungsvorgehen zu verdeutlichen; G2a: Vorsortie-
rung der Männchenhälften, um die Aufgabe übersichtlicher werden zu lassen; G2b: zusätzliche Dreiecke zur Veranschaulichung der Aufgabenstellung; G2c: durch das jeweils eingezeichnete Haus ist eine Orientierung an
der Verkleinerung bzw. Vergrößerung dieses möglich; G3a: leichte Drehung statt Versetzung der Koordinatenfelder zur Vermeidung von Übertra-
gungsfehlern; G4a (Aufgabenteil 2): realer Gegenstand statt Zeichnung,
um die Aufgabe zugänglicher zu machen; G4c: Wahl zugänglicherer Kontexte) (vgl. Abb. 4.6)

Im Original-GI-Test-Geometrie wird den Kindern in Zusammenhang mit dem Aufgabenblock G7 ‚Kleine Sachsituationen' ein recht komplizierter Sitzplan vorgelegt, der aufgrund der niedrigen Erfolgsquoten in einer vorangehenden Untersuchung (vgl. Moser Opitz et al. 2007, 139) in dieser Arbeit durch einen einfacheren Sitzplan (Aufgabe ‚G7a: Pläne') ersetzt wird:

Original   neuer Sitzplan
(Waldow & Wittmann 2001, 250)   (vgl. Wittmann & Müller 2004/2005,
                                        Das Zahlenbuch 1, 73)

Abbildung 4.5 Weiterentwicklung der Testvorlagen – Veränderung der Aufgaben, um das Schwierigkeitsniveau den Lernständen der Kinder anzupassen (Beispiel)

Die ursprüngliche Sachsituation zum Kontext ‚Einkaufen' (GI-Test Arithmetik, Aufgabe 7b) besteht ausschließlich aus dem gesprochenen Text. In Anlehnung an eine ähnliche ‚Utrechter Aufgabe' (vgl. Kapitel 2.2.1) wird bei der neuen Testversion die Sachsituation durch eine Abbildung zusätzlich veranschaulicht.

Neue Aufgabenstellung: *„Jetzt stell dir vor: Du hast 5 Euro* (es wird auf das Bild mit der Geldbörse gezeigt) *und du kaufst dir einen Teddy für 2 Euro* (es wird auf das Bild mit dem Teddy gezeigt). *Wie viel Euro hast du dann noch übrig?"*

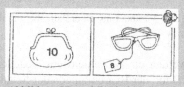   

Abbildung Heuvel-Panhuizen (1995, 105)   Abbildung neue Testversion

Abbildung 4.6 Weiterentwicklung der Testvorlagen – Veränderung der Aufgaben, um diese für die Kinder noch verständlicher zu machen (Beispiel)

• Aufgrund des zeitlichen Rahmens der Interviews müssen einige verzichtbare
  Aufgaben gekürzt bzw. gestrichen werden (A3b: lesen und einordnen lediglich
  zweier Zahlen; A4a: ‚20 und 20' entfällt; A6a: die 2 Cent und 20 Cent Münzen
  entfallen; A6c des Originaltests: entfällt; A7c des Originaltests: entfällt; Testblätter 4 und 8 des Originaltests Geometrie: entfallen).

Das Aufgabenblatt 8 des Original-GI-Tests Geometrie wird nicht in die neue Testversion übernommen, um den Testumfang zu beschränken. Grundlage dieser Entscheidung stellt die sehr ähnliche Aufgabe ‚G2b: Dreiecke' (ursprünglich Testblatt
7 des GI-Tests Geometrie) dar, welche den entsprechenden Inhaltsbereich ausrei-
chend abdeckt.

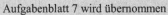

Aufgabenblatt 7 wird übernommen   Aufgabenblatt 8 entfällt

Abbildung 4.7 Weiterentwicklung der Testvorlagen – Streichung von Aufgaben, um den
zeitlichen Interviewrahmen einzuhalten (Beispiel)

• Die getesteten Fähigkeiten werden zwischen den Aufgaben möglichst klar
  voneinander abgegrenzt (A2a und A2b: werden in ihren Anforderungen klar
  voneinander abgegrenzt).

Aus der alten Aufgabe 2b des GI-Tests Arithmetik, bei welcher die Kinder die
Additionsaufgaben entweder mit oder ohne Material (Plättchen) lösen können,
wird für die vorliegende Untersuchung eine separate Aufgabe zur Addition mit
Material (A2a) und eine weitere Aufgabe zur Addition ohne Material (A2b).

Abbildung 4.8 Weiterentwicklung der Testvorlagen – Veränderung einer Aufgabe, um die
getesteten Fähigkeiten klar voneinander abzugrenzen

• Bei den Aufgaben des Arithmetiktests werden einige Zahlenwerte geändert,
  um zwei zentrale Vorteile für die Interpretation der Bearbeitungen der Schülerinnen und Schüler zu schaffen:

o   Durch die Anpassung der Zahlenwerte werden Aufgaben vergleichbar ge-
    macht (A7b und A2b: Es werden gleiche Zahlenwerte gewählt, um die
    Aufgaben miteinander vergleichen zu können)

Bei der Sachaufgabe A7b werden die Summanden ‚vier' und ‚zwei' gewählt, die
auch in Aufgabe A2b bei der Addition ohne Material vorkommen, um somit die
Wirkung des Kontextbezugs auf die Fähigkeiten der Kinder erfassen zu können.

Aufgabe A2b ohne Kontextbezug:
„Wie viel sind 4 und 2?"

Aufgabe A7b mit Kontextbezug:
*„Stell dir vor: Du hast 4 Spielzeugautos. Ein Freund schenkt dir noch 2 Spielzeugautos
dazu. Wie viele Spielzeugautos hast du dann insgesamt?"*

Abbildung 4.9   Weiterentwicklung der Testvorlagen – Veränderung einer Aufgabe, um
getestete Fähigkeiten vergleichbar zu machen

o   Um einen Lerneffekt zu vermeiden, werden gleiche Zahlenwerte in ähnli-
    chen Situationen verändert (A1c und A1d: gleiche Zahlenwerte werden
    verändert)

Bei den Aufgaben ‚A1c/A1d: Zahlnachfolger/Zahlvorgänger' werden die Zahlenwerte so verändert, dass sie sich auf unterschiedliche Abschnitte der Zahlenreihe
beziehen.

Ursprüngliche Aufgabenstellungen:
Aufgabe 1c: Die Wendekarten werden von 1 bis 8 in einer Reihe aufgelegt. *„Weißt du,
welche Zahl als nächstes kommt?"*
Aufgabe 1d: Die Wendekarten werden von 15 aus rückwärts bis 8 gelegt. *„Welche Zahl
kommt jetzt?"*

Veränderte Aufgabenstellungen:
Aufgabe 1c: Die Wendekarten von 1 bis 6 werden in eine Reihe gelegt: *„Weißt du, welche
Zahl als nächstes kommt?"*
Aufgabe 1d: Die Wendekarten werden von 15 aus rückwärts bis 9 in eine Reihe gelegt:
„Welche Zahl kommt jetzt hierhin?"

Abbildung 4.10   Weiterentwicklung der Testvorlagen – Veränderung zweier Aufgaben, um
durch verschiedene Zahlenwerte einen möglichen Lerneffekt zu vermeiden

•   Die Aufgabenformulierungen werden für den Geometrietest neu entwickelt
    und für den Arithmetiktest verfeinert, um eine Vergleichbarkeit der Interviews
    zu gewährleisten.

Für das Aufgabenblatt ‚G1b: Stempel' wird folgende Aufgabenstellung formuliert:

„Kannst du erkennen, was das ist? ... (Ja genau.) Das sind Stempel. Und mit diesen Stempeln wurden hier (dem Kind werden die Stempelbilder gezeigt) *auch schon einige Stempelbilder gestempelt. Schau, dieses Bild* (es wird auf das Stempelbild gezeigt) *und dieser Stempel* (es wird auf den Stempel gezeigt) *gehören zusammen und sind deshalb mit einer Linie verbunden. Der Stempel wurde für dieses Bild etwas gedreht. Siehst du?* (Die Drehbewegung wird mit der Hand angedeutet.) *Kannst du auch zu den anderen Bildern den richtigen Stempel finden und so verbinden, wie ich das gemacht habe?"*

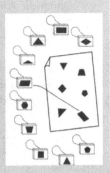

Abbildung 4.11 Weiterentwicklung der Testvorlagen – Veränderung der Aufgabentexte, um die Vergleichbarkeit der Testdurchführungen zu gewährleisten

Endgültige Testversionen

Es folgen die beiden endgültigen Versionen des Arithmetik- und Geometrietests, sowie sie in der Untersuchung verwendet werden. Die ausgearbeiteten Interviewleitfäden lassen die Durchführung der Interviews dabei genau rekonstruieren. Eine Übersicht über die Punktevergabe bei den einzelnen Testaufgaben, Aufgabenböcken und Gesamttests schließt sich an die jeweiligen Darstellungen der Tests an.

Das ähnliche Schwierigkeitsniveau der beiden Tests bestätigt sich in den erreichten Testpunktzahlen in der Voruntersuchung mit Kindergartenkindern (vgl. Tabelle 4.2, Phase 2). Hierbei erreichen die 20 Mädchen und Jungen im Arithmetiktest durchschnittlich 30,6 der 50 Punkte. Von der ebenfalls maximalen Punktzahl 50 im Geometrietest erreichen die Kinder eine fast identische Punktzahl von 30,2 Punkten.

Interviewleitfaden Arithmetiktest

Block A1: Zahlenreihe

Aufgabe 1a: Zahlenreihe vorwärts
„Kannst du schon zählen?" Wenn das Kind nicht zu zählen beginnt, fängt der Interviewer bzw. die Interviewerin selbst an: *„1, 2, 3"* und ermuntert das Kind zum Weiterzählen. Wenn das Kind nach einiger Zeit von selbst stoppt: *„Prima, aber zähle ruhig noch etwas weiter."* Wenn das Kind bis 34 gezählt hat, wird das Kind aufgefordert, das Zählen bei 84 fortzusetzen: *„Ich sehe, dass du schon ganz toll zählen kannst. Versuch doch mal von 84 aus weiterzuzählen, also 84, 85, 86."* Das Kind wird bei 104 im Zählprozess gestoppt.
Abbruchkriterien: Vier Zählfehler

Aufgabe 1b: Zahlsymbole
Vor dem Kind liegen ungeordnet die Wendekarten von 1 bis 12, davon etwas abgesetzt (rechts daneben, ebenfalls ungeordnet) die weiteren Karten von 13 bis 20. *„Schau mal, ich habe hier Karten mitgebracht, auf denen Zahlen stehen."*. Die Wendekarte 5 wird gezeigt: *„Kannst du diese Zahl schon lesen?"*…Die 9 wird gezeigt: *„Und diese?"*…Die 12 wird gezeigt: *„Und diese?"*
„Könntest du mir jetzt mal die 7 zeigen?"…*„Und die 14?"*…*„Und die 20?"*
Abbruchkriterien: Kann das Kind die 5 und die 9 nicht benennen, wird die 12 nicht mehr aufgeführt. Das Kind wird dennoch aufgefordert, die drei weiteren Zahlsymbole zu zeigen.

Aufgabe 1c: Nachfolger
Die Wendekarten werden von 1 bis 6 in eine Reihe (Leserichtung) gelegt. Die Zahlen werden beim Legen nicht mitgesprochen. *„Weißt du, welche Zahl als nächstes kommt? Leg' die Zahl mal dahin."* Dem Kind stehen die restlichen Wendekarten bis 20 zur Verfügung (die ungeordneten Wendekarten bis 10 liegen von den höheren, ebenfalls ungeordneten Wendekarten etwas abgesetzt).
Abbruchkriterien: -

Aufgabe 1d: Vorgänger
Die Wendekarten werden von 15 aus rückwärts bis 9 in eine Reihe gelegt. Die Zahlen werden beim Legen nicht mitgesprochen. Es wird auf den freien Platz links neben der 9 gezeigt: *„Welche Zahl kommt jetzt hierhin?"* Wenn das Kind die 10 auf den freien Platz umlegen möchte, wird dies in die Auswertung aufgenommen und das Kind gefragt: *„Überleg' noch mal. Welche Zahl kommt vor der 9?"*
Abbruchkriterien: Wenn das Kind bei Aufgabe 1c überfordert war (das heißt nicht, wenn es lediglich ein falsches Zahlsymbol gelegt hat, sondern z. B. sich weigerte, eine Zahlenkarte zu legen), wird Aufgabe 1d nicht durchgeführt.

Aufgabe 1e: Anzahlbestimmung
Die Wendeplättchen werden vorgestellt: *„Schau mal, ich habe hier einige Plättchen mitgebracht."* 5 blaue Plättchen werden durcheinander vor das Kind gelegt: *„Weißt du, wie viele Plättchen das sind?"*…Die Plättchen werden wieder weggenommen. 8 Plättchen werden als Doppelreihe (untereinander) vor das Kind gelegt: *„Und wie viele sind das?"*

Bei dieser Anzahlbestimmung soll zudem herausgefunden werden, wie das Kind die Anzahl bestimmt, z. B. mit Hilfe der Frage: *„Woher weißt du das?"* Die Plättchen werden wieder weggenommen. *„Kannst du auch 9 Plättchen legen?"...„Da liegen jetzt 9 Plättchen. Wie viele Plättchen musst du dazu legen, damit es 10 sind?"*
Abbruchkriterien: Wenn das Kind mit den fünf Plättchen überfordert ist (das heißt nicht, lediglich einen Zählfehler zu machen), wird es nicht mehr nach der Anzahl der acht Plättchen gefragt. Die weiteren Teilaufgaben werden dennoch durchgeführt.

Block A2: Rechnen, Rechengesetze, Rechenvorteile

Aufgabe 2a: Addition mit Material
„Mit den Plättchen kann man auch Aufgaben legen. So zum Beispiel: Wie viel ist 2 und 1?" Die Aufgabe wird mit Plättchen gelegt. Hierbei werden die zwei Summanden als zwei nebeneinanderliegende Plättchenreihen (in zwei verschiedenen Farben), welche durch einen kleinen Abstand voneinander getrennt sind, dargestellt. Das Ergebnis wird genannt, wenn das Kind die Lösung nicht äußert: *„Schau mal, zusammen sind das drei."* (Die gesamten Plättchen werden dabei mit dem Finger umkreist). Die Aufgaben ‚3 und 2' und ‚4 und 4' werden genannt und gelegt, jetzt soll das Kind die jeweilige Summe bestimmen: *„Und wie viel ist 3 und 2?...Und was ist 4 und 4?"*
Abbruchkriterien: -

Aufgabe 2b: Addition ohne Material
„Kannst du auch schon Rechenaufgaben rechnen, ohne sie vorher mit Plättchen zu legen?" Gefragt wird nach den Aufgaben ‚2 und 2', ‚4 und 2' und ‚5 und 5'. Wenn das Kind die Aufgabe ‚5 und 5' nicht berechnen kann oder falsch berechnet, wird das richtige Ergebnis genannt und weiter gefragt: *„5 und 5 sind 10. Was denkst du, sind 6 und 5?"...„Und wie viel sind 5 und 6?"* Wenn das Kind ‚6 und 5' nicht ausrechnen kann, wird das Ergebnis genannt und die Tauschaufgabe trotzdem gestellt: *„6 und 5 sind 11. Weißt du, wie viel 5 und 6 sind?"* Wenn das Kind korrekt antwortet oder von alleine beide richtigen Ergebnisse nennt, wird es gefragt: *„Warum ist denn beides 11?"*
Abbruchkriterien: Wenn das Kind ‚2 und 2' nicht ausrechnen kann, wird erst wieder nach ‚5 und 5' usw. gefragt.

Aufgabe 2c: Ergänzen mit Material
6 Plättchen werden in lockerer Form vor das Kind gelegt: *„Das sind 6 Plättchen. Oder?"* Das Kind vergewissert sich. *„Ich werde gleich ein paar der Plättchen unter diesem Papier hier verstecken und du musst mir dann sagen, wie viele Plättchen unter dem Blatt liegen, OK? Also, jetzt sind es sechs Plättchen..."* Alle Plättchen werden mit einem Stück Papier verdeckt. Die Abdeckung wird dann soweit verschoben, dass nur noch 4 Plättchen sichtbar sind: *„Wie viele Plättchen habe ich unter dem Papier versteckt?"* Falls das Kind vergessen hat, wie viele Plättchen vorher auf dem Tisch gelegen haben, kann die Anzahl ‚sechs' noch mal genannt werden.
„Jetzt machen wir das noch mal mit ein paar mehr Plättchen." 10 Plättchen werden in jeweils zwei Fünferreihen gelegt: *„Das sind 10 Plättchen. Stimmt's?"* Das Kind vergewissert sich.

Mit dem Blattpapier werden alle 10 Plättchen verdeckt. Dann wird das Blatt verschoben, sodass nur noch 7 Plättchen sichtbar sind. Das Kind wird gefragt: *„Wie viele Plättchen sind jetzt unter dem Papier versteckt?"*

Es wird eine Rotation der Teilaufgaben vorgenommen: in der Hälfte der Interviews wird mit ‚4 auf 6' gestartet, in der anderen Hälfte der Interviews wird mit ‚7 auf 10' begonnen.

Abbruchkriterien: -

Block A3: Zehnersystem

Aufgabe 3a: Punktefelder bestimmen

Das Zwanzigerfeld wird vor das Kind gelegt: *„Schau mal – so viele Punkte. Wie viele Punkte sind das? Kannst du das herausfinden?"* Wenn es nicht eindeutig erkennbar ist, wie das Kind die Anzahl bestimmt, wird nachgefragt: *„Woher weißt du, dass das...Punkte sind?"* Wenn das Kind die Anzahl der Punkte nicht bestimmen kann, wird es dazu aufgefordert, die Punktanzahl zu schätzen.

In derselben Weise wird das Kind nach der Anzahl der Punkte im Hunderter- und Tausenderfeld gefragt. Wenn das Kind keine Antwort gibt, weil es z. B. beim Zählen nicht weiterkommt, wird das Kind gebeten, die Anzahl der Punkte zu schätzen: *„Versuch doch mal zu schätzen, wie viele Punkte das sind. Rate mal, wie viele Punkte könnten das sein?"* Das Kind erhält den Hinweis, dass das Hunderterfeld aus 100 Punkten besteht, bevor es das Tausenderfeld gezeigt bekommt: *„Das sind hundert Punkte* (es wird auf das Hunderterfeld gezeigt), *wie viele Punkte sind das* (es wird auf die Punkte im Tausenderfeld gezeigt) *denn jetzt?"*

Abbruchkriterien: -

Aufgabe 3b: Zahlen an der Hundertertafel

Die lückenhafte Hundertertafel wird vorgestellt: *„Hier sind ganz viele Felder aufgemalt, in denen Zahlen stehen. Die Zahlen von 1 bis 100* (es wird auf die beiden Zahlen gedeutet). *Die Zahlen sind von klein nach groß geordnet, jede Zahl hat also ihren festen Platz. Einige Zahlen fehlen jedoch. Hier, siehst du die Lücken?"* Dem Kind werden kleinen Kärtchen gegeben, auf denen die fehlenden Zahlen 42 und 50 stehen: *„Kannst du mir sagen, wie die Zahlen heißen?...Wo gehören sie denn hin?"* Das Kind wird zudem gefragt: *„Wie hast du das gesehen, dass die 42 (50) hierhin gehört?"*

1	2	3	4		6	7	8	9	10
11	12	13	14	15	16	17	18	19	20
21	22	23		25	26	27	28	29	30
31			34	35	36	37	38		
				45		47	48		
		53	54	55	56	57		59	
61	62		64	65	66	67	68	69	70
71	72	73	74	75	76	77	78	79	80
81	82	83	84	85	86	87	88	89	90
91	92	93	94	95	96	97	98	99	100

Abbruchkriterien: Wenn das Kind die Zahlen im Zwanzigerraum nicht lesen konnte, wird es lediglich zur Einsortierung der Zahlen in die Tafel aufgefordert.

Block A4: Rechenverfahren

Aufgabe 4a: Hilfsaufgabe
„2 und 2 sind 4. Kannst du dir denken, wie viel 200 und 200 sind?"...„Und wie viel sind 2000 und 2000?" Wenn das Kind keine Antwort auf „2000 und 2000" gibt, wird geholfen: *„200 und 200 sind 400. Wie viel sind dann 2000 und 2000?...„Woher weißt du das?"*
Abbruchkriterien: -

Aufgabe 4b: Rechnen mit Stellenwerten
„Wie viel ist 102 (gesprochen: hundertzwei) *und 1?"...„Wie viel ist 201* (gesprochen: zweihunderteins) *und 201* (gesprochen: zweihunderteins)*?"...„Wie viel ist 1002* (gesprochen: tausendzwei) *und 2?"* Löst das Kind die Aufgaben, wird bei jedem Ergebnis nachgefragt: *„Wie hast du das denn herausgefunden?"*
Abbruchkriterien: Wenn das Kind mit der Aufgabe „102 und 1" sichtlich überfordert ist, werden die anderen zwei Aufgaben nicht mehr gestellt.

Block A5: Arithmetische Gesetzmäßigkeiten und Muster

Aufgabe 5a: Plättchenmuster fortsetzen
Plättchenreihe ● ● ● ● ●
„Jetzt werde ich mit den Plättchen Muster legen. Dabei kann man auswählen, ob man die rote oder die blaue Seite des Plättchens nach oben legt. Bei diesem Muster lege ich ein rotes Plättchen (ein rotes Plättchen wird vor das Kind auf den Tisch gelegt) *und dann ein blaues Plättchen* (ein blaues Plättchen wird neben das rote Plättchen gelegt)*, dann wieder ein rotes Plättchen...Kannst du das Muster weiterlegen?"*
Abbruchkriterien: -

Plättchenreihe ● ● ● ● ● ● ● ● ● ● ● ●
„Und jetzt lege ich noch mal ein anderes Muster. Erst lege ich ein rotes und noch ein rotes Plättchen, dann ein blaues, noch ein blaues und noch ein blaues Plättchen. Dann lege ich wieder ein rotes Plättchen und noch ein rotes Plättchen...Wie geht das Muster hier weiter?"
Abbruchkriterien: -

Plättchenreihe ●● ● ● ● ● ● ● ● ● ● ● ● ●
„Und jetzt lege ich die Plättchen noch mal in einem anderen Muster hin. Pass gut auf, was ich jetzt mache...Wie geht es hier weiter?" Beim Legen des dritten Musters werden die Anzahlen und Farben der Plättchen nicht mehr mitgesprochen.
Abbruchkriterien: Ist das Kind bei Muster 1 und 2 sichtlich überfordert, wird ihm diese Aufgabe nicht gestellt.

Muster 2 und 3 rotieren in den Interviews in ihrer Reihenfolge.

Aufgabe 5b: Zahlenmuster fortsetzen

„Ich denke mir jetzt mal mit Zahlen ein Muster aus." Das Zahlenmuster 1, 3, 5 wird mit Wendekarten vor das Kind gelegt. Die restlichen Wendekarten bis 10 liegen ungeordnet darüber. *„Das ist mein Zahlenmuster...Kannst du dir denken, wie es weitergeht? Welche Zahl kommt als nächstes?"*

Abbruchkriterien: Konnte das Kind den Nachfolger einer Zahl nicht bestimmen (Aufgabe 1c), so wird dem Kind diese Aufgabe nicht gestellt.

Block A6: Zahlen in der Umwelt

Aufgabe 6a: Münzen benennen

Vorgelegt werden die Münzen 5 Cent, 50 Cent und 2 Euro: *„Welche dieser Münzen kennst du schon?"* Wenn das Kind die Begriffe ‚Cent' und ‚Euro' nicht verwendet, wird es nach diesen gefragt: *„Weißt du, welche dieser Münzen Cent-Münzen und welche Euro-Münzen sind?"*

Abbruchkriterien: -

Aufgabe 6b: Geldwerte vergleichen

Die 50-Cent- und die 2-Euro-Münze werden hervorgehoben und das Kind wird gefragt: *„Welche der Münzen ist mehr wert? Also für welche Münze kannst du dir im Geschäft mehr Süßigkeiten kaufen?"* Wenn sich das Kind für eine der Münzen entscheidet, wird es gefragt: *„Woher weißt du das?"*

Abbruchkriterien: -

Aufgabe 6c: Zahlen zu Hause

„Zahlen kommen nicht nur auf Geldmünzen, sondern auch sonst überall um uns herum vor. Kommen bei dir zu Hause oder auf deinem Weg zur Schule auch Zahlen vor? Hast du dort schon mal welche entdeckt?" Wenn das Kind keinen Einfall hat, wo ihm schon mal Zahlen begegnet sind, wird das Kind erneut dazu ermuntert, sich an eine solche Situation zu erinnern: *„Versuch dich doch mal zu erinnern, wo hast du schon mal Zahlen gesehen?"*

Abbruchkriterien: -

Block A7: Kleine Sachaufgaben

Aufgabe 7a: Alter

„Wie viele Jahre bist du alt?"...„OK, du bist...Jahre alt. Wie alt warst du vor einem Jahr gewesen?"...„Wie alt wirst du in zwei Jahren sein?"

Abbruchkriterien: Wenn das Kind sein Alter nicht weiß, wird die Aufgabe nicht abgebrochen, sondern von Lisa gesprochen, die 6 Jahre alt ist, und die Aufgabe auf diese fiktive Person bezogen.

Aufgabe 7b: Spielzeugautos

„Stell dir vor: Du hast <u>vier</u> Spielzeugautos. Ein Freund schenkt dir noch <u>zwei</u> Spielzeugautos dazu. Wie viele Spielzeugautos hast du dann insgesamt?"

Abbruchkriterien: -

Aufgabe 7c: Einkauf
*„Jetzt stell dir vor: Du hast 5 Euro (*es wird auf
das Bild mit der Geldbörse gezeigt) *und du kaufst
dir einen Teddy für 2 Euro* (es wird auf das Bild
mit dem Teddy gezeigt). *Wie viele Euro hast du
dann noch übrig?"*
Abbruchkriterien: -

Punktevergabe Arithmetiktest

Die folgende Tabelle stellt die Punktevergabe und die maximal erreichbaren
Punktzahlen für die einzelnen Aufgaben, Aufgabenblöcke und den Gesamttest zur
Arithmetik dar.

Tabelle 4.5 Punktevergabe beim Arithmetiktest

A1 – Zahlenreihe		
Aufgabe	**Punktevergabe**	**max. Punktzahl**
a) Zahlenreihe vorwärts	Zählen bis 5, bis 10, bis 20 und über 20 je einen Punkt	max. 4 Punkte
b) Zahlsymbole	pro korrekte Zuordnung 1 Punkt	max. 6 Punkte
c) Nachfolger	korrekter Nachfolger	1 Punkt
d) Vorgänger	korrekter Vorgänger	1 Punkt
e) Anzahlbestimmungen	pro korrekte Anzahlbestimmung 1 Punkt	max. 4 Punkte

max. 16 Punkte (spans A1 column)

A2 – Rechnen, Rechengesetze, Rechenvorteile		
Aufgabe	**Punktevergabe**	**max. Punktzahl**
a) Addition mit Material	pro korrekte Summe 1 Punkt	max. 2 Punkte
b) Addition ohne Material	pro korrekte Summe 1 Punkt	max. 5 Punkte
c) Ergänzen mit Material	pro korrekte Ergänzung 1 Punkt	max. 2 Punkte

max. 9 Punkte (spans A2 column)

A3 – Zehnersystem

Aufgabe	Punktevergabe	max. Punktzahl	
a) Punktefelder	pro korrekte Anzahlermittlung 1 Punkt	max. 3 Punkte	max. 7 Punkte
b) Zahlen an der Hundertertafel	pro korrekte Zuordnung (Zahlwort und Platz in der Hundertertafel) 1 Punkt	max. 4 Punkte	

A4 – Rechenverfahren

Aufgabe	Punktevergabe	max. Punktzahl	
a) Hilfsaufgabe	pro korrekte Summe 1 Punkt	max. 2 Punkte	max. 5 Punkte
b) Rechnen mit Stellenwerten	pro korrekte Summe 1 Punkt	max. 3 Punkte	

A5 – Arithmetische Gesetzmäßigkeiten und Muster

Aufgabe	Punktevergabe	max. Punktzahl	
a) Plättchenmuster fortsetzen	pro korrekte Musterfortsetzung 1 Punkt	max. 3 Punkte	max. 4 Punkte
b) Zahlenmuster fortsetzen	korrekte Musterfortsetzung	1 Punkt	

A6 – Zahlen in der Umwelt

Aufgabe	Punktevergabe	max. Punktzahl	
a) Münzen benennen	pro korrekten Münzwert 1 Punkt	max. 3 Punkte	max. 5 Punkte
b) Geldwerte vergleichen	korrekter Münzvergleich	1 Punkt	
c) Zahlen zu Hause	mind. ein Verweis auf eine Zahl in der Umwelt	1 Punkt	

A7 – Kleine Sachaufgaben

Aufgabe	Punktevergabe	max. Punktzahl	
a) Alter	pro richtig ermitteltes Alter 1 Punkt	max. 2 Punkte	max. 4 Punkte
b) Spielzeugautos	korrekte Anzahlermittlung	1 Punkt	
c) Einkauf	korrekte Ermittlung des Wechselgelds	1 Punkt	

A1 – A7		max. 50 Punkte

Interviewleitfaden Geometrietest

Block G1: Geometrische Formen und ihre Konstruktion

Aufgabe 1a: Muster

„Schau mal, hier (es wird auf Abbildung 1 gezeigt) *hat jemand etwas gemalt und hier und hier* (es wird auf die zweite und dritte Abbildung gedeutet) *noch mal was anderes.* **Kannst du das auf diesem Blatt mal nachmalen, dass es genauso aussieht?"**

Aufgabe 1b: Stempel

„Kannst du erkennen, was das ist? ...(Ja genau.) Das sind Stempel. Und mit diesen Stempeln wurden hier (dem Kind werden die Stempelbilder gezeigt) *auch schon einige Stempelbilder gestempelt. Schau, dieses Bild* (es wird auf das Stempelbild gezeigt) *und dieser Stempel* (es wird auf den Stempel gezeigt) *gehören zusammen und sind deshalb mit einer Linie verbunden. Der Stempel wurde für dieses Bild etwas gedreht. Siehst du?"* Die Drehbewegung wird mit der Hand angedeutet. *„Kannst du auch zu den anderen Bildern den richtigen Stempel finden und so verbinden, wie ich das gemacht habe?"[5]*

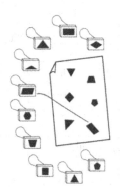

Block G2: Operieren mit Formen

Aufgabe 2a: Männchen

„Hier siehst du halbe Männchen. Aus den halben Männchen soll man nun ganze Männchen machen. So wie hier." Dem Kind wird das erste Pärchen gezeigt: *„Hier habe ich schon zwei halbe Männchen miteinander verbunden. Diese passen zusammen.* **Kannst du auch noch die anderen halben Männchen richtig verbinden? Schau ganz genau hin, denn die Männchen unterscheiden sich nur durch Kleinigkeiten."** Nach der Bearbeitung der Aufgabe wird das Kind gefragt: *„Woran hast du denn jetzt gesehen, welche halben Männchen zueinander passen?"* Wenn das Kind lediglich ein Merkmal angibt, auf welches es geachtet hat, wird noch mal nachgefragt: *„Hast du auch noch auf etwas anderes geachtet?"*

---

[5] Die Abbildungen des Geometrietests liegen den Kindern in DIN-A4-Format vor.

Aufgabe 2b: Dreiecke

„Hier oben siehst du ein großes Dreieck. Und unten sind ganz viele kleine Dreiecke. **Du sollst jetzt die Dreiecke einkreisen, die genauso aussehen wie das große Dreieck** (das große Dreieck wird mit dem Finger umfahren), **aber nur ein bisschen kleiner sind** (das Kleiner werden wird mit den Händen angedeutet). **Also die, die etwas geschrumpft sind.** *Hier zum Beispiel (es wird auf die zwei Dreiecke neben dem großen Dreieck gezeigt): Beide sind kleiner als das große Dreieck, aber das erste sieht irgendwie anders aus, das ist nicht das große Dreieck in klein. Aber das zweite Dreieck hier (das zweite Dreieck wird umfahren), das sieht so aus wie das Große – nur in kleiner."*

Wenn das Kind alle Dreiecke gefunden hat, lässt man das Kind nicht weitersuchen, sondern geht zur nächsten Aufgabe über. Wenn das Kind von alleine sagt, es hätte alle Dreiecke gefunden, wird das Kind nicht aufgefordert weiterzusuchen, sondern auch hier wird zur nächsten Aufgabe übergegangen – unabhängig davon, ob es alle Dreiecke gefunden hat.

Aufgabe 2c: Haus und Baum

„Auf dem mittleren Bild hier (es wir auf das mittlere Bild gedeutet) *siehst du ein Haus mit einem großen und einem kleinen Baum* (es wird jeweils auf die entsprechenden Bäume gezeigt). *In Wirklichkeit sind das Haus und die Bäume eigentlich viel größer, aber hier auf dem Bild wurden sie alle etwas kleiner gemalt. Auf dem Bild darüber wurden das gleiche Haus und der gleiche kleine Baum gemalt, aber alles wurde noch etwas kleiner gemalt, hier ist alles etwas geschrumpft. Hier fehlt jetzt noch der große Baum* (es wird auf die leere Stelle gezeigt). **Kannst du den Baum in der richtigen Größe dazu malen, sodass er zu dem Haus passt? Aber pass auf, der Baum darf nicht zu groß, aber auch nicht zu klein sein.**

Hier, auf dem unteren Bild (es wird auf das dritte Bild gezeigt), *sind das gleiche Haus und der gleiche große Baum etwas größer gemalt. Alles auf diesem Bild ist etwas größer gemalt. Jetzt fehlen aber der kleine Baum und die Haustür.* **Kannst du die beiden Dinge in der richtigen Größe dazu malen, sodass sie zu dem Haus passen? Der Baum und die Tür dürfen nicht zu groß und nicht zu klein sein."**

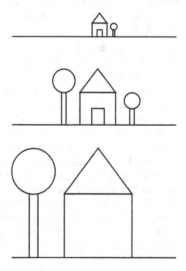

Block G3: Koordinaten

Aufgabe 3a: Koordinaten

„Hier sind ganz viele weiße Kästchen, nur zwei Kästchen sind gefärbt. **Kannst du auf dem anderen Feld** (es wird auf das leere Feld gezeigt) **genau die gleichen Kästchen an der richtigen Stelle in den jeweiligen Farben anmalen?** *"*
„Hier unten auf dem großen Feld sind nun 3 Kästchen bunt gefärbt. **Kannst du mir wieder genau die gleichen Kästchen auf dem freien Feld** (es wird auf das leere Feld gezeigt) **an den richtigen Stellen in den jeweiligen Farben anmalen?** *"*

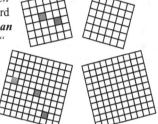

Block G4: Maße

Aufgabe 4a: Längenvergleich
Dem Kind wird eine Schnur mit der Länge 30 cm und eine 40 cm lange Schnur gegeben. *„Welche Schnur ist länger?...Du darfst die Schnüre auch anfassen."* Wenn es nicht klar wird, wie das Kind die längere Schnur bestimmt, wird nachgefragt: *„Woher weißt du, dass die blaue (grüne) Schnur länger ist?"*
„Kannst du schon messen wie lang dieses Stück Holz ist?"
Dem Kind wird ein Holzstück mit der Länge 9 cm und ein Lineal gegeben. Das Lineal und das Holzstück liegen senkrecht zueinander auf dem Tisch. Die Zahl 0 auf dem Lineal zeigt nach oben.

Aufgabe 4b: Flächenvergleich
„Beim Kindergeburtstag hat jedes Kind am Anfang einen ganzen Kuchen. So wie er hier zu sehen ist (dem Kind wird der ganze Kuchen gezeigt). *Bei diesen Kuchen hier haben die Kinder alle schon etwas aufgegessen* (es wird auf die restlichen Kuchen gedeutet). *Das Geburtstagskind hat noch so viel übrig* (es wird auf den halben Kuchen, neben dem eine Krone abgebildet ist, gezeigt). *Kannst du die anderen Teller zeigen, bei denen noch **genauso viel** Kuchen übrig ist wie beim Geburtstagskind?"*
Nachdem das Kind sich entschieden hat, wird es gefragt, ob bei den jeweiligen anderen Kuchen noch mehr oder noch weniger Kuchen übrig ist. Bei allen Antworten des Kindes wird es gefragt: *„Woran siehst du das denn?"*

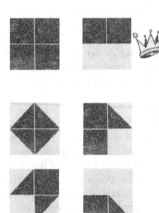

Aufgabe 4c: Größen ordnen

„Hier siehst du einige Goldstücke. Jedes Goldstück hat einen bestimmten Platz in dem Holzkasten. Zum Beispiel dieses hier, dieses kommt hierhin." Dem Kind wird das kleinste Goldstück und dessen entsprechender Platz gezeigt. *„Kannst du mir zeigen, welches Goldstück hierhin gehört?"* Dem Kind wird die Einbuchtung in der Mitte des Holzkastens gezeigt.

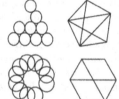

„Hier siehst du ein Glockenspiel. Einige Klangplatten wurden hiervon herausgenommen, die liegen jetzt durcheinander darunter." Es wird auf die darunterliegenden Klangplatten gedeutet. *„Kannst du die richtigen Klangplatten, die hier hingehören (dem Kind werden die zwei rechten freien Plätze gezeigt) finden und mit dem Stift verbinden?"*

Block G5: Geometrische Gesetzmäßigkeiten und Muster

Aufgabe 5a: Fehlende Teile I

„Ich zeige dir jetzt einige Muster. Bei jedem Muster fehlt etwas. Kannst du mir zeigen, was fehlt und wo es fehlt? Versuch doch mal, das fehlende Teil einzuzeichnen!"

Aufgabe 5b: Fehlende Teile II

„Hier siehst du mehrere Figuren, in denen jeweils ein Feld gefärbt ist. Hier oder hier zum Beispiel (es wird auf die Färbungen der ersten zwei Figuren gezeigt). Diese Figur (das Kind bekommt das vorletzte Sechseck gezeigt) ist noch nicht gefärbt. Kannst du das nachholen? Überleg mal, was musst du anmalen, damit es am besten zu den anderen passt? ... Woher wusstest du, dass dieses Feld angemalt werden muss?"

„Hier ist ein Pferdemuster aufgezeichnet. Doch siehst du hier die Lücke (dem Kind wird die Lücke gezeigt)? Hier fehlt noch ein Pferd. Das habe ich hier mitgebracht (dem Kind wird ein Pferd aus Pappe in der entsprechenden Größe gegeben). Kannst du es richtig hinlegen? Schau noch mal genau hin, wie die anderen Pferde liegen. Wie musst du das Pferd hinlegen, damit es in das Muster passt?"

Block G6: Formen in der Umwelt

Aufgabe 6a: Formen in der Umwelt
„Für diese Aufgabe habe ich drei Formen mitgebracht." Die Formen (Kugel, Quader und Zylinder) werden auf den Tisch gestellt. *Hier auf dem Bild kannst du Dinge finden, die eine ähnliche Form haben wie diese drei Formen hier. Welche Formen kannst du wiederfinden?"*
Wenn das Kind zu jeder Form zwei verschiedene richtige Objekte gefunden hat, lässt man das Kind nicht weitersuchen, sondern geht zur nächsten Aufgabe

über. Wenn das Kind sagt, es hätte alle Objekte gefunden, wird zur nächsten Aufgabe übergegangen, unabhängig davon, ob tatsächlich alle Objekte gefunden worden sind.

Block G7: Kleine Sachsituationen

Aufgabe 7a: Pläne
„Auf dem Bild ist Frau Berger mit ihrer Klasse abgebildet. Frau Berger ist neu in der Klasse und kennt die Namen ihrer Schüler noch nicht auswendig. Deshalb hat sie sich einen Sitzplan von dem Stuhlkreis aufgemalt und die Namen der Kinder dazu geschrieben (dem Kind wird der Sitzplan gezeigt).
Das ist Frau Berger und hier hat sie sich in den Sitzplan gemalt." Es wird erst auf Frau Berger im Sitzkreis und dann auf Frau Berger im Sitzplan gezeigt.
„Kannst du mir den Jungen mit dem rotgrün geringelten Pullover im Sitzplan zeigen?" Es wird auf den Jungen im Stuhlkreis gezeigt.
„Kannst du mir auch dieses Kind (Maxi, dritte Person von links, wird auf dem Sitzplan gezeigt) *im Stuhlkreis zeigen?"*

Aufgabe 7b: Ansichten

„Auf dem oberen Bild siehst du einen LKW, einen Baum und ein Haus (es wird auf die jeweiligen Objekte gezeigt). *Wenn man um das Haus herum geht, sieht alles immer etwas anders aus. **Das Mädchen sitzt auf der anderen Seite und malt ein Bild, wie sie das Auto, den Baum und das Haus von ihrer Seite aus sieht. Welches Bild, denkst du, hat das Mädchen gemalt. Was sieht sie von ihrer Seite aus?…Warum meinst du, dass das Mädchen dieses Bild gemalt hat?“***

Aufgabe 7c: Blickwinkel

„Hier ist eine Kirche mit einem Wetterhahn auf der Turmspitze und davor steht ein Baum. Hier stehen ein Opa neben dem Baum und ein Mädchen mit einem Hund (es wird auf die jeweiligen Objekte und Personen gezeigt). ***Zeig mir mal, wer von den beiden links steht…Was denkst du, kann das Mädchen den Wetterhahn sehen? Kann der Opa den Wetterhahn sehen?“***

Punktevergabe Geometrietest

In Tabelle 4.6 werden die Punktevergabe und die maximal erreichbaren Punktzahlen für die einzelnen Aufgaben, Aufgabenblöcke und den Gesamttest zur Geometrie dargestellt.

Tabelle 4.6 Punktevergabe beim Geometrietest

G1 – Geometrische Formen und ihre Konstruktion			
Aufgabe	**Punktevergabe**	**max. Punktzahl**	
a) Muster	pro korrekte Zeichnung 1 Punkt	max. 3 Punkte	max. 8 Punkte
b) Stempel	pro korrekte Zuordnung 1 Punkt	max. 5 Punkte	
G2 – Operieren mit Formen			
Aufgabe	**Punktevergabe**	**max. Punktzahl**	
a) Männchen	pro korrekte Zuordnung 1 Punkt	max. 5 Punkte	max. 12 Punkte
b) Dreiecke	pro korrekter Vergleich 1 Punkt	max. 4 Punkte	
c) Haus und Baum	pro korrekte Zeichnung 1 Punkt	max. 3 Punkte	
G3 – Koordinaten			
Aufgabe	**Punktevergabe**	**max. Punktzahl**	
a) Koordinaten	pro korrekte Einzeichnung 1 Punkt	max. 5 Punkte	max. 5 Punkte
G4 – Maße			
Aufgabe	**Punktevergabe**	**max. Punktzahl**	
a) Längenvergleich	pro korrekte Ermittlung 1 Punkt	max. 2 Punkte	max. 7 Punkte
b) Flächenvergleich	pro korrekter Vergleich (gleichgroßer Flächen)1 Punkt	max. 2 Punkte	
c) Größen ordnen	pro korrekte Zuordnung 1 Punkt	max. 3 Punkte	

G5 –Geometrische Gesetzmäßigkeiten und Muster		
Aufgabe	**Punktevergabe**	**max. Punktzahl**
a) Fehlende Teile I	pro korrekte Ergänzung 1 Punkt	max. 4 Punkte · max. 6 Punkte
b) Fehlende Teile II	pro korrekte Ergänzung 1 Punkt	max. 2 Punkte · max. 6 Punkte

G6 – Formen in der Umwelt		
Aufgabe	**Punktevergabe**	**max. Punktzahl**
a) Formen in der Umwelt	pro korrekte Zuordnung 1 Punkt, max. zwei Zuordnungen pro Form	max. 6 Punkte · max. 6 Punkte

G7 – Kleine Sachsituationen		
Aufgabe	**Punktevergabe**	**max. Punktzahl**
a) Pläne	pro korrekte Zuordnung 1 Punkt	max. 2 Punkte · max. 6 Punkte
b) Ansichten	korrekte Ansicht 1 Punkt	1 Punkt · max. 6 Punkte
c) Blickwinkel	je korrekter Einschätzung der Situation 1 Punkt	max. 3 Punkt

G1 –G7		**max. 50 Punkte**

4.3.4 Stichprobe

Die Stichprobe der Untersuchung setzt sich aus 108 Schulanfängerinnen und Schulanfängern zusammen, mit denen in der zweiten bis vierten Schulwoche jeweils der Arithmetik- sowie der Geometrietest durchgeführt werden. Das durchschnittliche Alter der Kinder beträgt 6 Jahre, 6 Monate (Standardabweichung 4,07 Monate).

Die Schülerinnen und Schüler werden in Bezug auf die drei Kriterien ‚soziales Einzugsgebiet der besuchten Grundschule', ‚Geschlecht' und ‚Lernstand' ausgewählt. Insgesamt sind 54 Mädchen und 54 Jungen aus neun Dortmunder Grundschulen an der Studie beteiligt.

Drei der Schulen verfügen über ein schwaches soziales Einzugsgebiet, drei Schulen über ein mittleres soziales Einzugsgebiet und einem starken sozialen Einzugsgebiet gehören die weiteren drei Schulen an. Die Auswahl der Schulen und die Zuweisung der jeweiligen sozialen Einzugsgebiete stimmen dabei mit der Reihenfolge der Schulen nach dem Belastungsindex der Stadt Dortmund des

Instituts für Schulentwicklungsforschung der TU Dortmund (unveröffentlichtes Manuskript IFS, TU Dortmund 2007, vgl. auch Bonsen et al. 2008) überein. Pro Schule werden die Tests mit jeweils zwölf Kindern verschiedener Klassen durchgeführt. Die Lehrerinnen und Lehrer der jeweiligen Eingangsklassen werden darum gebeten, ausgehend von ihren ersten Eindrücken der Schülerinnen und Schüler, vier leistungsschwache Kinder, vier Kinder mit mittleren Lernständen und vier leistungsstarke Schülerinnen und Schüler für die Interviews, mit einer gleichmäßigen Verteilung der Jungen und Mädchen, auszuwählen.

Weitere Bedingungen bei der Auswahl der Schulanfängerinnen und Schulanfänger bestehen darin, dass die Kinder die deutsche Sprache sinngemäß verstehen und sprechen können sowie eine Einverständniserklärung der Eltern für die Beteiligung an der Studie vorliegt.

4.3.5 Auswertungsmethoden

Die in der vorliegenden Untersuchung verwendeten Auswertungsmethoden werden im Folgenden unter Berücksichtigung ihrer theoretischen Grundlagen in ihrer Auswahl und Umsetzung dargestellt.

Auswahl der Auswertungsmethoden

Die spezifischen Forschungsfragen dieser Arbeit (vgl. Kapitel 4.2) erfordern die Auswertung der Untersuchungsdaten auf quantitativer sowie auf qualitativer Ebene. So fokussiert sich das Anliegen der Studie

- einerseits, gemäß der ersten Forschungsfrage, auf die vornehmlich qualitative Analyse der Vorgehensweisen der Schülerinnen und Schüler bei arithmetischen und geometrischen Mustern und Strukturen und

- andererseits, entsprechend der Forschungsfragen 2 bis 5, auf eine überblicksartige, vornehmlich quantitative Darstellung der Erfolgsquoten und Vorgehensweisen der Schulanfängerinnen und Schulanfänger unterschiedlichen Geschlechts, Alters und sozialer Schicht zu den verschiedenen Inhaltsbereichen der Arithmetik und der Geometrie und auf die diesbezüglichen Zusammenhänge.

Bei der Datenanalyse auf qualitativer Ebene, gemäß dem ersten Forschungsanliegen, wird zudem eine kontinuierliche Quantifizierung eingesetzt, um die Auswertungsergebnisse zusätzlich in verallgemeinernder Weise betrachten zu können. Im Zuge der Darstellung der quantitativen Ergebnisse des zweitgenannten Forschungsanliegens ist eine vorgeschaltete qualitative Analyse, aus der eine auf das Datenmaterial abgestimmte Kategorisierung entwickelt werden kann, notwendig.

Das vorliegende Datenmaterial, jeweils 108 videographierte Interviewaufnahmen des GI-Tests Arithmetik sowie des GI-Tests Geometrie und die dabei entstandenen schriftlichen Schülerdokumente, ermöglicht die Datenanalyse auf den zwei parallel eingesetzten auswertungsmethodischen Ebenen bedingt durch den qualitativen Charakter der klinischen Interviews (vgl. Kapitel 4.3.2) und die Größe der Stichprobe (vgl. Kapitel 4.3.4).

Theoretischer Hintergrund der Auswertungsmethoden

Ihre methodische Begründung findet die Verzahnung quantitativer und qualitativer Analysen in der Triangulation (vgl. Denzin 1978, 291ff.; Erzberger 1998; Lamnek 2005, 274ff.). Triangulation wird allgemein als „combination of methodologies in the study of the same phenomena" definiert (Denzin 1978, 291) und in dieser Arbeit nicht zur „kumulativen Validierung", sondern als ergänzendes Zusammenspiel verschiedener Sichtweisen genutzt (Kelle & Erzberger 1999, 516). Der Vorteil, der sich aus diesem multimethodischen Vorgehen für die Untersuchung ergibt, ist ein besseres Verständnis des Forschungsgegenstands, da eine tiefere und umfangreichere Einsicht ermöglicht wird, die durch eine alleinige Perspektive nicht zu erfassen wäre (vgl. Lamnek 2005, 280). Triangulation wird hierbei als ein „Weg zu zusätzlicher Erkenntnis" gesehen (vgl. Flick 2005, 318).

Mittels dieses Integrationsmodells kann das Vorkommen verschiedener Phänomene (Richtigkeit der Aufgabenbearbeitungen, Vorgehensweisen und abweichende Lösungen) bei den Aufgabenbearbeitungen untersucht und gleichzeitig, mittels einer quantitativen und qualitativen Analyse der Daten, der genauen Gestalt und Verteilung dieser Beobachtungen nachgegangen werden (vgl. Kelle & Erzberger 2005, 308.).

Im Zuge der quantitativ zu ermittelnden Daten, bietet es sich an, dass die Kategorisierung der Phänomene über die qualitative Analyse des Materials erfolgt (vgl. Erzberger 1998, 125) und somit nicht auf ein im Voraus erstelltes Kategoriensystem zurückgegriffen werden muss, welches im schlechtesten Fall die vorliegenden Phänomene unzureichend abdeckt oder in manchen Bereichen nicht vorliegt und nicht intuitiv entwickelt werden kann (vgl. Kelle & Erzberger 2005, 307). Zudem sollen die qualitativen Beobachtungen auch zur Illustration der quantitativ aufgezeigten Phänomene eingesetzt werden (vgl. Lamnek 1988, 235) und somit der Veranschaulichung der Auswertung dienen.

Die fortführende Quantifizierung der qualitativen Analyse erlaubt, den Blick aufs Detail nicht nur exemplarisch zu sichern, sondern aufgrund der recht umfangreichen Datenbasis auch zu verallgemeinern (vgl. Mayring & Jenull-Schiefer 2005, 516). Triangulation wird hierbei als Ansatz zur „Generalisierung der gefundenen Erkenntnisse" gesehen (vgl. Flick 2005, 318).

Die gewählten Methoden der Datenauswertung (quantitative und qualitative Analyse) werden dabei als gleichwertig betrachtet. Die quantitativen Analysen beruhen auf den qualitativ ermittelten Kategorien und hängen somit voneinander ab (vgl. Erzberger 1998, 125).

Umsetzung der Auswertungsmethoden

Aufgrund der allgemein-methodischen und untersuchungsspezifischen Überlegungen ergibt sich der in Abbildung 4.1 dargestellte Auswertungsablauf.

I	**Qualitative (Vor-)Auswertung** der Interviews und Schülerdokumente (Kriterien für die Korrektheit einer Aufgabenbearbeitung, versch. Vorgehensweisen und Lösungen)	
	Ziel: Auswahl jeweils einer interessanten Aufgabe aus der Arithmetik, Geometrie und einer kombinierenden Aufgabe zum Bereich Muster und Strukturen	**Ziel:** Kategorienerstellung zu allen Aufgaben der Grundideen (GI) der Arithmetik und Geometrie
II	**Qualitative Detailanalysen** (Vorgehensweisen der Kinder bei Mustern und Strukturen) **Quantifizierung** der Vorgehensweisen der Kinder (Detailanalysen **Kapitel 5**)	**III** **Quantitative Überblicksanalysen** auf Grundlage der Kategorisierung **Qualitative Illustration** der quantitativen Daten (Überblicksanalysen GI Arithmetik **Kapitel 6** und GI Geometrie **Kapitel 7**)
	Ziel: Darstellung der Vorgehensweisen bei Mustern und Strukturen, Verallgemeinerung der Struktur- und Musterdeutungen	**Ziel:** Darstellung der Erfolgsquoten und Vorgehensweisen zu den Grundideen
		IV **Quantitative Gesamtanalyse** der beiden Gesamttests (**Kapitel 8**)
		Ziel: Darstellung der Lernstände in den Gesamttests, leistungsbeeinflussenden Faktoren, inhaltsbezogenen Korrelationen der Lernstände

Abbildung 4.12 Einsatz qualitativer und quantitativer Methoden bei der Datenauswertung

Um die einzelnen Auswertungsschritte zu konkretisieren, werden im Folgenden die vier teilweise aufeinander aufbauenden Auswertungsebenen erläutert.

Auswertungsebene I: Qualitative (Vor-)Auswertung

Das Datenmaterial wird zuerst aufgabenweise hinsichtlich der Kriterien für die Korrektheit der Aufgabenbearbeitung, verschiedener Vorgehensweisen und Lösungen ausgewertet. Es wird daher herangezogen, um einen aufgabenbezogenen Kategorienkatalog durch die qualitative Analyse des Materials zu entwickeln (vgl. Beck & Maier 1993, 155): „Analyseziel qualitativer Forschung ist häufig die Ordnung, merkmalsbezogene Bündelung von Erscheinungen, Dimensionierung und Kategorisierung des Materials, um letztendlich zu einer typisierenden Erfassung des Forschungsgegenstandes zu gelangen" (Schründer-Lenzen 1997, 107). Dabei stellt die thematische Kodierung ein mehrstufiges Vorgehen dar, in dem zunächst anhand von Einzelfällen Kategorien herausgearbeitet werden. Diese werden im weiteren Verlauf der Analyse anhand der Interviews bzw. Schülerdokumenten präzisiert und bedingt auch modifiziert, bis ein stabiles Kategoriensystem vorliegt, in welches sich die im Datenmaterial vorliegenden Fälle möglichst präzise einordnen lassen (vgl. Flick 1998, 206f.).

In Bezug auf die konkrete Untersuchung werden hierdurch zweierlei Ziele angestrebt: Zum einen ermöglicht der gewonnene Einblick in das Datenmaterial eine begründete Auswahl an Aufgaben, die als besonders geeignet für eine Detailanalyse der Vorgehensweisen von Schulanfängerinnen und Schulanfängern bei arithmetischen und geometrischen Mustern und Strukturen erscheint. Zum anderen wird zu allen Aufgaben ein Kategorienkatalog bezogen auf die Richtigkeit der Aufgabenbearbeitung, der verschiedenen Vorgehensweisen und unterschiedlichen Lösungen erstellt, der für eine weiterführende quantitative Auswertung insbesondere in Zusammenhang mit den Überblicksanalysen herangezogen wird.

Diese Auswertungsebene wird als ‚(Vor-)Auswertung' bezeichnet, da die hieraus resultierenden Ergebnisse keine ‚fertigen' Erkenntnisse darstellen, sondern diese in weiteren Auswertungsphasen (in den Detail- und Überblicksanalysen) genutzt werden und erst hier den angestrebten Erkenntnisgewinn liefern. Daher wird diese Auswertungsebene in der folgenden Ergebnisdarstellung auch nicht näher ausgeführt, sondern fließt direkt in die Darstellungen der weiteren Auswertungsebenen ein.

Auswertungsebene II: Qualitative Detailanalysen mit anschließender Quantifizierung (Ergebnisdarstellung: Kapitel 5)

Jeweils eine Aufgabe aus dem Bereich der Arithmetik und der Geometrie und eine beide Inhaltsbereiche abdeckende Aufgabe werden zur genaueren Betrachtung der Vorgehensweisen der Schulanfängerinnen und Schulanfänger bei arithmetischen und geometrischen Mustern und Strukturen vertieft qualitativ analysiert (Forschungsfrage 1, vgl. Kapitel 4.2). Die qualitative Vorauswertung ermöglicht hierbei die gezielte Auswahl dreier Aufgaben mit besonders interessanten und aussagekräftigen Bearbeitungen der Schülerinnen und Schüler aus dem gesamten Aufgabenpool.

Die qualitative Analyse des Datenmaterials orientiert sich an 1) den Fachstrukturen, 2) empirisch gestützten Erkenntnissen zu den Fähigkeiten von Kindern in dem Inhaltsbereich ‚Muster und Strukturen' (vgl. Kapitel 3.2.3) und der konstruktivistischen Auffassung von Lernen und den damit verbundenen kompetenz- und prozessorientierten Sichtweisen auf das Denken und Handeln der Lernenden (vgl. Kapitel 2). Somit ist die Auswertung gleichermaßen fachinhaltlich, fachdidaktisch sowie lerntheoretisch verankert.

Die Begründung der stoffdidaktischen Ausrichtung der Analyse wird, in Anlehnung an Griesel (vgl. 1971, 80), in der Bereitstellung der ‚begrifflichen Grundlage' gesehen, auf die sich die Analyse bezieht und welche den Strukturen des Stoffes Rechnung trägt. So werden die Vorgehensweisen der Kinder insbesondere hinsichtlich des mathematischen Gehalts und des Zusammenhangs mit den inhaltlichen Strukturen des mathematischen Gegenstands betrachtet. Die empirisch gestützten Erkenntnisse zum Umgang von Kindern mit Mustern und Strukturen (vgl. Kapitel 3.2.3) werden als allgemeiner Auswertungshintergrund genutzt, vor dem die Ergebnisse analysiert werden, ohne dass eine Verengung auf nur eine bestimmte Sichtweise bzw. Kategorisierung stattfindet. Hinsichtlich der Strukturdeutungen der Kinder wird sich jedoch im Besonderen auf die von Söbbeke (vgl. 2005) herausgestellten Deutungsebenen bezogen. Dieses tragfähige Konstrukt gibt der Auswertung eine stabile Richtung vor, doch schränkt es die Analyse, bedingt durch mögliche zusätzliche Betrachtungsweisen, nicht ein. Die konstruktivistische Perspektive, aus der die Schülerdokumente betrachtet werden, berücksichtigt neben dem mathematischen Gegenstand auch das Kind als lernendes Subjekt, dessen Handlungen verschiedene, zum Teil altersbedingte kognitive Strukturen, Vorerfahrungen und Motivationen zugrunde liegen. So wird ein produktiver Interpretationsrahmen im Spannungsfeld zwischen dem stofflichen Gegenstand und dem Lernenden hergestellt, welcher das Denken und Handeln der Schülerinnen und Schüler theoriebasiert analysieren lässt.

Eine daran anknüpfende Quantifizierung der qualitativen Auswertung gibt die Möglichkeit, die Verteilung der beobachteten Phänomene verallgemeinernd darzustellen, das heißt, beispielsweise aufzuzeigen, wie viele Kinder einer bestimmten Vorgehensweise im Zusammenhang mit Mustern und Strukturen nachgehen.

Auswertungsebene III: Quantitative Überblicksanalysen und qualitative Illustration der quantitativen Daten (Ergebnisdarstellung: Kapitel 6 und 7)

Der durch die qualitative (Vor-)Auswertung entwickelte Kategorienkatalog wird zur quantitativen Auswertung aller Bearbeitungen der Testaufgaben herangezogen. Durch die Quantifizierung der richtigen Aufgabenbearbeitungen, der verschiedenen Vorgehensweisen und unterschiedlichen Lösungen der Kinder wird ein allgemeiner Überblick über die Lernstände der Schulanfängerinnen und Schulanfänger zu den einzelnen Grundideen der Arithmetik und Geometrie gegeben (Forschungsfragen 2 und 3, vgl. Kapitel 4.2). An ausgewählten Stellen erscheint es hilfreich, anhand von qualitativen Beispielen quantitativ aufgeführte Sachverhalte zu verdeutlichen. So werden beispielsweise die Denkwege von Kindern bei fehlerbehafteten Aufgabenbearbeitungen dargestellt oder unterschiedliche Vorgehensweisen bei der korrekten Aufgabenbearbeitung illustriert.

Auswertungsebene IV: Quantitative Gesamtanalyse (Ergebnisdarstellung: Kapitel 8)

Die Daten zu den Erfolgsquoten und Punktzahlen der Schulanfängerinnen und Schulanfänger in den einzelnen Testaufgaben werden für eine quantitative Gesamtanalyse der Lernstände der Kinder bezüglich beider Gesamttests herangezogen (Forschungsfrage 2, vgl. Kapitel 4.2).

Bei der gesonderten Betrachtung der leistungsbezogenen Einflussfaktoren ,Geschlecht', ,Alter' und ,soziales Einzugsgebiet der besuchten Grundschule' wird der Vergleich verschiedener Schülergruppen in den Fokus gerückt (Forschungsfrage 4, vgl. Kapitel 4.2). Hierbei werden insbesondere die jeweils erreichten Punktzahlen der verschiedenen Schülergruppen in unterschiedlichen Aufgaben, Aufgabenblöcken und in den beiden Gesamttests verglichen und die Signifikanz der Unterschiede mittels des T-Tests zum Vergleich zweier Stichprobenmittelwerte aus unabhängigen Stichproben (vgl. Bortz 1999, 137ff.) überprüft. Zur Berechnung der Signifikanz der Lernstandunterschiede der Schülergruppen aus Schulen mit unterschiedlichem sozialem Einzugsgebiet wird die einfaktorielle Varianzanalyse (ONEWAY ANOVA) für unabhängige Stichproben (vgl. Bortz 1999, 237ff.) verwendet.

Im Rahmen der Korrelationsberechnungen, mit dem Ziel, Zusammenhänge zwischen den erbrachten Leistungen in unterschiedlichen Inhaltsbereichen aufzudecken (Forschungsfrage 5, vgl. Kapitel 4.2), wird die Produkt-Moment-Korrelation nach Pearson (vgl. Bortz 1999, 196ff.) herangezogen.

5 Detailanalyse der Lernstände zu Mustern und Strukturen

Ein inhaltlicher Schwerpunkt dieser Arbeit wird mit der detaillierten Untersuchung der Lernstände von Schulanfängerinnen und Schulanfängern zu arithmetischen und geometrischen Mustern und Strukturen gesetzt. Hierbei werden drei Testaufgaben, eine der Arithmetik (Aufgabe ‚A5a: Plättchenmuster fortsetzen‘), eine der Geometrie (Aufgabe ‚G1a: Muster zeichnen‘) und eine Aufgabe, die arithmetische und geometrische Elemente aufweist (Aufgabe ‚A3a: Punktefelder bestimmen‘), hinsichtlich der Vorgehensweisen der Schülerinnen und Schüler bei den jeweiligen Mustern und Strukturen analysiert. Es wird dokumentiert, dass die Kinder häufig Muster und Strukturen erfassen und diese in ihren Aufgabenbearbeitungen aufgreifen – wenn auch in unterschiedlichem Maße und auf ganz verschiedene, nicht immer konventionelle Weise. Die entsprechenden Struktur- und Musterdeutungen der Schulanfängerinnen und Schulanfänger werden innerhalb der einzelnen Analysen zusammenfassend dargestellt und am Ende des Kapitels über die einzelnen Aufgaben hinaus verallgemeinert.

Die drei Aufgaben, welche im Folgenden für die Detailanalyse aufgegriffen werden, kommen – aufgrund ihrer unterschiedlichen Inhaltsbereiche – in ihrem Gesamtbild der inhaltlichen Breite von Mustern und Strukturen in der Mathematik nach (vgl. Kapitel 3.2) und lassen somit auch die Beobachtung inhaltsübergreifender Komponenten der Vorgehensweisen bei Mustern und Strukturen zu.

Das Kapitel gliedert sich dementsprechend in vier Teile:

Kapitel	Inhalt	Aufgabe
5.1	Muster und Strukturen in der Arithmetik: Plättchenmuster fortsetzen	A5a
5.2	Muster und Strukturen in der Geometrie: Muster zeichnen	G1a
5.3	Muster und Strukturen in der Arithmetik und Geometrie: Punktefelder bestimmen	A3a
5.4	Verallgemeinerung der Muster- und Strukturdeutungen	

5.1 Plättchenmuster fortsetzen

In diesem Kapitel werden die Bearbeitungen der Aufgabe ‚A5a: Plättchenmuster fortsetzen' hinsichtlich der Vorgehensweisen der Schulanfängerinnen und Schulanfänger bei arithmetischen Mustern und Strukturen betrachtet. Zunächst wird eine Übersicht der zentralen Auswertungsergebnisse gegeben (Kapitel 5.1.1). Daran anschließend werden die Erfolgsquoten der Schülerinnen und Schüler bei dieser Aufgabe näher betrachtet (Kapitel 5.1.2) sowie die Vorgehensweisen der Kinder unter besonderer Berücksichtigung ihres Umgangs mit Mustern und Strukturen in ausführlicher Form dargestellt (Kapitel 5.1.3). In einem abschließenden Kapitel (Kapitel 5.1.4) werden die Muster- und Strukturdeutungen der Kinder zusammengefasst.

Die Aufgabenstellung (vgl. Abbildung 5.1) verlangt von den Schulanfängerinnen und Schulanfängern die Fortsetzung zweier statischer Plättchenmuster mit der Farbstruktur ‚rbrbr' und ‚rrbbrrbbbrr' sowie die Fortführung des dynamischen Plättchenmusters ‚rbbrrbbbbrrrr', wobei ‚b' für ‚blaues' und ‚r' für ‚rotes' Plättchen steht. Zum einen müssen die Kinder hierbei die jeweiligen Teilmuster, die durch Plättchen gleicher Farbe gekennzeichnet sind, erkennen und in ihrem Muster zueinander in Beziehung setzen. Für die vorliegenden statischen Muster bedeutet dies, die abwechselnde Wiederholung der roten und blauen Teilmuster und ihre jeweiligen Anzahlen zu erfassen. Diesen Mustern liegt somit eine musterwiederholende Deutung zugrunde. Beim dynamischen Muster liegt statt einer Wiederholung der Teilmuster eine dynamische Entwicklung dieser vor, welche anhand der von Teilmuster zu Teilmuster um eins steigenden Anzahl an Plättchen zu identifizieren ist (mustererweiternde Deutung). In der Bewältigung der Aufgabe müssen die Schülerinnen und Schüler ihre Erkenntnisse zum Aufbau der Plättchenmuster in der Fortsetzung dieser (um jeweils ein weiteres passendes Teilmuster) umsetzen. Die Intention dieser Aufgabe liegt daher in der Fortsetzung der Plättchenmuster hinsichtlich arithmetischer Kriterien, d. h. das Muster in Bezug auf die korrekte Anzahl der Plättchen der jeweiligen Teilmuster fortzuführen. Die geometrische Anordnung der Plättchen spielt lediglich insofern eine Rolle, dass die Plättchen in einer Reihe liegen, welche von links nach rechts gelesen bzw. fortgesetzt wird.

5.1.1 Ergebnisübersicht

Abbildung 5.1 gibt eine Übersicht der Bearbeitungen der Aufgabe ‚A5a: Plättchenmuster fortsetzen', welche in den folgenden Kapiteln bezüglich der Erfolgsquoten und Vorgehensweisen der Schulanfängerinnen und Schulanfänger näher ausgeführt wird.

Aufgabe A5a: Plättchenmuster fortsetzen

Aufgabenstellung:

„*Kannst du das Muster weiterlegen?*"

Muster 1: ● ● ● ● ●

Muster 2: ● ● ● ● ● ● ● ● ● ● ● ●

Muster 3: ● ● ● ● ● ● ● ● ● ● ● ● ● ● ● ●

Erfolgsquoten*:

	Muster 1	Muster 2	Muster 3
korrekte Aufgabenbearbeitungen	105 (97,2%) keine Bearb.: 0 (0%)	75 (69,4%) keine Bearb.: 0 (0%)	17 (15,7%) keine Bearb.: 2 (1,9%)

* Die Musterfortsetzung wird als richtig gewertet, wenn das Muster mit mindestens einem der folgenden Teilmuster fortgesetzt wird: Muster 1: b,r; Muster 2: bbb,rr; Muster 3: bbbbbb,rrrrrrr (‚b' steht für ‚blaues' und ‚r' für ‚rotes' Plättchen).

Abweichende Vorgehensweisen:

	Anzahl der Kinder (Prozent)*	
	Muster 2	Muster 3
1)(Genaue) Anzahl der gelegten Plättchen einer Farbe wird nicht berücksichtigt	11/33 (33,3%) Bsp. M2: ●●●●●●●●●●●●●|●●●●●●●●●●●	26/89 (29,2%) Bsp. M3: ●●●●●●●●●●●●●●●|●●●●
2)Anzahl der gelegten Plättchen einer Farbe wird vom letzten Teilmuster abgeleitet	11/33 (33,3%) Bsp. M2: ●●●●●●●●●●●●|●●●●	11/89 (12,4%) Bsp. M3: ●●●●●●●●●●●●●●●|●●●●●
3)Muster wird von Beginn an wiederholt	3/33 (9,1%) Bsp. M2: ●●●●●●●●●●●●|●●●●●	12/89 (13,5%) Bsp. M3: ●●●●●●●●●●●●●●|●●●●●
4) Andere und nicht eindeutige Vorgehensweisen	8/33 (24,2%) Bsp. M2: ●●●●●●●●●●●|●	14/89 (15,7%) Bsp. M3: ●●●●●●●●●●●●●●|●●●●●

| 5) Anzahl der gelegten Plättchen einer Farbe wird von den beiden letzten Teilmustern abgeleitet | Bsp. M2:
Bsp. M3: ●●●●●●●●●●●●●●●●●●●●|●●●● | -
-
 | 26/89 (29,2%) |

*Als Beispiele sind jeweils die häufigsten Fortsetzungen der Muster 2 und 3 notiert.

Abbildung 5.1 Übersicht der Auswertungsergebnisse der Aufgabe A5a

5.1.2 Erfolgsquoten

Wie aus Abbildung 5.1 ersichtlich wird, variieren die Erfolgsquoten der Schulanfängerinnen und Schulanfänger bei der Fortsetzung der drei verschiedenen Plättchenmuster erheblich. So ist es 105 der 108 Kinder (97,2%) möglich, das erste Muster korrekt fortzusetzen. Muster 2 kann hingegen nur noch von 75 Kindern (69,4%) richtig fortgeführt werden. Beim dritten Muster fällt die Erfolgsquote noch stärker ab. Hier gelingt die Fortsetzung des Musters lediglich 17 Schulanfängerinnen und Schulanfängern (15,7%). Nur beim dritten Muster gehen zwei Kinder keinen Bearbeitungsversuch ein.

Vergleicht man die hier gegebenen Erfolgsquoten mit den Ergebnissen aus der Studie von Steinweg (vgl. 2001a, 153 und 218), in der 86% der 70 Erstklässlerinnen und Erstklässler im Paper-Pencil-Test bzw. 14 von 15 Kindern in der Interviewstudie das Muster gD (großes Dreieck), kD (kleines Dreieck), kD, gD, kD, kD korrekt fortsetzen können, so kann eine Parallele zu Muster 2 gezogen werden. Das ebenfalls statische zweite Muster weist einen ähnlichen Aufbau wie das Muster aus Steinwegs Studie auf und eignet sich daher für einen Vergleich. Die bei Muster 2 erreichte Erfolgsquote liegt mit 69,4% etwas unter der Erfolgsquote der Studie von Steinweg. Doch gilt zu berücksichtigen, dass das hier vorliegende Muster in seiner Struktur etwas schwieriger ist, da die einzelnen Teilmuster in ihrer Anzahl um jeweils eins größer sind als bei Steinweg. Zudem sind die Testpersonen alles Schulanfängerinnen und Schulanfänger in den ersten Wochen nach Schulbeginn. Die ermittelten Erfolgsquoten der Schulanfängerinnen und Schulanfänger von 70% bzw. 68% bei der Fortsetzung statischer Muster in den Studien von Clarke et al. (vgl. 2008, 269) und Lüken (vgl. 2009, 749) stimmen mit den hier vorliegenden Beobachtungen überein. Die Erhebung der Fortsetzung eines dynamischen Musters durch Schulanfängerinnen und Schulanfänger ist neu und zeigt stark abweichende, niedrigere Erfolgsquoten auf.

Tabelle 5.1 gibt eine Übersicht über den Zusammenhang des Erfolgs der Kinder beim Fortsetzen der drei verschiedenen Plättchenmuster. Es gehen alle Konstellationen aus der Tabelle hervor, in denen die Schülerinnen und Schüler die Muster korrekt fortführen. Dabei fällt auf, dass Muster 2 nur korrekt fortgesetzt wird, wenn zuvor Muster 1 richtig fortgeführt wurde, was unter Berücksichtigung der 97,2 prozentigen Erfolgsquote bei Muster 1 wenig erstaunlich ist. Muster 3 wird, mit Ausnahme von zwei Fällen, nur dann erfolgreich weitergeführt, wenn auch eine korrekte Fortsetzung beim zweiten Muster gegeben ist. Somit wird das schwierige dynamische Muster 3 im Wesentlichen nur von den Schülerinnen und Schülern richtig fortgesetzt, denen auch die Fortsetzung des mittelschweren statischen Musters 2 gelingt.

Tabelle 5.1 Zusammenhang des Erfolgs beim Fortsetzen der drei Plättchenmuster

korrekt fortgesetzte Muster	Anzahl der Kinder
keins	3
nur Muster 1	28
nur Muster 1 und 2	60
nur Muster 1 und 3	2
Muster 1, 2 und 3	15

Betrachtet man die Erfolgsquoten der Schulanfängerinnen und Schulanfänger unter Berücksichtigung der alternierenden Bearbeitungsreihenfolge von Muster 2 und 3, so ergibt sich die in Tabelle 5.2 aufgeführte Verteilung.

Tabelle 5.2 Erfolgsquoten der Schulanfängerinnen und Schulanfänger bei Plättchenmuster 2 und 3 unter Berücksichtigung der unterschiedlichen Bearbeitungsreihenfolgen

	Erfolgsquoten	Anzahl richtig fortgesetzter Muster (Prozent)
Bearbeitungsreihenfolge 1: erst Muster 2, dann Muster 3	Muster 2: 41/55 (74,5%) Muster 3: 6/55 (10,9%)	keins: 13/55 (23,6%) eins: 37/55 (67,3%) zwei: 5/55 (9,1%)
Bearbeitungsreihenfolge 2: erst Muster 3, dann Muster 2	Muster 2: 34/53 (64,2%) Muster 3: 11/53 (20,8%)	keins: 18/53 (34,0%) eins: 25/53 (47,2%) zwei: 10/53 (18,9%)

Bei den Erfolgsquoten von Muster 2 und 3 fällt auf, dass Muster 3 von fast doppelt so vielen Schülerinnen und Schülern (20,8% im Gegensatz zu 10,9%) korrekt fortgesetzt wird, sofern dieses Muster direkt nach Muster 1 und noch vor Muster 2 von den Kindern bearbeitet wird. Es kann angenommen werden, dass sich die Schulanfängerinnen und Schulanfänger besser auf das dynamische Muster einlassen können, wenn sie zuvor nicht das statische Muster 2 bearbeiten. In Kapitel 5.1.3 wird hierauf mit einem Erklärungsansatz genauer Bezug genommen: Die Kinder, die zuerst Muster 2 und dann Muster 3 bearbeiten, beziehen sich bei der Fortsetzung des dritten Musters weitaus häufiger lediglich auf die zwei letzten Teilmuster der Plättchenreihe als die Schülergruppe mit Bearbeitungsreihenfolge 2. Es ist davon auszugehen, dass das zweite Muster den Kindern diese Strategie nahelegt und sie diese fälschlicherweise oftmals auf die Fortsetzung des dritten Musters übertragen.

In Zusammenhang mit dem Befund, dass Muster 3 vermehrt von Schulanfängerinnen und Schulanfängern, welche die Muster in Reihenfolge 2 bearbeiten korrekt fortgesetzt wird, steht auch die in Zusammenhang mit Tabelle 5.2 aufgezeigte Konsequenz: Es können mehr Kinder mit Bearbeitungsreihenfolge 2 beide Muster korrekt fortsetzen als Schülerinnen und Schüler mit Bearbeitungsreihenfolge 1 (18,9% zu 9,1%). Auf der anderen Seite scheint es jedoch den Kindern, welche die Muster in Bearbeitungsreihenfolge 2 fortsetzen schwerer zu fallen, überhaupt einen Zugang zu den Musterfortführungen der beiden Muster zu finden. Hier liegt der Prozentsatz der Kinder, die weder Muster 2 noch Muster 3 korrekt fortsetzen bei 34,0% im Gegensatz zu 23,6% der Schülerinnen und Schüler, die der Bearbeitungsreihenfolge 1 nachgehen.

In Bezug auf die ermittelten Erfolgsquoten soll an dieser Stelle darauf hingewiesen werden, dass nur jene Musterfortsetzungen als korrekt gewertet werden, die der angedachten Musterfortführung der Aufgabe entsprechen (vgl. Abb. 5.1). Darüber hinaus sind weitere Möglichkeiten denkbar, die Muster sinnvoll fortzuführen, welche in der Auswertung nicht berücksichtigt werden. Daher liegt die allgemeine Kompetenz der Kinder beim Fortsetzen der Muster vermutlich etwas höher als hier aufgezeigt wird. Im Rahmen der Auswertung der Bearbeitungen wird sich dennoch dafür entschieden, von dem intendierten Muster abweichende, jedoch durchaus sinnvolle Fortsetzungen der Plättchenmuster nicht in die Erfolgsquoten mit aufzunehmen, da hier der Nachweis der Richtigkeit in dem Vorgehen der Kinder mittels des vorliegenden Datenmaterials nicht konsequent gesichert werden kann. Die Kinder setzen die Muster teilweise nur mit ein oder zwei Teilmustern fort, jedoch wäre eine längere Fortsetzung der Muster für die eindeutige Bewertung der abweichenden Bearbeitungen oft nötig. Es steht außer Frage, dass es in anderen Kontexten durchaus sinnvoll sein kann, solchen abweichenden Fortsetzungen der Muster nachzugehen und diese gegebenenfalls als korrekt zu bewerten.

5.1.3 Vorgehensweisen

Durch die Betrachtung der Vorgehensweisen der Kinder lässt sich das Bild der Lernstände der Schulanfängerinnen und Schulanfänger im Umgang mit den Plättchenmustern erheblich präzisieren darstellen und Auffälligkeiten in den Erfolgsquoten lassen sich erklären. Die Vorgehensweisen der Kinder werden in Bezug auf ihren Umgang mit den Strukturen der Plättchenmuster analysiert und somit die verschiedenen Anforderungen der Aufgabe und die damit verbundenen Denk- und Vorgehensweisen der Kinder herausgearbeitet. Hierzu gehören die Idee der Fortsetzbarkeit der Plättchenmuster, der Vorgang des Anlegens weiterer Plättchen und die geometrischen Anordnung dieser sowie die Berücksichtigung des Farbwechsels und der Anzahl der Plättchen der zu ergänzenden Teilmuster.

Fortsetzbarkeit der Plättchenmuster

Die grundlegende Idee der Fortsetzbarkeit der Muster wird von allen Kindern selbstverständlich umgesetzt, d. h. an keiner Stelle der Interviews in Frage gestellt. Es gibt daher kein Kind in der Untersuchung, welches die Fortsetzbarkeit der Plättchenmuster für unmöglich hält oder das Ende eines Plättchenmusters deklariert. Die meisten Schülerinnen und Schüler setzen die Muster zudem nicht nur mit einem Teilmuster fort, sondern führen die Muster, ohne Aufforderung der Interviewerin bzw. des Interviewers, direkt mit mehreren Folgegliedern weiter. Die Kinder, welche die Muster mit allen vorhandenen Plättchen fortsetzen möchten, zeigen anhand ihrer Aussagen ganz explizit auf, dass sie sich über die andauernde Fortsetzbarkeit der Muster bewusst sind. In besonderem Maße wird diese Bewusstheit bei Vanessa deutlich, die sich darüber im Klaren ist, dass die Fortsetzung des Plättchenmusters über kein Ende verfügt und daher den Interviewer im Voraus bittet, sie zu stoppen, wenn sie das Muster lang genug weitergeführt hat.

Ausprobierendes vs. geplantes Anlegen der Plättchen

Beim Auswählen und Anlegen der Plättchen können bei den Schulanfängerinnen und Schulanfängern unterschiedliche Vorgehensweisen beobachtet werden. So wählen die Kinder die Plättchenfarben entweder ausprobierend oder geplant aus und legen die Plättchen teils einzeln, teils in Gruppen an die Plättchenmuster an.

Die weite Mehrheit der Kinder ermittelt zunächst die benötigte Plättchenfarbe, mit der das Muster fortgesetzt werden soll, und wählt daraufhin ein entsprechendes Plättchen zum Anlegen aus dem Plättchenhaufen aus.

Zwei Kinder weichen mit ihrem Vorgehen von dieser Strategie ab. Milena nimmt sich beim Fortsetzen des ersten Musters ein vermutlich willkürlich gewähltes rotes Plättchen vom Plättchenhaufen und legt dieses an die Punktereihe an. Sie überprüft schnell, dass die Plättchenfarbe nicht in das Muster passt und tauscht dieses gegen ein blaues Plättchen aus. Auch Linus setzt das erste Muster mit anscheinend willkürlich gewählten Plättchenfarben fort und korrigiert sich immer dann, wenn er merkt, dass die Plättchenfarbe zweimal hintereinander in der Reihe auftaucht und sich damit als unpassend herausstellt. Eine Vorgehensweise, die insbesondere bei der Fortsetzung des ersten Musters zum Erfolg führt, da hier falsche Plättchenfarben schnell aus dem Muster hervorstechen. Linus wählt auch beim zweiten und dritten Muster die Plättchen willkürlich vom Plättchenhaufen aus (immer von der gleichen Stelle am Rand des Plättchenhaufens, ohne eine Farbauswahl zu treffen), hier gelingt es ihm nicht, die abweichenden Plättchenfarben zu identifizieren. Milena macht sich hingegen beim Weiterlegen des zweiten Musters nun bereits im Voraus nähere Gedanken über die Farbfolge der Plättchen und wählt die entsprechenden Plättchenfarben vor dem Anlegen.

Auch wenn Milena und Linus die einzigen Kinder in der Untersuchung sind, bei denen eine solche Vorgehensweise bei der Musterfortsetzung zu beobachten ist, wird das Vorgehen der anderen Schülerinnen und Schüler hierdurch deutlich kontrastiert. So zeigt die willkürliche Wahl der Plättchen bei Milena und Linus auf, dass es für einige wenige Schulanfängerinnen und Schulanfänger noch nicht selbstverständlich ist, die Muster im Voraus zu analysieren und sich hieraufhin für eine Plättchenfarbe zu entscheiden, die dann angelegt wird.

Anlegen einzelner Plättchen vs. Plättchengruppen

Die Mehrheit der Schulanfängerinnen und Schulanfänger legt die jeweils nächsten Plättchen der Muster der Reihe nach – Plättchen für Plättchen – an, so wie die Interviewerin bzw. der Interviewer es ihnen vormacht. Einige Kinder lösen sich jedoch auch von diesem kleinschrittigen Vorgehen und legen direkt mehrere Plättchen auf einmal an. So schiebt beispielsweise Moritz bei Muster 1 immer direkt ein blaues und ein rotes Plättchen gemeinsam vom Plättchenhaufen zum Muster hin (vgl. Abb. 5.2) und unterstreicht sein geschicktes Vorgehen mit den Worten: „Ich kann das sogar schneller legen als du!". Das Anlegen von Plättchengruppen wird in besonderem Maße bei den Mustern 2 und 3 von den Kindern umgesetzt. Bei Muster 2 gehen 41 der 108 Schulanfängerinnen und Schulanfänger (38,0%) und beim dritten Muster 22 der Schülerinnen und Schüler (20,4%) auf diese

Abbildung 5.2   Um das Plättchenmuster besonders schnell fortzusetzen, legt Moritz immer zwei Plättchen auf einmal an die Reihe an

verkürzte Weise vor. Die Gruppen werden hierbei jeweils aus gleichfarbigen Plättchen bzw. Teilmustern gebildet. Dementsprechend wird an Muster 2, sofern es korrekt fortgesetzt wird, eine Plättchengruppe von drei blauen Plättchen angelegt, an das dritte Muster eine von sechs blauen Plättchen. Die Kinder nehmen sich die entsprechende Anzahl der anzulegenden Plättchen vom Plättchenhaufen und legen die Plättchengruppe dann als Ganzes an das Muster an. Die Kinder machen sich dabei die Teilmuster zur geschickten Fortsetzung der Plättchenreihe zu Nutze.

Kathrin und Daniel wählen eine alternative Vorgehensweise. Sie legen beim ersten Muster zunächst einige rote bzw. blaue Plättchen mit jeweils großem Abstand an und füllen daran anschließend die Lücken mit den jeweils andersfarbigen Plättchen (vgl. Abb. 5.3). Auch hier werden die Teilmuster zum geschickten Anlegen der Plättchen genutzt.

Abbildung 5.3 Kathrin setzt das Muster mit einigen roten Plättchen fort, die blauen Plättchen ergänzt sie (von hinten nach vorne) in den vorbereiteten Lücken

Geometrisch-räumliche Anordnung der Plättchen

Für 10 der 108 Schulanfängerinnen und Schulanfänger stellt die geometrisch-räumliche Anordnung der Plättchen eine mehr oder weniger zentrale Bedeutung bei der Aufgabenbearbeitung dar.

Mit am stärksten bezieht sich Robin bei der Fortsetzung des ersten Musters auf die geometrische Anordnung der Plättchen. So setzt er nicht die gelegte Plättchenreihe waagerecht fort, sondern legt die weiteren Plättchen versetzt über die fünf vorliegenden Plättchen. Dabei setzt er jeweils ein blaues und ein rotes Plättchen abwechselnd (vgl. Abb. 5.4). Robin begründet sein Vorgehen damit, dass die Plättchenanordnung eine Pyramide darstellt. Für ihn scheint die geometrische Anordnung der Plättchen ein ebenso wichtiger Aspekt für die Erstellung des

Abbildung 5.4 Robin setzt das Plättchenmuster in Form einer Pyramide fort

Musters zu sein wie das Einhalten der vorgegebenen Farbstruktur.

Lotta legt an die ihr vorliegende Plättchenreihe des ersten Musters zunächst links und danach rechts an, wobei sie die Plättchen an den Enden jeweils senkrecht nach unten legt (vgl. Abb. 5.5). Sie kommentiert ihr Vorgehen damit, dass sie ein anderes Muster als eine Reihe legen möchte und daher die Plättchen nach untenhin ergänzt. Ihrer Erläuterung nach, versteht sie unter einem Muster vor allem die räumliche Anordnung der Plättchen. Sie bezieht sich bei ihrer Beschreibung weder auf die Farben noch auf

Abbildung 5.5 Lotta legt die Plättchen an den Enden der Plättchenreihe senkrecht nach unten an, da sie keine ‚Reihe' legen möchte

die Anzahlen der jeweiligen Plättchen der Teilmuster. Beim Anlegen der Plättchen geht sie der gegebenen Farbstruktur nicht konsequent nach.

Abbildung 5.6 Mervin setzt das Plättchenmuster in Form eines Kreises fort

Mervin setzt das Muster abwechselnd mit einem blauen und einem roten Plättchen fort. Dabei formt er aus den Plättchen einen Kreis. Als der Platz nur noch für ein Plättchen reicht, belegt Mervin diesen, indem er ein letztes rotes Plättchen an das rote Anfangsplättchen anlegt. Mervin achtet dabei sowohl auf die Anordnung der Plättchen in einem vollständigen Kreis als auch auf das Einhalten der alternierenden Plättchenfarbe (vgl. Abb. 5.6).

Fanny verfolgt den Farbwechsel der Teilmuster des ersten Plättchenmusters durchgehend und beschreibt, dass sie aus den Plättchen ein Haus legen möchte (vgl. Abb. 5.7). Ein Haus legt auch Tina bei der Fortsetzung des dritten Musters, jedoch folgt sie dem Farbmuster dabei nicht der Vorlage entsprechend.

Abbildung 5.7 Fanny beginnt, das erste Plättchenmuster in Form eines Hauses zu legen

Abbildung 5.8 Sandra zeigt dem Interviewer, wie man die Plättchen in ein „Zickzack-Muster" legen kann

Sandra setzt das zweite Muster korrekt fort und zeigt dem Interviewer im Nachhinein, dass man daraus auch ein ‚Zickzack-Muster' legen kann (vgl. Abb. 5.8). Ein Begriff, der ihr spontan zu Mustern einfällt und durch die geometrische Anordnung der Plättchen geprägt ist.

Gerhard setzt die Farbfolge des ersten Musters korrekt fort, wobei die neu angelegten Plättchen schräg nach unten verlaufen. Nachdem er die Fortsetzung des
Musters für sich abgeschlossen hat, nimmt er Bezug auf die geometrische Anordnung der Plättchen. Er stellt fest, dass sein Muster wie eine Straße oder eine Brü-
cke aussieht. Von der Seite der Interviewerin, merkt Gerhard an, könnte es eher
eine Badewanne oder ein Schiff sein. Auch bei den darauffolgenden Mustern
achtet Gerhard zunächst immer darauf, das Farbmuster korrekt fortzusetzen. Zusätzlich geht er im Nachhinein jeweils erneut auf die geometrische Anordnung der
Plättchen ein. In Zusammenhang mit Muster 2 und 3 verweist er jeweils darauf,
dass das Muster wie eine Schlange aussieht.

Kevin schlägt nach dem korrekt fortgesetzten ersten Muster vor, dass das nächste
Muster gut ein Tintenfisch werden könnte. Kathrin fragt die Interviewerin vor
dem Legen des zweiten Musters, ob sie nun eine Ente legen würde. Nina beschreibt, dass sie sich als zweites Muster gut ein Herz oder eine Blume vorstellen
könnte. An diesen Aussagen wird deutlich, dass auch diese drei Schulanfängerinnen und Schulanfänger Plättchenmuster mit Figuren assoziieren.

Die vorangehenden Beispiele verdeutlichen, dass die Kinder durchaus sinnvolle
Ideen mit Mustern verbinden, diese sich jedoch nicht nur, wie bei dieser Aufgabe
intendiert, auf arithmetische Farbmuster, welche die Plättchenreihe weiterführend
ergänzen, beziehen, sonder den Begriff ‚Muster‘ auch mit geometrischen Formen
und Figuren in Verbindung bringen. Dass die Kinder die Plättchen bewusst in eine
geometrische Form legen oder im Nachhinein Objekte in die Muster hineininter-
pretieren, ist aufgrund möglicher Vorerfahrungen mit spielerischen Legeaktivitä-
ten wenig erstaunlich. Es ist durchaus nachzuvollziehen, dass sie anstatt einer
Linie weitaus interessanteren Figuren nachgehen möchten. Herauszustellen ist,
dass viele dieser Kinder zusätzlich auch die Farbmuster korrekt fortsetzen, sie
demnach auch die arithmetischen Strukturen in ihren Vorgehensweisen berücksichtigen.

Farbwechsel und Anzahl der Plättchen eines Teilmusters

Der Farbwechsel von roten zu blauen bzw. blauen zu roten Plättchen und die
jeweilige Anzahl an Plättchen einer bestimmten Farbe, d. h. die Anzahl der Plättchen eines Teilmusters, stellen wesentliche Kriterien des Aufbaus von
Plättchenmustern dar. Anhand der Musterfortsetzungen der Kinder und ihrer diesbezüglichen Beschreibungen kann erfasst werden, inwieweit die Schulanfängerinnen und Schulanfänger diese Aspekte bei der Fortsetzung der Plättchenmuster
berücksichtigen. Dabei beachten nicht nur die Schülerinnen und Schüler, welche
die Muster korrekt fortsetzen, Farbwechsel und Anzahl der Plättchen der Teilmuster. Auch bei Betrachtung der abweichenden Vorgehensweisen (vgl. Abb. 5.1) fällt

auf, dass bei vielen Fehllösungen die Anzahl der Plättchen in den Teilmustern durchaus Berücksichtigung findet – wie bei den Fehlertypen 2, 3, ggf. 4 und 5. Die Grundlage, auf der die Schülerinnen und Schüler sich für eine bestimmte Anzahl an Plättchen entscheiden, entspricht bei diesen Fortsetzungen jedoch nicht dem intendierten Muster.

Die Muster werden durch ihre Teilmuster und deren Beziehungen zueinander konstruiert. Bei den Plättchenmustern besteht ein arithmetischer Zusammenhang zwischen der Anzahl der jeweiligen Teilmuster, der beim Weiterlegen berücksichtigt werden muss. Dieser Aspekt konstatiert im Wesentlichen auch den Unterschied zwischen den statischen und dynamischen Plättchenmustern. Bei statischen Plättchenmustern reicht es aus, sich die letzten n Teilmuster anzuschauen und das Teilmuster nachzulegen, welches nun wieder – bedingt durch die gegebene Wiederholung der Teilmuster – an der Reihe ist. Bei dynamischen Plättchenmustern muss die Entwicklung der Plättchenanzahl in den einzelnen Teilmustern durchdrungen werden, um sich die jeweils nächsten Teilmuster hiervon ableiten zu können.

Im Folgenden soll anhand der Musterfortsetzungen der Schulanfängerinnen und Schulanfänger aufgezeigt werden, inwieweit die Kinder die genaue Anzahl der angelegten Plättchen berücksichtigen und inwiefern sie sich hierbei auf vorangehende Teilmuster beziehen. Aufgrund der sehr elementaren Struktur von Muster 1, deren einfache Umsetzung für die Kinder durch die hohe Erfolgsquote bestätigt wird, können hierbei keine wesentlich unterschiedlich strukturierten Musterfortsetzungen ausgemacht werden. Im Folgenden wird sich daher auf die Bearbeitungen von Muster 2 und Muster 3 beschränkt. Zunächst wird der korrekte Umgang mit dem Farbwechsel unter Berücksichtigung der entsprechenden Anzahl an Plättchen der Teilmuster dargestellt. Im Anschluss daran werden die fehlerhaften Vorgehensweisen der Schulanfängerinnen und Schulanfänger in diesem Zusammenhang betrachtet.

Die Kinder, welche die Anzahl der Plättchen der anzulegenden Teilmuster konsequent mit den entsprechenden vorangehenden Teilmustern, dem Musterverlauf entsprechend, in Verbindung setzen, können das Muster korrekt fortführen. Das statische zweite Plättchenmuster wird korrekt fortgesetzt, indem der Zusammenhang der sich abwechselnden Teilmuster mit den jeweiligen Anzahlen ‚zwei rote' und ‚drei blaue' Plättchen erkannt und das Plättchenmuster dementsprechend fortgeführt wird. Die Erfolgsquote liegt bei den Schulanfängerinnen und Schulanfängern hier bei 69,4% (vgl. Abb. 5.1).

51 dieser 75 Schülerinnen und Schüler werden zusätzlich nach einer Begründung ihrer Musterfortsetzung gefragt. Da die Forderung einer Begründung nicht zum

festen Bestandteil des Interviewleitfadens gehört (vgl. Kapitel 4.3.3), werden
nicht alle Schülerinnen und Schüler zu einer Begründung ihrer Musterfortsetzung
aufgefordert. Abhängig vom zeitlichen Fortschritt des Interviews wird diese Frage
flexibel eingesetzt. Insgesamt werden eher die leistungsstärkeren Kinder, die
schneller im Interview voranschreiten, bei dieser Aufgabe nach einer Begründung
gefragt. Tabelle 5.3 gibt eine Übersicht, inwieweit sich die Kinder in ihren Begründungen auf das vorangehende Muster beziehen und auf welche Aspekte sie
dabei eingehen.

Tabelle 5.3 Erläuterungen der Schulanfängerinnen und Schulanfänger ihrer korrekten
Fortsetzungen von Plättchenmuster 2

Begründungen Muster 2	Beispiel	Anzahl der Kinder (Prozent)
Allgemeiner Hinweis auf die Ähnlichkeit zu dem vorangehenden Muster bzw. den Plättchen	„Weil das vorne auch so ist."	16/51 (31,4%)
Konkreter Bezug auf die Anzahl und Farbe der vorangehenden Plättchen	„Blau immer drei, rot immer zwei."	13/51 (25,5%)
Konkreter Bezug auf die Anzahl der vorange- henden Plättchen	„Weil du auch zwei und drei gelegt hast."	11/51 (21,6%)
Kardinaler Bezug auf das Zahlenmuster	„2,3,2,3..."	7/51 (13,7%)
Sprechrhythmische Beschreibung des Farbver- laufs	„Rot, rot ... blau, blau, blau..."	1/51 (2,0%)
Keine Begründung	-	3/51 (5,9%)

Fast alle Kinder, die zu einer Begründung ihrer Musterfortsetzung aufgefordert
werden, beziehen ihr Vorgehen auf die Struktur des vorangehenden Plättchenmusters. Lediglich 3 der 51 Schülerinnen und Schüler (5,9%) können die Gründe
für ihre Musterfortsetzung nicht erläutern. Die Kinder, welche einen Begrün-
dungsversuch eingehen, beziehen sich dabei mit unterschiedlicher Präzision auf
die vorangehende Plättchenfolge:

Ungefähr ein Drittel der Kinder verweist allgemein auf die Ähnlichkeit zu den
vorangehenden Plättchen bzw. dem Plättchenmuster. Diese Schülerinnen und
Schüler ziehen daher die vorangehende Plättchenreihe, die zu wiederholen ist, für
ihre Begründung heran – jedoch gehen sie nicht weiter auf die spezifischen

Merkmale dieser ein. Etwa ein Viertel bzw. ein Fünftel der Kinder bezieht sich auf die Anzahl und Farbe bzw. lediglich auf die Anzahl der Plättchen der vorangehenden Teilmuster und greift somit konkrete Merkmale des Plättchenmusters auf, wobei der Verweis auf die Anzahl sowie die Farbe der Plättchen der Teilmuster besonders präzise ist. Sieben der 51 Kinder beschreiben die Plättchenfolge mit dem dazugehörigen Zahlenmuster „2, 3 ‚2, 3…". Hier werden die jeweiligen Plättchen-mengen der Teilmuster ebenfalls als Kardinalzahlen angegeben. In einem Fall werden die Plättchenmengen der Teilmuster durch die entsprechende Anzahl an Wiederholungen der Plättchenfarbe ausgedrückt. So gibt eines der Kinder den Farbverlauf des Musters rhythmisch sprechend wieder und legt beim Farbwechsel jeweils eine kurze Sprechpause ein: „rot, rot, … blau, blau, blau…". Die Sprechpausen deuten darauf hin, dass das Kind das Muster in Teilmuster strukturiert, bei der Beschreibung der Plättchenanzahlen jedoch auf jedes Plättchen einzeln verweist, daher die Strukturbildung nicht – wie bei den zuvor genannten Begründungen – genutzt wird, um sich auf die Plättchenmengen der Teilmuster jeweils in ihrer Gesamtheit, unter Angabe der entsprechenden Kardinalzahlen, zu beziehen.

Das dynamische Plättchenmuster 3 wird korrekt fortgesetzt, indem die von Teilmuster zu Teilmuster um eins wachsende Anzahl der farblich alternierenden Plättchen richtig eingehalten wird. Dies gelingt lediglich 15,7% der Schulanfängerinnen und Schulanfänger. 15 dieser 17 Schülerinnen und Schüler werden zu einer Begründung ihres Vorgehens aufgefordert, der sie wie in Tabelle 5.4 dargestellt nachkommen.

Auch die Fortsetzung des dritten Musters können viele Kinder, welche das Plättchenmuster korrekt fortführen, erläutern. Doch auch hier variiert die Genauigkeit der Begründungen.

Fünf der 15 Kinder geben als Erläuterung für ihr Vorgehen das Zahlenmuster „1, 2, 3, 4…" an, mit dem sie die Plättchenanzahlen der Teilmuster beschreiben. Zwei weitere Kinder beschreiben die Plättchenmengen der einzelnen Teilmuster ebenfalls in Bezug auf ihre kardinalen Anzahlen. Ein weiteres Kind begründet sein Vorgehen in der Regelmäßigkeit der Anzahl sowie der Farbe der Plättchen der einzelnen Teilmuster. Zwei der 15 Kinder beziehen sich ganz allgemein auf das Wachstum der Teilmuster.

Das Plättchenmuster 3 ist für die Kinder daher nicht nur schwerer fortzusetzen, sondern auch schwerer zu beschreiben und zu begründen als das zweite Muster. So geben vier der 15 Schülerinnen und Schüler (26,7%) keine bzw. eine unzutreffende Begründung für ihre Musterfortsetzung an (im Gegensatz zu lediglich 5,9% der Kinder bei Muster 2). Lediglich einer der 15 Schulanfänger (6,7%) bezieht sich bei der Beschreibung des dritten Musters sowohl auf die Anzahl sowie die Farbe der Plättchen der Teilmuster. Beim zweiten Muster werden Plättchenanzahl und Farbe der Teilmuster von insgesamt 13 der 51 Kinder (25,5%) beschrieben.

Tabelle 5.4 Erläuterungen der Schulanfängerinnen und Schulanfänger ihrer korrekten Fortsetzungen von Plättchenmuster 3

Begründungen Muster 3	Beispiel	Anzahl der Kinder (Prozent)
Kardinaler Bezug auf das Zahlenmuster	„1, 2, 3, 4..."	5/15 (33,3%)
Unzutreffende Begründungen	„Weil ich wusste, dass hier sechs sind"	3/15 (20,0%)
Allgemeiner Hinweis auf das Wachstum der Teilmuster	„Weil die werden ja immer mehr"	2/15 (13,3%)
Konkreter Bezug auf die Anzahl der vorangehenden Plättchen	„Weil da sind 1 und dann 2 und danach kommt die 3"	2/15 (13,3%)
Allgemeiner Hinweis auf die Ähnlichkeit zu dem vorangehenden Muster bzw. den Plättchen	„Weil das hier auch so war"	1/15 (6,7%)
Konkreter Bezug auf die Anzahl und Farbe der vorangehenden Plättchen	„Weil zuerst ein roter, zwei blaue..."	1/15 (6,7%)
Keine Begründung	-	1/15 (6,7%)

Es folgen die Vorgehensweisen, bei denen die Schulanfängerinnen und Schulanfänger den Farbwechsel bzw. die Anzahl der Plättchen der jeweiligen Teilmuster abweichend behandeln.

(Genaue) Anzahl der gelegten Plättchen einer Farbe wird nicht berücksichtigt

Fast ein Drittel aller fehlerbehafteten Musterfortsetzungen sind darauf zurückzuführen, dass die Kinder die Anzahl der Plättchen einer Farbe nicht oder nicht genau berücksichtigen. Bei Muster 2 trifft dies auf elf der 33 Schülerinnen und Schüler (33,3%) und bei Muster 3 auf 26 der 89 Kinder (29,2%), welche die Muster abweichend fortsetzen, zu. Tabelle 5.5 stellt die diesbezüglich abweichenden Musterfortsetzungen der Kinder exemplarisch dar.

Tabelle 5.5 Fehlfortsetzungen der Plättchenmuster des Fehlertyps 1

Fehlertyp 1: (Genaue) Anzahl der gelegten Plättchen einer Farbe wird nicht berücksichtigt	
Muster 2 (Anzahl der Fehllösungen)	Muster 3 (Anzahl der Fehllösungen)
rr,bbb,rr,bbb,rr | r,bb,r,bbb,r,bb (1)	r,bb,rrr,bbbb,rrrrr | bbbbbbb,rrrr,b (1)
10 weitere Fehllösungen	25 weitere Fehllösungen

Hannah setzt beispielsweise das zweite Muster mit der Plättchenfolge ‚r,bb,r,bbb,r,bb' fort und beschreibt ihr Vorgehen, „weil da so rote sind und da blaue (zeigt auf die von der Interviewerin gelegten roten und blauen Plättchen) und dann habe ich noch so Zahlen von rot und blau so hingelegt". Die Schülerin nimmt daher die Teilmuster der Plättchenreihe wahr, doch bleibt die konkrete Anzahl der jeweiligen Plättchen einer Farbe unberücksichtigt. Ihre Fortsetzung des Farbmusters erfolgt demnach lediglich merkmalsorientiert. Den Farbwechsel sieht die Schülerin dabei als immer wieder auftauchendes Merkmal, welchem sie, ohne die Anzahlen der Plättchen einer Farbe genauer zu beachten, ohne eine Regelmäßigkeit nachgeht.

Auch Lotta setzt das zweite Muster mit einem anscheinend zufälligen Farbwechsel fort: ‚b,r,b,rr,b'. Auf Nachfrage der Interviewerin, warum sie das Muster so weiter legt, antwortet sie: „Ich weiß, was das [für] ein Muster ist. Das ist ne Schlange." Die Anzahl der Plättchen einer Farbe ist anscheinend nur Nebensache für Lotta. Sie verfolgt bei ihrer Musterfortsetzung die allgemeine geometrische Form der Reihe als entscheidendes Merkmal des Musters.

Die Anzahl der gelegten Plättchen wird vom letzten Teilmuster abgeleitet

Eine weitere abweichende Vorgehensweise bei der Fortsetzung von Muster 2 und 3 ist das ausschließliche Berücksichtigen des zuletzt gelegten Teilmusters. So führen 33,3% der Schülerinnen und Schüler (elf von 33), die das zweite Muster inkorrekt fortsetzen, dieses mit zwei blauen Plättchen (7 Kinder) oder mit einem weiteren roten Plättchen (4 Kinder) fort, sodass am Ende ebenfalls zwei bzw. drei Plättchen liegen wie im vorangehenden Teilmuster. Da diese Schülerinnen und Schüler das Muster mit mindestens zwei Teilmustern fortführen, kann die Fortführung ohne Zweifel auf diesen Fehlertyp zurückgeführt werden. Bei den fehlerhaften Fortsetzungen des dritten Musters können elf der 89 Fehllösungen (12,4%) diesem Vorgehen zugeordnet werden. Hier setzen die Schülerinnen und Schüler das Muster mit fünf blauen Plättchen fort und beziehen sich auf das vorangehende Teilmuster mit fünf roten Plättchen. Sieben dieser elf Schulanfängerinnen und Schulanfänger begründen das Legen der fünf Plättchen damit, dass im vorangehenden Teilmuster auch fünf Plättchen liegen. Die restlichen Kinder setzen das Plättchenmuster mit weiteren Teilmustern bestehend aus fünf Plättchen fort, sodass auch die Zuordnung ihres Vorgehens zum zweiten Fehlertyp eindeutig ist. Die beschriebenen Musterfortsetzungen dieses Fehlertyps werden in der Tabelle 5.6 zusammengefasst.

Tabelle 5.6 Fehlfortsetzungen der Plättchenmuster des Fehlertyps 2

Fehlertyp 2: die Anzahl der gelegten Plättchen wird vom letzten Teilmuster abgeleitet	
Muster 2 (Anzahl der Fehllösungen)	Muster 3 (Anzahl der Fehllösungen)
rr,bbb,rr,bbb,rr|bb,rr (7)	r,bb,rrr,bbbb,rrrrr|bbbbb (11)
rr,bbb,rr,bbb,rr|r,bbb (4)	

Die Schülerinnen und Schüler deuten bei dieser abweichenden Vorgehensweise die Musterfortsetzung als eine wiederholende Wiedergabe der Plättchenanzahlen der Teilmuster. Dies stellt eine passende Deutung für das zweite, statische Muster dar, bei dem die Kinder sich jedoch nicht auf die, dem Muster entsprechend, zu wiederholenden Elemente beziehen. Für das dynamische dritte Muster ist dies eine unpassende Deutung, welches korrekterweise hinsichtlich der Entwicklung der Teilmuster und der entsprechenden Plättchenanzahlen zu interpretieren ist.

Das Muster wird von Beginn an wiederholt

Auch dieser Fehlfortsetzung liegt eine musterwiederholende Deutung zugrunde. Dabei beachten die Schulanfängerinnen und Schulanfänger beim zweiten Muster jedoch nicht, dass die zu wiederholenden Teilmuster entsprechend dem vorliegenden Muster anzuknüpfen sind. Drei der Schülerinnen und Schüler beziehen sich bei der Fortsetzung des zweiten Musters auf den Anfang der Musterreihe und wiederholen die Plättchenfolge von Beginn an. So beschreibt Gregor, er hätte für die Fortsetzung seines Musters „vorne geguckt" und wiederholt, genauso wie Gerhard, das Muster von Beginn an mit zwei roten Plättchen, auf die wiederum drei blaue Plättchen folgen. Linn legt zwei blaue Plättchen an das Muster an und begründet ihr Vorgehen damit, dass vorne ja auch zwei Plättchen liegen würden.

Sie geht daher der Anzahl der Plättchen des ersten Teilmusters nach, doch legt sie diese in blau an, um die wechselnde Farbe in den benachbarten Teilmustern beizubehalten.

Das dritte Muster wird von zwölf Kindern durch die Wiederholung der Anfangsteilmuster fortgesetzt. Neun Kinder beginnen die Wiederholung mit zwei blauen Plättchen, da, dem alternierenden Farbmuster entsprechend, blau „wieder an der Reihe" ist, und setzen das Muster mit drei roten Plättchen fort. Zwei andere Kinder fangen mit dem ersten Teilmuster an und legen dementsprechend ein rotes Plättchen, bevor sie das Muster mit zwei blauen Plättchen fortsetzen. Die Musterfolge von Mia, ‚r,bb,rrr,bbbb,rrrrr,b,rrr', lässt zunächst ein willkürliches Legen der Plättchen vermuten, doch kann ihr Vorgehen anhand ihrer diesbezüglichen Erläuterung ebenfalls dem Fehlertyp 3 zugeordnet werden. So setzt sie das Muster von Beginn an fort, wobei sie bei dem blauen Plättchen einerseits lediglich die Plättchenanzahl des ersten Teilmusters berücksichtigt und sich andererseits bei den drei roten Plättchen auf die Farbe der roten Plättchen vorne in der Reihe bezieht. Anstatt der, dem dynamischen Muster zugrunde liegenden, mustererweiternden Deutung, gehen die Schulanfängerinnen und Schulanfänger bei diesem Fehlertyp einer musterwiederholenden Deutung nach.

Tabelle 5.7 stellt die dementsprechend abweichenden Musterfortsetzungen zusammengefasst dar.

Tabelle 5.7 Fehlfortsetzungen der Plättchenmuster des Fehlertyps 3

Fehlertyp 3: das Muster wird von Beginn an wiederholt	
Muster 2 (Anzahl der Fehllösungen)	Muster 3 (Anzahl der Fehllösungen)
rr,bbb,rr,bbb,rr | rr,bbb (2)	r,bb,rrr,bbbb,rrrrr | bb,rrr,bbbb (9)
rr,bbb,rr,bbb,rr | bb (1)	r,bb,rrr,bbbb,rrrrr | r,bb,rrr (2)
	r,bb,rrr,bbbb,rrrrr | b,rrr (1)

Andere und nicht eindeutige Vorgehensweisen

Zum Fehlertyp 4 gehören alle inkorrekten Musterfortsetzungen, die entweder nicht eindeutig sind und somit keinem der anderen Fehlertypen sicher zugeordnet werden können oder, die zwar eindeutig sind, aber dennoch keinem der anderen Fehlertypen entsprechen. Tabelle 5.8 gibt eine Übersicht der dementsprechend abweichenden Typen von Musterfortsetzungen der Schulanfängerinnen und Schulanfänger.

Tabelle 5.8 Fehlfortsetzungen der Plättchenmuster des Fehlertyps 4

Fehlertyp 4: Andere und nicht eindeutige Vorgehensweisen	
Muster 2 (Anzahl der Fehllösungen)	Muster 3 (Anzahl der Fehllösungen)
Fortsetzung nicht eindeutig (zuzuordnen) (3)	Fortsetzung nicht eindeutig (zuzuordnen) (5)
Fortsetzung eines eigenen Musters (3)	Fortsetzung eines eigenen Musters (4)
Andere abweichende Vorgehensweisen (2)	Andere abweichende Vorgehensweisen (3)
-	Zählfehler (2)

Von den abweichenden Musterfortsetzungen des zweiten Musters können acht Fehlfortsetzungen (24,2% der fehlerbehafteten Musterfortsetzungen) diesem Fehlertyp zugeordnet werden. Drei dieser Fehlfortsetzungen sind nicht eindeutig bzw. können keinem anderen Fehlertyp zugeordnet werden. So etwa Hatices Fortsetzung des zweiten Musters mit einem weiteren roten Plättchen. Da keine entsprechende Erklärung des Mädchens bezüglich ihres Vorgehens vorliegt und sie das Muster auch mit keinem weiteren Plättchen fortsetzt, kann diese Fehlfortsetzung nicht eindeutig interpretiert und keinem der anderen Fehlertypen zugeordnet werden.

Drei der Schulanfängerinnen und Schulanfänger setzen die Reihe des zweiten Musters mit einem neuen, frei gewählten Muster fort. Zwei weitere Kinder begründen ihr Vorgehen bei der Fortsetzung des zweiten Musters auf ebenfalls individuelle Weise: Maximilian legt das Muster mit vier blauen Plättchen weiter und begründet dies damit, dass davor ja noch keine vier Plättchen vorkamen. Da Maximilian zuvor Muster 3 fortgesetzt hat, kann davon ausgegangen werden, dass er die Musterdeutung des dritten Musters auf das zweite Muster überträgt und hier auch auf eine Erhöhung der Plättchen um eins, eine mustererweiternde Deutung, fokussiert ist. Ahmed legt mit der Begründung, dass vorne noch nicht so viele rote Plättchen vorhanden sind, weitere vier rote Plättchen an das zweite Muster an.

Von den abweichenden Fortsetzungen des dritten Musters kommen 14 der 89 Fehlfortsetzungen (15,7%) diesem Fehlertyp zu. Von diesen Musterfortsetzungen sind fünf nicht eindeutig bzw. keinem der anderen Fehlertypen zuzuordnen. Hierzu gehört beispielsweise Rabeas Vorgehen. Sie legt zunächst ein weiteres rotes Plättchen an die Reihe an und ergänzt daraufhin vier blaue Plättchen. Da Rabea ihr Vorgehen nicht näher erläutert, bleibt der Hintergrund ihrer Fortsetzung weitestgehend unklar. Die vier blauen Plättchen könnten eventuell der Anzahl entsprechend von den blauen Plättchen im vorletzten Teilmuster abgeleitet worden sein. Das Anlegen des zusätzlichen roten Plättchens kann ebenfalls nicht sicher gedeutet werden.

Vier Kinder setzen das dritte Muster mit einem eigenen Muster fort. Kathrin geht beispielsweise der Folge ‚bbbb,rrr,bbbb,rrr' nach, die durchaus von dem dritten und vierten Teilmuster der Vorlage abgeleitet sein könnte und somit eine musterwiederholende Deutung vorliegen würde.

Zu den ‚anderen' abweichenden Vorgehensweisen gehört beispielsweise Emmas Vorgehen. Sie setzt das Muster 3 mit sieben blauen, vier roten und einem weiteren blauen Plättchen fort und begründet ihr Vorgehen damit, dass blau ihre Lieblingsfarbe sei. Die Schulanfängerin führt die Anzahl der gelegten Plättchen daher nicht auf konkrete Merkmale der vorangehenden Teilmuster zurück, sondern setzt das Merkmal der farblich alternierenden Plättchengruppen unabhängig davon fort. Sara, um ein weiteres Beispiel zu geben, ist sichtlich beeindruckt davon, dass die Plättchen von Teilmuster zu Teilmuster mehr werden und setzt diese Auffälligkeit um, indem sie mehr als zehn Plättchen der gleichen Farbe an die Reihe anlegt, bis sie vom Interviewer gestoppt wird. Sara geht dabei einer mustererweiternden Deutung nach, welche die Entwicklung der Teilmuster in den Blick nimmt. Auf die konkreten Anzahlen der Teilmuster achtet sie dabei jedoch nicht.

Als eine vierte Version des Fehlertyps 4 ergeben sich zwei Zählfehler. So verzählt sich Anna bei ihrer mustererweiternden Deutung bei der Anzahl der Plättchen des letzten Teilmusters um minus eins und legt dementsprechend ein Plättchen zu wenig, also fünf blaue Plättchen, an die Reihe an. Lydia durchschaut, dass bei den Teilmustern gleicher Farbe bei der Anzahl immer eine Zahl übersprungen wird und leitet sich daraufhin die Anzahl der blauen Plättchen im nächsten Teilmuster auf Grundlage dieser mustererweiternden Deutung her. Das Überspringen einer Zahl kann sie jedoch nicht durchgängig bewältigen und kommt zu der Zahlenfolge „2, 4, 5" und setzt das Muster somit fälschlicherweise mit fünf blauen Plättchen fort. In diesen Fällen werden der Zusammenhang der Teilmuster und die entsprechende Weiterentwicklung durchdrungen, doch scheitert die korrekte Fortführung des Musters an den rechnerischen Fähigkeiten der zwei Kinder.

Die Anzahl der gelegten Plättchen wird von den beiden letzten Teilmustern abgeleitet

Diese Strategie wird lediglich in Zusammenhang mit dem dynamischen Muster 3 zu einer Fehlerstrategie, da die musterwiederholende Deutung hierbei nicht dem gegebenen Muster entspricht. Bei Muster 2 führt sie, aufgrund der statischen Struktur, in der zwei Teilmuster sich abwechselnd wiederholen, hingegen zum Erfolg. Fast ein Drittel der Schulanfängerinnen und Schulanfänger (26 von 89), die das dritte Muster inkorrekt fortsetzen, legen dieses mit vier blauen Plättchen weiter und beziehen sich hierbei vermutlich auf das vorletzte Teilmuster (vgl. Tabelle 5.9). Neun dieser 26 Schülerinnen und Schüler beschreiben ihr Vorgehen und erklären, dass sie vier Plättchen angelegt haben, weil davor auch vier blaue Plättchen liegen würden.

Zwölf Schulanfängerinnen und Schulanfänger greifen für die Anzahl der anzulegenden blauen Plättchen wieder die Anzahl ‚vier', wie sie bei den blauen Plättchen zwei Teilmuster zuvor vorkommt, auf und fahren daran anschließend die Musterfortsetzung mit fünf roten Plättchen fort. Sechs der Kinder beziehen sich bei dem folgenden roten Teilmuster wiederholt auf die Anzahl ‚vier'. Acht Kinder führen das Muster ausschließlich mit vier blauen Plättchen fort, sodass weitere Überlegungen der Kinder verschlossen bleiben.

Tabelle 5.9 Fehlfortsetzungen der Plättchenmuster des Fehlertyps 5

Fehlertyp 5: die Anzahl der gelegten Plättchen wird von den beiden letzten Teilmustern abgeleitet	
Muster 2 (Anzahl der Fehllösungen)	Muster 3 (Anzahl der Fehllösungen)
	r,bb,rrr,bbbb,rrrrr| bbbb,rrrrr (12)
-	r,bb,rrr,bbbb,rrrrr| bbbb (8)
	r,bb,rrr,bbbb,rrrrr| bbbb,rrrr (6)

Schaut man sich diesen Fehlertyp unter Berücksichtigung der Bearbeitungsreihenfolge der Schulanfängerinnen und Schulanfänger von Muster 2 und Muster 3 an (vgl. Kapitel 5.1.2), so wird deutlich, dass prozentual etwas mehr Schülerinnen und Schüler (16 von 55 im Gegensatz zu 10 von 53) diesen Fehler machen, die erst Muster 2 und dann Muster 3 fortsetzen. Diese für einige Kinder scheinbar naheliegende, doch fehlerhafte Übertragung der musterwiederholenden Deutung von Muster 2 auf Muster 3 kann als ein Grund dafür gesehen werden, dass es weniger Schülerinnen und Schülern mit Bearbeitungsreihenfolge 1 als mit Reihenfolge 2 gelingt, Muster 3 korrekt fortzusetzen (vgl. Tab. 5.2).

Betrachtet man zusammenfassend, auf alle abweichenden Vorgehensweisen bezogen, die Lösungswege der Kinder, welche sowohl Muster 2 als auch Muster 3 abweichend fortführen, so zeigt sich, dass die Schülerinnen und Schüler in den meisten Fällen (23 von 30) jeweils unterschiedlichen abweichenden Vorgehensweisen nachgehen. Somit haftet die Mehrzahl der Schulanfängerinnen und Schulanfänger nicht an einer fehlerbehafteten Strategie der Musterfortsetzung, sondern wechselt die Vorgehensweise von einer Musterfortsetzung zur nächsten.

Dies könnte zum einen damit zusammenhängen, dass die Kinder in ihren abweichenden Vorgehensweisen keine zufriedenstellenden Strategien sehen, die es ihnen nahelegen, diesen Vorgehensweisen in Zusammenhang mit weiteren Musterfortsetzungen nachzugehen. Zum anderen könnte die Begründung auch darin liegen, dass die Kinder bei den zwei verschiedenen Mustern unterschiedliche Ansatzpunkte hinsichtlich ihrer Fortsetzungen ausmachen, die zu unterschiedlichem Vorgehen führen.

5.1.4 Zusammenfassung

Im vorangehenden Abschnitt werden die verschiedenen Vorgehensweisen der Schulanfängerinnen und Schulanfänger bei der Fortsetzung der Plättchenmuster analysierend dargestellt. Diese basieren im Wesentlichen auf einem unterschiedlichen Umgang mit den Mustern und Strukturen der jeweiligen Plättchenanordnungen. Ziel der Zusammenfassung ist es, die verschiedenen Umgangsweisen auf übergreifender Ebene zu bündeln. Mittels der drei Beobachtungskategorien ‚Teilmusterwahrnehmung‘, ‚Teilmusterstrukturierung‘ und ‚Musterfortsetzung‘ werden sie für die verschiedenen Komponenten des Bearbeitungsverlaufs der Aufgabe herausgearbeitet und zueinander in Beziehung gesetzt. In Zusammenhang mit der Beobachtungskategorie ‚Teilmusterstrukturierung‘ werden die zwei dazugehörigen Konstrukte der ‚Strukturdeutung‘ und der ‚Musterdeutung‘ beispielgebunden ausgeschärft und entsprechend verallgemeinernde Aspekte dargestellt.

Teilmusterwahrnehmung

Um sich den Zusammenhang der Teilmuster und somit das Anordnungsmuster der Plättchen überhaupt erst erschließen zu können, müssen die einzelnen Teilmuster zunächst in der Mustervorlage identifiziert werden. Das bedeutet, zur Übersicht fokussiert der Betrachter des Musters seinen Blick zunächst auf kleinere Einheiten der Plättchenreihe.

Aus kognitionspsychologischer Sicht liegt dabei ein Zusammenspiel von ‚Bottom-up-, und ‚Top-down-Prozessen‘ vor (vgl. Goldstein 2008, 7f.). Das heißt, dass die Teilmusterwahrnehmung einerseits von Daten-gesteuerten Reizen der Plättchenanordnung in der Außenwelt abhängen, zum anderen aber auch von den Konzept-gesteuerten „Erwartungen, Bedürfnissen und Vorstellungen [...] des Menschen, der gerade wahrnehmen will", beeinflusst werden (Guski 2000, 68).

Äußere Reize stellen bei den vorliegenden Plättchenmustern die jeweils abwechselnden Farben sowie die entsprechenden Plättchenanzahlen der Teilmuster dar.

Durch die Aufgabenstellung wird bei den Kindern die Vorstellung geweckt, dass es sich um Muster handelt und dass diese fortsetzbar sind. Die möglichst systematische Fortführung der Plättchenanordnungen stellt für die Kinder in vielen Fällen ein Bedürfnis dar, welches sie zum näheren Betrachten der Plättchenmuster veranlasst. So versuchen auch die Kinder, welche (zunächst) keine Besonderheiten in der Plättchenanordnung erkennen, Kriterien für die Fortsetzung der Muster zu entwickeln.

Bei den Plättchenmustern zeichnet sich die Identifizierung der Teilmuster und ihrer Zahlenwerte, d. h. die Teilmusterwahrnehmung, in elementarster Form durch das Anlegen von Plättchen mit wechselnder Farbe zu den angrenzenden Teilmustern ab, wobei zu beachten ist, dass dieses Vorgehen prinzipiell auch zufällig erfolgen könnte. Sofern Beschreibungen der Kinder bezüglich ihrer Vorgehensweisen vorliegen, können diese Klarheit darüber verschaffen, ob Farbwechsel und Anzahl der Plättchen bewusst, aufgrund der Teilmusterwahrnehmung, oder lediglich willkürlich vorgenommen werden.

Die folgenden Beispiele präzisieren die Beobachtungskategorie ‚Teilmusterwahrnehmung' und zeigen auf, dass eine Wahrnehmung von Teilmustern sowohl bei korrekten wie auch bei abweichenden Musterfortsetzungen vorliegen kann.

Keine Fortsetzung des Musters

●●○●●●○●●○●●|

Sofern das Muster nicht fortgesetzt wird, ist es denkbar, dass Schwierigkeiten hinsichtlich der Teilmusterwahrnehmung vorliegen, die es dem Kind nicht ermöglichen, das Muster weiterzuführen. Das könnte bedeuten, dass die Plättchenfolge als unstrukturierte Ganzheit gesehen wird, daher die Teilmuster nicht als unterteilende Elemente des Musters wahrgenommen werden, und somit kein Anhaltspunkt zur Strukturierung und entsprechender Fortsetzung gegeben ist. Doch können die Schwierigkeiten der Kinder mit der Fortsetzung nicht eindeutig dieser Beobachtungskategorie zugeordnet werden, da auch andere Probleme, wie beispielsweise bei der Muster- oder Strukturdeutung, von der Bearbeitung der Aufgabe abhalten könnten.

Abweichende Fortsetzungen des Musters

●●○●○●●○○●●●|●●●

Ist in der Fortsetzung des Musters bzw. in der diesbezüglichen Beschreibung des Kindes kein Ansatzpunkt dafür erkennbar, dass den wechselfarbigen Teilmustern nachgegangen wird, so liegt kein entsprechendes Indiz dafür vor, dass die Teilmuster als kleinere Einheiten bzw. Merkmale des Musters wahrgenommen werden. Die Kinder beziehen sich beispielsweise auf vom Muster unabhängige Kriterien, z. B. die Begründung der Fortsetzung mit „Rot ist meine Lieblingsfarbe".

Wird das Plättchenmuster mit einigen willkürlich verteilten roten und blauen Plättchen mit einer Begründung wie „Weil vorne auch so Zahlen von roten und blauen Plättchen liegen" fortgesetzt, so werden hierbei die Teilmuster vom Betrachter in elementarer Weise wahrgenommen. Die farblich wechselnden Plättchengruppen bilden die Teilmuster, welche das Muster fortführen. Auf tiefergreifende Merkmale der Teilmuster, wie beispielsweise die Plättchenanzahl der jeweiligen Teilmuster, wird hierbei jedoch nicht eingegangen.

Bei dieser abweichenden Musterfortsetzung werden die Teilmuster und ihre Anzahlen vermutlich als zwei Kriterien bei der Weiterführung des Musters erkannt und verfolg, sodass hier, trotz der Abweichung des konkreten Musters, eine Wahrnehmung der Teilmuster und ihrer Zahlenwerte vorliegt.

Korrekte Fortsetzung des Musters

Wird das Muster korrekt weitergeführt, so liegt dem Vorgehen auch immer eine Wahrnehmung der Teilmuster und ihrer Plättchenanzahlen zugrunde, da sonst keine Strukturierung und entsprechende Fortsetzung dieser stattfinden könnte.

Abbildung 5.9 Beobachtungskategorie ‚Teilmusterwahrnehmung' beim Fortsetzen der Plättchenmuster

Die Aufgabenbearbeitungen der Kinder zeigen insgesamt auf, dass es den Schulanfängerinnen und Schulanfängern in den meisten Fällen gelingt, die Teilmuster und ihre Zahlenwerte in den Plättchenmustern zu identifizieren, da sie in ihren Musterfortsetzungen meistens Bezüge zu den Teilmustern des Ausgangsmusters herstellen. Auch die abweichenden Musterfortsetzungen indizieren häufig die Fähigkeit der Kinder, einzelne Teilmuster aus der Mustervorlage zu entnehmen.

Teilmusterstrukturierung

Bei der Teilmusterstrukturierung werden die mittels der Teilmusterwahrnehmung herausgefilterten Teilmuster und ihre Zahlenwerte in Beziehung gebracht, welche die zugrunde liegende Plättchenanordnung erfassen und fortsetzen lässt.

Die Teilmusterstrukturierung gelingt durch ein Zusammenspiel der ‚Strukturdeutung' und der ‚Musterdeutung'.

Strukturdeutung

Bei der Analyse der Strukturdeutungen der Kinder wird sich auf das Konstrukt der visuellen Strukturierungsfähigkeit nach Söbbeke (2005) bezogen (vgl. Kapitel 3.2.3). Hierbei geht es darum, welche Strukturen die Kinder den Plättchen der Teilmuster zuweisen. Dabei bestehen die Möglichkeiten, dass die Kinder die einzelnen Plättchen eines Teilmusters für sich stehend deuten, dass die Kinder die Plättchen eines Teilmusters zusammenfassen oder, dass die Kinder die Plättchen mehrerer Teilmuster in einen Zusammenhang bringen.

Die folgenden Beispiele erläutern die unterschiedlichen Strukturdeutungen bei dieser Aufgabe.

●●●●●●●●●●●●●●|●●●●

Zur Illustration soll erneut das bereits oben aufgegriffene Beispiel herangezogen werden.

Zur Fortsetzung des Plättchenmusters müssen die identifizierten Teilmuster in ihrer Struktur gedeutet werden. Hierbei kann darin unterschieden werden, ob die Plättchen eines Teilmusters als Einzelelemente betrachtet werden, oder, ob aus den Plättchen eines oder mehrerer Teilmuster größere Struktureinheiten gebildet werden.

Für das oben aufgezeigte Beispiel gibt es daher drei Möglichkeiten der Strukturdeutung der Teilmusterplättchen:

●●●●●●●●●●●●|OOOO

1) Jedes der angelegten Plättchen wird für sich – als eine Erweiterung ‚rotes Teilmuster, bestehend aus einem roten Plättchen', eine Erweiterung ‚blaues Teilmuster, bestehend aus einem blauen Plättchen' und eine Erweiterung ‚rotes Teilmuster, bestehend aus einem roten Plättchen und noch einem roten Plättchen' – gedeutet. Das separate Anlegen der Plättchen ist ein Indiz für diese Deutungsweise.

●●●●●●●●●●●●|OO◯◯

2) Die Plättchen des zuletzt angelegten Teilmusters werden als größere Struktureinheit gedeutet. Die Musterfortsetzung daher insgesamt als eine Erweiterung ‚rotes Teilmuster, bestehend aus einem roten Plättchen', der Erweiterung ‚blaues Teilmuster, bestehend aus einem blauen Plättchen' und der Erweiterung ‚rotes Teilmuster, bestehend aus zwei roten Plättchen'. Das gemeinsame Anlegen der gleichfarbigen Plättchen eines Teilmusters ist ein Indiz für diese Deutungsweise.

3) Die Plättchen mehrerer Teilmusters werden jeweils als größere Struktureinheiten gedeutet. Daher beispielsweise als eine Erweiterung „rotes Teilmuster und blaues Teilmuster, bestehend aus jeweils einem Plättchen", und eine Erweiterung „rotes Teilmuster, bestehend aus zwei roten Plättchen". Das gemeinsame Anlegen der Plättchen eines oder mehrerer Teilmuster ist ein Indiz für diese Deutungsweise.

Darüber hinaus besteht bei der Strukturdeutung die Frage, inwiefern die intendierten Strukturen des Plättchenmusters verfolgt werden. Bei dem gegebenen Beispiel liegt kein Bezug zu dem intendierten Plättchenmuster vor, da die Fortsetzung sich nicht auf die konkrete Teilmuster sowie ihrer Zahlenwerte bezieht.

Abbildung 5.10   Beobachtungskategorie ‚Strukturdeutung' beim Fortsetzen der Plättchenmuster

Die Typen der Strukturdeutung werden im Beispiel für diese Aufgabe idealtypisch aufgezeigt. Die Beobachtungen der Deutungsweisen über die Handlungen und Erläuterungen der Kinder lassen jedoch oftmals nur Aussagen über Indizien für entsprechende Strukturdeutungen zu. So ist es durchaus denkbar, dass die Kinder die Plättchenreihe sukzessive mit einzelnen Plättchen fortsetzen und dennoch größere Struktureinheiten der Teilmuster deuten.

Tabelle 5.10 gibt einen Überblick über die drei Typen der Strukturdeutung beim Fortsetzen der Plättchenmuster.

Die Plättchenmuster werden von den Kindern entweder in Bezug auf ihre Einzelelemente (einzelne Plättchen) oder auf größere Struktureinheiten ((mehrere) Teilmuster) fortgesetzt. So werden die Plättchenmuster einerseits durch einzelne Plättchen kleinschrittig ergänzt oder die Fortsetzung erfolgt andererseits durch das Anlegen mehrerer Plättchen eines Teilmusters bzw. zweier Teilmuster in einem Zug.

41 bzw. 22 der 108 Schülerinnen und Schüler führen die Teilmuster beim zweiten und dritten Muster nicht nur mit einzelnen Plättchen fort, sondern machen sich im Voraus bereits Gedanken über die Anzahl der anzulegenden Plättchen, sodass sie direkt vollständige Teilmuster in einem Zug an die Plättchenreihe anlegen. Bei ihnen liegt daher eine Deutung von größeren Struktureinheiten vor. Die Fortsetzung der Muster durch das gleichzeitige Anlegen der Plättchen zweier Teilmuster, ist insbesondere beim statischen Muster 2 zu beobachten. Hier stellt die Vereinigung von zwei Teilmustern eine vollständige Mustersequenz dar und das Muster kann auf diese Weise besonders leicht, durch gleiche Wiederholungen, fortgesetzt werden.

Tabelle 5.10 Strukturdeutungen der Schulanfängerinnen und Schulanfänger bei der Fortsetzung der Plättchenmuster

Strukturdeutung	Beispiel: Plättchenmuster fortsetzen
Deutung von Einzelelementen, kein oder nur geringer Bezug zu intendierten Strukturen des Plättchenmusters	Fortsetzungen des Fehlertyps 1: (Genaue) Anzahl der gelegten Plättchen einer Farbe wird nicht berücksichtigt ●●●●●●●●●●●●●●|○○○○○○○○○○
Deutung von Einzelelementen, Bezug zu (intendierten) Strukturen des Plättchenmusters	Das Muster wird Plättchen für Plättchen, einer Struktur (Größe und Anordnung der Teilmuster) entsprechend fortgesetzt Keine intendierte Struktur: ●●●●●●●●●●●●●●|○○○○○ Intendierte Struktur: ●●●●●●●●●●●●●●|○○○○○
Deutung von größeren Struktureinheiten, Bezug zu (intendierten) Strukturen des Plättchenmusters	Die Teilmuster werden in einem Zug bzw. zusammengesetzt einer Struktur (Größe und Anordnung der Teilmuster) entsprechend fortgesetzt Keine intendierte Struktur ●●●●●●●●●●●●●●|(●●●)(○○○)(●●●) Intendierte Struktur ●●●●●●●●●●●●●●|(●●●)(○○) ●●●●●●|(●●●)(○○)

Sobald bei den Fortsetzungen der Plättchenmuster eine Struktur zwischen den Teilmustern – welche auf dem Farbwechsel und einem Zusammenhang in den Plättchenanzahlen besteht – vorliegt, kann von einer Berücksichtigung der Strukturen der Plättchenanordnung gesprochen werden. So liegt beispielsweise auch bei der Fortsetzung des zweiten Musters mit zwei roten und drei blauen Plättchen (siehe Tabelle 5.10) ein klarer Bezug zu den Strukturen der Plättchenanordnung vor. Auch wenn das Muster nicht wie vorgesehen weitergeführt wird, so wird dennoch der Struktur der Plättchenreihe (auf zwei rote Plättchen folgen drei blaue Plättchen) nachgegangen. Von einer Verfolgung intendierter Strukturen wird ausschließlich in Zusammenhang mit korrekten Musterfortführungen gesprochen, demnach beispielsweise der Fortsetzung des zweiten Musters mit drei blauen und zwei roten Plättchen.

Musterdeutung

Zweiter Bestandteil der Teilmusterstrukturierung ist die Musterdeutung. Hierbei werden die herausgefilterten Teilmuster und ihre Plättchenanzahlen in eine Beziehung zueinander gesetzt, welche das Gesamtmuster erst wieder entstehen lässt und eine Fortsetzung dieses zulässt.

●●●●●●●●●●●●●●│●●●●

In dem oben gegebenen Beispiel werden die Teilmuster in ihrer Fortsetzung in keinen erkennbaren, durchgängigen Zusammenhang gebracht. Hier werden lediglich Merkmale der Teilmuster (Teilmuster mit wechselnder Farbe und Größe) auf ungenaue Weise verfolgt, so dass von einer ‚Merkmalorientierten Deutung‘ gesprochen werden kann (siehe Erläuterung 2).

Die Musterdeutungen der Kinder können entsprechend ihrer Aufgabenbearbeitungen in vier verschiedene Kategorien eingeteilt werden:

1) *Musterunberücksichtigende Deutungen*: beziehen sich auf keinerlei Merkmale des Musters und sind daher auf musterunabhängige Ausgangspunkte (wie beispielsweise die Wahl der Lieblingsfarbe) zurückzuführen.

2) *Merkmalorientierte Deutungen*: beziehen sich auf einzelne, oberflächliche Merkmale (wie beispielsweise grober Verlauf der alternierenden Plättchenfarbe, grober Bezug auf die Plättchenanzahl der Teilmuster) des Musters und weisen somit keine exakte und durchgängig Berücksichtigung wesentlicher Mustermerkmale auf.

3) *Musterwiederholende Deutungen*: beziehen sich auf Wiedergaben der Muster, die zentrale Mustermerkmale (wie beispielsweise die alternierende Plättchenfarbe und Plättchenanzahl der Teilmuster) exakt und wiederholt aufgreifen.

4) *Mustererweiternde Deutungen*: beziehen sich auf Wiedergaben der Muster, die zentrale Mustermerkmale (wie beispiswiese die regelmäßige Erhöhung der Plättchenanzahl der Teilmuster) in ihrer Entwicklung aufgreifen.

Bei den ersten beiden Kategorien kann keine vollständig korrekte Musterdeutung vorliegen, bei den Kategorien drei und vier kann dies der Fall sein.

Abbildung 5.11   Beobachtungskategorie ‚Musterdeutung‘ beim Fortsetzen der Plättchenmuster

Die vorangehende Abbildung verdeutlicht, welche Musterdeutungen in Zusammenhang mit den Plättchenmustern auftreten.

Die Deutungen der Plättchenmuster durch die Schulanfängerinnen und Schulanfänger können vier Typen der Musterdeutung zugeordnet werden, welche in Tabelle 5.11 beispielgebunden aufgezeigt und im Anschluss daran verallgemeinernd erläutert werden.

Tabelle 5.11 Musterdeutungen der Schulanfängerinnen und Schulanfänger bei der Fortsetzung der Plättchenmuster

Musterdeutung	Beispiel: Plättchenmuster fortsetzen
Musterunberücksichtigende Deutung	●●○○●●○○●○○●●|●●●●
Merkmalorientierte Deutung	●●○○●●○○●○○●●|●●●○○●●○○●○ ●●●●●●○○○●●●●●|●●○○●●○○●●
Musterwiederholende Deutung	●●○○●●○○●○○●●|●●○○●●●● ●●○○●●○●○○●●| ●○○●● ●●○○●●○○●●●●●●|○○●●○○
Mustererweiternde Deutung	●●○○●●○○●○○●●●●●|●●○○●○

Eine *musterunberücksichtigende Deutung* kann in Zusammenhang mit den Fortsetzungen der Plättchenmuster durch die Schulanfängerinnen und Schulanfänger nur in einigen wenigen Fällen beobachtet werden. Beispielsweise wird das Muster 2 von einem Kind mit vier roten Plättchen fortgesetzt, was das Muster auf keine ersichtliche Weise aufgreift und von dem Schüler damit begründet wird, dass vorher noch nicht so viele rote Plättchen in der Reihe vorkommen.

Kinder, die sich bei ihrer Musterdeutung lediglich auf einzelne Merkmale der Teilmuster beziehen, gibt es bei der Fortsetzung der Plättchenmuster viele. So fallen unter die Kategorie *merkmalorientierte Deutungen* beispielsweise jene Vorgehensweisen der Schülerinnen und Schüler, welche die (genaue) Anzahl der gelegten Plättchen einer Farbe nicht berücksichtigen doch den Farbwechsel einhalten (Muster 2: 33,3%, Muster 3: 30,3%). Sie identifizieren mit dem Farbwechsel der Plättchen ein isoliertes Mustermerkmal und geben dieses, ohne die genauen Zusammenhänge zwischen den einzelnen Teilmustern zu berücksichtigen, wieder. Zu dieser Musterdeutung gehört ferner auch die Fortsetzung des dritten Musters durch eine hohe Anzahl an blauen Plättchen, welche die wachsende Anzahl der Plättchen der Teilmuster auf allgemeine, merkmalorientierte Weise aufzeigt.

Bei der *musterwiederholenden Deutung* bringen die Kinder die Teilmuster insofern in einen Zusammenhang, dass sie die Wiederholung der Teilmuster hervorheben, indem sie vorangehende Teilmuster und ihre exakten Zahlenwerte in der Fortsetzung der Muster erneut aufgreifen. Beim zweiten Muster kann diese Deutung zum Erfolg führen, wenn das Muster weiterführend 1-zu-1 fortgesetzt wird. Einige Kinder (9,1%) wiederholen das zweite Muster jedoch auch von Beginn an oder setzen das Muster mit der Anzahl an Plättchen des unmittelbar vorangehenden Teilmusters fort (33,3%). Während eine Wiederholung der zwei vorangehenden Teilmuster beim zweiten Muster zum Erfolg führt, entwickeln bzw. übertragen viele Kinder (29,2%) diese Vorstellung fälschlicherweise auch in Zusammenhang mit dem dritten Muster. Da sich die Deutungen insgesamt auf die Wiederholung spezifischer Teilmuster und ihrer Zahlenwerte beziehen, werden sie – korrekt oder abweichend – als musterwiederholende Deutungen bezeichnet.

Bei der *mustererweiternden Deutung* greifen die Kinder die Entwicklung der Zahlenwerte der Teilmuster des dynamischen dritten Musters auf und setzen das Muster hiervon ausgehend fort. Hier liegt daher keine sich wiederholende Struktur, sondern eine (weiter-)entwickelnde Struktur der Teilmuster vor. Die Schulanfängerinnen und Schulanfänger, welche das Muster 3 korrekt fortsetzen (15,7%) gehen dieser Deutungsweise nach. Doch auch bei fehlerbehafteten Lösungen kann eine solche Musterdeutung vorliegen. Ein Beispiel hierfür ist die inkorrekte Fortsetzung des dritten Musters mit fünf blauen Plättchen durch den Zählfehler (in Zweierschritten) ‚2, 4, 5'.

Insgesamt werden bei der Teilmusterstrukturierung daher die einzelnen Plättchen als Elemente der Teilmuster (,Strukturdeutung') und die Teilmuster als Ganzes (,Musterdeutung') von den Kindern in eine dem Muster möglichst entsprechende Beziehung gebracht.

Musterfortsetzung

Bei der Musterfortsetzung greifen die Schulanfängerinnen und Schulanfänger auf die ,Teilmusterwahrnehmung' sowie die ,Teilmusterstrukturierung' zurück. Die Strukturdeutungen beeinflussen, ob die Muster Plättchen für Plättchen oder in größeren Einheiten ergänzt werden. Die Musterdeutungen werden von den Schulanfängerinnen und Schulanfängern in den meisten Fällen herangezogen, um diese explizit auf die Fortsetzung der Muster durch weitere Teilmuster anzuwenden. In einzelnen Fällen werden die Muster jedoch auch willkürlich durch weitere Plättchen ergänzt und die Passung der Fortsetzung hinsichtlich der Musterdeutung erst im Anschluss daran von den Kindern überprüft.

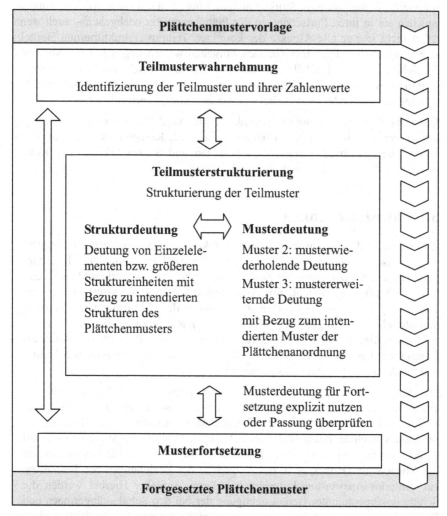

Abbildung 5.12 Komponenten einer erfolgreichen Fortsetzung der Plättchenmuster

Abbildung 5.12 stellt die Komponenten einer erfolgreichen Fortsetzung der Plättchenmuster auf Grundlage der Beobachtungskategorien in ihrem Zusammenspiel zusammenfassend dar.

Insgesamt wird bei den Vorgehensweisen der Schulanfängerinnen und Schulanfänger bei der Musterfortsetzung deutlich, dass fast alle Kinder die Teilmuster wahrnehmen und oftmals Strukturen und Muster dieser identifizieren können, welchen sie in ihren Fortsetzungen der Plättchenmuster nachgehen – auch wenn dabei nicht immer alle Aspekte der korrekten Teilmusterstrukturierung Berücksichtigung finden. Die abweichenden Vorgehensweisen liegen bei der Mehrzahl der Schülerinnen und Schüler (23 von 30) jeweils unterschiedlichen Fehlertypen zugrunde, sodass im Wesentlichen keine systematische Verengung auf eine bestimmte abweichende Strategie bei den Kindern vorzuliegen scheint.

Durch die dargestellten Beobachtungskategorien wird der Fokus auf den Umgang der Kinder mit Mustern und Strukturen auf zentrale Komponenten der Aufgabenbearbeitung gerichtet, wodurch Kompetenzen und Schwierigkeiten der Kinder genau identifiziert und verortet werden können.

5.2 Muster zeichnen

Anhand der Aufgabe zum zeichnerischen Rekonstruieren von Mustern (Aufgabe ‚G1a: Muster zeichnen') werden im Folgenden die Lernstände der Schulanfängerinnen und Schulanfänger in Zusammenhang mit geometrischen Mustern und Strukturen näher untersucht. Eine Übersicht der Aufgabenauswertung (Kapitel 5.2.1) zeigt die zentralen Ergebnisse auf, die in den darauffolgenden Kapiteln hinsichtlich der Erfolgsquoten (Kapitel 5.2.2) und Vorgehensweisen (Kapitel 5.2.3) der Kinder ausführlicher dargestellt und analysiert werden. Zusammenfassend werden die Deutungs- und Nutzungsweisen der geometrischen Muster und Strukturen in Kapitel 5.2.4 gebündelt.

Die Aufgabe besteht aus drei verschiedenen geometrischen Mustern, die auf einem separaten Papier zeichnerisch wiedergegeben werden sollen (Aufgabenstellung vgl. Abbildung 5.13). Bei allen drei Mustern stellt sich die Herausforderung, die einzelnen Teilmuster in ihrer Form, Anzahl und Lage möglichst exakt zu erfassen und wiederzugeben. Desweiteren ist aber auch die Rekonstruktion des Musters als Ganzes, d. h. das Aufgreifen der Beziehungen der Teilmuster, ein zentrales Auswertungskriterium bei dieser Aufgabe. Hierbei werden die Schülerdokumente unter Berücksichtigung der bei den Schulanfängerinnen und Schulanfängern möglicherweise erst rudimentär ausgeprägten Zeichenfertigkeiten bewertet. Die konkreten Auswertungsrichtlinien werden in Tabelle 5.12 im Detail dokumentiert. Hervorstechende Merkmale der Muster liegen insbesondere in dem zum Außenquadrat um 90° gedrehten Innenquadrat des ersten Musters, welches mit seinen Ecken die Seitenmitten des Außenquadrats berührt.

Weitere Merkmale bestehen zudem in der Reihen- und Spaltenstruktur der neun deckungsgleichen Quadrate des zweiten Musters, die in ihrer Anordnung wiederrum ein großes Quadrat konstruieren sowie in den in Dreiecksform, zueinander versetzt angeordneten sechs Kreisen des dritten Musters.

5.2.1 Ergebnisübersicht

Aufgabe G1a: Muster zeichnen

Aufgabenstellung:

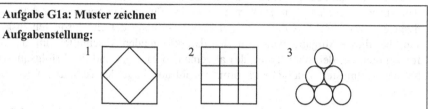

„Schau mal, hier hat jemand etwas gemalt und hier und hier noch mal was anderes. Kannst du das auf diesem Blatt mal nachmalen, dass es genauso aussieht?"

Erfolgsquoten insgesamt:

	Muster 1	Muster 2	Muster 3
korrekte Aufga- benbearbeitungen	61 (56,5%) keine Bearb. 0 (0%)	16 (14,8%) keine Bearb. 0 (0%)	37 (34,3%) keine Bearb. 1 (0,9%)

* Eine Zeichnung wird als korrekt gewertet, wenn die Bestandteile des Musters in ihrer Form, Anzahl und Lage vollständig fehlerfrei rekonstruiert werden (vgl. Tabelle 5.12).

Erfolgsquoten Teilaspekte:

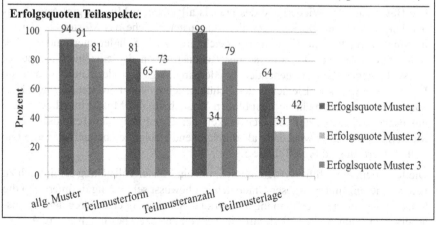

Abbildung 5.13 Übersicht der Auswertungsergebnisse der Aufgabe G1a

Die vorangehende Übersicht der Auswertungsergebnisse gibt einen groben Überblick über die Eckpunkte der Analyse, die in den folgenden Kapiteln genauer ausgeführt und diskutiert werden.

5.2.2 Erfolgsquoten

Um die Nachvollziehbarkeit der Auswertung zu gewährleisten, werden im folgenden Abschnitt zunächst die Bewertungskriterien für die Auswertung der Aufgabe dargelegt. Im Anschluss daran erfolgt die Darstellung der Erfolgsquoten insgesamt bei dieser Aufgabe, welche in den darauffolgenden Abschnitten um die Erfolgsquoten bei der Wiedergabe des allgemeinen Musters und die Erfolgsquoten bei den Teilmusterwiedergaben (Form, Anzahl und Lage der Teilmuster) ergänzt werden.

Bewertungskriterien

Die Klassifizierung der Zeichnungen der Kinder in richtige und abweichende Musterrekonstruktionen bedarf Bewertungskriterien, die präzise und, wenn immer möglich, musterübergreifend festgelegt sind. So kann eine Vergleichbarkeit zwischen den Musterrekonstruktionen eines Musters sowie der drei verschiedenen Muster gewährleistet werden. Bei der Bewertung der geometrischen Muster wird in dieser Untersuchung einerseits zwischen der Wiedergabe des jeweils allgemeinen Musters und andererseits zwischen der Rekonstruktion der Teilmuster und ihrer zentralen Merkmale ‚Form‘, ‚Lage‘ und ‚Anzahl‘ unterschieden.

Die Bewertung der Wiedergabe des jeweils allgemeinen Musters gibt Aufschluss darüber, ob sich die Beziehungen der Teilmuster, welche das Muster als Ganzes bestimmen, im Wesentlichen in den Zeichnungen der Schülerinnen und Schüler wiederfinden lassen. Die Analyse der Rekonstruktion der einzelnen Teilmuster erfasst hingegen die tiefergehenden Wiedergabefähigkeiten der Kinder, indem im Detail die jeweiligen Elemente der Schülerzeichnungen bewertet werden. Hier kommt es nun nicht mehr auf den bloßen Versuch an, das Muster im Allgemeinen umzusetzen, sondern auf die Genauigkeit der Umsetzung der Teilmuster. Eine Musterrekonstruktion wird dann als durchgehend erfolgreich betrachtet, wenn alle Kriterien erfüllt sind (vgl. Tabelle 5.12).

Die Kriterien, die erfüllt werden müssen, um ein Muster vollständig erfolgreich zu rekonstruieren, sind bei dieser Untersuchung bewusst sehr streng definiert, um die Schwierigkeiten der Schulanfängerinnen und Schulanfänger differenziert herausarbeiten zu können. Der Blick auf die Teilkompetenzen bezüglich Form, Anzahl und Lage der Teilmuster ist infolgedessen besonders aussagekräftigt, da sich hier ein detailliertes Bild über die Fähigkeiten der Kinder erstellen lässt. Die niedrigen Erfolgsquoten insgesamt sind aufgrund der Strenge der Bewertungskriterien nicht überraschend und dementsprechend relativiert zu betrachten.

Tabelle 5.12 Bewertungskriterien der Rekonstruktion der geometrischen Muster

	allg. Muster	Form der Teilmuster	Lage der Teilmuster	Anzahl der Teilmuster
Muster 1	Zeichnung lässt eine äußere, quadratähnliche Figur erkennen, in der eine viereckige Figur liegt, deren Ecken annäherungsweise mittig auf die Seiten des Außenquadrats zulaufen ODER vier Dreiecke, deren rechte Winkel die Ecken eines Quadrats bilden ODER Quadrat, dessen Ecken annäherungsweise seitenmittig abgetrennt werden	Für das äußere und innere Quadrat gilt: vier ungefähr gleichlange Seiten (max. Abweichung: halbe Seitenlänge, Ausnahme: Innenquadrat, wenn alle anderen Merkmale des Innenquadrats eingehalten werden) vier Ecken, die durch das Zusammenlaufen der Seitenlinien entstehen, keine extra ‚Zacken', Seitenlinien der Quadrate müssen sich in den Ecken zumindest beinahe berühren	Für das innere Viereck gilt: alle Ecken des Innenquadrats liegen zumindest beinahe an dem Außenquadrat an die Ecken des Innenquadrats treffen auf die Seitenmitten des Außenquadrats, max. ¼ Seitenlänge von der Seitenmitte des Außenquadrats entfernt Für die Anordnung der vier rechtwinkligen Dreiecke gilt: Die annäherungsweise rechten Winkel zeigen jeweils zu allen Seiten nach außen, die Dreiecke sind ungefähr gleich groß und gleichschenklig (max. Abweichung: halbe Seitenlänge) Für die Abtrennung der Quadratecken gilt: Die Abtrennung erfolgt recht mittig (max. Abweichung: ¼ Seitenlänge)	mehrere Möglichkeiten, abhängig von der individuellen Musterstrukturierung

allg. Muster	Form der Teilmuster	Lage der Teilmuster	Anzahl der Teilmuster
Muster 2	Zeichnung lässt eine konsequente Reihen und Spaltenanordnung der Quadrate erkennen; wird ein äußeres Quadrat gezeichnet, muss dieses im Wesentlichen durch Innenquadrate ausgefüllt werden	Für die Quadrate gilt: siehe Muster 1	Für die Vierecke gilt: Quadrate füllen das möglicherweise gezeichnete Außenquadrat zumindest beinahe vollständig aus, jeweils benachbarte Quadrate liegen an ihren Seiten zumindest beinahe aneinander an, äußere Innenquadrate liegen zumindest beinahe an den Seiten des Außenquadrats an → es ergibt sich daher eine konsequente Reihen- und Spaltenstruktur; entstehen die im Außenquadrat liegenden Quadrate durch vertikal und horizontal durchgezogene Linien, so liegen die Linien in gleichmäßigem Abstand (max. Abweichung: eine halbe Seitenlänge) zueinander und zu dem Außenquadrat, so dass sich im Wesentlichen gleichförmige Quadrate ergeben	mehrere Möglichkeiten, abhängig von der individuellen Musterstrukturierung
Muster 3	Zeichnung lässt eine dreiecksförmige Anordnung der Kreise erkennen, in der benachbarte Kreisreihen zueinander versetzt angeordnet sind	Für die Kreise gilt: ungefähre Kreisform (die Breite/Höhe darf nicht mehr als doppelt so breit/hoch als die Höhe bzw. Breite sein)	Für die Kreise gilt: die Kreise liegen in drei zueinander versetzten Reihen, die eine Dreiecksform ergeben, die Kreise berühren sich dabei zumindest beinahe	sechs

Erfolgsquoten insgesamt

Das korrekte zeichnerische Rekonstruieren der Muster stellt sich für die Mehrheit der Kinder, bezogen auf die gegebenen Auswertungskriterien, als keine leichte Aufgabe heraus. Insgesamt gelingt es nur 14 der 108 Kinder (13,0%) alle drei Muster zu rekonstruieren und dabei dem allgemeinen Muster korrekt nachzugehen sowie die korrekte Form, Anzahl und Lage der Teilmuster einzuhalten. 16 Schulanfängerinnen und Schulanfängern (14,8%) ist es möglich, genau zwei der drei Muster vollständig korrekt zu zeichnen. Etwas mehr als jeweils ein Drittel der Schülerinnen und Schüler rekonstruiert lediglich genau eines (40 Kinder, 37,0%) bzw. keines (38 Kinder, 35,2%) der drei Muster vollständig korrekt.

Muster 1 erweist sich mit einer Erfolgsquote von 56,5% als das einfachste der drei Muster. 61 der insgesamt 108 Schülerinnen und Schüler können dieses Muster, selbst vor dem Hintergrund der harten Bewertungskriterien, korrekt abzeichnen. Das zweite Muster stellt sich mit einer Erfolgsquote von 14,8% (16 von 108) als das schwierigste Muster für die Schülerinnen und Schüler heraus. Die korrekte Konstruktion des dritten Musters gelingt 37 Kindern, so dass sich hierfür eine für diese Aufgabe mittlere Erfolgsquote von 34,3% ergibt. Nur in einem Fall, bei Muster 3, weigert sich eine Schülerin eine Bearbeitung der Aufgabe einzugehen. Sie begründet ihre Entscheidung damit, dass sie keine Kreise zeichnen könne. Dieses Argument bringt sie auch in Zusammenhang mit einer anderen Aufgabe (Aufgabe ‚G5a: Fehlende Teile I') hervor, in der es ebenfalls ihre Aufgabe ist, einen Kreis zu zeichnen.

Da es bei dieser Aufgabe auf der einen Seite um die Wiedergabe des allgemeinen Musters als Ganzes und auf der anderen Seite um die exakte Rekonstruktion der einzelnen Teilmuster geht, erscheint es sinnvoll, zwischen diesen beiden Kriterien in der weiteren Auswertung der Schülerzeichnungen zu unterscheiden. Während bei den zuvor genannten Erfolgsquoten alle Aspekte auf einmal berücksichtigt wurden, werden im Folgenden die Fähigkeiten der Kinder genauer aufgeschlüsselt und hinsichtlich der einzelnen Teilergebnisse betrachtet.

Erfolgsquoten bei der Wiedergabe des allgemeinen Musters

Das untere Diagramm in Abbildung 5.13 zeigt die Erfolgsquoten der Schülerinnen und Schüler bezüglich der Rekonstruktion des allgemeinen Musters auf. Bei allen drei Mustern gelingt es der weiten Mehrheit der Kinder, die allgemeinen Merkmale der Muster in ihren Zeichnungen wiederzugeben (Auswertungskriterien vgl. Tabelle 5.12). Das erste Muster geben mit 93,5% fast alle Kinder in allgemeiner Form korrekt wieder. 90,7% bzw. 80,6% der Schulanfängerinnen und Schulanfänger verfolgen in ihren Zeichnungen die zentralen Merkmale des zweiten bzw.

dritten Musters. Das entstehende Bild, dass die weite Mehrheit der Kinder dem allgemeinen geometrischen Muster korrekt nachgehen kann, lässt sich durch die Verteilung der Anzahl der Muster, die von den einzelnen Schülerinnen und Schülern in allgemeiner Form wiedergegeben werden kann, verfeinern. So können 71,3% der Kinder das allgemeine Muster bei allen drei Mustern wiedergeben, 22,2% der Schülerinnen und Schüler gelingt dies bei zwei der drei Muster und lediglich 6,5% der Schulanfängerinnen und Schulanfänger können nur eines der Muster auf allgemeine Weise reproduzieren. Hieraus ergibt sich eine insgesamt recht hohe Kompetenz der Schülerinnen und Schüler, die geometrischen Muster erkennen und grob wiedergeben zu können.

Die Abweichungen, die im Wesentlichen zu den niedrigen Erfolgsquoten insgesamt beitragen, sind daher insbesondere auf die ungenauen Wiedergaben der Teilmuster zurückzuführen.

Erfolgsquoten bei der Wiedergabe der Teilmuster

Form der Teilmuster

Die Teilmusterformen der drei Muster kann die Mehrzahl der Kinder korrekt rekonstruieren. Bei den Teilmusterformen des ersten Musters sind die Kinder mit einer Erfolgsquote von 81,5% am erfolgreichsten, die Kreise in Muster 3 können ca. drei Viertel der Kinder (73,1%) korrekt reproduzieren. Die Wiedergabe der kleinen Quadrate im zweiten Muster fällt den Schulanfängerinnen und Schulanfängern am schwersten, wobei auch diese von fast zwei Dritteln der Kinder (64,8%) korrekt wiedergeben werden.

Anzahl der Teilmuster

Hinsichtlich der Teilmusteranzahl weichen die Erfolgsquoten der Schülerinnen und Schüler bei den drei Mustern erheblich voneinander ab. So besteht bei fast allen Kindern (99,1%) das erste Muster aus einem inneren und einem äußeren Quadrat. Lediglich die Zeichnung einer Schülerin besteht aus nur einem Teilmuster, dem inneren Quadrat. Beim zweiten Muster zeichnen nur knapp ein Drittel (34,3%) der Schülerinnen und Schüler genau neun Innenquadrate (in ggf. einem äußeren Quadrat) bzw. ein Außenquadrat und zwei jeweils vertikale und horizontale Linien. Mehr als doppelt so vielen Kindern (79%) gelingt es, exakt sechs Kreise in Zusammenhang mit Muster 3 zu zeichnen.

Lage der Teilmuster

Bei der Lage der Teilmuster ergeben sich im Durchschnitt die meisten Schwierigkeiten für die Schulanfängerinnen und Schulanfänger. Mit 63,9% können die

Kinder die Lage der Teilmuster des ersten Musters am erfolgreichsten einzeichnen. Bei Muster 2 und 3 gelingt dies mit Erfolgsquoten von 30,6% bzw. 41,7% erheblich weniger Kindern.

Wie diese Erfolgsquoten genau zustande kommen und worin die Kompetenzen und Schwierigkeiten der Kinder konkret auszumachen sind, wird im folgenden Abschnitt zu den Vorgehensweisen der Schülerinnen und Schüler näher herausgearbeitet.

5.2.3 Vorgehensweisen

Die Vorgehensweisen der Schülerinnen und Schüler bei der Musterrekonstruktion lassen sich in verschiedene Teilprozesse gliedern, die im Folgenden näher betrachtet werden.

Abbildung 5.14 stellt die drei zentralen Beobachtungskategorien der Analyse des Ablaufs der Musterrekonstruktion – die Teilmusterwahrnehmung, die Teilmusterstrukturierung und die Musterrekonstruktion – in ihren Beziehungen dar. In Rückschau auf die Konkretisierung dieser Beobachtungskategorien in Kapitel 5.1.4 werden diese im Folgenden in ihren wesentlichen Grundzüge skizziert und in den darauffolgenden Abschnitten für die Analyse der Schülerdokumente herangezogen.

Um sich über die Strukturen der Muster Orientierung zu verschaffen und diese überhaupt erst rekonstruierbar zu machen, müssen die Mustervorlagen zunächst in ihre Teilmuster zerlegt werden (Teilmusterwahrnehmung). Das ganze Muster kann daher nicht auf einmal erfasst werden, sondern erst die Wahrnehmung der einzelnen Teilmuster ermöglicht es, einen entsprechenden Überblick zu erhalten.

Die Bewältigung der Teilmusterwahrnehmung lässt sich in allen Aufgabenbearbeitungen der Schulanfängerinnen und Schulanfänger zumindest in Ansätzen erkennen, da jede der Zeichnungen mindestens ein aus dem Ausgangsmuster herausgefiltertes Teilmuster enthält. Aufgrund dieser Gegebenheit, braucht diesem Beobachtungskriterium im Folgenden nicht weiter isoliert nachgegangen werden.

Der Rückgriff auf die Teilmusterwahrnehmung erstreckt sich bei der Aufgabenbearbeitung von der ersten Orientierung im Muster bis zu dem zuletzt eingezeichneten Teilmuster, welches aus der Mustervorlage „entnommen" wird. Die herausgelösten Teilmuster werden dabei in eine Struktur gebracht (Teilmusterstrukturierung), welcher bei der zeichnerischen Rekonstruktion der Muster gefolgt wird. Zum einen bestimmt die Strukturdeutung, in welchen Strukturgruppen die Teilmuster zusammengesetzt werden, zum anderen beeinflusst die Musterdeutung, in welchen Gesamtzusammenhang die Teilmuster gebracht werden. Die Teilmuster-

merkmale ,Form', ,Lage' und ,Anzahl' fließen auch in die Teilmusterstrukturierung mit ein, im Detail betrachtet werden sie jedoch erst bei der Musterrekonstruktion.

Bei der zeichnerischen Rekonstruktion der Teilmuster müssen ihre spezifischen
Merkmale ,Form', ,Lage' und ,Anzahl' konsequent beachtet werden, um die
Vorlage fehlerfrei zu kopieren. Wo sich hierbei Schwierigkeiten für die Schulan-
fängerinnen und Schulanfänger ergeben, steht im Fokus der weiteren Analyse.

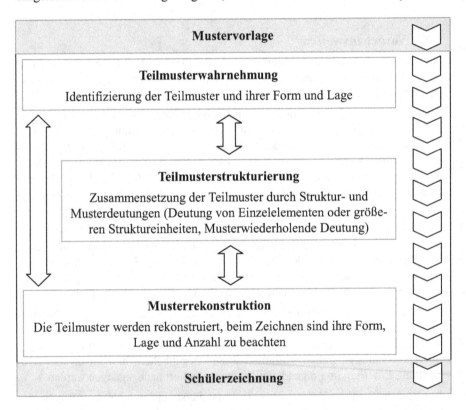

Abbildung 5.14   Komponenten einer erfolgreichen Rekonstruktion der geometrischen
Muster

Im Folgenden werden die Vorgehensweisen der Kinder vor dem Hintergrund der
Teilmusterwahrnehmung hinsichtlich ihrer Teilmusterstrukturierungen und Musterrekonstruktionen genauer betrachtet.

Teilmusterstrukturierung

Eng verbunden mit der Teilmusterwahrnehmung ist die Teilmusterstrukturierung, die herangezogen wird, um die geometrischen Muster auf Grundlage der identifizierten Teilmuster in ihrem Zusammenhang zu erfassen und wiedergeben zu können. So werden die durch die Teilmusterwahrnehmung herausgefilterten Teilmuster in eine Struktur gebracht, welche die Rekonstruktion der Muster organisiert.

Im Folgenden wird aufgezeigt, welchen Teilmusterstrukturierungen die Schülerinnen und Schüler bei der Wiedergabe der drei Mustervorlagen nachgehen. Die dabei zu beobachtenden ,Struktur-' und ,Musterdeutungen' werden in Kapitel 5.2.4 für die drei Muster zusammenfassend herausgestellt.

Teilmusterstrukturierung – Muster 1

Alle Schulanfängerinnen und Schulanfänger der Untersuchung zerlegen die Mustervorlage 1 in mindestens zwei Teilformen, denen sie in ihrer Musterrekonstruktion nachgehen. Dabei sind zwei Arten von Strukturierungen bei den Kindern zu beobachten, wobei zwischen diesen nicht eindeutig trennscharf in allen Schülerdokumenten unterschieden werden kann.

1) Strukturierung der Zeichnung in ein äußeres und ein inneres Quadrat, dessen Ecken zu den Seitenmitten des Außenquadrats laufen

Die meisten Kinder strukturieren das erste Muster in ein äußeres und ein inneres Quadrat, welche sie nacheinander zeichnen. Bis auf eine Ausnahme, zeichnen die Schülerinnen und Schüler zunächst das äußere Quadrat, um daran anschließend das innere Quadrat zu ergänzen.

2) Strukturierung der Zeichnung in ein äußeres Quadrat und in vier, in den Ecken liegende Dreiecke

Nach der Zeichnung des äußeren Quadrats zeichnet mindestens eine Schülerin vier Striche ein, welche die Ecken des Außenquadrats abtrennen. Hier wird vermutlich nicht ein entstehendes Innenquadrat fokussiert, sondern die Entstehung der vier, in den Ecken des Außenquadrats liegenden Dreiecke.

Abbildung 5.15 Teilmusterstrukturierungen beim geometrischen Muster 1

Bei den Schülerzeichnungen kann nicht immer eine sichere Zuordnung getroffen werden, ob das Muster in zwei Quadrate oder in ein Quadrat und vier in den Ecken liegende Dreiecke strukturiert wird. Eine sichere Entscheidung kann beispielsweise nur dann getroffen werden, wenn das innere Quadrat das äußere Quadrat bzw. die Seiten des Innenquadrats sich nicht annähernd berühren (siehe Beispiele in Abb. 5.15).

Teilmusterstrukturierung – Muster 2

Beim zweiten Muster ergeben sich ebenfalls mehrere Möglichkeiten der Strukturierung (vgl. Abb. 5.16).

1) Strukturierung der Zeichnung in einzelne kleine Quadrate

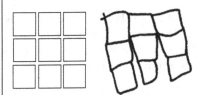

43 Kinder strukturieren das Muster in einzelne Quadrate, welche sie weitgehend reihen- und spaltenweise anordnen. Einerseits werden die Quadrate als Winkel an bereits vorhandene Quadrate, andererseits für sich stehend eingezeichnet. Acht Kinder mischen diese Vorgehensweisen.

2) Strukturierung der Zeichnung in ein großes äußeres Quadrat und vier, in den Ecken liegende Quadrate und einem mittigen Quadrat

 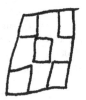

Ein Schüler zeichnet zunächst das äußere Quadrat, in welches er die Innenquadrate in den Ecken und das mittig liegende Innenquadrat einzeichnet. Aus dieser Einteilung des Außenquadrats resultieren die restlichen vier inneren Quadrate von selbst.

3) Strukturierung der Zeichnung in einzelne kleine Quadrate, die einen Rand um das entstehende mittige Quadrat bilden

Eine Schülerin strukturiert sich das Muster in einen äußeren Rahmen von acht kleinen Quadraten. Das Einzeichnen des letzten Quadrats in der Mitte erspart sie sich, da es aus den äußeren Quadraten entsteht.

4) *Strukturierung der Zeichnung in ein großes äußeres Quadrat, in welches vertikale und horizontale Linien eingezeichnet werden, sodass Innenquadrate entstehen*

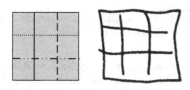

52 Kinder gehen der Strukturierung des Musters in ein äußeres Quadrat, welches durch horizontale und vertikale Linien in kleinere Quadrate geteilt wird nach. Der zeichnerische Aufwand ist bei diesem Vorgehen recht gering.

Abbildung 5.16 Teilmusterstrukturierungen beim geometrischen Muster 2

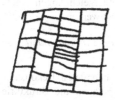

Abbildung 5.17 Die vertikalen Linien werden durch das Außenquadrat durchgezogen, die horizontalen Linien werden Quadrat für Quadrat ergänzt

Abbildung 5.18 Erst werden die Quadrate einzeln eingezeichnet, dann durch vertikal und horizontal durchgezogene Linien ergänzt

Darüber hinaus verfolgen elf Schülerinnen und Schüler Mischformen dieser ‚Teilmusterstrukturierungen'. Diese setzen sich insbesondere aus dem ersten und dem vierten Teilmusterstrukturierungstyp zusammen, sodass vier Kinder die vertikalen Linien durch das äußere Quadrat ziehen und die horizontalen Linien Quadrat für Quadrat ergänzen (vgl. Abb. 5.14). Zwei Kinder zeichnen die horizontalen Linien in das Außenquadrat ein und ergänzen die vertikalen Linien schrittweise. Weitere zwei Kinder zeichnen anfangs die Quadrate einzeln in das Außenquadrat ein und fahren ihre Zeichnungen mit durchgezogenen vertikalen und horizontalen Linien, die weitere Quadrate entstehen lassen, fort (vgl. Abb. 5.15). Drei Schülerinnen und Schüler gehen Mischformen nach, die das Zeichnen von einzelnen Quadraten und den Übergang zum Zeichnen von horizontal durchgezogenen Linien oder Spalten beinhalten.

Teilmusterstrukturierung – Muster 3

Mit den in Abbildung 5.19 aufgeführten Teilmusterstrukturierungstypen wird auch bei diesem Muster eine Vielfalt an Strukturierungsmöglichkeiten deutlich. Da die Strukturierungstypen bei fehlerfreien Musterwiedergaben nicht immer eindeutig zuzuordnen sind, können diese insbesondere anhand von abweichenden Musterrekonstruktionen identifiziert und veranschaulicht werden. Aus diesem Grund sind auch quantitative Angaben über die Verteilung der drei Strukturierungstypen innerhalb dieser Untersuchung nicht näher möglich.

---

1) Strukturierung der Zeichnung in versetzt übereinanderliegende Kreisreihen, die sich nach obenhin in Dreiecksform verkürzen bzw. nach untenhin verlängern

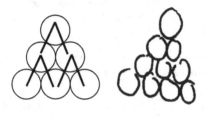

Anhand einer abweichenden Rekonstruktion kann die Strukturierung in zueinander versetzt liegende Kreisreihen besonders gut ausgemacht werden. Wie viele Kinder dieser Strukturierung insgesamt nachgehen, kann anhand der restlichen Schülerzeichnungen nicht eindeutig ermittelt werden.

---

2) Strukturierung der Zeichnung in einen unteren Kreis, der von zwei aufeinander zulaufenden Kreisreihen überdacht wird

An dieser fehlerbehafteten Rekonstruktion des Musters kann die Strukturierung beobachtet werden, dass der untere mittlere Kreis und die zwei darüber liegenden, schräg ausgerichteten Kreisreihen drei Teilstrukturen des Musters darstellen.

---

3) Strukturierung der Zeichnung in drei Reihen, bestehend aus jeweils drei Kreisen

An der aufgezeigten abweichenden Wiedergabe des Musters kann eine Orientierung an einer Strukturierung der Mustervorlage in jeweils drei Reihen, bestehend aus drei Kreisen, die zusammen eine Dreieckform ergeben, erkannt werden.

Abbildung 5.19 Teilmusterstrukturierungen beim geometrischen Muster 3

Neben der Übersicht über die vielfältigen Strukturierungsmöglichkeiten der drei Muster, können anhand der aufgeführten Beispiele zwei allgemeine Typen der Strukturdeutung herausgearbeitet werden, die musterübergreifend in allen Strukturierungen vorzufinden sind. So teilen sich die Teilmusterstrukturierungen in

1) Strukturierungen, in denen die einzelnen Teilmuster in ihrer Konstruktion für sich stehen (Deutung von Einzelelementen) und

2) Strukturierungen, in denen mehrere Teilmuster neue Teilmuster entstehen lassen und somit in Zusammenhang betrachtet werden (Deutung von größeren Struktureinheiten).

So stellen alle oben angegebenen Beispiele, deren Teilformen nicht eingefärbt sind, Typen der ersten Form von Strukturdeutung dar. Alle grau hinterlegten Teilmusterstrukturierungen gehören der zweiten Form von Strukturdeutung an (vgl. Kapitel 5.2.4). Es fällt auf, dass nicht bei allen drei Mustern die zwei Strukturierungstypen verfolgt werden bzw. verfolgt werden können. Das dritte Muster ist durch seine Struktur so angelegt, dass die Teilmuster nicht auseinander resultieren können und somit zwar verschiedene Strukturierungsweisen möglich sind, doch in diesen die Kreise als Teilformen immer isoliert betrachtet werden.

Eine Wertung der Teilmusterstrukturierungen soll bewusst nicht vorgenommen werden. Im Vordergrund steht vielmehr die Tatsache, dass die Kinder ihren Blick auf verschiedene Strukturierungsmöglichkeiten richten. Dem zweiten Typ der Strukturdeutung kann jedoch eine gewisse Effizienz zugeordnet werden, da eine höhere Anzahl an Teilformen aus weniger Teilformen resultiert.

Musterrekonstruktion

Bei der Musterrekonstruktion wird versucht, die erfassten Teilmuster in ihrer Struktur wiederzugeben.

Bei der Zusammensetzung verschiedener Teilmuster(gruppen) treten zwei geläufige Schwierigkeiten bei den Schulanfängerinnen und Schulanfängern auf, die im Folgenden dargestellt werden.

Schwierigkeit 1: Eine Form kann aus anderen Teilmustern entstehen

Vereinzelt tritt bei den Schülerinnen und Schülern die Schwierigkeit auf, dass herausgefilterte Teilformen auch dann wiedergegeben werden, wenn sie bereits aus anderen Teilformen entstehen. Diese Abweichung ist nur beim ersten und zweiten Muster vorzufinden, da im dritten Muster die Teilformen nicht auseinander resultieren können.

Beim ersten Muster äußert sich diese Schwierigkeit zum einen darin, dass die in den Ecken des Außenquadrats liegenden Dreiecke von einem Schüler eingezeichnet werden, auch wenn diese prinzipiell bereits aus dem Innenquadrat entstehen (vgl. Abb. 5.20).

Abbildung 5.20 Jacob zeichnet Teilmuster mehrfach ein (Muster 1)

Abbildung 5.21 Karsten und Harry betonen die Ecken des inneren Teilmusters durch extra ‚Zacken' (Muster 1)

Abbildung 5.22 Zane zeichnet Teilmuster mehrfach ein (Muster 2)

Zum anderen zeichnen fünf Kinder extra ‚Zacken' an das Innenquadrat ein (vgl. Abb. 5.21). Hierbei bleibt jedoch weitgehend offen, ob die Kinder diese Zacken zeichnen, um erneut die Ecken hervorzuheben (die bereits durch das Aneinanderstoßen der Seiten des Quadrats entstehen) oder, ob diese eingezeichnet werden, um mit der Zeichnung möglichst mittig der Seitenlinien des Außenquadrats auszukommen.

Ähnlich wie Jakob geht auch Zane bei der Wiedergabe der Teilmuster des zweiten Musters vor. So zeichnet er die aus der Vorlage herausgefilterten Innenquadrate zusätzlich zu den horizontalen und vertikalen Linien ein (vgl. Abb. 5.22). Auch diese Teilformen resultieren auseinander und müssen somit nicht separat eingezeichnet werden.

Dieses Vorgehen der Kinder kann unter dem Begriff des ‚intellektuellen Realismus' gedeutet werden, dass ein Kind nicht immer das zeichnet, „was es von dem Ding weiß" (Schuster 2000, 76), sondern „alles, was darin ist" (Luquet in Piaget 1971, 76). Das Einzeichnen doppelter Teilmuster lässt daher nicht unbedingt darauf schließen, dass die Kinder nicht wüssten, dass die Teilmuster auseinander resultieren, sondern „als wollten sie demjenigen, der die Zeichnung liest, verdeutlichen, was nicht zu sehen, aber trotzdem vorhanden ist" (Wollring 1995, 558).

Schwierigkeit 2: Eine Form kann in mehreren Strukturgruppen des Musters auftauchen

Eine weitere Schwierigkeit beim Rekonstruieren der Muster besteht darin, dass die gebildeten Strukturgruppen sich mitunter Teilmuster teilen, was beim Zeichnen fälschlicherweise unberücksichtigt bleiben kann und sich daraufhin Teilmusterdoppelungen ergeben. Da beim ersten Muster aufgrund der geringen Anzahl an Teilmustern keine Strukturgruppen gebildet werden, tritt diese Schwierigkeit ausschließlich bei den Mustern 2 und 3 auf.

Abbildung 5.23 zeigt auf, wie sich diese Schwierigkeit beim zweiten Muster bei den Schulanfängerinnen und Schulanfängern der Untersuchung auswirkt.

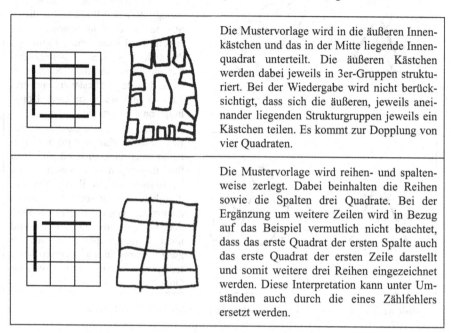

Die Mustervorlage wird in die äußeren Innenkästchen und das in der Mitte liegende Innenquadrat unterteilt. Die äußeren Kästchen werden dabei jeweils in 3er-Gruppen strukturiert. Bei der Wiedergabe wird nicht berücksichtigt, dass sich die äußeren, jeweils aneinander liegenden Strukturgruppen jeweils ein Kästchen teilen. Es kommt zur Dopplung von vier Quadraten.

Die Mustervorlage wird reihen- und spaltenweise zerlegt. Dabei beinhalten die Reihen sowie die Spalten drei Quadrate. Bei der Ergänzung um weitere Zeilen wird in Bezug auf das Beispiel vermutlich nicht beachtet, dass das erste Quadrat der ersten Spalte auch das erste Quadrat der ersten Zeile darstellt und somit weitere drei Reihen eingezeichnet werden. Diese Interpretation kann unter Umständen auch durch die eines Zählfehlers ersetzt werden.

Abbildung 5.23 Dopplung von Teilmustern beim geometrischen Muster 2

Beim dritten Muster ergeben sich ebenfalls zwei verschiedene Musterrekonstruktionen, die eine Dopplung von Teilmustern beinhalten. Diese werden in Abbildung 5.24 dargestellt.

Bei der Musterrekonstruktion muss desweiteren durchgehend auf die exakte Form, Anzahl und Lage der einzelnen Teilmuster geachtet werden, um eine fehlerfreie Kopie zu erstellen (vgl. Bewertungskriterien Tabelle 5.12). In diesem Zusammenhang unterlaufen auch den Kindern, welche das allgemeine Muster als Ganzes korrekt wiedergeben, oft diesbezügliche Ungenauigkeiten, welche die ‚Erfolgsquoten insgesamt' (vgl. Abbildung 5.13) wesentlich beeinflussen.

In den folgenden Abschnitten wird der Berücksichtigung der Form, Anzahl und Lage der Teilmuster für die einzelnen Muster getrennt nachgegangen. Es wird aufgezeigt, in welchem Maße die Schulanfängerinnen und Schulanfänger die verschiedenen Aspekte in ihren Zeichnungen berücksichtigen und an welchen Stellen diesbezügliche Schwierigkeiten auftreten.

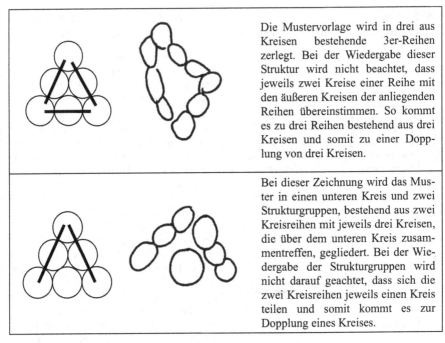

Die Mustervorlage wird in drei aus Kreisen bestehende 3er-Reihen zerlegt. Bei der Wiedergabe dieser Struktur wird nicht beachtet, dass jeweils zwei Kreise einer Reihe mit den äußeren Kreisen der anliegenden Reihen übereinstimmen. So kommt es zu drei Reihen bestehend aus drei Kreisen und somit zu einer Dopplung von drei Kreisen.

Bei dieser Zeichnung wird das Muster in einen unteren Kreis und zwei Strukturgruppen, bestehend aus zwei Kreisreihen mit jeweils drei Kreisen, die über dem unteren Kreis zusammentreffen, gegliedert. Bei der Wiedergabe der Strukturgruppen wird nicht darauf geachtet, dass sich die zwei Kreisreihen jeweils einen Kreis teilen und somit kommt es zur Dopplung eines Kreises.

Abbildung 5.24 Dopplung von Teilmustern beim geometrischen Muster 3

Muster 1 – Form, Anzahl und Lage der Teilmuster

Die folgende Analyse bezieht sich ausschließlich auf die Strukturierung des ersten Musters in ein äußeres und ein inneres Quadrat, da diese von einer Vielzahl der Schulanfängerinnen und Schulanfänger der Untersuchung verfolgt wird. Betrachtet man die Musterwiedergaben der Schülerinnen und Schüler hinsichtlich dieser Strukturierung stechen zwei Schwierigkeiten der Kinder hervor.

Während das äußere Quadrat den Kindern keine Schwierigkeiten bereitet, zeigen sich in den Musterrekonstruktionen häufig Probleme beim Zeichnen des gedrehten Innenquadrats. Zum einen stellt sich hier die Form des inneren Quadrats für die Kinder als Schwierigkeit heraus, welche aus vier gleichlangen Seiten und vier Ecken besteht, sowie die Lage des Innenquadrats, welches mit seinen vier Ecken die Seitenmitten des äußeren Quadrats berührt. Abbildung 5.25 gibt eine Übersicht der Musterrekonstruktionen der Kinder, die diesen Kriterien in verschiedenem Maße nachkommen. In der tabellarischen Anordnung sind die ausgewählten

Schülerdokumente demzufolge nach der Genauigkeit der zwei Kriterien ‚Form des Innenquadrats' und ‚Lage des Innenquadrats' geordnet.

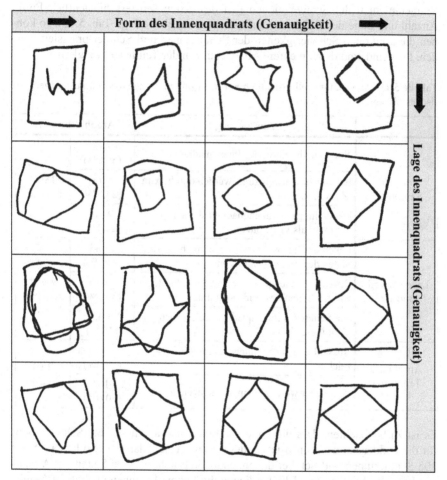

Abbildung 5.25 Musterrekonstruktionen mit verschiedener Genauigkeit der Form und Lage der Teilmuster (geometrisches Muster 1)

Die Darstellung der Schülerdokumente soll insbesondere einen groben Überblick über die weite Spannbreite der Musterwiedergaben der Schülerinnen und Schüler und ihrer Berücksichtigung von Form und Lage der Teilmuster geben. Die Einordnung der Musterrekonstruktionen ist dabei nicht eindeutig und durchaus durch weitere Schülerdokumente ergänzbar.

Betrachtet man die Schülerzeichnungen des ersten Musters hinsichtlich Form, Anzahl und Lage der Teilmuster auf quantitativer Ebene (vgl. Tab. 5.13), so können die konkreten Schwierigkeiten der Schülerinnen und Schüler präzisiert werden. Pro Kind sind dabei mehrere Abweichungen der Teilmuster möglich.

Tabelle 5.13 Abweichungen hinsichtlich Form, Anzahl und Lage der Teilmuster (geometrisches Muster 1)

	Abweichung	Anzahl (Prozent)	
Form der Teilmuster	Nur vage die Form des Innenquadrats	9/18 (50,0%)	18/63 (28,6%)
	Ecken des Innenquadrats werden durch extra ‚Zacken‘ betont	5/18 (27,8%)	
	Darstellung des Innenquadrats als Sternform mit mehr als vier Spitzen	4/18 (22,2%)	
Lage der Teilmuster	Ecken des Innenquadrats liegen nicht an den Seiten des Außenquadrats an	28/43 (65,1%)	43/63 (68,3%)
	Ecken des Innenquadrats liegen nicht mittig auf den Seiten des Außenquadrats	13/43 (30,2%)	
	Die Seiten des Innenquadrats treffen sich nicht in den Ecken	2/43 (4,7%)	
Anzahl der Teilmuster	Ausschließlich das Innenquadrat wird gezeichnet	1/2 (50,0%)	2/63 (3,2%)
	Teilmuster werden doppelt eingezeichnet	1/2 (50,0%)	

Es ist zu beobachten, dass die Lage des Innenquadrats die größte Schwierigkeit für die Kinder bei der Konstruktion des ersten Musters darstellt. So lassen 28 der 108 Schülerinnen und Schüler das Innenquadrat nicht mit den Seiten des Außenquadrats abschließen. In 13 Fällen liegen die Ecken des Innenquadrats nicht mittig auf den Seiten des Außenquadrats, dabei überschneiden sich vier dieser Schulanfängerinnen und Schulanfänger mit denen, mit vorheriger Abweichung. Bei zwei Schülerzeichnungen treffen sich die Seiten des Innenquadrats nicht und bilden daher auch keine Ecken. Insgesamt sind 43 der 63 Abweichungen (68,3%) bei der Musterkonstruktion von Muster 1 auf eine abweichende Lage der Teilmuster zurückzuführen.

Etwas weniger als ein Drittel aller Fehler (28,6%) bezieht sich auf die Form der Teilmuster. So wird die Form des Innenquadrats in neun Fällen nur vage wiedergegeben, in fünf Fällen werden die Ecken des Innenquadrats durch extra ‚Zacken' betont und in vier Fällen zeichnen Kinder anstatt des Innenquadrats, eine sternförmige Figur mit mehr als vier Spitzen.

Nur zwei Abweichungen sind auf die Anzahl der Teilmuster zurückzuführen. Einmal wird nur das Innenquadrat gezeichnet und die Teilform des äußeren Quadrats bleibt unberücksichtigt, zum anderen werden in einem Fall Teilmuster doppelt eingezeichnet, es wird hierbei nicht berücksichtigt, dass die vier Dreiecke in den Ecken des Außenquadrats aus dem bereits eingezeichneten Innenquadrat entstehen.

Muster 2 – Form, Anzahl und Lage der Teilmuster

Auch das zweite Muster wird von den Kindern in unterschiedlichem Maße korrekt rekonstruiert. Hierbei kann zwischen der Wiedergabe der ‚Form und Anzahl der Innenquadrate' und der ‚Lage der Innenquadrate' unterschieden werden. Um eine qualitativen Eindruck zu bekommen, wie unterschiedlich die Musterrekonstruktionen des zweiten Musters ausfallen, bietet die Abbildung 5.26 eine Übersicht einer Auswahl an Schülerzeichnungen des zweiten Musters.

Das Spektrum der Zeichnungen reicht hierbei von ganz groben Wiedergaben des Musters, wie sie beispielsweise insbesondere links oben in der Abbildung aufgeführt sind, bis zu die exakte Form, Anzahl und Lage der Quadrate berücksichtigenden Zeichnungen, wie sie rechts unten in der Abbildung vorzufinden sind. Bemerkenswert ist selbst bei den am wenigsten erfolgreichen Musterkonstruktionen, inwiefern hierbei dennoch einzelne Mustermerkmale von den Kindern berücksichtigt werden.

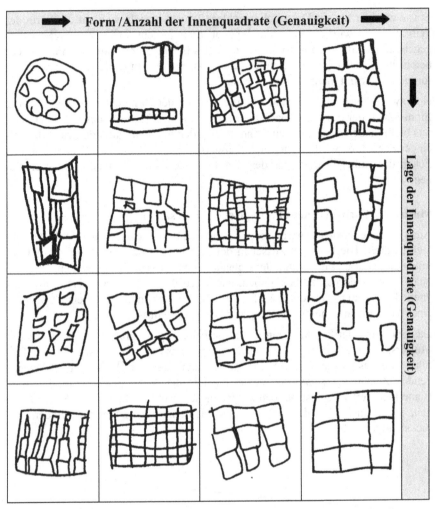

Abbildung 5.26 Musterrekonstruktionen mit verschiedener Genauigkeit der Form, Anzahl und Lage der Teilmuster (geometrisches Muster 2)

Battista et al. (vgl. 1998), die ebenfalls den strukturellen Umgang von Grundschulkindern mit vergleichbaren Quadratanordnungen betrachten, klassifizieren die Schülerprodukte der Kinder in Vorgehensweisen, welche die Reihen- und Spaltenstruktur 1) nicht berücksichtigen, 2) teilweise berücksichtigen und 3) vollständig berücksichtigen. Aus ihrer Untersuchung ziehen sie die Schlussfolgerung,

dass die Reihen- und Spaltenstruktur von den Kindern erst in das Material hineingedeutet werden muss, welches den Grundschülerinnen und Grundschülern nicht
immer gelingt. Die Autoren folgern hieraus, dass die Grundlage für ein Verständnis für die multiplikative Anzahlermittlung und Flächenformel bei einigen Kindern daher noch nicht gegeben ist. Outhred & Mitchelmore (vgl. 2000) leiten von
den Vorgehensweisen der Schülerinnen und Schüler bei einer ähnlichen Aufgabe
zum Konstruieren eines 3x4-Gitters ebenfalls Entwicklungslinien des Verstehens
der Flächenformel ab. Auch sie gehen hierbei die Schülerlösungen kategorisierend
vor und arbeiten die vier Ideen 1) complete covering, 2) spatial structure, 3) size
relations und 4) multiplicative structure als wesentliche Prinzipien des Flächenverständnisses heraus. Die vorgenommenen Einteilungen durch die Autoren erscheinen für die Untersuchung des Flächenverständnisses der Kinder zielführend
zu sein. Eine Übertragung der Kategorien auf die hier vorliegende Untersuchung
wird nicht für sinnvoll erachtet. In der vorliegenden Auswertung geht es vielmehr
darum, musterübergreifende Kategorien für die Rekonstruktionen der drei Mustervorlagen herauszuarbeiten und nicht, wie bei den anderen Untersuchungen, das
Flächenverständnis der Schulanfängerinnen und Schulanfänger in den Vordergrund zu stellen.

Ein quantifiziertes Bild der abweichenden Musterkonstruktionen der Schulanfängerinnen und Schulanfänger lässt sich durch Tabelle 5.14 erhalten.

Beim zweiten Muster stellen sich für die Schulanfängerinnen und Schulanfänger
erhebliche Schwierigkeiten in allen Bereichen der Konstruktion der Teilmuster
heraus. Insgesamt sind bei den 108 Schülerinnen und Schülern 187 Abweichungen
in den Musterrekonstruktionen zu verzeichnen und somit oft mehrere Abweichungen pro Schülerzeichnung vorzufinden.

Die meisten Abweichungen (38,0%) ergeben sich in Bezug auf die Anzahl der
Teilmuster. So achten die Schülerinnen und Schüler in 27 Fällen bei dem unstrukturierten Anordnen der Quadrate nicht auf die, dem Muster entsprechende Anzahl.
Auch beim reihen- und spaltenweisen Anordnen der Innenquadrate wird 17-mal
die Anzahl der Reihen und Spalten abweichend wiedergegeben. Bei 19 Schülerzeichnungen ist lediglich die Anzahl der Zeilen inkorrekt, die Anzahl der Reihen
im Außenquadrat beträgt korrekterweise drei. In sieben Fällen stimmt entgegenge-
setzt die Anzahl der Spalten, die Reihenanzahl jedoch nicht. Bei einer Musterwiedergabe werden die Teilmuster doppelt eingezeichnet, obwohl sie auseinander
resultieren. So wird einerseits ein Raster, andererseits zusätzliche Innenquadrate
eingezeichnet.

36,9% der Abweichungen sind auf Ungenauigkeiten in der Form der Teilmuster zurückzuführen. So entsprechen die eingezeichneten Kästchen nur sehr vage der Form eines Quadrats oder weisen in ihrer Größe erhebliche Unterschiede auf.

Ein Viertel der Abweichungen (25,1%) in den Musterkonstruktionen des zweiten Musters ist auf die Lage der Teilmuster zurückzuführen. In den meisten Fällen (24 von 47) werden die Innenquadrate unstrukturiert, das heißt, ohne eine konsequente Zeilen- und Spaltenstruktur, eingezeichnet. In 15 Schülerzeichnungen liegen die Innenquadrate in einem zu großen Abstand zueinander. Die Abweichung, dass das äußere Quadrat nicht vollständig durch die Innenquadrate ausgefüllt wird, liegt in acht Fällen vor.

Tabelle 5.14 Abweichungen hinsichtlich Form, Anzahl und Lage der Teilmuster (geometrisches Muster 2)

	Abweichung	Anzahl (Prozent)	
Form der Teilmuster	Nur vage die Form bzw. sehr unterschiedliche Größen der Teilmuster	69/69 (100,0%)	69/187 (36,9%)
Lage der Teilmuster	Die Innenquadrate weise keinen Strukturzusammenhang auf	24/47 (51,1%)	47/187 (25,1%)
	Die Kästchen liegen zu weit auseinander	15/47 (31,9%)	
	Das äußere Quadrat wird durch die inneren Quadrate nicht vollständig ausgefüllt	8/47 (17,0%)	
Anzahl der Teilmuster	Die Anzahl der unstrukturierten Innenquadrate ist nicht korrekt	27/71 (38,0%)	71/187 (38,0%)
	Die Anzahl der Reihen der Innenquadrate ist nicht korrekt, die Anzahl der Spalten stimmt	19/71 (26,8%)	
	Die Anzahl der Reihen und Spalten der Innenquadrate ist nicht korrekt	17/71 (23,9%)	
	Die Anzahl der Spalten der Innenquadrate ist nicht korrekt, die Anzahl der Reihen stimmt	7/71 (9,9%)	
	Teilmuster werden doppelt eingezeichnet	1/71 (1,4%)	

Muster 3 – Form, Anzahl und Lage der Teilmuster

Die Musterrekonstruktionen des dritten Musters fallen ebenfalls sehr heterogen aus, wie mit der folgenden Abbildung 5.27 verdeutlicht wird.

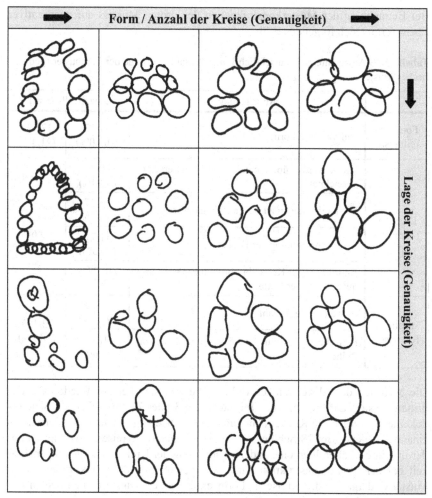

Abbildung 5.27 Musterrekonstruktionen mit verschiedener Genauigkeit der Form, Anzahl und Lage der Teilmuster (geometrisches Muster 3)

Auch beim dritten Muster werden die Merkmale der Form, Anzahl und Lage der Teilmuster von den Schulanfängerinnen und Schulanfängern mit unterschiedlicher Genauigkeit berücksichtigt, wobei die Schülerdokumente in der Abbildung 5.27 auch hier nur mögliche Beispiele darstellen, die in ihrer Einordnung keineswegs eindeutig und abschließend sind.

Bei Betrachtung der Musterkonstruktionen des dritten Musters auf quantitativer Ebene, ergibt sich folgendes Bild.

Tabelle 5.15 Abweichungen hinsichtlich Form, Anzahl und Lage der Teilmuster (geometrisches Muster 3)

	Abweichung	Anzahl (Prozent)	
Form der Teilmuster	Nur vage die Form	27/27 (100,0%)	27/127 (21,3%)
Lage der Teilmuster	Kreise werden übereinander und nicht versetzt gezeichnet	30/77 (39,0%)	77/127 (60,6%)
	Die Kreise liegen zu weit auseinander	28/77 (36,4%)	
	Andere Anordnung der Kreise	11/77 (14,3%)	
	Anordnung der Kreise in Form eines Dreiecks mit Loch in der Mitte	8/77 (10,4%)	
Anzahl der Teilmuster	Abweichende Anzahl	22/23 (95,7%)	23/127 (18,1%)
	Fortführung des Musters mit einer zusätzlichen Reihe	1/23 (4,3%)	

Die Mehrheit der Abweichungen (60,6%) bezieht sich bei der Wiedergabe des dritten Musters auf die Lage der Teilmuster. In 30 der 77 abweichenden Schülerdokumente werden die Kreise nicht zueinander versetzt gezeichnet, sondern übereinander liegend. Bei 28 Schülerzeichnungen liegen die Kreise zu weit auseinander und in elf Fällen liegt eine andere Anordnung der Kreise vor. Die Ungenauigkeit bei der Musterkonstruktion wirkt sich desweiteren darin aus, dass in acht Musterwiedergaben die Kreise in Form eines Dreiecks mit einem Loch in der Mitte angeordnet sind.

Die Abweichungen, welche die Form der Teilmuster betreffen, beziehen sich auf die lediglich sehr vage eingezeichnete Form der Kreise. In 21,3% der vorliegenden Abweichungen können die Schülerinnen und Schüler die Kreisform daher nach den Auswertungsrichtlinien nicht exakt genug wiedergeben.

Die Anzahl der Teilmuster wird in 18,1% der Abweichungen nicht vollständig berücksichtigt. So zeichnen 23 Schülerinnen und Schüler eine abweichende Anzahl an Kreisen in das Muster ein. Wobei einer dieser Schüler das Muster systematisch durch eine weitere Kreisreihe fortsetzt.

Für die drei Muster kann insgesamt festgehalten werden, dass Schwierigkeiten mit der Form, Lage und Anzahl der Teilmuster alle zu einem wesentlichen Anteil vorkommen und, dass ihre Häufigkeiten von dem konkreten Aufbau der einzelnen Muster abzuhängen scheinen. Während die Anzahl beispielsweise beim ersten Muster erst gar nicht zum erheblichen Problem werden kann, ist sie beim zweiten und dritten Muster, bedingt durch die höhere Anzahl an Teilmustern, ein erheblich häufiger auftretendes Ungenauigkeitskriterium bei den Musterwiedergaben. Zwischen den drei Mustern können ebenfalls beachtliche Unterschiede in den Schwierigkeiten hinsichtlich der Form der Teilmuster festgestellt werden. Während in lediglich 18 Fällen Schwierigkeiten mit der genauen Form der Teilmuster beim ersten Muster auftreten, sind beim zweiten Muster 69 diesbezügliche Ungenauigkeiten zu verzeichnen. Die Lage der Teilmuster stellt insgesamt die größte Schwierigkeit für die Schulanfängerinnen und Schulanfänger dar. Doch auch der hier vorliegende Anteil ist abhängig von den konkreten Mustern, beim zweiten Muster tauchen in diesem Zusammenhang mit 38,0% die meisten Abweichungen auf.

5.2.4 Zusammenfassung

Mittels der Analyse der Schülerdokumente anhand der drei Beobachtungskategorien ‚Teilmusterwahrnehmung', ‚Teilmusterstrukturierung' und ‚Musterrekonstruktion' kann ein erhebliches Verständnis der Kinder für die vorliegenden geometrischen Muster und Strukturen herausgestellt werden.

Teilmusterwahrnehmung

Als erster Schritt der Musterwiedergabe muss die Mustervorlage in ihren Teilmustern wahrgenommen werden, um sie überhaupt erst erfassbar und rekonstruierbar zu machen. Anhand der Zeichnungen der Kinder wird deutlich, dass allen 108 Schulanfängerinnen und Schulanfängern eine ‚Teilmusterwahrnehmung' gelingt, da ihre Zeichnungen aus mindestens einer Form der Mustervorlage bestehen. In der Untersuchung gibt es daher kein Kind, welches versucht, das Muster auf eine andere Art als über die herausgelösten Teilmuster zu rekonstruieren oder welches überhaupt keine Musterrekonstruktion eingehen kann.

Teilmusterstrukturierung

Die Strukturierung der Teilmuster erfolgt sowohl auf der Ebene der Strukturdeutung, unter dem Gesichtspunkt, ob die einzelne Teilmuster bei der Wiedergabe des Musters für sich stehen oder auseinander resultieren, sowie der Ebene der Musterdeutung, welche die Deutungen hinsichtlich des übergreifenden Zusammenhangs der Teilmuster in Bezug auf das Gesamtmuster betrifft.

Strukturdeutung

Die Aufgabenbearbeitungen zeigen eine weite Spannbreite an Strukturdeutungen der Schulanfängerinnen und Schulanfänger auf. Tabelle 5.16 verdeutlicht die unterschiedlichen Strukturdeutungen, wobei sich erneut (vgl. Kapitel 5.1) auf das Konstrukt der visuellen Strukturierungsfähigkeit nach Söbbeke (vgl. 2005, 345ff.) bezogen wird (vgl. Kapitel 3.2.3).

Die Schülerinnen und Schüler der Untersuchung deuten die Teilmuster der drei Mustervorlagen sowohl in ihren *Einzelelementen* (Teilmuster stehen für sich) als auch, wenn möglich, in *größeren Struktureinheiten* (Teilmuster resultieren auseinander) und weisen immer einen zumindest *geringen Bezug zu den intendierten Strukturen der Mustervorlage* auf (Beispiel Muster 2: einzelne Merkmale der Anordnungsstruktur der Innenquadrate werden verfolgt). Meistens entsprechen die Musterwiedergaben den *intendierten Strukturen* (Beispiel Muster 2: Reihen- und Spaltenstruktur wird verfolgt), teilweise weisen sie auch einen Bezug zu *individuellen Strukturdeutungen* der Kinder auf (Beispiel Muster 2: einzelne Teilmuster werden hervorgehoben).

Bedingt durch die Strukturen der Ausgangsmuster sind nicht immer alle Typen der Strukturdeutung realisierbar (vgl. Tabelle 5.16). Beim dritten Muster sind generell keine Deutungen größerer Strukturgruppen vorstellbar, da die Teilmuster nicht auseinander resultieren können. Beim ersten Muster sind keine individuellen Strukturdeutungen möglich, die eine Auswahl der Teilmuster in ihrer Position hervorheben.

Dass den Strukturdeutungen von Einzelelementen weitere Strukturierungsprozesse zugrunde liegen, wird in der Tabelle nicht deutlich. Hier sei auf die entsprechenden Analysen der Strukturierungen der Teilmuster im vorangehenden Kapitel in Zusammenhang mit den Mustern 2 und 3 verwiesen.

Tabelle 5.16 Strukturdeutungen der Schulanfängerinnen und Schulanfänger bei der Rekonstruktion der geometrischen Muster

Strukturdeutung	Beispiel: Muster zeichnen			
	Beschreibung	Muster 1	Muster 2	Muster 3
Deutung von Einzelelementen, kein oder nur geringer Bezug zu intendierten Strukturen des Musters	Die einzelnen Teilmuster stehen für sich. Die intendierten Strukturen werden in geringem Maße wiedergegeben.			
Deutung von Einzelelementen, Bezug zu intendierten Strukturen des Musters	Die einzelnen Teilmuster stehen für sich. Die intendierten Strukturen des Musters werden (weitestgehend) aufgegriffen.			
Deutung von größeren Struktureinheiten, Bezug zu intendierten Strukturen des Musters	Die Teilmuster werden in größeren Struktureinheiten gedeutet, so dass diese auseinander resultieren. Die intendierten Strukturen werden aufgegriffen.			-
Deutung von größeren Struktureinheiten, Bezug zu individuellen Strukturen des Musters	Die Teilmuster werden in größeren Struktureinheiten gedeutet, so dass diese auseinander resultieren. Es werden individuelle Strukturen in das Muster hineingedeutet.	-		-

Musterdeutung

Die Schülerzeichnungen machen auf verschiedene Musterdeutungen der Kinder aufmerksam. Über ein allgemeines Musterverständnis scheinen alle Schulanfängerinnen und Schulanfänger der Untersuchung zu verfügen. So versuchen alle Kinder, die Musterwiedergabe dem Ausgangmuster nachzuempfinden und ausgewählte geometrische Merkmale und Regelmäßigkeiten in ihren Zeichnungen aufzugreifen. *Musterunberücksichtigende Deutungen* kommen daher bei den Schülerinnen und Schülern der Untersuchung hinsichtlich dieser Testaufgabe nicht vor. Differenziert werden kann bei den zu beobachtenden Musterdeutungen zwischen 1) merkmalorientierten Deutungen, 2) musterwiederholenden Deutungen und 3) mustererweiternden Deutungen (vgl. Tabelle 5.17).

Bei den *merkmalorientierten Deutungen* werden einzelne Merkmale der Muster isoliert betrachtet und somit die Muster lediglich in Ansätzen wiedergegeben. Diese Deutungsweise wird beispielsweise in Zusammenhang mit Muster 3 bei mehreren Schulanfängerinnen und Schulanfängern deutlich, die sich bei der Anordnung der Kreise ausschließlich auf die Anordnung dieser in Form eines Dreiecks beziehen und die restlichen Merkmale außer Betracht lassen (vgl. Tabelle 5.17).

Die Musterrekonstruktionen, welche das Muster 1-zu-1 wiedergeben, liegen einer *musterwiederholenden Deutung* zugrunde. Ausgehend von der Mustervorlage berücksichtigen die Kinder alle Teilformen des Musters und deren ungefähre Form, Anzahl und Lage bzw. Anordnung. In Tabelle 5.17 sind diesbezüglich besonders exakte Beispiele aufgeführt. Denkbar sind jedoch auch Schülerzeichnungen, bei denen die Rekonstruktion fehlerhaft durchgeführt wird und sich beispielsweise Schwierigkeiten mit einzelnen Teilmustern und ihrer Form oder Lage ergeben. Solche Probleme scheinen insbesondere auf die Konstruktionsfähigkeiten der Kinder zurückzuführen und nicht auf ihre Musterdeutung.

Vielmehr auf die allgemeine Musterstruktur und ihre Entwicklung als auf das exakte Kopieren des Musters sind die Kinder gerichtet, welche die Musterstruktur in allgemeiner Form korrekt wiedergeben (*mustererweiternde Deutung*), jedoch die Mustervorlage nicht identisch reproduzieren wie es bei der musterwiederholenden Deutung der Fall ist. In Zusammenhang mit Muster 2 gehen einige Kinder der Anordnung der Quadrate auf erweiternde Weise nach, indem sie mehrere Reihen und Spalten entstehen lassen, ohne auf deren genaue Anzahl zu achten. Vier Kinder gehen der Strukturierung des äußeren Quadrats in genau vier Spalten und Reihen nach, sodass eine einheitliche Vergrößerung des Musters entsteht. Die Intention bzw. die Musterdeutung der Kinder ist hierbei jedoch nicht eindeutig. Es könnte auch sein, dass diese Vorgehensweisen einem Fehler der Kinder zugrunde

liegen, welche nicht beachten, dass einzelne Teilformen in mehreren Strukturgruppen des Musters auftauchen (vgl. Kapitel 5.2.3) und sie somit eine Reihe und
eine Zeile zu viel einzeichnen. Das dritte Muster wird auf diese mustererweiternde
Weise nur von einem Schüler, wie in Tabelle 5.17 dargestellt, umgesetzt.

Tabelle 5.17 Musterdeutungen der Schulanfängerinnen und Schulanfänger bei der Rekonstruktion der geometrischen Muster

Musterdeutung	Beispiel: Muster zeichnen			
	Beschreibung	Muster 1	Muster 2	Muster 3
Musterunbe-rücksichtigende Deutung	Keine Orientierung an Merkmalen des Musters	-	-	-
Merkmalorien-tierte Deutung	Orientierung an einzelnen Merkma-len des Musters			
Musterwieder-holende Deu-tung	Orientierung an allen Merkmalen des Musters, 1-zu-1-Wiedergabe			
Mustererwei-ternde Deutung	Orientierung an allen Merkmalen des Musters, erwei-ternde Wiedergabe	–		

Musterrekonstruktion

Bei der Bewertung der Schülerzeichnungen zwischen dem Grad der Berücksichtigung der Form, Anzahl und Lage der Teilmuster zu unterscheiden, erweist sich bei

der Analyse der Schülerdokumente als sehr geeignet, da Ungenauigkeiten bei allen drei Mustern in den Wiedergaben genau verortet und klassifiziert werden können.

Zusammenhänge zwischen den jeweiligen individuellen Abweichungen der Schülerinnen und Schüler von den Mustervorlagen sind dabei nur zu einem geringen Anteil zu beobachten. Nur bei zwei Kindern sind durchgängige Abweichungen hinsichtlich der Form der Teilmuster gegeben. Gegenüber 19 Schülerinnen und Schülern, die beim zweiten und dritten Muster eine fehlerhafte Anzahl an Teilmustern zeichnen, geben 56 Kinder entweder nur beim zweiten oder beim dritten Teilmuster eine inkorrekte Anzahl an Teilmustern wieder. Lediglich 25 der 89 Schülerinnen und Schüler, die zumindest bei einem Muster Schwierigkeiten bei der korrekten Wiedergabe der Lage der Teilmuster haben, haben diese konsequent über die drei verschiedenen Muster hinweg.

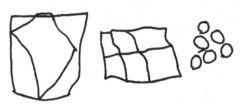

Abbildung 5.28 Linus' Musterwiedergaben zeigen jeweils unterschiedliche Abweichungen von den geometrischen Mustervorlagen auf

Die Unterschiedlichkeit der Abweichungen der Musterwiedergaben einzelner Kinder kann anhand der Aufgabenbearbeitung von Linus beispielhaft veranschaulicht werden (vgl. Abbildung 5.28). So lassen sich, bezogen auf die Bewertungskriterien (vgl. Tabelle 5.12), alle seine Musterrekonstruktionen aufgrund von verschiedenen Abweichungen als abweichend einordnen.

Beim ersten Muster liegt eine Abweichung in der Form der Teilmuster (inneres Quadrat hat nur vage die Form der Mustervorlage), beim zweiten Muster in der Anzahl der Teilmuster (6 anstatt 9 Innenquadrate) und beim dritten Muster in der Lage der Teilmuster (Kreise liegen zu weit auseinander) vor.

Der Vorteil der strengen Bewertungskriterien, die Schülerdokumente genau zu klassifizieren und Ungenauigkeiten konkret herausstellen zu können, wird jedoch zum Nachteil, wenn eine Rückfolgerung auf die Erfolgsquoten im Umgang mit den geometrischen Mustern und Strukturen rein auf dieser Kriterienbasis beruht. So wird aus Linus' Musterwiedergaben, oder auch der Musterrekonstruktionen von Zehda (vgl. Abbildung 5.29) deutlich, dass trotz niedriger Erfolgsquoten deutliche Fähigkeiten

Abbildung 5.29 Zehda zeigt trotz niedriger Erfolgsquoten ein Grundverständnis für die geometrischen Muster und Strukturen auf

hinsichtlich des Verständnisses für geometrische Muster und Strukturen bei den Schulanfängerinnen und Schulanfängern vorliegen können. So können die beiden Kinder beispielsweise, auch wenn nicht alle, viele Struktur- und Mustermerkmale zumindest in Ansätzen wiedergeben.

Inwiefern die Abweichungen lediglich auf weniger ausgeprägte Zeichenfertigkeiten der Schulanfängerinnen und Schulanfänger zurückzuführen sind und nicht auf das Muster- und Strukturverständnis im Allgemeinen, kann oftmals anhand der vorliegenden Schülerdokumente nicht genauer ausgemacht werden. Zudem ist zu berücksichtigen, „dass die Kinderzeichnung nicht ohne Weiteres als Nachaußenverlegung interner visueller Speicherungen betrachtet werden kann. Verschiedene interne Anweisungen kombinieren sich zu einem Ergebnis der Zeichnung, das so nur auf dem Papier zu Stande kommt. Verbale, visuelle und motorische Skripts kombinieren sich in einer Weise, bei der die einzelnen Komponenten nur unter speziellen Bedingungen isoliert werden können." (Schuster 2000, 92). Solche Bedingungen liegen bei der hier gegebenen Untersuchung nicht vor. Es erscheint jedoch lohnenswert, im Rahmen weiterer Studien genauer zu prüfen, welche Diskrepanzen zwischen den zeichnerischen Rekonstruktionen der Kinder und ihrem Bewusstsein für die geometrischen Muster und Strukturen vorliegen.

Die bewertenden Anmerkungen der Schülerinnen und Schüler bezüglich ihrer Zeichnungen lassen jedoch wiederrum auch beobachten, dass einige Kinder ihre konkreten Fehler, oder zumindest die allgemeine Abweichung ihrer Zeichnung von der Mustervorlage, von alleine bemerken. Das stellt auch Eichler (vgl. 2004, 14) bei den Schulanfängerinnen und Schulanfängern seiner Studie fest, welche die Aufgabe hatten Figuren abzuzeichnen. So ist es „selbst Vorschulkindern [ist] völlig bewusst, dass die Welt nicht so aussieht wie ihre eigene Kinderzeichnung" (Schuster 2000, 52).

In den meisten Fällen lassen die Kinder ihre abweichenden Musterrekonstruktionen dennoch als Endprodukte stehen, ohne zu versuchen, diese zu korrigieren. So verweist Thea beim Zeichnen von Muster 3 beispielsweise eher nebensächlich darauf, dass einige ihrer Kreise von der Vorlage abweichen. Sie merkt nach dem Zeichnen des rechten Kreises der zweiten Reihe (siehe Abbildung 5.30) an: „Oh, der ist ein bisschen krumm geworden". Beim obersten Kreis deutet sie lachend auf diesen und stellt fest, dass er etwas zu groß geraten sei. So ist sich Thea über die Abweichung in der Realisierung der Form der Teilmuster bewusst, fühlt sich jedoch nicht dazu veranlasst, diese zu korrigieren. Hiervon ausgehend stellen die Schülerdokumente lediglich ein Min-

Abbildung   5.30 Theas Rekonstruktion   des   dritten geometrischen Musters

destmaß an Kompetenzen der Schulanfängerinnen und Schulanfänger dar und somit sind auch die Erfolgsquoten der Schülerinnen und Schüler stets als Mindestwerte zu interpretieren.

In welchem Maß die Kinder die Mustervorlagen in ihren Zeichnungen rekonstruieren können, variiert insbesondere zwischen den einzelnen Schülerinnen und Schülern. Doch auch innerhalb der Musterwiedergaben eines Kindes kann es zu erheblichen Unterschieden kommen. Durch die Schülerdokumente von Jannick und Kathrin werden intraindividuelle Verschiedenheiten bei den Musterrekonstruktionen herausgestellt. Die Zeichnungen von Murat und Elisa verdeutlichen exemplarisch mögliche interindividuelle Unterschiede der Schülerinnen und Schüler bei der Wiedergabe der geometrischen Muster (vgl. Tabelle 5.18).

Tabelle 5.18 Intra- und interindividuelle Unterschiede bei der Rekonstruktion der geometrischen Muster

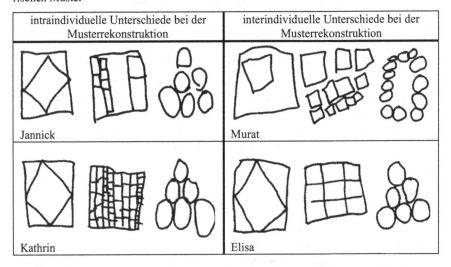

intraindividuelle Unterschiede bei der Musterrekonstruktion	interindividuelle Unterschiede bei der Musterrekonstruktion
Jannick	Murat
Kathrin	Elisa

Während Jannick und Kathrin jeweils das Muster 1 und 3 fehlerfrei wiedergeben, haben beide Kinder mit der Rekonstruktion des zweiten Musters Schwierigkeiten und können die Mustervorlage hier nur ansatzweise rekonstruieren. Der Vergleich der Schülerdokumente von Murat und Elisa macht die große Spannbreite in der Genauigkeit der Musterwiedergaben zwischen den Schulanfängerinnen und Schulanfängern deutlich. Murat gelingt es bei allen drei Mustern lediglich allgemeine Mustermerkmale zu rekonstruieren. Die Form, Anzahl und Lage der Teilmuster weisen erhebliche Ungenauigkeiten auf. Demgegenüber rekonstruiert Elisa alle drei Muster ohne nennenswerte Abweichungen.

5.3 Punktefelder bestimmen

Anhand der Bearbeitungen der Aufgabe zur Anzahlbestimmung der Punkte im Zwanziger-, Hunderter- und Tausenderfeld (Aufgabe ‚A3a: Punktefelder bestimmen') wird im Folgenden analysiert, wie die Schulanfängerinnen und Schulanfänger das geometrisch geprägte Anschauungsmaterial in seinen Mustern und Strukturen nutzen und welchen arithmetischen Mustern und Strukturen sie parallel dazu nachgehen, um die Punkteanzahlen zu ermitteln.

Zunächst werden die Anzahlbestimmungen der Schülerinnen und Schüler bezüglich des Zwanzigerfelds (Kapitel 5.3.1), des Hunderterfelds (Kapitel 5.3.2) und des Tausenderfelds (Kapitel 5.3.3) separat dargestellt und analysiert. Daran anschließend werden Gemeinsamkeiten und Unterschiede zwischen den Erfolgsquoten und Vorgehensweisen der Kinder bei den Anzahlermittlungen der unterschiedlichen Punktemengen anhand der Beobachtungskategorien ‚Teilmusterwahrnehmung', ‚Teilmusterstrukturierung' und ‚Musteranwendung' gebündelt und diskutiert (Kapitel 5.3.4).

Die Anforderung der Aufgabe besteht darin, die jeweiligen Punkteanzahlen der drei Punktefelder zu bestimmen, wobei beim Hunderter- und Tausenderfeld das ‚Abzählen in Einerschritten' aufgrund der hohen Punkteanzahlen keine geeignete Strategie darstellt und andere Vorgehensweisen der Anzahlermittlung gefordert sind. Die (Zehner-)strukturierte Anordnung der Punkte bietet den Kindern die Möglichkeit, diese zur (geschickten) Anzahlermittlung der jeweiligen Punktefelder heranzuziehen, oder aber auch die jeweiligen Strukturen der Punktefelder zueinander in Beziehung zu setzen und ausgehend von den ermittelten Anzahlen der um eins kleineren Punktefelder, die Punktanzahlen der größeren Punktefelder zu erschließen. So ist das Zwanzigerfeld Bestandteil des danach vorgelegten Hunderterfelds, das Tausenderfeld besteht wiederrum aus zehn Hunderterfeldern. Desweiteren verfügen die Punktefelder über eine Flächenstrukturierung, welche die Felder in jeweils kleinere Teilfelder gliedert. Diese vorgegebenen, aber auch individuell in das Material hineingedeutete Strukturen, können von den Kindern zur Anzahlermittlung genutzt werden.

5.3.1 Aufgabenauswertung: Zwanzigerfeld

Das folgende Kapitel konzentriert sich auf die Analyse der Punkteermittlungen der Schulanfängerinnen und Schulanfänger bezüglich des Zwanzigerfelds. Aufgrund der inhaltlichen Gewichtung dieses Zahlenraums im Anfangsunterricht werden die diesbezüglichen Ergebnisse im Vergleich zu den Auswertungen der zwei größeren Punktefelder besonders umfangreich dargestellt.

Die folgende Übersicht der zentralen Auswertungsergebnisse stellt die Erfolgsquoten und Vorgehensweisen der Kinder bei der Anzahlermittlung der Punkte im
Zwanzigerfeld dar.

Aufgabe A3a: Punktefelder bestimmen – Zwanzigerfeld

Aufgabenstellung:

„Schau mal – so viele Punkte. Wie viele Punkte sind das? Kannst du das herausfinden?"
Wenn das Kind die Anzahl der Punkte nicht bestimmen kann, wird es dazu aufgefordert,
die Punkteanzahl zu schätzen bzw. zu raten.

Erfolgsquoten: korrekte Aufgabenbearbeitungen*: 70 (64,8%)

keine Bearb.: 0 (0%)

* Die Bearbeitung wird als richtig gewertet, wenn die Lösung ‚zwanzig' beträgt

Vorgehensweisen:

Vorgehensweise		Anzahl (Prozent)		Erfolgsquote (Prozent)
Abzählen in Einerschritten		75 (69,4%)		45/75 (60,0%)
Abzählen in größeren Schritten	Abzählen in Zweierschritten	4 (3,7%)	3 (2,8%)	2/3 (66,7%)
	Abzählen in Einer- und Zweier-schritten (Mischform)		1 (0,9%)	1/1 (100%)
Rechnen	Additives Verdoppeln	23 (21,3%)	21 (19,4%)	16/21 (76,2%)
	Multiplikatives Verdoppeln		1 (0,9%)	1/1 (100%)
	Wiederholtes Addieren der Fünf		1 (0,9%)	1/1 (100%)
Schätzen	Schätzen als Strategieidee der Kinder	2 (1,9%)	2 (1,9%)	0/2 (0%)
	Keine eigene Strategieidee, Aufforderung, zu schätzen		0 (0%)	-
Nicht erkenntlich		4 (3,7%)		4/4 (100%)

Abbildung 5.31 Übersicht der Auswertungsergebnisse der Aufgabe A3a: Punktefelder –
Zwanzigerfeld

Es kann festgehalten werden, dass ungefähr zwei Drittel der Kinder der Untersuchung (64,8%) die Anzahl der Punkte im Zwanzigerfeld korrekt bestimmen können. Dabei ist zu beachten, dass dieser Prozentsatz jene Kinder ausschließt, welche die Punkte zunächst, ohne diese anzutippen (eine besonders fehleranfällige Strategie wie Caluori (vgl. 2004, 252) für Kindergartenkinder herausstellt), fehlerhaft abzählen und anschließend – auf Nachfrage der Interviewerin, ihr Vorgehen zu zeigen – die Punkteanzahl durch Zuhilfenahme der Finger richtig ermitteln. Aus Zeitgründen werden in den Interviews die Kinder mit abweichenden Anzahlermittlungen nur teilweise dazu aufgefordert, ihren Abzählprozess vorzuführen oder einen erneuten Abzählversuch einzugehen. Aus diesem Grund werden diese Zweitversuche konsequent nicht in die Erfolgsquote mit aufgenommen. Wie viel höher demnach der Prozentsatz der Kinder liegt, der die 20 Punkte nach weiteren Versuchen hätte abzählen können, kann aufgrund der vorliegenden Untersuchung nicht angegeben werden. Eine Verwendung der Aufgabe im Rahmen von Unterricht und individueller Förderung würde diesem Aspekt naturgemäß weitaus mehr Aufmerksamkeit zukommen lassen.

Abbildung 5.32 gibt die korrekten und abweichenden Anzahlermittlungen der Schülerinnen und Schüler unter Berücksichtigung ihrer Häufigkeiten an.

Abbildung 5.32 Übersicht der Anzahlermittlungen im Zwanzigerfeld

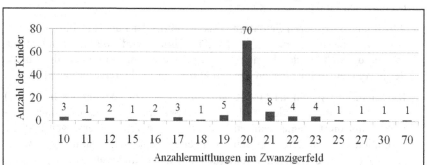

Es fällt auf, dass die Fehllösungen gehäuft unmittelbar um die Zwanzig herum auftreten. Grund dafür sind meist typische Zählfehler. So zählen die Kinder nicht selten Punkte mehrfach, lassen Punkte beim Zählen aus oder gehen einer fehlerbehafteten Zahlwortreihe nach, sodass die fehlerhaften Ergebnisse oft nur geringfügig von der richtigen Lösung abweichen.

An dieser Stelle soll nur exemplarisch auf solche Zählfehler eingegangen werden, eine detaillierte Auseinandersetzung mit Zählfehlern ist in Zusammenhang mit der

Auswertung der Aufgaben ‚A1a: Zahlenreihe vorwärts' und ‚A1e: Anzahlbestimmung' (vgl. Kapitel 6.1) gegeben.

Kadir zeigt beispielsweise beim Zählprozess auf den vierten Punkt, weist diesem jedoch kein Zahlwort zu und fährt mit der Zahlwortreihe (weiterzählend bei ‚vier') erst fort, als er anschließend auf den fünften Punkt zeigt. Kevin zieht seinen Zählfehler von Aufgabe ‚A1a: Zahlenreihe vorwärts' auch hier konsequent durch. Er zählt „…,13, 14, 14, 17, 18, 19, 20, 21" und kommt, bedingt durch die fehlerhafte Zahlwortreihe, auf die Lösung 21. Durch das abweichende Aufsagen der Zahlwortreihe kommt auch Murat zu der sehr hohen Anzahlermittlung 70. Er zählt die Punkte dabei folgendermaßen ab: „…14, 15, 16, 21, 23, 24, 70".

Fehler anderer Strategien als dem Abzählen in Einerschritten werden in Zusammenhang mit der Darstellung der jeweiligen Strategie in den folgenden Teilkapiteln aufgezeigt.

Die Vorgehensweisen der Schulanfängerinnen und Schulanfänger können konsequent über die drei unterschiedlichen Punktefelder hinweg vier verschiedenen Strategien zugeordnet werden. Dabei werden die Strukturen der Punktefelder auf verschiedene Weise genutzt:

- **Abzählen in Einerschritten:** Die Punkte werden nacheinander, Punkt für Punkt, in Einerschritten abgezählt. Die Abzählreihenfolge richtet sich hierbei oft nach den Punktefeldstrukturen.

- **Abzählen in größeren Schritten:** Das Abzählen der Punkte erfolgt in Schritten größer als eins. Die Größe der Zählschritte wird von den Kindern bestimmt, die sich bei der Abzählreihenfolge und Zusammenfassung der Punkte der jeweiligen Teilmengen an den Strukturen der Punktefelder orientieren.

- **Rechnen:** Die Anzahl der Punkte wird durch eine bzw. mehrere Rechnung(en) ermittelt. Hierbei werden Teilpunktemengen mit Rechenoperationen verknüpft, um die Gesamtanzahl zu bestimmen. Die Teilpunktemengen und die Operationen werden oft von den intendierten Punktefeldstrukturen, teilweise aber auch von individuellen Strukturdeutungen der Kinder abgeleitet.

- **Schätzen:** Die Punkteanzahl wird durch eine Schätzung, die mehr oder weniger auf gegebenen Stützpunktvorstellungen der Schülerinnen und Schüler basiert, angegeben.

Bei der Anzahlermittlung im Zwanzigerfeld lassen sich fast alle Vorgehensweisen der Schulanfängerinnen und Schulanfänger der ersten und dritten Strategie zuordnen. 69,4% der Schülerinnen und Schüler versuchen, die Aufgabe durch ‚Abzählen in Einerschritten' zu lösen. 21,3% der Kinder ermitteln die Anzahl der Punkte durch eine Rechnung. Die restlichen Kinder ermitteln die Punkteanzahl, sofern ihr

Vorgehen nachvollzogen werden kann, mit der Strategie ‚Abzählen in größeren Schritten' oder durch einen Schätzversuch. Im Folgenden wird der Umgang der Kinder mit den jeweiligen Strategien genauer betrachtet und die Strukturnutzungen der Schülerinnen und Schüler bezüglich des Zwanzigerfelds analysiert.

Abzählen in Einerschritten

Die weite Mehrheit der Kinder (69,4%) bestimmt die Anzahl der Punkte mittels Abzählens in Einerschritten. Bei den dazugehörigen Vorgehensweisen der Kinder kann beobachtet werden, dass sich alle Schülerinnen und Schüler nach einer Anordnungsstruktur der Punkte orientieren, der sie beim Abzählen nachgehen. Es gibt daher kein Kind, welches die Punkte in einer ganz willkürlichen Reihenfolge abzählt, wie es etwa Scherer (vgl. 1995, 178) bei einigen lernbehinderten Kindern beobachtet.

Mehr als ein Drittel der Kinder, welche die Strategie ‚Abzählen in Einerschritten' verfolgen und deren konkrete Vorgehensweisen eindeutig nachzuvollziehen sind (28 von 64 Kindern), zählen die Punkte reihenweise, gemäß der zwei 10er-Reihen. Meistens zählen die Schulanfängerinnen und Schulanfänger (23 der 28 Kinder) hierbei erst die Punkte der oberen Reihe und anschließend die, der unteren Reihe. Die Abzählrichtung (links nach rechts bzw. rechts nach links) variiert dabei. Von einem etwas geringeren Anteil der Kinder (24 von 64 Kindern) wird die Struktur des Zwanzigerfelds genutzt, um die Punkte spaltenweise zu zählen. Auch hierbei gehen die Kinder verschiedenen Abzählrichtungen nach. Wiederum andere Kinder (9 von 64 Kindern) zählen zunächst die ersten fünf linken oder rechten Punkte in einer Reihe (meistens der oberen) und daran anschließend die fünf darunterliegenden bzw. darüberliegenden Punkte, um danach, mit gleicher Strategie, die von diesen Punkten abgesetzten weiteren zehn Punkte dazu zu zählen. Zwei Kinder wenden eine Mischform des zeilen- und spaltenweisen Abzählens an. Ein weiteres Kind legt das Zwanzigerfeld vertikal vor sich hin und zählt die zwei jeweils nebeneinanderliegenden Punkte von unten nach oben ab. Die Kinder erfassen in jedem Fall die geometrische Struktur des Zwanzigerfelds und nutzen diese für ihre Abzählreihenfolge. Im Abzählprozess dient die Strukturierung der Punkte dazu, Überblick über die bereits gezählten und die noch ausstehenden Punkte zu behalten.

Tabelle 5.19 Vorgehensweisen beim Abzählen der Punkte im Zwanzigerfeld

Reihenweises Abzählen (10er-Reihe)	Reihenweises Abzählen (5er-Reihe)	Mischform (reihenweises und spaltenweises Abzählen)	Spaltenweises Abzählen	Andere
8	3	2	14	1
7	3		6	
7	1		2	
3	1		1	
1	1		1	
1				
1				

Tabelle 5.19 gibt eine Übersicht der insgesamt 19 unterschiedlichen ,Lesearten' des Zwanzigerfelds, die beim Abzählen in Einerschritten von den Schulanfängerinnen und Schulanfängern verfolgt werden. Die genaue Abzählreihenfolge kann nicht bei allen Kindern eindeutig erfasst werden und so beschränken sich die Tabelle sowie die zuvor angegebenen Daten auf die Punktefeldstrukturierungen von 64 der 75 Schülerinnen und Schüler, welche die Anzahl der Punkte in Einerschritten zählend ermitteln. Die Zahlen rechts unten in den Zellen beziehen sich auf die Häufigkeiten der einzelnen Vorgehensweisen.

Die verschiedenen Vorgehensweisen der Schülerinnen und Schüler verdeutlichen, dass Darstellungsmittel – in diesem Fall das Zwanzigerfeld – von Kindern unterschiedlich gelesen werden und somit nicht eindeutig hinsichtlich einer Lesart sind (vgl. Schipper 1982, 109; Voigt 1990; Steinbring 1994; Scherer 1995, 178ff.; Benz 2005, 132ff.).

Dass die Kinder ihre Nutzung der Punktefeldstrukturen zu einem gewissen Maße reflektieren, wird am Beispiel von Jessikas Vorgehen deutlich. Jessika zählt zunächst die Punkte im Zwanzigerfeld spaltenweise. Nachdem sie den sechsten Punkt gezählt hat, fängt sie – ohne, dass sie sichtbar in ihrem Zählprozess durcheinander kommt – mit einer anderen Strukturierung des Zwanzigerfelds mit dem Zählen noch mal von Neuem an.

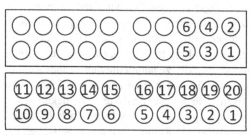

Diesmal zählt sie die Punkte reihenweise (vgl. Abbildung 5.33). Es scheint, dass die Schülerin diese zweite Vorgehensweise in dem gegebenen Moment als sicherer oder einfacher erachtet – möglicherweise, weil sie bei der zweiten Variante nicht mehr nach jedem zweiten Punkt im Feld von oben nach unten springen muss.

Abbildung 5.33 Jessikas Wechsel der Vorgehensweise bei der Strukturierung des Zwanzigerfelds

Auch wenn viele der Schülerinnen und Schüler das Material direkt in ihre Anzahlermittlungen einbeziehen, ist dennoch zu berücksichtigen, dass es auch Kinder in der Untersuchung gibt, die das Zwanzigerfeld in ihrem Abzählprozess nicht gebrauchen und die Veranschaulichung der Anzahlen mit ihren Fingern bevorzugen. Daniel und Thea gehen dementsprechend vor.

Daniel ermittelt fälschlicherweise, dass auf jeder Seite des Zwanzigerfelds acht Punkte gegeben sind. Er verweist auf die dazugehörige Aufgabe ,8 und 8' und versucht, das Ergebnis dieser Rechnung zu ermitteln. Zur Bewältigung dieser

Aufgabe nimmt Daniel seine Finger zur Hilfe. Das Lösen der Rechnung mittels Weiterzählens fällt Daniel sichtlich schwer. Letztendlich löst er die Aufgabe mit Hilfe seiner Finger, ohne das Zwanzigerfeld weiter zu beachten. Für ihn stellen die Finger zu dem gegebenen Zeitpunkt eine zugänglichere Hilfe als das Zwanzigerfeld dar.

Thea versucht anfangs die Anzahl der Punkte des Zwanzigerfelds durch das Zählen an ihren Fingern festzuhalten. Nachdem sie alle Punkte einer 10er-Reihe mit ihren Finger darstellt bzw. abzählt, stehen ihr keine weiteren Finger mehr zur Verfügung, was wahrscheinlich auch den Wechsel in ihrer Vorgehensweise veranlasst. Anstatt weiter ihre Finger zur Hilfe zu nehmen, zählt Thea, beginnend bei elf, die zehn weiteren Punkte der noch ausstehenden 10er-Reihe des Punktefelds hinzu, indem sie mit dem Zeigefinger auf die einzelnen Punkte im Feld deutet. Bei der im Nachhinein gegebenen Erklärung ihres Vorgehens, zeigt Thea deutlich auf, dass sie sich den Nutzen des direkten Gebrauchs des Punktefelds während der Aufgabenbearbeitung erschließt. Sie beschreibt dies mit den Worten: „Weil ich mir überlegt habe, mit den Pünktchen geht's besser".

Abzählen in größeren Schritten

Genauso, wie die Strukturen des Zwanzigerfelds die Kinder dazu anregen, bestimmten Abzählreihenfolgen nachzugehen, scheint die Darstellung der Punkte einigen wenigen Kindern auch das Zählen in größeren Schritten nahezulegen. So zählen drei der Schülerinnen und Schüler die Punkte in Zweierschritten ab, wobei sie jeweils zwei übereinanderliegende Punkte zusammenfassen. Eine weitere Schülerin zählt die ersten zehn Punkte in Zweierschritten ab, die restlichen zehn Punkte zählt sie in Einerschritten dazu. Die gerade Basis unseres dekadischen Systems gibt eine günstige Struktur vor, um die Zweierschritte auch über den Zehner hinaus, durch die immer wiederkehrende Reihenfolge der Einerstellen (2, 4, 6, 8, 0), problemlos fortführen zu können. Diese durch das Zehnersystem bedingte Struktur kann bzw. möchte das zuletzt beschriebene Kind nicht umsetzen, um die Zweierschritte auch über den Zehner hinaus fortzuführen. Jedoch wird deutlich, dass die Schülerin durch das Zählen in Zweierschritten im Zehnerraum bereits über eine wesentliche Abstraktionsfähigkeit, Objekte gebündelt bzw. in Schritten zu zählen, verfügt.

Zwei der vier (zumindest teilweise) in Zweierschritten zählenden Kinder fangen das Zählen nicht bei eins an, sondern erfassen die ersten vier bzw. sechs Punkte als eine ihnen bekannte Anzahl (quasi-) simultan und zählen ausgehend von dieser Menge weiter. Von einer bekannten Anordnung bzw. Anzahl an Punkten beim Zählen auszugehen, macht auffälligerweise jedoch keines der Kinder, welche die Punkte in Einerschritten zählen. Es kann die Vermutung aufgestellt werden, dass

Kinder, die Objekte in Schritten abzählen, eher von einer (quasi-) simultan erfassbaren Anzahl ausgehen und von dieser aus weiterzählen als Kinder, die eine Anzahl von Objekten durchgängig in Einerschritten zählen. Diese Hypothese könnte
damit begründet werden, dass die Schülerinnen und Schüler, die in Zweierschritten zählen, sich noch mehr an Strukturen und abgekürzten Lösungswegen orientieren und / oder in ihrer Zählkompetenz (Erkennung bestimmter Zahldarstellungen, Beherrschung der Zahlwortreihe bzw. Fähigkeit zum Weiterzählen) weiter
entwickelt sind als Kinder, die Objekte ausschließlich in Einerschritten erfassen.
Diese Vermutung kann anhand der hier gegebenen Daten jedoch nicht belegt werden und müsste in einer weiteren Untersuchung überprüft werden.

Die Vorgehensweisen einiger Schulanfängerinnen und Schulanfänger zeigen zudem, dass die Idee des Zählens in größeren Schrit-
ten vereinzelt auch ansatzweise bei Kindern vorhanden ist, welche die Punkte in Einerschritten
abzählen. Diese Schülerinnen und Schüler zählen
die Punkte zwar Punkt für Punkt einzeln ab, jedoch
sagen sie hierbei die Zahlenreihe mit einer Zweierschrittbetonung auf. Sie bauen daher ebenfalls die
Objektzusammenfassung durch die Zweierschrittbetonung in ihren Abzählprozess ein, verwenden diese
jedoch nicht zum verkürzten Zählen.

Abbildung 5.34 Elvan zeigt
mit ihrer linken Hand
gleichzeitig auf den drei-
zehnten und vierzehnten
Punkt des Zwanzigerfelds
und zählt dabei in einer
Zweierschrittbetonung
„dreizehn, vierzehn"

Elvan beispielsweise zählt zunächst die ersten zwei
Punkte einzeln ab und legt dabei nacheinander
jeweils einen Finger auf diese. Die folgenden Punkte markiert sie gleichzeitig mit Daumen und Zeigefinger und zählt rhythmisch-sprechend „drei, vier,
(pause) fünf, sechs *(pause)* sieben, acht *(pause)* ..."
weiter, bis sie bei 20 ankommt (vgl. Abbildung
5.34).

Rechnen

23 der 108 Kinder (21,3%) ermitteln die Anzahl der Punkte mittels einer Rechnung. 21 dieser Schulanfängerinnen und Schulanfänger vollziehen die Rechnung
durch die Addition ,10 und 10', mit Ausnahme zweier Kinder, die auf einer Seite
des Punktefelds 8 bzw. 7 Punkte ermitteln und ,8 und 8' bzw. ,7 und 7' rechnen.
Ein Schulanfänger legt die Verdopplung der Multiplikation ,2 mal 10' zugrunde.
Ein weiterer Schüler ermittelt die Anzahl der Punkte durch das wiederholte Addieren der Fünf. Im Folgenden werden die Vorgehensweisen näher dargestellt.

Additives Verdoppeln

Die Vorgehensweisen der Schülerinnen und Schüler, welche die Anzahl der Punkte durch die Additionsaufgabe ‚10 und 10' lösen, variieren in einigen Aspekten. Einige Kinder zählen zunächst die ersten zehn Punkte ab (entweder eine Reihe oder fünf Spalten), erkennen, dass die gleiche Anzahl noch einmal vorhanden ist und verdoppeln daran anschließend die Zehn. Andere Kinder ermitteln rechnerisch, durch die Rechnung ‚5 und 5' oder durch eine andere Zerlegung der Zehn, dass auf einer Seite des Punktefelds zehn Punkte gegeben sind und führen ihre Rechnung von diesem Zwischenergebnis weiter fort.

Abbildung 5.35: Eine Schülerin erkennt die Symmetrie des Zwanzigerfelds und nutzt diese für die rechnerische Ermittlung der Anzahl der Punkte

So schweift beispielsweise Rabeas Blick einige Sekunden über das Zwanzigerfeld, danach überlegt sie kurz, ohne auf das Punktefeld zu schauen, und kommt zu dem Ergebnis 20. Es ist deutlich erkennbar, dass sie die zehn Punkte, mit denen sie desweiteren ihre Verdopplung erklärt, nicht komplett abzählt. Anzunehmen ist, dass Rabea sich die zehn Punkte durch eine Rechnung, wie beispielsweise ‚5 und 5', erschließt oder von den zehn Punkten einen Teil simultan erfasst und die restlichen Punkte zur Zehn ergänzt. Über ihr genaues Vorgehen bei der Ermittlung der zehn Punkte gibt sie auf Nachfrage des Interviewers keine Auskunft.

Enver ermittelt die zehn Punkte sehr schnell durch das Addieren kleinerer Teilmengen. Er beschreibt seine korrekte Ergebnisermittlung der Interviewerin präzise:

E: „Zwanzig."

I: „Gut. Und wie hast du das herausgefunden?"

E: „Weil wenn hier zwei sind *(zeigt auf die rechten zwei Punkte der unteren Reihe)* und da zwei *(zeigt auf die rechten zwei Punkte der oberen Reihe)* und dann noch da drei *(zeigt auf die drei weiteren Punkte der oberen Reihe)* und hier drei *(zeigt auf die drei darunterliegenden Punkte)*, dann sind's zehn und wenn das genauso hier ist *(zeigt auf die linken zehn Punkte)*, dann sind's zwanzig."

Abbildung 5.36: Envers Zerlegung des Zwanzigerfelds in Teilmengen

Auch Judith zeigt anhand ihres Denkweges auf, wie flexibel sie an die Zergliederung des Punktefelds herangeht:

I: „Wie viele Punkte sind das? Kannst du das herausfinden?"

J: „Also, da sind einmal vier *(zeigt auf die vier äußeren Punkte rechts)* und da sind einmal sechs *(zeigt auf die sechs Punkte links daneben)*."

I: „Und wie viele sind das insgesamt?"

J: „Fünf *(zeigt auf die Punkte in der oberen Reihe, rechte Seite)* plus fünf *(zeigt auf die Punkte in der unteren Reihe, rechte Seite)* sind zehn."

I: „Und wie viele sind das alle zusammen?" *Umkreist das Zwanzigerfeld mit dem Finger.*

J: „Zehn plus zehn ist zwanzig."

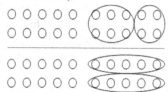

Abbildung 5.37: Judiths flexible Zerlegungen der Zwanzigerfeldhälfte

Dass Judith noch eine zweite Zerlegung der rechten Hälfte des Zwanzigerfelds vornimmt, hängt wahrscheinlich mit der geforderten Ermittlung der gesamten Punkteanzahl der Feldhälfte zusammen. Judiths erste Zerlegung und die daraus folgende Rechnung ‚4 und 6' könnte ihr zu kompliziert sein, so dass sie vermutlich auf die ihr zugänglichere Kernaufgabe ‚5 und 5' zurückgreift, die sie ebenfalls in dem Zwanzigerfeld entdeckt. Ihr macht es dabei keine Probleme, von der spaltenweisen zu der reihenweisen Strukturierung der Punkte zu wechseln. Vielleicht möchte die Schulanfängerin mit der zweiten Zerlegung aber auch einfach nur zeigen, dass sie noch eine andere Möglichkeit sieht, die Feldhälfte zu zerlegen und hierdurch die Punkteanzahl zu ermitteln.

Die Schülerinnen und Schüler, welche die Punkteanzahl mittels additiver Verdopplung von zehn Punkten ermitteln, gehen dieser Strategie nicht nur nach, sondern bezeichnen diese auch des Öfteren bereits korrekt. Die Kinder beschreiben die von ihnen durchgeführte Operation als „Plusnehmen". Tim kommentiert beispielsweise sein Vorgehen mit „10 plus 10 gleich 20". Auch Falk beschreibt die Operation näher:

Falk ermittelt 20 Punkte im Zwanzigerfeld.

I: „Mhm. Woher weißt du das?"

F: „Hmm, warte. Ich hatte mir das noch gemerkt, weil hier Plättchen und dann dachte ich so, dass müssen doch wieder zehn sein und da muss natürlich noch so 'nen Plus hin." *Zeigt auf den freien Platz zwischen den zehn rechten und den zehn linken Punkten.*

Abbildung 5.38 Falk zeigt die Stelle im Zwanzigerfeld, an der noch ein Pluszeichen stehen müsste

Um seine Rechnung zu erklären, bezieht sich Falk auf die Zwanzigerfeldhälfte als eine Teilmenge des Punktefelds. Mit dem Pluszeichen verweist er auf die Addition, mit welcher er das Ergebnis berechnet. Die Idee, dass Pluszeichen zwischen den beiden Zwanzigerfeldhälften einzufügen, überträgt Falk vermutlich aus der Darstellung von Additionsaufgaben, bei denen das Pluszeichen ebenfalls zwischen den zwei Summanden steht. Das zugrunde liegende Übersetzungsproblem der Darstellung steht in Kontrast zu Falks ansonsten sinngemäßem Operationsverständnis.

So wenden viele der Schülerinnen und Schüler die Addition nicht nur an, sondern können die Operation auch mit der mathematischen Bezeichnung („plus') und, wie in Falks Fall, mit dem mathematischen Symbol („+') verbinden (vgl. auch Gaidoschik 2010, 372).

Die Schülerinnen und Schüler, welche die Punkteanzahl mittels einer Additionsaufgabe bestimmen, kommen alle sehr schnell, ohne lange zu überlegen, auf den Strategieansatz und führen die Addition auch größtenteils schnell und richtig aus. Obwohl es sich hierbei um verhältnismäßig große Summanden handelt, liegt die Erfolgsquote der Kinder bei dieser Strategie bei 76,2%. Es liegt nahe, dass diese Strategie von fast einem Viertel der Schulanfängerinnen und Schulanfänger gewählt und oft richtig ausgeführt wird, da die Anzahl 20 Kindern eine Verdopplung der Zehn – bedingt durch die Struktur des Zehnersystems bzw. durch die Geläufigkeit dieser Aufgabe – leicht ermöglicht.

Die Interviews zeigen darüber hinaus, dass die Strategie des Heranziehens einer Verdopplungsaufgabe nicht nur dem rechnenden Fünftel der Kinder vorbehalten bleibt. Es gibt auch einige Kinder, welche die Struktur der Verdopplung zu Anfang der Aufgabenbearbeitung beschreiben, jedoch sind sie sich in der Ermittlung des Ergebnisses durch eine Rechnung unsicher und zählen sicherheitshalber doch die Punkte einzeln ab. So gliedert beispielsweise Sönke das Zwanzigerfeld in verschiedene Teile und beschreibt, wie das Zusammenfügen der Teilmengen zum Ergebnis führt. Er zeigt allerdings bereits in seinen Beschreibungen auf, dass er noch nicht über die nötigen Additionsfertigkeiten verfügt, um die Strategie komplett umzusetzen. Zur Ermittlung des Ergebnisses bleibt ihm dann nur das Abzählen der Punkte übrig:

Abbildung 5.39 Sönke zeigt die Zerlegung des ersten Zehnerfelds

I: „Wie hast du das herausgefunden?"

S: „So, mal wieder im Kopf gezählt, weil das erkennt

man ja mit den Augen. Weil man zählt das dann ja und sieht man ja die Reihen. Und wenn man hier teilt *(trennt die ersten vier Punkte ab)*, dann hat man schon mal vier. Also vier und sechs dazu, dann hat man schon mal... *(versucht mit den Fingern zu rechnen)* also, dann hat man schon mal so ein paar mehr. Und dann hat man, und dann noch mal so was *(unterteilt das zweite Zehnerfeld wieder in vier und sechs)* und dann hat man genau das Ergebnis."

I: „Und das ist? Sag noch mal. Was ist das Ergebnis jetzt genau?"

S: „Warte, ein Moment, ich muss mal nachzählen." *Zählt die Punkte in Einerschritten ab.* „20."

Auch Diana sieht bei der Aufgabenbearbeitung – ohne die einzelnen Punkte abzuzählen – sehr schnell, dass auf jeder Seite des Zwanzigerfelds (links und rechts) zehn Punkte gegeben sind. Auf Nachfrage der Interviewerin, wie viele Punkte es dann insgesamt sind, zählt sie die Punkte, genau wie Sönke, einzeln ab und ermittelt auf diesem Weg die Lösung.

Louis macht anhand seiner Aussagen deutlich, dass auch er die zwei Zehnerpäckchen erkennt. Jedoch gelingt ihm die Ermittlung der Gesamtanzahl auch nur durch das Abzählen der einzelnen Punkte. Im Nachhinein ergänzt er, dass ihm auch die Addition als entsprechende Rechnung in diesem Zusammenhang bekannt ist:

I: „Schau mal, so viele Punkte! Wie viele Punkte sind das? Kannst du das herausfinden?"

L: *Zählt die zehn rechten Punkte im Zwanzigerfeld ab.* „Zehn. Auf jeder Seite sind zehn." *Zeigt auf die zehn Punkte der rechten Seite und auf die zehn linken Punkte.*

I: „Und wie viele sind das dann insgesamt?"

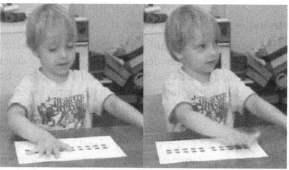

Abbildung 5.40   Louis zeigt die zehn Punkte auf der rechten und auf der linken Seite des Zwanzigerfelds

L: *Zählt, beginnend bei elf, die Punkte der linken Seite des Zwanzigerfelds dazu.* „Zwanzig."

I: „Und wie bis du da jetzt drauf gekommen? Was hast du gemacht?

L: „Abgezählt. Aber dann ist mir ja eingefallen, dass ich weiß, was zehn plus zehn ist. Zwanzig!"

Bei den aufgeführten Beispielen fällt auf, dass das strukturelle Wissen, in diesem Fall die Strategie des Verdoppelns heranzuziehen, bei Kindern schon weiter entwickelt sein kann als die dafür benötigten arithmetischen Fertigkeiten (Addition bzw. Kenntnisse im Zehnersystem). Kinder sehen demnach teilweise Zusammenhänge und kennen entsprechende Rechenoperationen, bevor sie diese mathematisch ausführen können (siehe auch Caluori 2004, 251).

Multiplikatives Verdoppeln

Ein Kind formuliert das Verdoppeln der Zehn als Multiplikation („2 mal 10"). Anton geht hierbei folgendermaßen vor:

> I: „Hier habe ich ganz viele Punkte mitgebracht. Wie viele sind das denn wohl?"
>
> A: *Schaut auf die zehn linken Punkte und ermittelt die Anzahl.* „Zwanzig."
>
> I: „Woher weißt du das so schnell?"
>
> A: „Weil ich hab' hier genau hingeguckt und das sind zehn. Und dann sind hier *(zeigt auf die rechten Punkte)* genauso viele. Zwei mal zehn sind zwanzig."

Auch hier wird die Zehnerstrukturierung des Zwanzigerfelds genutzt, um eine Verdopplung durchzuführen, doch beschreibt Anton das wiederholte Vorkommen der Zehn nicht als additive, sondern als multiplikative Struktur.

Wiederholtes Addieren der Fünf

Ein Kind ermittelt die Anzahl der Punkte, indem es wiederholt die Fünf addiert. Dabei findet Harry mittels der Addition ‚3 und 2' zunächst heraus, dass in der ersten Punktemenge der oberen Reihe fünf Punkte gegeben sind und addiert daraufhin dreimal jeweils fünf weitere Punkte hinzu, bis er auf das korrekte Ergebnis kommt. Harry macht sich dabei die Struktur des Zwanzigerfelds in fünf mal vier Punkte zunutze.

Das wiederholte Addieren der Fünf eignet sich hierbei nicht nur aufgrund der vorgegebenen Strukturierung des Punktefelds, sondern auch in Hinblick auf die strukturgleich aufgebauten Teilergebnisse. Da die ‚fünf' die ‚zehn' genau einmal zerlegt, sind die Teilergebnisse beim wiederholten Addieren der Fünf immer abwechselnd strukturgleiche Zahlen mit der Einerstelle ‚fünf' (5, 15, 25 usw.) und glatte Zehnerzahlen (10, 20, 30 usw.), vorausgesetzt die Rechnung beginnt bei einer Zahl aus der 5er-Reihe. Inwieweit Harry diese Regel verinnerlicht hat, kann anhand des Dokuments nicht ausgemacht werden. Es kann nur festgehalten werden, dass Harry in diesem Kontext das wiederholte Addieren der Fünf bevorzugt und korrekt durchführen kann. Es wäre interessant zu wissen, ob er bei einem strukturgleich aufgebauten 16er-Feld analog die Vier wiederholt addieren und ob ihm dies genauso schnell gelingen würde. Dies könnte klären, inwiefern sich Harry für das geschickte Rechnen in Fünferschritten aufgrund seines dekadischen Zahlverständnisses entscheidet, oder seine Wahl der Vorgehensweise eher die Struktur des Zwanzigerfelds zugrunde liegt.

Schätzen

Zwei Kinder schätzen die Anzahl der Punkte als sie das Zwanzigerfeld vorgelegt bekommen. So macht Larissa erst gar nicht den Versuch, die Anzahl der Punkte durch Zählen zu ermitteln, sondern schätzt die Anzahl sofort ab. Auch auf Nachfrage, ob sie die Anzahl nicht etwas genauer angeben könne („Guck mal genau hin."), fährt sie mit dem Schätzen fort und korrigiert ihr Ergebnis auf „Viel mehr als elf.". Als der Interviewer sie daraufhin auffordert, eine konkretere Angabe zu machen, legt sie sich mittels eines erneuten Schätzversuchs auf 15 Punkte fest.

Auch Mervin schätzt die Anzahl der Punkte nachdem ihm das Zwanzigerfeld vorgelegt wird und kommt dabei auf die Punkteanzahl ‚zehn'.

Erfolgsquoten der Hauptstrategien ‚Abzählen' und ‚Rechnen' im Vergleich

Es kann festgehalten werden, dass die Schulanfängerinnen und Schulanfänger, welche die Strategie Rechnen wählen, tendenziell öfter ein richtiges Ergebnis erhalten (Erfolgsquote: 78,3%) als die Kinder, welche die Punkte abzählen (Erfolgsquote: 60,8%). Für diese Verteilung gibt es zwei Begründungsstränge:

Erstens kann die höhere Erfolgsquote beim Rechnen dadurch erklärt werden, dass hier nur wenige Teilschritte durchzuführen sind, wohingegen beim Abzählen, durch das sich immer wiederholende Hinzunehmen von einem oder mehreren Punkten, mehrere Teilschritte und daher auch mehrere Fehlermöglichkeiten entstehen – auch wenn die Teilschritte an sich elementarer sind. Die Fehler der Schülerinnen und Schüler bestärken diese Annahme. Es kommt des Öfteren vor, dass die Kinder lediglich einen Punkt zu viel oder einen Punkt zu wenig zählen oder, dass sie an einer oder an mehreren Stellen mit der Zahlwortreihe durcheinander kommen.

Zweitens kann beobachtet werden, dass eher leistungsstärkere Kinder die Strategie ‚Rechnen' verfolgen und sich somit die höheren Erfolgsquoten bei dieser Strategie aufgrund der höheren mathematischen Fähigkeiten dieser Schülergruppe erklären lassen. So erreichen die bei dieser Aufgabe rechnenden Schülerinnen und Schüler durchschnittlich 35,9 der Punkte im Gesamttest (Arithmetik), im Gegensatz zu der Testpunktzahl von 32,1 Punkten, welche die Schulanfängerinnen und Schulanfänger im allgemeinen Durchschnitt erzielen.

Zusammenfassung Zwanzigerfeld

Wie die aufgezeigten Strategien und Materialhandlungen der Kinder verdeutlichen, nutzen die Schulanfängerinnen und Schulanfänger die Strukturen des Anschauungsmittels ‚Zwanzigerfeld' oft erfolgreich und in vielfältiger Weise für ihre Anzahlermittlungen.

Die Punkte im Zwanzigerfeld werden von den Schülerinnen und Schülern einerseits als Einzelelemente beim Zählen in Einerschritten gedeutet, beim Zählen in Zweierschritten und beim Rechnen beziehen sich die Kinder andererseits auf größere Struktureinheiten. Dabei werden die Strukturen des Zwanzigerfelds beim Zählen in Einerschritten insofern genutzt, dass den Einzelelementen reihen- und / oder spaltenweise, der 5er- oder 10er-Struktur entsprechend, nachgegangen wird. Die größeren Struktureinheiten beziehen sich größtenteils auf intendierte Strukturen des Materials, in einigen Fällen aber auch auf individuelle Strukturen, die von den Schülerinnen und Schülern in das Material hineingedeutet werden. Beim Zählen in größeren Schritten beziehen sich die Kinder meistens auf jeweils zwei übereinanderliegende Punkte und damit auf die Struktur, dass sich diese Punktepaare wiederholt im Zwanzigerfeld fortsetzen. Beim Addieren und Multiplizieren wird von den Schülerinnen und Schülern entweder die vertikale oder horizontale Symmetrie des Zwanzigerpunktefelds genutzt, die eine Verdopplung der Hälfte der Punkte für die Ermittlung der Gesamtpunktzahl nahelegt. Ein Schüler geht beim Addieren einem noch anderen Vorgehen nach und nutzt die Punktefeldstruktur, bestehend aus vier Reihen mit jeweils fünf Punkten, zum wiederholten Addieren der Fünf. Die Struktureinheiten basieren oft auf (quasi-) simultan erfassbaren Punktemengen, die eine Hälfte des Punktefelds so zerlegen, dass die Anzahl der vorliegenden Punkte rechnerisch geschickt ermittelt werden kann.

Die vorgenommene Kategorisierung der verschiedenen Strukturdeutungen der Kinder beruht auf Aspekten des Konstrukts der visuellen Strukturierungsfähigkeit nach Söbbeke (vgl. 2005, 345ff.) und wird in Kapitel 5.3.4 in tabellarischer Form und mit Beispielen illustriert für alle Punktefelder vergleichend dargestellt.

5.3.2 Aufgabenauswertung: Hunderterfeld

Dieselbe Auswertungsstruktur wie bei der Analyse der Aufgabenbearbeitungen zum Zwanzigerfeld wird für die Untersuchung der Erfolgsquoten und Vorgehens-

weisen der Schulanfängerinnen und Schulanfänger bei der Anzahlermittlung der
Punkte im Hunderterfeld herangezogen.

Aufgabe A3a: Punktefelder bestimmen – Hunderterfeld

Aufgabenstellung:

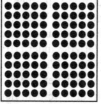

„Schau mal – so viele Punkte. Wie viele Punkte sind das? Kannst du das herausfinden?"
Wenn das Kind die Anzahl der Punkte nicht bestimmen kann, wird es dazu aufgefordert,
die Punkteanzahl zu schätzen.

Erfolgsquoten: korrekte Aufgabenbearbeitung*: 23 (21,3%)

keine Bearb.: 6 (5,6%)

* Die Bearbeitung wird als richtig gewertet, wenn die Lösung ‚(ein-)hundert' beträgt

Vorgehensweisen:

Strategie		Anzahl (Prozent)	Erfolgsquote (Prozent)
Abzählen in Einerschritten		20 (18,5%)	2/20 (10,0%)
Abzählen in größeren Schritten	Abzählen in Fünferschritten	1 (0,9%)	1/1 (100%)
Rechnen	Rechnerisches Vorgehen von einem Viertel des Feldes aus	5 (4,6%)	2/5 (40,0%)
Schätzen	Schätzen als Strategieidee der Kinder	78 (72,2%) 16 (14,8%)	7/16 (43,8%)
	Abzählen in Einerschritten misslingt, Aufforderung zu schätzen	37 (34,3%)	8/37 (21,6%)
	Keine eigene Strategieidee, Aufforderung zu schätzen	25 (23,1%)	2/25 (8,0%)
Nicht erkenntlich		4 (3,7%)	1/4 (25,0%)

Abbildung 5.41 Übersicht der Auswertungsergebnisse der Aufgabe A3a: Punktefelder –
Hunderterfeld

Wie aus der Abbildung 5.41 hervorgeht, können 21,3% der Schulanfängerinnen und Schulanfänger die korrekte Anzahl an Punkten im Hunderterfeld ermitteln, 73,1% der Schülerinnen und Schüler geben eine inkorrekte Punkteanzahl an und 5,6% der Kinder machen gar keine Angabe zu der Gesamtanzahl der Punkte.

Die Erfolgsquoten variieren dabei zum Teil erheblich hinsichtlich der unterschiedlichen Vorgehensweisen der Kinder. So stellt das ‚Abzählen in Einerschritten' eine Vorgehensweise mit einer für diese Aufgabe unterdurchschnittlichen Erfolgsquote dar. Hierbei gelingt es nur zwei der 20 Kinder (10%), welche mit dieser Strategie die Punkteanzahl ermitteln, die richtige Lösung zu erhalten. Auch die Erfolgsquote von 8,0% der Schülerinnen und Schüler, die keine eigene Strategieidee haben und daher zum ‚Schätzen' aufgefordert werden, liegt ebenfalls erheblich unter der durchschnittlichen Erfolgsquote dieser Aufgabe. Dahingegen weisen die Kinder, welche das ‚Schätzen' als eigene Strategie verfolgen mit 43,8% eine sehr hohe Erfolgsquote auf und geben in 7 von 16 Fällen die korrekte Anzahl an Punkten an. Die Schätzversuche der Kinder, welche zunächst versuchen, die Punkte in Einerschritten abzuzählen, hierbei jedoch zu keiner Ergebnisermittlung kommen und ebenfalls zum ‚Schätzen' aufgefordert werden, liegen mit 21,6% etwa bei der durchschnittlichen Erfolgsquote dieser Aufgabe. Die beiden Strategien ‚Abzählen in größeren Schritten' und ‚Rechnen' werden nur von einer sehr geringen Anzahl an Kindern verfolgt und führen bei dem einen Kind, welches in Fünferschritten zählt bzw. bei zwei der fünf Kinder, welche die Punkteanzahl rechnend ermitteln zum Erfolg.

Bei der Anzahlermittlung der Punkte im Hunderterfeld gehen die Kinder daher, ebenso wie im Zwanzigerfeld, den vier Strategien ‚Abzählen in Einerschritten', ‚Abzählen in größeren Schritten', ‚Rechnen' und ‚Schätzen' nach. Die Häufigkeiten der einzelnen Vorgehensweisen sind bei diesem größeren Punktefeld jedoch wesentlich anders verteilt. Das ‚Schätzen' stellt mit 72,2% die Hauptstrategie der Kinder dar, wobei nur 16 dieser 78 Kinder (20,5%) von selbst, ohne Aufforderung der Interviewerin bzw. des Interviewers, diese Strategie wählen. Nur noch fast ein Fünftel (18,5%) der Schülerinnen und Schüler ermittelt die Anzahl durch das ‚Abzählen in Einerschritten', der zweiten Hauptstrategie bei dieser Aufgabe. Dem ‚Rechnen' und dem ‚Zählen in größeren Schritten' gehen mit 4,6% und 0,9% nur sehr wenige Schulanfängerinnen und Schulanfänger nach.

Im Folgenden werden die Umsetzungen der vier Strategien durch die Kinder genauer betrachtet und hinsichtlich ihrer Strukturnutzungen analysiert.

Abzählen in Einerschritten

20 der 108 Schulanfängerinnen und Schulanfänger ermitteln die Anzahl der Punkte im Hunderterfeld durch das Abzählen der Punkte in Einerschritten. Die korrekte Durchführung dieser Strategie stellt für viele der Kinder, aufgrund der Notwendigkeit der langen Fortsetzung der Zahlwortreihe und des Beachtens jedes einzelnen Punktes dieser großen Menge, eine große Herausforderung dar. So gelingt es auch nur zwei der 20 Kinder die Anzahl der Punkte mittels dieser Strategie korrekt zu erfassen, sodass sich eine für diese Aufgabe unterdurchschnittliche Erfolgsquote von 10,0% ergibt.

Die fehlerhaften Anzahlermittlungen bei dieser Strategie sind auf verschiedene Zählfehler zurückzuführen. In vielen Fällen weichen die Anzahlermittlungen eher geringfügig von dem eigentlichen Wert ‚hundert' ab. Dies ist damit zu erklären, dass einige Punkte vergessen werden zu zählen bzw. doppelt gezählt werden oder, dass die Zahlwortreihe fehlerhaft aufgesagt wird, beispielsweise Zahlen mit gleicher Einer- und Zehnerstelle vergessen werden (siehe auch Kapitel 6.1) und sich somit eine leichte Abweichung von der eigentlichen Punkteanzahl ergibt. Doch in einigen Fällen werden auch erheblich niedrigere bzw. höhere Ergebnisse als ‚hundert' ermittelt. Niedrigere Anzahlermittlungen resultierten oft aus dem stark unvollständigen Auszählen der Punkte. Erheblich höhere Werte können vermehrt damit erklärt werden, dass die Kinder ihren Zählprozess über das Zahlwort ‚hundert' fortsetzen und dabei die Reihe mit der Zahlwortfolge „(einhundert), zweihundert, dreihundert..." fortführen (siehe auch Kapitel 6.1).

Welche Schwierigkeit das Abzählen der Punkte in Einerschritten für die Kinder darstellt, lässt sich ebenfalls an den Schülerinnen und Schülern ausmachen, die zunächst die Punkte in Einerschritten versuchen zu zählen, dies ihnen jedoch nicht gelingt und sie somit zum Schätzen aufgefordert werden. So gehen 37 der 108 Kinder zunächst einen Versuch ein, die Punkte in Einerschritten abzuzählen. Fasst man diese Schülerinnen und Schüler noch zu der Erfolgsquote der Strategie ‚Abzählen in Einerschritten', so gelingt es lediglich zwei der dann insgesamt 57 Kinder, die hundert Punkte zu ermitteln – eine Erfolgsquote von lediglich 3,5%. Die Strategie des ‚Abzählens in Einerschritten' ist in Bezug auf das Hunderterfeld für viele Kinder daher, im Gegensatz zum Abzählen der Punkte im Zwanzigerfeld, nicht mehr zielführend.

Im Weiteren wird der Frage nachgegangen, inwieweit die Kinder die Strukturen des Hunderterfelds für ihre Abzählprozesse der Punkte nutzen. Hierfür ist es, genauso wie bei den Anzahlermittlungen der Punkte im Zwanzigerfeld, nicht möglich, alle Vorgehensweisen der Kinder genau nachzuverfolgen, da beispielsweise einige Kinder lediglich mit den Augen, ohne mit den Fingen auf die Punkte zu tippen, den Punkten nachgehen oder bei manchen Kindern die Sicht auf den Zeigefinger im Video beschränkt ist. Bei neun der 20 Kinder, welche die Punkteanzahl durch das Abzählen in Einerschritten bestimmen, kann der genaue Zählverlauf zumindest weitestgehen rekonstruiert werden, sodass die Vorgehensweisen dieser Schülerinnen und Schüler für eine genauere Analyse herangezogen werden können.

Das Hunderterfeld wird für das Abzählen in Einerschritten von zwei Kindern bzw. einem Kind einerseits reihenweise-, andererseits spaltenweise zerlegt, wie es auch bei den Vorgehensweisen im Zwanzigerfeld zu beobachten ist. Dadurch, dass im Hunderterfeld mehr als zwei Reihen gegeben sind, gehen zwei Kinder der Möglichkeit nach, der Punkteanordnung spiralförmig zu folgen. Hierbei kann darin unterschieden werden, ob die Spirale die gesamten hundert Punkte umfasst oder, ob jeweils den Punkten in einem 25er-Quadrat mittels einer spiralartigen Unterteilung nachgegangen wird. Mischformen dieser drei Vorgehensweisen sind bei ebenfalls zwei Kindern zu beobachten. Zwei weitere Kinder berücksichtigen nur einen kleinen Anteil der Punkte im Hunderterfeld, diese Anzahlermittlungen werden im Weiteren separat betrachtet.

Tabelle 5.20 Vorgehensweisen beim Abzählen der Punkte im Hunderterfeld

Reihenweises Abzählen (10er-Reihen)	Spaltenweises Abzählen (5er-Spalten)	Spiralförmiges Abzählen	Mischformen

Tabelle 5.20 gibt eine Übersicht der beschriebenen Vorgehensweisen der Kinder beim Abzählen der Punkte im Hunderterfeld. Die Pfeile geben dabei jeweils die Abzählrichtungen an, die Nummerierung gibt die Abzählreihenfolge der Punktemengen an. Sofern die Vorgehensweisen nicht vollständig nachvollzogen werden können, wird dies durch ein Fragezeichen markiert. Die Anzahlen rechts unten in den Zellen verweisen auf die Anzahl der Kinder, die der jeweiligen Vorgehensweise nachgehen.

Die Vorgehensweisen der Kinder zeigen auf, dass die Strukturen des Hunderterfelds von den Schülerinnen und Schülern genutzt werden, um hieraus eine Abzählreihenfolgen zu gewinnen. Genauso wie im Zwanzigerfeld fallen die Vorgehensweisen der Kinder dabei sehr verschieden aus – das Material ist für die Schulanfängerinnen und Schulanfänger daher nicht eindeutig und wird auf unterschiedliche Weisen gelesen. Dabei bieten die hier aufgezeigten Vorgehensweisen nur eine Auswahl an Möglichkeiten, wie die Strukturen im Hunderterfeld für das Abzählen der Punkte genutzt werden können, andere Strukturierungen des Punktefelds sind darüber hinaus denkbar.

Eine Schülerin beschäftigt sich ganz explizit mit der Frage, wie die Punkte strukturiert werden können, um den Abzählprozess zu vereinfachen. Nachdem Sandra mehrfach betont, dass sie beim Zählen der Punkte durcheinander kommt und einige Versuche eingeht, die Punkte in eher unstrukturierter Weise zu zählen, beantwortet sie schließlich erleichtert ihre Frage: „Ich weiß wie ich nicht durcheinander komm'! In ner Reihe zählen!"

Wie die Punktefeldstrukturierungen der Kinder in Tabelle 5.20 zeigen, gelingt es den Kindern überwiegend gut, die Punkte so zu strukturieren, dass sie eine Übersicht über die gezählten und die noch ausstehenden Punkte erhalten. Hierfür eignen sich insbesondere das reihenweise und spaltenweise Abzählen der Punkte. Beim spiralförmigen Abzählen der Punkte wird es zur Mitte des Feldes hin immer schwieriger für die Kinder, zwischen den bereits abgezählten und den noch ausstehenden Punkten zu unterscheiden. Dennoch gelingt es beispielsweise Steffen, der das ganze Hunderterfeld mit einer Spirale erfasst, sehr lange dieser Struktur nachzugehen. Wie lange ihm das gelingt, kann jedoch nicht vollständig nachvollzogen werden.

Doch nicht allen Kindern gelingt es mit Hilfe einer Strukturierung des Punktefelds weitestgehend alle Punkte zu berücksichtigen, zwei weitere Vorgehensweisen verdeutlichen dies:

So beschränkt sich beispielsweise Lena auf einen kleinen Teil der Punkte in den unteren beiden 25er-Feldern (vgl. Abbildung 5.42). Sie zählt zunächst die unterste Punktereihe ab, dem folgt die äußere Spalte des unteren rechten 25er-Felds und

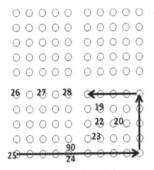

Abbildung 5.42 Lena zählt die Punkte im Hunderterfeld vereinzelt ab

dessen obere Reihe. Lena führt ihren Zählprozess mit dem Zahlwort ‚neunzehn' und weiteren Zählschritten („20, 22, 23") fort, indem sie viermal unpräzise auf mittig liegende Punkte des unteren rechten 25er-Felds zeigt. Ihre weiteren Zählschritte „24, 25, 26, 27, 28, 90" bezieht sie auf eine Auswahl an Randpunkten des linken unteren 25er-Felds und beendet damit ihren Zählvorgang. So fängt Lena zu Beginn ihrer Anzahlermittlung an, den Punkten des Hunderterfelds strukturiert nachzugehen. Im Weiteren löst sie sich von dieser Struktur jedoch erheblich und wählt eher willkürlich Punkte, auch bereits gezählte Punkte, der zwei unteren 25er-Felder aus. Die darüber liegenden Felder lässt sie komplett unberücksichtigt.

Auch bei Murats zählender Anzahlermittlung wird lediglich ein kleiner Anteil der Punkte im Hunderterfeld berücksichtigt. Wie in Abbildung 5.43 dargestellt, fängt er im linken unteren 25-er Feld mit dem Zählen an, wobei er reihenweise vorgeht und zunehmend weniger Punkte einer Reihe in seinem Zählprozess aufnimmt. In der ersten Reihe beachtet er noch vier Punkte, in der zweiten und dritten Reihe drei Punkte, in der vierten zwei und in der fünften Reihe nur noch einen Punkt. In dem darüber liegenden 25er-Feld verweist er anschließend jeweils auf ganze 5er-Reihen beim Weiterzählen in Einerschritten. Bei den zwei darauffolgenden 25er-Feldern zeigt er beim Weiterzählen jeweils nur noch auf einen Punkt der jeweiligen Reihen. Ebenso wie Lena, geht auch Murat beim Zählen der Zahlwortreihe nicht vollständig korrekt nach.

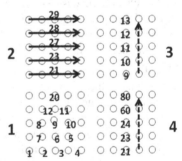

Abbildung 5.43 Murat zählt die Punkte im Hunderterfeld unvollständig ab

Abzählen in größeren Schritten

Ein Schulanfänger, Louis, deutet die Punkte im Hunderterfeld in größeren Struktureinheiten und zählt diese fast durchgängig in Fünferschritten ab (siehe Abb. 5.44). Nachdem er die Punkte der ersten Spalte des oberen linken 25er-Felds in Einerschritten abzählt, setzt er seinen Zählvorgang weitestgehend in Fünferschritten fort und streift mit seinem Finger über die jeweiligen Plättchen der einzelnen

5er-Spalten. Nur von der Zehn zur 20 zählt er in einem 10er-Schritt direkt zwei Spalten auf einmal. Das Zählen in 5er-Schritten gelingt dem Schulanfänger auch beim Hunderter-übergang, daher beim Weiterzählen von der 95 in einem 5er-Schritt zur 100.

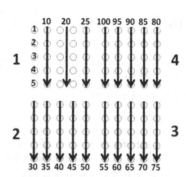

Abbildung 5.44 Louis zählt die Punkte im Hunderterfeld fast durchgängig in 5er-Schritten ab

Rechnen

Fünf Kinder ermitteln die Punkteanzahl im Hunderterfeld mittels einer Rechnung. Sie bestimmen dabei zunächst die Anzahl der Punkte in einem Viertel des Hunderterfelds und rechnen von dieser größeren Struktureinheit aus auf verschiedene Weisen weiter.

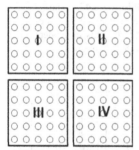

Abbildung 5.45 Das Hunderterfeld wird von Gregor in vier Felder geteilt, deren Punktean-zahlen er der Reihenfolge nach schrittweise addiert

Drei Kinder addieren die drei weiteren 25er-Felder zu dem ermittelten Ausgangswert. Jannick und Gregor gehen dabei jedoch von einer abweichenden Ausgangs-anzahl (20 bzw. 30) aus und ermitteln daher mit ihrer sonst fehlerfreien Addition die Gesamtanzahl 80 bzw. 120. Der dritte Schüler, Mathias, führt die Addition der weiteren Felder mittels Weiterzählens in Zehnerschrit-ten durch: „26 ist ein Würfel. ... Also noch mal dazu sind 36 und noch mal dazu sind 46 und noch mal dazu sind 56".

Anton geht in seiner Rech-nung ebenfalls zunächst von einem 25er-Feld aus, dessen Punkteanzahl er korrekt ermittelt. Er addiert daraufhin das danebenlie-gende 25er-Feld und kommt auf das korrekte Zwi-schenergebnis 50. Nachdem er von hier aus zunächst in zwei Zehnerschritten (60, 70) weiterzählt, verbes-sert er seine Vorgehensweise schnell und addiert die insgesamt 50 Punkte der zwei darüber liegenden Fel-der und kommt somit zu dem korrekten Endergebnis 100.

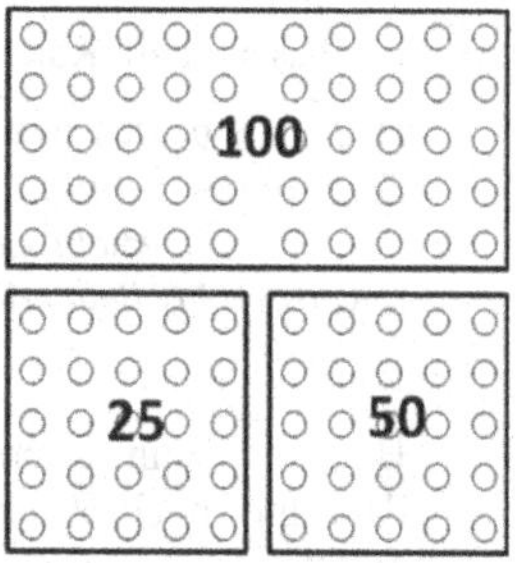

Abbildung 5.46 Anton addiert die beiden un-teren 25er-Felder und verdoppelt anschließend die Punkteanzahl

Harry nutzt die Struktur des Hunderterfelds auf noch andere Weise für seine Rechnung:

H: *Schaut kurze Zeit auf das Hunderterfeld.* „Vier mal fünf..." *überlegt* „...60, nee 80."

I: „Warum 80?"

H: „Weil ich will mal tippen, das sind alles 25" *zeigt auf ein 25er-Feld* „und immer noch 25" *zeigt auf die anderen 25-Felder. Überlegt.* „Oder nee, das könnten auch hundert sein."

I: „OK. Zeigst du mir mal wo 25 Punkte sind?"

H: „25, immer dieses Kästchen." *Zeigt auf die vier 25er-Felder.*

[...]

I: „Aha. OK."... „Gut. Und zusammen sind es dann?"

H: „Hundert. Weil das sind ja noch mal 25 *(zeigt auf das darüber liegende 25er-Feld).* „Und das sind 40 und 40, 80 und dann kommen da noch mal *(überlegt)* 20 dazu."

I: „OK. Warum 40?"

H: „Das sind ja 40..." *Zeigt auf zwei übereinanderliegende 25er-Felder."* „...und..,"

I: „Was sind 40. Kannst du mal genau zeigen..."

H: Ja, die beiden wären jetzt ohne die Fünfen 40. *Zeigt auf zwei linken übereinanderliegende 25er-Felder und bezieht sich bei den ‚Fünfen' auf die jeweils rechts liegenden 5er- Spalten.*

I: OK.

H: „Und dann kommt da die Fünf für 50 und dann hier noch 60 und dann noch 40 dazu, sind 100."

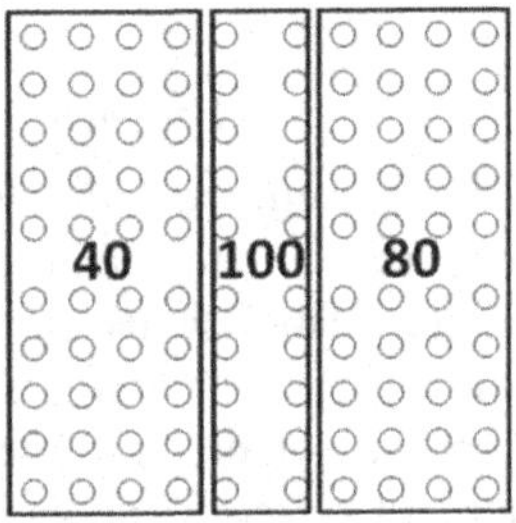

Abbildung 5.47 Harrys erste Zerlegung des Hunderterfelds in größere Struktureinheiten

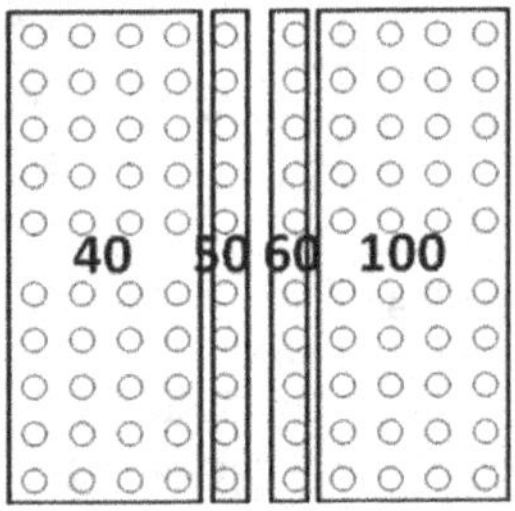

Abbildung 5.48 Harrys zweite Zerlegung des Hunderterfelds in größere Struktureinheiten

Harry zerlegt das Hunderterfeld zunächst in vier 25er-Felder, deren gesamte Anzahl er korrekt bestimmt. In einer erneuten Rechnung, rechnet er mit den jeweils äußeren 20 Punkten und den vier weiteren, innenliegenden fünf Punkten der 25er-Felder getrennt weiter. Bei seinem ersten Lösungsweg geht er der Addition ‚40+40+20' (wie in Abbildung 5.47 dargestellt; Zahlen stellen die Zwischenergebnisse dar) nach. In seiner zweiten Rechnung addiert er zu den linken 40 Punkten zunächst die vier noch fehlenden ‚Fünfer' in jeweils zwei Zehnerspalten („und dann kommen da die 5 für 50 und dann hier noch 60") und schließlich addiert er noch die restlichen 40 Punkte und kommt auf die Gesamtanzahl ‚hundert' (vgl. Abbildung 5.48; Zahlen stellen die Zwischenergebnisse dar).

Schätzen

In 72,2% der Fälle (78 von 108) ermitteln die Schülerinnen und Schüler die Anzahl der Punkte im Hundertenfeld mittels der Strategie ‚Schätzen'. In 16 Fällen stellt das Schätzen eine eigene Strategieidee der Schulanfängerinnen und Schulanfänger dar. Bei den restlichen 62 Anzahlermittlungen dieser Vorgehensweise werden die Kinder durch die Interviewerin bzw. den Interviewer zum Schätzen aufgefordert. Hierbei kann desweiteren zwischen den Kindern unterschieden werden, die zunächst ohne Erfolg versuchen, die Anzahl der Punkte durch abzählen zu ermitteln und daran anschließend zum Schätzen aufgefordert werden (37 der 78 Kinder) und den Schülerinnen und Schülern, die selber keine Strategieidee haben, die Punkteanzahl zu ermitteln, und infolgedessen zum Schätzen aufgefordert werden (25 der 78 Kinder).

Abbildung 5.49 und Abbildung 5.50 geben eine Übersicht der Schätzversuche der Schulanfängerinnen und Schulanfänger unter Berücksichtigung der verschiedenen Arten der Strategiewahl.

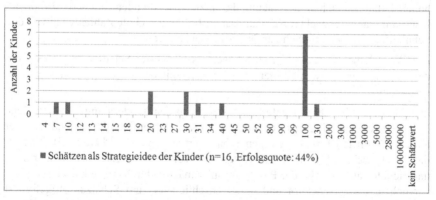

Abbildung 5.49 Ergebnisse der Schätzversuche der Punkteanzahl im Hundertenfeld und deren Häufigkeiten (Schätzen als Strategieidee der Kinder)

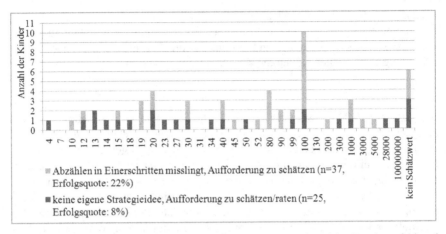

Abbildung 5.50 Ergebnisse der Schätzversuche der Punkteanzahl im Hunderterfeld und deren Häufigkeiten (Abzählen in Einerschritten misslingt, Aufforderung zu schätzen und keine eigene Strategieidee, Aufforderung zu schätzen)

Die Graphiken zeigt eine erhebliche Breite an Anzahlermittlungen durch Schätzversuche der Schulanfängerinnen und Schulanfänger auf. Dabei reicht die Spannweite von sehr kleinen Anzahlermittlungen wie ‚vier' oder ‚sieben' bis zu sehr hohen Schätzversuchen wie ‚achtundzwanzigtausend' oder ‚hundert Millionen'. Insgesamt kann beobachtet werden, dass insbesondere glatte Zahlenwerte von den Schulanfängerinnen und Schulanfängern geschätzt werden.

Der Wert ‚hundert' sticht hierbei als weitaus häufigster Schätzwert heraus. Tendenziell werden meist niedrigere Schätzwerte mit der gegebenen Punkteanzahl verbunden.

Insbesondere wird der korrekte Schätzwert von den Kindern angegeben, welche das Schätzen von sich aus als Vorgehensweise wählen. So geben 43,8% dieser Kinder (7 von 16) 100 als richtigen Schätzwert an (vgl. Abbildung 5.49). Eine für diese Aufgabe durchschnittliche Erfolgsquote von 21,6% weisen die Schülerinnen und Schüler auf, welche die Punkteanzahl zunächst durch Abzählen zu ermitteln versuchen, dabei scheitern und daran anschließend zum Schätzen aufgefordert werden. Mit einer Erfolgsquote von 8,0% schneiden die Kinder in ihren Erfolgsquoten am schlechtesten ab, die keine eigene Strategie verfolgen und daher zum Schätzen aufgefordert werden (vgl. Abbildung 5.50). Daher können die Schulanfängerinnen und Schulanfänger, die von alleine die Strategie ‚Schätzen' wählen, diese deutlich besser ausführen als Kinder, die diese Vorgehensweise vorgegeben bekommen. Bei einem Vergleich der Diagramme 5.2 und 5.3 wird deutlich, dass auch die Abweichungen der Schätzwerte der Kinder, welche dieser Strategie nicht von alleine nachgehen, mehr streuen – insbesondere hinsichtlich extrem hoher Werte – als die Abweichungen der Kinder, welche das Schätzen als eigene Strategieidee verfolgen.

Die Schulanfängerinnen und Schulanfänger nutzen das Schätzen, auch nach Vorgabe dieser Strategie durch die Interviewerin bzw. den Interviewer, meist als eine ganz natürliche, ihnen zugängliche Vorgehensweise. Lediglich elf der 78 Schülerinnen und Schüler brauchen sehr lange für ihre Schätzungen und zeigen große Unsicherheit bei dieser Vorgehensweise oder geben gar keinen Schätzwert an.

Die Beschreibungen der Schätzversuche durch die Kinder fallen dabei sehr unterschiedlich aus. So erklärt beispielsweise Moritz seine Schätzung mit den Worten: „Auf die Hundert bin ich gekommen, weil ich hab mir die nur genau angeguckt. Und da habe ich gedacht, hundert oder zwanzig, hundert oder zwanzig, dann habe ich mich entschieden – hundert!" *Moritz schlägt mit der Faust auf den Tisch.* Es wird deutlich, dass Moritz das Schätzen als ein Abwägen von Zahlen betrachtet, die herangezogen und zwischen denen sich entschieden wird. Thea begründet ihren korrekten Schätzwert damit, dass sie an die Hundert denkt, da sie am Tag zuvor im Auto beobachtet hat, wie der Tachometerzeiger immer wieder auf die Hundert zeigte. Eine Erklärung, die in der kontextspezifischen Suche nach einer großen Zahl liegt, die ihr zuvor schon mal begegnet ist und welche die große Menge an Punkten im Feld wiedergeben könnte. Ihrem Bericht nach sind für Thea die hundert Stundenkilometer genauso erstaunlich viel, wie auch die Punkteanzahl im Hunderterfeld sie in ihrer Größe bei Vorlage des Feldes überrascht. Tina hingegen führt das Schätzen wie eine Eingabe durch. Sie schließt die Augen und ruft nach einiger Zeit: „Ja, ja. Ja, ja. Fünfzehn!" und springt dabei von ihrem Stuhl auf. Kadir beschreibt sein Vorgehen in wenigen Worten: „Ich wollte zählen, konnte ich nicht. Hab ich nur gesagt". Felizitas benutzt bereits ein entsprechendes Synonym, um ihre Schätzung zu betonen: „Ich vermute einfach mal, das sind so neunzig". Eine konkrete Orientierung an den Punkten im Feld wird von den Kindern, welche die Anzahl der Punkte schätzen, nicht beschrieben.

Die Gegebenheit berücksichtigend, dass die Untersuchung mit Schulanfängerinnen und Schulanfängern durchgeführt wurde, müssen bei der Interpretation der Schätzergebnisse zwei Aspekte bedacht werden. Zum einen muss die, für das Schätzen typische Frage gestellt werden, inwieweit die Kinder die ungefähre Menge der Punkte erfassen können bzw. diese in Bezug zu Stützpunktvorstellungen setzen können. Inwieweit daher ihre Angaben eher Schätz- oder Ratewerte darstellen. Zum anderen muss aber auch berücksichtigt werden, inwieweit die Kinder ihre Anzahlwahrnehmung mit dem entsprechenden Zahlwort ausdrücken können, da die Zahlwortbildung für die Schulanfängerinnen und Schulanfänger in diesem Zahlenraum noch nicht unbedingt geläufig ist. Auch wenn die Schüler-antworten es nicht erlauben, diese zwei Aspekte explizit zu machen und zu tren-nen, lassen einige Fehlschätzungen vermuten, dass die Anzahlen zum Teil so extrem von der richtigen Punkteanzahl abweichen, weil die Kinder die Menge nicht in das entsprechende Zahlwort übersetzen können. Das bedeutet daher, dass die Kinder sich nicht immer so sehr in ihrer Anzahlwahrnehmung irren, sondern Schwierigkeiten haben, die Menge mit einem passenden Zahlwort zu verbinden.

So wird Anika nach dem missglückten Versuch, die Punkteanzahl in Einer-schritten abzuzählen, dazu aufgefordert, die Anzahl zu schätzen. Die Schülerin legt sich auf den Schätzwert ‚fünfzehn' fest. Zunächst eine recht abwegige Schät-zung. Betrachtet man sich jedoch ihre Bearbeitung der Aufgabe ‚A3b: Zahlen an der Hundertertafel', so fällt auf, dass Anika hier die Zahl 50 mit dem Zahlwort ‚fünfzehn' versieht. Es ist gut möglich, dass Anika auch bei ihrem Schätzversuch an 50 Punkte denkt, was eine wesentlich realistischere Schätzung wäre. Zudem wäre es denkbar, dass die Fehllösungen, die gehäuft um die 20 herum auftreten, darauf zurückzuführen sind, dass die Schülerinnen und Schüler mit den verwen-deten Zahlwörtern eventuell etwas anderes ausdrücken wollen. So könnte bei-spielsweise hinter der Fehllösung 19 die Anzahlerfassung von neun Zehnern stecken oder hinter dem Schätzwert 23 die Vorstellung von drei Zwanzigern. In diesem Zusammenhang äußert beispielsweise Fanny als sie das Hunderterpunkte-feld vorgelegt bekommt, dass das „ganz, ganz viele" Punkte seien. Ihr Schätzwert liegt dann jedoch wiederum lediglich bei 27 Punkten, nur sieben Punkten mehr als dem zuvor vorgelegten Zwanzigerfeld angehören. Es ist naheliegend, dass das Zahlwort ‚siebenundzwanzig' nicht die Anzahl wiedergibt, die Fanny im Punkte-feld wahrnimmt. Sehr hohe Schätzwerte können demgegenüber vermutlich da-rauf zurückgeführt werden, dass sie zum Teil als Synonyme für ‚viele' stehen und von den Kindern aufgrund dessen gewählt werden.

Auch bei den Kindern, welche die Anzahl der Punkte auf ‚hundert' schätzen, kann vermutet werden, dass auch sie sich nicht immer darüber bewusst sind, was letztendlich genau hundert Punkte sind. Es kann angenommen werden, dass die-sen Schulanfängerinnen und Schulanfängern die Hundert als eine (nächsthöhere) Stufenzahl bekannt ist und sie diese daher als Schätzwert angeben.

Zusammenfassung Hunderterfeld

Strukturnutzungen im Umgang mit dem Hunderterfeld sind bei den Schulanfän-gerinnen und Schulanfängern insbesondere bei den Strategien ‚Abzählen' und ‚Rechnen' zu beobachten. Analog zu der Nutzung von Strukturen im Zwanziger-feld, gehen auch bei dieser Aufgabe die Kinder geometrischen Strukturen des

Materials nach und verknüpfen diese mit passenden arithmetischen Strukturen bei der Anzahlermittlung. Während jedoch bei den zählenden Anzahlermittlungen im Zwanzigerfeld weitestgehend alle Punkte mittels strukturorientierten Abzählreihenfolgen systematisch erfasst werden, berücksichtigen die Kinder bei der Anzahlermittlung der Punkte im Hunderterfeld oft nicht mehr konsequent alle Punkte des Feldes. Einerseits resultieren diese unvollständigen Abzählprozesse daraus, dass es den Kindern nicht gelingt, der Strukturierung des Punktefeldes vollständig nachzugehen, andererseits versuchen die Kinder aufgrund der hohen Punkteanzahl teilweise erst gar nicht, alle Punkte in ihrem Zählprozess zu berücksichtigen.

Bei den rechnerischen Vorgehensweisen der Kinder sind ebenso wie bei den Vorgehensweisen im Zwanzigerfeld strukturorientierte Gliederungen des Punktefeld zu beobachten, bei denen die einzelnen Teilmengen in entsprechende Summanden übersetzt und die Punkteanzahl durch das entsprechende Ergebnis der Rechnung ermittelt wird. Auf die konkreten Struktur- und Musterdeutungen der Kinder im Hunderterfeld wird in Zusammenhang mit der Zusammenfassung und Diskussion der Ergebnisse in Kapitel 5.3.4 näher eingegangen.

Ein wesentlicher Anteil der Vorgehensweisen der Kinder beim Hunderterfeld gehört der Strategie ‚Schätzen' an. Hier scheint die Zahlenstruktur im Zehnersystem und die diesbezüglichen Lernstände der Kinder eine große Rolle zu spielen. Dadurch, dass es einem nicht geringen Anteil der Kinder gelingt, die korrekte Anzahl an Punkten im Hunderterfeld zu schätzen, ist davon auszugehen, dass die Zahl ‚hundert' als höhere (Stufen-)Zahl einigen Kindern bekannt ist und sie eine grobe Größenvorstellung von dieser Zahl zu haben scheinen.

5.3.3 Aufgabenauswertung: Tausenderfeld

Im Folgenden werden die Anzahlermittlungen der Schulanfängerinnen und Schulanfänger im Tausenderfeld in ähnlicher Weise wie beim Zwanziger- und Hunderterfeld analysiert und hinsichtlich der Erfolgsquoten und Vorgehensweisen der Schülerinnen und Schüler unter Berücksichtigung ihrer Strukturnutzungen dargestellt. Abbildung 5.51 gibt einen groben Überblick über die Aufgabebearbeitungen, die in diesem Kapitel konkretisiert und interpretiert werden.

Die durchschnittliche Erfolgsquote bei dieser Aufgabe liegt bei 37,0%, daher können 40 der 108 Schülerinnen und Schüler die Anzahl der Punkte im Tausenderfeld ermitteln. Die Erfolgsquote ist somit fast doppelt so hoch wie die bei der Anzahlermittlung der Punkte im Hunderterfeld. Lediglich zwei Kinder gehen keinen Bearbeitungsversuch der Aufgabe beim Tausenderfeld ein.

Die korrekten Lösungen der Kinder lassen sich in die Anzahlermittlungen ‚tausend', ‚zehnhundert' und ‚zehn mal hundert' unterteilen. 26 der 108 Schulanfängerinnen und Schulanfänger (24,1%) geben die Punkteanzahl ‚tausend' an, 13 Kinder (12,0 %) bezeichnen die Anzahl als ‚zehnhundert' und ein weiteres Kind erfasst die Anzahl als ‚zehn mal hundert' Punkte. Auch wenn den Schülerinnen und Schülern bei der zweit- und drittgenannten Anzahlermittlung nicht die entsprechende Stufenzahl bzw. das entsprechende Ergebnis zur Verfügung steht, drücken sie die gegebene Punkteanzahl dennoch in einer mathematisch korrekten Weise aus.

Die Schülerinnen und Schüler ermitteln die Punkteanzahl im Tausenderfeld mittels zweier Strategien. Das ‚Schätzen' stellt sich bei dieser Aufgabe mit einer Häufigkeit von 65,7% als Hauptstrategie der Kinder heraus. Anzahlermittlungen, die auf dem Abzählen in größeren Schritten basieren, geht ein Drittel der Schulanfängerinnen und Schulanfänger (33,3%) nach. In einem Fall ist die Vorgehensweise eines Kindes nicht erkenntlich. Im Folgenden werden die Vorgehensweisen der Kinder bei den zwei Strategien dargestellt, sowie ihre diesbezüglichen Strukturnutzungen des Tausenderfelds aufgezeigt.

Aufgabe A3a: Punktefelder bestimmen – Tausenderfeld

Aufgabenstellung:

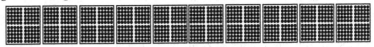

Die Hunderterfelder sind abwechselnd rot und blau gefärbt.

„Schau mal – so viele Punkte. Wie viele Punkte sind das? Kannst du das herausfinden?". Wenn das Kind die Anzahl der Punkte nicht bestimmen kann, wird es dazu aufgefordert, die Punkteanzahl zu schätzen.

Erfolgsquoten:

Bearbeitung durch die Kinder		Anzahl (Prozent)	
korrekte Aufgabenbearbeitung	‚Tausend'	26 (24,1%)	40 (37,0 %)
	‚Zehnhundert' bzw. ‚zehn mal hundert'	14 (13,0%)	
abweichende Aufgabenbearbeitung		66 (61,1%)	
keine Bearbeitung		2 (1,9%)	

Vorgehensweisen:

Strategie		Anzahl (Prozent)		Erfolgsquote (Prozent)
Abzählen in Einerschritten		0 (0%)		-
Abzählen in größeren Schritten	Anzahlermittlung der zehn Hunderterfelder mit Berücksichtigung der Punktemengen in den Feldern	36 (33,3%)	31 (28,7%)	25/31 (80,6%)
	Anzahlermittlung der zehn Hunderterfelder ohne Berücksichtigung der Punktemengen in den Feldern		4 (3,7%)	0/4 (0%)
	Anzahlermittlung der 25er-Felder ohne Berücksichtigung der Punktemengen in den Feldern		1 (0,9%)	0/1 (0%)
Rechnen		0 (0%)		-
Schätzen	Schätzen als Strategieidee der Kinder	71 (65,7%)	61 (56,5%)	14/61 (23,0%)
	Abzählen in Einerschritten misslingt, Aufforderung zu schätzen		4 (3,7%)	0/4 (0%)
	Abzählen in 100er Schritten misslingt, Aufforderung zu schätzen		2 (1,9%)	0/2 (0%)
	Keine eigene Strategieidee, Aufforderung zu schätzen		4 (3,7%)	1/4 (25,0%)
nicht erkenntlich		1 (0,9%)		0/1 (0%)

Abbildung 5.51 Übersicht der Auswertungsergebnisse der Aufgabe A3a: Punktefelder – Tausenderfeld

Abzählen in größeren Schritten

Genau ein Drittel der Schülerinnen und Schüler ermittelt die Punkteanzahl durch das Abzählen der Punkte in größeren Schritten. Hierbei gehen die Schulanfängerinnen und Schulanfänger größtenteils der Strukturierung des Tausenderfelds in zehn gleich große Struktureinheiten, bestehend aus jeweils 100 Punkten, nach. Einige Kinder zählen hierbei zunächst die Anzahl der Felder ab und leiten sich ausgehend davon die gesamte Anzahl der Punkte her. Andere Kinder zählen sofort in Hunderterschritten und erfassen so direkt die gegebene Punkteanzahl. Insgesamt 25 dieser 31 Kinder kommen dabei auf die korrekte Anzahl der Punkte. Elf dieser Schülerinnen und Schüler ermitteln die Punkteanzahl ‚tausend‘, 13 Kinder die Punkteanzahl „zehnhundert". Diese Kinder wenden daher das Zahlwortbildungsgesetzt, dass mehrere Hunderter im Zahlwort durch ihre Anzahl als Wortzusatz ausgedrückt werden, an. Diese Schulanfängerinnen und Schulanfänger lassen dabei jedoch außer Acht, dass aufgrund unseres Zehnersystems die zehn Hunderter zu einem Tausender gebündelt werden können. Ein weiteres Kind drückt die Anzahl der Punkte durch die Multiplikation ‚zehn mal hundert' aus. Die Ermittlung des Produkts ist der Schulanfängerin noch nicht möglich.

In diesem Zusammenhang besonders hervorzuheben und weitaus erstaunlicher, als dass manche Kinder sich mit Umschreibungen der Tausend behelfen, ist die Tatsache, dass fast ein Drittel der Schulanfängerinnen und Schulanfänger (30,6%), welche diese Strategie verfolgt, ein bereits so umfangreiches Wissen über das Dezimalsystem hat, dass es ihnen möglich ist, den Wechsel zur nächsten Stufenzahl durchzuführen. Bei einigen Kindern wird deutlich, dass sie sich ihr diesbezügliches Wissen in der Aufgabenbearbeitung explizit hervorrufen. Für sie dieser Übergang daher noch nicht automatisiert erfolgt, sondern sich die Kinder diese Regel erst bewusst machen müssen. So beschreibt beispielsweise Daniel in diesem Zusammenhang seinen diesbezüglichen Denkweg:

> I: „Wie viele Punkte sind das denn *(zeigt auf das Tausenderfeld)*, wenn das *(zeigt auf das Hunderterfeld)* hundert Punkte sind?"

> D: *Zählt die Punktefelder leise, denkt kurz nach und antwortet:* „Tausend."

> I: „Ja und wie bist du darauf gekommen?"

> D: „Weil einhundert, zweihundert, dreihundert, vierhundert, … aber es gibt hier ja nicht zehnhundert."

> I: „Genau. Und deswegen…"

> D: „…ist das tausend."

Die Kinder, die in diesem Bereich weniger Vorerfahrungen haben, nehmen die Bündelung noch nicht vor und bezeichnen die Punkteanzahl mit den ihnen zur Verfügung stehenden Ausdrücken. So zählt beispielsweise Lisa die Anzahl der Hunderterfelder ab und erklärt daraufhin, dass dies ‚zehn mal hundert' Punkte sind, sie jedoch die konkrete Zahl nicht kenne. Lydia ermittelt als eines von 13 Kindern ‚zehnhundert' Punkte. Als der Interviewer ihr daraufhin verrät, dass man die Zahl auch ‚tausend' nennt, reagiert sie sehr erstaunt, dass vor ihr so viele Punkte liegen. Für sie scheint der Zusammenhang zwischen zehn Hundertern und einem Tausender neu zu sein.

Die Hauptfehler ergeben sich bei dieser Strategie dadurch, dass fünf Kinder die Anzahl der 100er- bzw. 25er-Felder angeben, jedoch die jeweilige Anzahl an Punkten in diesen Feldern unberücksichtigt lassen. Zudem kommen drei Kinder auf die Punkteanzahl ‚neunhundert', die sie durch einen Fehler im schrittweisen Zählen ermitteln. Dabei zählen sie: „hundert, einhundert, zweihundert,…, neunhundert" (siehe auch Kapitel 6.1).

Darüber hinaus gibt es einige vereinzelt auftretende individuelle Abweichungen, die hier nur exemplarisch aufgeführt werden. So ist sich zum Beispiel Heiko, um einen Schüler herauszugreifen, noch nicht über die Folge größerer Zahlen sicher und zählt die zehn Hunderterfelder in größeren Schritten mit folgender Zahlenfolge ab: „hundert, tausend, eintausend, zweitausend,…, achttausend".

Schätzen

Etwas mehr als die Hälfte aller Kinder (56%) reagieren auf die Vorlage des Tausenderpunktefelds mit einer meist spontanen Schätzung. Diese Vorgehensweise ist zum einen auf die hohe Punkteanzahl zurückzuführen, die ein Abzählen in Einerschritten, eine beliebte Strategie bei den vorherigen Aufgaben, für die meisten Kinder als nicht sinnvoll erscheinen lässt. Zum anderen wird bei der Aufgabe zum Hunderterfeld vielen Kindern diese Strategie von der Interviewerin bzw. dem Interviewer angeboten, so dass die Schülerinnen und Schüler diese Strategieidee auf die Anzahlermittlung im Tausenderfeld übertragen. Desweiteren steht den Schulanfängerinnen und Schulanfängern aus der vorherigen Aufgabe der Richtwert ‚hundert' zur Verfügung, den sie als Anhaltspunkt für ihre Schätzungen heranziehen können. So wirkt beispielsweise Hatice bei dieser Aufgabe im Schätzen sicherer als bei der Aufgabe zuvor. Sie schätzt die tausend Punkte schnell und korrekt, obwohl sie im Hunderterfeld noch nicht einmal einen Schätzversuch eingehen wollte. Ihr richtiger Schätzwert kann selbstverständlich ein Zufall sein, was hierbei bedeutsam ist, ist das sie diesmal überhaupt einen Schätzversuch eingeht.

Die Kinder, welche die Anzahl der Punkte im Tausenderfeld richtig schätzen, erklären ihren Schätzwert beispielsweise damit, dass „tausend ein bisschen mehr als hundert ist" oder, dass sie sich für die Anzahl ‚tausend' entschieden haben, „weil nach der Hundert die Tausend kommt". Diese Kinder greifen daher auf die Stufenzahlen unseres Zahlsystems zurück und geben diese als glatte Schätzwerte an. Dabei steht ihnen der kleinere Richtwert ‚hundert' aus der vorangegangenen Aufgabe zur Verfügung. So schätzt rund ein Viertel der Kinder die Punkteanzahl korrekt ab. Die Fehlschätzungen der Kinder fallen im Gegensatz zu den Schätzversuchen im Hunderterfeld tendenziell nicht geringer als die gegeben Punkteanzahl aus, sondern übersteigen diese oft, zum Teil in erheblichem Maße. So schätzen mehrere Kinder die Punkteanzahl auf ‚eine Million', ‚Trillion' oder auf ‚unendlich viele Punkte'. Die großen Zahlenwerte werden hierbei von den Schulanfängerinnen und Schulanfängern wahrscheinlich oft synonym für ‚sehr viele‘ gebraucht.

Zusammenfassung Tausenderfeld

Die Strukturnutzung des Tausenderfelds kommt insbesondere bei den Schulanfängerinnen und Schulanfängern zu tragen, welche die Punkte in größeren Schritten abzählen. So zergliedern diese Schülerinnen und Schüler das Tausenderfeld in zehn Hunderterfelder und nutzen diese Struktur, um die Punkte schrittweise abzuzählen.

Hinsichtlich der Strukturen des Zehnersystems werden ganz unterschiedliche Kompetenzen bei den Kindern deutlich. So zeigen beispielsweise die Zahlwortkreationen der Kinder ihre diesbezüglichen Lernstände des Zahlwortaufbaus. Viele Schülerinnen und Schüler scheinen sich bewusst darüber zu sein, dass sich größere Zahlwörter aus dem Zusammensetzen kleinerer Zahlwörter ergeben. Diese Idee setzen die Schülerinnen und Schüler bei der Beschreibung der Anzahl der Punkte im Tausenderfeld um und ketten verschiedene Zahlwörter, zumeist große Zahlen, aneinander, um so eine Zahl, die der großen Punktemenge entsprechen könnte, anzugeben. So kommen Zahlwortkreationen wie ‚hundertsechstausend‘, ‚drei-million-zwanzig-hundert-million‘, ‚dreizehn-fünfundzwanzig‘ oder ‚hunderttrillionen-unendlich‘ zustande. Andere Kinder hingegen verfügen über die Kenntnis, dass eine Zahl auch groß sein kann, wenn ihre Ziffernwerte klein sind und der Stellenwert groß ist. So geben einige Kinder Zahlen wie ‚eintausend‘, ‚eine Million‘ und ‚eine Milliarde‘ als Schätzwerte an. Diese Schülerinnen und Schüler kennen bereits die Zahlwörter der Stufenzahlen, einige von ihnen können diese zu einem gewissen Grad bereits einordnen (Beispiel: „nach der Hundert kommt die Tausend").

Ein Indiz für bereits recht ausgeprägte Kenntnisse im Zehnersystem geben alle die Schulanfängerinnen und Schulanfänger, die ausgehend von den zehn Hunderterfeldern bzw. dem Zählen in Hunderterschritten, die Anzahl ‚tausend‘ ermitteln. Sie wissen um die Bündelung der zehn Hunderter in einen Tausender bzw. dass ‚neunhundert‘ und ein weiterer Hunderter ‚tausend‘ ergeben.

Vergleich Zwanzigerfeld, Hunderterfeld, Tausenderfeld

An dieser Stelle werden die Vorgehensweisen der Schülerinnen und Schüler bei den Anzahlermittlungen der drei verschiedenen Punktefelder verglichen.

Schaut man sich die Erfolgsquotenverteilung der Anzahlermittlungen der Kinder an, steigt die Erfolgsquote der Schulanfängerinnen und Schulanfänger bei der Anzahlermittlung der Punkte im Tausenderfeld im Gegensatz zu den Erfolgsquoten im Hunderterfeld von 21,3% auf 37,0% an. Ein möglicher Erklärungsansatz kann in den gewählten Strategien der Kinder bei den unterschiedlichen Punktefeldern gesehen werden (vgl. Abbildung 5.52).

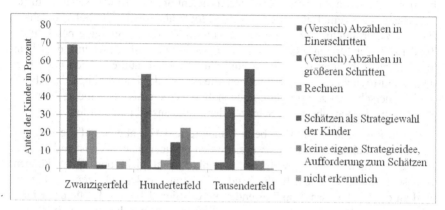

Abbildung 5.52 Strategien der Kinder bei der Anzahlermittlung der Punkte im Zwanziger-, Hunderter- und Tausenderfeld (in Prozent)

Während die Kinder im Hunderterfeld häufig versuchen, die Punkte in Einerschritten abzuzählen, lösen sich die meisten Kinder bei der Anzahlermittlung im Tausenderfeld von dieser Strategie. Einige Schülerinnen und Schüler erfassen hier die Punkte durch das Zählen in größeren Schritten, welches aufgrund der Struktur des Punktefelds eine besonders geeignete Strategie darstellt. Warum die Kinder vor allem beim Tausenderfeld der Strategie des Abzählens in größeren Schritten nachgehen, und nicht beim Hunderterfeld, kann nur vermutet werden. Vielleicht werden die Kinder im Tausenderfeld noch mehr dazu herausgefordert, dieser Strategie nachzugehen, da das Zählen in Einerschritten den Kindern nun noch offensichtlicher als eine ungeeignete Strategie erscheint. Denkbar ist auch, dass diese Strategie den Kindern beim Tausenderfeld näher liegt, weil sie bei der vorherigen Anzahlermittlung im Hunderterfeld bereits die Größe bzw. Punktenzahl der einzelnen Struktureinheiten des Tausenderfelds erfasst haben, mit der sie das Zählen in 100er-Schritten durchführen können. Vielleicht begünstigt aber auch die farbliche Strukturierung des Tausenderfelds oder die einfachere Zahlwortfolge beim Zählen in Hunderterschritten (im Gegensatz zum Zählen in Zehnerschritten) diese Strategie.

Dass die Kinder ihre Strategien den Punktefeldern anpassen, kann tendenziell über die drei Punktefelder hinweg beobachtet werden. So stellt das Abzählen der Punkte in Einerschritten die Hauptstrategie bei der Anzahlermittlung im Zwanzigerfeld dar. Die Erfolgsquote dieser Strategie von 60,0% zeigt auf, dass dies eine durchaus sinnvolle Vorgehensweise bei der Ermittlung der 20 Punkte für die Schulanfängerinnen und Schulanfänger darstellt. Die Wahl dieser Strategie nimmt bei der Anzahlermittlung im Hunderterfeld leicht ab. Die Kinder sehen in dieser Vorgehensweise zum Teil keine geeignete Möglichkeit mehr, die hohe Anzahl an Punkten zu ermitteln. Die Erfolgsquote von 10,0% dieser Strategie bestätigt die Tendenz in der Strategiewahl der Kinder. Es ist nicht überraschend, dass beim Tausenderfeld, bedingt durch seine hohe Punkteanzahl, nun erheblich mehr Kinder keine Möglichkeit mehr darin sehen, die Anzahl der Punkte durch das Abzählen in Einerschritten zu ermitteln. Letztendlich werden die vier Kinder, die dieser Strategie noch nachgehen zum Schätzen der Punkteanzahl aufgefordert.

Einige wenige Kinder kommen beim Hunderterfeld von alleine auf die Idee, die Anzahl der Punkte zu schätzen. Was sicherlich ein geeigneter Weg ist und welcher schließlich allen Kindern, welche die Punkteanzahl nicht bestimmen können, vorgeschlagen wird. Wie sehr die Kinder die Strategie des Schätzens annehmen, wird an der Strategiewahl im Tausenderfeld deutlich. Über die Hälfte der Kinder gehen dem Schätzen ohne erneute Aufforderung nach, um die Anzahl der Punkte angeben zu können. Das Abzählen der Punkte in Einerschritten, welches bei der Vielzahl an Punkten als äußerst ungünstig betrachtet werden kann, wird kaum noch von den Schülerinnen und Schülern als Strategie verfolgt. Dementgegen passt etwa ein Drittel der Schulanfängerinnen und Schulanfänger ihren Zählprozess der Punktestruktur geschickt an und erfasst die Punkteanzahl durch die Anzahl der Hunderterfelder bzw. durch das Zählen in 100er-Schritten.

Zwar ist bei den Anzahlermittlungen im Hunderter- und Tausenderfeld eine geringere Erfolgsquote als im Zwanzigerfeld zu verzeichnen, dennoch zeigt die Mehrzahl der Vorgehensweisen der Schulanfängerinnen und Schulanfänger, dass sie auf die neuen Umstände entsprechend reagieren und ihre Strategien den neuen Punktefeldgrößen und Punktefeldstrukturen anpassen. Obwohl es sich um sehr große Anzahlen handelt, zeigen sich nicht wenige der Schulanfängerinnen und Schulanfänger im Umgang mit diesen reflektiert.

5.3.4 Zusammenfassung

Die Schulanfängerinnen und Schulanfänger nutzen die arithmetischen und geometrischen Muster und Strukturen der Punktefelder in ihren jeweiligen Anzahlermittlungen auf ganz unterschiedliche Weise, wie in Zusammenhang mit den einzelnen Punktefeldern und den unterschiedlichen Vorgehensweisen der Kinder in den vorangehenden Kapiteln aufgezeigt wird.

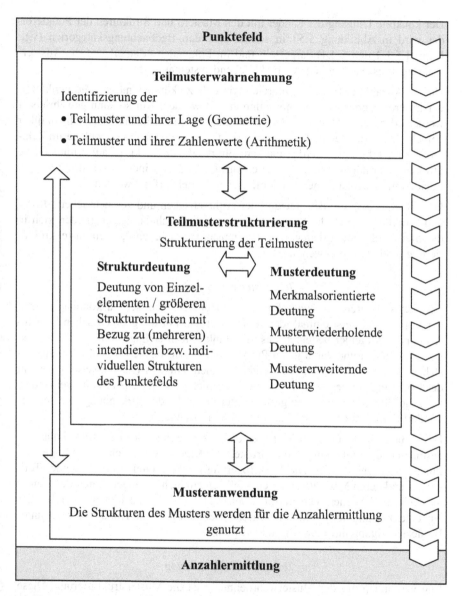

Abbildung 5.53 Komponenten einer erfolgreichen Anwendung der arithmetischen und geometrischen Muster bei der Anzahlermittlung der Punkte in den Punktefeldern

Der konkrete Umgang der Kinder mit den Mustern und Strukturen der Punktefelder wird in Abbildung 5.53 in seinen zentralen Beobachtungskategorien (vgl. Kapitel 5.1.4 und 5.2.4) dargestellt und im Folgenden erläutert und die Auswertungsergebnisse anhand dessen rückblickend systematisiert.

Um die Anzahl der Punkte erfolgreich ermitteln zu können, müssen die Punktefelder in ihrer geometrischen Anordnung erfasst werden. Nur so kann gewährleistet werden, dass alle Punkte Berücksichtigung finden, d. h. die Übersicht darüber beibehalten wird, welche Punkte bereits erfasst worden sind und welche im Zählprozess noch beachtet werden müssen. Ein paralleler Rückgriff auf arithmetische Strukturen ermöglicht die konkrete Anzahlerfassung, indem die strukturierten Punkte mit den entsprechenden numerischen Mitteln erfasst werden.

Die folgende Analyse der Nutzung der arithmetischen und geometrischen Muster und Strukturen durch die Schulanfängerinnen und Schulanfänger gliedert sich in die drei Beobachtungskategorien ‚Teilmusterwahrnehmung‘, ‚Teilmusterstrukturierung‘ und ‚Musteranwendung‘.

Teilmusterwahrnehmung

Um die Strukturen der Punktefelder überhaupt erst erfassen zu können, müssen deren Teilmuster erst einmal identifiziert werden. Für die geometrischen Strukturen der Punktefelder bedeutet dies, die Punkte in ihrer Lage wahrzunehmen und ggf. zu bündeln und dabei jeden Punkt als einen Bestandteil des Musters zu verstehen. Die Identifizierung von arithmetischen Mustern (Zahlenwerten) liegt in der Erfassung der gegebenen Anzahlen, beispielsweise jeweils zwei übereinanderliegender Punkte im Zwanzigerfeld oder der (Wieder-)Erkennung der jeweils hundert Punkte in den zehn Abschnitten des Tausenderfelds.

Die numerische Wahrnehmung einzelner Punkte gelingt allen der 108 Schulanfängerinnen und Schulanfänger. Ein Großteil der Kinder berücksichtigt die Lage aller Punkte der Punktefelder. Die Identifizierung mehrere Punkte beinhaltender Teilmuster und deren Mächtigkeit ist ebenfalls einem nicht geringen Anteil der Kinder möglich. So beziehen sich beispielsweise 31 Schülerinnen und Schüler bei der Anzahlermittlung der Punkte im Tausenderfeld auf die zehn Hunderterfelder unter Berücksichtigung ihrer jeweils hundert Punkte.

Teilmusterstrukturierung

Eng verbunden mit der Musterwahrnehmung ist die Musterstrukturierung. Diese besteht einerseits aus der Strukturdeutung, der die Deutungen der einzelnen Teilmuster und ihrer Strukturen zugrunde liegen, andererseits aus der Musterdeutung, welche aus den Deutungen des übergreifenden Zusammenhangs der Teilmuster in Bezug auf das Gesamtmuster besteht.

Strukturdeutung

In Zusammenhang mit den Strukturdeutungen werden die Punktefelder in ihren Teilmustern strukturiert, deren Anordnung in der Anzahlerfassung nachgegangen wird. Hierbei werden die geometrischen und arithmetischen Strukturen konkret verbunden, sodass die Punkte numerisch erfasst werden, indem der geometrischen Anordnung dieser nachgegangen wird. Beim Abzählen in Einerschritten wird diese Verbindung beispielsweise in dem reihen- und spaltenweisen Zählen deutlich. Beim Abzählen der Punkte in größeren Schritten und bei rechnerischen Vorgehensweisen der Kinder wird die Abstimmung geometrischer und arithmetischer Strukturen darin deutlich, dass größere Struktureinheiten mit den entsprechenden numerischen Werten und Operationen verknüpft werden.

In Anlehnung an die Aspekte visueller Strukturierungsfähigkeit, die Söbbeke (vgl. 2005, 345ff.) hinsichtlich der Strukturnutzungen von Kindern herausstellt (vgl. 3.2.3), werden verschiedene Strukturierungen der Punktefelder durch die Schulanfängerinnen und Schulanfänger in Tabelle 5.21 vergleichend dargestellt. Die Auswahl der Vorgehensweisen der Schülerinnen und Schüler ist exemplarisch zu verstehen und soll in Ergänzung zu der Vielfalt an Vorgehensweisen innerhalb der verschiedenen Strategien, wie sie in Zusammenhang mit den einzelnen Punktefeldanalysen aufgezeigt werden, einen Eindruck über die Bandbreite der Arten von Strukturdeutungen der Kinder geben.

Tabelle 5.21 Strukturdeutungen der Schulanfängerinnen und Schulanfänger bei der Anzahlermittlung der Punkte in den Punktefeldern

	Zwanzigerfeld	Hunderterfeld	Tausenderfeld
Deutung von Einzelelementen, kein oder nur geringer Bezug zu intendierten Strukturen des Punktefelds	-	Abzählen in Einerschritten:	-

	Zwanzigerfeld	Hunderterfeld	Tausender-feld
Deutung von Einzelelementen, Bezug zu intendierten Strukturen des Punktefelds	Abzählen in Einerschritten: 	Abzählen in Einerschritten: 	Abzählen in Einerschritten: es wird angefangen, die Punkte im ersten Hunderterfeld in Einerschritten abzuzählen (siehe linke Zelle)
Deutung von größeren Struktureinheiten, Bezug zu intendierten Strukturen des Punktefelds	Abzählen in größeren Schritten: Rechnen: ‚10 und 10 sind 20' 	Abzählen in größeren Schritten: Rechnen: ‚25 und 25 und 25 sind 100' 	Abzählen in größeren Schritten: Die Hunderterfelder werden als Struktureinheiten abgezählt

	Zwanzigerfeld	Hunderterfeld	Tausender-feld
Deutung von größeren Struktureinheiten, Bezug zu mehreren intendierten Strukturen des Punktefelds	Rechnen: ‚5 und 5 sind 10; und 10 sind 20 '	Rechnen: ‚25 und 25 sind 50; und 50 sind 100	-
Deutung größerer Struktureinheiten, Bezug zu (mehreren) individuellen Strukturen	Rechnen: ‚4 und 6 sind 10, und 10 sind 20'	Rechnen: ‚40 und 40 sind 80; und 20 sind 100'	-

Die Übersicht verdeutlicht, dass die Strukturen der Punktefelder ganz unterschiedlich von den Schulanfängerinnen und Schulanfängern wahrgenommen und für ihre Anzahlermittlungen genutzt werden. Hierbei werden die Punkte einerseits als Einzelelemente, andererseits in größeren Struktureinheiten gedeutet, wobei größtenteils ein Bezug zu (ggf. mehreren) intendierten bzw. individuellen Strukturen der Anordnungen der Punkte in den Feldern besteht.

Die Deutung der Punkte als Einzelelemente liegt der Vorgehensweise des ‚Abzählens in Einerschritten' zugrunde, bei welcher jedem Punkt ein Zahlwort zugeordnet wird. Sofern größere Struktureinheiten gedeutet werden, beziehen sich die Kinder auf größere Punktemengen auf einmal, welche sie in Schritten abzählen oder zusammenrechnen. Besteht lediglich ein geringer Bezug zu den Strukturen des Punktefelds, was bei der Untersuchung lediglich in Zusammenhang mit dem

Hunderterfeld zu beobachten ist, so werden die Punkte, ohne einer alle Punkte berücksichtigenden Struktur zu folgen, eher willkürlich und vereinzelt abgezählt. Ein Bezug zu intendierten Strukturen der Punktefelder bedeutet, dass Strukturen des Materials, wie beispielsweise übereinanderliegende oder benachbarte Punkte, zur Bündelung der Punkte für die Anzahlerfassung herangezogen werden. Kinder, die individuellen Strukturen nachgehen, deuten eigene Mengenunterteilungen in das Material hinein und nutzen diese für ihre rechnenden Anzahlermittlungen.

Der hier dargestellte Umgang der Schulanfängerinnen und Schulanfänger mit den Strukturen des Anschauungsmaterials ,Punktefelder' kann mit ähnlichen Studien in Verbindung gebracht werden und trägt zu der diesbezüglichen Diskussion bei. So kann durch die vorliegende Untersuchung insbesondere eine Vielfalt an Vorgehensweisen der Schülerinnen und Schüler beim ,Lesen' des Zwanzigerfelds herausgestellt werden. Entgegen den Befunden von Scherer (vgl. 1995, 178ff.), welche aus einer Studie mit lernbehinderten Kindern resultieren, ist bei allen Kindern dieser Untersuchung, eine Integration der Strukturen der Punktefelder in ihre zählenden und rechnerischen Anzahlermittlungen zu beobachten. Die enorme Vielfalt der nicht selten unkonventionellen Deutungen der Strukturen des Anschauungsmaterials deckt sich mit den Untersuchungsergebnissen von Scherer (vgl. 1995, 178ff.) und Benz (vgl. 2005, 132ff.) zum Umgang mit dem Hunterterfeld. Dass die unterrichtliche Behandlung des Materialgebrauchs nicht allen Schülerinnen und Schülern gerecht wird, wird durch die Forschungsergebnisse von Rottmann & Schipper (vgl. 2002) zum Hunderterfeld hervorgehoben. Die Autoren zeigen auf, dass leistungsschwache Schülerinnen und Schüler, die wesentlich auf das Material angewiesen sind, im Gegensatz zu den leistungsstärkeren Kindern, in vielen Fällen Schwierigkeiten mit dem Gebrauch des Materials und der Veranschaulichung der gegebenen Operationen haben. Diese Tendenz kann bereits in den hier vorliegenden Ergebnissen mit Kindern zu Beginn des ersten Schuljahres ausgemacht werden.

Musterdeutung

Die Typen der Musterdeutungen (vgl. Kapitel 5.1.4 und Kapitel 5.2.4) der Schulanfängerinnen und Schulanfänger werden für den Umgang mit den Punktefeldern in Tabelle 5.22 exemplarisch verdeutlicht und im Anschluss daran erläutert.

Tabelle 5.22   Musterdeutungen der Schulanfängerinnen und Schulanfänger bei der Anzahlermittlung der Punkte in den Punktefeldern

Musterdeutung	Beispiel: Punktefelder bestimmen		
	Zwanzigerfeld	Hunderterfeld	Tausenderfeld
Muster-unberücksichtigende Deutung	-	Abzählen in Einerschritten: 26 ○ 27 ○ 28 ... ○ 19 ○ ○ ... ○ 22 ○20 ... ○23 ○ ○ ... 25 ... 90/24	-
Merkmalorientierte Deutung	-	Abzählen in Einerschritten: 29 ... ○ ○ 13 ○ ○ 28 ... ○ ○ 12 ○ ○ 27 ... ○ ○ 11 ○ ○ 23 ... ○ ○ 10 ○ ○ 24 ... ○ ○ 9 ○ ○ ○ ○ 20 ○ ○ ○ ○ 80 ○ ○ ○ 12 11 ○ ○ ○ 60 ○ ○ ○ 8 9 10 ○ ○ ○ 24 ○ ○ ○ 7 6 3 ○ ○ ○ 23 ○ ○ 1 2 ○3 4 ○ ○ ○ 21 ○ ○	-

Musterdeutung	Beispiel: Punktefelder bestimmen		Tausen-derfeld
	Zwanzigerfeld	Hunderterfeld	
	Abzählen in Einerschritten: 	Abzählen in Einerschritten: 	
Musterwieder-holende Deu-tung	Abzählen in größeren Schritten: 	Abzählen in größeren Schritten: 	Abzählen in größe-ren Schritten: die zehn Felder des Tau-sender-felds werden in 100er-Schritten gezählt
	Wiederholtes Addieren: ,5 und 5 und 5 und 5' 	Wiederholtes Addieren: ,30 und 30 und 30 und 30' 	

Musterdeutung	Beispiel: Punktefelder bestimmen		
	Zwanzigerfeld	Hunderterfeld	Tausenderfeld
Mustererweiternde Deutung	Andere Rechnungen: ,4 und 6 sind 10; und 10 sind 20'	Andere Rechnungen: ,25 und 25 sind 50; und 50 sind 100'	-

Eine weitestgehend *musterunberücksichtigende Deutung* der Punktefelder kommt lediglich bei einem Kind der Untersuchung in Zusammenhang mit dem Hunderterfeld vor. Ein Mädchen verfolgt die Punkte dabei zunächst den Reihen und Spalten nach, löst sich dann jedoch von der Idee, diese geometrische Musteranordnung zu verfolgen, und zählt weitere Punkte willkürlich ab, ohne das Muster des Punktefelds zu berücksichtigen.

Eine *merkmalorientierten Deutung* der Punktefelder kommt ebenfalls nur bei einem Schulanfänger der Untersuchung vor. Der Schüler verfolgt die Punkteanordnung konsequent reihenweise, berücksichtigt dabei jedoch – insbesondere im Verlauf des Abzählprozesses – längst nicht alle Punkte der entsprechenden Punktefeldreihen des Hunderterfelds. Er geht somit lediglich einer Auswahl an Merkmalen des Musters grob nach.

Bei den *musterwiederholenden Deutungen* erfassen die Kinder die Punkteanzahlen dadurch, dass sie die Teilmuster wiederholt gruppieren. So identifizieren die Kinder die Punkte der Felder einerseits in ihrer Reihen- und / oder Spaltenstruktur und gehen ihnen als einzelne Teilmuster in Einerschritten zählend nach. Die nummerische Ermittlung der Punkteanzahl kann andererseits aber auch den größeren Strukturgruppen entsprechend in größeren Schritten bzw. durch die wiederholte Addition (Strukturgruppen bilden die Summanden) erfolgen. Dieser Typ der Musterdeutung wird von den meisten Schulanfängerinnen und Schulanfängern der Untersuchung in Zusammenhang mit den Punktefeldern verfolgt.

Bei den *mustererweiternden Deutungen* leiten sich die Kinder die Punkteanzahl aus mehreren Anzahlermittlungen der Teilmengen der Felder schrittweise her, wobei zunehmend größere Teilmengen gebildet werden, die zu einer Vereinfachung bzw. Verkürzung der rechnerischen Ergebnisermittlung beitragen.

Musteranwendung

Die konkrete Anwendung der Muster bezieht sich insbesondere auf die Fertigkeiten der Kinder, den geometrischen und arithmetischen Strukturen und Mustern bei der Anzahlermittlung der Punkte nachzugehen. Diese müssen konsequent verfolgt werden, um die exakte Punkteanzahl ermitteln zu können. Dies gelingt den Schulanfängerinnen und Schulanfängern jedoch insofern nicht immer, dass sie in einigen Fällen einzelne oder mehrere Punkte im Zähl- oder Rechenprozess vergessen zu berücksichtigen. Auch die arithmetischen Strukturen müssen durchgängig verfolgt werden. Hier kommt es bei den Schülerinnen und Schülern beispielsweise vereinzelt zu Schwierigkeiten, wenn sie nicht über die entsprechenden arithmetischen Fertigkeiten verfügen, die sie für die Umsetzung der geometrischen Strukturen und letztendlich für die Anzahlermittlungen benötigen. So beschreiben einige wenige Kinder die in den Punktefeldstrukturen gegebenen Zahlensätze, doch können sie diese nicht numerisch lösen. In mehreren Fällen verfügen die Schulanfängerinnen und Schulanfänger nicht über die benötigten Kenntnisse der Zahlenreihe, was ihnen die zählende Anzahlermittlung verweigert.

5.4   Verallgemeinerung

Ausgehend von den einzelnen Aufgabenanalysen lassen sich einige zentrale Komponenten des Umgangs der Schulanfängerinnen und Schulanfänger mit Mustern und Strukturen, wie in Abbildung 5.54 skizziert, zusammenfassend herausstellen.

Um die in den Aufgaben vorliegenden Muster und Strukturen erfolgreich erfassen und in der Bewältigung der Aufgabe umsetzen zu können, müssen folgende drei zentrale Komponenten Berücksichtigung finden: 1) die Teilmusterwahrnehmung, 2) die Teilmusterstrukturierung und 3) die Musteranwendung. Die drei Aspekte stehen dabei in einer starken Wechselbeziehung zueinander.

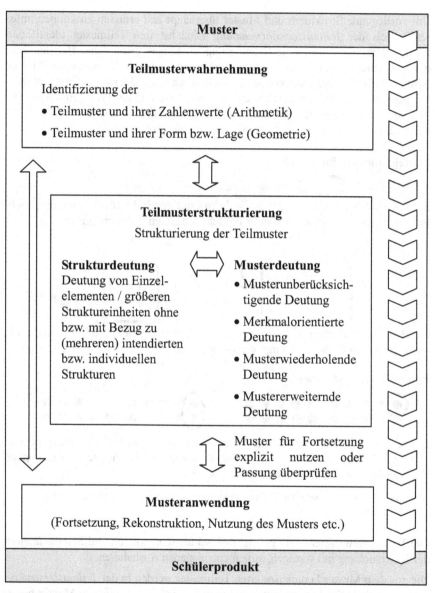

Abbildung 5.54 Komponenten des Umgangs mit arithmetischen und geometrischen Mustern und Strukturen

Um vorliegende Strukturen und Muster überhaupt erst erfassen zu können, müssen mittels der *Teilmusterwahrnehmung* zunächst ihre Teilmuster identifiziert werden. Hierdurch wird eine Orientierung im Muster ermöglicht. Bei den Teilmustern handelt es sich um Konfigurationen aus kleineren Einheiten der Muster. Arithmetische Muster charakterisieren sich durch die Zahlenwerte ihrer Teilmuster, geometrische Muster durch die Form und / oder Lage ihrer Teilmuster. Die Teilmusterwahrnehmung ist nicht immer eindeutig, so dass teilweise unterschiedliche Teilmuster in einem Muster wahrgenommen werden können.

Plättchenmuster fortsetzen

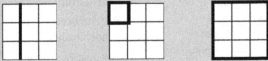

Bei den Plättchenmustern werden die Teilmuster durch die Identifizierung gleichfarbiger Plättchengruppen und ihrer Plättchenanzahlen wahrgenommen.

Muster zeichnen

Bei den geometrischen Mustern werden die Teilmuster durch die Identifizierung einzelner Formen und ihrer Lage wahrgenommen.

Punktefelder bestimmen

Bei den Punktefeldern werden die Teilmuster durch die Identifizierung von Punktemengen in ihrer Anzahl und Lage wahrgenommen. Die Punktemengen können dabei aus einem oder mehreren Punkten bestehen.

Abbildung 5.55 Beispiele der Teilmusterwahrnehmung bei arithmetischen und geometrischen Mustern

Die Teilmusterwahrnehmung gelingt den Schulanfängerinnen und Schulanfängern der Untersuchung mit wenigen, aufgabenbezogenen Ausnahmen.

Die aus dem Muster heraus isolierten Teilmuster werden in der *Teilmusterstrukturierung* in ihrer Struktur gedeutet und in einen, möglichst auf dem Muster basierenden, Zusammenhang gebracht. Hierbei besteht ein ständiger Bezug zu der konstant geforderten Teilmusterwahrnehmung, welche die einzelnen Teilmuster

für den Betrachter verfügbar macht. Der Teilmusterstrukturierung liegen zum
einen Strukturdeutungen, welche die Teilmuster in ihrem Bezug zueinander strukturieren, zum anderen Musterdeutungen, welche die Teilmuster in Bezug auf das
Gesamtmuster in Beziehung setzen, zugrunde.

Hinsichtlich der *Strukturdeutungen* der Kinder wird auf die Aspekte der visuellen
Strukturierungsfähigkeit, wie sie Söbbeke (vgl. 2005, 345ff.) ausführt (vgl. Kapitel 3.2.3), Bezug genommen. Diese lassen sich sowohl auf den Umgang mit den
arithmetischen wie auch mit den geometrischen Strukturen durchgehend übertragen und die Vorgehensweisen der Kinder in den Detailanalysen kriterienorientiert
beobachten und klassifizieren. Hierbei wird deutlich, welche Strukturdeutungen
von den Kindern verfolgt werden und wie vielfältig diese ausfallen können.

Meistens deuten die Schulanfängerinnen und Schulanfänger der Untersuchung
Einzelelemente oder auch größere Struktureinheiten mit Bezug zu den intendier-
ten Strukturen des Musters. In einigen Fällen beziehen sich die Schülerinnen und
Schüler auch auf individuelle Strukturdeutungen der Muster. Nur sehr selten liegt
lediglich ein geringer Bezug zu den intendierten Strukturen der Muster in den
Deutungen der Kinder vor.

In Zusammenhang mit den *Musterdeutungen* werden über die drei Aufgabenaus-
wertungen hinweg vier grundlegende Deutungsweisen der Muster herausgearbeitet, welche die Teilmuster in Bezug auf das Gesamtmuster – zu einem jeweils
unterschiedlichen Grad bzw. auf unterschiedliche Weise – in einen Zusammenhang bringen:

1) *Musterunberücksichtigende Deutungen*: beziehen sich auf keinerlei Merkmale
des Musters und sind daher auf musterunabhängige Ausgangspunkte zurückzuführen.

2) *Merkmalorientierte Deutungen*: beziehen sich auf einzelne, teilweise oberflächliche Merkmale des Musters und weisen somit keine durchgängige Berücksichtigung des Zusammenhangs der Teilmuster in Blick auf das Gesamtmuster
auf.

3) *Musterwiederholende Deutungen*: beziehen sich auf Wiedergaben der Muster,
welche zentrale Mustermerkmale konsequent wiederholend aufgreifen.

4) *Mustererweiternde Deutungen*: beziehen sich auf Wiedergaben der Muster,
welche zentrale Mustermerkmale konsequent ihrer Entwicklung entsprechend
aufgreifen.

Aufgrund der Deutungsnähe von Strukturen und Mustern sind enge Parallelen
zwischen den jeweiligen Aspekten gegeben. Tabelle 5.23 gibt eine Übersicht der

Struktur- und Musterdeutungen und ihren tendenziellen Abhängigkeiten, sowie sie in dieser Untersuchung beobachtet werden können.

Tabelle 5.23 Struktur- und Musterdeutungen und ihre Abhängigkeiten

Strukturdeutung	Musterdeutung
Deutung von Einzelelementen, kein oder nur geringer Bezug zu intendierten Strukturen	Musterunberücksichtigende Deutung
	Merkmalorientierte Deutung
Deutung von Einzelelementen mit Bezug zu intendierten Strukturen	
Deutung von größeren Struktureinheiten mit Bezug zu (mehreren) intendierten Strukturen	Musterwiederholende Deutung
	Mustererweiternde Deutung
Deutung von größeren Struktureinheiten mit Bezug zu (mehreren) individuellen Strukturen	

Eine *musterunberücksichtigende Deutung* weist keinerlei Bezüge zum Muster auf. Das Muster wird nicht als Grundlage zur Verknüpfung der Teilmuster herangezogen, vielmehr werden äußere Merkmale (Beispiel: Das Plättchenmuster wird mit mehr blauen als roten Plättchen fortgesetzt, Begründung: „Blau ist meine Lieblingsfarbe") verfolgt oder die Handlungen unterliegen der Willkür. Die Strukturdeutungen, die mit der musterunberücksichtigenden Deutung einhergeht, weisen an keiner Stelle einen Bezug zu intendierten Strukturen auf. Die Abhängigkeit der Struktur- und Musterdeutung besteht darin, dass das Muster unschlüssig bleibt, wenn kein strukturelles Verständnis hiervon vorliegt. Auf dieser Ebene sind die Aufgabenbearbeitungen der Schulanfängerinnen und Schulanfänger der Untersuchung in den seltensten Fällen zu verorten und wenn, dann jeweils nur bei einzelnen Aufgaben.

Plättchenmuster fortsetzen

Die einzelnen Plättchen werden in keinen strukturellen Zusammenhang gebracht, sondern stehen für sich. Das Gesamtmuster bleibt unberücksichtigt, so dass die Teilmuster diesbezüglich in keinen erkennbaren Zusammenhang gebracht werden.

Muster zeichnen

Es liegen keine musterunberücksichtigenden Deutungen beim Rekonstruieren der geometrischen Muster vor.

Punktefelder bestimmen

Die dargestellte Vorgehensweise beim Ermitteln der Anzahl der Punkte strukturiert die Einzelelemente des Punktefelds kaum, teilweise werden die Punkte willkürlich abgezählt. Das Gesamtmuster der Teilelemente des Punktefelds bleibt daraufhin unberücksichtigt.

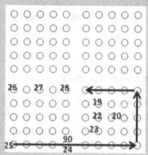

Abbildung 5.56 Beispiele zur Abhängigkeit der Deutung von Einzelelementen mit keinem oder nur geringem Bezug zu intendierten Strukturen und der musterunberücksichtigenden Deutung

Sofern bereits geringe Bezüge zu den intendierten Strukturen des Musters in den Strukturdeutungen der Kinder vorhanden sind, können *merkmalsorientierte Deutungen* erfolgen, die einzelnen Merkmalen des Gesamtmusters nachgehen. Dabei werden jedoch längst nicht alle Beziehungen der Teilmuster berücksichtigt.

Punktmuster fortsetzen

Bei diesem Beispiel wird sich auf sehr allgemeine Weise auf das Mustermerkmal ,die Teilmuster werden immer größer' bezogen, ohne sich auf die genauere Gesamtstruktur des Musters zu beziehen und die konkrete Vergrößerung der aufeinanderfolgenden Teilmuster zu betrachten. Es liegt lediglich ein geringer Bezug zu den intendierten Strukturen des Musters vor, welcher sich in der Berücksichtigung der groben Anzahlstruktur der Teilmuster widerspiegelt.

Muster zeichnen

Merkmalorientiert wird in den zwei gegebenen Beispielen (Muster 3) dem Gesamtmuster eines Dreiecks nachgegangen, dieses jedoch nicht genauer in den Beziehungen der Teilmuster erfasst. Die Kreise werden bei der ersten Zeichnung als Einzelelemente, ohne einen weitergehenden Bezug zueinander, dargestellt. In der zweiten Zeichnung können geringe strukturelle Zusammenhänge zwischen den Kreisen ausgemacht werden, so wird vermutlich versucht, diese versetzt zueinander einzuzeichnen.

Punktefelder bestimmen

Bei der hier gegebenen Anzahlermittlung werden die Strukturen der Punkte in geringem Maße verfolgt, indem ihnen reihenweise nachgegangen wird, dabei wird jedoch längst nicht jeder Punkt berücksichtigt. Es wird daher auch nur einer beschränkten Auswahl an Merkmalen des Musters nachgegangen, da die Zusammenhänge der Teilmuster nur bedingt erfasst werden.

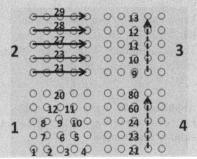

Abbildung 5.57 Beispiele zur Abhängigkeit der Deutung von Einzelelementen mit geringem Bezug zu intendierten Strukturen und der merkmalorientierten Deutung

In Zusammenhang mit *musterwiederholenden Deutungen* werden zum einen Einzelelemente, zum anderen größerer Struktureinheiten mit Bezug zu den intendierten, teilweise aber auch individuellen Strukturen der Muster gedeutet. Hierbei werden ein oder mehrere Teilmuster herausgegriffen und in der Musteranwendung wiederholt genutzt. Erfolgreich kann diese Musterdeutung nur dann sein, wenn das Muster statisch ist und die Wiederholung von Teilmustern überhaupt das Muster wiedergeben kann. Diese Musterdeutung wird von den meisten Schülerinnen und Schülern der Untersuchung bei den drei ausgewählten Aufgaben sowohl bei abweichenden wie auch korrekten Aufgabenbearbeitungen verfolgt.

Punktmuster fortsetzen

Die Teilmuster werden in Bezug auf das Gesamtmuster als zu wiederholende Elemente gedeutet, die bei der Fortsetzung erneut aufgegriffen werden. Wird

diese Deutung bei statischen Mustern korrekt umgesetzt, ergibt sich eine erfolgreiche Fortsetzung des Musters (zweites Plättchenmuster). Bei dynamischen Mustern kann diese Musterdeutung nicht zum Erfolg führen (drittes Plättchenmuster). Die Kinder scheinen die Plättchen als Einzelelemente zu deuten, wenn sie vorangehende Plättchen nach und nach einzeln wiederholen (erstes und zweites Beispiel), die Plättchen werden in größeren Struktureinheiten gedeutet, wenn für die Kinder bei der Fortsetzung der Teilmuster die entsprechende Anzahl bereits feststeht und diese in einem Zug angelegt werden (drittes Beispiel).

Muster zeichnen

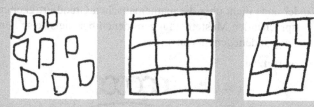

Die geometrischen Muster werden 1-zu-1 entsprechend der Mustervorlage kopiert. Die Kinder deuten die Teilmuster als Einzelelemente, wenn diese für sich stehen (erste Abbildung). Wenn die Teilmuster auseinander resultieren, so deuten die Schülerinnen und Schüler diese als größere Struktureinheiten (zweite Abbildung). Individuellen Strukturdeutungen gehen die Kinder nach, die in ihren Rekonstruktionen bestimmte Teilmuster hervorheben (dritte Abbildung).

Punktefelder bestimmen

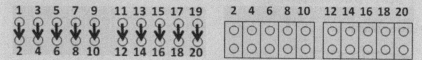

Der Anordnung der Punkte wird musterwiederholend nachgegangen, indem der Reihen- und Spaltenstruktur der Punktefelder konsequent gefolgt wird. Die Punkte werden dabei als Einzelelemente (erste Abbildung) oder in größeren Struktureinheiten (zweite Abbildung) gedeutet, die in einem arithmetisch und geometrisch wiederholenden Zusammenhang stehen.

Abbildung 5.58 Beispiele zur Abhängigkeit der Deutung von Einzelelementen bzw. größeren Struktureinheiten mit Bezug zu (mehreren) intendierten bzw. individuellen Strukturen und der musterwiederholenden Deutung

Erst durch eine *mustererweiternde Deutung* können dynamische Muster mit Erfolg umgesetzt werden. Die Teilmuster werden hierbei in Verbindung gebracht und die Musterentwicklung nachvollzogen und für die Musteranwendung genutzt. Liegen Deutungen größerer Struktureinheiten vor, die mehrere intendierte oder individuelle Strukturbezüge herstellen, so können mustererweiternde Deutungen auftreten, die besonders effiziente Musternutzungen begünstigen (Beispiel: Anzahlermittlung der Punkte im Hunderterfeld mittels Rechnungen, die sich auf immer größer werdende Anteile beziehen). Die mustererweiternde Deutung kann nur bei verhältnismäßig wenigen Schulanfängerinnen und Schulanfängern beobachtet werden. Zu berücksichtigen ist hierbei, dass ein nicht unbedeutender Anteil dieser Kinder auch nicht über die mathematischen Grundfertigkeiten verfügen würde, den entsprechenden Musterdeutungen, denen beispielsweise kompliziertere Rechnungen zugrundeliegen, nachzugehen.

Punktmuster fortsetzen

Das dynamische Plättchenmuster fordert für seine korrekte Fortsetzung eine mustererweiternde Deutung, da das Muster nicht auf der Wiederholung der Teilmuster, sondern auf der Entwicklung dieser beruht. Die Plättchen des erweiterten Teilmusters werden vermutlich als Einzelelemente gedeutet, wenn diese nacheinander an die Reihe angelegt werden (erste Abbildung). Eine Deutung größerer Struktureinheiten liegt dann vor, wenn die Plättchen auf einmal an die Reihe angelegt werden (zweite Abbildung).

Muster zeichnen

Bei den geometrischen Mustern liegt eine mustererweiternde Deutung vor, wenn der Musterwiedergabe allgemeine Kriterien des Musters zu Grunde liegen, welche das Muster in seiner Gesamtentwicklung betrachten. In dem aufgeführten Beispiel werden die Teilmuster in größeren Struktureinheiten gedeutet, die eine erweiternde Musterdeutung durch die Ergänzung von weiteren horizontalen und vertikalen Linien leicht umsetzen lässt.

Punktefelder bestimmen

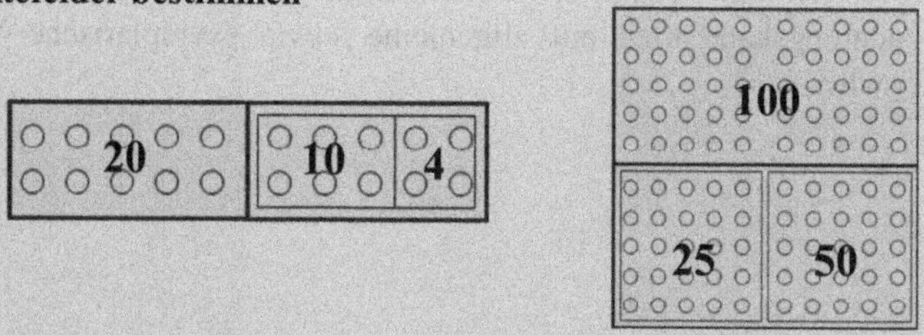

Eine mustererweiternde Deutung liegt bei der Anzahlermittlung der Punkte der Punktefelder vor, wenn immer größer werdende Struktureinheiten gebildet werden und somit eine effiziente Ermittlung der Gesamtpunktzahl ermöglichen. In dem gegebenen Beispiel zum Zwanzigerfeld beziehen sich die Kinder auf individuelle Strukturierungen, die sie in das Feld, ohne vom Material angedeutete Strukturen, hineindeuten. Die Strukturdeutung in Zusammenhang mit dem Hunderterfeld bezieht sich auf intendierte Strukturen des Materials.

Abbildung 5.59 Beispiele zur Abhängigkeit der Deutung von Einzelelementen bzw. größeren Struktureinheiten mit Bezug zu (mehreren) intendierten bzw. individuellen Strukturen und der mustererweiternden Deutung

Die vier Typen der Musterdeutung stellen sich bei den drei Detailanalysen zum Umgang der Schulanfängerinnen und Schulanfänger mit arithmetischen und geometrischen Mustern und Strukturen als besonders tragfähig und aussagekräftig heraus und sind eine stimmige Ergänzung zu den Strukturdeutungen nach den Ebenen der visuellen Strukturierungsfähigkeit von Söbbeke (vgl. 2005).

Bei der *Musteranwendung* wird sich kontinuierlich auf die Musterwahrnehmung sowie die Musterstrukturierung bezogen, deren Erkenntnisse in der Anwendung des Musters aufgegriffen werden. Die Analysen der drei Testaufgaben stellen die Musteranwendungen im Rahmen des Wiedergebens (Aufgabe G1a: Muster zeichnen), Fortsetzens (Aufgabe A5a: Plättchenmuster fortsetzen) und Nutzens (Aufgabe A3a: Punktefelder bestimmen) von Mustern und Strukturen dar. Beim Fortsetzen der Plättchenmuster kann eine Besonderheit im Umgang mit Mustern dahingehend ausgemacht werden, dass die Strukturen des Musters entweder explizit zur Weiterführung des Musters genutzt werden, oder die Passung der Musterfortsetzung erst im Nachhinein mit dem Ursprungsmuster abgeglichen wird. Zweitgenannter Vorgehensweise gehen die Schulanfängerinnen und Schulanfänger jedoch nur vereinzelt nach.

Zusammenfassend lässt sich daher ein häufiger und meistens mathematisch sinnvoller Umgang der Schulanfängerinnen und Schulanfänger mit arithmetischen und geometrischen Mustern und Strukturen beobachten, der in diesem Kapitel anhand von drei Beobachtungskategorien auf allgemeine sowie exemplarische Weise herausgearbeitet wird.

6 Überblicksanalyse der Lernstände zu Grundideen der Arithmetik

In diesem Kapitel wird eine Übersicht der Lernstände der Schulanfängerinnen und Schulanfänger zu den Grundideen der Arithmetik gegeben. Anhand der Aufgabenbearbeitungen der Kinder wird aufgezeigt, über welche Fähigkeiten sie in den einzelnen Testaufgaben und Aufgabenblöcken verfügen. Ihre Erfolgsquoten und Vorgehensweisen werden in Abbildungsform überblickartig dargestellt und anschließend kommentiert. Die Hauptergebnisse jedes Aufgabenblocks werden am Ende der einzelnen Kapitel zusammengefasst.

Für die Darstellung der Ergebnisse des Arithmetiktests ergibt sich folgende Struktur:

Aufgaben/-block	Kapitel	Grundidee	Analyseform	Gliederung
A1	6.1	Zahlenreihe	Überblicksanalyse	Ergebnisübersicht, Erfolgsquoten und Vorgehensweisen bei den einzelnen Aufgaben
A2	6.2	Rechnen, Rechengesetze, Rechenvorteile	Überblicksanalyse	
A3a	5.3	Zehnersystem	Detailanalyse	
A3b	6.3		Überblicksanalyse	
A4	6.4	Rechenverfahren		
A5a	5.1	Arithmetische Gesetzmäßigkeiten und Muster	Detailanalyse	
A5b	6.5		Überblicksanalyse	
A6	6.6	Zahlen in der Umwelt		
A7	6.7	Kleine Sachaufgaben		
Gesamttest	8	Gesamtübersicht der Ergebnisse des Arithmetiktests mit Bezug auf verschiedene Schülergruppen (Geschlecht, Alter, soziales Einzugsgebiet der besuchten Grundschule) und im Vergleich zu den Ergebnissen des Geometrietests		
	9	Zusammenfassung und Diskussion der Ergebnisse		

Die Ergebnisdarstellung der Aufgaben ‚A3a: Punktefelder bestimmen' und ‚A5a: Plättchenmuster fortsetzen' erfolgt aufgrund der thematischen Fokussierung des Umgangs der Schulanfängerinnen und Schulanfänger mit Mustern und Strukturen ausführlicher im vorangehenden Kapitel 5. Ebenfalls in einem gesonderten Kapitel (Kapitel 8) werden die Lernstände der Kinder in den einzelnen Aufgabenblöcken des Arithmetiktests (und des Geometrietests) sowie den beiden Gesamttests auf Korrelationen untersucht und in Bezug auf mögliche Einflussfaktoren (Geschlecht, Alter, soziales Einzugsgebiet der besuchten Grundschule) betrachtet. Die Zusammenfassung und Diskussion der Ergebnisse erfolgt im abschließenden Kapitel 9.

Im Folgenden werden die Ergebnisse der Aufgabenbearbeitungen der Kinder bezogen auf die sieben Aufgabenblöcke des Arithmetiktests in einzelnen Unterkapiteln dargestellt. Die Ergebnisse werden jeweils in Abbildungsform übersichtsartig skizziert, daran anschließend jeweils hinsichtlich der Erfolgsquoten und Vorgehensweisen kommentiert.

6.1 Aufgabenblock A1: Zahlenreihe

Aufgabe A1a: Zahlenreihe vorwärts

Aufgabe A1a: Zahlenreihe vorwärts							
Aufgabenstellung:							
„Kannst du schon zählen?" Wenn das Kind bis zur 34 zählt, wird es aufgefordert, das Zählen bei 84 fortzusetzen. Die Schülerinnen und Schüler werden bei 104 in ihrem Zählvorgang gestoppt.							
Erfolgsquoten:							
die letzte korrekte Zählzahl liegt zwischen bzw. bei	0-10	11-20	21-34	87-89	90-99	100	101-104
Anzahl der Kinder (Prozent)	0 (0%)	24 (22,2%)	38 (35,2%)	20 (18,5%)	2 (1,9%)	7 (6,5%)	17 (15,7%)

Abweichende Vorgehensweisen*:

	Abweichung von der korrekten Zahlenfolge	Anzahl (Prozent)
Auslassen von Zahlen	Auslassen einer Zahl mit gleicher Zehner- und Einerziffer (z. B. „20, 21, 23, 24")	28/100 (28%)
	Auslassen einer Zahl, ausgenommen Zahlen mit gleicher Zehner- und Einerziffer (z. B. „16, 17, 19, 20")	17/100 (17%)
	Auslassen mehrerer Zahlen (z. B. „14, 15, 18, 19")	14/100 (14%)
Abweichung beim Übergang	Zehnerübergang zum falschen Zehner (z. B. „28, 29, 40, 41")	17/100 (17%)
	abweichendes Weiterzählen von der 100 aus: „hundert, zweihundert, dreihundert"	5/100 (5%)
	abweichendes Weiterzählen von der 100 aus: „hundert, einhundert, zweihundert"	5/100 (5%)
	Zahlwortreihe wird bezüglich der „Einerstellen" von der ‚neun' weiterzählend fortgesetzt (z. B. „neunundzwanzig, zehnundzwanzig")	4/100 (4%)
	Zählen in Zehnerschritten (z. B. „60, 70")	3/100 (3%)
Abweichung beim Zahlwort	abweichende Zahlwortendung „-zehn" bei Zahlen ab 20 (z. B. „einundzwanzehn, zweiundzwanzehn")	3/100 (3%)
Andere Abweichungen		4/100 (4%)

* Es werden vier Abweichungen abgewartet, bis die Kinder in ihrem Zählvorgang gestoppt werden. Insgesamt können 100 abweichende Zählvorgänge bei den 108 Schulanfängerinnen und Schulanfängern beobachtet werden.

Abbildung 6.1 Übersicht der Auswertungsergebnisse der Aufgabe A1a

Erfolgsquoten

Allen 108 Schulanfängerinnen und Schulanfängern ist es möglich, die Zahlwortreihe über die Zahl ‚zehn' hinaus aufzusagen. Fast vier Fünftel (77,8%) der Kinder setzen ihren korrekten Zählvorgang auch über die 20 hinweg fort. Etwas weniger als der Hälfte aller Schülerinnen und Schüler (42,6%) gelingt es, ihren Zählprozess im oberen Hunderterraum (ab 87) mit zumindest einem korrekten

Zahlwort fortzuführen. Von diesen Kindern können mehr als die Hälfte auch den Zehnerübergang („89, 90') in dem hohen Zahlenraum bewältigen. Fast einem Viertel aller Schulanfängerinnen und Schulanfänger der Untersuchung (22,2%) gelingt das fehlerfreie Zählen bis zur 100 oder darüber hinaus.

Um die Ergebnisse mit Befunden anderer Untersuchungen zu vergleichen, wird die Prozentzahl der Schulanfängerinnen und Schulanfänger, welche die Zahlwortreihe bis mindestens 20 aufsagen können (83,3%), herangezogen. Dieser Wert liegt etwas über den Prozentsätzen von 78% bzw. 77% in den Studien von Gaidoschik (vgl. 2010, 363) bzw. Keller & Pfaff (vgl. 1998, 5) und Hasemann (vgl. 2005, 38), die in recht groß angelegten Untersuchungen mit Stichprobengrößen von mehr als 500 bzw. mehr als 300 Schulanfängerinnen und Schulanfängern die Lernstände zum Zahlbegriff erheben.

Auch der in dieser Untersuchung ermittelte Anteil der Kinder, die bis mindestens 100 zählen können, liegt mit 22,2% etwas über den diesbezüglichen Erfolgsquoten von 18,6% bzw. 15,1% in den Studien von Keller & Pfaff (vgl. 1998, 5) bzw. Schmidt (vgl. 1982a, 7). Höher liegt hierbei jedoch der Prozentsatz von 34,5% der Schulanfängerinnen und Schulanfänger, die in der Studie von Gaidoschik (vgl. 2010, 363) bis mindestens 100 zählen können. Die Begründung dieses höheren Wertes kann darin ausgemacht werden, dass Gaidoschik (vgl. 2010, 362) Konzentrationsfehler der Schülerinnen und Schüler beim Aufsagen der Zahlwortreihe in den Erfolgsquoten nicht negativ wertet.

Die aufgezeigten Erfolgsquoten bedeuten jedoch keineswegs, dass sich die Schulanfängerinnen und Schulanfänger immer nur bis zu der Endzahl ihres korrekten Zählprozesses in der Zahlenreihe auskennen. So setzt ein Großteil der Kinder die Zahlenreihe nach begangenen Zählfehlern oft um viele weitere korrekte Zahlen fort. In den fünf extremsten Fällen gelingt es den Schülerinnen und Schülern, welche die Zahlwortreihe nur oder noch nicht einmal bis zur 34 korrekt aufsagen können, ihren Zählprozess mit insgesamt bis zu maximal zwei weiteren Abweichungen bis zur 100 oder auch darüber hinaus fortzuführen. So vergessen beispielsweise Daniel und Leo jeweils die Zahl 22. Ohne im weiteren Zählprozess erneut eine Abweichung von der Zahlwortreihe zu begehen, zählen sie bis 100 bzw. 104 korrekt weiter. Auf der anderen Seite gibt es jedoch auch Kinder, welche nach ihrer ersten Abweichung in der Zahlenreihe, bei einem Versuch weiterzuzählen, nicht viel weiter kommen. So gelingt beispielsweise Murat das fehlerfreie Zählen bis zur Zahl 16, weiter zählt er mit „20, 21, 23, 7".

Durchschnittliche Angaben über die erreichten Endzahlen bei den ‚minimal abweichenden Zählprozessen' (mit bis zu drei Zählfehlern) der Schulanfängerinnen und Schulanfänger der Untersuchung werden nicht gegeben, da Fehlertypen wie

‚Zehnerübergang zum falschen Zehner' oder ‚Auslassen mehrerer Zahlen' einen überzogen verfälschten Eindruck von den Fähigkeiten der Kinder erzeugen würden.

Vorgehensweisen

Insgesamt können in den Zählvorgängen der Schülerinnen und Schüler 100 Abweichungen von der korrekten Zahlenfolge verzeichnet werden (vgl. Abb. 6.1). Drei der vier häufigsten Abweichungen lassen sich auf das Auslassen von Zahlen im Zählprozess zurückführen. Etwas mehr als ein Viertel aller Abweichungen beruht dabei auf dem Auslassen einer Zahl mit gleicher Zehner- und Einerziffer. Diese Schwierigkeit betonen auch Schmidt (vgl. 1982a, 9) und Keller & Pfaff (vgl. 1998, 5) in Zusammenhang mit ihren Untersuchungen. Fast ein Fünftel aller Abweichungen ergeben sich aus einem inkorrekten Zehnerübergang zu einem falschen Zehner, der häufigsten Problematik der Schulanfängerinnen und Schulanfänger beim Übergang generell. Diese Schwierigkeit wird ebenfalls von Spiegel (vgl. 1997, 278) als zentraler Zählfehler herausgestellt. Spiegel stellt in seiner Untersuchung den Umgang mit Zahlbezeichnungen und die dabei zu beobachtenden Sinnkonstruktionen von Erstklässlern auf exemplarische Weise dar.

Es sei ergänzend zu erwähnen, dass von der Häufigkeit einiger dieser Abweichungen keineswegs auf den generellen Schwierigkeitsgrad dieser Stellen für Schulanfängerinnen und Schulanfänger geschlossen werden kann. Insbesondere die Abweichungen im hohen Zahlenraum müssen relativ zu der Anzahl der Schülerinnen und Schüler betrachtet werden, die in ihrem Zählvorgang überhaupt die Stelle der Zahlwortreihe erreichen und diese Abweichung potentiell vollziehen können.

Welche Repräsentationen die Schulanfängerinnen und Schulanfänger mit der Zahlwortreihe verbinden, kann mit der vorliegenden Aufgabenstellung nicht erhoben werden, da sie sich auf die Fertigkeit des Zählens beschränkt. Diesbezüglich sei auf die Untersuchungen von Thomas, Mulligan & Goldin (vgl. 1994; 2002) hingewiesen, in deren Erhebung mehr als 200 Kinder unterschiedlicher Jahrgangsstufen untersucht und ihre Repräsentationen von der Zahlenreihe analysiert werden.

Aufgabe A1b: Zahlsymbole

Aufgabe A1b: Zahlsymbole
Aufgabenstellung:
Vor dem Kind liegen ungeordnet die Wendekarten von 1 bis 12, davon etwas abgesetzt die weiteren Karten von 13 bis 20. Dem Kind werden die Karten mit den Zahlsymbolen

5, 9 und 12 gezeigt und es nach den zugehörigen Zahlwörtern gefragt. Danach wird das Kind aufgefordert, die Karten mit den Zahlsymbolen 7, 14 und 20 zu zeigen.

Erfolgsquoten und abweichende Lösungen:

erfolgreiche Zuordnungen des Zahlworts	Zahl 5	Zahl 9	Zahl 12
	105 (97,2%)	92 (85,2%)	70 (64,8%)
	keine Bearb.: 1 (0,9%)	keine Bearb.: 4 (3,7%)	keine Bearb.: 13 (12,0%)

(häufige) abweichende Lösungen bei der Zuordnung des Zahlworts

Abw. Lösung	n
4	1
6	1

Abw. Lösung	n
6	6
7	4
5	1
11	1

Abw. Lösung	n
20	7
21	4
11	3
22	2
„1 und 2"	2

erfolgreiche Zuordnungen des Zahlsymbols	Zahl 7	Zahl 14	Zahl 20
	100 (92,6%)	90 (83,3%)	79 (73,1%)
	keine Bearb.: 1 (0,9%)	keine Bearb.: 4 (3,7%)	keine Bearb.: 6 (5,6%)

(häufige) abweichende Lösungen bei der Zuordnung des Zahlsymbols

Abw. Lösung	n
17	4
9	1
10	1
16	1

Abw. Lösung	n
4	3
11	3
15	2
17	2

Abw. Lösung	n
12	7
16	5
17	3
11	2

Anzahl erfolgreicher Zuordnungen:

	0	1	2	3	4	5	6
Anzahl der Kinder (Prozent)	2/108 (1,9%)	5/108 (4,6%)	5/108 (4,6%)	2/108 (1,9%)	16/108 (14,8%)	16/108 (14,8%)	62/108 (57,4%)

Abbildung 6.2 Übersicht der Auswertungsergebnisse der Aufgabe A1b

Erfolgsquoten

Die Erfolgsquoten bei der Zuordnung der Zahlwörter und Zahlsymbole zeigen überwiegend hohe Kompetenzen bei den Schulanfängerinnen und Schulanfängern auf. So ist es fast allen Kindern (97,2% bzw. 92,6%) möglich, zumindest kleine Zahlen wie 5 oder ‚sieben' zu benennen bzw. dem richtigen Zahlsymbol zuzuordnen. Vergleichbare Ergebnisse liegen bei den Untersuchungen mit den ‚Utrechter Aufgaben' vor (vgl. Heuvel-Panhuizen 1995, 106; Grassmann et al. 1995, 314), bei denen ebenfalls fast allen Kindern die Zahlbenennung der 5 gelingt.

Bei den größeren Zahlen nimmt die Erfolgsquote der Schülerinnen und Schüler etwas ab, sie fällt jedoch, auch bei schwierigen Zahlzuordnungen wie ‚zwölf' oder 20, wenn überhaupt, nur geringfügig unter die Lösungshäufigkeit von zwei Drittel.

Die Anzahl der von einzelnen Schulanfängerinnen und Schulanfängern erfolgreich zugeordneten Zahlwörter bzw. Zahlsymbole zeigt auf, dass mehr als die Hälfte der Kinder (57,4%) alle sechs Zahlwörter bzw. Zahlsymbole korrekt zuordnen können und nur 13,0% der Schülerinnen und Schüler der Untersuchung lediglich drei oder weniger Zuordnungen möglich sind. Von diesen Kindern gelingt zwei Mädchen gar keine korrekte Zuordnung.

Vorgehensweisen

In Abbildung 6.2 werden zu jeder Zahlzuordnung die häufigsten abweichenden Lösungen dargestellt. Bei genauer Betrachtung können darunter zwei verschiedene Abweichungstypen ausgemacht werden, denen ein Großteil der fehlerbehafteten Zuordnungen angehört.

Verwechslung ähnlicher Zahlsymbole (9 und 6, 7), (7 und 4, 9), (14 und 11)

Ein erheblicher Anteil der abweichenden Lösungen ist vermutlich darauf zurückzuführen, dass zwei ähnliche Zahlsymbole von den Kindern miteinander verwechselt werden und daraus eine fehlerhafte Zuordnung resultiert. So ist es gut möglich, dass die 9 als ‚sechs' bzw. ‚sieben' bezeichnet wird, da die Zahlsymbole sich ähneln. So ist die 6 eine umgedrehte 9 und der 7 fehlt nur der Bogen, der die zwei parallelen horizontalen Striche verbindet, um aus dieser eine 9 werden zu lassen. Auch die Verwechslungen der 7 und der 4 bzw. 9 und der 11 und 14 können vermutlich aufgrund der ähnlichen Zahlsymbole auf diesen Fehlertyp zurückgeführt werden.

Verwechslung ähnlicher Zahlwörter und Zahlschreibschreibweisen (7 und 17), (14 und 4), (12 und 21, 22), (20 und 12)

Bei der Zuordnung der Zahl ‚sieben' ordnen vier Schülerinnen und Schüler ihr das Zahlsymbol 17 zu. Das Zahlwort 14 wird in diesem Sinne dreimal dem Zahlsymbol 4 zugeordnet. Hinsichtlich der Zahlwörter und Zahlschreibweisen der Zahlen 12 und 20 kommt es ebenfalls des Öfteren zu Verwechslungen. So wird die 12 siebenmal dem Zahlwort 20 zugeschrieben und die 20 siebenmal der Zahlschreibweise 12 zugeordnet. Zwei der Kinder überschneiden sich hierbei. Die Zahlen werden vermutlich aufgrund ihrer ähnlichen Zahlwörter und / oder Zahlschreibweisen (in den jeweiligen Zahlenpaaren kommen ähnliche Bezeichnungen bzw. Ziffern vor) vertauscht.

Aufgabe A1c/d: Zahlnachfolger/Zahlvorgänger

Aufgaben A1c/d: Zahlnachfolger/Zahlvorgänger

Aufgabenstellung A1c*:

Die Wendekarten von 1 bis 6 werden in eine Reihe gelegt: *„Weißt du, welche Zahl als nächstes kommt? Lege die Zahl mal dahin."* Dem Kind stehen die restlichen Wendekarten bis 20 zur Verfügung.

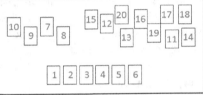

Aufgabenstellung A1d*:

Die Wendekarten werden von 15 aus rückwärts bis 9 in eine Reihe gelegt. Es wird auf den freien Platz links neben der 9 gezeigt: *„Welche Zahl kommt jetzt hierhin?"*. Wenn das Kind die 10 (aus der Zahlenreihe) auf den freien Platz legen möchte, wird dies in die Auswertung aufgenommen und gefragt: *„Überlege noch mal. Welche Zahl kommt vor der 9?"*.

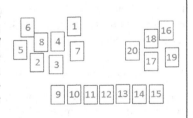

* Die Anordnungen der zur Auswahl stehenden Ziffernkarten erfolgt bei den Interviews willkürlich.

Erfolgsquoten und abweichende Lösungen:

	erfolgreiche Bearbeitungen	(häufige) abweichende Lösungen				
Legen des Nachfolgers von 6	101 (93,5%) keine Bearb.: 1 (0,9%)	**Abw. Lösung**	8	9	13	20
		n	2	2	1	1
Legen des Vorgängers von 9	81 (75,0%) keine Bearb.: 2 (1,9%)	**Abw. Lösung**	10	17	6	5	7
		n	10	4	3	2	2

Zusammenhang der Erfolgsquoten beim Legen des Zahlnachfolgers und Vorgängers:

korrekter Zahlnachfolger	korrekter Zahlvorgänger	Anzahl der Kinder (Prozent)
ja	ja	81 (75,0%)
ja	nein	20 (18,5%)
nein	ja	0 (0%)
nein	nein	7 (6,5%)

Abbildung 6.3 Übersicht der Auswertungsergebnisse der Aufgaben A1c/d

Erfolgsquoten

Fast allen Schulanfängerinnen und Schulanfängern (93,5%) gelingt das Anlegen des Zahlnachfolgers, drei Viertel der Schülerinnen und Schüler sind bei der Ermittlung des Zahlvorgängers erfolgreich. Dabei fällt auf, dass das Legen des korrekten Vorgängers nur den Schülerinnen und Schülern möglich ist, die auch den Nachfolger korrekt anlegen. Demnach lösen 75,0% der Schulanfängerinnen und Schulanfänger beide Aufgaben, 18,5% bestimmen nur den Nachfolger korrekt und 6,5% der Kinder können weder den Nachfolger noch den Vorgänger korrekt anlegen. Nur wenige Kinder, beim Legen des Nachfolgers eins und beim Legen des Vorgängers zwei, gehen keinen Bearbeitungsversuch ein.

Die Erfolgsquoten bezogen auf Vorgänger und Nachfolger sind mit den ermittelten Ergebnissen durch die ‚Utrechter Aufgaben' (vgl. Heuvel-Panhuizen 1995, 106) vergleichbar.

Vorgehensweisen

Einige Schülerinnen und Schüler begründen ihr Vorgehen beim Anlegen des Nachfolgers und beziehen sich dabei auf den Zusammenhang der aufeinander folgenden Zahlen ‚sechs' und ‚sieben'. So argumentieren die Schulanfängerinnen und Schulanfänger beispielsweise: „weil nach der sechs kommt sieben", „weil sechs, sieben", „weil die sechs zur sieben passt", „das muss sich reimen" (womit der Schüler vermutlich den „Aufsagreim" der Zahlwortreihe meint), „das ist die Reihenfolge", „weil es nach der sechs mit sieben weitergeht".

Beim Legen des Vorgängers beschreiben einige Schülerinnen und Schüler ihr Vorgehen in Bezug auf das Rückwärtszählen: „ich habe falschherum gezählt", „weil man einfach von zehn rückwärtszählen kann", „andersherum zählen". Andere Kinder hingegen argumentieren auch hier mittels des Vorwärtszählens: „weil nach der acht kommt die neun".

Eine sinnvolle Quantifizierung der Erläuterungen der Kinder ist im Rahmen der vorhandenen Datenbasis nicht möglich, da längst nicht alle Kinder der Untersuchung zu ihrem Vorgehen befragt werden. An dieser Stelle sollen die Beschreibungen der Kinder lediglich einen allgemeinen Eindruck über mögliche Erklärungen der Schulanfängerinnen und Schulanfänger verschaffen.

In drei von sechs Fällen kann die Wahl der falschen Zahlenkarte auf unzureichende Kenntnisse der Zahlsymbole zurückgeführt werden. So benennen zwei Kinder die ‚sieben' als Zahlnachfolger, legen jedoch die Wendekarte 8 bzw. 9 an. Auch bei Hanife stellt sich im Vergleich zum Aufgabenteil ‚A1b: Zahlsymbole' heraus, dass sie vermutlich erneut das Zahlsymbol der ‚sieben' mit dem der ‚neun' vertauscht und dieses daher als Nachfolger anlegt. Bei den zwei Fortsetzungen der Reihe mit den Zahlsymbolen 13 und 20 scheint den Schulanfängerinnen und Schulanfängern die Idee des Zahlnachfolgers oder die Zahlsymbole an sich noch nicht geläufig zu sein, oder ihnen gelingt es bereits nicht, die Anordnung der Zahlsymbole als Zahlenreihe zu identifizieren, welche ihrem Muster nach fortgesetzt werden kann. Diese Kinder legen scheinbar willkürlich gewählte Zahlenkarten an die Reihe an.

Die häufige, abweichende Lösung ‚zehn' beim Anlegen des Zahlvorgängers ist vermutlich darauf zurückzuführen, dass die Kinder die Reihe, wie in der Teilaufgabe zuvor, mit dem Zahlnachfolger weiterlegen möchten. Sie betrachten die rückwärts gelegten Zahlen der Zahlenreihe daher nicht als Aufforderung zum Rückwärtszählen. Von diesen zehn Kindern können sich jedoch drei Schülerinnen und Schüler korrigieren, als sie darauf aufmerksam gemacht werden, die Zahl, die vor der ‚neun' kommt, zu legen. Die gehäuft als Vorgänger gewählten Zahlen ‚sieben' und 17 scheinen für die Kinder ebenfalls in einem Zusammenhang mit der ‚neun' zu stehen. Es ist vorstellbar, dass sich die Kinder beim Rückwärtszählen um eins verzählen und somit auf die Zahl ‚sieben' kommen, oder aber die ‚sieben' als Vorgänger der ‚neun' abschätzen. Die Zahl 17 könnte für die Schulanfängerinnen und Schulanfänger ein Kompromiss darstellen, dass einerseits der fälschlicherweise ermittelte Vorgänger ‚sieben', aber auch die ‚zehn' (als Nachfolger der ‚neun') in die Reihe passen. Zum anderen könnte das Zahlsymbol 17 aber auch lediglich, wie in Aufgabe ‚A1b: Zahlsymbole', mit dem Zahlsymbol der ‚sieben' verwechselt worden sein. Dass die Zahl ‚sechs' in drei Fällen an die Reihe angelegt wird, kann möglicherweise dadurch erklärt werden, dass das Zahlsymbol eine starke Ähnlichkeit zu dem Zahlsymbol der ‚neun' aufweist (vergleiche Aufgabe ‚A1b: Zahlsymbole') und aufgrund dessen von den Kindern gewählt wird.

Insgesamt kann hinter vielen abweichenden Aufgabenbearbeitungen der Schülerinnen und Schüler vermutet werden, dass auch sie über grundlegende Vorerfahrungen im Bereich der Zahlenreihe verfügen, diese jedoch noch Lücken aufweisen, welche zu den Abweichungen bei der Aufgabenbearbeitung führen. Die Erfolgsquoten geben daher nur ein Mindestmaß der Fähigkeiten der Schulanfängerinnen und Schulanfänger wieder, welches unbedingt durch das ansatzweise vorhandene Vorwissen der Kinder in ihren fehlerbehafteten Reihenfortsetzungen zu ergänzen ist, um ein vollständiges Bild von den Lernständen der Kinder zu erhalten.

Aufgabe A1e: Anzahlbestimmung

Aufgabe A1e: Anzahlbestimmung

Aufgabenstellung:

5 gleichfarbige Plättchen werden unstrukturiert vor das Kind gelegt: *„Weißt du, wie viele Plättchen das sind?"* Die Plättchen werden wieder weggenommen und 8 Plättchen werden als Doppelreihe vor das Kind gelegt: *„Und wie viele sind das?"* Die Plättchen werden wieder auf den Plättchenhaufen geschoben. *„Kannst du auch 9 Plättchen legen?"* ... *„Da liegt jetzt 9 Plättchen. Wie viele Plättchen musst du dazu legen, damit es 10 sind?"*

Erfolgsquoten und abweichende Lösungen:

	erfolgreiche Bearbeitungen	abweichende Lösungen		
Erfassen 5 unstrukturierter Plättchen	102 (94,4%)	**Abw. Lösung**	6	4	7
	keine Bearb.: 0 (0%)	**n**	3	2	1

Erfassen 8 strukturierter Plättchen	74 (68,5%) keine Bearb.: 0 (0%)	Abw. Lösung	6	7	9	10		
		n	11	11	7	5		

Legen von 9 Plättchen	93 (86,1%) keine Bearb.: 0 (0%)	Abw. Lösung	10	8	5	6	7	12
		n	6	5	1	1	1	1

Erweitern auf 10 Plättchen	88 (81,5%) keine Bearb.: 3 (2,8%)	Abw. Lösung	11	12	mehr als 12	8
		n	6	2	8	1

Anzahl erfolgreicher Anzahlbestimmungen:

	0	1	2	3	4
Anzahl der Kinder (Prozent)	1 (0,9%)	3 (2,8%)	13 (12,0%)	36 (33,3%)	55 (50,9%)

Abbildung 6.4 Übersicht der Auswertungsergebnisse der Aufgabe A1e

Erfolgsquoten

Die Erfolgsquoten bei den einzelnen Teilaufgaben zeigen auf, dass die Anzahlbestimmungen von immer mindestens zwei Drittel der Schulanfängerinnen und
Schulanfänger geleistet werden können. Oft liegen die Prozentsätze der Kinder,
welche die richtige Anzahl ermitteln bzw. legen können, jedoch noch erheblich
höher. So gelingt das Erfassen der fünf unstrukturierten Plättchen 102 der 108
Kinder (94,4%). Die Erfassung der größeren, strukturierten Anzahl ‚acht' ist 74
Schülerinnen und Schülern (68,5%) möglich. Die gegeben Struktur der Plättchen
gleicht somit nicht die Schwierigkeit in der Vergrößerung der Menge aus. Das
Legen von neun Plättchen gelingt 93 Kindern (86,1%) und die Erweiterung dieser
Anzahl auf zehn Plättchen können 88 Schulanfängerinnen und Schulanfänger
(81,5%) durchführen. Nur bei dieser vierten Teilaufgabe gehen einige wenige
Kinder, 3 Schülerinnen und Schüler, keinen Bearbeitungsversuch ein.

Insgesamt können 84,2% der Schulanfängerinnen und Schulanfänger mindestens
drei der vier Anzahlen bestimmen. 14,8% der Schülerinnen und Schüler können
eine oder zwei Anzahlen richtig ermitteln, nur einem Schüler gelingt aufgrund von
Zählfehlern keine korrekte Anzahlbestimmung bei den vier Teilaufgaben.

Die Ergebnisse sind vergleichbar mit den Erfolgsquoten von knapp 90%, mit
denen den Schulanfängerinnen und Schulanfängern im Rahmen der Studien mit

den ‚Utrechter Aufgaben' (vgl. Grassmann et al. 1995, 314) die Einfärbung von neun Punkten gelingt und ebenso mit der Erfolgsquote von 76%, mit der die Kinder in der Untersuchung von Keller & Pfaff (vgl. 1998, 8) Anzahlen von 0 bis 10 bestimmen können. Schmidt (vgl. 1982a, 12ff.), Maier (vgl. 1995, 69) und Clarke et al. (vgl. 2008, 266) ermitteln in Zusammenhang mit ähnlichen Aufgabenstellungen ebenfalls vergleichbare Erfolgsquote der Schulanfängerinnen und Schulanfänger beim Bennen und Legen kleiner Anzahlen.

Vorgehensweisen

Neben den bei allen Teilaufgaben gehäuft auftretenden Zählfehlern, lassen sich auch aufgabenspezifische Abweichungen ausmachen, die im Folgenden näher betrachtet werden. In Zusammenhang mit der Darstellung der Abweichungen wird sich zudem auf besondere Vorgehensweisen der Schulanfängerinnen und Schulanfänger bei der Bearbeitung der Teilaufgaben bezogen.

Aufgabenspezifische Vorgehensweisen und Abweichungen bei der Ermittlung der fünf unstrukturierten Plättchen

Eine Besonderheit in den Vorgehensweisen einiger Schülerinnen und Schüler besteht darin, dass sie die Lage der fünf Plättchen so verändern, dass ihre neue Anordnung der, der Würfelfünf entspricht und sie die Anzahl leicht ersichtlich veranschaulichen. Neben Zählfehlern treten bei dieser Teilaufgabe keine weiteren Abweichungen auf.

Aufgabenspezifische Vorgehensweisen und Abweichungen bei der Ermittlung der acht strukturierten Plättchen

Eine gleichzeitig aufgabenspezifische Vorgehensweise und potentielle Fehlerquelle der Kinder bei der Anzahlermittlung der acht strukturierten Plättchen, stellt die Punkteermittlung durch simultane Zahlerfassung dar. Hierbei verwechseln elf Schülerinnen und Schüler die Anordnung der acht Punkte mit der Würfelsechs und kommen somit auf die fehlerhafte Anzahl ‚sechs'. Bei diesen abweichenden sowie bei den korrekten Anzahlermittlungen mittels simultaner Zahlerfassung wird die Strukturierung des Materials genutzt, um die Plättchenanzahl besonders schnell zu ermitteln. Die Erfolgsquote bei dieser Teilaufgabe erhöht sich durch diese Möglichkeit jedoch nicht.

Darüber hinaus können bei den ersten zwei Teilaufgaben allgemeine Anzahlermittlungsstrategien wie das Abzählen in Einer- oder Zweierschritten und rechnerische Vorgehensweisen (Beispiel: ‚6 und 2 gleich 8' oder ‚4 und 4 gleich 8') beobachtet werden. In Zusammenhang mit der Aufgabe ‚A3a: Punktefelder bestimmen – Zwanzigerfeld' (Kapitel 5.3.1) werden ähnliche Vorgehensweisen im Detail betrachtet und herausgestellt, dass die Strukturierung der Punkte von den Schulanfängerinnen und Schulanfänger für die Anzahlermittlung aufgegriffen und geschickt genutzt wird, so wie es auch hier der Fall ist.

Aufgabenspezifische Vorgehensweisen und Abweichungen beim Legen von neun Plättchen und der Erweiterung dieser Plättchenmenge auf zehn Plättchen

Im Gegensatz zu dem eher homogenen Bild der Erfolgsquoten der Schulanfängerinnen und Schulanfänger bei den vier Teilaufgaben, zeigen sich erhebliche qualitative Unterschiede in den Vorgehensweisen der Schülerinnen und Schüler beim Legen und Erweitern der Plättchenmenge in der dritten und vierten Teilaufgabe. So sind bei einigen Kindern lange Abzählprozesse zu beobachten, in denen die Kinder die bereits gelegte Menge an Plättchen immer wieder überprüfen und weitere, zum Teil willkürlich gewählte Plättchenanzahlen dazu- und weglegen. Eine Schülerin ergänzt beispielsweise zu der Ausgangsmenge der neun Plättchen einige weitere Plättchen und ermittelt durch erneutes Zählen aller Plättchen die nun vorliegende Anzahl. Diese Strategie wiederholt sie mittels Dazulegens und Wegnehmens von Plättchen mehrere Male und bestimmt so, in einem sehr langen Prozess, die korrekte Plättchenanzahl. Ähnliche Vorgehensweisen von Schulanfängerinnen und Schulanfängern werden auch von Grassmann et al. (vgl. 1995, 318) beim Kennzeichnen von exakt neun Punkten beobachtet.

Andere Kinder gehen hingegen beim Legen und Erweitern der Plättchenmengen deutlich schneller und auf zum Teil äußerst geschickten Wegen vor. So legen einige Schülerinnen und Schüler die neun Plättchen strukturiert vor sich hin (beispielsweise in vier Zweierpäckchen und einem Einer oder als Summe von vier blauen und fünf roten Plättchen) und wissen, ohne lange zu überlegen, dass sie die Anzahl um ein Plättchen ergänzen müssen, um die Anzahl auf zehn Plättchen, den Nachfolger, zu vergrößern.

Die geschickte Nutzung von Strukturen kann insbesondere mit den Vorgehensweisen leistungsstärkerer Schülerinnen und Schüler beobachtet werden, wohingegen leistungsschwächere Kinder teilweise langwierige Abzählprozesse eingehen, bei denen sie die Strukturen in geringerem Maße verfolgen, beispielsweise indem sie einer bestimmten Anordnungsstruktur der Punkte beim Zählen in Einerschritten nachgehen.

Überblick: Ergebnisse ‚Zahlenreihe'

Die Schulanfängerinnen und Schulanfänger der Untersuchung weisen zur Grundidee ‚Zahlenreihe' wesentliche elementare Fähigkeiten auf, die ihnen bei fast allen Aufgaben eine sinnvolle Auseinandersetzung mit diesen ermöglichen und häufig zur erfolgreichen Bearbeitung führen.

Ein Mindestmaß an Fähigkeiten kann darin ausgemacht werden, dass die Zahlwortreihe von allen 108 Schülerinnen und Schülern zumindest bis zum Zahlwort ‚zehn' aufgesagt werden kann. Somit scheint allen Kindern der Untersuchung bewusst zu sein, dass beim Zählen eine bestimmte Reihenfolge von Zahlen durchlaufen wird. Dass jede Zahl mit einem entsprechenden Zahlwort und Zahlsymbol verbunden ist, gehört in den meisten Fällen ebenfalls zu dem mathematischen Wissen der Kinder. So kann die Zuordnung von einstelligen Zahlen und den entsprechenden Zahlsymbolen bzw. Zahlwörtern von fast allen Kindern durchgeführt werden (korrekte Zahlwortzuordnung bei der 5: 97,2%, korrekte Zahlsymbolzuordnung bei der ‚sieben': 92,6%). Nur zwei der insgesamt 108 Kinder gelingt bei allen sechs Zahlen keine Zuordnung, so dass hier keine Vorerfahrungen hinsichtlich der Verknüpfung von Zahlwort und Zahlsymbol deutlich werden. Die Ermittlung des Zahlnachfolgers der ‚sechs' gelingt mit 93,5% ebenfalls fast allen Kindern, die damit zeigen, dass sie die Zahlenreihe auch auf symbolischer Ebene fortsetzen können. Zu den verbreiteten Kompetenzen der Schulanfängerinnen und Schulanfänger gehört darüber hinaus das Erfassen einer kleinen Anzahl an Plättchen (Erfolgsquote bei der Erfassung von fünf Plättchen: 94,4%) und damit der Zuordnung eines Zahlworts zu einer Menge, daher das Zählen auch in Zusammenhang mit Objekten durchführen zu können. Nur einem Kind gelingt keine Bestimmung der vier gegebenen Anzahlen aufgrund von Zählfehlern.

Insgesamt erreichen alle Schülerinnen und Schüler der Untersuchung mindestens vier der 16 Punkte und nur 8,3% der Kinder weniger als die Hälfte aller Punkte bei diesem Aufgabenblock (vgl. Abbildung 6.6), was die im Allgemeinen gut ausgeprägten Vorerfahrungen der Kinder zur Grundidee ‚Zahlenreihe' statistisch verdeutlicht. Häufig liegen den Fehllösungen der Schulanfängerinnen und Schulanfänger darüber hinaus sinnvolle mathematische Ideen zugrunde, die ebenfalls einen bedeutenden Teil der Vorerfahrungen der Schülerinnen und Schüler ausmachen.

Doch auch weiterreichende Kompetenzen im Bereich der Zahlenreihe lassen sich bei vielen Schülerinnen und Schülern beobachten. So löst etwas mehr als ein Drittel der Kinder (36,1%) alle Aufgaben des Aufgabenblocks korrekt. Desweiteren gibt es viele Kinder, welche die Aufgaben mit Ausnahme einiger

272 6 Überblicksanalyse der Lernstände zu Grundideen der Arithmetik

weniger abweichender Lösungen bearbeiten können, 37,9% dieser Kinder erreichen mindestens 13 von 16 Punkten (vgl. Abbildung 6.6).

Abweichungen im Umgang mit der Zahlwortreihe resultierten meistens aus dem Auslassen von Zahlen im Zählprozess oder Schwierigkeiten mit dem Zehnerübergang. Diesen Kindern fehlt daher noch die Geläufigkeit der Zahlwortreihe bzw. das Wissen über den vollständigen, strukturellen Aufbau, insbesondere hinsichtlich des Zehnerübergangs. Zwischen den Zahlsymbolen kommt es bei den Schulanfängerinnen und Schulanfängern aufgrund ähnlicher Schreibweisen bzw. Zahlwörter manchmal zu Verwechslungen, größtenteils gelingt den Kindern jedoch die Zuordnung von Zahlsymbolen und Zahlwörtern, wie es auch von Hengartner & Röthlisberger (vgl. 1994, 10) aufgezeigt wird. Neben typischen Zählfehlern kommt es bei der Anzahlermittlung des Öfteren zu abweichenden Lösungen bei der simultanen Zahlerfassung der Plättchen, indem die Kinder die Anordnung der acht Punkte mit der ‚Würfelsechs' verwechseln. Auch hierbei wird deutlich, dass die abweichenden Lösungen, trotz ihrer Fehlerbehaftung, dennoch oftmals einem grundlegenden Verständnis der Anzahlermittlung zugrunde liegen.

In besonders auffälliger Weise kann bei den Anzahlbestimmungen der Kinder jedoch eine zum Teil sehr stark variierende Geläufigkeit und ein differierendes Geschick beim Erfassen und Legen der Plättchenmengen ausgemacht werden. Die Vorerfahrungen der Schulanfängerinnen und Schulanfänger müssen daher über die Erfolgsquoten hinaus differenziert auf der Prozessebene betrachtet werden, um die Lernstände der Kinder in ihrem Gesamtbild vollständig erfassen zu können. So sind bei der Anzahlbestimmung der Plättchenmengen bei einigen Schülerinnen und Schülern lange Abzählprozesse zu beobachten, andere Kinder verwenden hingegen bereits routinierte Zähl- und Rechentechniken, welche oft den Strukturen der Plättchenanordnungen zugrunde liegen und in das Material hineingedeutet werden (vgl. auch Kapitel 5.3.1). Die Ergebnisse können durch den Befund von Schmidt (vgl. 1982a, 32), dass mehr Kinder zu einem bestimmten Zahlwort die passende Menge legen als einer gegebenen Menge das richtige Zahlwort zuordnen können, ergänzt werden.

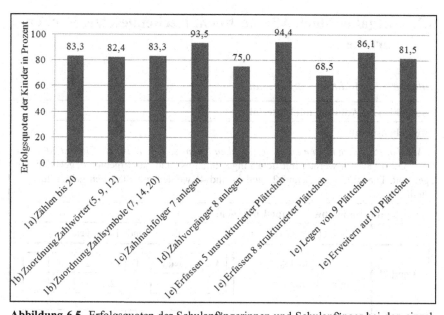

Abbildung 6.5 Erfolgsquoten der Schulanfängerinnen und Schulanfänger bei den einzelnen Teilaufgaben bei Aufgabenblock A1

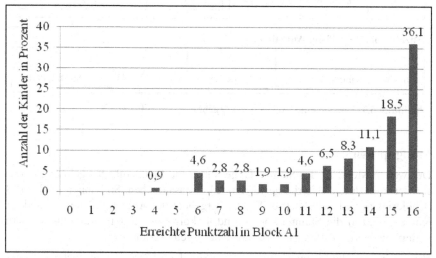

Abbildung 6.6 Erreichte Punktzahlen der Schulanfängerinnen und Schulanfänger in Aufgabenblock A1

6.2 Aufgabenblock A2: Rechnen, Rechengesetze, Rechenvorteile

Aufgabe A2a: Addition mit Material

Aufgabe A2a: Addition mit Material

Aufgabenstellung:

„Mit den Plättchen kann man auch Aufgaben legen. So zum Beispiel: Wie viel ist 2 und 1?" Die Plättchen werden mit dem Finger umkreist und das Ergebnis gegebenenfalls genannt. Die Aufgaben ‚3 und 2' und ‚4 und 4' werden mit Plättchen gelegt und gestellt.

Erfolgsquoten und abweichende Lösungen:

	erfolgreiche Bearbeitungen	abweichende Lösungen				
‚3 und 2'	98 (90,7%)	**Abw. Lösung**	4	7	2	6	9
	keine Bearb.: 0 (0%)	n	5	2	1	1	1
‚4 und 4'	94 (87,0%)	**Abw. Lösung**	7	10	5	6	9
	keine Bearb.: 1 (0,9%)	n	5	3	2	2	1

Anzahl korrekt gelöster Aufgaben:

	0	1	2
Anzahl der Kinder (Prozent)	5 (4,6%)	14 (13,0%)	89 (82,4%)

Abbildung 6.7 Übersicht der Auswertungsergebnisse der Aufgabe A2a

Erfolgsquoten

Der weiten Mehrheit der Schulanfängerinnen und Schulanfänger gelingt das Lösen der zwei durch Material gestützten Additionsaufgaben. So können 98 der 108 Schülerinnen und Schüler (90,7%) das Ergebnis der Aufgabe ‚3 und 2' und 94 Kinder (87,0%) die Summe von ‚4 und 4' korrekt ermitteln. Nur fünf Kindern gelingt bei beiden Aufgaben keine korrekte Ergebnisermittlung.

Vergleicht man die Lösungshäufigkeit der Schulanfängerinnen und Schulanfänger bei der Aufgabe ‚3 und 2' mit der Erfolgsquote bei der Anzahlbestimmung der fünf unstrukturierten Punkte in Aufgabe ‚A1e: Anzahlbestimmung', so ergeben sich vergleichbare Werte von 90,7% und 94,4%. Die Darstellung der Plättchen als Summanden einer Additionsaufgabe scheint somit keine wesentliche Erschwernis für die Kinder darzustellen. Überraschenderweise weist darüber hinaus die Anzahlbestimmung der acht (in zwei Viererreihen liegenden) Plättchen in Aufgabe ‚A1e: Anzahlbestimmung' eine niedrigere Erfolgsquote als die materialgestützte Additionsaufgabe ‚4 und 4' auf (68,5% im Vergleich zu 87,0%). Hierauf wird mit einem Erklärungsansatz in Zusammenhang mit den Vorgehensweisen der Schülerinnen und Schüler näher eingegangen.

Vorgehensweisen

Eine Besonderheit dieser Aufgabe besteht darin, dass den Kindern die Darstellung der Rechnungen durch Plättchen zur Verfügung steht. Die Vorgehensweisen der Schülerinnen und Schüler zeigen, dass das Material von den Kindern dabei in ganz unterschiedlicher Weise genutzt wird.

Einige Kinder gebrauchen die Plättchen, um die gesamte Anzahl und damit das Ergebnis der Aufgabe zählend zu ermitteln. Andere Kinder gehen ebenfalls enaktiv vor und strukturieren das Material für sich erneut. So ordnet beispielsweise Alim bei der ersten Teilaufgabe die Plättchen in einer Würfelfünf an, so dass er, ausgehend von dieser Struktur, die Punkte simultan erfassen kann und seinen Lösungsweg gleichzeitig veranschaulicht (vgl. Abb. 6.8).

Andere Kinder hingegen lassen das Material in ihren Lösungswegen unberücksichtigt bzw. verwenden „Ersatzmaterial". So bevorzugen einige Kinder, sich die Rechnungen an ihren Fingern zu veranschaulichen, um die Summe an diesen zu ermitteln. Wiederum andere Schulanfängerinnen und Schulanfänger

Abbildung 6.8   Alim ordnet die drei blauen und zwei roten Summanden zu einer Würfelfünf an

nutzen die Plättchen visuell, schauen sich die Summanden daher nur kurz an und berechnen daraufhin das Ergebnis im Kopf, ohne die Plättchen oder anderes Material weiter in ihren Lösungsweg einzubeziehen. Weiteren Kindern stehen die Ergebnisse der gestellten Additionsaufgaben bereits automatisiert zur Verfügung und nennen diese sofort nachdem die Interviewerin bzw. der Interviewer die Aufgaben legt bzw. stellt.

Hinsichtlich der gegebenen Diskrepanz zwischen der Anzahl an Schulanfängerinnen und Schulanfängern, welche die Anzahl der acht Plättchen mittels der vorgegebenen Additionsaufgabe öfter bestimmen kann als durch die Erfassung der strukturiert angeordneten Plättchenmenge (Aufgabe ‚A1e: Anzahlbestimmung'), kann ein Erklärungsansatz in den Vorgehensweisen und den daraus resultierenden abweichenden Lösungen der Kinder ausgemacht werden. So kommt es in Zusammenhang mit der Anzahlermittlung der zwei übereinanderliegenden Viererreihen gehäuft vor, dass die Kinder die Plättchenmenge simultan erfassen und die Struktur dabei mit der Anordnung der Würfelsechs verwechseln (vgl. Kapitel 6.1). Dadurch, dass die Summanden bei der Additionsaufgabe in zwei Viererreihen nebeneinander liegen, vertauscht hierbei keines der Kinder die Anzahl irrtümlicherweise mit dem Bild der Würfelsechs. So geben neun der elf Kinder, die in Aufgaben ‚A1e: Anzahlbestimmung' die fehlerhafte Anzahl ‚sechs' ermitteln, bei der hier gegebenen Additionsaufgabe die korrekte Summe ‚acht' an.

Die abweichenden Lösungen der Schulanfängerinnen und Schulanfänger resultieren bei beiden Teilaufgaben größtenteils aus Zählfehlern. So kommt beispielsweise das Fehlergebnis ‚vier' bei der ersten Teilaufgabe einige Male zustande, da die Kinder ein Plättchen vergessen mitzuzählen. Zum anderen scheinen die fehlerhaften Lösungen teilweise Resultate von Rate- bzw. Schätzversuchen der Kinder zu sein, wie beispielsweise das Ergebnis ‚sieben' bei der ersten Teilaufgabe. Dieses Ergebnis wird offenbar von zwei Mädchen geraten, genauso, wie das Ergebnis ‚neun', welches ein Junge bei dieser Aufgabe spontan angibt. Die abweichende Lösung ‚zehn' wird bei der Aufgabe ‚4 und 4' ebenfalls von drei Kindern spontan geäußert. Auch hier kann angenommen werden, dass ein fehlerhafter Rate- bzw. Schätzversuch oder aber auch eine fehlerhafte Memorisierung der Aufgabe bei den Schülerinnen und Schüler vorliegt.

Vereinzelt treten bei den Kindern aber auch Rechenfehler auf, wie am Beispiel von Lisas Vorgehen aufgezeigt werden kann. Lisa ermittelt das Ergebnis ‚sieben' bei der Additionsaufgabe ‚4 und 4' und erklärt ihr Vorgehen folgendermaßen: „Weil drei plus drei sind ja sechs. Und wenn dann noch einer dazu kommt, dann sind es ja sieben". So ermittelt sie zunächst die Hilfsaufgabe ‚3 und 3', berücksichtigt, dass die Summanden jedoch keine Dreien, sondern Vieren sind und ergänzt diese Differenz von eins zu dem Zwischenergebnis ‚sechs' und kommt somit vermutlich auf die Endsumme ‚sieben'.

Insgesamt können in den Vorgehensweisen der Schulanfängerinnen und Schulanfänger ganz verschiedene Vorerfahrungen mit der Addition beobachtet werden, die sich insbesondere in verschiedenen Strategien des Zusammenfügens der Teilmengen äußern. Das Erreichen des richtigen Ergebnisses gelingt dabei einem Großteil der Kinder.

Aufgabe A2b: Addition ohne Material

Aufgabe A2b: Addition ohne Material

Aufgabenstellung:

„Kannst du auch schon Rechenaufgaben rechnen, ohne sie vorher mit Plättchen zu legen?" Gefragt wird nach den Aufgaben ‚2 und 2', ‚4 und 2', ‚5 und 5', ‚6 und 5' und ‚5 und 6'. Wenn das Kind ‚5 und 5' oder eine der folgenden Aufgaben inkorrekt berechnet oder nicht berechnen kann, wird das richtige Ergebnis genannt und die nachfolgenden Aufgaben trotzdem gestellt. Wenn das Kind bei der letzten Aufgabe das korrekte Ergebnis ermittelt, wird es zudem gefragt: *„Warum ist denn beides 11?"*.

Erfolgsquoten und abweichende Lösungen:

	erfolgreiche Bearbeitungen	(häufige) abweichende Lösungen						
‚2 und 2'	90 (83,3%)	**Abw. Lösung**	3	1	2	6	8	13	22
	keine Bearb.: 1 (0,9%)	**n**	10	2	1	1	1	1	1
‚4 und 2'	73 (67,6%)	**Abw. Lösung**	5	7	8	9		
	keine Bearb.: 9 (8,3%)	**n**	8	7	4	2		
‚5 und 5'	87 (80,6%)	**Abw. Lösung**	6	9	4			
	keine Bearb.: 1 (0,9%)	**n**	8	5	2			
‚6 und 5'	60 (55,6%)	**Abw. Lösung**	10	16	8	9		
	keine Bearb.: 15 (13,9%)	**n**	7	4	3	3		
‚5 und 6'	60 (55,6%)	**Abw. Lösung**	12	7	6	8	9	10
	keine Bearb.: 12 (11,1%)	**n**	10	6	3	3	3	3

Anzahl korrekt gelöster Aufgaben:

	0	1	2	3	4	5
Anzahl der Kinder (Prozent)	11 (10,2%)	7 (6,5%)	13 (12,0%)	13 (12,0%)	23 (21,3%)	41 (38,0%)

Erklärungsversuche der gleichen Summen der Umkehraufgaben:

Erklärungsversuche der Kinder	Anzahl der Kinder (Prozent)
„Weil das andersherum / umgekehrt / verkehrt herum ist"	17/41 (41,5%)
„Weil das die gleichen Zahlen sind"	6/41 (14,6%)
Wiederholung der Aufgaben ‚5 und 6' und ‚6 und 5'	5/41 (12,2%)
„Beides mal 5 und 6"	5/41 (12,2%)
„Gleiche Zahlen, nur umgekehrt"	4/41 (9,8%)
Andere	4/41 (9,8%)

Abbildung 6.9 Übersicht der Auswertungsergebnisse der Aufgabe A2b

Erfolgsquoten

Die Erfolgsquoten der Schulanfängerinnen und Schulanfänger variieren entsprechend der verschiedenen Schwierigkeitsgrade der Teilaufgaben. So weisen die Kinder bei den leichten Verdopplungsaufgaben ‚2 und 2' und ‚5 und 5' mit 83,3% und 80,6% die höchsten Erfolgsquoten auf. Diese sind in etwa vergleichbar mit den Erfolgsquoten der Schulanfängerinnen und Schulanfänger der Studie von Gaidoschik (vgl. 2010, 377), die bei identischen Aufgaben Lösungshäufigkeiten von 92,1% und 80,5% aufweisen. Die Aufgabe ‚4 und 2' wird von den Schülerinnen und Schülern der Untersuchung mit einer immer noch recht hohen Erfolgsquote von 67,6% gelöst, was geringfügig höher ist als die Erfolgsquote von 60%, die Maier (vgl. 1995, 70) in Zusammenhang mit derselben Aufgabe bei Schulanfängerinnen und Schulanfängern ermittelt. Die korrekten Summen der schwierigeren Tauschaufgaben ‚6 und 5' und ‚5 und 6' werden mit einer identischen Erfolgsquote von 55,6% ermittelt, dabei überschneiden sich 47 der jeweils 60 Kinder, welche die Aufgaben richtig lösen. Vergleichbar mit diesen Additionsaufgaben mit Zehnerübergang ist die von Caluori (vgl. 2004, 164f.) 70 Kindergartenkindern aus der Schweiz gestellte Aufgabe ‚5 und 7', die durch Holzwürfel, welche den Kindern jedoch nicht zur Aufgabenbearbeitung zur Verfügung stehen, illustriert wird. 30% der Kinder können bereits Anfang des zweiten Kindergartenjahres hierzu das korrekte Ergebnis ermitteln.

Annähernd parallel zu den Werten der Erfolgsquoten verlaufen die Anteile der Kinder, die keinen Bearbeitungsversuch der Aufgaben eingehen. Während bei den häufig gelösten Verdopplungsaufgaben nur jeweils ein Kind keinen Versuch eingeht, die Summen zu bestimmen, so sind es bei den schwierigeren Tauschaufgaben 15 bzw. zwölf Schulanfängerinnen und Schulanfänger, die keine Angaben zu den Ergebnissen der Rechnungen machen.

Betrachtet man die Verteilung, wie häufig es einzelnen Schülerinnen und Schülern gelingt, die korrekten Ergebnisse der fünf Additionsaufgaben zu ermitteln, so wird deutlich, dass die Diskrepanz zwischen den Schülerinnen und Schülern recht groß ist. Während 64 Kinder, die vier oder fünf korrekte Ergebnisse ermitteln, sehr hohe additive Fähigkeiten aufzeigen, wird bei elf bzw. sieben Kindern, die keine bzw. nur eine korrekte Summe ermitteln, deutlich, dass zwar der Großteil, aber nicht alle Kinder die Addition bei leichten Additionsaufgaben ohne Material recht beständig bzw. überhaupt durchführen können. Vergleicht man diese Werte mit dem Umgang der Schulanfängerinnen und Schulanfänger mit den Aufgaben zur Addition mit Material (Aufgabe A2a), so zeigt sich, dass dort ein höherer Anteil der Kinder einen erfolgreichen Zugang zu den Additionsaufgaben findet. So ist es bei Aufgabe ‚A2a: Addition mit Material' lediglich nur fünf Schülerinnen und Schülern nicht gelungen, eine der beiden Aufgaben zu lösen. Da die Zahlenwerte der ersten drei Teilaufgaben aus ‚A2b: Addition ohne Material' einem ähnlichen Schwierigkeitsgrad wie die der Aufgabe ‚A2a: Addition mit Material' angehören, kann die allgemein erfolgreichere Bearbeitung der Aufgaben auf die Stützung durch Material zurückgeführt werden werden.

Vorgehensweisen

Die Vorgehensweisen der Kinder können einerseits darin unterschieden werden, ob die Schulanfängerinnen und Schulanfänger sich die Summanden an den Fingern veranschaulichen oder die Rechnung ausschließlich im Kopf bearbeiten. Darüber hinaus können verschiedene (Rechen-)Strategien bei den Schülerinnen und Schülern beobachtet werden.

Die Kinder, die das Ergebnis anhand ihrer Finger berechnen, ermitteln dieses durch zählendes Rechnen – entweder durch vollständiges Auszählen oder durch das Zählen vom ersten Summanden aus. Insbesondere bei den Tauschaufgaben ‚6 und 5' und ‚5 und 6' machen einige Kinder, welche das Ergebnis im Kopf ausrechnen, von den Strategien ‚schrittweises Rechnen' (5+5; +1), ‚Hilfsaufgabe' (5+5=10, +1) und ‚Umstellen' (5+6 → 6+5) Gebrauch und nutzen somit unterschiedliche Rechenvorteile und Rechengesetze der Addition in ihren Lösungswegen. Andere Kinder wiederum haben die Ergebnisse der Additionsaufgaben bereits automatisiert und nennen diese auswendig. Es gibt zudem einige Kinder, welche die Ergebnisse versuchen zu raten.

Eine vollständige Quantifizierung der Vorgehensweisen der Schulanfängerinnen und Schulanfänger bei den Additionsaufgaben ist aufgrund der Datenbasis nicht möglich. Nicht alle Kinder werden zu ihrem Vorgehen befragt und somit können die Vorgehensweisen vieler Kinder nicht eindeutig zugeordnet werden. Eine solche Übersicht der Strategien der Schülerinnen und Schüler liegt bei Gaidoschik (2010, vgl. 373) bezogen auf einfache Additions- und Subtraktionsaufgaben vor. Die abweichenden Lösungen der Schulanfängerinnen und Schulanfänger der Untersuchung reichen von allgemeinen, aufgabenübergreifenden Zählfehlern bis zu aufgabenspezifischen abweichenden Lösungen, wie die häufige Ermittlung der Summe ‚zwölf‘ bei der Aufgabe ‚5 und 6‘. Zehn der 108 Kinder ermitteln dieses fehlerbehaftete Ergebnis, welches zumindest in einigen Fällen eindeutig auf die Fehlvorstellung zurückgeführt werden kann, dass hier das Ergebnis um eins größer erachtet wird als bei der Tauschaufgabe ‚5 und 6‘, da diese mit einem um eins kleineren Summanden beginnt. Auch seltene individuelle Fehler treten auf, wie beispielsweise die Fehllösung 14 bei der Verdopplungsaufgabe ‚5 und 5‘. Hier rechnet ein Schüler schrittweise zunächst die Verdopplung der Zahl ‚vier‘ mit ‚zwölf‘ aus und ergänzt die noch fehlende ‚zwei‘ und kommt somit auf das abweichende Ergebnis 14.

Auf den strukturellen Zusammenhang der Tauschaufgaben gehen 41 der 108 Kinder näher ein, wobei sich die Erklärungs- und Begründungsansätze der Schülerinnen und Schüler in ihrem Allgemeinheitsgrad erheblich unterscheiden. In der unteren Tabelle der Abbildung 6.9 werden die häufigsten Beschreibungsversuche der Schulanfängerinnen und Schulanfänger im Überblick dargestellt. So variieren die Erklärungsversuche vom bloßen Wiederholen der Aufgaben, beziehungsweise vom Verweisen auf die Ähnlichkeit der Zahlen der Tauschaufgaben über die Darstellung des Sachverhalts, dass bei der Aufgabe „etwas" umgedreht wird bis zu Beschreibungen, die sowohl die gleichen Zahlenwerte sowie ihre Vertauschung hervorheben.

Ein Schüler bezieht sich in seiner Erläuterung, wahrscheinlich in Anlehnung an die Aufgabe ‚A2a: Addition mit Material‘, auf die Veranschaulichung der Aufgaben mit Plättchen und beschreibt in Zusammenhang mit der Tauschaufgabe, dass hier die jeweiligen Plättchenmengen andersherum gelegt werden müssten. Zwei andere Kinder bezeichnen die Aufgaben mit dem im Allgemeinen etwas anders gebrauchten Fachbegriff „Umkehraufgaben". Zwölf der 41 Kinder bemerken das erneute Auftreten des Ergebnisses ‚elf‘ von selbst, was jedoch nicht bedeutet, dass sie notwendigerweise die ähnliche Aufgabenstruktur nutzen, um die Summe zu ermitteln. 14 Schülerinnen und Schülern, welche die Aufgabe ‚6 und 5‘ nicht lösen können, gelingt es, die Summe der Tauschaufgabe zu ermitteln. Drei dieser Kinder beschreiben auf Nachfrage der Interviewerin bzw. des Interviewers den Zusammenhang der gleichen Summe der Tauschaufgaben. Bei zwei dieser Schüler wird es nachweislich ersichtlich, dass sie sich die Gesetzmäßigkeit der Tauschaufgabe bei ihrer Ergebnisermittlung zu Nutze machen.

Insgesamt wird deutlich, dass viele Schulanfängerinnen und Schulanfänger die Struktur der Tauschaufgabe zumindest im Nachhinein erkennen und beschreiben können. Doch nur in wenigen Fällen kann beobachtet werden, dass die Kinder die Struktur für ihren Lösungsprozess der Tauschaufgabe konkret nutzen.

Aufgabe A2c: Ergänzen mit Material

Aufgabe A2c: Ergänzen mit Material

Aufgabenstellung:

Nachdem das Kind sich vergewissert hat, dass vor ihm 6 (unstrukturierte) Plättchen liegen, werden 2 dieser Plättchen abgedeckt: *„Wie viele Plättchen habe ich unter dem Papier versteckt?"* Nach dem gleichen Vorgehen werden daran anschließend 3 von 10 Plättchen, die in zwei übereinanderliegenden Fünferreihen angeordnet sind, mit dem Papier abgedeckt und nach ihrer Anzahl gefragt.

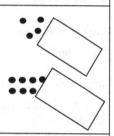

Erfolgsquoten und abweichende Lösungen:

	erfolgreiche Bearbeitungen	(häufige) abweichende Lösungen				
‚4 auf 6'	82 (75,9%)	**Abw. Lösung**	3	4	1	5	7
	keine Bearb.: 1 (0,9%)	**n**	10	6	3	2	2
‚7 auf 10'	54 (50,0%)	**Abw. Lösung**	2	4	1	7	5
	keine Bearb.: 2 (1,9%)	**n**	14	13	10	5	3

Anzahl korrekt gelöster Aufgaben:

	0	1	2
Anzahl der Kinder (Prozent)	16 (14,8%)	48 (44,4%)	44 (40,7%)

Abbildung 6.10 Übersicht der Auswertungsergebnisse der Aufgabe A2c

Erfolgsquoten

Die Ergänzungsaufgabe ‚4 auf 6' können drei Viertel der Schülerinnen und Schüler (75,9%) lösen. Der Hälfte alle Schulanfängerinnen und Schulanfänger (50,0%)

gelingt die korrekte Ermittlung der Differenz der Ergänzungsaufgabe ‚7 auf 10'. Nur in wenigen Fällen, bei der ersten Teilaufgabe in einem und bei der zweiten Teilaufgabe in zwei Fällen, gehen jeweils unterschiedliche Kinder keinen Bearbeitungsversuch ein.

Insgesamt gelingt es jeweils etwas weniger als der Hälfte aller Kinder, beide bzw. eine Ergänzungsaufgabe(n) korrekt zu ermitteln. Lediglich 14,8% der Schülerinnen und Schülern können keine der beiden Teilaufgaben lösen. Diese Kinder verfügen dennoch oftmals über elementare Fähigkeiten im Ergänzen, doch treten bei ihnen verschiedene Abweichungen, wie beispielsweise der häufige Plus-Minus-1-Fehler, auf.

Vorgehensweisen

Die Schülerinnen und Schüler gehen bei der Bearbeitung der Ergänzungsaufgaben auf ganz unterschiedliche Weisen vor:

Einige Kinder greifen zur Ermittlung der abgedeckten Plättchenanzahl beispielsweise auf die Anordnungsstruktur der Plättchen zurück und lesen vertraute Strukturen hinein. So bezieht sich Sandra zum Beispiel auf die Struktur der Würfelsechs, als sie die Ergänzung ‚4 auf 6' ermittelt. Sie ordnet die freiliegenden Plättchen in zwei Spalten (auf einer

Abbildung 6.11 Sandra zeigt, dass ihr für die Anordnung der Würfelsechs noch zwei Plättchen fehlen

Seite drei und auf der anderen Seite ein Plättchen) an und macht anhand der zwei fehlenden Plättchen die Differenz aus (vgl. Abb. 6.11): „Weil hier sind vier und hieraus kann ich keine drei und drei machen". Merim macht sich bei der zweiten Teilaufgabe die Struktur der zehn Plättchen in zwei Fünferreihen zu Nutze, sodass er die drei fehlenden Plättchen ermitteln und deren Plätze, gemäß der Anordnungsstruktur, über dem Papier andeutet.

Alim geht beim Ergänzen auf ‚zehn' einer anderen Strategie nach. Er belegt jedes der sieben freiliegenden Plättchen mit einem seiner Finger und folgert anhand drei seiner Finger, die keinem weiteren Plättchen mehr zugeordnet werden können, dass drei Plättchen unter dem Papier liegen müssen, um auf ‚zehn' zu kommen.

Wiederrum andere Kinder leiten sich die Differenz von den gegebenen Anzahlen ab, ohne das Material weiter zu berücksichtigen. Ozan ermittelt bei der ersten Teilaufgabe auf diese Weise zum Beispiel, dass ihm noch zwei Plättchen fehlen, denn „da liegen jetzt 4 und danach kommt die 5 und die 6". Stefan greift zur Ermittlung der fehlenden Punkte der zweiten Teilaufgabe auf die ihm bekannte Additionsaufgabe ‚7 plus 3 gleich 10' zurück und erklärt, „wenn drei verschwinden von den 10, dann sind es nur noch 7".

Auch Spiegel (vgl. 1992a) stellt in Zusammenhang mit der Durchführung von Schachtelaufgaben mit Schulanfängerinnen und Schulanfängern sehr unterschiedliche (rechnerische) Strategien der Kinder bei der Bearbeitung der Aufgaben heraus, die sich mit den hier vorliegenden Befunden decken.

Neben den unterschiedlichen Vorgehensweisen der Kinder sind auch verschiedene Abweichungen in den Lösungen der Schulanfängerinnen und Schulanfänger zu beobachten. Die fehlerhaften Ergänzungen der Schulanfängerinnen und Schulanfänger konzentrieren sich dabei zwar auf einige Hauptfehllösungen, doch die verschiedenen Fehlvorstellungen der Kinder führen darüber hinaus zu einer breiten Streuung der abweichenden Ergänzungen.

Insbesondere die abweichenden Lösungen, die um eins größer oder kleiner als die korrekten Differenzen sind, haben meistens den Hintergrund eines Zählfehlers oder resultierten aus einem durchaus plausiblen Schätzversuch der Kinder.

Die häufige Fehllösung ‚eins' bei der zweiten Teilaufgabe kommt vermutlich dadurch zustande, dass die schräge Lage des Papiers lediglich ein abgedecktes Plättchen für die Kinder impliziert, welches die Doppelreihe vervollständigen würde. Die Kinder beziehen sich demnach auf die Reihenstruktur, lassen die noch fehlende Plättchenspalte dabei jedoch unberücksichtigt. Hierin kann, neben der höheren Anzahl der Plättchen bei der zweiten Teilaufgabe, eine Begründung dafür gesehen werden, dass die Ergänzung bei der strukturierten Anordnung der zehn Plättchen eine niedrigere Erfolgsquote aufweist als bei der unstrukturierten Anordnung der sechs Plättchen bei der ersten Teilaufgabe.

Dass die Ergebnisse ‚vier' und ‚sieben', also die Anzahlen, die jeweils nicht vom Papier verdeckt werden, von den Kindern gewählt werden, kann darauf zurückgeführt werden, dass anscheinend nicht alle Kinder die Aufgabenstellung verstanden haben oder eine Abänderung der Aufgabenstellung für sie eine Notlösung darstellt, um eine Antwort geben zu können.

Insgesamt wird die weite Spannbreite der Denk- und Vorgehensweisen der Schulanfängerinnen und Schulanfänger bei der Aufgabenbearbeitung deutlich. So variieren die Strategien von materialgestützten Abzählstrategien über Anzahlermittlungen, die auf der Anordnungsstruktur der Plättchen beruhen bis zu einem mentalen Abrufen von automatisierten Rechenaufgaben, Rechengesetzen und den entsprechenden Ergebnissen. Die Lernstände der Schulanfängerinnen und Schulanfänger können in diesem Themenbereich daher als recht heterogen bezeichnet werden, was nicht nur in den Erfolgsquoten, sondern insbesondere auch in Zusammenhang mit ihren Vorgehensweisen deutlich wird.

Überblick: Ergebnisse ‚Rechnen, Rechengesetze, Rechenvorteile'

Die Aufgaben zur Grundidee ‚Rechnen, Rechengesetze, Rechenvorteile' werden von den untersuchten Schulanfängerinnen und Schulanfängern durchschnittlich mit einer mittelhohen bis hohen Erfolgsquote bearbeitet.

Die Additionsaufgaben mit Material bereiten dem Großteil der Schülerinnen und Schülern keine Schwierigkeiten (Erfolgsquoten: 90,7% und 87,0%). Viele der Kinder greifen hierbei auf das Material zurück, andere lösen die Aufgaben bereits im Kopf oder haben die entsprechenden Ergebnisse automatisiert, so dass sich unterschiedliche Schematisierungsgrade bei den Schulanfängerinnen und Schulanfängern zeigen.

Auch die einfacheren Plusaufgaben ohne Material werden von ungefähr zwei Dritteln der Kinder korrekt gelöst, so dass deutlich wird, dass die Mehrheit der Schülerinnen und Schülern nicht unbedingt auf die Darstellung der Rechnung durch Material angewiesen ist, sondern kleine Mengen und ihre Addition auch an den Fingern darstellen und ausrechnen bzw. bereits im Kopf addieren kann oder die entsprechenden Ergebnisse automatisiert hat. Doch auch die Additionsaufgabe ‚5 und 5' mit recht großen Summanden, wird von den Kindern mit einer Erfolgsquote von 80,6% gelöst. Es wird deutlich, dass sich die Schulanfängerinnen und Schulanfänger daher bereits über einige Gesetzmäßigkeiten und Rechenvorteile unseres Zehnersystems bewusst sind, die es ihnen erlauben, diese Aufgabe vergleichsweise häufig zu lösen bzw. den diesbezüglich bereits automatisierten Rechensatz zu nennen. Andere Additionsaufgaben (ohne Material) mit größeren Summanden, werden hingegen nur von knapp der Hälfte der Schulanfängerinnen und Schulanfänger korrekt bearbeitet (vgl. Abb. 6.12). Hier fehlt den Kindern daher eine entsprechende Veranschaulichung der Summanden und der entsprechenden Summen, die ihnen das Lösen der Aufgaben im Kopf ermöglicht. Die meisten Kinder, welche die Aufgaben ‚6 und 5' und ‚5 und 6' lösen, versuchen darüber hinaus den rechnerischen Zusammenhang der Tauschaufgabe zu begründen, was ihnen auf unterschiedlichen Verallgemeinerungsebenen auch gelingt. Bei der Ergebnisermittlung kann eine konkrete Nutzung dieses Rechenvorteils jedoch nur in wenigen Fällen beobachtet werden.

Nur wenige Kinder (bei den Aufgaben mit Material 4,6% und den Aufgaben ohne Material 10,2%) können keine dieser Additionsaufgaben lösen. Was jedoch nicht bedeutet, dass diese Kinder über keinerlei Vorerfahrungen mit der Addition verfügen. So liegen den fehlerbehafteten Lösungen dieser Kinder häufig sinnvolle Ermittlungsstrategien zugrunde, die ihre elementaren Kenntnisse im Bereich der Addition (Operationsverständnis und rechnender Umgang mit Zahlen) sichtbar werden lassen.

Bei den Ergänzungsaufgaben können zum einen drei Viertel (‚4 auf 6') und zum anderen die Hälfte (‚7 auf 10') der Schulanfängerinnen und Schulanfänger die jeweilige Differenz ermitteln (vgl. Abb. 6.12). Auch hier sind bei der Mehrzahl der Kinder demnach ausgeprägte Vorerfahrungen auszumachen. Die Lösungswege der Kinder liegen dabei jedoch, wie auch die Vorgehensweisen bei den Additionsaufgaben, ganz unterschiedlichen Schematisierungsstufen zugrunde, die von engen Materialhandlungen – über das Lösen der Aufgabe im Kopf – bis zu auswendig verfügbaren Ergebnissen der entsprechenden Rechnungen reichen.

Bei den Materiallösungen wird deutlich, dass die Kinder in einigen Fällen Strukturen in die Plättchenanordnungen hineindeuten, welche sie für ihre Aufgabenbearbeitungen nutzen. Hierbei stehen die Plättchen nicht als Einzelelemente für sich, sondern werden in einen strukturellen Zusammenhang gebracht. Hierdurch werden Lösungen der Aufgaben möglich, die teilweise auch über das zählende Rechnen hinausgehen, wie etwa die (quasi-)simultane Zahlerfassung oder (damit zusammenhängende) Rechnungen, und somit besonders effizient sind.

Bemerkenswert ist, dass 80% der Schulanfängerinnen und Schulanfänger mindestens fünf der neun Teilaufgaben, die einen wesentlichen Inhaltsbereich des arithmetischen Anfangsunterrichts darstellen, lösen können. Hierbei ist jedoch zu berücksichtigen, dass die Aufgabenbearbeitungen überwiegend recht elementaren Vorgehensweisen, wie beispielsweise dem ‚zählenden Rechnen', zugrunde liegen, die im Anfangsunterricht unbedingt weiterentwickelt werden müssen.

Insgesamt ist die Streuung der erreichten Punktzahlen jedoch recht groß, was die Heterogenität der Lernstände der Kinder verdeutlicht. So können auch jeweils 2% der Kinder keine bzw. nur eine der Aufgaben bewältigen (vgl. Abb. 6.13) und beginnen den Schulanfang ausgehend von erheblich niedrigeren Lernständen als viele ihrer Mitschülerinnen und Mitschüler.

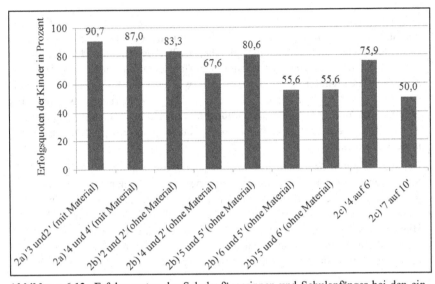

Abbildung 6.12 Erfolgsquoten der Schulanfängerinnen und Schulanfänger bei den einzelnen Teilaufgaben in Aufgabenblock A2

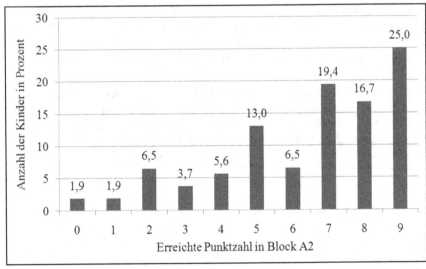

Abbildung 6.13 Erreichte Punktzahlen der Schulanfängerinnen und Schulanfänger in Aufgabenblock A2

6.3 Aufgabenblock A3: Zehnersystem

Die Bearbeitungen der Aufgabe ‚A3a: Punktefelder bestimmen' werden in Zusammenhang mit der Detailanalyse des Umgangs der Kinder mit Mustern und Strukturen ausführlich in Kapitel 5.3 dargestellt und in diesem Kapitel nur in der Gesamtdarstellung der Ergebnisse dieses Aufgabenblocks aufgegriffen.

Aufgabe A3b: Zahlen an der Hundertertafel

A3b: Hundertertafel

Aufgabenstellung:

1	2	3	4		6	7	8	9	10
11	12	13	14	15	16	17	18	19	20
21	22	23		25	26	27	28	29	30
31			34	35	36	37	38		
				45		47	48		
		53	54	55	56	57		59	
61	62		64	65	66	67	68	69	70
71	72	73	74	75	76	77	78	79	80
81	82	83	84	85	86	87	88	89	90
91	92	93	94	95	96	97	98	99	100

„Hier sind ganz viele Felder aufgemalt, in denen Zahlen stehen. Die Zahlen von 1 bis 100 (es wird auf die beiden Zahlen gedeutet). Die Zahlen sind von klein nach groß geordnet, jede Zahl hat also ihren festen Platz. Einige Zahlen fehlen jedoch. Hier, siehst du die Lücken?" Dem Kind werden kleine Kärtchen gegeben, auf denen die Zahlen 42 und 50 stehen: *„Kannst du mir sagen, wie die Zahlen heißen? ... Wo gehören sie denn hin?"*

Erfolgsquoten, Vorgehensweisen und abweichende Lösungen:

	Zahl 42	Zahl 50
Erfolgreiche Benennungen	41 (38,0%) keine Bearb.: 27 (25,0%)	60 (55,6%) keine Bearb.: 25 (23,1%)

	Abw. Lösung	n	Abw. Lösung	n
(häufige) abweichende Lösungen beim Benennen der Zahl	‚vierundzwanzig"	18	„fünfzehn"	7
	„vier und zwei" / „zwei und vier"	6	„fünf und null" / „null und fünf"	4
	„vierzig"	4	„zwanzig"	2
	„zwanzig"	3	„fünfhundert"	2
	„vierzehn"	2		

	Zahl 42	Zahl 50
Erfolgreiche Einordnungen	27 (25,0%) keine Bearb.: 3 (2,7%)	21 (19,4%) keine Bearb.: 5 (4,6%)

Vorgehensweisen bei der korrekten Einordnung der Zahl in die Hundertertafel	**Vorgehensweisen** / **n** Von den Nachfolgern ausgehend / 8 Von den Vorgängern ausgehend / 7 Von den Nachfolgern und Vorgängern ausgehend / 4 Reihensicht (Zahlen mit der Zehnerstelle 4) / 3 Spaltensicht (Zahlen mit der Einerstelle 2) / 2 Von den Nachfolgern ausgehend und Spaltensicht / 1 Keine Angabe / 2	**Vorgehensweisen** / **n** Von den Vorgängern ausgehend / 9 Spaltensicht (Zahlen mit der Einerstelle 0) / 4 Von den Nachfolgern ausgehend / 3 Von den Vorgängern und Nachfolgern ausgehend / 1 Keine Angabe / 4

(häufige) abweichende Lösungen beim Einordnen der Zahl in die Hundertertafel	**Abw. Lösung** / **n** 24 / 23 32 / 13 33 / 10 46 / 6 63 / 5	**Abw. Lösung** / **n** 51 / 19 60 / 9 40 / 7 41 / 7 24 / 6 58 / 6

Abbildung 6.14 Übersicht der Auswertungsergebnisse der Aufgabe A3b

Erfolgsquoten (beim Benennen der Zahlen)

38,0% der Schulanfängerinnen und Schulanfänger können das Zahlsymbol 42 mit dem richtigen Zahlwort benennen. Dem Zahlsymbol 50 können 55,6% der Schü-

lerinnen und Schüler das richtige Zahlwort zuordnen. Ausgehend von diesen beiden Werten fällt die Bezeichnung der glatten Zehnerzahl 50 den Kindern etwas
einfacher als die der 42. Etwa einem Drittel der Kinder (32,4%) gelingt es in
beiden Fällen, die korrekten Zahlwörter zu nennen. Etwas weniger als die Hälfte
der Schulanfängerinnen und Schulanfänger (49,8%) können weder der 42 noch
der 50 das jeweils korrekte Zahlwort zuordnen.

Vorgehensweisen (beim Benennen der Zahlen)

Die Abweichungen der Schülerinnen und Schüler von den korrekten Zahlwortzuschreibungen geben Auskunft darüber, über welche Kenntnisse die Schulanfängerinnen und Schulanfänger beim Zahlwortaufbau im Hunderterraum verfügen und
welche Prinzipien von ihnen noch unbeachtet bleiben, d. h. wie sie vorgehen.
Folgende Fehlertypen sind dabei zu verzeichnen:

Zahlwortdreher (‚vierundzwanzig') Ein häufiger Fehler bei der Benennung der
Zahl 42 ist das Verdrehen der Zahlwortreihenfolge mit der Fehllösung ‚vierundzwanzig'. Diese Abweichung liegt bei 18 von 108 Kindern (16,7%) vor und ist
somit der Hauptfehler bei der Zahlwortzuschreibung der 42. Die Schülerinnen und
Schüler verfolgen dabei das Prinzip des Zahlwortaufbaus durch das Aneinanderhängen der Einer- und Zehnerziffer mit der Zahlwortendung ‚-zig'. Hierbei bleibt
jedoch die Konvention, dass der Einer vor dem Zehner genannt wird, unberücksichtigt.

Falsche Zahlwortendung (‚fünfzehn') Die häufigste Abweichung bei der Zahlwortbildung der Zahl 50 ist das zugeschriebene Zahlwort ‚fünfzehn'. In Zusammenhang mit dieser Abweichung ist es sieben der 108 Kinder (6,5%) noch nicht
geläufig, auf die korrekte Zahlwortendung „-zig" zurückzugreifen, die an glatte
Zehnerzahlen angehängt wird. Diese Abweichung könnte dadurch zu erklären
sein, dass den Schülerinnen und Schülern das Zahlwort ‚fünfzehn' geläufiger ist
als ‚fünfzig'. Eine andere Möglichkeit besteht darin, dass sich die Kinder darauf
berufen, dass es sich ja nun mal um mehrere Zehner handelt, nämlich um fünf
Zehner, also ‚fünfzehn', und so zu dieser Zahlwortbildung kommen. Schmidt (vgl.
1982a, 14) macht ebenfalls auf diese sprachliche Schwierigkeit von Kindern zu
Schulbeginn aufmerksam.

**Nennung der zwei Ziffern mit der Verbindung „und" (Beispiel: ‚4 und 2', ‚5
und 0')** In einigen Fällen (bei dem Zahlwort 42 sechsmal und bei dem Zahlwort
50 viermal) nennen die Kinder die zwei gegebenen Ziffern mit „und" als Zahl-
wortbindeglied, ohne die konventionellen Zahlwortbildungsgesetze anzuwenden.
Dennoch sind sich die Schulanfängerinnen und Schulanfänger darüber bewusst,

dass beide Ziffern von Bedeutung sind und genannt werden müssen. Die Stellenwerte bleiben dabei jedoch unberücksichtigt.

Berücksichtigung von lediglich einer Ziffer (Beispiel: ‚vierzig') Bei den abweichenden Zahlwortbenennungen der Zahl 42 wird in einigen Fällen lediglich eine der beiden Ziffern der Zahl berücksichtigt. Die Kinder greifen daher nur die ‚vier' bzw. nur die ‚zwei' in ihrer Zahlwortbildung auf und geben die Zahlwörter ‚vierzig', ‚zwanzig' oder ‚vierzehn' an. Die jeweils andere Ziffer wird hierbei außer Acht gelassen. Die verwendeten Zahlwortendungen zeigen auf, dass die Schulanfängerinnen und Schulanfänger darauf bedacht sind, den Stellenwert der Ziffern bzw. die aus zwei Stellen bestehende Zahl mit den Endungen ‚-zehn' bzw. ‚-zig' zu betonen. Die Kinder lassen hierbei eine der beiden Ziffern jedoch komplett unbeachtet und im Fall der ‚vierzehn' und ‚zwanzig' ordnen sie die Zahlwortendungen dem Stellenwert der Ziffern fehlerhaft zu.

Insgesamt kann bei den gängigen Abweichungen der Schülerinnen und Schüler daher darin unterschieden werden, 1) ob die Kinder beide oder nur eine Ziffer berücksichtigen, 2) ob sie der konventionellen Zahlwortbildung nachgehen oder lediglich die beiden Ziffern nacheinander benennen, 3) ob sie die Ziffern in der richtigen Reihenfolge in die Wortbildung einbringen und, 4) ob sie die richtige Zahlwortendung verwenden bzw. die Stellenwerte der Ziffern durch die entsprechende Zahlwortendung berücksichtigen.

Die Aufgabenbearbeitungen der Kinder zeigen daher, dass nicht nur die Schulanfängerinnen und Schulanfänger, welche die Zahlwörter korrekt benennen, Vorerfahrungen mit dem Zahlwortaufbau in unserem Zehnersystem aufweisen. In vielen Fällen lassen sich auch bei den Kindern, die ein falsches Zahlwort nennen, einzelne Umsetzungen der Zahlwortbildungsgesetze gemäß dem Zehnersystem beobachten.

Erfolgsquoten (beim Einordnen der Zahlen)

Etwa einem Viertel bzw. einem Fünftel der Schulanfängerinnen und Schulanfänger ist es möglich, die zweistelligen Zahlen korrekt in die lückenhafte Hundertertafel einzuordnen. So wird die Zahl 42 von 25,0% der Kinder korrekt eingeordnet, der Zahl 50 können 19,4% der Kinder den korrekten Platz in der Hundertertafel zuordnen.

Vorgehensweisen (beim Einordnen der Zahlen)

Die Strategien der Kinder bei der Einordnung der Zahlen in die Hundertertafel machen die Vielfalt deutlich, mit der sich Schulanfängerinnen und Schulanfänger mit den Strukturen der Hundertertafel auseinandersetzen und diese für ihre Einordnungen nutzen. So ermitteln die Kinder die Plätze der einzuordnenden Zahlen häufig anhand der in der Hundertertafel gegebenen Vorgänger- und Nachfolgerzahlen, mittels ähnlicher Zahlen in den dazugehörigen Spalten oder Zeilen und mittels Mischformen dieser Strategien.

Die korrekte Einordnung der Zahl 42 erfolgt vornehmlich dadurch, dass die Kinder entweder von der 45 (dem ersten in der lückenhaften Hundertertafel gegeben Nachfolger der 42) oder auch einem weiter entfernten Nachfolger aus rückwärts oder von der 38 (dem ersten in der lückenhaften Hundertertafel gegebenen Vorgänger der 42) aus die Plätze vorwärts zählen. Bei der reihenweisen Betrachtung der Hundertertafel beobachten die Schülerinnen und Schüler, dass alle Zahlen in dieser Reihe über eine ‚vier' als Zehnerziffer sowie über ansteigende Einerziffern verfügen. So begründet etwa Johannes seine korrekte Zuordnung damit, dass das Kästchen "das zweite von der 40" sei.

Bei der Einordnung der Zahl 50 nehmen die Kinder meistens auf die Vorgänger, also auf die Zahlen 48 und 49 Bezug, um der 50 den richtigen Platz zuzuweisen. Diese Strategie scheint den Schülerinnen und Schülern häufig zugänglicher als das Rückwärtszählen von der 53 aus zu sein, welches einen Zehnerübergang und somit einen Zeilenwechsel beinhaltet. Diese Strategie wird jedoch auch von drei Kindern verfolgt. Vier Kinder begründen ihre korrekte Zuordnung damit, dass in der Spalte ja auch andere Zahlen mit einer Null hinten stehen und ermitteln den richtigen Platz für die 50 ausgehend von der 30 oder der 70.

Den Kindern, denen es gelingt, den Zahlen den korrekten Platz zuzuordnen, macht demnach die Orientierung in der Hundertertafel im Rahmen der Aufgabenbearbeitung keine Schwierigkeiten. Sie nutzen die gegeben Strukturen, um über Stellenwerte, Nachbarschaftsbeziehungen und Analogien (vgl. Radatz et al. 1998, 35) die Zahlen einzuordnen.

Den Kindern, denen es nicht möglich ist, die Zahlen in die Hundertertafel korrekt einzutragen, weisen dennoch oft einen Zugang zu den Strukturen der Hundertertafel auf. Auch sie leiten sich die Plätze der einzuordnenden Zahlen von den gegebenen Strukturen ab, jedoch sind ihre Überlegungen stellenweise fehlerbehaftet. Die konkreten Vorgehensweisen lassen auf verschiedene Teilkenntnisse dieser Kinder bezüglich des Zehnersystems bzw. der Hundertertafel schließen:

So setzen beispielsweise 23 von 108 Kindern (21,3%) das Ziffernkärtchen mit der Zahl 42 auf den leeren Platz der 24. Von diesen Schülerinnen und Schülern ordnen neun Kinder bei der Benennung der Zahl, ihr ebenfalls das inkorrekte Zahlwort ‚vierundzwanzig' zu. Die daran anschließende Fehlzuordnung wird von den Kindern mit den Zahlvorgängern und -Nachfolgern erklärt. So begründet

Natalie ihre Zuordnung beispielsweise damit, dass vor der ‚vierundzwanzig' die ‚dreiundzwanzig' und danach die ‚fünfundzwanzig' kommt. Hierbei macht sie nun keinen Zahlendreher bei den Zahlwortzuschreibungen. Nachdem Johannes die 42 auf das Feld der 24 legt, merkt er an, dass die Ziffern der 42 eigentlich noch vertauscht werden müssten. Ihm fällt daher die Abweichung von der Strukturgebung der umliegenden Zahlen auf.

Auch die anderen Abweichungen bei der Platzzuordnung der 42 resultieren meist aus sinnvollen, jedoch stellenweise fehlerbehafteten Gedankengängen der Kinder. Die Fehlerursachen gründen meist auf fehlerbehafteten Deutungen der Strukturen der Hundertertafel oder auf Schwierigkeiten mit den großen Zahlsymbolen und Zahlwörtern. So ordnet beispielsweise Sandra die 42, welche sie korrekterweise als ‚zweiundvierzig' identifiziert, auf den Platz der 24 ein. Sie begründet ihre Wahl damit, dass darüber ja die ‚einundvierzig' und darunter die ‚dreiundvierzig' stehen (Spaltensicht, freier Platz zwischen zwei Zahlen) (vgl. Abb. 6.15). So

1	2	3	4	
11	12	13	14	15
21	22	23		25
31			34	35

Abbildung 6.15 Sandras Bezug zu den Strukturen der Hundertertafel

ordnet Sandra der Zahl 42 das richtige Zahlwort zu, verdreht dann jedoch die Zahlwörter der Zahlen 14 und 34, so dass nach ihrer Zahlwortzuschreibung ihr Vorgehen durchaus einer plausiblen Struktur entspricht, die sich so jedoch nicht in den Zahlsymbolen in der Hundertertafel wiederfindet.

21	22	23		25
31			34	35
				45
		53	54	55

Abbildung 6.16 Maximilians Bezug zu den Strukturen der Hundertertafel

Maximilian ordnet der 42 den Platz der 33 zu. Er begründet seine Wahl damit, dass „nach der 3 und der 4 die 2 mit der 4 kommt" (Zeilensicht, freier Platz neben einer Zahl). Auch hier ist der Denkweg des Schulanfängers nachvollziehbar: Maximilian sieht vermutlich, wie sich bei jeweils benachbarten Zahlen immer eine Ziffer um eins verändert und überträgt diesen Zusammenhang auf die gegebene Situation – die ‚vier' bleibt bestehen und die ‚drei' wird zu einer ‚zwei' (vgl. Abb. 6.16).

21	22	23		25
31			34	35
				45
		53	54	55

Abbildung 6.17 Fannys Bezug zu den Strukturen der Hundertertafel

Fanny geht einer ähnlichen Überlegung nach und ordnet die 42 dem freien Feld der 32 zu. Ihre Begründung hierzu lautet, dass sich die 31 aus einer ‚eins' und einer ‚drei' zusammensetzt, die 42 besteht aus einer ‚vier' und einer ‚zwei'. Hier erhöhen sich fälschlicherweise beide Ziffern, in diesem Fall auch der Zehner, um eins (vgl. Abb. 6.17).

31			34	35
				45
		53	54	55
61	62		64	65

Abbildung 6.18 Antons und Gerhards Bezug zu den Strukturen der Hundertertafel

Bei der Zuordnung der 50 besteht bei den Kindern oftmals die Fehlvorstellung, dass diese Zahl ihren Platz ganz vorne in der Reihe haben müsse. So erklärt Johannes beispielsweise die Platzwahl damit, dass die 50 auf das erste Kästchen der 50er-Reihe gehört. Anton und Gerhard sind ebenfalls der Meinung, dass die 50 ganz am Anfang der Reihe stehen muss. Sie zählen ausgehend von der 53 rückwärts bis kein weiteres Feld in der Reihe übrig bleibt und platzieren die 50 daraufhin einfach eine Reihe darüber (vgl. Abb. 6.18). Die Kinder beziehen sich dabei vermutlich auf die Struktur der Zahlen in der ‚50-er Reihe', die alle mit einer fünf vorne im Zahlsymbol beginnen (die 60 ist in der lückenhaften Hundertertafel unbesetzt) und demnach auch die 50 hier ihren Platz haben muss.

Vereinzelt führen die Schulanfängerinnen und Schulanfänger ihre Zuordnungen aber auch nur auf sehr ungenaue bzw. auf gar keine Strukturen der Hundertertafel zurück. So gibt Debra beispielsweise auf sehr allgemeine Weise an, dass die 42 auf den freien Platz der 63 gehört, weil an dieser Stelle der Hundertertafel auch andere große Zahlen stehen.

Überblick: Ergebnisse ‚Zehnersystem'

Die Aufgabenbearbeitungen zur Grundidee ‚Zehnersystem' machen deutlich, dass sich die Schulanfängerinnen und Schulanfänger oft auch in höheren Zahlenräumen bewegen können und zumindest über einzelne, wenn nicht sogar über umfangreiche Vorerfahrungen zum dezimalen Stellenwertsystem und dem entsprechenden Aufbau der Zahlen verfügen. So ist es den Kindern in vielen Fällen möglich, Strukturen des Materials (Punktefelder, Hundertertafel), welche dem Zehnersystem zugrunde liegen, zu nutzen und geschickte Vorgehensweisen, die auf den Grundideen des Zehnersystems basieren, zu verfolgen – auch wenn ihre Vorgehensweisen stellenweise noch fehlerbehaftet sind.

Besonders erwähnenswert ist in diesem Zusammenhang die 37-prozentige Erfolgsquote der Schülerinnen und Schüler bei der Anzahlermittlung der Punkte im Tausenderfeld (vgl. Kapitel 5.3.3). So kennt mehr als ein Drittel der Schulanfängerinnen und Schulanfänger die 1000 als höhere Stufenzahl im Zehnersystem bzw. kann zehn Hunderterpäckchen zu 1000 Punkten zusammenfassen.

Bei 14 Kindern resultiert aus dieser Zusammenfassung jedoch nicht die Bündelung in ‚tausend', sondern sie nennen das in diesem Kontext ebenfalls als korrekt gewertete Ergebnis ‚zehnhundert' oder ‚zehn mal hundert', welches die
ansatzweise vorhandenen Kenntnisse der Kinder mit der Bündelung von Zahlen aufzeigt.

Auch die flexible Strategiewahl der Kinder bei den Anzahlermittlungen der
Punkte in unterschiedlich großen Punktefeldern ist herauszustellen (vgl. Kapitel 5.3.4). Die Schülerinnen und Schüler passen tendenziell ihre Vorgehensweisen der Größe der Punktefelder an und gehen dabei oft auf die Strukturen des
Anschauungsmaterials ein. So nehmen die an den Strukturen des Punktefelds
orientierten Abzählstrategien mit größeren Punktfeldern ab, während das
‚Schätzen' und das ‚Abzählen in größeren Schritten' deutlich zunehmen.

Auch bei der Aufgabe zur Hundertertafel zeigen die Schulanfängerinnen und
Schulanfänger, auch wenn in nicht immer korrekten Zahlwortbildungen bzw.
Zahleinordnungen, oft elementare Kenntnisse in unserem Zahlensystem auf.
Die Zahlwortbildungen der Kinder basieren auf verschiedenen Grundideen des
Zehnersystems wie beispielsweise der Berücksichtigung beider Ziffern des
Zahlsymbols, der Zahlwortbildung durch das Aneinanderhängen der Ziffern (in
korrekter Reihenfolge) und des Anhängens einer entsprechenden Zahlwortendung. Auch bei der Einordnung der beiden zweistelligen Zahlen in die Hundertertafel machen viele Kinder bereits von der dekadischen Strukturierung des
Materials Gebrauch. Sie orientieren sich insbesondere an den Zusammenhängen der Zahlen innerhalb der Spalten und Zeilen, die ihnen einerseits im Vergleich der Zeilen und Spalten untereinander, andererseits aber auch bei genaue-
rer Betrachtung isolierter Zeilen und Spalten und deren Zahlenfolgen auffallen.

Die beschriebenen Vorerfahrungen der Schulanfängerinnen und Schulanfänger
zum Zehnersystem werden jedoch oft nicht durchgängig von den Schülerinnen
und Schüler in den Aufgabenbearbeitungen korrekt umgesetzt. So liegen die
durchschnittlichen Punktzahlen der Kinder in diesem Aufgabenblock eher im
mittleren Unterfeld, was aufgrund der fortgeschrittenen Anforderungen, die
teilweise weit über die des Anfangsunterrichts hinaus gehen, nicht verwundert.
Einem kleinen Prozentsatz der Kinder (15,7%) gelingt es jedoch, (fast) alle
Punkte (mindestens 5 von 7 Punkten) in diesem Aufgabenblock zu erreichen.
Die Mehrheit der Kinder verzeichnet mittlere (30,5%, 3 bis 4 von 7 Punkten)
bis niedrige (53,6%, 0 bis 2 von 7 Punkten) Punktzahlen bei den Aufgaben zum
Zehnersystem (vgl. Abb. 6.20). Insgesamt ist die Streuung der Vorerfahrungen
zu dieser Grundidee sehr groß, wobei elementare Kenntnisse zur Grundidee
‚Zehnersystem' bei fast allen Kindern auf der Prozessebene beobachtet werden
können, wie die Analysen der Vorgehensweisen zeigen.

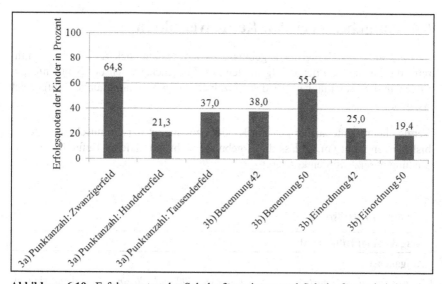

Abbildung 6.19 Erfolgsquoten der Schulanfängerinnen und Schulanfänger bei den einzelnen Teilaufgaben in Aufgabenblock A3

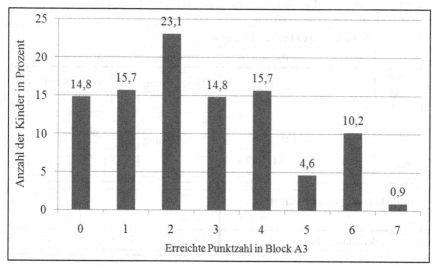

Abbildung 6.20 Erreichte Punktzahlen der Schulanfängerinnen und Schulanfänger in Aufgabenblock A3

6.4 Aufgabenblock A4: Rechenverfahren

Es folgt die Darstellung der Ergebnisse zum Aufgabenblock A4 ‚Rechenverfahren‘, die hinsichtlich der Erfolgsquoten und Vorgehensweisen der Schulanfängerinnen und Schulanfänger bei den einzelnen Aufgabenbearbeitungen aufgezeigt werden.

Vergleichbare Untersuchungen mit Kindern zu Beginn der Grundschulzeit liegen bisher noch nicht vor, sodass die Ergebnisse nicht mit anderen Befunden in Verbindung gesetzt werden können.

Aufgabe A4a: Hilfsaufgabe

Aufgabe A4a: Hilfsaufgabe

Aufgabenstellung:

„2 und 2 sind 4. Kannst du dir denken, wie viel 200 und 200 sind?" ... *„Und wie viel sind 2000 und 2000?"* Wenn das Kind bei der zweiten Teilaufgabe keinen Lösungsversuch eingeht, wird geholfen: *„200 und 200 sind 400. Wie viel sind dann 2000 und 2000?"* Nach der Aufgabenbearbeitung werden die Kinder aufgefordert, ihr Vorgehen zu begründen: *„Woher weißt du das?"*

Erfolgsquoten und abweichende Lösungen:

	erfolgreiche Bearbeitungen	(häufige) abweichende Lösungen			
‚200 und 200‘	44 (40,7%)	**Abw. Lösung**	300	unter 100	100	1000
	keine Bearb.: 11 (10,2%)	**n**	13	11	8	8

	erfolgreiche Bearbeitungen	(häufige) abweichende Lösungen			
‚2000 und 2000‘	53 (49,1%)	**Abw. Lösung**	unter 1000	über 4000	3000	1000
	keine Bearb.: 14 (13,0%)	**n**	18	8	6	5

Anzahl korrekt gelöster Aufgaben:

	0	1	2
Anzahl der Kinder (Prozent)	51 (47,2%)	17 (15,7%)	40 (37,0%)

Begründungen der Vorgehensweisen*:

Begründungen der Vorgehensweisen		Anzahl der Kinder (Prozent)
Allgemeiner Bezug zu einer bzw. beiden Hilfsaufgaben	Wiederholung einer der vorangegangenen Hilfsaufgaben	13/48 (27,1%)
	Erläuterung der allgemeinen Ähnlichkeit der zu bearbeitenden Teilaufgabe mit der bzw. den vorangegangenen Hilfsaufgabe(n)	6/48 (12,5%)
Bezug auf die sich wiederholende ‚zwei' in den Summanden	In den Beschreibungen der Rechnungen werden die Summanden jeweils durch zwei Zweien ersetzt	5/48 (10,4%)
	Erläuterung, dass in den Summanden der zu lösenden Aufgabe und in der Hilfsaufgabe jeweils das Zahlwort bzw. die Ziffer ‚zwei' vorkommt	3/48 (6,2%)
Bezug auf den sich ändernden Stellenwert der ‚vier' in der Summe	Erläuterung, inwiefern die Zahl ‚vier' (Ergebnis der Hilfsaufgabe) mit dem Zahlwort ‚hundert' bzw. ‚tausend' im Ergebnis verbunden wird	7/48 (14,6%)
	In der Erläuterung wird auf den größeren Stellenwert der Summe im Gegensatz zu der Summe der Hilfsaufgabe Bezug genommen	3/48 (6,2%)
Kein Bezug auf die Hilfsaufgaben	Verweis auf eine von der Hilfsaufgabe unabhängige Rechnung	8/48 (16,7%)
	Unpassende Begründung	3/48 (6,2%)

* 48 Schülerinnen und Schüler versuchen, ihr korrektes Ergebnis zu begründen.

Abbildung 6.21 Übersicht der Auswertungsergebnisse der Aufgabe A4a

Erfolgsquoten

Das Lösen der ersten Teilaufgabe ‚200 und 200' gelingt 44 der 108 Schülerinnen und Schüler (40,7%). 53 der 108 Schulanfängerinnen und Schulanfänger (49,1%) ermitteln das korrekte Ergebnis der zweiten Teilaufgabe ‚2000 und 2000'.

Der leichte Zuwachs in der Erfolgsquote der vermeintlich schwierigeren zweiten Teilaufgabe ist darin zu vermuten, dass den Kindern ohne Bearbeitungsansatz bei der ersten Teilaufgabe die Summe genannt und damit ein Hinweis auf die Struktur der Ergebnisse angeboten wird. So gelingt es insgesamt 13 Kindern, welche die erste Teilaufgabe nicht lösen können, das korrekte Ergebnis der zweiten Teilaufgabe zu ermitteln. Andersherum ist es auch vier Kindern, welche die erste Teilaufgabe lösen können, nicht möglich, die Summe der zweiten Teilaufgabe korrekt zu bestimmen. Nur wenige Kinder, bei der ersten Teilaufgabe elf und bei der zweiten Teilaufgabe 14 Schülerinnen und Schüler, gehen gar keinen Bearbeitungsversuch der Aufgaben in diesem hohen Zahlenraum ein.

Hinsichtlich beider Aufgabenteile können 51 Kinder (47,2%) keine der beiden Teilaufgaben korrekt lösen, lediglich 17 Kinder (15,7%) eine der beiden Aufgaben und wiederrum 40 Kindern (37,0%) gelingt die korrekte Ergebnisermittlung beider Teilaufgaben. Die meisten Kinder können somit entweder keine oder beide der Teilaufgaben lösen – sie können das Rechenverfahren bei dieser Aufgabe entweder anwenden oder nicht.

Vorgehensweisen

Die meisten Kinder setzen sich mit dem hohen Zahlenraum auf ganz natürliche und selbstverständliche Weise auseinander. Nur wenige Kinder lassen sich nicht auf die großen Zahlenwerte und die vermeintlich fernliegenden Rechnungen ein. Im Vergleich zu Aufgabe ‚A4b: Rechnen mit Stellenwerten' scheint insbesondere die Tatsache, dass die Summanden glatte Hunderter- bzw. Tausenderzahlen sind, einem so großen Anteil der Schulanfängerinnen und Schulanfänger einen Zugang zu ermöglichen.

Die Ergebnisermittlungen der Schülerinnen und Schüler erfolgen weitgehend recht schnell und viele der 57 Kinder, welche ihr Vorgehen bei einer der beiden korrekt gelösten Teilaufgaben erläutern, beziehen ihre Begründung auf die vorausgehende(n) Hilfsaufgabe(n) und ggf. den diesbezüglichen Zusammenhang mit der zu lösenden Rechnung (vgl. Abb. 6.21). Die Schulanfängerinnen und Schulanfänger greifen somit den strukturellen Zusammenhang der Aufgaben auf und übertragen diesen auf das zu ermittelnde Ergebnis.

13 Kinder wiederholen eine der vorangegangenen Aufgaben als Begründung, ohne den Zusammenhang näher zu erklären. Sechs weitere Schülerinnen und Schüler verweisen ebenfalls auf allgemeine Weise auf den Zusammenhang der Aufgaben. So beschreibt beispielsweise Pierre: „Das ist genauso wie bei der ersten Aufgabe, die gehören zusammen".

Fünf Kinder ersetzen in ihren Beschreibungen der Rechnungen die zwei Summanden 200 bzw. 2000 mit jeweils einer ‚zwei' oder durch zwei Finger und zeigen damit die Ähnlichkeit zu der Hilfsaufgabe auf. Drei weitere Kinder begründen die korrekt ermittelten Summen ebenfalls damit, dass in beiden Aufgaben jeweils die Ziffer bzw. Zahl ‚zwei' in ihren Summanden auftaucht.

Sieben Schulanfängerinnen und Schulanfänger beschreiben, wie sie das Ergebnis ‚vier' der Hilfsaufgabe in ihrer Lösung mit dem Zahlwortzusatz ‚-hundert' bzw. ‚-tausend' verbinden. Drei Kinder gehen in ihren Beschreibungen ebenfalls auf den geänderten Stellenwert der Ziffer ‚zwei' ein. So vergleicht beispielsweise Lisa das Ergebnis der ersten Teilaufgabe mit der vorgegebenen Hilfsaufgabe: „Bei 200 und 200 kommen nur Nullen dazu" und bezieht sich damit auf die schriftliche Notationsform der Zahlen. Nadim setzt die zweite Teilaufgabe auf allgemeine Weise mit der vorangegangenen Hilfsaufgabe in Verbindung: „Weil das ist wie bei 200 und 200, nur ein bisschen mehr".

Acht Kinder geben eine von den Hilfsaufgaben unabhängige Rechnung als Beschreibung ihres Vorgehens an. Lediglich drei Kinder beziehen sich auf eine unpassende Erläuterung.

Bei Betrachtung der inkorrekten Aufgabenbearbeitungen der Kinder (vgl. Abb. 6.21) fallen einige gängige abweichende Lösungen auf, die darauf schließen lassen, dass die Kinder in ihrer Aufgabenbearbeitung zumindest nicht im vollen Umfang auf die Hilfsaufgabe zurückgreifen. Eine häufige Abweichung besteht zum Beispiel darin, dass die Werte 300 bzw. 3000 als Ergebnisse der Rechnungen angegeben werden. Diese Werte sind möglicherweise damit zu erklären, dass den Schulanfängerinnen und Schulanfängern diese Werte als Nachfolgerwerte der 200 bzw. 2000 bekannt sind und daher genannt werden. Das Ergebnis 100 bzw. 1000 ist ebenfalls bei der ersten bzw. zweiten Teilaufgabe recht gängig. Hier scheinen die Kinder ihre Aufmerksamkeit hauptsächlich auf das Zahlwortende der Summanden zu richten, die Ziffernwerte lassen sie unberücksichtigt.

Die 17 Schülerinnen und Schüler, welche nur eine der beiden Teilaufgaben korrekt lösen, scheinen zum einen entweder erst bei der zweiten Teilaufgabe auf die Idee zu kommen, die Summe der Hilfsaufgabe für die Aufgabenbearbeitung zu nutzen, oder aber, sie beziehen sich auf Rechnungen, die nicht auf die Hilfsaufgabe zurückgreifen und nur bei einer der beiden Teilaufgaben zum Erfolg führen.

Teilweise geben die Schülerinnen und Schüler extrem hohe Werte, wie zum Beispiel „zweiundzwanzigmillion" oder „hundertmillion" an, so dass davon ausgegangen werden kann, dass diese synonym für ‚sehr viele' gebraucht werden und die Kinder die genaue Bestimmung der Summe gar nicht anstreben, sondern sich lediglich um einen hohen Richtwert bemühen, welcher verdeutlicht, dass die Zahl sehr groß ist. Hier liegt kein Bezug zu einem Rechenverfahren vor.

Die Ergebnisse, die unter 100 bzw. 1000 liegen, weisen auf eher geringe Vorerfahrungen der Kinder mit hohen Zahlenräumen hin. So gelingt ihnen die grobe Einordnung der Ergebnisse nicht. Es scheint, dass die Kinder auf Zahlenwerte zurückgreifen, wie beispielsweise 6, 10, 11, 20, 50, die ihnen zugänglicher als die großen Zahlen sind und insbesondere auf Rateversuche zurückzuführen sind. Insgesamt ist zu beobachten, dass sich die Schulanfängerinnen und Schulanfänger in ihren Aufgabenbearbeitungen weitestgehend auf die großen Zahlenräume einlassen und ihre Vorerfahrungen mit großen Zahlen auf verschiedene Weisen für ihre Lösungsversuche einbringen. Während die erfolgreicheren Schülerinnen und Schüler meist die Hilfsaufgaben für ihre Lösungsprozesse heranziehen, zeigen die anderen Kinder nicht selten Vorerfahrungen in diesem Zahlenraum auf andere Weise auf. Die Stellenwerte und Ziffern der Summanden werden dabei in unterschiedlichem Maße von den Kindern berücksichtigt. Nur einige wenige Kinder zeigen sich mit den hohen Zahlenwerten vollständig überfordert.

Aufgabe A4b: Rechnen mit Stellenwerten

Aufgabe A4b: Rechnen mit Stellenwerten

Aufgabenstellung:

„Wie viel ist 102 und 1?" ... „Wie viel ist 201 und 201?" ... „Wie viel ist 1002 und 2?"
Löst das Kind die Aufgaben, wird bei jedem Ergebnis nachgefragt: *„Wie hast du das denn herausgefunden?"*

Erfolgsquoten und abweichende Lösungen:

	erfolgreiche Bearbeitungen	(häufige) abweichende Lösungen			
,102 und 1'	19 (17,6%) keine Bearb.: 26 (24,1%)	**Abw. Lösung** 300 | 3 | 2 | 400 **n** 15 | 11 | 4 | 4			
,201 und 201'	4 (3,7%) keine Bearb.: 60 (55,6%)	**Abw. Lösung** 200 | 3 | 301 | 401 | 600 **n** 8 | 4 | 4 | 4 | 4			
,1002 und 2'	14 (13,0%) keine Bearb.: 71 (65,7%)	**Abw. Lösung** 4000 | 3000 | 4 | 8000 **n** 8 | 3 | 2 | 2			

Anzahl korrekt gelöster Aufgaben:

	0	1	2	3
Anzahl der Kinder (Prozent)	87 (80,6%)	9 (8,3%)	8 (6,5%)	4 (3,7%)

Abbildung 6.22 Übersicht der Auswertungsergebnisse der Aufgabe A4b

Erfolgsquoten

Die hier gegebenen Additionsaufgaben, die unter Berücksichtigung der Stellenwerte bis Tausend zu berechnen sind, und somit weit über den Inhaltsbereich des Anfangsunterrichts hinausgehen, werden dennoch von einem kleinen Anteil der Schulanfängerinnen und Schulanfänger korrekt gelöst. So weist die Lösungshäufigkeit der Aufgabe ‚102 und 1' mit 17,6% die höchste Erfolgsquote der drei Teilaufgaben auf. Die Aufgabe ‚1002 und 2' wird mit 13,0% am zweithäufigsten gelöst. Die Aufgabe ‚201 und 201' stellt für die Schülerinnen und Schüler die größte Herausforderung dar und verzeichnet eine Erfolgsquote von 3,7%.

Aufgrund des hohen Schwierigkeitsniveaus der Aufgaben ist es nicht überraschend, dass es insgesamt 87 der 108 Kinder (80,6%) nicht möglich ist, eine der Additionsaufgaben zu lösen. Neun Schülerinnen und Schüler (8,3%) lösen jeweils entweder die erste oder die dritte Teilaufgabe, acht Kinder (7%) die erste und dritte Teilaufgabe und vier Kindern gelingt es sogar, alle drei Aufgaben korrekt zu bearbeiten. So wird die schwierige zweite Teilaufgabe nur von den Kindern gelöst, welche auch die anderen Teilaufgaben lösen können.

Vorgehensweisen

Die Reaktionen der Kinder auf die hohen Zahlenwerte fallen sehr unterschiedlich aus. So reicht die Spannbreite von Schulanfängerinnen und Schulanfängern, die von den großen Summanden überwältigt sind und die Rechnung erst gar nicht zu lösen versuchen bis zu wenigen Schülerinnen und Schülern, welche sich von Anfang an auf ganz natürliche Weise in dem vorliegenden Zahlenraum bewegen und, ohne langes Überlegen, die Aufgaben lösen. Zwischen diesen zwei Polen gibt es auch einige Kinder, die über ansatzweise Erfahrungen mit dem Umgang mit großen Zahlen verfügen und versuchen, die Aufgaben ihren Fähigkeiten nach zu lösen. Zwei Abweichungen sind in diesem Zusammenhang bei den Kindern in besonderem Maße zu beobachten:

Addition der Einerstellen, Berücksichtigung der Stellenwerte der Summanden im Zahlwort:

Die Kinder, die dieser abweichenden Vorgehensweise nachgehen, addieren die Einerstellen der Summanden und erweitern die ermittelte Summe durch den Zahlwortanhang, der den Stellenwert der Summanden wiedergibt. Hierdurch entsteht wahrscheinlich bei der ersten Teilaufgabe ‚102 und 1' das Ergebnis 300 (2+1=3, Zahlwortanhang: ‚-hundert'), bei der zweiten Teilaufgabe ‚201 und 201' die Summe 200 (1+1=2; Zahlwortanhang: ‚-hundert') und bei der dritten Teilaufgabe ‚1002 und 2' das Ergebnis 4000 (2+2=4; Zahlwortendung: ‚-tausend'). Die

Kinder nehmen die Einerstellen im gesprochen Wort wahrscheinlich oft nicht als diese wahr. So könnte bei der ersten Teilaufgabe ‚102 und 1' die 102 als 200 gedeutet worden sein und die Rechnung ‚200 und 1 gleich 300' vorliegen – in Anlehnung an die abweichende Fortsetzung der Zahlenfolge in Aufgabe ‚A1a: Zahlenreihe vorwärts' mit ‚100, 200, 300,...'.

Addition einiger Ziffern, ohne Berücksichtigung der Stellenwerte:

Bei diesem Fehlertyp addieren die Kinder einige Ziffern der Summanden, ohne deren Stellenwerte zu berücksichtigen und kommen somit auf einstellige Ergebnisse. So ermitteln elf der Schulanfängerinnen und Schulanfänger beispielsweise bei der Teilaufgabe ‚102 und 1' das Ergebnis ‚drei' (mögliche Rechnung: 2+1), vier der Kinder bei Aufgabe ‚201 und 201' das Ergebnis ‚drei' (mögliche Rechnung: 2+1) und zwei Schülerinnen und Schülern das Ergebnis ‚vier' bei der Addition ‚1002 und 2' (mögliche Rechnung: 2+2).

Insgesamt wird anhand der überwiegend abweichenden Lösungen der Schulanfängerinnen und Schulanfänger deutlich, dass die Vorerfahrungen im Bereich des Rechnens mit Zahlen mit großen Stellenwerten in vielen Fällen noch gar nicht, in einigen Fällen ansatzweise und nur bei einzelnen Kindern durchaus vorhanden sind. Bei den Schülerinnen und Schülern mit abweichenden Ergebnisermittlungen kann insbesondere zwischen den Kindern unterschieden werden, welche die Stellenwerte der Summanden berücksichtigen und den Kindern, welche den Stellenwerten der Summanden keine Beachtung zukommen lassen.

Überblick: Ergebnisse ‚Rechenverfahren'

In diesem Bereich der Arithmetik, der in der konkreten Umsetzung der Aufgaben weit über die Inhalte des Anfangsunterrichts hinausgeht, weisen die Schülerinnen und Schüler die wenigsten Vorkenntnisse auf. Aber trotz der für Schulanfängerinnen und Schulanfänger beinahe provozierend schweren Aufgaben (Addition im Tausenderraum und darüber hinaus), gelingt es den Kindern dennoch die Teilaufgaben mit einer durchschnittlichen Erfolgsquote von 24,8% korrekt zu bearbeitet (vgl. Abbildung 6.23). Bei den Additionsaufgaben mit glatten Hundertern bzw. Tausendern (Aufgabe A4a: Hilfsaufgabe) weisen die Kinder dabei jedoch weitaus höhere Erfolgsquoten auf (40,7% und 49,1%) als bei den Teilaufgaben der Aufgabe ‚A4b: Rechnen mit Stellenwerten', die über gemischte Summanden verfügen (17,6%, 3,7% und 13,0%).

Das Lösen der Teilaufgaben ‚A4a: Hilfsaufgaben' gelingt etwas weniger als der Hälfte aller Schulanfängerinnen und Schulanfänger. Viele dieser Kinder beschreiben zumindest ansatzweise ihr Vorgehen und zeigen anhand ihrer Erklärungen überwiegend auf, dass sie die Strukturen der Hilfsaufgabe ,2 und 2' auf die zu lösende Aufgabe übertragen. Die Teilaufgaben ,A4b: Rechnen mit Stellenwerten' wird demgegenüber von erheblich weniger Kindern gelöst. Die einzelnen Ziffern und deren Stellenwerte in den Summanden jeweils zu berücksichtigen und korrekt mit diesen weiter zu rechnen, stellt eine große Herausforderung für die Schulanfängerinnen und Schulanfänger dar, die dennoch in einzelnen Fällen bewältigt wird.

10 der insgesamt 108 Schülerinnen und Schüler (9,3%) haben alle fünf oder zumindest vier der fünf Teilaufgaben korrekt lösen können und zeigen damit extrem hohe Kenntnisse im Umgang mit den Rechenverfahren der Addition in Zusammenhang mit großen Zahlen auf. Andererseits haben 48 der 108 Kinder (44,4%) keine der Aufgaben lösen können und lassen, wenn überhaupt, nur sehr eingeschränkte Vorerfahrungen zu dieser Grundidee beobachten (vgl. Abb. 6.24).

Anhand der abweichenden Ergebnisermittlungen der Kinder lassen sich die Schwierigkeiten der Schulanfängerinnen und Schulanfänger bei der Umsetzung der Rechenverfahren ausmachen, die sich insbesondere auf die korrekte Weiterverarbeitung der Ziffern und Stellenwerte der jeweiligen Summanden beim Addieren beziehen. So werden diese zwei wesentlichen Ideen nur teilweise (beispielsweise: alle Ziffern werden berücksichtigt, jedoch ihre Stellenwerte nicht) und auch nicht immer in korrekter Weise (beispielsweise: kein stellengerechtes Rechnen) von den Kindern umgesetzt.

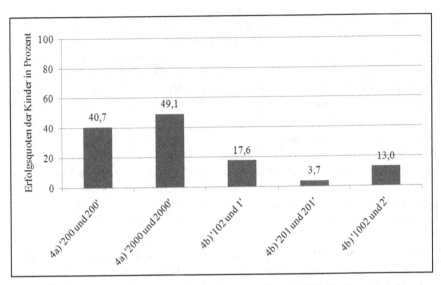

Abbildung 6.23 Erfolgsquoten der Schulanfängerinnen und Schulanfänger bei den einzelnen Teilaufgaben in Aufgabenblock A3

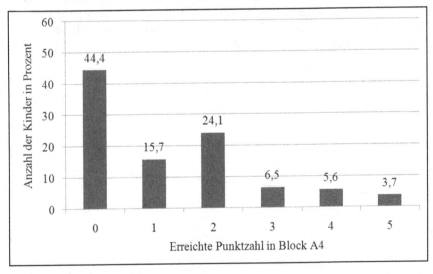

Abbildung 6.24 Erreichte Punktzahlen der Schulanfängerinnen und Schulanfänger in Aufgabenblock A4

6.5 Aufgabenblock A5: Arithmetische Gesetzmäßigkeiten und Muster

Die Ergebnisdarstellung und Analyse der Aufgabe ‚A5a: Plättchenmuster fortsetzen' erfolgt in Zusammenhang mit der Detailanalyse des Umangs der Kinder mit Mustern und Strukturen ausführlich in Kapitel 5.1. In dem vorliegenden Kapitel werden die entsprechenden Ergebnisse daher lediglich in der Gesamtdarstellung der Aufgabenbearbeitungen des Aufgabenblocks aufgegriffen.

Aufgabe A5b: Zahlenmuster fortsetzen

Aufgabe A5b: Zahlenmuster fortsetzen			
Aufgabenstellung*: Das Zahlenmuster 1, 3, 5 wird mit Wendekarten vor das Kind gelegt. Die restlichen Wendekarten bis 10 liegen ungeordnet darüber. *„Das ist mein Zahlenmuster. Kannst du dir denken, wie es weitergeht? Welche Zahl kommt als nächstes?"* * Die Anordnungen der zur Auswahl stehenden Ziffernkarten erfolgt bei den Interviews willkürlich.	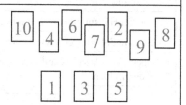		
Erfolgsquoten:	erfolgreiche Bearbeitungen: 27 (25,0%) keine Bearbeitungen: 4 (3,7%)		
Abweichende Lösungen und Begründungen:			
Abw. Lösung	Anzahl der Abweichungen (Prozent)	(häufige) Begründung (Anzahl)	
6	55/77 (71,4%)	„Weil die 6 nach der 5 kommt" (37)	
4	10/77 (13,0%)	„Weil die 4 zur 5 passt" (5)	
2	5/77 (6,5%)	„Weil die davor sind auch falsch" (1)	
8	3/77 (3,9%)	„Weil immer einer weggelassen wird" (1)	
9	3/77 (3,9%)	„Weil nach der 5 kommt die 6" (1)	
10	1/77 (1,3%)	„Weil 5 und 5 zehn sind" (1)	

Begründungen korrekter Musterfortsetzungen:

Begründung richtiger Musterfortsetzungen	Anzahl (Prozent)	
	beschreibend	generalisierend
„Man muss (immer) zwei weiter / zwei mehr / zwei vorspringen"	1/27 (3,7%)	7/27 (25,9%)
„Es wird immer einer übersprungen"	-	7/27 (25,9%)
„Weil da muss eigentlich die 2 hin und da die 4 usw."	7/27 (25,9%)	-
„Es wird immer eine Zahl ausgelassen" / „es fehlt immer eine Zahl"	-	2/27 (7,4%)
„Wie bei Hausnummern: 1, 2 fehlt, 3, 4 fehlt..."	1/27 (3,7%)	-
Fehlende Zahlen werden leise gezählt	1/27 (3,7%)	-
Allgemeiner Verweis auf Ähnlichkeit zu vorgehenden Zahlen	1/27 (3,7%)	-

Abbildung 6.25 Übersicht der Auswertungsergebnisse der Aufgabe A5b

Erfolgsquoten

Auch wenn fast alle Schulanfängerinnen und Schulanfänger, 104 von 108 Kindern, eine Musterfortsetzung eingehen, so gelingt es nur einem Viertel der Schülerinnen und Schüler das Zahlenmuster korrekt fortzusetzen. Hier zeigt sich eine sehr große Diskrepanz zu den Untersuchungsergebnissen von Steinweg (vgl. 2000a, 137). Steinweg erhebt mittels sechs verschiedener Aufgabentypen zum Zahlenmusterverständnis von Grundschulkindern die Fähigkeiten von insgesamt 257 Schülerinnen und Schülern der Klassen eins bis vier in einem schriftlichen Test. Der Paper-Pencil-Test wird zudem als Grundlage für die Durchführung von 60 klinischen Interviews genutzt, die einen detaillierteren Einblick in das Zahlenmusterverständnis der Kinder geben. Der Anteil der Erstklässlerinnen und Erstklässler beträgt bei dem schriftlichen Test 70 Schülerinnen und Schüler. An der Interviewstudie nehmen 15 Kinder der ersten Klasse teil. In ihrem Paper-Pencil-Test können 91% der Erstklässlerinnen und Erstklässler die Folge der geraden Zahlen fortsetzen. In ihrer diesbezüglichen Interviewstudie gelingt dies mit einer entsprechenden Begründung 60% der Kinder. Wie diese abweichenden Werte zu den in der vorliegenden Untersuchung ermittelten Befunde zu erklären sind, kann nicht eindeutig festgelegt werden. Eventuell kann der spätere Zeitpunkt der Studie von Steinweg im ersten Schuljahr als Erklärung für die Unterschiede herangezogen werden. Zum anderen ist es gut denkbar, dass das Vorlegen der Reihe der geraden Zahlen den Vorteil hat, dass das Muster nicht mit der Zahl ‚eins' anfängt und somit die Kinder die Folge eventuell nicht so häufig mit der Reihe der natürlichen Zahlen in Verbindung bringen und den Nachfolger der letzten Zahl im Muster legen, wie es in der hier vorliegenden Untersuchung gehäuft vorkommt (vgl. Abb. 6.25), und sich dementsprechend täuschen lassen.

Vorgehensweisen

Anders als bei den Fortsetzungen der Plättchenmuster in Aufgabe ‚A5a: Plättchenmuster fortsetzen' (vgl. Kapitel 5.1) ist vielen Schülerinnen und Schülern das Zahlenmuster in dieser Aufgabe nicht sofort zugänglich. Zwar gibt es auch hier Kinder, die das Muster sofort durchschauen und dieses mit der Zahl ‚sieben' korrekt weiterführen, doch ist dies eher die Ausnahme. So schauen sich viele Kinder die Zahlenfolge erst einmal intensiv an und zeigen sich nicht selten über die Anordnung der Zahlen irritiert. So möchten 27 der 108 Schulanfängerinnen und Schulanfänger das gelegte Zahlenmuster zunächst korrigieren und die fehlenden Zahlen ‚zwei' und ‚vier' in die Reihe einsetzen. Folgende Interviewszene mit Nadim soll die des Öfteren vorkommende Verwunderung der Kinder über die Abweichung des Musters zu der ihnen bekannten Zahlenfolge veranschaulichen. Zwar geht Nadim nicht soweit und korrigiert das Zahlenmuster, doch äußert und begründet er vehement die seiner Meinung nach vorhandene Unstimmigkeit in der vorliegenden Zahlenfolge:

I: *Der Interviewer legt das Zahlenmuster und die restlichen Wendekarten bis 10 vor Nadim auf den Tisch und fragt:* „Welche Zahl kommt dann hierhin?" *Zeigt auf den freien Platz neben der Wendekarte mit der Zahl 5.*

N: „Also, wenn es richtig sein soll, die sechs."

I: „Es soll so sein wie das Muster ist."

N: *Greift zur Wendekarte mit der Zahl ‚zwei' und fängt an zu lachen:* ‚Die Karten sind doch die Falschen. Es geht doch nicht 1 ‚3, 5,"

I: „Was ist denn da? Was habe ich denn da gemacht?"

N: „Also, 1, 3, 5."

I: „Mhhm."

N: „Und eigentlich geht das 1, 2, 3, 4, 5."

Eine Schülerin, Zehda, entscheidet sich nachdem sie das Muster nicht korrigieren darf dafür, dass das Muster so nicht weitergeführt werden kann und weigert sich, eine weitere Zahl an die ihrer Ansicht nach inkorrekte Zahlenfolge anzulegen. Alle anderen Kinder versuchen, auch wenn sie das Muster nicht korrigieren dürfen, das Muster fortzuführen.

Die obere Tabelle in Abbildung 6.25 gibt einen Überblick über die abweichenden Musterfortsetzungen der Schulanfängerinnen und Schulanfänger. So setzen 77 der 108 Schülerinnen und Schüler (71,3%) das Zahlenmuster mit einer inkorrekten Zahl fort. Hierbei wird die Zahl ‚sechs', in insgesamt 71,4% der abweichenden Musterfortsetzungen, am häufigsten von den Kindern gewählt.

Beim Anlegen der Zahl ‚sechs' ist der Begründungsansatz der 37 Kinder, die ihr Vorgehen erläutern, dass die Zahl ‚sechs' auf die Zahl ‚fünf' folgt. Hierbei beziehen sich die Schülerinnen und Schüler auf die Folge der natürlichen Zahlen. Es ist zu vermuten, dass hierzu unter anderem auch die Frage des Interviewleitfadens „Welche Zahl kommt als nächstes?" veranlasst. Diese Frage ist den Schulanfängerinnen und Schulanfängern wahrscheinlich in Zusammenhang mit der ihnen bekannten natürlichen Zahlenfolge gängig und somit übertragen sie diese vermutlich auf die Musterfortsetzung und legen den direkten Zahlnachfolger an.

Nur teilweise werden die Entscheidungsgrundlagen der Schulanfängerinnen und Schulanfänger, die das Muster mit anderen abweichenden Zahlen wie ‚zwei', ‚acht' oder ‚neun' fortsetzen, aus ihren Erklärungen deutlich.

Bei der Fortsetzung des Musters mit der Zahl ‚neun' wird bei Hasan ersichtlich, dass er die ‚neun' mit der ‚sechs' verwechselt und diese daher an das Muster anlegt. Thea setzt das Zahlenmuster mit einer ‚acht' fort und begründet: „Weil immer einer weggelassen wird". Sie scheint das Muster durchschaut zu haben, doch wählt sie die falsche Zahl aus, um das Muster nach der gefundenen Regel korrekt fortzuführen. Judith setzt das Zahlenmuster mit der ‚zehn' fort und erläutert ihr Vorgehen damit, dass ‚fünf' und ‚fünf' ja ‚zehn' ergeben. Es ist möglich, dass Judith die ‚eins' und die ‚drei' fälschlicherweise zu ‚fünf' addiert, hierzu die Zahl auf der dritten Wendekarte, also noch mal ‚fünf' addiert und somit das Ergebnis ‚zehn' erhält.

Fünf der Schülerinnen und Schüler begründen das Legen der ‚vier' damit, dass diese Zahl zu der ‚fünf' passt und beziehen sich auf die Eigenschaft der ‚vier' und ‚fünf' als Nachbarzahlen. Eine andere Schülerin begründet ihr Vorgehen damit, dass die ‚vier' vorher bereits fehlt und deshalb anzulegen sei.

In anderen Fällen wird der Eindruck erweckt, dass die Kinder sich lediglich eine der Zahlen willkürlich auswählen, um das Muster irgendwie weiterzulegen. Matthias gibt für seine arbiträre Zahlauswahl jedoch eine konkrete Begründung an, indem er erläutert, dass er in der Zahlenfolge kein Muster sehen könne und daraufhin die weitere Zahlenkarte ebenfalls willkürlich anlegt:

I: „Kannst du mir sagen, wie das weitergeht?"

M: „Da verstehe ich den Sinn nicht."

I: „Mhm, das ist jetzt auch ein Muster. Eigentlich wie mit den Plättchen...nur diesmal mit Zahlen. Welche Zahl müsste dann hierhin kommen?" *Zeigt auf die freie Stelle neben der Wendekarte mit der Zahl 5.*

M: *Überlegt kurz und legt die 9 an.* „Weil die durcheinander sein soll..." *legt weitere Zahlen willkürlich an.* "...Hm!" *verschränkt die Arme vor dem Bauch.*

I: „OK, wieso hast du die jetzt so gelegt?"

M: *Lacht.* „Wenn die hier schon durcheinander sein sollen, dann mach' ich es hier auch durcheinander".

Alle 27 Schülerinnen und Schüler, die das Zahlenmuster korrekt fortsetzen, werden im Anschluss daran aufgefordert, ihr Vorgehen zu begründen. Die untere Tabelle in Abbildung 6.25 gibt eine Übersicht der unterschiedlichen Begründungsansätze der Kinder. In Anlehnung an Steinweg (vgl. 2000a, 176f.) wird hierbei zwischen ‚beschreibenden Begründungen' und ‚generalisierenden Begründungen' unterschieden.

Die Mehrheit der Begründungen der Kinder ist generalisierend und bezieht sich daher nicht auf die konkreten Zahlen, sondern auf einen übergeordneten Strukturzusammenhang der Zahlenfolge. So argumentieren jeweils sieben Kinder, dass bei dem Muster immer „zwei weiter", „zwei mehr" bzw. „zwei vorgesprungen" wird oder, dass immer einer übersprungen wird. Zwei weitere Kinder erläutern, dass immer eine Zahl ausgelassen wird bzw. immer eine Zahl fehlt.

Die beschreibenden Begründungen beziehen sich demgegenüber auf die konkreten Zahlen des Zahlenmusters. So stellen sieben Schülerinnen und Schüler dar, welche Zahlen genau ausgelassen werden. Eine weitere Schülerin bezieht sich konkret auf die zweite Wendekarte des Zahlenmusters und beschreibt, dass man „bei der drei dann zwei weiter muss". Ein Kind vergleicht die Zahlenfolge mit der Folge der Hausnummern und verdeutlicht so das Muster: „1, 2 fehlt, 3, 4 fehlt...". Jeweils ein weiteres Kind zählt die fehlenden Zahlen leise mit bzw. verweist auf die allgemeinen Ähnlichkeit mit den vorangegangenen Zahlen: „wegen den Zahlen davor".

Überblick: Ergebnisse ‚Arithmetische Gesetzmäßigkeiten und Muster'

Im Aufgabenblock ‚Arithmetische Gesetzmäßigkeiten und Muster' setzen sich die Kinder mit verschiedenen Plättchenmustern (vgl. Kapitel 5.1) als auch mit einem Zahlenmuster auseinander, wobei sich verschiedene Beobachtungen zu ihren Fähigkeiten und ihrem Umgang mit Mustern machen lassen.

Wie die 97-prozentige Erfolgsquote bei Muster 1 zeigt, gelingt es fast allen Kindern der Untersuchung dieses elementare Plättchenmuster (r, b, r, b, r) fortzusetzen und gibt somit ein ungefähres Mindestmaß der Fähigkeiten von Schulanfängerinnen und Schulanfängern in diesem Inhaltsbereich an. Die hohe Fortsetzungsgeschwindigkeit und Motivation zur langen Weiterführung des Plättchenmusters macht darüber hinaus deutlich, dass das Musterfortsetzen eine Tätigkeit mit hohem Aufforderungscharakter für die Schülerinnen und Schüler darstellen kann. Zudem ist diesen Kindern eine wesentliche Grundidee von Mustern – die beliebig lange Fortsetzbarkeit dieser – bewusst (vgl. Kapitel 5.1).

Bei schwierigeren Mustern sinkt zwar die Erfolgsquote der Kinder zum Teil erheblich (69,4% Erfolgsquote beim statischen und 15,7% Erfolgsquote beim dynamischen Plättchenmuster), doch verfolgen viele Kinder dennoch Musterstrukturen beim Anlegen der Plättchen, die jedoch in vielen Fällen nicht vollständig den Regelmäßigkeiten der Strukturen der Muster entsprechen. Die Kinder verfolgen hierbei drei Hauptfehler: 1) die Anzahl der Plättchen wird lediglich vom letzten Teilmuster abgeleitet, 2) die Anzahl der Plättchen wird lediglich von den letzten beiden Teilmustern abgeleitet (nur beim dynamischen Muster eine fehlerhafte Vorgehensweise) und 3) das Muster wird von Beginn an wiederholt. Die Typen fehlerhafter Musterfortsetzungen werden von den meisten Kindern (23 von 30) jedoch nicht konsequent über mehrere Muster hinweg durchgeführt, sondern wechseln meistens in Zusammenhang verschiedener abweichender Musterfortsetzungen (vgl. Kapitel 5.1).

Das Zahlenmuster in der zweiten Aufgabe des Aufgabenblocks stellt ein zum Plättchenmuster recht unterschiedliches Aufgabenformat zu Mustern dar. So werden die Zahlenwerte hier nicht durch Mengen, sondern durch Zahlsymbole dargestellt. Zudem liegt der Struktur des Zahlenmusters eine Dynamik zugrunde, die Sprünge in der Zahlenreihe beinhaltet. Diese Eigenschaft irritiert viele der Schulanfängerinnen und Schulanfänger, so dass diese Kinder das Muster diesbezüglich korrigieren und die Zahlenreihe durch die „fehlenden" Zahlen vervollständigen möchten bzw. als Folgeglied der Zahl ‚fünf' die Zahl ‚sechs' wählen. In dieser Vorstellung steckt eine besonders elementare Ideen der Mathematik - die, der natürliche Zahlenreihe - die von den Schulanfängerinnen und Schulanfängern bereits verinnerlicht wurde (vgl. auch Kapitel 6.1) und von der sich viele

Schülerinnen und Schüler in Zusammenhang mit dem Zahlenmuster oftmals nicht trennen möchten. Es ist beachtlich, wie konsequent die Schülerinnen und Schüler diese Reihe als unveränderbar und endgültig ansehen und an dieser haften bleiben. Einem Viertel der Schulanfängerinnen und Schulanfänger der Untersuchung gelingt es hingegen, sich von der natürlichen Zahlenreihe, bei der jede Zahl durch ein Zahlsymbol auch tatsächlich repräsentiert wird, zu lösen und in der Anordnung der Zahlen die intendierte Struktur zu identifizieren, welche sie korrekt fortsetzen.

Die Erfolgsquotenverteilung bei den vier verschiedenen Mustern (vgl. Abb. 6.26) zeigt in Verbindung mit den Anzahlen korrekt gelöster Teilaufgaben der Kinder (vgl. Abb. 6.27) keine Überraschungen auf. Aufgrund der hohen Erfolgsquote bei Muster 1 und der niedrigen Erfolgsquoten bei Muster 3 und 4, gibt es nur wenige Kinder, die keine oder alle Teilaufgaben korrekt lösen (2,8% bzw. 8,3%), die meisten Kindern (46,3%) können zwei der vier Muster korrekt fortsetzen. Die Fortsetzung von einem bzw. drei Mustern gelingt jeweils 23,1% bzw. 19,4% der Schülerinnen und Schüler.

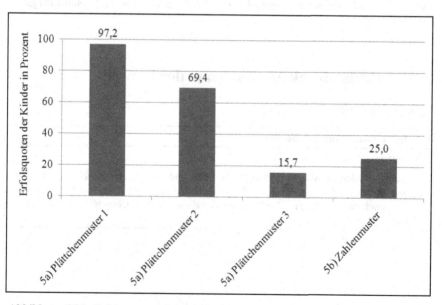

Abbildung 6.26 Erfolgsquoten der Schulanfängerinnen und Schulanfänger bei den einzelnen Teilaufgaben in Aufgabenblock A5

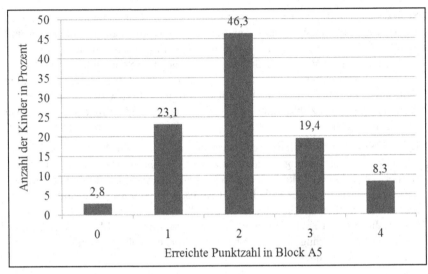

Abbildung 6.27 Erreichte Punktzahlen der Schulanfängerinnen und Schulanfänger in Aufgabenblock A5

6.6 Aufgabenblock A6: Zahlen in der Umwelt

Aufgabe A6a: Münzen benennen

Aufgabe A6a: Münzen benennen
Aufgabenstellung: Vorgelegt werden die Münzen ‚5 Cent', ‚50 Cent' und ‚2 Euro': „*Welche dieser Münzen kennst du schon?*" Wenn das Kind die Einheiten ‚Cent' und ‚Euro' nicht verwendet, wird es nach diesen gefragt: „*Weißt du, welche dieser Münzen Cent-Münzen und welche Euro-Münzen sind?*"

Erfolgsquoten und abweichende Lösungen:

	erfolgreiche Be-nennung der Zahl	erfolgreiche Benennung der Einheit	(häufige) abweichende Lösungen beim Benennen der Zahl		
5 Cent	97 (89,8%) keine Bearb.: 7 (6,5%)	73 (67,6%) keine Bearb.: 5 (4,6%)	**Abw. Lösung** 50 / **n** 2	6 / 1	8 / 1
50 Cent	64 (59,3%) keine Bearb.: 15 (13,9%)	68 (63,0%) keine Bearb.: 11 (10,2%)	**Abw. Lösung** 15 / **n** 7	5 / 6	„Fünf Null" / 5
2 Euro	103 (95,4%) keine Bearb.: 4 (3,7%)	89 (82,4%) keine Bearb.: 4 (3,7%)	**Abw. Lösung** 7 / **n** 1		

Anzahl korrekt gelöster Aufgaben (korrekte Benennung der Zahl und der Einheit):

	0	1	2	3
Anzahl der Kinder (Prozent)	11 (10,2%)	24 (22,2%)	37 (34,3%)	36 (33,3%)

Abbildung 6.28 Übersicht der Auswertungsergebnisse der Aufgabe A6a

Erfolgsquoten

Wie ebenfalls in Zusammenhang mit Aufgabe ‚A1b: Zahlsymbole' (vgl. Kapitel 6.1) aufgezeigt wird, gelingt es auch bei dieser Aufgabe fast allen Schulanfänge-rinnen und Schulanfängern, die einstelligen Zahlsymbole zu benennen. So können 103 der 108 Schülerinnen und Schüler (95,4%) der 2-Euro-Münze das korrekte Zahlwort zuordnen und fast ebenso viele, 97 der 108 Kinder (89,8%), die Zahl auf der 5-Cent-Münze bestimmen. Vergleichbar mit der ungefähr 60-prozentigen Erfolgsquote beim Benennen des Zahlenwerts der 50-Cent-Münze, ist die 56-prozentige Erfolgsquote in Zusammenhang mit der Aufgabe ‚A3b: Hundertertafel' (vgl. Kapitel 6.3), mit der die Zahlenkarte mit dem Zahlsymbol 50 von den Schul-anfängerinnen und Schulanfängern korrekt benannt wird. 79% der Antworten der Kinder sind bei diesen zwei Aufgaben entweder beides Mal korrekt oder beides

Mal inkorrekt. Der Kontextbezug bei dieser Aufgabe hat insgesamt keinen nachweisbaren Einfluss auf die Erfolgsquoten der Kinder beim Benennen der einstelligen und zweistelligen Zahlen.

Die Benennung der korrekten Einheiten der Münzen ist den Schülerinnen und Schülern insbesondere beim 2-Euro-Stück am geläufigsten. Hier können 89 der 108 Kinder (82,4%) die Münzeinheit korrekt bezeichnen. Ungefähr zwei Drittel der Schulanfängerinnen und Schulanfänger gelingt die korrekte Bezeichnung der Münzeinheit der 5- bzw. 50-Cent-Münze. Ein nicht gerade hoher Prozentsatz, nimmt man unter Betracht, dass eine 50%-Ratewahrscheinlichkeit gegeben ist – vorausgesetzt, dass die Schülerinnen und Schüler sich über die zwei möglichen Einheiten (‚Cent' und ‚Euro') bewusst sind.

Die Lösungen der Schülerinnen und Schüler lassen jedoch vermuten, dass diese zwei Münzeinheiten nicht allen Schülerinnen und Schülern geläufig sind. So machen sechs Kinder der Untersuchung konsequent nur ‚Cent-Angaben' und neun Kinder ausschließlich ‚Euro-Angaben'. Die Antworten weiterer Kinder zeigen, dass die Einheiten ‚Cent' und ‚Euro' nicht notwendigerweise die einzigen Wahlmöglichkeiten für die Schulanfängerinnen und Schulanfänger darstellen. So bezeichnen sie die Münzen auch mit anderen Begriffen, wie in Zusammenhang mit den abweichenden Lösungen der Kinder genauer dargestellt wird.

Betrachtet man die erfolgreiche Verbindung der Benennung der Zahlen und der Einheiten der Münzen, so gelingt es einem Drittel der Kinder alle drei Münzen korrekt zu bezeichnen, einem weiteren Drittel zwei der drei Münzen richtig zu benennen und dem letzten Drittel der Schülerinnen und Schüler gelingt lediglich eine oder keine vollständig korrekte Münzbezeichnung. Der Befund von Grassmann et al. (vgl. 2005, 30), „dass es bei den Kindern entweder Sicherheit im Kennen und Benennen unserer Münzen/Scheine gibt oder in Einzelfällen eine recht große Unsicherheit", kann hier daher nicht klar bestätigt werden. Grassmann et al. erheben jeweils zu Beginn und am Ende des ersten Schuljahres die Kenntnisse von 87 Schülerinnen und Schüler zum Thema ‚Geld' in umfangreichen Einzelinterviews.

Vorgehensweisen

Beim Benennen der Zahlen treten ähnliche Abweichungen wie in den Aufgaben ‚A1b: Zahlsymbole' (vgl. Kapitel 6.1) und ‚A3b: Hundertertafel' (vgl. Kapitel 6.3) auf. So werden einerseits ähnliche Zahlsymbole miteinander verwechselt, wie beispielsweise das Zahlsymbol der ‚fünf' mit dem der ‚sechs' oder ‚acht', sowie das Zahlsymbol der ‚zwei' mit dem der ‚sieben'. Andererseits bezeichnen die Schulanfängerinnen und Schulanfänger die Zahlsymbole mit verwandten Zahlwörtern, so zum Beispiel die 5-Cent-Münze mit ‚fünfzig-Cent‘, oder die 50-Cent-Münze mit ‚fünfzehn-‘ oder ‚fünf-Cent‘. Fünf Kinder kennen das zum Zahlsymbol 50 gehörige Zahlwort nicht auf Anhieb, und so behelfen sie sich damit, die zwei Ziffern der Zahl nacheinander zu nennen.

Bei den Bezeichnungen der Münzeinheiten beschränken sich die Kinder nicht immer auf ‚Cent‘ und ‚Euro‘, sondern geben auch andere Begriffe an. So bezeichnen fünf Schulanfängerinnen und Schulanfänger mindestens eines der Geldstücke mit ‚Pfennig‘, ‚Dollar‘, ‚Penny‘, ‚Taler‘ oder einfach nur als ‚Münze‘.

Aufgabe A6b: Geldwerte vergleichen

Aufgabe A6b: Geldwerte vergleichen	
Aufgabenstellung: Die 50-Cent- und die 2-Euro-Münze werden dem Kind gezeigt und gefragt: *„ Welche der Münzen ist mehr wert? Also für welche Münze kannst du dir im Geschäft mehr Süßigkeiten kaufen? "… „ Woher weißt du das? "*	
Erfolgsquoten:	erfolgreiche Bearbeitungen: 64 (59,3%) keine Bearbeitungen: 1 (0,9%)

Begründungen der Kinder, warum 2 Euro mehr wert sind als 50 Cent:

Begründung	Anzahl der Kinder (Prozent)
Verweis darauf, dass Euro generell mehr (wert) sind als Cent bzw. Cent generell weniger (wert) sind als Euro	20/64 (31,3%)
Umrechnung: Euro in Cent oder Ermittlung, wie viele 50-Cent-Münzen fehlen, sodass der Betrag gleich wäre	5/64 (7,8%)
Verweis darauf, dass die 2-Euro-Münze größer ist als das 50-Cent-Stück	5/64 (7,8%)
Verweis darauf, dass zwei Farben einen höheren Wert angeben	5/64 (7,8%)
Verweis darauf, was man sich für 2 Euro mehr kaufen kann als für 50 Cent	3/64 (4,7%)
Keine Begründung	26/64 (40,6%)

Begründungen der Kinder, warum 50 Cent mehr wert sind als 2 Euro:

Begründung	Anzahl der Kinder (Prozent)
Verweis darauf, dass 50 mehr bzw. größer ist als 2	30/43 (69,8%)
Verweis darauf, was man sich für 50 Cent mehr kaufen kann als für 2 Euro	2/43 (4,7%)

| Verweis, dass Gold mehr wert ist als Gold und Silber | 1/43 (2,3%) |
| Keine Begründung | 10/43 (23,3%) |

Abbildung 6.29 Übersicht der Auswertungsergebnisse der Aufgabe A6b

Erfolgsquoten

64 der 108 Schulanfängerinnen und Schulanfänger (59,3%) können die 2-Euro-Münze im Vergleich zu der 50-Cent-Münze als das wertvollere Geldstück identifizieren. Ein Kind legt sich auf keine der beiden Geldmünzen fest.

Dadurch, dass bei einer zufälligen Münzwahl eine 50-prozentige Chance besteht, die richtige Münze zu wählen, ist die gegebene Erfolgsquote sehr gering und könnte prinzipiell durch willkürliches Raten der Kinder entstanden sein. Die Begründungen der Schülerinnen und Schüler bezüglich ihrer Wahl der Münze, lassen jedoch die Beobachtung zu, dass die weite Mehrheit der Kinder ihre Münzwahl begründet und daher die Antwortverteilungen zumindest in vielen Fällen nicht dem Zufall überlassen sind.

Vorgehensweisen

Die Begründungen der Kinder bezüglich ihrer Münzwahl fallen sehr vielfältig aus (vgl. Abb. 6.29). Die Schulanfängerinnen und Schulanfänger ziehen daher ganz unterschiedliche Begründungen heran, mit denen sie die Wahl der 2-Euro-Münze erläutern. Ein Drittel der Schülerinnen und Schüler geht davon aus, dass Euro-Münzen im Allgemeinen mehr (wert) sind als Cent-Münzen bzw. Cent-Münzen immer weniger (wert) sind als Euro-Münzen. Fünf Kinder begründen ihre Wahl auf rechnerische Weise, indem sie den Euro-Betrag in einen Cent-Betrag umrechnen und damit die höhere Wertigkeit der 2 Euro-Münze aufzeigen bzw. die Menge an fehlenden 50-Cent-Stücken angeben, welche die Beträge gleichwertig machen würden. Jeweils fünf weitere Kinder ziehen für ihre Begründungen die äußere Struktur der Münzen heran und erläutern zum einen, dass die Euro-Münze größer und damit mehr wert sei als die Cent-Münze oder, zum anderen, dass die höhere Wertigkeit anhand der Zweifarbigkeit der 2-Euro Münze sichtbar sei. Sönke zeigt den Wert der 2-Euro-Münze, wie zwei andere Kinder auch, damit auf, dass man mit dieser Münze mehr im Geschäft kaufen könne. So begründet er, dass man für 50-Cent noch kein Brot kaufen könne, für 2 Euro jedoch ein Brot erhalten würde. Solche realistischen Preisvorstellungen liegen bei Schulanfängerinnen und Schulanfängern in eher geringem Ausmaß vor, wie es Franke & Kurz (vgl. 2003, 199ff.)

in ihrer Untersuchung mit 85 Schulanfängerinnen und Schulanfängern beobachten.

Fast alle Kinder, die ihre Wahl der 50-Cent-Münze begründen, beziehen sich dabei lediglich auf den Zahlenwert der Münze und nicht auf ihre Einheit. So argumentieren 30 der 43 Kinder (69,8%), dass 50 größer oder mehr sei als 2 bzw. 2 kleiner oder weniger sei als 50 und daran auch der Wert der Münze festgemacht werden könne. Die durch die Einheit entstehende Wertigkeit lassen diese Kinder bei ihrem Vergleich außer Betracht. Diese Denkweise zeigen Franke & Kurz (vgl. 2003, 202) ebenfalls auf.

Zwei weitere Kinder beschreiben, dass sie sich für 50 Cent mehr kaufen können als für 2 Euro. Hatice begründet, dass man für 50 Cent 50 Dinge und für 2 Euro nur 2 Dinge kaufen kann. Auch Larissa scheint ähnlich zu denken: „Für 50 Cent bekomme ich ganz viele Bonbons für 2 Euro nur zwei Kaugummis". Da sie jedoch die Art der Süßigkeit in Zusammenhang mit der Einheit wechselt, kann nicht genau festgelegt werden, ob sie genauso denkt wie Havva oder, ob sie sich bewusst genau auf zwei Kaugummis für 2 Euro bezieht und daher die Münzeinheiten in ihrer Überlegung berücksichtigt.

Aufgabe A6c: Zahlen zu Hause

Aufgabe A6c: Zahlen zu Hause			
Aufgabenstellung: *„Zahlen kommen nicht nur auf Geldmünzen, sondern auch sonst überall um uns herum vor. Kommen bei dir zu Hause oder auf deinem Weg zur Schule auch Zahlen vor? Hast du dort schon mal welche entdeckt?"*			
Erfolgsquoten:			
Anzahl der Antworten*	0	1	2 oder mehr
Anzahl der Kinder (Prozent)	30 (27,8%)	41 (38,0%)	37 (34,3%)
*Antworten, die sich auf Gegenstände beziehen, die sich im Interviewzimmer befinden, werden nicht in die Auswertung aufgenommen.			

häufige Antworten:

häufige Antwort	Anzahl der Kinder (Prozent)
Verkehrsschilder, Geschwindigkeitsbegrenzung	14/78 (17,9%)
Hausnummern	12/78 (15,4%)
Mathebuch, Matheheft, Zahlen an der Tafel	11/78 (14,1%)
Uhr	10/78 (12,8%)
Preisschilder	9/78 (11,5%)
Hüpfkästchen	8/78 (10,3%)

Abbildung 6.30 Übersicht der Auswertungsergebnisse der Aufgabe A6c

Erfolgsquoten

Etwa ein Drittel der Schulanfängerinnen und Schulanfänger (34,3%) kann gleich mehrere Gegenstände aus dem Alltag angeben, auf denen Zahlen stehen. Einige Kinder beziehen sich hierbei auf bis zu fünf oder sechs Objekte. 41 der 108 Schülerinnen und Schülern (38,0%) gelingt es, sich einen Gegenstand aus ihrer Umwelt ins Gedächtnis zu rufen, auf dem Zahlen stehen. Etwas mehr als ein Viertel der Schülerinnen und Schüler (27,8%) können im Interview keinen Gegenstand aus ihrer Umwelt benennen, der Zahlen trägt.

Vorgehensweisen

Insgesamt nennen die 78 Schülerinnen und Schüler, die mindestens einen Einfall haben, wo in ihrer Umwelt Zahlen vorkommen, 41 verschiedene Gegenstände. Zu den am häufigsten genannten Objekten gehören Verkehrsschilder, Hausnummern, das Mathebuch bzw. Matheheft oder Zahlen an der Tafel, die Uhr, Preisschilder und Hüpfkästchen. Auf die Idee mit den Preisschildern können die Kinder jedoch durch den Kontext ‚Geld' in Zusammenhang mit den vorangehenden Teilaufgaben ‚A6a: Münzen benennen' und ‚A6b: Geldwerte vergleichen' gekommen sein oder durch das Preisschild in Teilaufgabe ‚A7c: Einkaufen'. Da dieser Zusammenhang jedoch nicht direkt nachgewiesen werden kann, werden diese Ideen in der Auswertung als korrekt gewertet.

Zu den weiteren Einfällen der Kinder gehören beispielsweise Zahlen auf dem Telefon oder Telefonnummern, Zahlen auf Trikots, die Geburtstagszahl auf der Torte oder Glückwunschkarte, Nummernschilder, Zahlen auf dem Lineal, Zahlen auf dem Kalender, Seitenzahlen, Zahlen auf dem Tachometer, Zahlen auf der Fernbedienung oder auf dem Thermometermaß, welche vor dem Hintergrund der subjektiven Erfahrungsbereiche (vgl. Bauersfeld 1983) der Schulanfängerinnen und Schulanfänger genannt werden.

Überblick: Ergebnisse ‚Zahlen in der Umwelt'

Im Aufgabenblock ‚Zahlen in der Umwelt' weisen die Schulanfängerinnen und Schulanfänger der Untersuchung größtenteils hohe Vorerfahrungen auf. So gelingt es insgesamt beinahe zwei Drittel der Schülerinnen und Schüler (63,0%), mindestens vier der fünf Teilaufgaben korrekt zu lösen. Ungefähr ein Viertel der Kinder (26,0%) kann drei der fünf Aufgaben korrekt bearbeiten. Lediglich 11,1% der Schulanfängerinnen und Schulanfänger verfügen nur vereinzelt (in weniger als drei der fünf Aufgaben) über entsprechende Vorerfahrungen, die es ihnen ermöglichen, die Aufgaben zu bewältigen (vgl. Abb. 6.32).

Bei der Benennung der Münzen in Aufgabe ‚A6a: Münzen benennen' sind den Schülerinnen und Schülern die Zahlwörter der einstelligen Zahlen ‚zwei' und ‚fünf' weitestgehend bekannt (Erfolgsquote: 89,8% und 95,4%), die zweistellige Zahl 50 können 59,3% der Schulanfängerinnen und Schulanfänger benennen. Im Vergleich zu den Aufgaben ‚A1b: Zahlsymbole' (vgl. Kapitel 6.1) und A3b: Hundertertafel' (vgl. Kapitel 6.3) ergeben sich aufgrund des Umweltbezugs der einstelligen und zweistelligen Zahlen in Zusammenhang mit Münzen, keine daraus ersichtlich resultierenden Veränderungen in den Erfolgsquoten beim Benennen dieser.

Die Verbindung des korrekten Zahlworts mit der richtigen Münzeinheit gelingt den Kindern beim 2-Euro-Stück mit 82,4% am häufigsten, bei der 50-Cent-Münze in den wenigsten Fällen (44,4%). Grassmann et al. (vgl. 2005, 29), die bei derselben Aufgabenstellung mit 82% und 43% sehr ähnliche Erfolgsquoten ermitteln, können darüber hinaus nachweisen, dass im Vergleich zu den andern Münzen, das 50-Cent und das 2-Euro-Stück den Schulanfängerinnen und Schulanfängern in der Benennung am schwersten bzw. am leichtesten von allen Münzen fallen.

Die zwei verschiedenen Münzeinheiten sind den meisten Kindern ein Begriff, doch stellt die durchgängig korrekte Zuordnung für viele Kinder eine Schwierigkeit dar. Dennoch gelingt es insgesamt einem Drittel der Schülerinnen und Schüler der Untersuchung, alle Münzen mit dem korrekten Zahlwort und der richtigen Einheit zu bezeichnen.

Der Vergleich der Wertigkeiten der 50-Cent-Münze und des 2-Euro-Stücks ist bei vielen Schulanfängerinnen und Schulanfängern mit Fehlvorstellungen behaftet. So verweisen über zwei Drittel der Kinder, welche die 50-Cent-Münze als hochwertiger ansehen, auf den höheren Zahlenwert der 50 – die Münzeinheit bleibt bei ihrem Vergleich unberücksichtigt. Demgegenüber begründet knapp ein Drittel der Kinder die höhere Wertigkeit des 2-Euro-Stücks damit, dass ‚Euro' immer mehr (wert) sind als ‚Cent' – eine inhaltliche Vorstellung, die lediglich für den Vergleich zweier Münzen ausreicht, darüber hinaus jedoch zu kurz greift.

Dass die Kinder sich über ihren Kontakt mit Zahlen in der Umwelt bewusst sind und diesen auch rekonstruieren können, zeigen fast drei Viertel der Schülerinnen und Schüler auf, indem sie verschiedenste Objekte aus ihrer Umwelt, auf denen Zahlen stehen, benennen können. Durch den Gedankenanstoß, Zahlen zu nennen, die auf dem Schulweg zu sehen sind, verweisen besonders viele Kinder auf Zahlen auf Straßenschildern oder auf Hausnummern. Darüber hinaus erinnern sich die Schulanfängerinnen und Schulanfänger oft an mehrere, in ganz unterschiedlichen Kontexten auftretende Zahlen. Vergleichbar mit den Ergebnissen der Untersuchung von Schmidt & Weiser (vgl. 1982, 240f.) nennen die Kinder auch in dieser Untersuchung Zahlen, die verschiedene Zahlaspekte ansprechen.

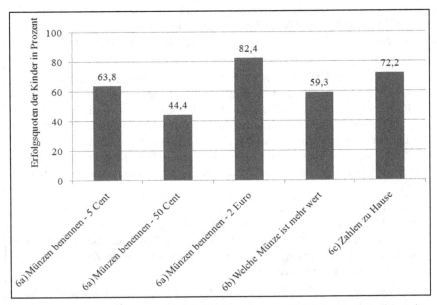

Abbildung 6.31 Erfolgsquoten der Schulanfängerinnen und Schulanfänger bei den einzelnen Teilaufgaben in Aufgabenblock A6

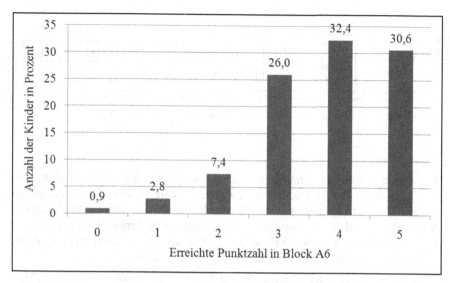

Abbildung 6.32 Erreichte Punktzahlen der Schulanfängerinnen und Schulanfänger in Aufgabenblock A6

6.7 Aufgabenblock A7: Kleine Sachaufgaben

Aufgabe A7a: Alter

Aufgabe A7a: Alter		
Aufgabenstellung:		
„Wie viele Jahre bist du alt?" *..."OK, du bist n Jahre alt."* *... „Wie alt warst du vor einem Jahr gewesen?"* *... „Wie alt wirst du in zwei Jahren sein?"*		
Erfolgsquoten und abweichende Lösungen:		

	erfolgreiche Bearbeitungen	Abweichungen vom korrekten Alter (in Jahren)						
‚Alter vor einem Jahr'	77 (71,3%) keine Bearb.: 7 (6,5%)	**Abweichung**	+1	-1	-2	-3	-4	-5	-6
		n	4	10	2	2	4	1	1

,Alter in zwei Jahren'	42 (38,9%) keine Bearb.: 5 (4,6%)	Abweichung	+11	+7	+2	+1	-1	-4	-5	-6
		n	1	1	1	1	51	2	3	1

Abbildung 6.33 Übersicht der Auswertungsergebnisse der Aufgabe A7a

Erfolgsquoten

Die Erfolgsquoten der Schulanfängerinnen und Schulanfänger liegen bei der ersten Teilaufgabe bei 71,3%, bei der zweiten Teilaufgabe bei 38,9%. Bei einem Vergleich der Erfolgsquoten sticht die erheblich niedrigere Lösungshäufigkeit der Schülerinnen und Schüler bei der zweiten Teilaufgabe heraus. Es stellt sich die Frage, warum es vielen Kindern schwerer fällt, das additiv strukturierte Problem gegenüber der subtraktiv angelegten Sachaufgabe zu lösen.

Bei einem Vergleich der niedrigen Erfolgsquote bei der Additionsaufgabe (,Alter in zwei Jahren') mit den erheblich höheren Lösungshäufigkeiten der Kinder bei der Aufgabe ,A2b: Addition ohne Material' (vgl. Kapitel 6.2), bei der selbst Additionsaufgaben mit höheren Summanden wie ,5 und 6' von mehr als der Hälfte der Kinder gelöst werden, wird deutlich, dass den Schulanfängerinnen und Schulanfängern die sachliche Rahmung mehr Schwierigkeiten bereiten zu scheint als die mathematische Rechnung selbst. In Zusammenhang mit den abweichenden Lösungen der Kinder wird im Folgenden genauer betrachtet, inwiefern die Lösungsversuche der Kinder bei der zweiten Teilaufgabe eventuellen Verständnisproblemen mit der Sachsituation zugrunde liegen und ihr möglicher Ursprung diskutiert.

Vorgehensweisen

Aus zeitlichen Gründen werden die Schülerinnen und Schüler bei dieser Aufgabe im Interview nur selten zu ihrem Vorgehen befragt, was die Rekonstruktion der Vorgehensweisen erschwert und nicht immer möglich macht. Dennoch können klare Tendenzen in den abweichenden Lösungen der Kinder beobachtet und Vermutungen bezüglich ihres Ursprungs aufgestellt werden.

Bei den Fehllösungen zur ersten Teilaufgabe stechen zum einen die gehäuften Abweichung vom korrekten Ergebnis um minus eins und zum anderen die zum Teil erheblich zu niedrigen Altersangaben der Schülerinnen und Schüler hervor. Die meisten Kinder ermitteln diese Ergebnisse sehr schnell – wie, bleibt jedoch weitestgehend unklar. Nur bei Paul kann beobachtet werden, dass das angegebene Alter (um ein Jahr zu gering) aus einem Schätzwert resultiert. Er erläutert, dass er sich mit der Altersangabe nicht ganz sicher sei, da er sich nicht mehr genau daran erinnern könne, wie alt er vor einem Jahr gewesen ist. Es ist gut möglich, dass auch einige der anderen Lösungen Resultate von Schätzversuchen sind, die Kinder daher ohne eine Rechnung, ihr früheres Alter zu rekonstruieren versuchen. Eine andere plausible Erklärung für die um eins zu kleinen Ergebnisse könnte ein ‚Minus-Eins-Fehler' bei der Durchführung der Subtraktion sein.

Zum Teil liegen die Altersangaben jedoch so weit vom korrekten Ergebnis entfernt, dass die Vermutung nahe liegt, dass die Kinder über zu geringe Vorstellungen und Erfahrungen mit den Kontexten ‚Zeit' und ‚Alter' verfügen, um sinnvolle Angaben machen zu können bzw. ihre Rechenergebnisse zu überprüfen. Möglich ist es auch, dass die Kinder die Aufgabenstellung missverstehen und etwas ganz anderes berechnen.

Vier Kinder geben ein um eins höheres Alter als das bisherige als Lösung der ersten Teilaufgabe an. Hier könnte erneut entweder ein Verständnisfehler in der Aufgabenstellung vorliegen, oder die Kinder verknüpfen die Zahlen (jetziges Alter und die Zahl ‚eins'), ohne weitere Überlegungen, mittels der Addition (‚Kapitänsaufgabenphänomen' vgl. Selter 1994b).

Bei den fehlerhaften Altersangaben der zweiten Teilaufgabe fallen im Wesentlichen die um eins zu kleinen Altersermittlungen auf, die von 51 Schulanfängerinnen und Schulanfängern angegeben werden und somit 83,6% der abweichenden Lösungen bei dieser Teilaufgabe ausmachen. Auch wenn aufgrund des Datenmaterials keine Erläuterungen der Kinder als Belege herangezogen werden können, ist es gut vorstellbar, dass die Kinder in vielen Fällen – neben vermutlich auftretenden Minus-1-Fehlern beim Rechnen – von der zuvor ermittelten Altersangabe (Alter vor einem Jahr) weiter rechnen und sich somit dieser Folgefehler ergibt. Durch einen solchen Verständnisfehler der Kinder würde sich auch die niedrige Erfolgsquote bei dieser Teilaufgabe erklären und relativieren lassen. Somit haben die meisten Schulanfängerinnen und Schulanfänger vermutlich nicht die Schwierigkeiten beim Durchführen der Addition an sich, wie auch in Kapitel 6.2 mit Additionsaufgaben mit Material nachgewiesen wird, sondern missinterpretieren die Aufgabenstellung.

Aufgabe A7b/c: Spielzeugautos/Einkaufen

Aufgaben A7b/A7c: Spielzeugautos/Einkaufen

Aufgabenstellung:

„Stell dir vor: Du hast 4 Spielzeugautos. Ein Freund schenkt dir noch 2 Spielzeugautos dazu. Wie viele Spielzeugautos hast du dann insgesamt?"

„Jetzt stell dir vor: Du hast 5 Euro (es wird auf das Bild mit der Geldbörse gezeigt) *und du kaufst dir einen Teddy für 2 Euro* (es wird auf das Bild mit dem Teddy gezeigt). *Wie viele Euro hast du dann noch übrig?"*

Erfolgsquoten und abweichende Lösungen:

	erfolgreiche Bearbeitungen	abweichende Lösungen							
,4 Autos und 2 Autos'	78 (72,2%) keine Bearb.: 1 (0,9%)	**Abw. Lösung**	2	3	4	5	7	8, 9	10
		n	3	1	2	11	7	2	1
,5 Euro minus 2 Euro'	61 (56,5%) keine Bearb.: 3 (2,8%)	**Abw. Lösung**	0, 1	2	4	5	6	18	1 Cent	40 Cent
		n	2	11	21	2	3	1	1	1

Abbildung 6.34 Übersicht der Auswertungsergebnisse der Aufgabe A7b/c

Erfolgsquoten

Fast drei Viertel der Schülerinnen und Schüler (72,2%) können die additive Sachaufgabe korrekt lösen, etwas mehr als der Hälfte der Kinder (56,5%) gelingt die Ermittlung des korrekten Ergebnisses der Subtraktionsaufgabe zum Kontext ‚Einkaufen'. Aufgrund gleicher Summanden lässt sich die Erfolgsquote bei der ersten Teilaufgabe mit der Lösungshäufigkeit (67,6%) der Additionsaufgabe ‚4 und 2' ohne Material (Aufgabe A2b, vgl. Kapitel 6.2) gut vergleichen. Es zeigen sich fast identische Werte, so dass sich, im Gegensatz zur Aufgabe ‚A7a: Alter', die lebensweltliche Rahmung und damit möglicherweise verbundene Verständnisschwierigkeiten bei dieser Sachaufgabe nicht in den Erfolgsquoten widerspiegeln. Im Gegensatz dazu, ist hier ein leichter Anstieg in der Erfolgsquote gegeben.

Die abweichenden Lösungen der Kinder lassen in diesem Sinne ebenfalls beobachten, dass das Verständnis der Aufgabenstellung beim Großteil der Kinder
gesichert ist und sich Abweichungen vom korrekten Ergebnis im Wesentlichen aus
inkorrekten Zählprozessen, also numerischen Schwierigkeiten ergeben. Auch bei
der zweiten Teilaufgabe mit subtraktiver Grundstruktur können die abweichenden
Lösungen der Schülerinnen und Schüler größtenteils auf Zählfehler und weniger
auf Verständnisfehler des Sachproblems zurückgeführt werden. Die fehlerfreie
Durchführung der Subtraktion fällt den Schulanfängerinnen dabei durchschnittlich
etwas schwerer als die Bewältigung der Addition in der ersten Teilaufgabe. Die
Erfolgsquoten stimmen insgesamt mit den Befunden von Heuvel-Panhuizen (vgl.
1995, 106) bei ähnlichen Sachaufgaben mit vergleichbaren Zahlenwerten überein.

Vorgehensweisen

Die meisten fehlerbehafteten Lösungen weichen, sowohl bei der Additionsaufgabe
wie auch bei der Subtraktionsaufgabe, um eins vom korrekten Ergebniswert ab.
So können bei der ersten Teilaufgabe 62,1% der Abweichungen diesen Fehlerlö-
sungswerten zugeordnet werden, bei der zweiten Teilaufgabe fallen 72,7% der
abweichenden Lösungen auf diese Werte. Als Ursache für die um eins zu hohen
bzw. zu niedrigen Ergebnisse kann ein ‚Plus-Minus-1-Fehler‘ bei den zählenden
Ergebnisermittlungen vermutet werden. Zehda erläutert ihre abweichende Lösung
‚vier‘ bei der zweiten Teilaufgabe (‚5 minus 2’) in diesem Zusammenhang mit
dem Vorgehen: „5 und dann 4, weil hier ja noch ne Zahl kommt und dann 4“.

Die von der korrekten Summe weit abweichenden Lösungen scheinen in vielen
Fällen aus Rateversuchen der Kinder zu resultieren, oder aber auch Rechenfehlern
zugrunde zu liegen. Bei den vereinzelten Ergebnisermittlungen, die bei der Addition kleiner als der erste Summand bzw. bei der Subtraktion größer als der Minu-
end ausfallen, ist zu vermuten, dass die Kinder die Aufgabenstellung entweder
nicht richtig verstehen, die Situation fehlerhaft in eine Rechnung übersetzen oder
einfach nur ein Ergebnis raten, ohne sich zuvor über den ungefähren Größenraum
Gedanken zu machen. Bei den Fehllösungen ‚zwei‘ bzw. ‚fünf‘ bei der ersten bzw.
zweiten Teilaufgabe kann möglicherweise ein ‚Perseverationsfehler‘, d. h. eine
vorher genannte Zahl wirkt nach und wird als Ergebnis genannt, vorliegen.

Zusammenfassend gelingt es dem Großteil der Schulanfängerinnen und Schulanfänger, die Sachsituation in einen additiven bzw. subtraktiven Rechensatz zu übertragen. Auch die Durchführung der Rechnung bewältigen viele der Schülerinnen
und Schüler korrekt, bei einigen Kindern kommt es hierbei jedoch auch zu Zähl-
und Rechenfehlern. Die wenigen Kinder, die sehr stark abweichende Ergebnisse
ermitteln, beispielsweise, dass die Anzahl der Spielzeugautos beim Erhalt zweier
weiterer Autos kleiner wird oder, dass nach dem Einkauf mehr Geld übrig bleibt

als sich zuvor im Portemonnaie befand, scheinen die Aufgabenstellung entweder nicht richtig zu verstehen oder ihre Lösungen nicht auf Plausibilität zu prüfen.

Überblick: Ergebnisse ‚Kleine Sachaufgaben'

Fast alle Schülerinnen und Schüler der Untersuchung zeigen im Aufgabenblock ‚Kleine Sachaufgaben' elementare Fähigkeiten im Umgang mit diesen auf, wie es auch Carpenter (vgl. 1981) und Carpenter et al. (vgl. 1993) in Untersuchungen mit 70 bzw. 43 Schulanfängerinnen und Schulanfängern bzw. Kindergartenkindern herausstellen.

Für die vorliegende Untersuchung bedeutet dies konkret, dass die Schülerinnen und Schüler größtenteils dazu in der Lage sind, eine Sachaufgabe zu erfassen und diese mit arithmetischen Hilfsmitteln zu lösen. Zwischen circa einem Fünftel und einem Viertel der Kinder lösen jeweils ein bis vier der insgesamt vier Aufgaben des Aufgabenblocks. So gelingt es lediglich 7 der 108 Schülerinnen und Schüler nicht, eine der vier Aufgaben zu bewältigen (vgl. Abb. 6.36). Was jedoch noch lange nicht bedeutet, dass diese Kinder über keine Vorerfahrungen im Umgang mit Sachaufgaben verfügen. So kann beispielsweise bei Zehda nachgewiesen werden, dass wenigstens eines ihrer durchgängig fehlerhaften Ergebnisse auf einen Zählfehler und nicht auf elementare Schwierigkeiten mit der Aufgabenstruktur der Sachaufgabe zurückzuführen ist.

Die abweichenden Lösungen der Schülerinnen und Schüler sind im Wesentlichen nicht auf strukturelle Probleme mit dem Format ‚Sachaufgabe' zurückzuführen, sondern auf zwei davon unabhängige Fehlerarten. Der eine Hauptfehler bei diesem Aufgabenblock, auf den insbesondere die niedrige Erfolgsquote (38,9%) der Aufgabe ‚Alter in zwei Jahren' (Teilaufgabe ‚A7a: Alter') zurückzuführen ist, kann auf der Verständnisebene der Sachsituation verortet werden. So ist bei den Fehllösungen dieser Aufgabe, die um eins kleiner sind als das korrekte Ergebnis, davon auszugehen, dass die Kinder entweder die Aufgabenstellung missinterpretieren und von dem ‚Alter vor einem Jahr' die zwei Jahre ergänzen, oder versehentlich auf das um eins kleinere Alter der vorangegangenen Aufgabe zurückgreifen (Perseverationsfehler). Der zweite Hauptfehler bei der Bearbeitung der Sachaufgaben liegt in typischen Zähl- und Rechenfehlern der Kinder. So ist vermutlich insbesondere der ‚Plus-Minus-1-Fehler' beim zählenden Rechnen in vielen Fällen für abweichende Ergebnisse verantwortlich.

Bestärkt wird die Annahme, dass die Übertragung der Sachaufgabe in eine mathematische Rechnung im Wesentlichen keine Schwierigkeit für die Schulanfängerinnen und Schulanfänger darzustellen scheint, durch die vergleichbaren Erfolgsquoten der additiven Sachaufgabe ‚4 Spielzeugautos und 2 Spielzeugau-

tos' (Aufgabe ‚A7b: Spielzeugautos; Erfolgsquote: 72,7%) und der Additionsaufgabe ‚4 und 2' (Aufgabe ‚A2b: Addition ohne Material'; Erfolgsquote:
67,6%). Die sachliche Rahmung der Aufgabe scheint somit keinen bedeutenden
Einfluss auf die Lösung des Rechensatzes der Kinder zu haben. Es kann daher
bei dieser einen Aufgabe kein Einfluss des Kontextes auf den Schwierigkeitsgrad der Aufgabe für die Kinder, wie dieser von Häsel (vgl. 2001, 137ff.) in
ihrer Untersuchung mit insgesamt 72 Schülerinnen und Schüler mit Förderbedarf herausgestellt wird, bestätigt werden.

Die Möglichkeit, sich die gegebene Rechnung und Lösung in der genannten
Situation besser vorstellen zu können, scheint von den Schülerinnen und Schülern, welche zu sehr stark abweichenden Lösungen kommen, jedoch nicht genutzt zu werden, um ihre Ergebnisse zu validieren. Dieses Ergebnis stimmt mit
den Befunden von Verschaffel & De Corte (vgl. 1997) überein, bei der die
Fünftklässlerinnen und Fünftklässler ihrer Fallstudie nur zu 7% die konkrete
Situation kritisch berücksichtigen. Inwiefern die korrekten Lösungen jedoch
eventuell von den Schulanfängerinnen und Schulanfängern validiert werden,
kann durch die gegebenen Daten nicht erfasst werden.

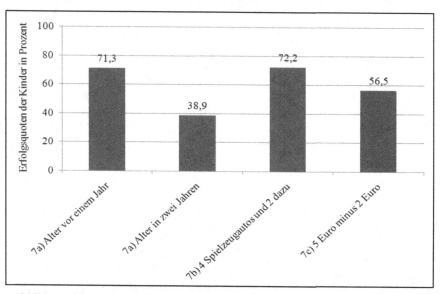

Abbildung 6.35 Erfolgsquoten der Schulanfängerinnen und Schulanfänger bei den einzelnen Teilaufgaben bei Aufgabenblock A7

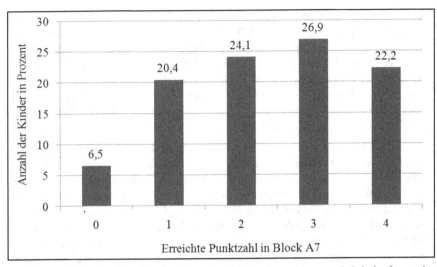

Abbildung 6.36 Erreichte Punktzahlen der Schulanfängerinnen und Schulanfänger in Aufgabenblock A7

7 Überblicksanalyse der Lernstände zu Grundideen der Geometrie

Die mit dem Geometrietest erhobenen Lernstände der Schulanfängerinnen und Schulanfänger werden, analog zur Ergebnisdarstellung des Arithmetiktests, gemäß den einzelnen Aufgabenblöcken bzw. Grundideen dargestellt. Zu jeder Testaufgabe werden die zentralen Befunde in Abbildungsform überblicksartig aufgezeigt und hinsichtlich der Auswertungsaspekte ‚Erfolgsquoten' und ‚Vorgehensweisen' kommentiert. Die Hauptergebnisse jedes Aufgabenblocks werden am Ende der einzelnen Kapitel zusammengefasst.

Für die Darstellung der Ergebnisse des Geometrietests ergibt sich folgende Strukturierung:

Aufgaben-/block	Kapitel	Grundidee	Analyseform	Gliederung
G1a	5.2	Geometrische Formen und ihre Konstruktion	Detailanalyse	Ergebnisübersicht, Erfolgsquoten und Vorgehensweisen bei den einzelnen Aufgaben
G1b	7.1		Überblicksanalyse	
G2	7.2	Operieren mit Formen		
G3	7.3	Koordinaten		
G4	7.4	Maße		
G5	7.5	Geometrische Gesetzmäßigkeiten und Muster		
G6	7.6	Formen in der Umwelt		
G7	7.7	Kleine Sachsituationen		
Gesamttest	8	Gesamtübersicht der Ergebnisse des Geometrietests mit Bezug auf einzelne Schülergruppen (Geschlecht, Alter, soziales Einzugsgebiet der besuchten Grundschule) und im Vergleich zu den Ergebnissen des Arithmetiktests		
Gesamttest	9	Zusammenfassung und Diskussion der Ergebnisse		

Die Ergebnisdarstellung der Aufgabe ‚G1a: Muster zeichnen' erfolgt aufgrund der thematischen Fokussierung des Umgangs der Schulanfängerinnen und Schulanfänger mit Mustern und Strukturen ausführlicher im vorangehenden Kapitel 5. Ebenfalls in einem gesonderten Kapitel (Kapitel 8) werden die Lernstände der Kinder in den einzelnen Aufgabenblöcken des Geometrietests (und des Arithmetiktests) sowie den beiden Gesamttests zueinander in Beziehung gesetzt und in Bezug auf mögliche Einflussfaktoren (Geschlecht, Alter, soziales Einzugsgebiet der besuchten Grundschule) analysiert. Die Zusammenfassung und Diskussion der Ergebnisse erfolgt im abschließenden Kapitel 9.

Im Folgenden werden die Ergebnisse der Aufgabenbearbeitungen der Schulanfängerinnen und Schulanfänger der sieben Aufgabenblöcke des Geometrietests in einzelnen Unterkapiteln dargestellt.

7.1 Aufgabenblock G1: Geometrische Formen und ihre Konstruktion

Die Bearbeitungen der Aufgabe ‚G1a: Muster zeichnen‘ wird in Zusammenhang mit der Detailanalyse des Umgangs der Schulanfängerinnen und Schulanfänger mit Mustern und Strukturen in Kapitel 5.2 dargestellt und in diesem Kapitel lediglich in der Gesamtdarstellung der Ergebnisse dieses Aufgabenblocks aufgegriffen.

Aufgabe G1b: Stempelbilder

Aufgabe G1b: Stempelbilder

Aufgabenstellung:

„Kannst du erkennen, was das ist? ... (Ja genau,) Das sind Stempel. Und mit diesen Stempeln wurden hier (dem Kind werden die Stempelbilder gezeigt) *auch schon einige Stempelbilder gestempelt. Schau, dieses Bild* (es wird auf das Stempelbild 6 gezeigt) *und dieser Stempel* (es wird auf den Stempel 5 gezeigt) *gehören zusammen und sind deshalb mit einer Linie verbunden. Der Stempel wurde für dieses Bild etwas gedreht. Siehst du? Die Drehbewegung wird mit der Hand angedeutet. Kannst du auch zu den anderen Bildern den richtigen Stempel finden und so verbinden, wie ich das gemacht habe?"*

Die Nummerierung im Bild liegt den Kindern bei der Aufgabenbearbeitung nicht vor und dient ausschließlich Auswertungszwecken.

Alle Abbildungen des Geometrietests liegen den Kindern in DIN-A4-Format vor.

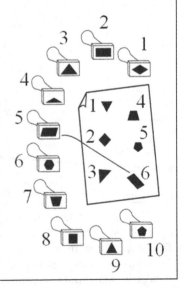

Erfolgsquoten und abweichende Lösungen:

	erfolgreiche Bearbeitungen	abweichende Lösungen			
gleichseitiges Dreieck	78 (72,2%) keine Bearb.: 4 (3,7%)	**Stempel** 3 / **n** 24	4 / 2		
Quadrat	85 (78,7%) keine Bearb.: 12 (11,1%)	**Stempel** 1 / **n** 9	2 / 1	10 / 1	
gleichschenkliges Dreieck	74 (68,5%) keine Bearb.: 7 (6,5%)	**Stempel** 9 / **n** 22	4 / 3	1 / 2	
Trapez	104 (96,3%) keine Bearb.: 2 (1,9%)	**Stempel** 6 / **n** 1	8 / 1		
Fünfeck	63 (58,3%) keine Bearb.: 0 (0%)	**Stempel** 6 / **n** 45			

Anzahl korrekter Zuordnungen:

	0	1	2	3	4	5
Anzahl der Kinder (Prozent)	1 (0,9%)	6 (5,6%)	15 (13,9%)	15 (13,9%)	33 (30,6%)	38 (35,2%)

Abbildung 7.1 Übersicht der Auswertungsergebnisse der Aufgabe G1b

Erfolgsquoten

Die Zuordnung der Stempelbilder und der passenden Stempel kann von den Schulanfängerinnen und Schulanfängern größtenteils richtig durchgeführt werden. So gelingt es knapp 80% der Schülerinnen und Schüler, mindestens drei der fünf Stempelbilder mit den dazugehörigen Stempeln zu verbinden. Etwas mehr als ein Drittel aller Kinder kann dabei sogar alle Zuordnungen korrekt treffen. Lediglich 13,9% der Schulanfängerinnen und Schulanfänger können nur zwei Stempelbilder mit den passenden Stempeln verbinden, 5,6% einen Stempel, und nur einem Kind gelingt keine korrekte Zuordnung. Dass sich in den abweichenden Aufgabenbearbeitungen dieser Kinder dennoch elementare Vorerfahrungen zur Konstruktion von Formen ausmachen lassen, wird in Zusammenhang mit den Vorgehensweisen der Kinder dargestellt.

Hinsichtlich der verschiedenen Stempelbilder variieren die dazugehörigen Erfolgsquoten zum Teil erheblich. So wird das Stempelbild in Trapezform am häufigsten, zu 96,3%, von den Kindern dem passenden Stempel zugeordnet. 78,7% der Schülerinnen und Schüler können das quadratische Stempelbild richtig zuordnen und jeweils ungefähr 70% der Schulanfängerinnen und Schulanfänger das gleichseitige und das gleichschenklige Dreieck. Bei dem Fünfeck fällt den Kindern die Zuordnung am schwersten. Hier gelingt es nur 58,3% der Schülerinnen und Schüler, dieses Stempelbild mit dem korrekten Stempel zu verbinden. Im Folgenden werden die Ursachen für diese Unterschiede näher betrachtet.

Vorgehensweisen

Die abweichenden Lösungen der Kinder begrenzen sich auf maximal drei verschiedene, fehlerhaft zugeordnete Stempel pro Stempelbild. So kann davon ausgegangen werden, dass diese Zuordnungen im Wesentlichen aus spezifischen Fehlvorstellungen der Schulanfängerinnen und Schulanfänger resultieren und nicht willkürlich von den Kindern gewählt werden. Bei näherer Betrachtung der inkorrekten Verbindungen wird deutlich, dass die abweichend zugeordneten Stempel Ähnlichkeiten in der Form und / oder Lage mit den jeweiligen Stempelbildern aufweisen. Dabei lassen sich drei verschiedene Fehlertypen ausmachen.

Stempel mit gleicher Anzahl an Ecken, jedoch keine identische Form

Die abweichenden Zuordnungen sind in vielen Fällen darauf zurückzuführen, dass die zugeordneten Stempel die gleiche Anzahl an Ecken wie das Ausgangsbild aufweisen und wahrscheinlich aus diesem Grund von den Kindern als passend betrachtet werden. So werden beispielsweise die zwei dreieckigen Stempelbilder verhältnismäßig oft anderen dreieckförmigen Stempeln zugeordnet (Stempelbild des gleichseitigen Dreiecks: Stempel 3 und 4, Stempelbild des gleichschenkligen Dreiecks: Stempel 4 und 9). Da die fälschlicher Weise zugeordneten Stempel jeweils räumlich näher an den jeweiligen Ausgangsbildern liegen, werden sie vermutlich oft zuerst von den Schülerinnen und Schülern in Betracht gezogen. Die genauen Formen stimmen dabei jeweils jedoch nicht überein. Die Klassifizierung von Formen durch das Zählen der Ecken beobachten auch Höglinger & Senftleben (vgl. 1997, 37).

Stempel mit ähnlicher Lage der Ecken und / oder Seiten, jedoch keine identische Form

In einigen Fällen können abweichende Zuordnungen auf die Wahl von Stempeln, deren Ecken und / oder Seiten eine ähnliche Lage wie die des Ausgangsstempelbilds aufweisen zurückgeführt werden. Das häufigste Beispiel für eine solche abweichende Zuordnung ist die des Fünfecks mit dem Sechseck. Es ist sehr wahrscheinlich, dass die 45 Schülerinnen und Schüler, welche diese Zuordnung treffen, durch die äußerst ähnliche Lage der Ecken und Seiten der zwei Formen in ihrer Auswahl beeinflusst werden. So unterscheidet diese zwei Formen lediglich die zusätzliche Seite im Sechseck, welche die zwei schräg zusammenlaufenden, unteren Seiten der Form miteinander verbindet. In einem Fall wird auch das Trapez mit dem Sechseckstempel verbunden. Auch hier besteht ein Zusammenhang in der Lage der Formen, welcher in der Ähnlichkeit der zwei horizontalen und der zwei schräg nach außen verlaufenden Seiten liegt. Auch die zweifache Zuordnung des gleichschenkligen Dreiecks mit dem rautenförmigen Stempel kann wahrscheinlich auf die ähnliche Lage der Ecken und Seiten dieser Formen zurückgeführt werden. Die zugeordneten Formen der Stempelbilder und Stempel sind dabei jedoch nicht identisch.

Gleiche Anzahl an Ecken und ähnliche Lage der Ecken und / oder Seiten, jedoch keine identische Form

Es gibt eine fehlerhafte Zuordnung, auf die beide oben genannten Aspekte zutreffen. So wird das Quadrat in neun Fällen mit der ebenfalls viereckigen Raute, welche die gleiche Lage wie das Quadrat aufweist, zugeordnet. Diese Ähnlichkeit ist für diese Kinder anscheinend auffälliger als die mit dem Stempel mit dem um 45° gedrehten Quadrat, zumal dieser auch in größerer Entfernung zum Stempelbild abgebildet ist.

Aus den Zuordnungen der Kinder kann insgesamt geschlossen werden, dass sich fast alle Schulanfängerinnen und Schulanfänger beim Vergleich der Formen an wichtigen Merkmalen dieser – wie der Eckenanzahl oder der Lage der Ecken und Seiten – orientieren. Im Fall der abweichenden Zuordnungen der Kinder, stimmen die Merkmale des Stempelbilds und des Stempels jedoch nicht in allen Aspekten überein.

Die Tatsache, dass die Stempelbilder im Gegensatz zu den Stempeln gedreht abgebildet sind, bereitet den meisten Kindern keine Schwierigkeiten. So werden nicht nur die korrekten Zuordnungen von den Schülerinnen und Schülern erkannt, sondern auch Stempelbilder mit gedrehten ähnlichen Formen, wie beispielsweise im Fall der fehlerhaften Dreieckszuordnungen, verbunden. In einigen Fällen verleiten jedoch auch andersförmige Stempel mit Ecken und Seiten in ähnlicher Lage wie die des zugeordneten Stempelbilds (Beispiel: Fünfeck), scheinbar aufgrund der direkten Ähnlichkeit in der Lage, die Kinder zu einer fehlerhaften Zuordnung. Die Erfolgsquoten der Schülerinnen und Schüler bei den Zuordnungen scheinen daher vornehmlich nicht aus der Vertrautheit der Kinder mit den verschiedenen Formen zu resultieren – unter der Annahme würde das Trapez vermutlich über eine nicht so hohe Erfolgsquote der Kinder verfügen – sondern, aus der Identifizierung gemeinsamer Merkmale (wie Form und Lage) zwischen Stempelbild und Stempel. Bezogen auf die verschiedenen Formen der Stempelbilder stehen den Schülerinnen und Schülern unterschiedlich (viele) ähnliche Stempelformen in variierender Distanz zum Ausgangsstempelbild zur Verfügung, die den unterschiedlich hohen Erfolgsquoten zugrunde liegen scheinen.

Überblick: Ergebnisse ,Geometrische Formen und ihre Konstruktion'

Alle Schulanfängerinnen und Schulanfänger der Untersuchung zeigen im Bereich ,Geometrische Formen und ihre Konstruktion' elementare Fähigkeiten auf, welche sich darin äußern, dass die Kinder die geometrischen Muster in ihren Strukturen zumindest ansatzweise zeichnerisch rekonstruieren (Aufgabe ,G1a: Muster zeichnen') und abgebildete Formkonstruktionen aufgrund von bestimmten Merkmalen bezüglich der Form und / oder Lage zumindest ähnlichen Ausgangsform zuordnen können (Aufgabe ,G1b: Stempelbilder'). Die zentralen Teilfähigkeiten, die bei diesen mathematischen Tätigkeiten im Vordergrund stehen, sind die Erkennung und Wiedergabe der allgemeinen Musterstruktur (Erfolgsquote bei allen Mustern über 80% (Aufgabe ,G1a: Muster zeichnen'; vgl. Kapitel 5.2)) und das Zeichnen und Vergleichen der Teilmuster bzw. Formen zwischen Vorlage und Abbildung, wobei die Berücksichtigung von spezifischen Muster- bzw. Formmerkmalen im Vordergrund steht. Unterschiedlich ausgeprägte Fähigkeiten der Schulanfängerinnen und Schulanfänger sind insbesondere in dem Grad der Genauigkeit der Übereinstimmung der Muster- bzw. Formmerkmale zwischen Vorlage und Abbildung ersichtlich.

Bei der zeichnerischen Rekonstruktion der geometrischen Muster in der ersten Aufgabe des Aufgabenblocks gehen die Schülerinnen und Schüler individuell unterschiedlichen Musterstrukturierungen nach, welche sie in ihren Zeichnungen meist korrekt, auch wenn teilweise auf eher allgemeine Weise, verfolgen. Nur in seltenen Fällen ist zu beobachten, dass sich auseinander resultierende Teilformen in den Musterwiedergaben der Kinder doppeln. Bedingt durch die Komplexität der vorgegebenen geometrischen Muster ist es für die Mehrheit der Kinder jedoch eine große Herausforderung, alle Mustermerkmale vollständig und exakt in ihren Zeichnungen einzubeziehen. Bezüglich der Berücksichtigung verschiedener Merkmale variieren die Erfolgsquoten bei den Mustern aufgrund unterschiedlicher Schwierigkeitsgrade hinsichtlich der Form, Anzahl und Lage der Teilmuster zwischen 32% und 97% erheblich (vgl. Kapitel 5.2).

Bei der Zuordnung der Stempelbilder und ihrer Stempel in der zweiten Aufgabe des Aufgabenblocks versuchen die Schulanfängerinnen und Schulanfänger ihre Entscheidungen ebenfalls an bestimmten strukturellen Merkmalen der Formen und ihrer Lage festzumachen. Fehler entstehen dabei dadurch, dass nicht immer alle Formmerkmale exakt verfolgt werden und auch Stempel mit lediglich ähnlicher Form bzw. Lage einander zugeordnet werden. Die Erfolgsquoten der einzelnen Stempelzuordnungen liegen dabei zwischen 58% und 96%. Ähnliche Beobachtungen macht Franke (vgl. 1999, 159) in ihrer Studie zu Körpern. So sortieren die 20 Kindergarten- und Grundschulkinder ihrer Untersuchung die Körper auf der Basis geometrischer Merkmale, wobei jedoch auch nicht immer alle Merkmale dieser (exakt genug) berücksichtigt werden.

Die bei der Konstruktion von Stempelbildern ggf. entstehende Drehung der Formen zwischen Stempelbild und Stempel scheint lediglich für einige wenige Kinder eine Erschwernis darzustellen, sodass diese Schulanfängerinnen und Schulanfänger in ihren abweichenden Lösungen Stempel mit ähnlicher Lage, aber anderer Form den jeweiligen Stempelbildern zuordnen.

Insgesamt sind die allgemeinen Erfolgsquoten bei der Zuordnung der Stempelbilder recht hoch (vgl. Abb. 7.2), was auch in Zusammenhang mit der Bearbeitung derselben Aufgabe durch Kindergartenkinder aufgezeigt wird (vgl. Moser Opitz et al. 2007, 143).

Dadurch, dass die erste Aufgabe des Aufgabenblocks von verhältnismäßig wenigen Kindern in vollem Maße korrekt bearbeitet wird und die zweite Aufgabe recht hohe Erfolgsquoten verzeichnet, erreichen die Schulanfängerinnen und Schulanfänger insgesamt größtenteils mittlere Punktzahlen bei diesem Aufgabenblock. 58,3% der Schülerinnen und Schüler erreicht zwischen vier und sechs der acht Punkte. 18,5% der Kinder erreichen eine höhere und 23,2% eine niedrigere Punktzahl, wobei es lediglich einem Kind nicht gelingt, eine der Aufgaben zu dieser Grundidee korrekt zu lösen (vgl. Abb. 7.3). Doch auch dieser Schüler weist in Zusammenhang mit der Aufgabe ‚G1b: Stempelbilder' auf, dass er sich an Merkmalen der geometrischen Formen orientiert (das Stempelbild des Fünfecks mit dem Sechseckstempel verbindet) und somit auch seinem Vorgehen ein elementares Verständnis für Formen und ihrer Konstruktion zugrunde liegt.

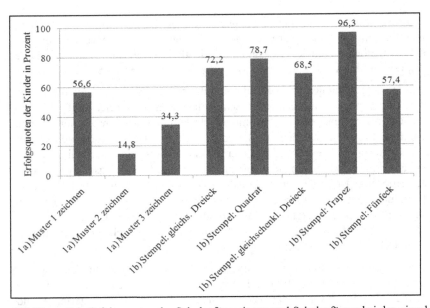

Abbildung 7.2 Erfolgsquoten der Schulanfängerinnen und Schulanfänger bei den einzelnen Teilaufgaben in Aufgabenblock G1

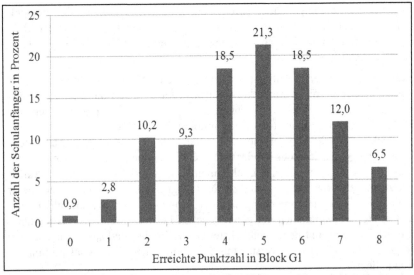

Abbildung 7.3 Erreichte Punktzahlen der Schulanfängerinnen und Schulanfänger in Aufgabenblock G1

7.2 Aufgabenblock G2: Operieren mit Formen

Aufgabe G2a: Symmetrie und Spiegeln

Aufgabe G2a: Symmetrie und Spiegeln

Aufgabenstellung:

„Hier siehst du halbe Männchen. Aus den halben Männchen soll man nun ganze Männchen machen. So wie hier". Dem Kind wird das markierte Pärchen gezeigt. *„Hier habe ich schon zwei halbe Männchen miteinander verbunden. Diese passen zusammen. Kannst du auch noch die anderen halben Männchen richtig verbinden? Schau ganz genau hin, denn die Männchen unterscheiden sich nur durch Kleinigkeiten."* Nach der Bearbeitung der Aufgabe wird das Kind gefragt: *„Woran hast du denn jetzt gesehen, welche halben Männchen zueinander passen?"* Wenn das Kind lediglich ein Merkmal angibt, auf welches es geachtet hat, wird noch mal nachgefragt: *„Hast du auch noch auf etwas anderes geachtet?".*

Die Nummerierung im Bild liegt den Kindern bei der Aufgabenbearbeitung nicht vor und dient ausschließlich Auswertungszwecken.

Erfolgsquoten und abweichende Lösungen:

	erfolgreiche Bearbeitungen	abweichende Lösungen				
Männchen 1	73 (67,6%) keine Bearb.: 15 (13,9%)	**Männchen**	3	1	4	2
		n	6	5	5	4
Männchen 2	42 (38,9%) keine Bearb.: 8 (7,4%)	**Männchen**	3	4	1	5	6
		n	42	9	5	1	1

Männchen 3	74 (68,5%)	**Männchen**	1	4	2	7	3	6
	keine Bearb.: 6 (5,6%)	n	12	10	2	2	1	1

Männchen 4	45 (41,7%)	**Männchen**	7	5	4	1	6
	keine Bearb.: 10 (9,3%)	n	36	6	5	3	3

Männchen 5	69 (63,9%)	**Männchen**	7	6	3	5	1
	keine Bearb.: 7 (5,6%)	n	17	10	2	2	1

Anzahl korrekter Zuordnungen:

	0	1	2	3	4	5
Anzahl der Kinder (Prozent)	9 (8,3%)	23 (21,3%)	19 (17,6%)	17 (15,7%)	9 (8,3%)	31 (28,7%)

Angaben der Kinder, auf welche Merkmale sie achten:

Merkmal der Männchen	Hüte	Arme	Beine
Anzahl der Kinder (Prozent)	83 (76,9%)	59 (54,6%)	41 (38,0%)

Abbildung 7.4 Übersicht der Auswertungsergebnisse der Aufgabe G2a

Erfolgsquoten

Die Schulanfängerinnen und Schulanfänger sind bei dieser Aufgabe in sehr unterschiedlichem Maße erfolgreich. So gelingt es etwas mehr als einem Viertel der Schülerinnen und Schüler (28,7%), alle Männchenhälften korrekt miteinander zu verbinden. Ebenfalls etwas mehr als einem Viertel der Kinder (29,6%) ist es jedoch auch nur bei einem Männchen oder in gar keinem Fall möglich, zwei passende Hälften zuzuordnen. Den restlichen Kindern (41,6%) gelingt dementsprechend die korrekte Zuordnung zweier, dreier oder vierer Männchenhälften.

Die Erfolgsquoten bezogen auf einzelne Männchen variieren ebenfalls erheblich. So werden die Männchen 1, 3 und 5 von etwa zwei Drittel der Schulanfängerinnen und Schulanfänger korrekt zugeordnet. Männchen 2 und 4 werden hingegen von nicht einmal der Hälfte der Kinder korrekt komplettiert.

Vorgehensweisen

Hinsichtlich der abweichenden Lösungen der Schülerinnen und Schüler ergibt sich eine breite Streuung an unterschiedlichen Zuordnungen, die sich jedoch auf einige zentrale Abweichungen konzentrieren. Das stark gehäufte Auftreten dieser inkorrekten Lösungen kann darauf zurückgeführt werden, dass diese aufgrund ähnlicher Merkmale zweier, jedoch letztendlich nicht identischer Männchen-hälften gewählt werden. So wird beispielsweise das Männchen 2 von 42 Schüle-rinnen und Schülern mit der rechten Männchenhälfte 3 verbunden. Die Hälften sehen sich aufgrund der gleichen Hut- und Armform sehr ähnlich, übersehen wird von den Kindern lediglich das abweichende Detail, dass sich die Beinlängen der zwei Männchenhälften unterscheiden. Das gleiche Fehlermerkmal scheint eben-falls bei Männchen 4 und der abweichenden Zuordnung 7, welche 36 Kinder treffen, vorzuliegen.

Das verstärkte Vorkommen dieser zwei Abweichungen liegt darin begründet zu sein, dass diese zwei der zur Auswahl stehenden Männchenhälften ausgerechnet die gleiche Hut- und Armform haben, auch wenn sich die Beinlängen unterschei-den. So sind dieses, die zwei der drei Merkmale, auf welche die Schulanfänge-rinnen und Schulanfänger bei ihren Zuordnungen am häufigsten achten (vgl. Abb. 7.4, Tabelle unten) und somit eine abweichende Verbindung dieser Männ-chenhälften gehäuft zustande kommt.

Auch in Zusammenhang mit den anderen abweichenden Zuordnungen der Schü-lerinnen und Schüler kann beobachtet werden, dass sich auch hier die Kinder oft an einzelnen, übereinstimmenden Merkmalen der jeweiligen Männchenhälften orientieren. Da sie hierbei jedoch nicht alle drei vorliegenden Merkmale berück-sichtigen, sind die Kinder bei der Aufgabenbearbeitung nur bedingt erfolgreich. Bei einem Vergleich zwischen der Anzahl der genannten Merkmale, auf die sich die Schülerinnen und Schüler stützen, und ihrer erreichten Gesamtpunktzahl bei dieser Aufgabe, lässt sich daher auch ein Zusammen-hang erkennen. Insbesonde-re die Kinder, die mehrere Merkmale nennen, welche sie bei ihren Zuordnungen berücksichtigen, sind bei der Aufgabenbearbeitung erfolgreicher. So erreichen die Kinder tendenziell eine umso höhere Punktzahl, desto größer die Anzahl, der von ihnen genannten Merkmale der Männchen ist (vgl. Abb. 7.5).

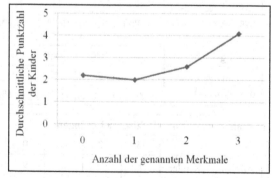

Abbildung 7.5 Zusammenhang der durchschnittlichen Anzahl genannter Merkmale und der erreichten Punkt-zahl der Schulanfängerinnen und Schulanfänger

Aufgabe G2b: Drehen und Verkleinern

Aufgabe G2b: Drehen und Verkleinern

Aufgabenstellung:

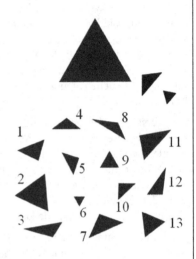

„Hier oben siehst du ein großes Dreieck. Und unten sind ganz viele kleine Dreiecke. Du sollst jetzt die Dreiecke einkreisen, die genauso aussehen wie das große Dreieck (das große Dreieck wird mit dem Finger umfahren)*, aber nur ein bisschen kleiner sind* (das Kleiner werden wird mit den Händen angedeutet)*. Also die, die etwas geschrumpft sind. Hier zum Beispiel* (es wird auf die zwei Dreiecke neben dem großen Dreieck gezeigt)*: Beide sind kleiner als das große Dreieck, aber das erste sieht irgendwie anders aus, das ist nicht das große Dreieck in klein. Aber das zweite Dreieck hier* (das zweite Dreieck wird mit einem Stift umkreist)*, das sieht so aus wie das große – nur in kleiner."*

Die Nummerierung im Bild liegt den Kindern bei der Aufgabenbearbeitung nicht vor und dient ausschließlich Auswertungszwecken.

Erfolgsquoten und abweichende Lösungen:

Lösung	D1	D2	D3	D4	D5	D6	D7
Anzahl der Kinder (Prozent)	23 (21,3%)	91 (84,3%)	1 (0,9%)	5 (4,6%)	9 (8,3%)	82 (75,9%)	12 (11,1%)

Lösung	D8	D9	D10	D11	D12	D13
Anzahl der Kinder (Prozent)	3 (2,8%)	94 (87,0%)	10 (9,3%)	8 (7,4%)	0 (0%)	82 (75,9%)

Anzahl richtiger minus falscher Lösungen:

	-3	-2	-1	0	1	2	3	4
Anzahl der Kinder (Prozent)	1 0,9%	1 0,9%	2 1,9%	9 8,3%	14 13,0%	14 13,0%	25 23,1%	42 38,9%

Abbildung 7.6 Übersicht der Auswertungsergebnisse der Aufgabe G2b

Erfolgsquoten

Dem Großteil der Schülerinnen und Schüler gelingt es, weitere gleichseitige Dreiecke zu identifizieren. So beläuft sich der Prozentsatz der Schulanfängerinnen und Schulanfänger, die mindestens eins der vier passenden Dreiecke (abzüglich unpassender Lösungen) zeigen können, auf 88%. 38,9% aller Kinder können dabei alle vier Dreiecke, ohne Abweichungen, identifizieren. Nur 13 der 108 Kinder können kein gleichseitiges Dreieck ausmachen bzw. wählt zusätzlich abweichende Dreiecke aus.

Die Auswahlhäufigkeit der vier verschiedenen gleichseitigen Dreiecke schwankt geringfügig, sodass keine nennenswerten Unterschiede in Bezug auf die leicht und stark verkleinerten bzw. leicht und stark gedrehten Dreiecken auszumachen sind. Das stark verkleinerte und um 180° gedrehte Dreieck 6 wird beispielsweise mit 75,9% genauso häufig von den Kindern gewählt wie das nicht so stark verkleinerte und gedrehte Dreieck 13. Die Dreiecke mit anderer Form, d. h. die abweichenden Lösungen, zeigen in der Auswahlhäufigkeit der Kinder schon etwas größere Unterschiede auf, auf die im folgenden Abschnitt genauer eingegangen wird.

Vorgehensweisen

Anhand der Häufigkeiten, mit der die abweichenden Dreiecke von den Kindern gewählt werden, wird deutlich, dass vom gleichseitigen Dreieck stark abweichende Dreiecke nur in seltenen Fällen als passend zur Vorlage betrachtet werden. So werden die unregelmäßigen Dreiecke 3, 8, 11 und 12 insgesamt nur 12-mal von den Schülerinnen und Schülern ausgewählt. Für die gleichschenkligen Dreiecke 1, 4, 5, 7 und 10, die mit dem Ausgangsdreieck eine größere Ähnlichkeit aufweisen, wird sich mit 59-mal erheblich öfter entschieden. Dieses Ergebnis scheint einen ähnlichen Hintergrund wie der Befund von Eichler (vgl. 2007, 177), dass 36% der Schulanfängerinnen und Schulanfänger nur rechtwinklig-gleichschenklige oder gleichseitige Dreiecke als Dreiecke akzeptieren, zu haben. Die Kinder nehmen somit häufig die Andersartigkeit der unregelmäßigen Dreiecke wahr. Der Untersuchung von Eichler (vgl. 2007) liegen 2000 Interviews mit Schulanfängerinnen und Schulanfängern zugrunde, die das geometrische Können der Kinder auf inhaltlich recht breiter Basis erfassen.

Durch die Drehungen und Verkleinerungen der Dreiecke lassen sich die Kinder nicht nachweislich beeinflussen. So wird beispielsweise das gleichschenklige Dreieck 1 von fast doppelt so vielen Kindern gewählt wie das gleichschenklige Dreieck 7, welches nicht ganz so stark gedreht und verkleinert ist und somit dem Ausgangsdreieck vermeintlich näher kommt. Für die Kinder scheint das entscheidende Kriterium im Allgemeinen daher die Form an sich zu sein. Am Beispiel von Dreieck 1 lässt sich diese Aussage dahingehend bestätigen, dass dieses dem Ausgangsdreieck besser in seiner Form nachkommt als die anderen unpassenden Dreiecke (die mitunter nicht so stark verkleinert und gedreht sind) und von den abweichenden Dreiecken am häufigsten von den Schülerinnen und Schülern gewählt wird.

Aufgabe G2c: Verkleinern und Vergrößern

Aufgabe G2c: Verkleinern und Vergrößern
Aufgabenstellung: *„Auf dem mittleren Bild hier* (es wir auf das mittlere Bild gedeutet) *siehst du ein Haus mit einem großen und einem kleinen Baum* (es wird jeweils auf die entsprechenden Bäume gezeigt). *In Wirklichkeit sind das Haus und die Bäume eigentlich viel größer, aber hier auf dem Bild wurden sie alle etwas kleiner gemalt. Auf dem Bild darüber wurden das gleiche Haus und der gleiche kleine Baum gemalt, aber alles wurde noch etwas kleiner gemalt, hier ist alles etwas geschrumpft. Hier fehlt jetzt noch der große Baum* (es wird auf die leere Stelle gezeigt). *Kannst du den Baum in der richtigen Größe dazu malen, sodass er zu dem Haus passt? Aber pass auf, der Baum darf nicht zu groß, aber auch nicht zu klein sein. ... Hier auf dem unteren Bild* (es wird auf das ganz untere Bild gezeigt), *sind das gleiche Haus und der gleiche große Baum etwas größer gemalt. Kannst du die beiden Dinge in der richtigen Größe dazu malen, sodass sie zu dem Haus passen? Der Baum und die Tür dürfen nicht zu groß und nicht zu klein sein. "* 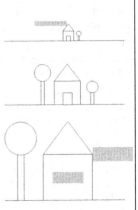
Die grauen Markierungen stehen den Kindern bei der Aufgabenbearbeitung nicht zur Verfügung und dienen ausschließlich Auswertungszwecken. Die Zeichnungen, die über bzw. unter der Markierung enden, werden als zu groß bzw. zu klein gewertet. Die Zeichnungen die in der Markierung abschließen, werden als korrekt gewertet.

Erfolgsquoten und abweichende Lösungen:

	erfolgreiche Bearbeitungen	abweichende Lösungen
großer Baum	39 (36,1%) keine Bearb.: 0 (0%)	zu klein gezeichnet: 16/69 (23,2%) zu groß gezeichnet: 53/69 (76,8%)
kleiner Baum	45 (41,7%) keine Bearb.: 0 (0%)	zu klein gezeichnet: 39/63 (61,9%) zu groß gezeichnet: 24/63 (38,1%)
Haus-tür	57 (52,8%) keine Bearb.: 0 (0%)	zu klein gezeichnet: 40/51 (78,4%) zu groß gezeichnet: 11/51 (21,6%)

Anzahl korrekter Zeichnungen:				
	0	1	2	3
Anzahl der Kinder (Prozent)	22 (20,4%)	40 (37,0%)	37 (34,3%)	9 (8,3%)

Abbildung 7.7 Übersicht der Auswertungsergebnisse der Aufgabe G2c

Erfolgsquoten

Für die Schulanfängerinnen und Schulanfänger stellt diese Aufgabe eine recht große Herausforderung dar. So gelingt es nur neun der 108 Schülerinnen und Schüler alle drei Objekte in der richtigen Größe in die Bilder einzuzeichnen. Fast drei Viertel der Kinder gelingt die korrekte Einzeichnung eines oder zwei der Objekte. Ein Fünftel der Kinder kann keines der Objekte in richtiger Größe einzeichnen.

Den drei einzuzeichnenden Objekten kommt dabei jeweils eine niedrige bis mittlere Erfolgsquote zu. Der große, zu verkleinernde Baum wird mit einer Erfolgsquote von 36,1% von den wenigsten Schulanfängerinnen und Schulanfängern korrekt eingezeichnet. Der kleine, zu vergrößernde Baum sowie die zu vergrößernde Haustür werden von einer etwas größeren Anzahl an Kindern (42% und 53%) erfolgreich eingezeichnet.

Vorgehensweisen

Die Mehrheit der Abweichungen resultiert daraus, dass die Bäume im verkleinerten Bild zu groß (76,8%) und in dem vergrößerten Bild zu klein (61,9%) eingezeichnet werden. Es ist zu vermuten, dass sich viele Kinder an den Größen aus der Vorlage (dem mittleren Bild) orientieren und auf die generelle Verkleinerung bzw. Vergrößerung nicht konsequent eingehen. Niklas' Bearbeitung (vgl. Abb. 7.8) ist exemplarisch für die Zeichnungen von 26 der 108 Kinder (24%) zu sehen, die den großen Baum zu groß sowie den kleinen Baum zu klein einzeichnen.

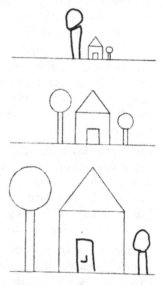

Abbildung 7.8 Niklas scheint sich bei seiner Zeichnung der Bäume an den Größen des mittleren Bildes zu orientieren

Andere Schülerzeichnungen entsprechen wiederum keinem so offensichtlichen Muster und können nur sehr spekulativ interpretiert werden. So zeichnet beispielsweise Mahiri den großen Baum zu klein und den kleinen Baum zu groß in die entsprechenden Bilder ein (vgl. Abb. 7.9). Vielleicht versucht sie den großen Baum im ersten Bild zu verkleinern und den kleinen Baum im unteren Bild zu vergrößern, so wie es die Aufgabenstellung von ihr verlangt. Jedoch liegt eine Ausrichtung der Verkleinerung bzw. der Vergrößerung am Haus nicht vor. Drei weitere Kinder zeichnen die Bäume ebenfalls in diesen Größen ein.

Abbildung 7.9 Mahiri zeichnet den großen Baum zu klein und den kleinen Baum zu groß

Die als korrekt bewerteten Schülerdokumente zeigen demgegenüber auf, dass sich einige Kinder ganz konsequent an den gegebenen Stützgrößen orientieren. So richtete sich Jonathan nach dem Dachrand, um an diesem den großen und den kleinen Baum auszurichten (vgl. Abb. 7.10). Insgesamt 19 der 108 Schulanfängerinnen und Schulanfänger (18%) zeichnen die zwei Bäume in ihren Zeichnungen in der richtigen Größe ein.

Die verschiedenen Schülerdokumente zeigen exemplarisch auf, dass die Schülerinnen und Schüler in unterschiedlichem Maße der Verkleinerung bzw. Vergrößerung der Bilder nachkommen. Mischformen dieser Vorgehensweisen können ebenfalls beobachtet werden.

Darüber hinaus können mehrere Schülerdokumente nicht eindeutig interpretiert werden, da nicht davon auszugehen ist, dass in jedem Fall die Zeichenfertigkeiten der Kinder ihre Überlegungen wiedergeben. So ist es nicht immer möglich, zu entscheiden, ob die Baumgrößen von den Kindern so vorgesehen sind, oder ob Ungenauigkeiten eventuell auf die rudimentär ausgeprägten Zeichenfertigkeiten der Kinder zurückzuführen sind.

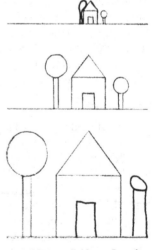

Abbildung 7.10 Jonathan orientiert sich bei seiner Zeichnung der Bäume an dem Dachrand

Überblick: Ergebnisse ‚Operieren mit Formen'

So unterschiedlich hoch wie die Erfolgsquoten der Schulanfängerinnen und Schulanfänger bei den einzelnen Teilaufgaben dieses Aufgabenblocks ausfallen (vgl. Abb. 7.11), so groß ist auch die Streuung der erreichten Punktzahlen der Kinder (vgl. Abb. 7.12). In den vielen korrekten Aufgabenbearbeitungen zeigen sich ausgeprägte Vorerfahrungen der Schülerinnen und Schüler im Inhaltsbereich ‚Operieren mit Formen. So gelingt es den Kindern, Spiegelungen, Drehungen, Verschiebungen sowie Vergrößerungen und Verkleinerungen nachzugehen und angemessen zu interpretieren. Doch auch in den fehlerbehafteten Vorgehensweisen sind oftmals entsprechende elementare Vorerfahrungen bei den Kindern vorzufinden, die sich jedoch im Grad der Genauigkeit sowie hinsichtlich ihrer Vollständigkeit von den erfolgreichen Bearbeitungsweisen unterscheiden.

Über alle Aufgaben hinweg lässt sich beobachten, dass sich die Schulanfängerinnen und Schulanfänger bei ihren Vorgehensweisen auf bestimmte Merkmale der Form und Lage der gegebenen Objekte beziehen und diese oft in korrekter Weise als Grundlage für ihre Entscheidungen aufgreifen.

So beziehen sich in Aufgabe ‚G2a: Symmetrie und Spiegeln' 92 der 108 Schülerinnen und Schüler auf mindestens ein Merkmal der Männchenhälften, mit dem sie ihre Zuordnungen bzw. die Passung der beiden Männchenhälften begründen. So gelingt es dann auch im Durchschnitt jeweils der Hälfte der Kinder, richtige Paare miteinander zu verbinden. Bei den meisten abweichenden Zuordnungen berücksichtigen die Kinder nur ein oder zwei der drei Merkmale (Hut, Arm- und Beinform).

Bei der Zuordnung gleichseitiger Dreiecke in Aufgabe ‚G2b: Drehen und Verkleinern' orientieren sich die Kinder insbesondere an der Form der Dreiecke, wobei Drehungen, Verschiebungen und Verkleinerungen die Zuordnungen der Kinder nicht auffällig beeinträchtigen. Je ähnlicher die Formen dem Ausgangsdreieck sind, umso häufiger werden sie von den Schulanfängerinnen und Schulanfängern gewählt. Durchschnittlich werden die korrekten Dreiecke zu 80,8% von den Kindern als passend ausgewählt. Insbesondere dem Ausgangsdreieck besonders ähnliche Dreiecke (gleichschenklige Dreiecke) werden vermehrt von den Schülerinnen und Schülern fälschlicherweise ebenfalls zugeordnet. Mit der Erfolgsquote von insgesamt 38,9%, mit der die Kinder ausschließlich die vier passenden Dreiecke identifizieren, können hierbei höhere Fähigkeiten der Schulanfängerinnen und Schulanfänger beobachtet werden als in der Untersuchung von Waldow & Wittmann (vgl. 2001, 258), in der nur knapp über 20% der Schulanfängerinnen und Schulanfänger die Aufgabe komplett richtig lösen.

Ein Grund hierfür kann in der ausführlicheren Aufgabenbeschreibung (mit Beispiel) bei der hier vorliegenden Untersuchung gesehen werden (vgl. Kapitel 4.3.2).

Bei der passenden Vervollständigung der verkleinerten und vergrößerten Bilder (Aufgabe ‚G2c: Verkleinern und Vergrößern') zeigen die Schülerinnen und Schüler eher geringe Fähigkeiten auf. Zwar gelingt es hier jeweils durchschnittlich etwas mehr als einem Drittel der Kinder, die Bilder anhand von Stützpunktgrößen (beispielswiese dem Dachrand) des Originalbilds korrekt zu ergänzen, doch berücksichtigen auch viele Kinder die Operation ‚Größenveränderung' bzw. die Größenrelationen nicht in ihren Zeichnungen. So wird die Bildvorlage von den Kindern oft als exakter Größenmaßstab herangezogen, die Vergrößerung bzw. die Verkleinerung der zwei Zielbilder wird dabei nicht berücksichtigt. Wiederum andere Kinder übertragen zwar die Verkleinerung bzw. Vergrößerung der Bilder in ihren entsprechend kleineren bzw. größeren Objektwiedergaben, doch spielen hier exakte Stützpunktgrößen, wie beispielsweise ein Größenvergleich mit dem Dachrand, keine Rolle, so dass es zu größeren Ungenauigkeiten bei den Zeichnungen der Kinder kommt. Diese Kinder gehen daher nur ungenau auf die durchgeführten Operationen ein. Ähnliche Befunde zeigen Waldow & Wittmann (vgl. 2001, 258) bei einer ähnlichen Aufgabenstellung auf, bei der ein Haus verkleinert aufgezeichnet werden soll. Hier gelingt die Verkleinerung lediglich knapp über 10% der Schulanfängerinnen und Schulanfänger.

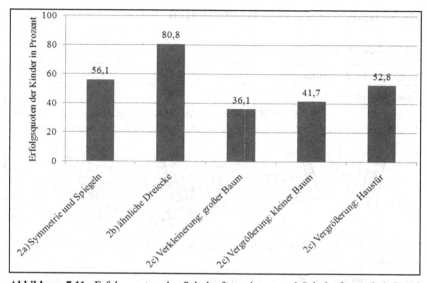

Abbildung 7.11 Erfolgsquoten der Schulanfängerinnen und Schulanfänger bei den einzelnen Teilaufgaben in Aufgabenblock G2

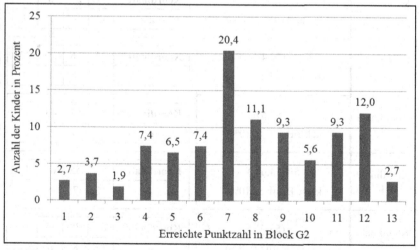

Abbildung 7.12 Erreichte Punktzahlen der Schulanfängerinnen und Schulanfänger in Aufgabenblock G2

7.3 Aufgabenblock G3: Koordinaten

Aufgabe G3a: Koordinaten

Aufgabe G3a: Koordinaten
Aufgabenstellung:
„Kannst du auf dem anderen Feld (es wird jeweils auf die leeren Felder gezeigt) genau die gleichen Kästchen an der richtigen Stelle in der jeweiligen Farbe anmalen?" 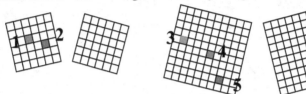 Die Nummerierung im Bild liegt den Kindern bei der Aufgabenbearbeitung nicht vor und dient ausschließlich Auswertungszwecken.
Erfolgsquoten und abweichende Lösungen:

	erfolgreiche Bearbeitungen	(häufige) abweichende Lösungen				
Koordinate 1	78 (72,2%)	**Koordinate***	14	21	8	16
	keine Bearb.: 0 (0%)	**n**	13	4	3	3
Koordinate 2	76 (70,4%)	**Koordinate***	22	16	29	20
	keine Bearb.: 0 (0%)	**n**	15	4	4	3
Koordinate 3	73 (67,6%)	**Koordinate***	32	52	43	33
	keine Bearb.: 0 (0%)	**n**	13	6	5	3
Koordinate 4	59 (54,6%)	**Koordinate***	57	55	66	47
	keine Bearb.: 0 (0%)	**n**	15	7	5	4
Koordinate 5	58 (53,7%)	**Koordinate***	89	78	87	
	keine Bearb.: 0 (0%)	**n**	17	8	6	

*Die Koordinaten werden den Zeilen nach, in Leserichtung im Feld durchnummeriert.

Anzahl korrekter Wiedergaben:						
	0	1	2	3	4	5
Anzahl der Kinder (Prozent)	9 (8,3%)	15 (13,9%)	11 (9,3%)	18 (16,7%)	19 (17,6%)	36 (33,3%)

Abbildung 7.13 Übersicht der Auswertungsergebnisse der Aufgabe G3a

Erfolgsquoten

Der Mehrheit der Kinder gelingt es, die Aufgabe mit einer mittleren bis hohen Erfolgsquote zu bearbeiten. Über zwei Drittel der Schulanfängerinnen und Schulanfänger (67,6%) zeichnen mindestens drei der fünf Koordinaten korrekt in die leeren Felder ein, wobei etwa die Hälfte dieser Schülerinnen und Schüler, insgesamt 33,3% aller Kinder, alle Koordinaten richtig lokalisieren kann. Knapp einem Viertel der Kinder (23,2%) gelingt das Einzeichnen von lediglich einer bzw. von zwei Koordinaten, 9 der 108 Schulanfängerinnen und Schulanfänger (8,3%) können keine der Koordinaten korrekt einzeichnen.

Die Koordinaten 1 bis 3 werden von den Schülerinnen und Schülern mit Erfolgsquoten von ungefähr 70% korrekt eingezeichnet, die Koordinaten 4 und 5 nur von etwas mehr als der Hälfte aller Kinder. Alle Kinder gehen einen Bearbeitungsversuch bei dieser Aufgabe ein.

Vorgehensweisen

Die Schulanfängerinnen und Schulanfänger gehen bei der Wiedergabe der Koordinaten verschiedenen Strategien nach, welche im Folgenden unter Berücksichtigung ihrer Fehleranfälligkeiten dargestellt werden. Eine genauere Quantifizierung der Strategien und Abweichungen kann nicht durchgeführt werden, da nicht alle Kinder zu ihrem Vorgehen befragt werden. Dennoch wird deutlich, dass die Kinder, welche sich sehr stark an den Strukturen des Koordinatenfelds orientieren, allgemein erfolgreicher sind als die Schülerinnen und Schüler, welche in ihren Vorgehensweisen einen eher geringen Bezug zu den Strukturen des Felds aufweisen.

Abzählen vom Rand des Koordinatenfelds aus

Diese Vorgehensweise scheint eine Hauptstrategie der Schulanfängerinnen und Schulanfänger zu sein. Insbesondere bei der jeweils zuerst eingezeichneten Koordinate bestimmen viele Kinder der Untersuchung die Lage durch das Abzählen des vertikalen und horizontalen Abstands dieser zu zwei Rändern des Feldes.

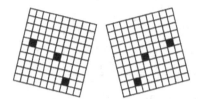

Abbildung 7.14 Lydia zeichnet die Koordinaten im rechten Feld spiegelsymmetrisch zu denen im linken Feld ein

Hierbei treten bei den Kindern schnell Zählfehler auf, sodass sich die Lage der Koordinaten häufig um ein Kästchen verschiebt. Zwei Schülerinnen weichen von dem korrekten Vorgehen ab, indem sie die Kästchen, welche sich in der Koordinatenfeldvorlage links von den einzelnen Koordinaten befinden, im leeren Koordinatenfeld rechts von den einzuzeichnenden Koordinaten abtragen und somit die Koordinaten spiegelsymmetrisch zu der vorgegebenen Abbildung einzeichnen (vgl. Abb. 7.14).

Insgesamt beziehen sich die Kinder bei dieser Vorgehensweise in starkem Maß auf die Strukturen des Koordinatenfelds, welche durch die jeweiligen Zeilen und Spalten, die jeweils vom (selben – siehe Abweichung Abb. 7.14) Rand des Koordinatenfeld abgezählt werden können und damit die Kästchen exakt verorten lassen, definiert sind. Die Lage im Koordinatenfeld kann ausgehend von dieser Strukturierung exakt bestimmt werden und somit stellt diese Strategie eine eher erfolgreiche Vorgehensweise der Schulanfängerinnen und Schulanfänger dar.

Abzählen von einer bereits eingezeichneten Koordinate aus

Liegt bereits eine Koordinate im Koordinatenfeld vor, nutzen die Kinder diese Ausgangssituation des Öfteren, um von der vorliegenden Koordinate aus, die Lage der neu einzuzeichnenden Koordinate durch Zählen des entsprechenden horizontalen und vertikalen Kästchenabstands zu ermitteln. Auch hier führen Zählfehler hin und wieder dazu, dass eine Abweichung in der Lage der Koordinate um wenige Kästchen zustande kommt. Über den Abstand zwischen den zwei Koordinaten hinaus, muss auch die Lage dieser zueinander berücksichtigt werden. Hier treten hin und wieder Fehler auf, indem die Kinder den Abstand in eine falsche Richtung ermitteln und somit die neue Koordinate im Feld inkorrekt positionieren (vgl. Abb. 7.15).

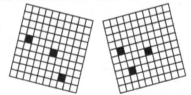

Abbildung 7.15 Kadir ermittelt die Lage der Koordinate 5 durch Zählen, jedoch überträgt er die Schritte in die falsche Richtung

Auf gleiche Weise wie bei der zuvor dargestellten Strategie nutzen die Kinder die Zeilen- und Spaltenstruktur des Koordinatenfelds, um die relevanten Positionen zu ermitteln und übertragen zu können. Aufgrund des engen Bezugs zu den Feldstrukturen ist auch diese Vorgehensweise besonders erfolgversprechend.

Ermittlung der Fläche eines zu der Koordinate benachbarten Rechtecks bündig zum Feldrand bzw. zu einer anderen Koordinate

In einigen wenigen Fällen kann beobachtet werden, dass die Kinder den Abstand zum Koordinatenfeldrand oder zu einer anderen Koordinate durch die jeweils angrenzende Lage eines entsprechend großen Rechtecks ermitteln. Daher nicht nur die nach oben bzw. nach unten und die nach links bzw. nach rechts liegenden Felder zwischen zwei Koordinaten oder der Koordinate und dem Feldrand bestimmen, sondern die komplett dadurch entstehende Fläche. Jonathan ermittelt auf diese Weise zum Beispiel die zwei Koordinaten im ersten Koordinatenfeld. Er ermittelt zunächst die Lage der Koordinate 2 mit dem rechts darunterliegenden 4er-Quadrat und die Koordinate 1 mittels eines unterhalb dieser Koordinate und bündig zu der bereits eingezeichneten Koordinate liegenden 2x3-Rechtecks (vgl. Abb. 7.16).

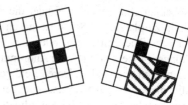

Abbildung 7.16 Jonathan ermittelt die Lage der Koordinaten durch benachbarte Rechtecke

Diese Strategie scheint noch effektiver und sicherer zu sein, als die zwei zuvor genannten Vorgehensweisen. So wird sich hierbei wieder eng auf die Strukturen des Koordinatenfelds bezogen, indem die Kästchen in den jeweiligen Reihen und Spalten zum Feldrand fokussiert werden. Durch die Berücksichtigung der dadurch entstehenden Flächen, welche sowohl den vertikalen und horizontalen Abstand zum Feldrand auf einmal erfassen, kann bei dieser Vorgehensweise das zu lokalisierende Kästchen in einem anstatt in zwei Schritten ausgemacht und vermutlich somit mit weniger Fehlerpotential vorgegangen werden.

Bestimmung der Koordinatenlage per Augenmaß

Einige Schulanfängerinnen und Schulanfänger zeichnen die Lage der Koordinaten nach Augenmaß ein. Daher ermitteln sie nicht, wie bei den zuvor aufgeführten Strategien, die Position der Koordinaten durch einen konkreten Bezug auf die Strukturen (horizontale und vertikale Kästchenabstände) des Koordinatenfelds, sondern durch eine grobe Einschätzung der ungefähren Lage der Koordinate im Feld. Heiko geht beispielsweise dieser Vorgehensweise nach und zeichnet die Koordinaten 3 bis 5 recht schnell ihren ungefähren Plätzen nach ein

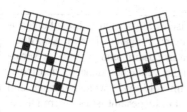

Abbildung 7.17 Heiko zeichnet die Koordinaten nach Augenmaß ein

(vgl. Abb. 7.17). Bei dieser Vorgehensweise entstehen besonders häufig Abweichungen von den ursprünglichen Lagen der Koordinaten und somit kann diese Strategie, welche sich nur geringfügig auf die konkreten Strukturen des Felds bezieht, als recht fehleranfällig beschrieben werden.

Simultane Lageerfassung

Neben dem Verorten der Koordinaten nach Augenmaß oder durch Abzählen, scheinen einige wenige Kinder die Koordinaten auch durch simultane Lageerfassung zu platzieren. So ist es diesen Kindern möglich, vor allem Koordinaten, die in der Nähe von Ecken oder anderen Koordinaten liegen, exakt lokalisieren zu können, indem sie sich die Anordnung der benachbarten Kästchen der Koordinate einprägen und in dem leeren Feld genauso versuchen wiederzugeben. Die Kinder, die dieser Vorgehensweise nachgehen äußern beispielsweise, dass sie ‚einfach gesehen haben', wo die Koordinate hingehört und betonten dabei, dass sie die Kästchen dabei nicht abzählen.

Bei dieser recht erfolgsversprechenden Strategie beziehen sich die Schulanfängerinnen und Schulanfänger insofern auf Strukturen des Koordinatenfelds, als dass sie sich bestimmte Kästchenkonfigurationen einprägen und somit bestimmte Felder exakt lokalisieren können.

Insgesamt verdeutlichen die verschieden Vorgehensweisen der Schulanfängerinnen und Schulanfänger, dass die Kinder mit unterschiedlichen Strategien und mit unterschiedlicher Präzision die Koordinaten in die leeren Feldern übertragen und dabei die Lage der Koordinaten an Stützpunkten im Feld (Feldecken, Feldrand, bereits eingezeichnete Koordinaten, umliegende Kästchen) mit unterschiedlich starker Berücksichtigung der Strukturen der Koordinatenfelder ausrichten. Viele der Kinder zeigen damit grundlegende Vorerfahrungen zu der Grundidee ‚Koordinaten' auf, die ihnen in vielen Fällen eine Übertragung der Anordnungen ermöglichen.

Überblick: Ergebnisse ‚Koordinaten'

Im Bereich der Grundidee ‚Koordinaten' weisen die meisten Schulanfängerinnen und Schulanfänger einen verständnisgeleiteten Umgang mit dem Koordinatenfeld und den zugrunde liegenden Strukturen in Zusammenhang mit der Verortung der markierten Koordinaten auf. Die Kinder versuchen daher in den meisten Fällen, die Koordinaten in ihrer Position im Feld exakt wiederzugeben und greifen dabei auf die Strukturen des Felds zurück. Insgesamt ist es einem Drittel der Schülerinnen und Schüler (33,3%) der Untersuchung möglich, alle fünf Koordinaten in richtiger Position in den leeren Koordinatenfeldern wiederzugeben. Ungefähr einem weiteren Drittel der Kinder (34,3%) gelingt die korrekte Platzierung von drei bzw. vier Koordinaten. Die übrigen Kinder (32,4%) können maximal bis zu zwei der fünf Koordinaten erfolgreich in die leeren Koordinatenfelder einzeichnen (vgl. Abb. 7.19).

Aufgrund der höheren Kästchenanzahl des zweiten Koordinatenfelds bzw. bedingt durch häufigeren Folgefehler bei der als drittes eingezeichneten Koordinate (die durch Abweichungen in der Lage der beiden zuerst eingezeichneten Koordinaten entstehen können), liegen die Erfolgsquoten der Koordinaten 4 und 5 etwas niedriger als die, der ersten drei Koordinaten (vgl. Abb. 7.18). Bei der vergleichsweise niedrigen Erfolgsquote von Koordinate 4 kommt hinzu, dass diese einen verhältnismäßig großen Abstand zu den anderen Koordinaten und dem Feldrand aufweist, welcher die korrekte Einzeichnung dieser Koordinate erschwert. Insgesamt sind die Erfolgsquoten bei dieser Aufgaben mit denen aus der Studie von Waldow & Wittmann (vgl. 2001, 258) in etwa vergleichbar. Hier gelingt das Einzeichnen der zwei Koordinaten in die (hier nicht verdrehten) leeren Koordinatenfelder 60% der Kinder.

Die Heterogenität in den Lösungshäufigkeiten spiegelt sich auch in den Strategien der Kinder wieder, wobei der Großteil der Vorgehensweisen die Lage der Koordinaten aufgrund der Strukturen des Koordinatenfelds exakt zu berücksichtigen versucht. So verorten die Schulanfängerinnen und Schulanfänger die Koordinaten oft durch verschiedene Abzähltechniken, aber auch durch Augenmaß oder simultane Lageerfassung. Dabei richten sich die Kinder nach Stützpunkten des Koordinatenfelds wie den Feldecken, dem Feldrand, bereits eingezeichnete Koordinaten und den umliegenden horizontalen und vertikalen Kästchen. Für die abweichenden Einzeichnungen der Koordinaten, die oft nur um wenige Kästchen verschoben sind, sind häufig Zähl- oder Richtungsfehler verantwortlich. Teilweise täuschen sich die Kinder beim Einzeichnen jedoch auch in der Zeile oder Spalte. Moser Opitz et al. (vgl. 2007, 144) stellen ähnliche Vorgehensweisen der Schulanfängerinnen und Schulanfänger heraus, die ihre Einzeichnungen oftmals an der horizontalen Achse ausrichten, oder aber auch, nach Bestimmung der ersten Koordinate im Feld, die anderen Koordinaten nach dieser auszurichten versuchen.

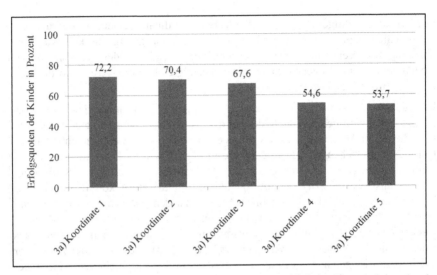

Abbildung 7.18 Erfolgsquoten der Schulanfängerinnen und Schulanfänger bei den einzelnen Teilaufgaben in Aufgabenblock G3

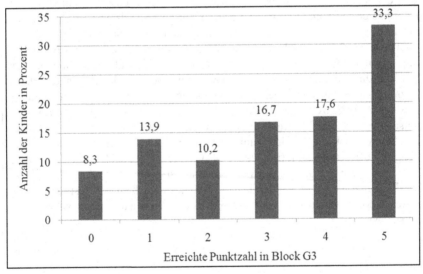

Abbildung 7.19   Erreichte Punktzahlen der Schulanfängerinnen und Schulanfänger in Aufgabenblock G3

7.4 Aufgabenblock G4: Maße

Aufgabe G4a: Längenvergleiche

Aufgabe G4a: Längenvergleiche

Aufgabenstellung:

Dem Kind werden eine 30 cm und eine 40 cm lange Schnur gegeben: *„Welche Schnur ist länger?"* Wenn es nicht ersichtlich wird, wie das Kind die längere Schnurr bestimmt, wird nachgefragt: *„Woher weißt du, dass die blaue / grüne Schnur länger ist?"*

„Kannst du schon messen, wie lang dieses Stück Holz ist?" Dem Kind werden ein 9 cm langes Holzstück und ein Lineal gegeben.

Erfolgsquoten und abweichende Lösungen:

	Erfolgreiche Bearbeitungen	(häufige) abweichende Lösungen					
Schnüre	107 (99,1%) keine Bearb.: 0 (0%)	-					
Holzstück und Lineal	30 (27,8%) keine Bearb.: 10 (9,3%)	**Länge**	8	6	7	10	5	11
		n	34	9	6	6	2	2

Vorgehensweisen:

Längenvergleich Schnüre	Anzahl der Kinder (Prozent)	Längenvergleich Holzstück und Lineal	Anzahl der Kinder (Prozent)
Aneinanderhalten der Schnüre	79 (73,1%)	Korrekt bei 0 angelegt	42 (38,9%)
Per Augenmaß	29 (26,9%)	Am Linealanfang bei ‚minus 0,5 cm' angelegt	33 (30,6%)
		Am falschen Ende des Lineals bei ‚16 cm + 0,5 cm' angelegt	13 (12,0%)
		Kein Gebrauch des Lineals	7 (6,5%)
		Holzstück wird willkürlich an das Lineal angelegt	6 (5,6%)
		Bei 1 cm angelegt	3 (2,8%)
		Nicht erkenntlich	4 (3,7%)

Abbildung 7.20 Übersicht der Auswertungsergebnisse der Aufgabe G4a

Erfolgsquoten

Die Bearbeitungen der zwei Teilaufgaben liefern aufgrund ihrer unterschiedlichen Erfolgsquoten ein differenziertes Bild über die Fähigkeiten der Kinder im Bereich ‚Längenvergleiche'. So zeigt die hohe Erfolgsquote der ersten Teilaufgabe, die 107 der 108 Kinder (99,1%) korrekt lösen, dass fast alle Schulanfängerinnen und Schulanfänger den direkten Vergleich problemlos durchführen können. Die Längenermittlung mittels Lineal, welche 30 der 108 Schülerinnen und Schüler (27,8%) korrekt ausführen, stellt eine schwierigere Anforderung für viele Kinder dar, die dennoch von mehr als einem Viertel der Kinder zu Schulbeginn bewältigt werden kann und darüber hinaus von weiteren Schülerinnen und Schülern zumindest ansatzweise geleistet wird.

Vorgehensweisen

Bei den zwei Teilaufgaben sind verschiedene Vorgehensweisen zu beobachten.

Längenvergleich Schnüre

Beim Längenvergleich der Schnüre gehen die Schülerinnen und Schüler auf zwei verschiedene Weisen vor. Der Großteil der Kinder vergleicht die beiden Längen durch das Aneinanderhalten der zwei Schnüre. Allen 79 der insgesamt 108 Schulanfängerinnen und Schulanfänger (73,1%), die dementsprechend vorgehen, gelingt dabei die Bestimmung der längeren Schnur. Diese Schülerinnen und Schüler weisen mit ihrem Vorgehen einen sicheren Umgang mit dem direkten Vergleich von Objekten auf, wie ihn auch die Schulanfängerinnen und Schulanfänger in der Studie von Grassmann (vgl. 1996, 26) aufzeigen. Die restlichen 29 Kinder (26,9%) führen den Längenvergleich der zwei Schnüre per Augenmaß durch und vergleichen somit die Schnüre, ohne sie aneinanderzuhalten. Der gegebene Längenunterschied von 10 cm reicht fast allen Kindern aus, um die längere Schnur zu identifizieren. Jedoch zeigt sich in einem Fall die Fehleranfälligkeit dieser Strategie, indem ein Schüler beim Vergleich per Augenmaß die kürzere Schnur als länger erachtet.

Längenvergleich Holzstück und Lineal

Die Vorgehensweisen und abweichenden Lösungen beim Messen des Holzstücks liegen drei wesentlichen Handlungsschritten zugrunde: 1) der Idee, das Lineal als Längenmaßstab heranzuziehen, um die Länge des Holzstücks zu ermitteln, 2) dem adäquaten Gebrauch des Lineals beim Anlegen an das Holzstück und 3) dem korrekten Ablesen der Länge des Messgegenstands am Lineal.

Fast alle Schülerinnen und Schüler können in ihren Vorgehensweisen das Lineal zumindest in elementarer Weise als Messinstrument heranziehen. Lediglich 7 der 108 Kinder (6,5%) zeigen keinerlei Vorerfahrungen mit dem Lineal auf und gehen auch keinen Versuch ein, das Lineal an das Holzstück anzulegen, um somit dessen Länge ermitteln zu können.

Den Kindern, welche das Lineal an das Holzstück anlegen, gelingt der Gebrauch des Lineals in vielen Fällen jedoch nicht immer komplett fehlerfrei. So legen 55 Schulanfängerinnen und Schulanfänger (50,9%) das Lineal zwar parallel an das Holzstück an, doch liegt der Anfang des Holzstücks nicht bündig zur Null. 33 Kinder legen das Holzstück bündig an den Anfang des Lineals an, der jedoch circa einen halben Zentimeter vor der ersten Messmarkierung entfernt ist. Hierbei kam es in 24 Fällen zu der naheliegenden abweichenden Lösungsermittlung der Länge ‚acht'. 13 Kinder legen das Holzstück am falschen Ende des Lineals an (häufige, abweichende Lösung beim ‚16+0,5' cm Lineal: ‚sieben' oder ‚acht'). In sechs Fällen legen die Kinder das Holzstück auf scheinbar willkürlicher Höhe an das Lineal an (beispielsweise mit der zweimaligen Fehllösung ‚elf'). Drei Kinder wählen die 1-cm-Markierung als Anlegepunkt für das Holzstück und kommen somit auf die abweichende Längenermittlung ‚zehn'. Vereinzelt kommt es bei den Vorgehensweisen der Kinder vor, dass Schülerinnen und Schüler das Holzstück nicht neben das Lineal legen, sonder auf oder unter das transparente Messinstrument.

Wie Nührenbörger (vgl. 2002a, 50) in einer qualitativen Untersuchung aufzeigt, liegt das konkrete Wissen über den korrekten Anlegepunkt des Messgegenstands am Lineal selbst bis zum Ende des zweiten Schuljahres noch nicht bei allen Schülerinnen und Schülern vor.

Von den 42 Schulanfängerinnen und Schulanfängern, die das Holzstück korrekt an das Lineal anlegen, können 26 Kinder (61,9%) auch die entsprechende Länge dieses ablesen. In den restlichen 16 Fällen gelingt dies nicht. Die häufige, abweichende Längenermittlung ‚sechs' ist darauf zurückzuführen, dass in neun Fällen die Markierung des Lineals auf dem Kopf stehend gelesen wird, sodass die Kinder anstatt der eigentlichen Länge ‚neun', die Länge ‚sechs' ermitteln bzw. auch bei korrekter Ausrichtung des Lineals die zwei Zahlsymbole verwechseln.

Die entsprechende Einheit ‚Zentimeter' geben 20 der 108 Schulanfängerinnen und Schulanfänger in Zusammenhang mit der Länge an. 35 Kinder verbinden mit der Länge die Einheit ‚Meter', zwei Kinder geben die Einheit ‚Kilometer' an und eine Schülerin spricht von ‚Grad'. Dabei ergänzen die Kinder im Allgemeinen die Einheit ohne Nachfrage der Interviewerin bzw. des Interviewers. Nührenbörger (2002b, 341) zeigt in seiner Untersuchung mit Zweitklässlerinnen und Zweitklässlern auf, dass die diesbezüglichen Längenvorstellungen auch von älteren Kindern (Zweitklässlern) teilweise noch „sehr diffus und vor allem instabil" sein können.

Aufgabe G4b: Flächenvergleich

Aufgabe G4b: Flächenvergleich

Aufgabenstellung:

„Beim Kindergeburtstag hat jedes Kind am Anfang einen ganzen Kuchen. So wie er hier zu sehen ist (dem Kind wird der Teller mit dem ganzen Kuchen gezeigt). *Bei diesen Kuchen hier* (es wird auf die restlichen Kuchenteller gedeutet) *haben die Kinder alle schon etwas aufgegessen. Das Geburtstagskind hat noch so viel übrig* (es wird auf den halben Kuchen, neben dem eine Krone abgebildet ist, gezeigt). *Kannst du die anderen Teller zeigen, bei denen noch genauso viel Kuchen übrig ist wie beim Geburtstagskind?"* Nachdem das Kind sich entschieden hat, wird es gefragt, ob bei den jeweiligen anderen Kuchen noch mehr oder noch weniger Kuchen übrig ist. Bei allen Antworten des Kindes wird nachgefragt: *„Woran siehst du das denn?"*

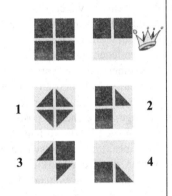

Die Nummerierung im Bild liegt den Kindern bei der Aufgabenbearbeitung nicht vor und dient ausschließlich Auswertungszwecken.

Erfolgsquoten und abweichende Lösungen:

	Kuchen 1	Kuchen 2	Kuchen 3	Kuchen 4
genauso viel	35 (32,4%)	11 (10,2%)	40 (37,0%)	47 (43,5%)
mehr	65 (60,2%)	94 (87,0%)	51 (47,2%)	0 (0%)
weniger	7 (6,5%)	2 (1,9%)	15 (13,9%)	61 (56,5%)
keine Bearb.	1 (0,9%)	1 (0,9%)	2 (1,9%)	0 (0%)

Anzahl richtiger minus falscher Flächenvergleiche*:

	≤ 0	1	2
Anzahl der Kinder (Prozent)	70 (64,8%)	10 (9,3%)	28 (25,9%)

*Die Anzahlen beziehen sich lediglich auf die korrekten und inkorrekten Flächenvergleiche, die von den Kindern als gleich groß bewertet werden.

Begründungen der Kinder für den gleichen Flächeninhalt:

	Begründungen der Kinder für den gleichen Flächeninhalt	Anzahl (Prozent)
Kuchen 1	„Jeweils zwei Dreiecke zusammen ergeben ein ganzes Stück / Viereck."	18/35 (51,4%)
	„Die Dreiecke können umgelegt werden, sodass es gleich viel ist."	10/35 (28,6%)
Kuchen 2	„Es fehlen hier auch zwei Stücke."	4/11 (36,4%)
Kuchen 3	„Jeweils zwei Dreiecke zusammen, ergeben ein ganzes Stück / Viereck."	21/40 (52,5%)
	„Die Dreiecke können umgelegt werden, sodass es gleich viel ist."	12/40 (30,0%)
Kuchen 4	„Da sind auch jeweils zwei Stücke übrig."	35/47 (74,5%)

Abbildung 7.21 Übersicht der Auswertungsergebnisse der Aufgabe G4b

Erfolgsquoten

28 der 108 Schulanfängerinnen und Schulanfänger (25,9%) gelingt es, ausschließlich die zwei Kuchen mit gleichem Flächeninhalt als gleich groß zu bestimmen und somit, die volle Punktzahl bei dieser Aufgabe zu erreichen. Darüber hinaus können alle diese Kinder zusätzlich erfassen, dass die Kuchen 2 und 4 größer bzw. kleiner als der Kuchen des Geburtstagskinds sind und zeigen damit auch bei den weiteren Flächenvergleichen hohe Fähigkeiten auf. Von den zehn Schülerinnen und Schülern, deren erreichte Punktzahl (Anzahl richtiger minus falscher Flächenvergleiche) bei eins liegt, können alle Kinder genau einen der gleich großen Kuchen korrekt bestimmen. In sieben Fällen legen sich die Kinder auf den Kuchen 3 und in drei Fällen auf den Kuchen 1 fest. Die Mehrzahl der Kinder (64,8%) kann bei dieser Aufgabe jedoch keinen Punkt erreichen, was weitestgehend darauf zurückzuführen ist, dass die Schulanfängerinnen und Schulanfänger nur vereinzelt die flächengleichen Kuchen als gleichgroß identifizieren – in insgesamt lediglich neun Fällen. Darüber hinaus machen diese Kinder fälschlicherweise identische Flächen in unterschiedlich großen Kuchenflächen aus. So erachten elf dieser 70 Kinder (15,7%) den größeren Kuchen 2 und 47 dieser Kinder (67,1%) den kleineren Kuchen 4 als gleich groß.

Aus den Ergebnissen wird insgesamt deutlich, dass der Erfolg beim Flächenvergleich (gleich und unterschiedlich großer Flächen) den Schülerinnen und Schülern tendenziell entweder vergleichbar gut gelingt oder ihnen gleichermaßen Probleme bereitet. Als Ursache können verschiedene Vorgehensweisen und die damit verbundenen, unterschiedlichen Denkweisen der Kinder bei dieser Aufgabe angenommen werden, die für einen Vergleich der Kuchen generell mehr oder weniger geeignet sind.

Vorgehensweisen

Den Vorgehensweisen der Schulanfängerinnen und Schulanfänger, welche die flächengleichen Kuchen korrekt bestimmen, liegen zwei Hauptbegründungsstränge zugrunde: Einerseits begründen 51,4% (Kuchen 1) bzw. 52,5% (Kuchen 3) dieser Kinder den identischen Flächeninhalt der Kuchen damit, dass die vorliegenden halben Kuchenstücke bzw. Dreiecke jeweils zu einem ganzen (quadratischen) Kuchenstück zusammengesetzt werden können und somit gleich viel Kuchen, 2 ganze Kuchenstücke, vorliegen. Andererseits führen 28,6% (Kuchen 1) bzw. 30,0% (Kuchen 3) der Kinder den gleichen Flächeninhalt auf die Tatsache zurück, dass die halben Kuchenstücke bzw. Dreiecke jeweils auf den Tellern so verschoben werden können, dass die gleiche Fläche wie beim Geburtstagskind entsteht. Diese zweite Erläuterung stellt eine beispielgebundenere, konkretere Begründung als die zuvor beschriebene Erläuterung der Schülerinnen und Schüler dar.

Die Vorgehensweise des ‚Abzählens' der Kuchenstücke, welche zu einem nicht unerheblichen Teil die Schulanfängerinnen und Schulanfänger bei Kuchen 2 einen korrekten Vergleich treffen lässt, wird bei den anderen Flächenvergleichen für viele Schülerinnen und Schüler zu einer Fehlerquelle. So sehen 65 der 108 Kinder (60,2%) in dem ersten Kuchen einen größeren Rest als beim Kuchen des Geburtstagskinds. In 43 der 65 Fälle (66,2%) sind die Begründungen der Kinder darauf zurückzuführen, dass bei Kuchen 1 mehr Kuchenstücke, nämlich vier Stücke, übrig sind als beim Geburtstagskind. Auch viele der inkorrekten Flächenvergleiche bei Kuchen 3 und 4 sind auf das fehlerhafte Vorgehen der Kinder, lediglich die Anzahl der Kuchenstücke und nicht deren Größe (bzw. deren Flächeninhalt) zu vergleichen, zurückzuführen. So geben 51 der 108 Kinder (47,2%) an, der Kuchenrest 3 sei mehr als beim Geburtstagskind, da noch drei Stücke – anstatt lediglich zwei Stücke – auf dem Teller liegen (Begründung von 41 der 51 Schülerinnen und Schüler (80,4%)). Auch bei der Bestimmung von Kuchen 4 als gleich groß zum Kuchen des Geburtstagskinds (47 von 108 Kinder (43,5%)) beziehen sich 74,5% dieser Schülerinnen und Schüler auf die Anzahl der Kuchenstücke, welche ebenfalls bei ‚zwei' liegt. Solche zählenden Vorgehensweise beobachtet auch Eichler (vgl. 2004, 16) bei den Flächenvergleichen der Schulanfängerinnen und Schulanfänger seiner Studie.

Ein erheblicher Prozentsatz der Kinder geht einer der beiden aufgeführten Denkweisen durchgängig bei allen Flächenvergleichen nach. So zählen 39 der 108 Kinder (36,1%) konsequent die Anzahl der Kuchenstücke unabhängig von ihrer Größe ab. 32 der 108 Schülerinnen und Schüler (39,6%) achten bei allen vier Flächenvergleichen auch auf die Größe der Kuchenstücke und vergleichen insbesondere diese.

Aufgabe G4c: Größen ordnen

Aufgabe G4c: Größen ordnen

Aufgabenstellung:

„Hier siehst du einige Goldstücke. Jedes Goldstück hat einen bestimmten Platz in dem Holzkasten. Zum Beispiel dieses hier, dieses kommt hierhin (dem Kind wird das kleinste Goldstück und dessen entsprechender Platz gezeigt). Kannst du mir zeigen, welches Goldstück hierhin gehört (dem Kind wird die Einbuchtung 3 des mittelgroßen Goldstücks gezeigt)?"

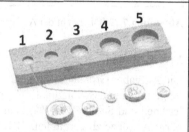

„Hier siehst du ein Glockenspiel. Einige Klangplatten wurden hiervon herausgenommen, die liegen jetzt durcheinander darunter (es wird auf die darunterliegenden Klangplatten gedeutet). Kannst du die richtigen Klangplatten, die hierhin gehören (dem Kind werden die zwei rechten freien Plätze 4 und 5 gezeigt), finden und mit dem Stift verbinden?"

Die Nummerierung in den Abbildungen liegt den Kindern bei der Aufgabenbearbeitung nicht vor und dient ausschließlich Auswertungszwecken.

Erfolgsquoten und abweichende Lösungen:

	erfolgreiche Bearbeitungen	abweichende Lösungen		
Münzen	102 (94,4%)	**Münze**	2	4
	keine Bearb.: 0 (0%)	**n**	3	3

erfolgreiche Bearbeitungen	abweichende Lösungen			
Klangplatten　beide richtig: 71 (65,7%)　eine richtig: 6 (5,6%)　keine richtig: 31 (28,7%)　keine Bearb.: 0 (0%)	**Platz 4** K5 K3 K2 K1 / **n** 16 11 8 1 ; **Platz 5** K4 K3 / **n** 31 1			

Die folgende Tabelle stellt die Struktur dar:

erfolgreiche Bearbeitungen	abweichende Lösungen			
beide richtig: 71 (65,7%)	**Platz 4**	K5	K3	K2	K1
eine richtig: 6 (5,6%)	**n**	16	11	8	1
Klangplatten keine richtig: 31 (28,7%)				
keine Bearb.: 0 (0%)	**Platz 5**	K4	K3		
	n	31	1		

Abbildung 7.22 Übersicht der Auswertungsergebnisse der Aufgabe G4c

Erfolgsquoten

Die Aufgabe, Größen zu ordnen, stellt für den überwiegenden Teil der Schulanfängerinnen und Schulanfänger kein Problem dar. So gelingt es 102 der 108 Schülerinnen und Schüler (94,4%), den mittleren Platz im Holzkasten mit der dazugehörigen Münze zu verbinden. 71 Kinder (65,7%) können die korrekten Klangplatten auf die zwei rechten freien Plätze des Glockenspiels einsortieren. Sechs Kindern (5,6%) gelingt die Einordnung bei einer der beiden Klangplatten, 31 Schülerinnen und Schülern (28,7%) bei keiner Klangplatte. Zugänglich ist die Aufgabe offensichtlich allen Schülerinnen und Schülern, so geht jedes Kind einen aufgabengerechten Bearbeitungsversuch bei den zwei Teilaufgaben ein.

Vorgehensweisen

Die wenigen abweichenden Lösungen bei der ersten Teilaufgabe lassen sich auf die Zuordnung einer etwas kleineren bzw. einer etwas größeren Münze zurückführen. So verbinden jeweils drei Kinder die Münze 2 bzw. die Münze 4 mit dem mittleren Feld des Holzkastens. Es kann angenommen werden, dass sich diese Schülerinnen und Schüler über das Prinzip des Ordnens von Größen bewusst sind, sich jedoch bei der Durchführung durch die nur geringfügig unterschiedlichen Münzgrößen täuschen lassen und somit zu einer falschen Zuordnung kommen.

Bei den Erfolgsquoten der Glockenspielaufgabe fällt auf, dass die Kinder im Wesentlichen entweder beide (65,7%) oder keine (28,7%) der Klangplatten korrekt einordnen können. Betrachtet man die abweichenden Lösungen in Zusammenhang mit Platz 5, so kommt die Vermutung auf, dass oft beide Einordnungen falsch durchgeführt werden, da in 31 Fällen die Klangplatte 4 irrtümlicherweise den Platz 5 belegt und demzufolge auch keine korrekte Einordnung der Klangplatte 5 erfolgen kann. So verbinden alle Schulanfängerinnen und Schulanfänger mit zwei abweichend zugeordneten Klangplatten die Klangplatte 4 mit dem Platz 5 und teilen Platz 4 eine der anderen Klangplatten zu. Die Reihenfolge der Platzzuweisungen bestätigt in 80,6% der Fälle diese Vermutung. So setzen sich 25 dieser 31 Kinder zunächst mit dem freien Platz ganz rechts auseinander und ordnen ihm die verhältnismäßig kleine Klangplatte 4 zu, die zudem direkt unter der Lücke positioniert ist. Bei einer schnellen Prüfung der neben dieser Klangplatte liegenden Stäbe, bestätigen sich die Klangplatte 4, zumindest bei den ersten Vergleichen, als besonders kurz, was die Kinder in ihrer Entscheidung für die Wahl dieser Klangplatte bestärken könnte. Zudem ist zu betonen, dass sich die Klangplatten in ihrer Größe nur minimal unterscheiden und somit die Aufgabe erschweren.

In den übrigen sechs Fällen wird zuerst eine inkorrekte Klangplatte mit dem Platz 4 verbunden und daraufhin die Klangplatte 4 dem Platz 5 zugeordnet. Die weiteren abweichenden Lösungen bezogen auf Platz 4 sind meist darauf zurückzuführen, dass die Kinder geringfügig kleinere oder größere Klangplatten wählen. So werden die Klangplatten 5 und 3 in insgesamt 27 der 31 Fälle (87,1%) dem Platz 4 zugeordnet.

Zusammenfassend besteht daher auch hier der Eindruck, dass die Kinder bei der fehlerhaften Zuordnung der Klangplatten Größenverhältnisse betrachten, jedoch die Klangplatten dabei nicht genau genug vergleichen bzw. sich von den geringfügig abweichenden Größen täuschen lassen und daher nicht die exakten Größen den vorgesehenen Positionen auf dem Glockenspiel zuordnen.

Überblick: Ergebnisse ,Maße'

Nicht nur die Erfolgsquoten der Schulanfängerinnen und Schulanfänger bei den einzelnen Teilaufgaben (vgl. Abb. 7.23) und die erreichten Punktzahlen insgesamt (vgl. Abb. 7.24), sondern insbesondere auch die (abweichenden) Vorgehensweisen der Kinder bei der Bearbeitung der Aufgaben, zeigen beachtliche Vorerfahrungen der Schulanfängerinnen und Schulanfänger im Inhaltsbereich ,Maße' auf.

Im Bereich der Längenvergleiche (Aufgabe A4a) gelingt es fast allen Schülerinnen und Schülern (99%), den direkten Vergleich zweier unterschiedlich langer Schnüre, meist durch das Aneinanderhalten dieser, korrekt vorzunehmen. Dieses Ergebnis steht in Ergänzung zu dem Befund, dass ebenfalls fast jedes Kind zu Schulbegin den kürzeren Stift zweier unterschiedlich langer (auf Papier abgebildeter) Stifte identifizieren kann (vgl. Grassmann 1996, 26).

Der überwiegende Teil der Kinder kann darüber hinaus auch, zumindest ansatzweise, mit dem Lineal als Messinstrument umgehen. Die Beobachtungen stimmen mit den Untersuchungsergebnissen von Bragg & Outhred (vgl. 2000) überein, dass viele Kinder zu Schulbeginn über elementare Vorerfahrungen mit Messinstrumenten und Einheiten verfügen und wenn dies nicht der Fall ist, dieses mit mangelnden Erfahrungen mit diesem Themenbereich und nicht mit der Reife der Kinder zusammenhängt (vgl. Schmidt & Weiser 1986, 129). 97 der 108 Kinder legen das Holzstück parallel an das Lineal an und lesen eine Maßstabmarkierung zur Längenermittlung ab. Auch wenn nicht alle dieser Schülerinnen und Schüler das Holzstück bündig zur Null anlegen und auch nicht immer die Längenangabe bündig zum Holzstückende ablesen, werden Vorerfahrungen zu den grundlegenden Ideen des Messens bei den Kindern klar ersichtlich. Auf die in diesem Zusammenhang genannten Schwierigkeiten weisen auch Hiebert (vgl. 1984) und Schmidt & Weiser (vgl. 1986) im Rahmen ihrer Untersuchungen hin.

Bei dem Messen des Holzstücks gelingt es über einem Viertel der Kinder, den Messvorgang ohne jegliche Fehler durchzuführen und die korrekte Länge des Holzstücks zu ermitteln. Entgegen der „didaktischen Stufenfolge" machen es die bereits vorhandenen Erfahrungen der Schulanfängerinnen und Schulanfänger mit dem Messen unabdingbar, diese im Unterricht aufzugreifen (vgl. Nührenbörger 2001, 16).

Auch bei den Flächenvergleichen (vgl. Aufgabe G4b) greifen viele der Schülerinnen und Schüler auf sinnvolle Kriterien zurück, welche die Flächenunterschiede beeinflussen können. So bezieht sich ein Hauptteil der Kinder auf die Anzahl der Flächenteile (konsequent führen diese Strategie 36,1% der Kinder durch), eine zweite umfangreiche Schülergruppe nimmt neben der Anzahl auch insbesondere die Größe der Flächen in Betracht (39,6% der Kinder gehen dieser Vorgehensweise durchgängig bei allen Aufgaben nach). Etwas mehr als einem Viertel der Kinder gelingt der korrekte Flächenvergleich der Kuchenstücke mit dem Kuchen des Geburtstagskinds. Hier können – bedingt durch die Aufgabenkonstruktion – nur die Kinder, welche der zweiten Vorgehensweise nachgehen, d. h. Anzahl und Größe der Kuchenstücke betrachten, Erfolg haben. Teilweise argumentieren die Schulanfängerinnen und Schulanfänger bereits mit den Begriffen ‚ein Halbes' und ‚ein Ganzes', um ihr Vorgehen zu erläutern. Insgesamt zeichnet sich der Flächenvergleich jedoch nicht immer als leichte Aufgabe für die Kinder ab, was auch Eichler (vgl. 2004, 13) bei Schulanfängerinnen und Schulanfängern beobachtet. In einem etwas anderen Versuchssetting, welches mit Schülerinnen und Schülern Ende des ersten Schuljahres durchgeführt wird, sollen Rechtecke gleichmäßig geteilt werden (vgl. Rosin 1995, 51). Hier gelingt es 70% der Kinder eine diagonale Teilung durchzuführen. Für die Bewältigung dieser Aufgabe ist ein Flächenverständnis erforderlich, wie es ansatzweise bereits bei den Schulanfängerinnen und Schulanfängern dieser Untersuchung ausgemacht werden kann.

Beim Ordnen von Größen (Aufgabe G4c) sind die Vorerfahrungen der Schülerinnen und Schüler ähnlich umfangreich. So lassen selbst viele der abweichenden Lösungen ein elementares Verständnis der Kinder für Größenordnungen beobachten. So beziehen sich die Kinder auf geringfügig kleinere bzw. größere Objekte, die sie in die Größenordnung einsortieren. Die zugrundeliegende Fehlerquelle scheint eher in der mangelnden Genauigkeit der Vorgehensweisen der Kinder zu liegen als in der Grundidee der Größenordnung selbst. Aus den recht eindeutig zu unterscheidenden Goldstücken können die Kinder die vorgegebene Münzengröße zu 94,4% korrekt auswählen. Bei den nur minimal unterschiedlichen Klangplatten, gelingt die korrekte Auswahl und die Einsortierung der zwei kleinsten Objekte 65,7% der Schülerinnen und Schüler. Auch hier weisen die Kinder den Plätzen fast immer geringfügig kleinere bzw. größere Klangplatten zu. Der geringe Längenunterschied der Klangplatten ist wahrscheinlich auch für die erheblich niedrigere Erfolgsquote bei dieser Aufgabe im Vergleich zu der äquivalenten Bohrer-Aufgabe bei Moser Opitz et al. (vgl. 2007, 143) verantwortlich. Gleiches gilt für die Untersuchungsergebnisse bezüglich dieser Aufgabe von Waldow & Wittmann (vgl. 2001, 258).

Da teilweise lediglich die Ansätze der Aufgabenbearbeitungen der Kinder korrekte Elemente beinhalten und Kinder mit weniger Vorerfahrungen meist nur bei den leichteren Aufgaben Punkte für ein vollständig korrektes Ergebnis erhalten, liegt bei den erreichten Punktzahlen der Schülerinnen und Schüler in diesem Aufgabenblock eine recht hohe Streuung vor (vgl. Abb. 7.24). Eine Tendenz zu höheren Punktzahlen wird dabei jedoch deutlich.

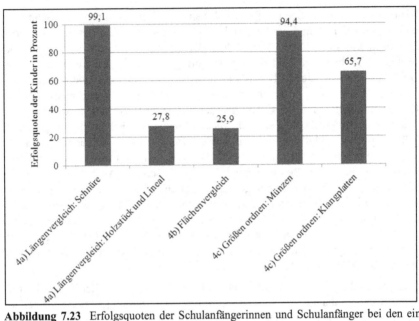

Abbildung 7.23 Erfolgsquoten der Schulanfängerinnen und Schulanfänger bei den einzelnen Teilaufgaben in Aufgabenblock G4

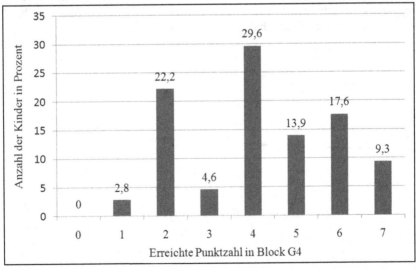

Abbildung 7.24 Erreiche Punktzahlen der Schulanfängerinnen und Schulanfänger in Aufgabenblock G4

7.5 Aufgabenblock G5: Geometrische Gesetzmäßigkeiten und Muster

Aufgabe G5a: Fehlende Teile I

Aufgabe G5a: Fehlende Teile I

Aufgabenstellung:

„*Ich zeige dir jetzt einige Muster. Bei jedem Muster fehlt etwas. Kannst du mir zeigen, was fehlt und wo es fehlt? Versuch doch mal, das fehlende Teil einzuzeichnen!*"

| Muster 1 | Muster 2 | Muster 3 | Muster 4 |

Erfolgsquoten:

	erfolgreiche Bearbeitungen
Muster 1	92 (85,2%), keine Bearb.: 0 (0%)
Muster 2	38 (35,2%), keine Bearb.: 24 (22,2%)
Muster 3	67 (62,0%), keine Bearb.: 3 (2,8%)
Muster 4	72 (66,7%), keine Bearb.: 10 (9,3%)

Anzahl korrekt fortgesetzter Muster:

	0	1	2	3	4
Anzahl der Kinder (Prozent)	3 (2,8%)	16 (14,8%)	35 (32,4%)	33 (30,6%)	21 (19,4%)

Abweichende Lösungen:

	(häufige) abweichende Lösungen	Anzahl (Prozent)
Muster 1	Mehrere Kreise werden in und um die Lücke herum gezeichnet	13/16 (81,3%)

Muster 2	Eine Linie wird an falscher Stelle in das Pentagramm einge-zeichnet	27/46 (58,7%)
	Eine bzw. mehrere Zacken werden in das Pentagramm ge-zeichnet	9/46 (19,6%)
Muster 3	Ein Kreis wird in die Lücke in der Mitte des Musters ge-zeichnet	25/38 (65,8%)
	Mehrere Kreise werden in die Lücke in der Mitte des Musters gezeichnet	6/38 (15,8%)
Muster 4	Ein oder mehrere die Ecken oder Seiten des Sechsecks ver-bindende Striche werden an falscher Stelle eingezeichnet	14/26 (53,8%)
	Ein oder mehrere Dreiecke oder Zacken werden in das Sechseck eingezeichnet	4/26 (15,4%)

Abbildung 7.25 Übersicht der Auswertungsergebnisse der Aufgabe G5a

Erfolgsquoten

Die Schulanfängerinnen und Schulanfänger kommen mit der Fortführung der geometrischen Muster in ganz unterschiedlichem Maße zurecht. So zeigen sich zum einen unterschiedlich hohe Erfolgsquoten hinsichtlich der vier verschiedenen zu vervollständigen Muster, zum anderen sind die einzelnen Schülerinnen und Schüler, in Bezug auf die Anzahl der von ihnen korrekt fortgesetzten Muster, sehr unterschiedlich erfolgreich.

Das Muster 1 stellt sich als das leichteste Muster für die Kinder heraus. Im Gegensatz zu den mittelschweren Mustern 3 und 4 (Erfolgsquote: 62,0% und 66,7%) können hierbei 85,2% der Schülerinnen und Schüler das fehlende Teil korrekt ergänzen. Mit einer Erfolgsquote von lediglich 35,2% wird das Muster 2 von den wenigsten Kindern korrekt fortgesetzt.

Genau der Hälfte der Schulanfängerinnen und Schulanfänger gelingt es, drei oder alle vier Muster korrekt zu komplettieren. Diese Schülerinnen und Schüler stellen auch den wesentlichen Anteil (89,5%) der Kinder dar, die das schwerste Muster, Muster 2, durch das fehlende Teil richtig ergänzen können. Ungefähr einem Drittel der Kinder (32,4%) gelingt es, zwei der Muster korrekt fortzuführen und 19 Kinder (17,6%) können maximal nur eine der vier Teilaufgaben lösen, 8 dieser Schülerinnen und Schüler setzen dabei das erste Muster korrekt fort.

Vorgehensweisen

Bei den Vorgehensweisen der Schülerinnen und Schüler stellt es sich als besonders interessant heraus, die abweichenden Musterergänzungen der Kinder näher zu betrachten. Hierbei wird ersichtlich, dass sich die Kinder auch in ihren fehlerbehafteten Lösungsversuchen auf Strukturen geometrischer Muster stützen und insbesondere die Lage und Form der zu ergänzenden Teilmuster von dem Aufbau der Ausgangsmuster ableiten. Demnach zeigen sie Fähigkeiten im Umgang mit Mustern auf, auch wenn sie die Ergänzung nicht gänzlich korrekt durchführen können.

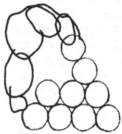

Die Lage der fehlenden Teilmuster ist insbesondere bei den Mustern 1 und 3 für die Kinder naheliegend und so variiert die Lage und auch die Form der ergänzten Teile zwischen den verschiedenen Lösungsansätzen nur geringfügig.

Alle Kinder, bis auf die Ausnahme eines Schülers, machen die Lücke des fehlenden Kreises in Muster 1 korrekt aus und positionieren das fehlende Teilmuster in dieser (und teilweise zusätzlich um die Lücke herum). Johannes wählt zwar auch die linke Seite der Kreisanordnung für die Vervollständigung des Musters, doch füllt er als einziger Schüler nicht die Lücke an sich mit Kreisen aus, sondern den ganzen Bereich links neben dem Muster (vgl. Abb. 7.26).

Abbildung 7.26
Lediglich ein Schüler füllt bei der Vervollständigung des ersten Musters nicht die Lücke aus

Bei Muster 3 gibt es hingegen zwei Stellen, welche die Schülerinnen und Schüler als geeignet für eine Ergänzung ansehen. Zum einen ist das die freie Mitte des Musters, zum andern die Lücke rechts unten in der Kreisanordnung. 31 der 38 abweichenden Ergänzungen dieses Musters (81,6%) kommen dadurch zustande, dass die Kinder die Mitte des Musters ausfüllen (vgl. Abb. 7.27).

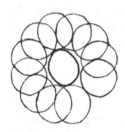

Abbildung 7.27
Viele Kinder füllen beim dritten Muster die freie Mitte aus

Bei den Mustern 2 und 4 sind die Stellen, die als potentielle Lücken von den Kindern identifiziert werden, erheblich vielfältiger, sodass hier vielen Schülerinnen und Schülern die Lage des zu ergänzenden Teils scheinbar nicht so offensichtlich ist und sie sich daher für verschiedene Positionen entscheiden.

Die Form der zu ergänzenden Teile leitet sich die Mehrzahl der Kinder von den Teilmustern der Vorlagen ab. Beim ersten und dritten Muster sind sich alle Kinder darüber bewusst, dass das fehlende Teil jeweils ein Kreis sein muss. Die Anzahl der zu ergänzenden Kreise ist bei den Aufgabenbearbeitungen jedoch nicht einheitlich. Einige Kinder zeichnen auch mehrere Kreise in die Lücke ein (vgl. Abb. 7.28).

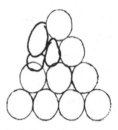

Beim vervollständigen des Pentagramms beziehen sich die meisten Kinder (78,7%), welche ein Teilmuster einzeichnen, auf die Linien des Musters als Teilmusterform und zeichnen eine weitere, in fast allen Fällen eine von einer Seite bzw. Ecke zu einer anderen führende Linie ein. Anderseits beziehen sich auch einige Schülerinnen und Schüler (11,1%) auf die in den Ecken liegenden Zacken des Pentagramms und vervollständigen das Muster mit einer solchen Form (vgl. Abb. 7.29). Dreiecke und Kreuze werde auch vereinzelt von den Kindern eingezeichnet.

Abbildung 7.28 Einige Kinder füllen die Lücke des ersten Musters mit mehreren Kreisen aus

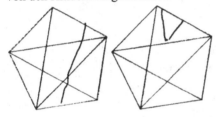

Abbildung 7.29 Der Großteil der Kinder verwendet Linien als Teilmusterform bei Muster 2, einige wenige Kinder auch Zacken oder Dreiecke

Gleichermaßen hat das ergänzte Teilmuster bei Muster 4 bei fast allen Schülerlösungen (95,4%) eine Linienform, die in vielen Fällen (88,3%) Seiten oder Ecken des Sechsecks miteinander verbindet. Auch eine Kombination aus zwei Linien, wie sie beispielsweise in Abbildung 7.30 im linken Bild gegeben ist, kommt bei den Schülerlösungen hin und wieder vor. So nehmen sich zwölf Kinder die Struktur der zwei im Sechseck liegenden, sich kreuzenden Linien als Vorlage für ihre Vervollständigung des Musters und zeichnen zwei sich ebenfalls kreuzende Linien in das Sechseck ein. Vier Schülerinnen und Schüler richten ihren Fokus auf die Teilmusterform ‚Dreieck' oder ‚Zacke' und zeichnen diese in das Muster ein (vgl. rechtes Bild Abb. 7.30).

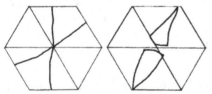

Abbildung 7.30 Viele Kinder verwenden Linien als Teilmusterform bei Muster 4, einige wenige Kinder auch Zacken oder Dreiecke

Insgesamt wird deutlich, dass sich die Schulanfängerinnen und Schulanfänger, auch wenn sie die Muster nicht immer korrekt vervollständigen, auf Strukturen der jeweiligen geometrischen Muster stützen und diese in der Lage und Form der zu ergänzenden Teilmuster berücksichtigen. So können neben den hohen Fähigkeiten der Kinder, welche die Muster korrekt fortsetzen können, auch ansatzweise Fähigkeiten bei den restlichen Kindern ausgemacht werden, welche die Musterstruktur hinsichtlich Lage und Form der Teilmuster in ihren Zeichnungen in Ansätzen berücksichtigen.

Aufgabe G5b: Fehlende Teile II

Aufgabe G5b: Fehlende Teile II

Aufgabenstellung:

„Hier siehst du mehrere Figuren, in denen jeweils ein Feld gefärbt ist. Hier oder hier zum Beispiel (es wird auf die Färbungen der ersten zwei Figuren gezeigt). Diese Figur (es wird auf das vorletzte Sechseck gedeutet) ist noch nicht gefärbt. Kannst du das nachholen? Überleg mal, was musst du anmalen, damit es am besten zu den anderen passt? ... Woher wusstest du, dass dieses Feld angemalt werden muss?"

Die Nummerierung im Bild liegt den Kindern bei der Aufgabenbearbeitung nicht vor und dient ausschließlich Auswertungszwecken.

„Hier ist ein Pferdemuster aufgezeichnet. Doch siehst du hier die Lücke (es wird auf die Lücke gezeigt)? Hier fehlt noch ein Pferd. Das habe ich hier mitgebracht. Kannst du es richtig hinlegen? Schau noch mal genau hin, wie die anderen Pferde liegen. Wie musst du das Pferd hinlegen, damit es in das Muster passt?"

Erfolgsquoten und abweichende Lösungen:

	erfolgreiche Bearbeitungen	abweichende Lösungen				
Muster 1	64 (59,3%) keine Bearb.: 0 (0%)	**Position**	2	6	4	3	1
		n	19	9	7	5	4

	erfolgreiche Bearbeitungen	abweichende Lösungen			
Muster 2	21 (19,4%) keine Bearb.: 2 (1,9%)	**Position**	Kopf: links Beine: unten	Kopf: rechts Beine: oben	Kopf: recht Beine: unten	schräge Lage des Pferds
		n	70	13	1	1

Anzahl korrekt fortgesetzter Muster:

	0	1	2
Anzahl der Kinder (Prozent)	35 (32,4%)	61 (56,5%)	12 (11,1%)

Häufige Begründungen der Kinder:

	Position	Begründung der Kinder	Anzahl (Prozent)
Muster 1	5	„Weil von den anderen keins unten ist."	48/64 (75,0%)
		„Weil bei den Sechsecken daneben, die anliegenden Felder eingefärbt sind."	7/64 (10,9%)
	2	„Weil das auch bei dem (Figur 2) angemalt ist."	5/19 (26,3%)
Muster 2	Kopf: links, Beine: unten	„Weil die anderen Pferde auch so stehen."	42/70 (60,0%)
		„Weil das Pferd darunter auch so steht."	5/70 (7,1%)
	Kopf: links, Beine: oben	„Es stehen immer zwei richtig und dann eins falsch herum."	7/21 (33,3%)
		„Weil das dritte Pferd auch so steht."	6/21 (28,6%)
		„Immer Kopf zu Kopf und Füße zu Füße."	2/21 (9,5%)

Abbildung 7.31 Übersicht der Auswertungsergebnisse der Aufgabe G5b

Erfolgsquoten

Die zwei Teilmuster lassen bedingt durch ihren unterschiedlichen Schwierigkeitsgrad ein recht breites Spektrum an Lernständen der Schulanfängerinnen und Schulanfänger zu geometrischen Mustern erfassen. So gelingt es über der Hälfte der Schülerinnen und Schüler (59,3%) das erste Muster korrekt fortzusetzen. Das zweite Muster wird von lediglich 19,4% der Kinder korrekt komplettiert. Die Erfolgsquote der Kinder, welche die fehlenden Teile beider Muster korrekt einzeichnen, liegt lediglich bei 11,1%. 56,5% der Kinder gelingt die Vervollständigung eines der beiden Muster, 32,4% der Schülerinnen und Schüler sind bei keiner der beiden Aufgaben erfolgreich.

Vorgehensweisen

Die Vorgehensweisen und abweichenden Lösungen der Kinder machen deutlich, welche Strukturen der Muster die Schulanfängerinnen und Schulanfänger bei ihren Bearbeitungen verfolgen und wie erfolgreiche und weniger erfolgreiche Auseinandersetzungen mit den Mustern zustande kommen.

Beim ersten Muster durchdringt ein Großteil der Kinder die systematisch wechselnde Färbung und kann aufgrund dieser Strukturerkenntnis die fehlende Färbung vornehmen. So begründen auch 75,0% der Kinder, welche das Muster korrekt fortsetzen, dass eine Färbung unten im Sechseck bisher noch nicht vorgenommen wurde und, um das Muster zu komplettieren, noch erfolgen müsse. Viele der restlichen Kinder (insgesamt 10,9%) erläutern ihr Vorgehen dahingehend, dass die Färbung sich aus den anliegenden Sechsecken ergibt, welche jeweils eine Färbung in den direkt benachbarten Feldern aufweisen. Beide Begründungen verdeutlichen, dass sich die weite Mehrheit der Kinder, welche das Muster korrekt fortführt und ihr Vorgehen beschreiben kann, in ihrer Durchdringung der Musterstruktur auf mehrere Teilmuster (Sechsecke) bezieht und den Zusammenhang zwischen diesen erfasst.

In dieser Fähigkeit liegt der wesentliche Unterschied zu den Schülerinnen und Schülern, die das Muster nicht erfolgreich fortsetzen können. Diese Kinder erklären ihre abweichenden Färbungen in vielen Fällen damit, dass sie sich auf lediglich eines der anderen Teilmuster (Sechsecke) beziehen. So ziehen die Kinder für ihre Entscheidungen nicht mehrere Teilmuster heran, welche die Musterstruktur überhaupt erst ersichtlich machen können. Insbesondere im Vergleich zu den Begründungsansätzen der Kinder bei der zweiten Teilaufgabe ist anzunehmen, dass die Schulanfängerinnen und Schulanfänger sich auf ein isoliertes Teilmuster beschränken, weil ihnen kein Zusammenhang zwischen den einzelnen Sechsecken auffällt und nicht, weil sie generell nicht in der Lage sind, mehrere Teilmuster zu vergleichen.

So bezieht sich ein Großteil der Schülerinnen und Schüler in Zusammenhang mit der Begründung der zweiten Teilaufgabe auf mehrere Teilmuster. Doch wirkt sich diese Tatsache nur bedingt positiv auf die Erfolgsquote aus, da viele Kinder nicht den entscheidenden Zusammenhang der Teilmuster hervorheben. So wird die am häufigsten auftretende, abweichende Lösung bei dieser Aufgabe (Kopf: links, Beine: unten) von 60,0% der Kinder dadurch erklärt, dass die überwiegende Position der anderen Pferde für das zu ergänzende Pferd übernommen wird. Einige Kinder unterstützen ihr Vorgehen zusätzlich damit, dass es sich bei dem umgedrehten Pferd in der oberen Reihe um ‚Fehler' handeln würde.

Den Schulanfängerinnen und Schulanfängern, die das Pferdemuster korrekt ergänzen können, gelingt zu 33,3% ihr Vorgehen damit zu begründen, dass immer zwei Pferde richtig herum stehen und dann jeweils ein Pferd gedreht wird. Zwei der 21 Kinder (9,5%) beschreiben ihre korrekte Beobachtung, damit dass immer die Füße bzw. die Köpfe der Pferde zueinander zeigen. Etwas mehr als ein Viertel der Kinder, welche das Muster richtig ergänzen, beziehen sich in ihrer Beschreibung lediglich darauf, dass das dritte Pferd auch so steht und verweisen daher nicht auf den strukturellen Zusammenhang der einzelnen Teilmuster (der Pferde).

Überblick: Ergebnisse ‚geometrische Gesetzmäßigkeiten und Muster'

Die 108 Schulanfängerinnen und Schulanfänger der Untersuchung können die Aufgaben zur Grundidee ‚geometrische Gesetzmäßigkeiten und Muster' trotz ihres fortgeschrittenen Anforderungsniveaus, welches teilweise über das des üblichen Anfangsunterrichts hinaus geht, mit einer mittleren bis hohen Erfolgsquote lösen. 92,5% der Kinder gelingt es, mindestens drei der sieben Muster fortzusetzen. Die Hälfte dieser Kinder führen sogar fünf oder sechs der Muster korrekt fort (vgl. Abb. 7.33). Das Fortsetzen aller geometrischen Muster gelingt allerdings keinem Kind der Untersuchung. Insgesamt zeigen allein die Punktzahlen der Schülerinnen und Schüler bei diesem Aufgabenblock auf, dass fast alle Kinder zumindest über elementare Vorerfahrungen in diesem Inhaltsbereich der Geometrie verfügen, vollkommen ausgeprägte Kenntnisse bezüglich der Aufgaben jedoch bei keinem Kind vorliegen.

Bei den Vorgehensweisen der Schülerinnen und Schüler wird (in diesem Kapitel insbesondere bei der Aufgabe ‚G5a: Fehlende Teile I') aufgezeigt, dass die Kinder ihre Überlegungen überwiegend auf Strukturen der vorgegebenen Muster stützten und somit Form und /oder Lage der zu ergänzenden Teilmuster vom Ausgangsmuster versuchen abzuleiten. So zeigt sich auch in vielen fehlerhafteten Musterfortsetzungen der Kinder, dass sie sich bei der Vervollständigung nach Strukturelementen der Muster richten, diese jedoch nicht immer korrekt deuten können oder nicht fehlerfrei übertragen bzw. wiedergeben. Inwieweit es den Kindern daher gelingt, einen Zugang zu der konkreten Teilmusterform und der entsprechenden Teilmusterlage zu bekommen, wirkt sich in den sehr stark schwanken Erfolgsquoten der Teilaufgaben aus (vgl. Abb. 7.32).

Auch bei den Bearbeitungen der Aufgabe ‚G5b: Fehlende Teile II' hängt der Erfolg der Schülerinnen und Schüler von der Tatsache ab, ob die Kinder einen Zusammenhang zwischen den einzelnen Teilmustern erkennen und diesen fortführen können. Dass die Mehrzahl der Kinder überhaupt auf Zusammenhänge zwischen den einzelnen Teilmustern achtet, wird beim ersten Sechseckmuster deutlich. Hier ist es 59% der Kinder möglich, das Muster korrekt fortzuführen und damit auch Vergleiche zwischen den einzelnen Teilmustern, den Sechsecken, anzustellen. Die Struktur des Pferdemusters ist für die Kinder hingegen nicht so einfach zugänglich. Nur ein Fünftel der Kinder setzt dieses korrekt fort. Größtenteils lassen sich die Kinder von den vielen nach rechts schauenden Pferden in der oberen Reihe in ihrer Entscheidung beeinflussen. Sie deuteten demnach auch hier das Muster, doch verfolgen sie eine Struktur, die keine volle Regelmäßigkeit besitzt – was mitunter von den Kindern auch geäußert, doch gleichzeitig einfach hingenommen bzw. als ein Fehler im Muster betrachtet wird.

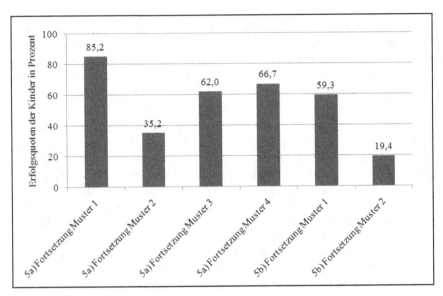

Abbildung 7.32 Erfolgsquoten der Schulanfängerinnen und Schulanfänger bei den einzelnen Teilaufgaben in Aufgabenblock G5

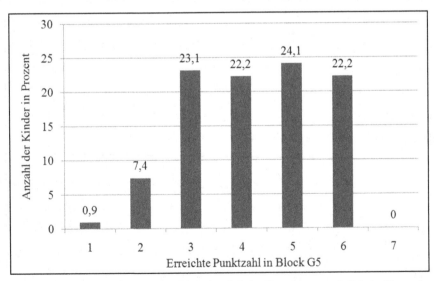

Abbildung 7.33 Erreiche Punktzahlen der Schulanfängerinnen und Schulanfänger in Aufgabenblock G5

7.6 Aufgabenblock G6: Formen in der Umwelt

Aufgabe G6a: Formen erkennen

Aufgabe G6a: Formen erkennen

Aufgabenstellung:

„Für diese Aufgabe habe ich drei Formen mitgebracht." Eine Kugel, ein Zylinder und ein Quader werden auf den Tisch gelegt. *„Hier auf dem Bild kannst du Dinge finden, die eine ähnliche Form haben wie diese drei Formen hier. Welche Formen kannst du wiederfinden?"*

Erfolgsquoten und abweichende Vergleiche:

	Bearbeitungen	Abweichende Vergleiche	
Kugel	**mehrere korrekte Vergleiche: 93 (86,1%)** ein korrekter Vergleich: 15 (13,9%) kein korrekter Vergleich: 0 (0%) (zusätzlich) abweichende(r) Vergleich(e): 13 (12,0%)	**abweichende Vergleiche**	**n (Prozent)**
		Autoreifen	9/13 (69,2%)
		Autoscheinwerfer	2/13 (15,4%)
		(Rand vom) Mülleimer	2/13 (15,4%)
Zylinder	**mehrere korrekte Vergleiche: 86 (89,6%)** ein korrekter Vergleich: 21 (19,4%) kein korrekter Vergleich: 1 (0,9%) (zusätzlich) abweichende(r) Vergleich(e): 15 (13,9%)	**abweichende Vergleiche**	**n (Prozent)**
		Baum(-stamm)	3/15 (20,0%)
		Laternenpfahl	3/15 (20,0%)
		Eis	2/15 (13,3%)

		abweichende Vergleiche	n (Prozent)
Qua-der	**mehrere korrekte Vergleiche: 84 (77,8%)** ein korrekter Vergleich: 23 (21,3%) kein korrekter Vergleich: 1 (0,9%) (zusätzlich) abweichende(r) Vergleich(e): 33 (30,6%)	Fenster(-scheibe)	14/33 (42,4%)
		Mülleimer(-fuß)	8/33 (24,2%)
		Rucksack	5/33 (15,2%)
		Litfaßsäule	5/33 (15,2%)
		Auto	5/33 (15,2%)

Anzahl der Formen, die von den Kindern mit zwei gleichförmigen Objekten verglichen werden:				
	0	1	2	3
Anzahl der Kinder (Prozent)	12 (11,1%)	18 (16,7%)	30 (27,8%)	48 (44,4%)

Abbildung 7.34 Übersicht der Auswertungsergebnisse der Aufgabe G6a

Erfolgsquoten

Den Schulanfängerinnen und Schulanfängern ist es möglich, viele richtige Vergleiche zwischen den vorliegenden Körpern und den Objekten im Bild zu ziehen. So können jeweils über drei Viertel der Schülerinnen und Schüler den Formen mehrere vergleichbare Objekte im Bild zuordnen, auch wenn sie teilweise darüber hinaus zusätzliche abweichende Vergleiche ziehen. Den jeweils restlichen Kindern gelingt es, bis auf zwei Ausnahmen, zumindest einen korrekten Vergleich zwischen den jeweiligen Körpern zu ziehen.

Bezüglich der drei verschiedenen Formen bestehen keine nennenswerten Unterschiede zwischen den Erfolgsquoten der korrekten Vergleiche. Auffallend sind dagegen die vermehrten abweichenden Zuordnungen beim Quader (30,6%) im Vergleich zur Kugel (12,0%) und zum Zylinder (13,9%).

Insgesamt ist es beinahe der Hälfte der Schülerinnen und Schüler (44,4%) möglich, alle drei Formen ausschließlich mit zwei gleichförmigen Objekten im Bild zu vergleichen. 27,8% der Kinder gelingt dies immerhin bei zwei der drei Formen, und 16,7% der Schulanfängerinnen und Schulanfänger bei einer Form. 12 Kinder (11,1%) schaffen es in keinem Fall, eine Form zwei gleichförmigen Objekten im

Bild zuzuordnen, ohne diese zusätzlich mit einem abweichenden Objekt zu vergleichen.

Vorgehensweisen

Wie die Erfolgsquoten aufzeigen, erkennen die Kinder die ihnen vorgelegten Körper insbesondere in den formgleichen Objekten im Bild wieder. Jedoch auch andere Gegenstände im Bild – die durchaus eine gewisse Ähnlichkeit zu den Ausgangsformen aufweisen, jedoch nicht exakt formgleich sind – verleiten die Schülerinnen und Schüler in einigen Fällen zu einem Vergleich. Die inkorrekten Zuordnungen der Kinder können dabei auf drei wesentliche Typen von Abweichungen zurückgeführt werden.

Formen, die eine ähnliche Körperform aufweisen

Zum Teil werden von den Schulanfängerinnen und Schulanfängern Objekte im Bild für einen Vergleich ausgewählt, die über eine ähnliche Körperform wie die Ausgangsformen verfügen. So werden beispielsweise der Baum(-stamm) sowie das Eis mit der Form des Zylinders verglichen oder der Rucksack bzw. das Auto mit dem Quader. Hier werden somit nur grobe Eigenschaften der Objekte für den Vergleich herangezogen.

Objekte, die in der Seitenansicht der Körperform entsprechen

Viele Abweichungen können darauf zurückgeführt werden, dass die Kinder den Vergleich zwischen Ausgangsform und Objekt im Bild aufgrund von zweidimensionalen Eigenschaften der Ausgangsformen vornehmen. So benennen die Kinder Kreise (Seitenansicht: Autoreifen oder Autoscheinwerfer) und Rechtecke ((Fenster-)scheiben) im Bild, die sie mit der Form der Kugel bzw. des Quaders vergleichen. Diese teilen jedoch nicht die dreidimensionalen Körpereigenschaften mit den Ausgangsformen und stellen somit abweichende Vergleiche dar.

Objekte, die ein wesentlich anderes Seitenverhältnis aufweisen als die vorliegende Körperform

Bei dem dritten Typ von Abweichung handelt es sich um den Vergleich von Objekten, deren Grundformen zwar identisch sind, welche jedoch erheblich voneinander abweichende Seitenverhältnisse aufweisen. So wird insbesondere der Zylinder mit dem Laternenpfahl (sehr langgestreckter Zylinder) verglichen oder der Mülleimerfuß (sehr flacher Quader) mit dem Quader.

Zu den abweichenden Zuordnungen sind einige Anmerkungen nötig:

Da die Kinder von der Interviewerin bzw. dem Interviewer in ihrem Suchen gestoppt werden, wenn sie zwei korrekte Vergleiche mit einem Körper gezogen haben, können die ungenauen Objektvergleiche nicht als „Notlösungen" der Kinder interpretiert werden, die sie angeben, weil sonst keine besseren Alternativen mehr zur Verfügung stehen.

Die Bewertungskriterien dieser Aufgabe sind sehr streng definiert, um ein differenziertes Bild der Formerkennung der Schülerinnen und Schüler zu erhalten. Es steht außer Frage, dass hinter vielen der abweichenden Zuordnungen sinnvolle Überlegungen der Kinder stehen. So wird aus den Abweichungen deutlich, dass sich die Schülerinnen und Schüler oft an Eigenschaften der Ausgangsformen orientieren, dennoch nicht alle Eigenschaften der Körper exakt genug berücksichtigen. In anderen Kontexten wären weichere Trennungen zwischen „richtigen" und „falschen" Zuordnungen gut denkbar.

Die hohe Fehlerquote bei der Form des Quaders ist vermutlich lediglich darauf zurückzuführen, dass besonders viele annäherungsweise vergleichbare Objekte im Bild gegeben sind, auf die sich die Schülerinnen und Schüler bei ihren abweichenden Zuordnungen beziehen können.

Überblick: Ergebnisse ‚Formen in der Umwelt'

In diesem Aufgabenblock sind bei den Schulanfängerinnen und Schulanfängern recht hohe Erfolgsquoten zu verzeichnen. So gelingt ist den Schülerinnen und Schülern in vielen Fällen, die vorgegebenen Körper in den formgleichen Objekten im Bild wiederzuerkennen. Betrachtet man die Anzahl der erfolgreichen Zuordnungen, so werden die drei verschiedenen Körper von jeweils 58,3% bis 76,9% der Kinder mit genau zwei korrekten Objekten verglichen. Etwa einem weiteren Fünftel der Kinder ist es möglich, ein vergleichbares Objekt im Bild zu den jeweiligen Körpern, abzüglich der abweichenden Zuordnungen, auszuwählen (vgl. Abb. 7.35). So erreicht fast die Hälfte aller Kinder (44,4%) die volle Punktzahl bei diesem Aufgabenblock, nur 6,5% der Kinder verzeichnen weniger als die Hälfte der zu erreichenden Punkte (vgl. Abb. 7.36). Auch in der Studie von Waldow & Wittmann (vgl. 2001, 258) ergeben sich bei dieser Aufgabe besonders hohe Erfolgsquoten.

Die ausgeprägten Fähigkeiten von Kindern bei der Zuordnung von Formen mit vergleichbaren Objekten aus der Umwelt hebt auch Franke (vgl. 1999, 155f.) hervor, die in ihrer Untersuchung mit Kindern unterschiedlichen Alters zudem beobachtet, dass insbesondere Kindergartenkinder den vorgelegten geometrischen Körpern umgangssprachliche Bezeichnungen zuschreiben. So bezeichnen einige Kinder einen Würfel beispielsweise als Haus, einen Kreis als Ball und einen Zylinder als Litfaßsäule, ohne ein Bild, wie in dem hier gegebenen Untersuchungsaufbau, vorliegen zu habe. Erstklässler verwenden ihrer Untersuchung nach beim Benennen der Körper bereits vermehrt Ausdrücke aus der ebenen Geometrie. Ähnliche Konzepte liegen den fehlerbehafteten Vergleichen der Schülerinnen und Schüler in der hier vorliegenden Untersuchung ('Formen, die eine ähnliche Körperform aufweisen', 'Objekte, die in der Seitenansicht der Körperform entsprechen') zugrunde.

Fähigkeiten im Umgang mit Formen zeigen somit nicht nur die Kinder, welche die Aufgabe erfolgreich bearbeiten auf, sondern elementare Vorerfahrungen können auch in den abweichenden Lösungen der Kinder beobachtet werden. So führen auch diese Kinder bei der Aufgabenbearbeitung Vergleiche der Formen durch, bei denen sie sich in ihren Entscheidungen auf geometrische Eigenschaften der Vergleichsobjekte stützen. Die fehlerhaften Zuordnungen sind im Wesentlichen darauf zurückzuführen, dass die abweichenden Lösungen 1) lediglich eine zu den Körper ähnliche Form haben, 2) dass lediglich ihre zweidimensionalen Formen der Seitenansicht der Körper gleichen oder, 3) ein wesentlich anderes Seitenverhältnis aufweisen als die entsprechenden Ausgangsformen. Die Kinder somit, trotz ihrer abweichenden Aufgabenlösungen, unbedingt Vorerfahrungen mit einzelnen Aspekten von Formen aufzeigen, jedoch nicht alle Merkmale der Körper in ihren Vergleichen mit Objekten aus der Umwelt berücksichtigen.

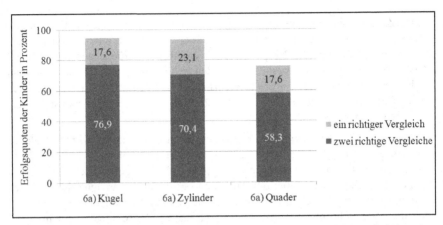

Abbildung 7.35 Erfolgsquoten der Schulanfängerinnen und Schulanfänger bei den einzelnen Teilaufgaben in Aufgabenblock G6

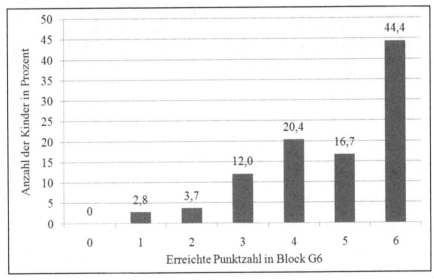

Abbildung 7.36 Erreiche Punktzahlen der Schulanfängerinnen und Schulanfänger in Aufgabenblock G6

7.7 Aufgabenblock G7: Kleine Sachsituationen

Aufgabe G7a: Pläne

Aufgabe G7a: Pläne

Aufgabenstellung:

„Auf dem Bild ist Frau Berger mit ihrer Klasse abgebildet. Frau Berger ist neu in der Klasse und kennt die Namen ihrer Schüler noch nicht auswendig. Deshalb hat sie sich einen Sitzplan von dem Stuhlkreis aufgemalt und die Namen der Kinder dazu geschrieben (dem Kind wird der Sitzplan gezeigt). *Das ist Frau Berger und hier hat sie sich in den Sitzplan gemalt.* (Es wird erst auf Frau Berger im Sitzkreis und dann auf Frau Berger im Sitzplan gezeigt.) *Kannst du mir den Jungen mit dem rotgrün geringelten Pullover im Sitzplan zeigen?* (Es wird auf den Dani im Stuhlkreis gezeigt) *Kannst du mir auch dieses Kind* (Maxi, das zweite Kind von links wird auf dem Sitzplan gezeigt) *im Stuhlkreis zeigen?"*

Die Vergrößerung rechts ist auf dem DIN-A4 Ausdruck der Kinder nicht gegeben.

Erfolgsquoten und abweichende Lösungen:

	erfolgreiche Bearbeitungen	abweichende Lösungen					
Dani	94 (87,0%) keine Bearb.: 0 (0%)	**Kind**	Kim (rechts)	Jule	Maxi	Pati	Tim	Tina
		n	7	2	2	1	1	1

		abweichende Lösungen		
Maxi	91 (84,3%) keine Bearb.: 0 (0%)	**Kind**	Pati	Kim (links)	Jule
		n	7	4	2

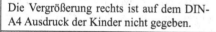

Anzahl richtiger Zuordnungen:			
	0	1	2
Anzahl der Kinder (Prozent)	4 (3,7%)	23 (21,3%)	81 (75,0%)

Abbildung 7.37 Übersicht der Auswertungsergebnisse der Aufgabe G7a

Erfolgsquoten

Drei Viertel der Schulanfängerinnen und Schulanfänger sind bei der Orientierung zwischen Stuhlkreis und Sitzplan bei beiden Teilaufgaben erfolgreich. Diesen Schülerinnen und Schülern ist es einerseits möglich, eine bestimmte Person aus dem Plan im Stuhlkreis und andererseits, ein Kind aus dem Stuhlkreis im Plan zu orten. So gelingt es der weiten Mehrheit der Kinder, den verkleinerten, skizzenhaften Plan mit der Situation im Bild zu vergleichen und somit jeweils die Position bzw. die Gestalt ausgewählter Kinder zuzuordnen. Dabei weichen die Erfolgsquoten zwischen den zwei Übertragungsrichtungen (Sitzkreis auf Sitzplan, Sitzplan auf Sitzkreis) kaum voneinander ab. Lediglich vier der 108 Kinder gelingt keine erfolgreiche Lösung der beiden Teilaufgaben.

Vorgehensweisen

Die wenigen abweichenden Lösungen bei dieser Aufgabe sind insbesondere darauf zurückzuführen, dass sich die Schülerinnen und Schüler des Öfteren in der Position im Kreis um einen Platz (zu weit links oder zu weit rechts) irren. Hierbei spielen zum einen Beobachtungsungenauigkeiten, zum anderen Zählfehler eine Rolle.

In zwei Fällen kann jedoch auch eine abweichende Lösung beobachtet werden, der ein fehlerhaftes Vorgehen bei der Orientierung zwischen den zwei Abbildungen zugrunde liegt. So orientieren sich zwei Kinder bei der Suche nach Maxi im Stuhlkreis an dem räumlich nächstgelegensten Kind zu Maxis Position im Plan und geben an, dass Jule das entsprechende Kind im Plan sei, da sie direkt über Maxi abgebildet ist.

Abbildung 7.38
Zehda deutet den
Umriss der Hand des
Kindes als Nase

Einige Kinder machen deutlich, dass sie sich nicht nur an der Position der Kinder im Stuhlkreis bzw. Sitzplan richten, sondern teilweise auch an der Gestalt und den Umrissen der gezeichneten Personen orientieren. So wird Maxi beispielsweise von einigen Kindern daran wiedererkannt, dass sie sich nach vorne lehnt oder, dass das Kind neben ihr aufzeigt. In einem Fall kommt es durch die Figurumrisse jedoch auch zu Irritationen. So gibt Zehda an, dass sie Maxi oben im Bild nicht finden könne. Sie beruft sich dabei auf die ‚große Nase', die sie im Plan bei dem Kind sieht und oben bei keinem der Kinder wiederfinden kann. Sie interpretiert die Zeichnung daher anders als intendiert, Maxis Hand deutete sie als Nase (vgl. Abb. 7.38).

Aufgabe G7b: Ansichten

Aufgabe G7b: Ansichten

Aufgabenstellung:

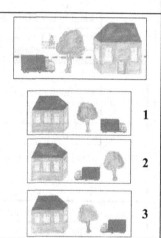

„Auf dem oberen Bild siehst du einen LKW, einen Baum und ein Haus. Wenn man um das Haus herum geht, sieht alles immer etwas anders aus. Das Mädchen sitzt auf der anderen Seite und malt ein Bild, wie sie das Auto, den Baum und das Haus von ihrer Seite aus sieht. Welches Bild, denkst du, hat das Mädchen gemalt. Was sieht sie von ihrer Seite aus? ... Warum meinst du, dass das Mädchen dieses Bild gemalt hat?"

Erfolgsquoten und abweichende Lösungen:

erfolgreiche Bearbeitungen	abweichende Lösungen		
39 (36,1%)	**Ansicht**	Ansicht 1	Ansicht 2
keine Bearb.: 3 (2,8%)	**n**	56/66 (85%)	10/66 (15%)

Begründungen der Kinder:

	Begründungen	Anzahl (Prozent)
Ansicht 1	„Weil der LKW in dieselbe Richtung fährt."	32/56 (57,1%)
	„Weil der LKW in dieselbe Richtung fährt und der Baum in der Mitte steht."	5/56 (8,9%)

Ansicht 1	„Weil der LKW in dieselbe Richtung fährt."	32/56 (57,1%)
	„Weil der LKW in dieselbe Richtung fährt und der Baum in der Mitte steht."	5/56 (8,9%)
	„Weil der LKW in dieselbe Richtung fährt und das Haus von der anderen Seite zu sehen ist."	2/56 (3,6%)
	„Weil der LKW in dieselbe Richtung fährt, der Baum in der Mitte steht und das Haus von der anderen Seite zu sehen ist."	1/56 (1,8%)
	„Weil das Haus von der anderen Seite zu sehen ist und der Baum in der Mitte steht."	1/56 (1,8%)
	„Weil der LKW auf der anderen Seite im Bild steht."	1/56 (1,8%)
	„Wenn man das Bild auf das obere legt, dann dreht sich alles um."	1/56 (1,8%)
	Allgemeine Beschreibung des Bildaufbaus	1/56 (1,8%)
	Keine Begründung (die den Bildaufbau betrifft)	12/56 (21,4%)
Ansicht 2	„Weil der LKW in die andere Richtung fährt."	4/10 (40,0%)
	„Weil der LKW in die andere Richtung fährt und alles ist vermischt."	1/10 (10,0%)
	Keine Begründung (die den Bildaufbau betrifft)	5/10 (50,0%)
Ansicht 3	„Weil der LKW auf den Baum zu fährt."	7/39 (17,9%)
	„Weil der LKW in die andere Richtung fährt."	6/39 (15,4%)
	„Weil der LKW auf das Haus zu fährt und der Baum dazwischen steht."	4/39 (10,3%)
	„Weil der LKW in die andere Richtung und auf den Baum zu fährt."	2/39 (5,1%)
	„Weil der Baum in der Mitte steht."	2/39 (5,1%)
	„Weil der LKW auf das Haus zu fährt."	1/39 (2,6%)
	„Weil alles andersherum ist und der LKW in die andere Richtung fährt."	1/39 (2,6%)
	Unpräziser Vergleich mit dem Ausgangsbild	2/39 (5,1%)
	Keine Begründung (die den Bildaufbau betrifft)	14/39 (35,9%)

Abbildung 7.39 Übersicht der Auswertungsergebnisse der Aufgabe G7b

Erfolgsquoten

Die Erfolgsquote der Schulanfängerinnen und Schulanfänger von 36,1% ist – ausgehend von dem Gesichtspunkt, dass eine ähnlich hohe Wahrscheinlichkeit bei der willkürlichen Auswahl eines von drei Bildern besteht – nicht sonderlich aussagekräftig. Schaut man sich jedoch ergänzend die Anteile der abweichenden Lösungen und die Begründungen der Kinder für ihre Entscheidungen an, so wird deutlich, dass die Entscheidungen der Schülerinnen und Schüler nicht zufällig erfolgen, sondern diversen (Fehl-)Vorstellungen der Kinder hinsichtlich der unterschiedlichen Abbildungen zugrunde liegt.

Das erste Bild wird fälschlicherweise von etwas mehr als der Hälfte aller Schülerinnen und Schüler (51,9%) ausgewählt. Für die abweichende Ansicht 2 entscheiden sich lediglich zehn der 108 Schulanfängerinnen und Schulanfänger (9,3%). Daher scheint für besonders viele Kinder die erste Ansicht über Merkmale zu verfügen, welche die Schülerinnen und Schüler in einen Zusammenhang mit dem Ausgangsbild bringen. Beim übereinstimmenden dritten Bild identifizieren etwas mehr als ein Drittel der Kinder Gemeinsamkeiten, die für sie einen Vergleich mit dem Ausgangsbild nahelegen.

Im folgenden Abschnitt wird anhand der Begründungen der Schülerinnen und Schüler versucht nachzuvollziehen, was die Kinder in ihren Entscheidungen beeinflusst.

Vorgehensweisen

Bei Betrachtung der Begründungen der Kinder (vgl. Abb. 7.39) fällt auf, dass die Entscheidungen der Kinder größtenteils auf der Lage und Ausrichtung der in den drei Abbildungen vorliegenden Objekte basieren. Dabei variieren jedoch nicht nur die Anzahl der berücksichtigten Merkmale, sondern insbesondere auch die Grundannahmen der Schülerinnen und Schüler, wann die Lage und Ausrichtung der Objekte mit der Ausgangssituation übereinstimmt.

Insgesamt beziehen sich 66 der 108 Kinder (60,2%) auf die Fahrtrichtung des LKW als wesentliches Kriterium für ihre Wahl der Ansicht. Doch dabei entscheiden sich 40 dieser 66 Schülerinnen und Schüler aufgrund derselben Fahrtrichtung des LKW wie im Ausgangsbild für die Richtigkeit der Ansicht 1 bzw. fünf Kinder für die Ansicht 2. Lediglich 21 Kinder bedenken den durch den Seitenwechsel entstehenden Richtungswechsel des LKWs bzw. die Fahrtrichtung zum Baum und / oder Haus und äußern dies in ihren Begründungen.

Die nicht mittige Lage des Baumes im zweiten Bild, scheint für einige Kinder ein offensichtliches Ausschlusskriterium dieser Ansicht zu sein. So heben 7 Kinder die mittige Lage des Baumes als (ein) Kriterium für ihre Auswahl der Ansicht 1 und 6 Kinder für ihre Wahl der Ansicht 3 hervor.

Weniger als ein Drittel der Kinder (34 von 108, 31,5%) kann keine Begründung bzw. keine Begründung, die den Bildaufbau betrifft angeben oder macht lediglich einen unpräzisen Vergleich der Ansichten, um ihre Entscheidung zu erklären.

Aufgabe G7c: Blickwinkel

Aufgabe G7c: Blickwinkel

Aufgabenstellung:
„Hier ist eine Kirche mit einem Wetterhahn auf der Turmspitze und davor steht ein Baum (es wird auf die jeweiligen Objekte gezeigt). Hier steht ein Opa neben dem Baum und hier ein Mädchen mit einem Hund. Zeig mir mal, wer von den beiden links steht... Was denkst du, kann das Mädchen den Wetterhahn sehen? Kann der Opa den Wetterhahn sehen?"

Erfolgsquoten:

	„Wer von den beiden steht links?"	„Kann das Mädchen den Wetterhahn sehen?"	„Kann der Opa den Wetterhahn sehen?"
erfolgreiche Bearbeitungen	70 (64,8%) keine Bearb.: 1 (0,9%)	91 (84,3%) keine Bearb.: 0 (0%)	90 (83,3%) keine Bearb.: 0 (0%)

Begründungen der Kinder:

	(häufige) Begründungen	Anzahl (Prozent)
Das Mädchen kann den Wetterhahn sehen, weil	„Sie nach oben schaut."	21/91 (23,1%)
	„Sie weiter weg steht."	20/91 (22,0%)
	„Der Baum nicht im Weg ist."	16/91 (17,6%)
	Die Sichtbahn des Kindes wird nachgezeichnet	16/91 (17,6%)
	Keine Begründung	18/91 (19,8%)
Das Mädchen kann den Wetterhahn nicht sehen, weil	„Der Baum im Weg ist."	5/17 (29,4%)
	„Sie wo anders hinschaut."	4/17 (23,5%)
	Keine Begründung	8/17 (47,1%)
Der Opa kann der Wetterhahn sehen, weil	„Er nach oben schaut."	4/18 (22,2%)
	Keine Begründung	14/18 (77,8%)
Der Opa kann den Wetterhahn nicht sehen, weil	„Der Baum im Weg steht."	80/90 (88,9%)
	„Er zu nah dran steht."	5/90 (5,6%)
	„Die Kirche zu hoch ist."	2/90 (2,2%)
	Keine Begründung	1/90 (1,1%)

Abbildung 7.40 Übersicht der Auswertungsergebnisse der Aufgabe G7c

Erfolgsquoten

Ungefähr zwei Drittel aller Schulanfängerinnen und Schulanfänger (64,8%) können die linke der beiden Personen auf dem Bild identifizieren. Eine nicht sonderlich hohe Erfolgsquote, nimmt man unter Betracht, dass bei dieser Fragestellung eine Ratewahrscheinlichkeit von 50% besteht.

Beim Nachvollziehen der Blickwinkel der zwei Personen haben die Kinder recht großen Erfolg. 91 der 108 Kinder (84,3%) geben korrekterweise an, dass das Mädchen den Wetterhahn sehen kann. Fast genauso viele Schülerinnen und Schüler (83,3%) verneinen richtigerweise, dass der Opa den Wetterhahn sieht.

Die Begründungen der Kinder machen deutlich, auf welcher Basis sich die Schulanfängerinnen und Schulanfänger für ihre Antwort entscheiden.

Vorgehensweisen

Die Überlegungen der Kinder liegen im Wesentlichen drei Begründungsansätzen zugrunde:

Die Person schaut zum Wetterhahn bzw. nicht zum Wetterhahn

In Zusammenhang mit der Beantwortung der Frage, ob das Mädchen den Wetterhahn sieht, geben 23,1% der Schulanfängerinnen und Schulanfänger an, dass dies der Fall sei, da das Mädchen nach oben schaut. Die Situation scheint für diese Kinder so eindeutig zu sein, dass sie nicht, wie manche andere Kinder der Untersuchung, überlegen, welche Objekte im Bild erst noch geprüft werden könnten, um die freie Sichtbahn des Kindes auf den Wetterhahn zu bestätigen. Warum vier Kinder beschreiben, dass das Mädchen woanders hinschaut und daher den Wetterhahn nicht sehen kann, wird nicht deutlich.

Fast ein Viertel der Begründungsansätze bezüglich der Frage, warum der Opa den Wetterhahn sehen kann, lassen sich ebenfalls darauf zurückführen, dass die Kinder als einziges Kriterium unter Betracht nehmen, dass der Opa nach oben zu dem Wetterhahn schaut. Diese Kinder überschneiden sich vollständig mit denen, die denselben Aspekt auch in Zusammenhang mit dem Mädchen nennen. Der im Weg stehende Baum bleibt von diesen Kindern jedoch unberücksichtigt.

Die Entfernung der Person zur Kirche lässt die Sicht zu bzw. nicht zu

22,0% der Schulanfängerinnen und Schulanfänger, welche angeben, dass das Mädchen den Wetterhahn sehen kann, begründen ihre Entscheidung damit, dass das Kind weit genug von der Kirche entfernt steht bzw. weiter weg steht als der Opa und den Wetterhahn daher sehen kann. Es könnte möglicherweise eine der beiden folgenden Ideen, Ursprung dieser Begründung sein:

Zum einen könnten die Kinder über die Erfahrung verfügen, dass man weit oben liegende Objekte mit einer gewissen Distanz besser sehen kann. Andererseits könnte ein impliziter Vergleich zu dem Opa im Bild vorliegen, der den Wetterhahn, weil er näher an der Kirche steht und sich damit unter dem Baum befindet, nicht sehen kann. Die größere Entfernung des Mädchens zur Kirche, lässt es wiederum nicht gegen den Baum schauen. Dieses Merkmal grenzt die zwei Blickwinkel der beiden Personen infolgedessen voneinander ab.

Zwei Kinder geben an, dass der Opa den Wetterhahn nicht sehen kann, da die Kirche zu hoch wäre. Hier begünstigt die Entfernung, der Vorstellung der Kinder nach, die Sicht nicht, sondern beschränkt diese.

Der Baum behindert die Sicht bzw. behindert die Sicht nicht

Viele der Schülerinnen und Schüler berücksichtigen in ihren Begründungen die Position des Baumes, der gegebenenfalls die Sicht der Personen behindern kann. So übertragen 17,6% der Kinder die potentielle Sichtbehinderung durch den Baum auf den Blickwinkel des Mädchens und erläutern, dass hier keine Einschränkung der Sicht durch den Baum gegeben ist. Fast alle Schulanfängerinnen und Schulanfänger (88,9%), die sich darauf festlegen, dass der Opa den Wetterhahn nicht sehen kann, begründen ihre Entscheidung damit, dass der Baum im Blickwinkel des Opas liegt.

Insgesamt wird deutlich, dass die Kinder ihre Entscheidungen auf verschiedene Kriterien stützen, die oftmals den Blickwinkel der Personen zugrunde liegen. Inwiefern ihre Begründungen komplett stimmig sind, variiert jedoch zwischen den Schülerinnen und Schülern.

Überblick: Ergebnisse ‚Kleine Sachsituationen'

Im Aufgabenblock ‚Kleine Sachsituationen' zeigen die Schulanfängerinnen und Schulanfänger der Untersuchung recht hohe Erfolgsquoten auf (vgl. Abb. 7.41).

Insbesondere ist die Fähigkeit, zwischen zwei Abbildungen vergleichen (Aufgabe G7a: Pläne) und konkrete Positionen in der jeweils anderen Abbildung wiedererkennen zu können, weitestgehend bei den Schülerinnen und Schülern vorhanden. Die wenigen Abweichungen der Kinder resultieren im Wesentlichen aus Zählfehlern bei der Verortung der Position in einem der beiden Pläne und aus Ungenauigkeiten bei der Positionszuordnung nach Augenmaß. Fehler die aus einem mangelnden Verständnis der Sachsituation resultieren, können nicht beobachtet werden.

Die Aufgabe zu Ansichten (G7b) fällt den Schülerinnen und Schülern am schwersten. Dennoch können 36,1% der Kinder einen Ansichtswechsel um 180° korrekt nachvollziehen und dabei Lage und Ausrichtung der Objekte berücksichtigen und dies auch oft begründen. Die Begründungen der Kinder, die abweichende Ansichten auswählen, zeigen auf, dass die Hauptschwierigkeit bei dieser Aufgabe darin liegt, dass bei einem Seitenwechsel auch ein Richtungswechsel der Objekte stattfindet. So begründen viele der Schülerinnen und Schüler ihre fehlerhafte Auswahl der Ansichten damit, dass der LKW in dieselbe Richtung fährt wie im Ausgangsbild. Auf die korrekte Positionsanordnung der drei Objekte achtet die Mehrzahl der Kinder, was sich in der geringen Wahl der zweiten Ansicht zeigt. Der Befund von Clark & Klonoff (1990, 462 in Lohaus et al. 1999, 49), dass „erst im Alter von 8 und mehr Jahren eine Ausweitung des Konzeptes auf die externale Umgebung erfolgt, die die Angabe von Links-

Rechts-Relationen aus der Position anderer Personen impliziert", stimmt mit den hier zu beobachtenden Ergebnissen nur bedingt überein. So ist es lediglich einer begrenzten Anzahl der Schulanfängerinnen und Schulanfänger möglich, diesen Wechsel bei der vorliegenden Aufgabe vorzunehmen. Demnach scheint diese Fähigkeit bei einigen der Kinder zu Schulbeginn bereits schon, zumindest in Ansätzen, entwickelt zu sein.

Ebenfalls in Zusammenhang mit den Ergebnissen von Clark & Klonoff (1990, 462), dass sich die Unterscheidungsfähigkeit zwischen ‚rechts' und ‚links' erst im Alter von sechs bis acht Jahren entwickelt, steht der in Bezug zu Aufgabe ‚G7c:Blickwinkel' aufgezeigte Befund, dass die Kinder zu Schulbeginn nur in geringem Maße über die verbale Links-Rechts-Differenzierung verfügen. So geben nur 64,8% der Kinder das Mädchen als die Person an, die links steht. Clark & Klonoff (1990) untersuchen mit insgesamt 360 Kindern die ‚Rechts-Links-Orientierung' der 5- bis 13-Jährigen in einem quantitativ angelegten Untersuchungsrahmen.

Das Nachvollziehen von Blickwinkeln und das Identifizieren von Sichtbehinderungen in der bildlich dargestellten Sachsituation gelingen bereits vielen Schulanfängerinnen und Schulanfängern, sowie auch das Begründen ihrer Entscheidungen. Abweichende Lösungen sind meistens darauf zurückzuführen, dass die Kinder davon ausgehen, dass die in den Bildern gegebenen Personen einen anderen Blickwinkel einnehmen als durch die Kopf- und Augenhaltung intendiert wird oder, dass Objekte in der Sichtlinie einer Person nicht als behindernd wahrgenommen werden.

Insgesamt erreichen die Schulanfängerinnen und Schulanfänger durchschnittlich recht hohe Punktzahlen in diesem Aufgabenblock (vgl. Abb. 6.42). Nur wenige Kinder (6,5%) erreichen lediglich zwei oder drei, die Mindestpunktzahlen der Kinder bei den sieben möglichen Punkten.

Im Gegensatz zu den Sachaufgaben in der Arithmetik (vgl. Kapitel 6.7) treten bei den hier gegeben Sachsituationen keine Hinweise für inhaltliche Verständnisschwierigkeiten der Aufgabenstellungen bei den Kindern auf. Dies kann wahrscheinlich auf die sehr konkreten bildlichen Stützungen der Aufgaben zurückgeführt werden. Bei kopfgeometrischen Aufgaben wäre wahrscheinlich mit ähnlichen Schwierigkeiten wie bei den textbezogenen Sachaufgaben des Arithmetiktests zu rechnen.

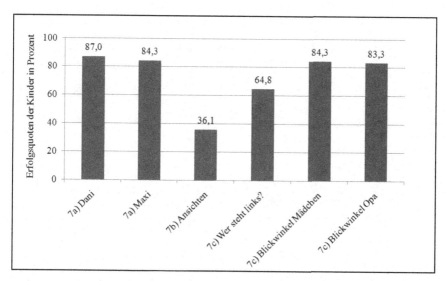

Abbildung 7.41 Erfolgsquoten der Schulanfängerinnen und Schulanfänger bei den einzelnen Teilaufgaben in Aufgabenblock G7

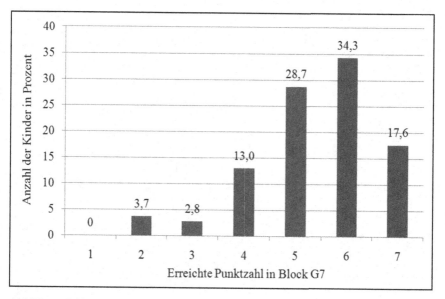

Abbildung 7.42 Erreichte Punktzahl der Schulanfängerinnen und Schulanfänger in Aufgabenblock G7

8 Gesamtanalyse der Lernstände

Ziel dieses Kapitels ist es, eine quantitative Übersicht der Fähigkeiten der Schulanfängerinnen und Schulanfänger im Arithmetik- und Geometrietest zu geben und diese hinsichtlich verschiedener Schülergruppen (Geschlecht, Alter, soziales Einzugsgebiet der besuchten Grundschule) zu präzisieren. Es wird deutlich, dass die Schulanfängerinnen und Schulanfänger im Allgemeinen über erhebliche Vorerfahrungen zu den Grundideen der Arithmetik und Geometrie verfügen, sich jedoch auch eine starke Heterogenität der Lernstände abzeichnet. Unterschiede in den Lernständen der Kinder sind zum einen auf interindividueller Basis, unter anderem hinsichtlich unterschiedlicher Schülergruppen gegeben, zum anderen auch auf intraindividueller Ebene zu beobachten. Aber auch Zusammenhänge zwischen den Lernständen der Schülerinnen und Schüler können insbesondere zwischen den Fähigkeiten in den Aufgabenblöcken des Arithmetiktests und in den beiden Gesamttests aufgezeigt werden.

Das Kapitel gliedert sich anhand seiner Inhalte und der diesbezüglichen Fragestellungen in vier Unterkapitel:

Kapitel	Inhalt	zentrale Fragestellungen
8.1	Lernstände im Arithmetik- und Geometrietest	Welche Punktzahlen werden von den Schulanfängerinnen und Schulanfängern im Arithmetik- und Geometrietest erreicht und wie schlüsseln sich diese hinsichtlich der verschiedenen Aufgabenblöcke auf? Wie groß sind die Streuungen der Lernstände verschiedener Schülerinnen und Schüler in den beiden Gesamttests bzw. in den einzelnen Aufgabenblöcken? Welche intraindividuellen Unterschiede können bei einzelnen Kindern hinsichtlich ihrer Fähigkeiten in verschiedenen Inhaltsbereichen ausgemacht werden?
8.2	Lernstandbeeinflussende Faktoren	Welche Unterschiede lassen sich zwischen den erreichten Testpunktzahlen von Jungen und Mädchen im Arithmetik- und Geometrietest beobachten? Inwiefern sind Unterschiede in den Lernständen von Schulanfängerinnen und Schulanfängern unterschiedlichen Alters bzw. von Kindern aus Schulen mit unterschiedlichen sozialen Einzugsgebieten gegeben?

8.3	Korrelation der erreichten Testpunktzahlen in verschiedenen Aufgabenblöcken	Inwiefern können lernerübergreifende Zusammenhänge zwischen 1) den Fähigkeiten in jeweils zwei Aufgabenblöcken des Arithmetik- bzw. des Geometrietests und 2) den einzelnen Aufgabenblöcken und dem entsprechenden Gesamttest beobachtet werden?
8.4	Korrelation der arithmetischen und geometrischen Lernstände	Inwieweit ist eine Korrelation der arithmetischen und geometrischen Lernstände der Schülerinnen und Schüler nachzuweisen? Inwieweit ist die Höhe der Korrelation abhängig vom Geschlecht der Kinder?

8.1 Lernstände im Arithmetik- und Geometrietest

Im Folgenden werden die Lernstände der Schulanfängerinnen und Schulanfänger in den beiden Gesamttests (Kapitel 8.1.1) sowie bezogen auf die einzelnen Aufgabenblöcke (Kapitel 8.1.2) dargestellt.

8.1.1 Lernstände in den beiden Gesamttests

Die 108 Schulanfängerinnen und Schulanfänger der Untersuchung erzielen sowohl im Arithmetik- wie auch im Geometrietest durchschnittlich etwas mehr als die Hälfte der Gesamtpunktzahl. Im Arithmetiktest verzeichnen die Kinder im Durchschnitt 32,1 von insgesamt 50 erreichbaren Punkten, im Geometrietest, von ebenfalls insgesamt 50 möglichen Punkten, 31,4 Punkte. Die beiden Tests entsprechen insgesamt einem vergleichbaren Anforderungsniveau (t-Test für abhängige Stichproben: $t = 0,908$, $n = 108$, $p = 0,366$ (vgl. Bortz 1999, 140ff.; Kapitel 4.3.5)).

Im Vergleich zu der Durchführung des GI-Tests-Arithmetik durch Waldow & Wittmann (vgl. 2001, 257) ergeben sich ähnliche Erfolgsquoten. Hier erreichen die Schulanfängerinnen und Schulanfänger im Mittel ebenfalls die Hälfte der Gesamtpunktzahl. Im Vergleich zu der Durchführung des GI-Tests-Geometrie durch Moser Opitz et al. (vgl. 2007, 138) zeigen sich bei der hier vorliegenden Untersuchung etwas höhere Fähigkeiten der Kinder. Dies lässt sich vermutlich darauf zurückführen, dass in der Schweizer Studie der Test mit Kindergartenkindern durchgeführt wurde, welche mitunter erheblich jünger als die deutschen Schulanfängerinnen und Schulanfänger sind. Zieht man lediglich die Testpunktzahlen der sechs- bis siebenjährigen Kinder der Studie von Moser Opitz et al. (vgl. 2007, 138) heran, so ergeben sich vergleichbare Testleistungen.

Konkretisieren lassen sich die Befunde der hier vorliegenden Studie in den beiden folgenden Abbildungen 8.1 und 8.2, welche die Verteilungen der von den einzelnen Schülerinnen und Schülern erreichten Punktzahlen im Arithmetik- und Geometrietest aufzeigen.

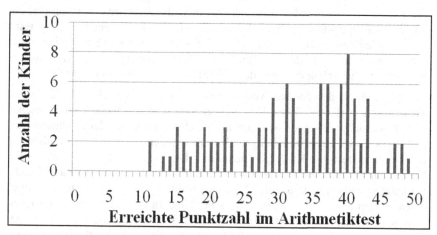

Abbildung 8.1 Punktzahlen der Schulanfängerinnen und Schulanfänger im Arithmetiktest

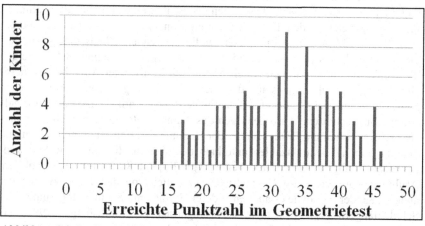

Abbildung 8.2 Punktzahlen der Schulanfängerinnen und Schulanfänger im Geometrietest

Die große Spannbreite der Fähigkeiten der Schulanfängerinnen und Schulanfänger in den beiden Tests zeigt sich in den jeweils minimal bzw. maximal erreichten Punktzahlen. Die geringste Punktzahl, die zwei Kinder im Arithmetiktest erzielen, liegt bei 11 Punkten, die höchste erreichte Punktzahl in diesem Test bei 49 Punkten. Im Geometrietest liegt die niedrigste verzeichnete Punktzahl bei 13 und die höchste bei 46 Punkten. Auch die Standardabweichun-gen der erreichten Testpunktzahlen, beim Arithmetiktest s = 9,4 und beim Geometrietest s = 7,8, verdeutlichen, dass die Lernstände der Schülerinnen und Schüler insgesamt sehr unterschiedlich sind. Bezogen auf die Testinhalte der Arithmetik wird die Heterogenität jedoch noch etwas deutlicher als im Bereich der Geometrie.

Im Vergleich zu den Studien von Waldow & Wittmann (vgl. 2001, 257) und Moser Opitz et al. (vgl. 2007, 138) ergeben sich erneut ähnliche Werte zwischen den Standardabweichungen bezogen auf die Durchführungen des Arithmetiktests und etwas niedrigere Abweichungen als in Zusammenhang mit der Durchführung des Geometrietests mit Kindergartenkindern. Das jüngere Alter der Kinder in der Untersuchung von Moser Opitz et al. (vgl. 2007, 138) kann auch hier als Ursache vermutet werden. Wie in Kapitel 2.2.2 dargestellt, können viele Untersuchungen einen extrem hohen Fähigkeitszuwachs bei Kindern im Kindergartenalter nachweisen (vgl. Rea & Reys 1970, 69; Stern 1999, 161f.; Hasemann 2001, 35; Caluori 2004, 128f.; Clarke et al. 2008, 280f.), welcher die größeren Leistungsunterschiede dieser Schülergruppe vermutlich erklärt.

Die weitreichenden Vorerfahrungen der Schulanfängerinnen und Schulanfänger und die Leistungsheterogenität zwischen den Schülerinnen und Schülern stimmen im Allgemeinen mit den Befunden vorangegangener Untersuchungen überein (vgl. Kapitel 2.2.2). Da die in dieser Studie verwendeten Tests jedoch ein vergleichsweise hohes Anforderungsniveau aufweisen (vgl. Kapitel 3.1.3), zeigen die Kinder durch den großen Anteil erfolgreich bearbeiteter Aufgaben in dieser Untersuchung darüberhinaus auf, dass sie in Erweiterung zu den pränumerischen Fähigkeiten und sehr elementaren mathematischen Kompetenzen auch oftmals bereits fortgeschrittene Anforderungen des Anfangsunterrichts bewältigen können. Dabei weichen die Erfolgsquoten der leistungsschwächsten Schülerinnen und Schüler (deren Testpunktzahlen unterhalb den Werten, die durch die Standardabweichung abgedeckt werden, liegen, vgl. Kapitel 8.1.2) jedoch sowohl im Arithmetik- wie auch im Geometrietest erheblich von den Erfolgsquoten der anderen Kinder ab, sowie es auch in anderen Studien mit Schulanfängerinnen und Schulanfängern (vgl. beispielsweise Hengartner & Röthlisberger 1994, 11; Hasemann 1998, 265f.; Kaufmann 2003, 71) zu beobachten ist.

Die erreichten Mindestpunktzahlen machen gleichwohl deutlich, dass alle Schülerinnen und Schüler der Untersuchung über zumindest einzelne elementare

Vorerfahrungen in den Inhaltsbereichen der Arithmetik und der Geometrie verfügen, sodass sie in den beiden Tests ausnahmslos über ein Fünftel der Gesamtpunktzahl erreichen. Die Tests liefern somit insbesondere bei der Erhe-bung der
Fähigkeiten von Kindern mit geringen mathematischen Lernständen stark
differenzierte Ergebnisse. Zur maximal erreichbaren Punktzahl 50 besteht bei
beiden Tests nur ein geringer Abstand zu den tatsächlich erreichten Punkt-zahlen
der leistungsstärksten Kinder. Die Tests lassen das breite Fähigkeits-spektrum der
Schulanfängerinnen und Schulanfänger aufgrund der ihnen zugrundeliegenden
weiterführenden mathematischen Anforderungen dennoch nach obenhin erfassen,
auch wenn die maximale Testpunktzahl nicht als Begrenzung der Fähigkeiten der
Kinder zu verstehen ist.

8.1.2 Lernstände in den einzelnen Aufgabenblöcken

Die beiden Tests erlauben nicht nur die Feststellung des allgemeinen Grads der
Fähigkeiten der Schulanfängerinnen und Schulanfänger bezogen auf die beiden
Gesamttests, sondern es werden auch die Fähigkeiten der Kinder zu einzelnen
Grundideen und somit inhaltlich differenzierte Lernstände erhoben (vgl. auch
Kapitel 6 und Kapitel 7).

Im Folgenden werden die durchschnittlichen Erfolgsquoten der Kinder in den
einzelnen Aufgabenblöcken des Arithmetik- und Geoemtrietests dargestellt und
hinsichtlich der Lernstände der leistungsstärksten und leistungsschwächsten
Schülerinnen und Schüler präzisiert. Darüber hinaus werden auch individuelle
Differenzen in den Lernständen einzelner Schulanfängerinnen und Schulanfänger
in den Blick genommen, welche die heterogenen Fähigkeiten dieser Kinder in
unterschiedlichen Inhaltsbereichen der Arithmetik und der Geometrie aufzeigen.

Durchschnittliche Erfolgsquoten

Für die einzelnen Inhaltsbereiche des Arithmetiktests lassen sich die durchschnittlichen Erfolgsquoten der Kinder wie in Abbildung 8.3 dargestellt konkretisieren. Es zeichnen sich dabei teilweise sehr stark voneinander abweichende
Erfolgsquoten in den verschiedenen Aufgabenblöcken ab.

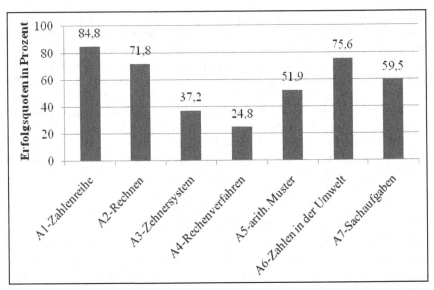

Abbildung 8.3 Durchschnittliche Erfolgsquoten der Schulanfängerinnen und Schulanfänger in den Aufgabenblöcken des Arithmetiktests

In den Inhaltsbereichen ‚Zahlenreihe' und ‚Rechnen' sowie in den Aufgabenblöcken mit Umweltbezug (‚Zahlen in der Umwelt' und ‚Sachaufgaben') zeigen die Kinder durchschnittlich recht hohe Erfolgsquoten von ungefähr 60% bis 85% auf. Im Inhaltsbereich ‚arithmetische Muster' liegt eine mittlere Erfolgsquote von 51,9% vor. Die Inhalte in den Aufgabenblöcken A3 und A4 (‚Zehnersystem' und ‚Rechenverfahren') fallen den Schülerinnen und Schülern im Durchschnitt erheblich schwerer, sodass hier vergleichsweise niedrige Erfolgsquoten von 37,2% und 24,8% zu verzeichnen sind.

Wie sich die Erfolgsquoten in den einzelnen Aufgaben der jeweiligen Grundideen genau zusammensetzen, wird in der Überblicksanalyse der Lernstände zur Arithmetik (vgl. Kapitel 6) präzisiert. In Bezug auf die allgemeinen inhaltlichen Anforderungen der Aufgabenblöcke werden im Weiteren die in Abbildung 8.3 dargestellten Erfolgsquoten näher analysiert.

Die inhaltlichen Anforderungen des Aufgabenblocks ‚Zahlenreihe' beziehen sich ausschließlich auf Fähigkeiten im Umgang mit der Zahlenreihe, wie beispielsweise dem Aufsagen der Zahlwortreihe, der Zuordnung von Zahlwörtern und Zahlsymbolen oder kleinen Anzahlbestimmungen. Die hohe durchschnittliche Erfolgsquote der Schulanfängerinnen und Schulanfänger in diesem Aufgabenblock zeigt die diesbezüglich recht stabil vorliegenden Fähigkeiten der Kinder auf. Im Vergleich zu den zum Teil weitaus höheren Anforderungen der anderen Aufgabenblöcke verwundert die hervorragend hohe Erfolgsquote beim ersten Aufgabenblock nicht. So beziehen sich alle anderen Aufgabenblöcke ebenfalls auf Inhalte des Bereichs ‚Zahlenreihe', wobei für die Aufgabenbearbeitungen zusätzliche Kenntnisse über weitere mathematische Inhalte nötig sind, die noch hinzukommen und damit das Anforderungsniveau dieser Aufgabenblöcke vergleichsweise höher liegt.

So stellen beim Aufgabenblock ‚Rechnen, Rechengesetze, Rechenvorteile' beispielsweise die Kenntnisse über die Zahlenreihe eine Voraussetzung zum Lösen der gegeben Additions- und Ergänzungsaufgaben dar. Das Operationsverständnis und die fehlerfreie Durchführung der Rechnungen kommen als zwei weitere Anforderungen für die Schulanfängerinnen und Schulanfänger bei diesem Aufgabenblock noch hinzu. Vor diesem Hintergrund liegen die Fähigkeiten im zweiten Aufgabenblock, mit 13 Prozentpunkten Unterschied zum ersten Aufgabenblock, noch erstaunlich hoch. Für die Schulanfängerinnen und Schulanfänger scheint der rechnerische Umgang mit Zahlen – jedenfalls so wie er in den Testaufgaben vorliegt – keine erheblich größere Anforderung dazustellen als die Kenntnisse und der Umgang die Zahlenreihe an sich.

Die inhaltlichen Anforderungen der Aufgabenblöcke ‚Zehnersystem' und ‚Rechenverfahren' bestehen in der Kenntnis der Zahlenreihe in höheren Zahlenräumen, beim vierten Aufgabenblock werden zusätzlich rechnerische Fähigkeiten in diesen gefordert. Die Analysen der Aufgabenbearbeitungen zeigen, dass der sehr hohe Zahlenraum in Zusammenhang mit einigen Aufgaben zu erheblichen Schwierigkeiten bei den Kindern führt. Unter Berücksichtigung, dass sich das Anforderungsniveau bei den Aufgaben im Hunderter- und Tausenderraum auf die weiterführenden Grundschuljahre bezieht, sind die eher niedrigen Erfolgsquoten der Schulanfängerinnen und Schulanfänger wenig erstaunlich. Vielmehr ist es bemerkenswert, dass trotz der hohen inhaltlichen Anforderungen immer noch über ein Drittel bzw. ein Viertel der Punktzahlen von den Kindern zu Schulbeginn erreicht werden.

Auch in Zusammenhang mit den inhaltlichen Anforderungen des Aufgabenblocks ‚Arithmetische Gesetzmäßigkeiten und Muster' liegt kein von der Zahlenreihe isolierter Inhaltsbereich vor. Bei dem Fortsetzen der Plättchenmuster bzw. des Zahlenmusters ist die Kenntnis der Zahlenreihe und entsprechender Anzahlen eine notwendige Voraussetzung. Der Zahlenraum ist bei den gegeben Aufgaben jedoch sehr beschränkt, so dass hier keine diesbezüglichen, zusätzlichen Schwierigkeiten, wie etwa in Zusammenhang mit den Aufgabenblöcken A3 und A4, hinzukommen. Das Erkennen und Fortsetzen der Muster mit einer durchschnittli-

chen Erfolgsquote von 51,9%, zeigt bei den Schulanfängerinnen und Schulanfängern im Vergleich zu den anderen Aufgabenblöcken mittelhohe Fähigkeiten zu
dieser Grundidee. Die genaueren Analysen der Aufgabenbearbeitungen bestätigen, dass die Schwierigkeiten der Kinder vornehmlich auf den Umgang mit Gesetzmäßigkeiten und Mustern zurückzuführen sind, Schwierigkeiten mit der Zahlenreihe in einigen Fällen jedoch auch Probleme bei diesem Aufgabenblock zu
bereiten scheinen.

Die Aufgabenblöcke ,Zahlen in der Umwelt' und ,Kleine Sachaufgaben' setzen
naturgemäß auch Kenntnisse in der ,Zahlenreihe' voraus. Anhand der Auswertung der Aufgabenbearbeitung ,A7b: Spielzeugautos' kann im Vergleich zu der
Aufgabe ,2b: Addition mit Material' jedoch kein wesentlicher Einfluss der sach-
lichen Rahmung auf die Erfolgsquoten der Schulanfängerinnen und Schulanfänger hinsichtlich des rechnerischen Umgangs mit Zahlen ausgemacht werden. So
sind die Erfolgsquoten der Aufgabenblöcke 7 und 2 auch insgesamt miteinander
vergleichbar. Die etwas niedrigere Erfolgsquote bei Aufgabenblock 7 scheint auf
Verständnisschwierigkeiten mit insbesondere einer Sachaufgabe, Teilaufgabe
,A7a: Alter in zwei Jahren', zurückzuführen zu sein.

Die Erfolgsquoten der Schülerinnen und Schüler in den Aufgabenblöcken des
Geometrietests werden in Abbildung 8.4 für die einzelnen Inhaltsbereiche aufgeschlüsselt dargestellt und anschließend ebenfalls genauer analysiert.

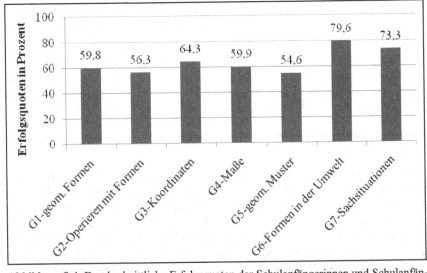

Abbildung 8.4 Durchschnittliche Erfolgsquoten der Schulanfängerinnen und Schulanfänger in den Aufgabenblöcken des Geometrietests

Beim Geometrietest liegt gegenüber dem Arithmetiktest eine homogenere Verteilung der Erfolgsquoten zwischen den Aufgabenblöcken vor. Hier stechen lediglich die Erfolgsquoten der Schulanfängerinnen und Schulanfänger in den beiden letzten Aufgabenblöcken G6 und G7 mit Umweltbezug leicht hervor. Hier zeigen die Kinder mit durchschnittlichen Erfolgsquoten von 79,6% (,Formen in der Umwelt') und 73,3% (,Sachsituationen') besonders hohe Kompetenzen auf. Die Einbettung der hier vorliegenden Aufgaben in lebensweltliche Kontexte, scheint den Schulanfängerinnen und Schulanfängern hilfreiche Anknüpfungspunkte für die erfolgreiche Aufgabenbearbeitung zu bieten. Die durchschnittlichen Erfolgsquoten der Schülerinnen und Schüler liegen in den übrigen Inhaltsbereichen zwischen 55% und 64%. Für eine detaillierte Auseinandersetzung mit der Zusammensetzung der Erfolgsquoten in den einzelnen Aufgabenblöcken wird auch für den Inhaltsbereich der Geometrie auf die entsprechende Überblicksanalyse in Kapitel 7 verwiesen.

Große Differenzen zwischen den Erfolgsquoten in den einzelnen Aufgabenblöcken, so wie sie im Arithmetiktest gegeben sind, treten bei den Schulanfängerinnen und Schulanfängern beim Geometrietest nicht auf. Begründungen hierfür können zum einen darin ausgemacht werden, dass keine so eindeutig aufeinander aufbauenden inhaltlichen Anforderungen bestehen, wie es mit der Kenntnis der Zahlenreihe im Arithmetiktest gegeben ist, welche zu gestuften Schwierigkeitsgraden führen. Zum anderen wird kein Aufgabenblock von weit über das erste Schuljahr hinausgehenden Inhalten, wie etwa die hohen Zahlenräume bei den Aufgabenblöcken 3 und 4 des Arithmetiktests, dominiert, die besonders niedrige Erfolgsquoten zur Folge haben könnten.

Erfolgsquoten der leistungsschwächsten und leistungsstärksten Kinder

Die zuvor betrachteten Werte beziehen sich auf die Gesamtheit der Stichprobe der 108 Schulanfängerinnen und Schulanfänger und stellen somit allgemeine Mittelwerte dar. Ein Eindruck über die Leistungsdifferenzen der leistungsschwächsten und leistungsstärksten Kinder hinsichtlich der verschiedenen Aufgabenblöcken des Arithmetik- und Geometrietests soll mittels der Abbildungen 8.5 und 8.6 gegeben werden. Hier werden die durchschnittlichen Erfolgsquoten jener Schulanfängerinnen und Schulanfänger abgebildet, deren Testpunktzahlen außerhalb des Bereichs der Werte, die durch die Standardabweichungen abgedeckt werden, liegen und somit entweder über besonders niedrige oder auffallend hohe Lernstände verfügen.

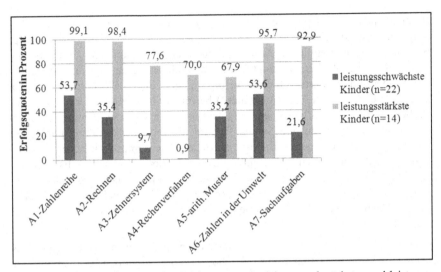

Abbildung 8.5 Durchschnittliche Erfolgsquoten der leistungsschwächsten und leistungsstärksten Kinder in den einzelnen Aufgabenblöcken des Arithmetiktests

Besonders erwähnenswert sind hierbei die extrem hohen Erfolgsquoten (93% bis 99%) der leistungsstärksten Schulanfängerinnen und Schulanfänger in den Aufgabenblöcken A1, A2, A6 und A7. Die Kinder zeigen zu den entsprechenden Grundideen sehr ausgeprägte Lernstände auf, die zu einem erheblichen Teil die inhaltlichen Anforderungen des mathematischen Anfangsunterrichts abdecken. Doch auch die leistungsschwächsten Schülerinnen und Schüler des Arithmetiktests zeigen in diesen Inhaltsbereichen mit durchschnittlichen Erfolgsquoten von 35% bis 54% ebenfalls nicht zu unterschätzende Vorerfahrungen auf. Lediglich im Bereich ‚Sachaufgaben' fällt die durchschnittliche Erfolgsquote der leistungsschwachen Kinder mit 21,6% im tendenziellen Vergleich zu den leistungsstärksten Kindern (92,9%) ersichtlich stärker ab.

Während die leistungsstärksten Schulanfängerinnen und Schulanfänger in den Aufgabenblöcken A3 und A4 (‚Zehnersystem' und ‚Rechenverfahren') mit 77,6% und 70,0% durchschnittlich weiterhin recht hohe Erfolgsquoten bei den, den Anfangsunterricht teilweise weit überschreitenden Anforderungen verzeichnen, sind die Erfolgsquoten der leistungsschwächsten Schülerinnen und Schüler bei lediglich 9,7% bzw. 0,9% zu verorten. Bei den dazugehörigen Testaufgaben verfügen die leistungsschwächsten Kinder somit meistens über keine entscheidenden Vorerfahrungen, die ihnen eine korrekte Aufgabenbearbeitung ermöglichen. Die Detail- und Überblicksanalyse (vgl. Kapitel 6) lassen vermuten, dass die besonders leistungsstarken Kinder diese Aufgabenblöcke erfolgreich bearbeiten können, da sie sich in den großen Zahlenräumen bereits gut auskennen. Die leistungsschwächsten Kinder zeigen demgegenüber erst anfängliche Kenntnisse insbesondere im kleinen Zahlenraum bis 10 bzw. 20 auf. Die größeren Zahlenräume sind ihnen noch weitestgehen verschlossen, so dass die Kinder nicht über die nötigen grundlegenden Fähigkeiten zur Bearbeitung der Aufgaben der Blöcke A3 und A4 verfügen.

Der Unterschied in den durchschnittlichen Fähigkeiten der leistungsschwächsten und leistungsstärksten Kinder macht sich in der Arithmetik am wenigsten bei dem Aufgabenblock ‚Arithmetische Muster' bemerkbar. Hier differieren die Erfolgsquoten (67,9% und 35,2%) lediglich um rund 33 Prozentpunkte. Die Werte sind dahingehen besonders erstaunlich, da die leistungsstarken Kinder hier ihre niedrigsten Erfolgsquoten verzeichnen, während die leistungsschwächsten Kinder in diesem Aufgabenblock verhältnismäßig hohe Erfolgsquoten erzielen. Die Begründung dieser Gegebenheit kann darin gesehen werden, dass die Spannbreite der Anforderungen der Aufgaben in diesem Block äußerst groß ist. So gibt es insgesamt nur drei Kinder in der Untersuchung, die keine der Aufgaben lösen und lediglich neun Kinder, die alle Aufgaben erfolgreich bearbeiten können. Hierzu tragen insbesondere die recht leichten Plättchenmuster 1 und 2 sowie die äußerst schwierigen zwei letzten Muster des Aufgabenblocks bei. Für die Schulanfängerinnen und Schulanfänger, auch für die leistungsschwächsten Kinder, ist es daher möglich, zumindest die leichten Muster fortzusetzen. Für die leistungsstärksten Kinder stellen die schwierigen Muster jedoch eine recht große Herausforderung dar, welche zu den verhältnismäßig niedrigeren Erfolgsquoten (im Vergleich zu den Erfolgsquoten in den anderen Aufgabenblöcken) dieser Schülerinnen und Schüler führen. Für den Inhaltsbereich ‚Arithmetische Gesetzmäßigkeiten und Muster' als solches bedeutet dies, dass Einstiegsaufgaben mit sehr rudimentären Vorerfahrungen erfolgreich bearbeitet werden können, dass das Anforderungsniveau im Rahmen gleicher oder ähnlicher Aufgabenformate aber auch sehr schnell hochgeschraubt werden kann, so dass selbst die leistungsstärksten Schulanfängerinnen und Schulanfänger hiermit Schwierigkeiten bekommen.

Abbildung 8.6 zeigt analog die Erfolgsquoten der leistungsschwächsten und leistungsstärksten Schulanfängerinnen und Schulanfänger der Untersuchung für die einzelnen Aufgabenblöcke des Geometrietests auf.

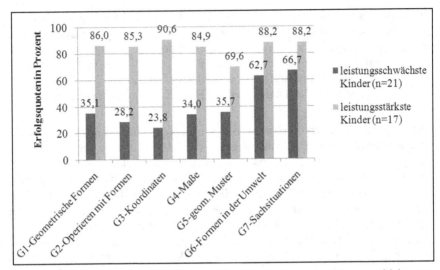

Abbildung 8.6 Durchschnittliche Erfolgsquoten der leistungsschwächsten und leistungsstärksten Kinder in den einzelnen Aufgabenblöcken des Geometrietests

Die leistungsstärksten Kinder zeigen im Geometrietest bei beinahe allen Aufgabenblöcken sehr hohe durchschnittliche Erfolgsquoten von 85% bis 91% auf. Nur bei dem Aufgabenblock G5 ‚Geometrische Gestzmäßigkeiten und Muster' liegt die durchschnittliche Erfolgsquote bei lediglich 69,6%. Wie beim Arithmetiktest besteht auch hier zu den Erfolgsquoten der leistungsschwächsten Schulanfängerinnen und Schulanfänger, welche bei diesem Aufgabenblock eine Erfolgsquote von 35,7% erreichen, eine im Vergleich zu den anderen Grundideen verhältnismäßig kleine Differenz. Die vergleichsweise niedrigen Erfolgsquoten der leistungsstärksten Kinder beim Aufgabenblock G5 ‚Geometrische Gesetzmäßigkeiten und Muster' werden dadurch beeinflusst, dass dieser Aufgabenblock, als einziger Aufgabenblock des Geometrietests, von keinem Kind der Untersuchung mit voller Punktzahl abgeschlossen wird, daher die Anforderungen für die Kinder sehr hoch sind. Überraschend dabei ist jedoch, dass keine der Erfolgsquoten der einzelnen Aufgaben des Aufgabenblocks extrem niedrig ausfällt (die niedrigste Erfolgsquote liegt immer noch bei ca. 20%), was das beschränkte Lösen aller Aufgaben hätte erklären können. Es scheint, dass die Aufgaben zu dieser Grundidee voneinander unabhängige Fähigkeiten ansprechen, so dass die korrekte Lösung einer Aufgabe nicht unbedingt mit der korrekten Lösung einer anderen Aufgabe des Aufgabenblock zusammenhängt. So bestehen auch für die leistungsschwächsten Kinder vereinzelt Bearbeitungsmöglichkeiten der Aufgaben, die ihre Erfolgsquoten im Aufgabenblock vergleichsweise hoch ausfallen lassen. Für eine konkretere Analyse müssten die Aufgabenbearbeitungen einer Detailanalyse unterzogen werden, die im Rahmen dieser Arbeit nicht geleistet werden kann.

Noch kleiner sind die Differenzen zwischen den Erfolgsquoten der leistungsstärksten und leistungsschwächsten Kinder in dem sechsten und siebten Aufgabenblock. Die Aufgaben mit Umweltbezug werden von den leistungsschwächsten Kindern des Geometrietests mit erstaunlich hohen durchschnittlichen Erfolgsquoten von 62,7% (G6 ‚Formen in der Umwelt') und 66,7% (G7 ‚Sachsituationen') gelöst. Bereits in Zusammenhang mit Abbildung 8.4 konnte verdeutlicht werden, dass diese beiden Aufgabenblöcke auch insgesamt über hohe Erfolgsquoten verfügen und, wie nun in Zusammenhang mit Abbildung 8.6 gezeigt werden kann, auch den leistungsschwächsten Kinder viele erfolgreiche Bearbeitungen ermöglichen.

Recht groß sind die Leistungsunterschiede der stärksten und schwächsten Schülerinnen und Schüler demgegenüber in den ersten vier Aufgabenblöcken des Geometrietests, in denen Leistungsdifferenzen von jeweils über 50 Prozentpunkten vorliegen. Anhand der Überblicksbetrachtungen der einzelnen Aufgabenbearbeitungen (vgl. Kapitel 7) wird in Zusammenhang mit diesen Aufgaben darüber hinsaus deutlich, dass alle Kinder der Untersuhung zu jeder dieser Grunideen über zumindest einzelne Vorerfahrungen verfügen, die sich in ansatzweisen Lösungen, aber auch in korrekten Aufgabenbearbeitungen der Schulanfängerinnen und Schulanfänger zeigen. Die häufig zu beobachtenden fehlerbehafteten Vorgehensweisen führen bei den leistungsschwächsten Kindern zu den hier dargestellten niedrigeren Erfoglgsquoten. Den Aufgabenbeabeitungen der leistungsstärksten Kindern liegen, bezogen auf diese Aufgabenblöcke, nur wenige Fehler zugrunde, sodass sich die hohen Erfolgsquoten bilden.

Insgesamt ergeben sich zwischen den durchschnittlichen Erfolgsquoten der leistungsschwächsten und leistungsstärksten Schulanfängerinnen und Schulanfängern im Arithmetiktest – mit einer Differenz von 391,5 Prozentpunkten – beachtlich größere Unterschiede als beim Geometrietest – mit 306,6 Prozentpunkten Differenz – für die jeweils sieben Aufgabenblöcke. Im Wesentlichen lässt sich dieser Befund darauf zurückführen, dass es im Geometrietest keinen Aufgabenblock gibt, bei dem den leistungsschwächsten Schulanfängerinnen und Schulanfängern der Zugang beinahe vollständig verschlossen bleibt, während die leistungsstärksten Kinder nur wenige Schwierigkeiten mit den Aufgabenbearbeitungen aufzeigen (sowie es bei den Aufgabenblöcken A3 und A4 des Arithmetiktests der Fall ist). Zudem gleichen die Aufgabenblöcke G6 und G7, bei denen auch die leistungsschwächsten Schulanfängerinnen und Schulanfänger

recht hohe Erfolgsquoten erreichen, die Unterschiede in den Lernständen der
Kinder im Gesamttest zur Geometrie beachtlich aus.

Inhaltlich differenzierte, individuelle Erfolgsquoten

Dass sich jedoch auch die Lernstände einzelner Kinder zwischen den jeweiligen
Inhaltsbereichen erheblich unterscheiden können, wird mittels der beiden folgenden Abbildungen 8.7 und 8.8 für die Arithmetik sowie die Geometrie exemplarisch an jeweils drei ausgewählten Kindern verdeutlicht. Es wird ersichtlich, wie bedeutsam demnach eine inhaltliche Differenzierung der Testaufgaben
(hier nach den Grundideen der Arithmetik und der Geometrie) ist, um auf
individueller Basis, inhaltlich differenzierte Aussagen zu den arithmetischen und
geometrischen Fähigkeiten der Schülerinnen und Schüler treffen zu können. Die
Inhalte, bezüglich derer die Fähigkeiten der Kinder vom individuellen Kompe-
tenzdurchschnitt abweichen, können beispielsweise einerseits als noch zu
erarbeitende Inhaltsbereiche ansonsten leistungsstärkerer Kinder, andererseits als
„Kompetenzinseln" im Übrigen leistungsschwächerer Kinder betrachtet werden.

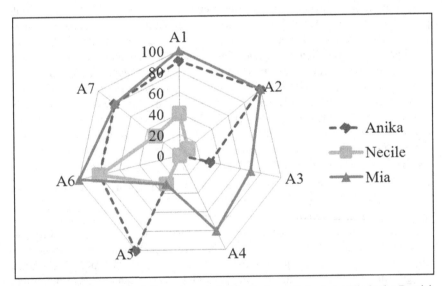

Abbildung 8.7 Inhaltlich differenzierte, individuelle Lernstände dreier Kinder im Bereich
der Arithmetik (Erfolgsquoten in den einzelnen Aufgabenblöcken)

Für die drei hier exemplarisch ausgewählten Schulanfängerinnen und Schulanfänger könnte dies im Bereich der Arithmetik beispielsweise heißen, dass

Anika, die mit Zahlen und Rechenaufgaben im Zahlenraum bis 20 verhältnismäßig hohe Kompetenzen aufweist (hohe Kompetenzen in den Aufgabenblöcken A1 ‚Zahlenreihe‘, A2 ‚Rechnen, Rechengesetze, Rechenvorteile‘ und A7 ‚Sachaufgaben‘), durch eine gelegentliche Zahlerweiterung und diesbezüglichen Rechenverfahren, mit der sie sich nur in Ansätzen auszukennen scheint (recht niedrige Fähigkeiten in den Aufgabenblöcken A3 ‚Zehnersystem‘ und A4 ‚Rechenverfahren‘) im Unterricht gefördert werden kann. Necile, deren arithmetische Vorerfahrungen im Allgemeinen recht gering ausfallen, zeichnet sich im Bereich ‚Zahlen in der Umwelt‘ (A6) durch beachtlich hohe Fähigkeiten aus. Hier scheint ein geeigneter Anknüpfungspunkt zu bestehen, von demausgehend sie sich weitere Lerninhalte gut erschließen könnte. Die Vorerfahrungen von Mia sind generell als sehr hoch zu bewerten, im Inhaltsbereich A5 ‚Arithmetische Gesetzmäßigkeiten und Muster‘ fallen diese jedoch ab. Hier kann ein potenzieller Förderbedarf bei dieser Schülerin ausgemacht werden.

Auch im Bereich der Geometrie ergeben sich intraindividuelle, inhaltliche Differenzen bei den Lernständen der Schülerinnen und Schüler. Zur Veranschaulichung soll auch hier ein Beispiel, Abbildung 8.8, dienen.

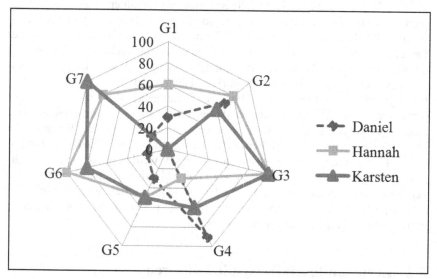

Abbildung 8.8 Inhaltlich differenzierte, individuelle Vorerfahrungen dreier Kinder im Bereich der Geometrie (Erfolgsquoten in den einzelnen Aufgabenblöcken)

Daniel zeigt insgesamt verhältnismäßig geringe Vorerfahrungen im Geometrietest auf. Besonders stechen daher seine hohen Fähigkeiten in den Inhaltsbereichen G2 und G4 (,Operieren mit Formen' und ,Maße') hervor, die einem ganz anderem Förderungsniveau bedürfen als seine Lernstände in den restlichen Inhaltsbereichen. Hannah zeigt demgegenüber Schwierigkeiten mit dem Bereich G4 ,Maße' auf, während ihre Fähigkeiten in den anderen Inhaltsbereichen wesentlich besser ausgeprägt sind. Anhand von Karstens Lernständen in den unterschiedlichen Inhaltsbereichen wird deutlich, dass er einen besonders großen Förderbedarf im Bereich G1 ,geometrische Formen und ihre Konstruktion' hat.

Ergänzend ist insgesamt zu erwähnen, dass die gegebenen Schülerbeispiele einer Prüfung unterzogen wurden, welche die Unabhängigkeit der inhaltlichen Leistungsschwankungen der Kinder von der Bearbeitungsreihenfolge der Testaufgaben gewährleistet. So liegen hierbei keine signifikanten Korrelationen zwischen der Position der Testaufgaben im Interview und der jeweils erreichten Erfolgsquoten der Schülerinnen und Schüler vor.

Die an dieser Stelle in Bezug auf die ausgewählten Schülerinnen und Schüler eher grob vorgenommenen Interpretationen der Vorerfahrungen in den einzelnen Inhaltsbereichen könnten durch eine genauere Betrachtung der Aufgabenbearbeitungen der Kinder noch wesentlich präzisiert werden. Auf Grundlage dessen könnten sie in konkrete Fördermaßnahmen resultieren oder unter Umständen auch auf quantitativer Ergebnisbasis entstehende Vermutungen relativieren. Im Rahmen dieser Arbeit wird einer solchen detaillierten Analyse der Fähigkeiten einzelner ausgewählter Kinder in unterschiedlichen Inhaltsbereichen nicht nachgegangen. Mittels der Abbildungen 8.7 und 8.8 wird lediglich exemplarisch aufgezeigt, dass die inhaltlichen Fähigkeiten einzelner Kinder sehr heterogen ausfallen können und dass die Testaufgaben diesbezügliche Unterschiede erfassen und daher auch in diesem Punkt eine gezielte Funktion und Stärke der Tests gegeben ist. Desweiteren unterstreichen die Befunde die bewusste Differenzierung der Lernstände hinsichtlich unterschiedlicher Grundideen. Es kann daher nicht davon ausgegangen werden, dass sich die individuellen Fähigkeiten der Kinder in den unterschiedlichen Inhaltsbereichen auf vergleichbaren Lernstandniveaus befinden, sondern Förderung und Forderung inhaltsspezifisch ausgerichtet werden müssen, um den Kindern in ihren individuellen Kompetenzen gerecht zu werden.

8.2 Lernstandbeeinflussende Faktoren

Im Folgenden werden die arithmetischen und geometrischen Lernstände unterschiedlicher Schülergruppen betrachtet und herausgearbeitet, wie sich einzelne schülergruppenspezifische Faktoren (Geschlechtsunterschiede, Altersunterschiede und Unterschiede im sozialen Einzugsgebiet der besuchten Grundschule) auf die erreichten Testpunktzahlen auswirken.

8.2.1 Geschlechtsunterschiede

Zwischen den arithmetischen und geometrischen Lernständen von Jungen und Mädchen zu Schulbeginn lassen sich wesentliche Unterschiede beobachten. Während die arithmetischen Fähigkeiten der 54 Jungen der Untersuchung bei einem Mittelwert von 35,3 Punkten liegen (s = 8,7), erreichen die 54 Mädchen der Untersuchung im Arithemtiktest durchschnittlich lediglich 28,9 Punkte (s = 9,0).

Mit mehr als 6 von insgesamt 50 Punkten Unterschied, stellen sich die Lernstände der Jungen im arithmetischen Bereich als deutlich höher heraus. Die Unterschiede der Lernstände von Jungen und Mädchen sind dabei statistisch hoch signifikant (t = 3,7, n = 108, p < 0,0001), wie mittels des t-Tests zum Vergleich zweier Stichprobenmittelwerte aus unabhängigen Stichproben gezeigt werden kann (vgl. Bortz 1999, 137ff.). Die Aussagekraft dieses Befunds wird darüber hinaus dadurch gestärkt, dass sich die sechs Punkte Unterschied auf eine tatsächliche Spannbreite von 38 Testpunkten bezieht, die im Arithmetiktest von den Schulanfängerinnen und Schulanfängern verzeichnet wird.

In Hinblick auf die leistungsstärksten und leistungsschwächsten Kinder des Arithmetiktests (vgl. Kapitel 8.1.2) lassen sich diese Unterschiede zwischen den jeweiligen Anteilen weiblicher und männlicher Schülerinnen und Schüler wie folgt konkretisieren: Die 22 leistungsschwächsten Kinder im Arithemetiktest setzen sich aus 15 Mädchen und sieben Jungen zusammen. Die Gruppe der leistungsstärksten Kinder im Arithmetiktest besteht mit zwölf von 14 Kindern fast nur aus Jungen.

Bei den geometrischen Fähigkeiten der Schulanfängerinnen und Schulanfängern kann anhand der durchschnittlichen Punktzahlen kein Unterschied in den Lernständen von Jungen und Mädchen festgestellt werden. So erreichen die Jungen durchschnittlich 31,8 Punkte (s = 8,3), während die Mädchen einen kaum abweichenden Wert von 31,0 Punkten (s = 7,2) aufweisen. Ein statistisch signifikanter Unterschied zwischen den Geschlechtern ist hierbei nicht nachweisbar (t-Test für unabhängige Stichproben: t = 0,5, n = 108, p = 0,6) (vgl. Bortz 1999, 137ff.).

Auch unter den leistungsschwächsten und leistungsstärksten Kindern des Geometrietest ist die Verteilung von Mädchen und Jungen recht ausgewogen. Während unter die leistungsschwächsten Kinder elf Mädchen und zehn Jungen fallen, gehören der Gruppe der leistungsstärksten Schulanfängerinnen und Schulanfängern des Geometrietests eine ungefähr vergleichbare Anzahl von sieben Mädchen und zehn Jungen an.

Eine genaue Aufschlüsselung des Vergleichs der Punktzahlen der Jungen und Mädchen in den einzelnen Aufgaben und Aufgabenblöcken des Arithmetiktests wird in der folgenden Tabelle 8.1 gegeben.

Tabelle 8.1 Vergleich der Punktzahlen der Mädchen und Jungen in den Aufgaben(-blöcken) des Arithmetiktests*

Aufgaben (-blöcke)	Geschlecht	n	max. Punktzahl	$\bar{x}$	s	t	Sig. (2-seitig)
A1a	männlich	54	4	3,61	0,763	0,0001	1,0
	weiblich	54	4	3,61	0,763		
A1b	männlich	54	6	5,33	1,274	2,521	**0,013**
	weiblich	54	6	4,59	1,743		
A1c	männlich	54	1	0,98	0,136	1,971	0,053
	weiblich	54	1	0,89	0,317		
A1d	männlich	54	1	0,87	0,339	2,979	**0,004**
	weiblich	54	1	0,63	0,487		
A1e	männlich	54	4	3,44	0,883	1,695	0,093
	weiblich	54	4	3,17	0,818		
A1	männlich	54	16	14,24	2,740	2,352	**0,021**
	weiblich	54	16	12,89	3,214		
A2a	männlich	54	2	1,89	0,372	2,274	**0,025**
	weiblich	54	2	1,67	0,614		
A2b	männlich	54	5	3,83	1,450	2,549	**0,012**
	weiblich	54	5	3,02	1,848		
A2c	männlich	54	2	1,37	0,681	1,658	0,100
	weiblich	54	2	1,15	0,711		
A2	männlich	54	9	7,09	2,021	2,802	**0,006**
	weiblich	54	9	5,83	2,612		
A3a	männlich	54	3	1,39	1,036	1,883	0,063
	weiblich	54	3	1,06	0,787		
A3b	männlich	54	4	1,81	1,333	3,582	**0,001**
	weiblich	54	4	0,94	1,188		
A3	männlich	54	7	3,20	1,917	3,530	**0,001**
	weiblich	54	7	2,00	1,614		
A4a	männlich	54	2	1,11	0,925	2,472	**0,015**
	weiblich	54	2	0,69	0,865		
A4b	männlich	54	3	0,54	0,946	2,680	**0,009**
	weiblich	54	3	0,15	0,492		

Aufgaben (-blöcke)	Geschlecht	n	max. Punktzahl	$\bar{x}$	s	t	Sig. (2-seitig)
A4	männlich	54	5	1,65	1,556	3,115	0,002
	weiblich	54	5	0,83	1,129		
A5a	männlich	54	3	1,81	0,702	-0,138	0,891
	weiblich	54	3	1,83	0,694		
A5b	männlich	54	1	0,31	0,469	1,559	0,122
	weiblich	54	1	0,19	0,392		
A5	männlich	54	4	2,13	0,972	0,616	0,539
	weiblich	54	4	2,02	0,901		
A6a	männlich	54	3	2,70	0,537	3,796	< 0,0001
	weiblich	54	3	2,19	0,848		
A6b	männlich	54	1	0,74	0,442	3,256	0,002
	weiblich	54	1	0,44	0,502		
A6c	männlich	54	1	0,70	0,461	-0,873	0,384
	weiblich	54	1	0,78	0,420		
A6	männlich	54	5	4,15	0,920	3,682	< 0,0001
	weiblich	54	5	3,41	1,158		
A7a	männlich	54	2	1,31	0,722	3,441	0,001
	weiblich	54	2	0,87	0,616		
A7b	männlich	54	1	0,81	0,392	2,175	0,032
	weiblich	54	1	0,63	0,487		
A7c	männlich	54	1	0,67	0,476	2,161	0,033
	weiblich	54	1	0,46	0,503		
A7	männlich	54	4	2,80	1,188	3,759	< 0,0001
	weiblich	54	4	1,96	1,115		
Arith-metiktest insgesamt	männlich	54	50	35,26	8,742	3,707	< 0,0001
	weiblich	54	50	28,94	8,958		

* Bei einer Reihung von t-Tests besteht eine hohe Wahrscheinlichkeit, dass Tests zufällig signifikant werden (Alpha-Fehler-Inflation). Es müsste korrekterweise eine multiple Varianzanalyse (mit Messwiederholung) gerechnet werden. Darauf wird hier unter Kenntnis der Inflationsmöglichkeit jedoch verzichtet.

Anhand der obigen Tabelle wird ein wesentlicher Befund deutlich: Die Jungen weisen über fast alle Aufgaben und Aufgabenblöcke hinweg höhere Testpunktzahlen als die Mädchen auf. Die signifikant höheren Punktzahlen der Jungen sind damit nicht nur für die Auswertung des arithmetischen Gesamttests nachzuweisen, sondern gelten auch für fast alle einzelnen Inhaltsbereiche. Eine Ausnahme bildet hierbei der Aufgabenblock A5 ‚Arithmetische Gesetzmäßigkeiten und Muster', bei dem sich keine statistisch signifikanten Unterschiede zwischen den Fähigkeiten der Mädchen und Jungen ergeben. Wie auch in Zusammenhang mit den vergleichsweise geringen Leistungsdifferenzen in genau diesem Aufgabenblock zwischen den leistungsschwächsten und leistungsstärksten Schulanfängerinnen und Schulanfängern (vgl. Abbildung 8.5), zeigen sich erneut vergleichbar geringe Unterschiede zwischen den hier betrachteten Schülergruppen (Jungen / Mädchen). Der Erklärungsansatz ist vermutlich identisch.

Die höchsten Differenzen zwischen den durchschnittlich erreichten Punktzahlen der Jungen und Mädchen können in den Aufgabenblöcken A3 ‚Zehnersystem' und A4 ‚Rechenverfahren' beobachtet werden. Während die Mädchen im Durchschnitt lediglich 2 bzw. 0,83 von insgesamt 7 bzw. 5 maximal erreichbaren Punkten verzeichnen, erreichen die Jungen bei diesen Aufgabenblöcken 3,2 und 1,65 durchschnittliche Punkte, also mindestens eineinhalbmal so viele. Auffällig starke Unterschiede der erbrachten Leistungen in diesen Aufgabenblöcken können, vermutlich vor demselben Erklärungshintergrund, parallel hierzu auch hinsichtlich der leistungsschwächsten und leistungsstärksten Schulanfängerinnen und Schulanfänger (vgl. Abbildung 8.5) ausgemacht werden.

Die Unterschiede in den erreichten Punktzahlen der Mädchen und Jungen werden im Folgenden in Tabelle 8.2 für den Geometrietest dargestellt.

Tabelle 8.2 Vergleich der Punktzahlen der Mädchen und Jungen in den Aufgaben(-blöcken) des Geometrietests*

Aufgaben (-blöcke)	Geschlecht	n	max. Punktzahl	$\bar{x}$	s	t	Sig. (2-seitig)
G1a	männlich	54	3	1,15	1,035	0,950	0,344
	weiblich	54	3	0,96	0,990		
G1b	männlich	54	5	3,83	1,314	0,826	0,411
	weiblich	54	5	3,63	1,248		
G1	männlich	54	8	4,98	1,888	1,100	0,274
	weiblich	54	8	4,59	1,786		
G2a	männlich	54	5	2,65	1,728	-0,944	0,347
	weiblich	54	5	2,96	1,737		
G2b	männlich	54	4	2,50	1,437	-1,019	0,311
	weiblich	54	4	2,78	1,396		
G2c	männlich	54	3	1,24	0,910	-0,755	0,452
	weiblich	54	3	1,37	0,875		
G2	männlich	54	12	6,39	3,253	-1,239	0,218
	weiblich	54	12	7,11	2,786		
G3	männlich	54	5	3,31	1,680	0,620	0,537
	weiblich	54	5	3,11	1,734		
G4a	männlich	54	2	1,33	0,514	1,454	0,149

Aufgaben (-blöcke)	Geschlecht	n	max. Punktzahl	$\bar{x}$	s	t	Sig. (2-seitig)
G4b	weiblich	54	2	1,20	0,407	2,011	0,047
	männlich	54	2	0,78	0,945		
G4c	weiblich	54	2	0,44	0,769	0,598	0,551
	männlich	54	3	2,37	0,917		
G4	weiblich	54	3	2,26	1,013	1,785	0,077
	männlich	54	7	4,48	1,746		
G5a	weiblich	54	7	3,91	1,593	-1,189	0,237
	männlich	54	4	2,37	1,104		
G5b	weiblich	54	4	2,61	0,998	1,702	0,092
	männlich	54	2	0,89	0,604		
G5	weiblich	54	2	0,69	0,639	-0,148	0,883
	männlich	54	6	3,26	1,306		
G6	weiblich	54	6	3,30	1,298	0,140	0,889
	männlich	54	6	4,80	1,351		
G7a	weiblich	54	6	4,76	1,400	0,906	0,367
	männlich	54	2	1,76	0,512		
G7b	weiblich	54	2	1,67	0,549	0,997	0,321
	männlich	54	1	0,41	0,496		
G7c	weiblich	54	1	0,31	0,469	1,090	0,278
	männlich	54	3	2,41	0,765		
G7	weiblich	54	3	2,24	0,823	1,534	0,128
	männlich	54	6	4,57	1,191		
Geometrietest insgesamt	weiblich	54	6	4,22	1,192	0,532	0,596
	männlich	54	50	31,80	8,331		
	weiblich	54	50	31,00	7,195		

* Bei einer Reihung von t-Tests besteht eine hohe Wahrscheinlichkeit, dass Tests zufällig signifikant werden (Alpha-Fehler-Inflation). Es müsste korrekterweise eine multiple Varianzanalyse (mit Messwiederholung) gerechnet werden. Darauf wird hier unter Kenntnis der Inflationsmöglichkeit jedoch verzichtet.

Auch beim Geometrietest zeigen sich die ähnlich hohen Lernstände von Mädchen und Jungen nicht nur bezogen auf die durchschnittlichen Gesamttestpunktzahlen, sondern setzen sich auch über fast alle Aufgaben und Aufgabenblöcke hinweg fort. Lediglich bei einer der Teilaufgaben ist ein signifikanter Unterschied zwischen den Lernständen der Mädchen und Jungen gegeben. Bei der Aufgabe (G4b) zu Flächenvergleichen zeigen die Jungen statistisch signifikant höhere Fähigkeiten auf. Hierzu ist keine eindeutig überzeugende Erklärung ersichtlich.

Die Ergebnisse bezüglich der Geschlechtsunterschiede ergänzen in Hinblick auf den Inhaltsbereich der Arithmetik die Ergebnisse von Hengartner & Röthlisberger (1994) und Krajewski (2003), die ebenfalls ausgeprägtere arithmetische Fähigkeiten von männlichen Schulanfängern konstatieren (vgl. Kapitel 2.2.2). Die höheren Lernstände der Jungen können in dieser Arbeit nicht nur bezüglich des Gesamttests, sondern auch für fast alle Inhaltsbereiche (Grundideen) der Arithmetik isoliert aufgezeigt werden. Im Bereich der Geometrie führen die Untersuchungsergebnisse die Befunde von Grassmann (1997), die in Bezug auf geometrische Inhalte gleichfalls keine Kompetenzunterschiede zwischen Mädchen und Jungen feststellen kann (vgl. Kapitel 2.2.2), im Detail weiter aus. In dieser Arbeit zeigen sich für den Gesamttest sowie bei der isolierten Betrachtung der einzelnen untersuchten geometrischen Inhalte in fast allen Fällen keine signifikanten Unterschiede in den Lernständen von Jungen und Mädchen.

Im Bereich der Arithmetik besteht demnach großer Handlungbedarf, mehr über die Ursachen der niedrigeren Lernstände der Mädchen zu Schulbeginn zu erfahren, sinnvollerweise auch in Vergleich zu den gleichstark ausgeprägten Fähigkeiten der Jungen und Mädchen in der Geometrie. Ausgehend hiervor sind auf diesen Erkenntnissen beruhende Empfehlungen und Angebote zu entwickeln, um insbesondere die Mädchen im vorschulischen Bereich, aber auch bei Eintritt in die Schule gezielt in ihren arithmetischen Kompetenzen zu fördern.

8.2.2 Altersunterschiede

Die an der Untersuchung beteiligten Schulanfängerinnen und Schulanfänger sind im Durchschnitt knapp 6 Jahre und 6 Monate (77,6 Monate) alt, wobei eine Standardabweichung von 4,1 Monaten vorliegt. Das Alter der jüngsten Testperson beträgt 5 Jahre 8 Monate, das Alter der ältesten Testperson 7 Jahre und 7 Monate. Das Durchschnittsalter der Mädchen und Jungen ist dabei in etwa gleich (Alter der Mädchen in Monaten: 77,8; Alter der Jungen in Monaten: 77,4 Monaten; t-Test für unabhängige Stichproben: t = -0,448, n = 108, p = 0,655 (vgl. Bortz 1999, 137ff.)).

Zwischen dem Alter der Schülerinnen und Schüler und dem Grad ihrer mathematischen Lernstände können weder für den Arithmetik- noch für den Geometrietest statistisch aussagekräftige Zusammenhänge festgestellt werden. Hierfür wird betrachtet, inwiefern das Alter der Kinder (in Monaten) mit den Testpunktzahlen dieser in den beiden Gesamttests sowie in den einzelnen Aufgabenblöcken korreliert. Es zeigt sich, dass wenn Korrelationen signifikant sind, diese unbedeutend niedrig sind (vgl. Tabelle 8.3).

Tabelle 8.3 Korrelation des Alters der Schulanfängerinnen und Schulanfänger (in Monaten) mit ihren Testpunktzahlen

Arithmetik-test	n	r	Sig. (2-seitig)	Geometrie-test	n	r	Sig. (2-seitig)
Gesamttest	108	0,113	0,246	Gesamttest	108	0,129	0,183
Aufgaben-block A1	108	0,198	**0,040**	Aufgaben-block G1	108	0,114	0,240
Aufgaben-block A2	108	0,032	0,739	Aufgaben-block G2	108	0,168	0,083
Aufgaben-block A3	108	0,088	0,363	Aufgaben-block G3	108	0,087	0,369
Aufgaben-block A4	108	0,071	0,463	Aufgaben-block G4	108	-0,219	**0,023**
Aufgaben-block A5	108	0,010	0,919	Aufgaben-block G5	108	0,231	**0,016**
Aufgaben-block A6	108	0,037	0,702	Aufgaben-block G6	108	0,065	0,502
Aufgaben-block A7	108	0,046	0,635	Aufgaben-block G7	108	0,096	0,321

Hierzu liefern Moser Opitz et al. (vgl. 2007, 140) in ihrer Untersuchung mit dem GI-Test Geometrie konträre Ergebnisse. Sie stellen erhebliche Abhängigkeiten zwischen dem Alter und den Lernständen der Kindergartenkinder in den Inhaltsbereichen ‚Koordianten' (Aufgabenblock G3), ‚Maßen' (Aufgabenblock G4), ‚geometrische Muster' (Aufgabenblock G5) und ‚Formen in der Umwelt' (Aufgabenblock G6) heraus. Die Kindergartenkinder der Untersuchung sind zwischen vier und sieben Jahren und somit um circa ein Jahr jünger als in der hier gegeben Untersuchung. Es kann daher angenommen werden, dass das Alter bei jüngeren Kindern eine bedeutendere Rolle in Zusammenhang mit den hier getesteten Fähigkeiten spielt als bei älteren Kindern. Diese Annahme beruht auf dem empirisch nachgewiesenen, rasanten Lernstandzuwachs von Kindergartenkindern (vgl. Rea & Reys 1970, 69; Stern 1999, 161f.; Hasemann 2001, 35; Caluori 2004, 128f.; Clarke et al. 2008, 280f., vgl. auch Kapitel 2.2.2).

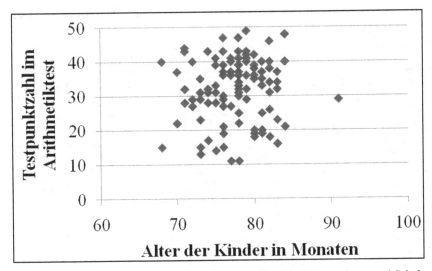

Abbildung 8.9 Zusammenhang zwischen dem Alter der Schulanfängerinnen und Schulanfänger (in Monaten) und ihren Punktzahlen im Arithmetiktest

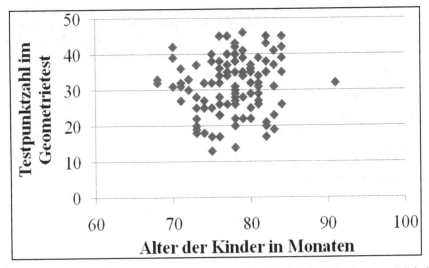

Abbildung 8.10 Zusammenhang zwischen dem Alter der Schulanfängerinnen und Schulanfänger (in Monaten) und ihren Punktzahlen im Geometrietest

Die zwei vorangehenden Abbildungen 8.9 und 8.10 verdeutlichen die Unabhängigkeit der zwei Faktoren ('Alter' und 'Lernstand') bei dieser Untersuchung graphisch, indem das Alter der Schulanfängerinnen und Schulanfänger (gemessen in Monaten) und die entsprechenden Testpunktzahlen der Kinder im Arithmetik- und im Geometrietest individuell aufgeschlüsselt dargestellt werden.

Anhand der Diagramme wird deutlich, dass sowohl jüngere als auch ältere Schulanfängerinnen und Schulanfänger niedrige als auch hohe Punktzahlen in den zwei Tests erreichen und dass kein weiterer Zusammenhang bezüglich der zwei Faktoren zu beobachten ist.

Die Ergebnisse erweitern die Forschungsbefunde von Thiel (vgl. 2008, 10), dass nicht erwartet werden darf, „dass fast alle Fünfjährigen bereits die Stufe 3 erreicht haben, die eine wichtige Voraussetzung für erfolgreiches Lernen im arithmetischen Anfangsunterricht der Grundschule darstellt". So kann darüber hinaus nachgewiesen werden, dass keine Unterschiede in den arithmetischen sowie geometrischen Lernständen von jüngeren Kindern (beginnend bei 5 Jahren 8 Monaten) – welche den Schuleintritt vollzogen haben – gegenüber den restlichen Schulanfängerinnen und Schulanfängern festzustellen sind. So werden niedrige sowie hohe Punktzahlen in den beiden Tests sowohl von jüngeren als auch von älteren Schulanfängerinnen und Schulanfängern in ähnlichem Maße erreicht. Für Kindergartenkinder, die im Durchschnitt jünger sind, scheint demgegenüber noch ein beachtlicher Einfluss des Alters auf die Fähigkeiten in einigen geometrischen Inhaltsbereichen vorzuliegen, wie ihn Moser Opitz et al. (vgl. 2007, 140) in ihrer Untersuchung aufzeigen.

8.2.3 Unterschiede im sozialen Einzugsgebiet

Für die hier vorliegende Untersuchung können statistisch signifikante Zusammenhänge zwischen den Einzugsgebieten der Schulen und der von ihren Schulanfängerinnen und Schulanfängern erreichten durchschnittlichen Punktzahlen im Arithmetik- wie auch im Geometrietest nachgewiesen werden. Die Mittelwerte der Punktzahlen liegen bei den Kindern aus Schulen mit sozial schwachem Einzugsgebiet bei beiden Tests am niedrigsten (Mittelwert der Punktzahlen im Arithmetiktest: 27,9 (s = 9,1); Mittelwert der Punktzahlen im Geometrietest: 27,4 (s = 7,6)). Schülerinnen und Schüler aus Schulen mit einem mittleren sozialen Einzugsgebiet verzeichnen im Vergleich zu Kindern aus Schulen mit anderen Einzugsgebieten durchschnittlich mittelhohe Testpunktzahlen (Mittelwert der Punktzahlen im Arithmetiktest: 32,9 Punkte (s = 8,7); Mittelwert der Punktzahlen im Geometrietest: 32,7 Punkte (s = 6,5)). Die durchschnittlich höchsten Punktzahlen erreichen Schulanfängerinnen und Schulanfänger aus Schulen mit starkem sozialen Einzugsgebiet (Mittelwert der Punktzahlen im Arithmetiktest: 35,4 Punkte (s = 8,9); Mittelwert der Punktzahlen im Geometrietest: 34,0 Punkte (s = 7, 7)). Die Signifikanz der Unterschiede kann für die beiden Gesamttests mittels der einfaktoriellen Varianzanalyse ONEWAY (vgl. Bortz 1999, 237ff.) bestätigt werden (Arithmetiktest: F = 6,571, n = 108, p = 0,002; Geometrietest: F = 8,253; n = 108, p < 0,0001).

Hinsichtlich der einzelnen Aufgabenblöcke steht das soziale Einzugsgebiet der Schulen ebenfalls beinahe immer in einem signifikanten Zusammenhang mit den erreichten Punktzahlen der Kinder (vgl. Tabelle 8.4).

Tabelle 8.4 Punktzahlen der Kinder in den Gesamttests und den jeweiligen Aufgabenblöcken, aufgeschlüsselt nach sozialen Einzugsgebieten der besuchten Schulen

Test(-Aufgabe)	n	soziales Einzugsgebiet	$\bar{x}$	s	F	Signifikanz
Gesamttest Arithmetik	36	schwach	27,94	9,146	6,571	**0,002**
	36	mittel	32,94	8,704		
	36	stark	35,42	8,875		
Aufgabenblock A1	36	schwach	12,75	3,358	2,348	0,101
	36	mittel	13,67	3,005		
	36	stark	14,28	2,625		
Aufgabenblock A2	36	schwach	5,33	2,552	6,560	**0,002**
	36	mittel	7,00	1,912		
	36	stark	7,06	2,366		
Aufgabenblock A3	36	schwach	2,00	1,836	3,895	**0,023**
	36	mittel	2,61	1,777		
	36	stark	3,19	1,833		
Aufgabenblock A4	36	schwach	0,61	1,128	7,241	**0,001**
	36	mittel	1,31	1,238		
	36	stark	1,81	1,600		
Aufgabenblock A5	36	schwach	1,72	0,741	4,083	**0,020**
	36	mittel	2,22	0,959		
	36	stark	2,28	1,003		
Aufgabenblock A6	36	schwach	3,72	0,944	1,187	0,309
	36	mittel	3,61	1,315		
	36	stark	4,00	1,014		
Aufgabenblock A7	36	schwach	1,81	1,167	7,182	**0,001**
	36	mittel	2,53	1,134		
	36	stark	2,81	1,167		

Test(-Aufgabe)	n	soziales Einzugs-gebiet	$\bar{x}$	s	F	Signifikanz
Gesamttest Geometrie	36	schwach	27,44	7,629		
	36	mittel	32,72	6,461	8,253	< 0,0001
	36	stark	34,03	7,685		
Aufgabenblock G1	36	schwach	4,42	1,888		
	36	mittel	4,61	1,840	2,554	0,083
	36	stark	5,33	1,707		
Aufgabenblock G2	36	schwach	5,47	3,299		
	36	mittel	7,64	2,674	5,444	0,006
	36	stark	7,14	2,738		
Aufgabenblock G3	36	schwach	2,42	1,842		
	36	mittel	3,42	1,592	7,105	0,001
	36	stark	3,81	1,369		
Aufgabenblock G4	36	schwach	3,47	1,464		
	36	mittel	4,22	1,514	7,065	0,001
	36	stark	4,89	1,801		
Aufgabenblock G5	36	schwach	3,08	1,273		
	36	mittel	3,39	1,315	0,608	0,547
	36	stark	3,36	1,313		
Aufgabenblock G6	36	schwach	4,39	1,440		
	36	mittel	4,94	1,330	2,243	0,111
	36	stark	5,00	1,287		
Aufgabenblock G7	36	schwach	4,19	1,091		
	36	mittel	4,50	1,207	0,776	0,463
	36	stark	4,50	1,298		

Auffallend ist, dass sich die Fähigkeiten der Kinder aus Schulen mit unterschiedlichen Einzugsgebieten hinsichtlich dreier Aufgabenblöcke mit Umweltbezug A6 (‚Zahlen in der Umwelt'), G6 (‚Formen in der Umwelt') und G7 (‚Sachsituationen') nicht signifikant unterscheiden. Auch bei den Aufgabenblöcken A1 ('Zahlenreihe'), G1 (‚geom. Formen und ihre Konstruktion') und G5 (‚geom. Muster und Gesetzmäßigkeiten') sind keine signifikanten Unterschiede zwischen den drei Schülergruppen zu verzeichnen.

Dass jedoch nicht nur Leistungsunterschiede zwischen den Schulen mit unterschiedlichen Einzugsgebieten bestehen, sondern auch zwischen den Schulen innerhalb eines sozialen Einzugsgebiets sowie zwischen den Schulen generell, wird anhand der Abbildung 8.11 verdeutlicht. Die Schulen S1 bis S3 verfügen dabei über ein sozial starkes Einzugsgebiet, Schulen S4 bis S6 über ein mittleres soziales Einzugsgebiet und die Schulen S7 bis S9 über ein schwaches soziales

Einzugsgebiet. Die folgende Auswertung ist rein deskriptiv. Ein entsprechender statistischer Nachweis steht nicht im Verhältnis zum Fokus dieser Arbeit.

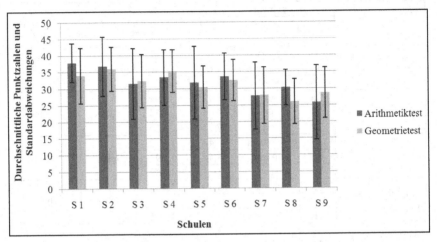

Abbildung 8.11 Durchschnittlich erreichte Testpunktzahlen (und Standardabweichungen) der Kinder der neun beteiligten Grundschulen im Arithmetik- und Geometrietest

Die durchschnittlich erreichten Testpunktzahlen und deren Standardabweichungen variieren auch zwischen Schulen eines sozialen Einzugsgebiets, wie insbesondere an den arithmetischen Fähigkeiten der Schulanfängerinnen und Schulanfänger aus den drei Schulen mit sozial starkem Einzugsgebiet verdeutlicht werden kann. So erreichen die Schülerinnen und Schüler aus Schule S3 mit 31,6 Punkten eine erheblich niedrigere durchschnittliche Punktzahl im Arithmetiktest als die Kinder aus den Schulen S1 und S2 (37,9 und 36,8 Punkte). Im Vergleich zu den Schülerinnen und Schülern der Schule S8 mit sozial schwachem Einzugsgebiet (30,3 Punkte) erreichen die Kinder der Schule S3 beispielsweise eine nur unwesentlich höhere durchschnittliche Testpunktzahl im Arithmetiktest und eine niedrigere als die Schulanfängerinnen und Schulanfänger der Schule S4 (33,4 Punkte) mit mittlerem sozialen Einzugsgebiet.

Die Heterogenität der Lernstände der Kinder der einzelnen Schulen variiert ebenfalls unabhängig von dem sozialen Einzugsgebiet. So lassen sich relativ homogene arithmetische Vorerfahrungen bei den untersuchten Schulanfängerinnen und Schulanfängern aus den Schulen S1, S6 und S8 mit jeweils unterschiedlichem sozialen Einzugsgebiet nachweisen (s_1 = 5,8; s_6 = 7,1; s_8 = 5,3). Bei den anderen Schulen liegen zum Teil erheblich differierende Lernstände der Kinder im Bereich der Arithmetik vor, wie etwa bei den Schulen S3, S7 und S9 (s_3 = 10,6; s_7 =

10,1; s_9 = 11,2). Für die Geometrie können ähnliche Tendenzen beobachtet werden.

Die Auswertung zeigt den signifikanten Zusammenhang des sozialen Einzugsgebiets der Grundschulen und der Lernstände der von ihnen besuchten Schulanfängerinnen und Schulanfänger für die beiden Gesamttests sowie für viele der arithmetischen und einige der geometrischen Inhaltsbereiche auf. Auf die statistisch signifikante Abhängigkeit der mathematischen Vorerfahrungen von Kindern von dem Sozialstatus ihrer Eltern wird ebenfalls in Zusammenhang der Studie von Jordan et al. (vgl. 2006) für den Vorschulbereich, für den Grundschulbereich in der Untersuchung von Krajewski & Schneider (vgl. 2009) und in besonders hohem Maße für Schülerinnen und Schüler der Sekundarstufe I durch Ehmke et al. (vgl. 2004) hingewiesen (vgl. Kapitel 2.2.2). Doch zeigen sich auch zwischen den Kindern von Schulen mit gleich starkem bzw. schwachem Einzugsgebiet sowie den Kindern derselben Schule recht heterogene Lernstände auf, worauf ebenfalls durch die Untersuchungsergebnisse von Hengartner & Röthlisberger (vgl. 1994, 12ff.), Grassmann et al. (vgl. 1995, 316f.) und Grassmann (vgl. 1999, 15) aufmerksam gemacht wird.

Die Befunde machen die Notwendigkeit spezieller Förderangebote für Schulanfängerinnen und Schulanfänger aus sozial schwachen Einzugsgebieten, aber auch die differenzierte Förderung und Forderung von Kindern mit unterschiedlichen Lernständen im Unterricht generell, unabhängig vom sozialen Einzugsgebiet der Schulen, deutlich.

8.3 Korrelation der erreichten Testpunktzahlen in verschiedenen Aufgabenblöcken

Im Folgenden werden die erreichten Testpunktzahlen in den Aufgabenblöcken des Arithmetiktests (Kapitel 8.3.1) und des Geometrietests (Kapitel 8.3.2) auf statistische Zusammenhänge hin untersucht.

8.3.1 Aufgabenblöcke des Arithmetiktests

Die folgende Tabelle 8.5 gibt eine Übersicht der Korrelationen der erreichten Testpunktzahlen der Schulanfängerinnen und Schulanfänger in den sieben Aufgabenblöcken des Arithmetiktests.

Tabelle 8.5 Korrelationen der Erfolgsquoten in den Aufgabenblöcken des Arithmetiktests

		A1	A2	A3	A4	A5	A6	A7	Gesamt-test
A1	r		,650**	,612**	,474**	,418**	,426**	,663**	,865**
	p		,000	,000	,000	,000	,000	,000	,000
	n		108	108	108	108	108	108	108
A2	r	,650**		,585**	,513**	,437**	,499**	,588**	,842**
	p	,000		,000	,000	,000	,000	,000	,000
	n	108		108	108	108	108	108	108
A3	r	,612**	,585**		,629**	,318**	,519**	,572**	,811**
	p	,000	,000		,000	,001	,000	,000	,000
	n	108	108		108	108	108	108	108
A4	r	,474**	,513**	,629**		,312**	,489**	,553**	,723**
	p	,000	,000	,000		,001	,000	,000	,000
	n	108	108	108		108	108	108	108
A5	r	,418**	,437**	,318**	,312**		,206*	,401**	,535**
	p	,000	,000	,001	,001		,032	,000	,000
	n	108	108	108	108		108	108	108
A6	r	,426**	,499**	,519**	,489**	,206*		,423**	,638**
	p	,000	,000	,000	,000	,032		,000	,000
	n	108	108	108	108	108		108	108
A7	r	,663**	,588**	,572**	,553**	,401**	,423**		,785**
	p	,000	,000	,000	,000	,000	,000		,000
	n	108	108	108	108	108	108		108
A	r	,865**	,842**	,811**	,723**	,535**	,638**	,785**	
	p	,000	,000	,000	,000	,000	,000	,000	
	n	108	108	108	108	108	108	108	

** Die Korrelation ist auf dem Niveau von 0,01 (2-seitig) signifikant.
* Die Korrelation ist auf dem Niveau von 0,05 (2-seitig) signifikant.

Insbesondere fallen die mittelstarken Korrelationen ($r > 0{,}6$; Markierung durch grauen Hintergrund) des ersten Aufgabenblocks A1 (‚Zahlenreihe') mit den Aufgabenblöcken A2 (‚Rechnen, Rechengesetze, Rechenvorteile'), A3 (‚Zehnersystem') und A7 (‚Sachaufgaben') auf. Die Zusammenhänge lassen sich vermutlich insbesondere dadurch erklären, dass für die Bearbeitung der Testaufgaben aller drei Aufgabenblöcke die Kenntnis der Zahlenreihe eine wesentliche Grundlage darstellt, ohne welche die Aufgaben nicht erfolgreich gelöst werden können.

So können beispielsweise Rechenaufgaben (Aufgabenblock A2) nur dann gelöst werden, wenn sich die Kinder beispielsweise beim Addieren des zweiten Summanden in der Zahlenreihe vorwärts bewegen können und wissen, welche Zahlen folgen.

Abbildung 8.12 veranschaulicht graphisch, dass zum überwiegenden Teil in beiden Aufgabenblöcken (A1 ‚Zahlenreihe' und A2 ‚Rechnen, Rechengesetze, Rechenvorteile') gleich hohe bzw. niedrige Erfolgsquoten von den Schulanfängerinnen und Schulanfängern erreicht werden (r = 0,650).

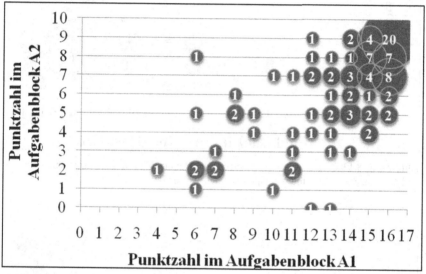

Abbildung 8.12 Zusammenhang der erreichten Punktzahlen in den Aufgabenblöcken A1 und A2 (Anzahlen der Kinder entsprechen den Werten der Blasenmittelpunkte)

Auch die Aufgaben in Aufgabenblock A3 ‚Zehnersystem' können insbesondere von den Schülerinnen und Schülern erfolgreich gelöst werden, welche im Aufgabenblock A1 ‚Zahlenreihe' eine hohe Erfolgsquote erzielen (r = 0,612). Bei der Anzahlermittlung der Punkte in Punktefeldern bzw. der Orientierung in der Hundertertafel ist ebenfalls der Rückgriff auf die Zahlenfolge notwendig. Eine Garantie geben hohe Punktzahlen in Aufgabenblock A1 ‚Zahlenreihe' für einen Erfolg in Aufgabenblock A3 ‚Zehnersystem' jedoch nicht, wie in Abbildung 8.13 deutlich wird. So umfasst der Aufgabenblock A1 ‚Zahlenreihe' lediglich Zahlenwerte bis 20, in Aufgabenblock A3 ‚Zehnersystem' werden darüber hinausgehende Zahlkenntnisse benötigt.

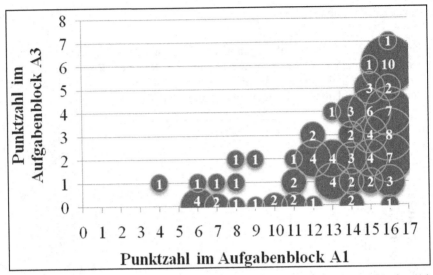

Abbildung 8.13 Zusammenhang der erreichten Punktzahlen in den Aufgabenblöcken A1 und A3 (Anzahlen der Kinder entsprechen den Werten der Blasenmittelpunkte)

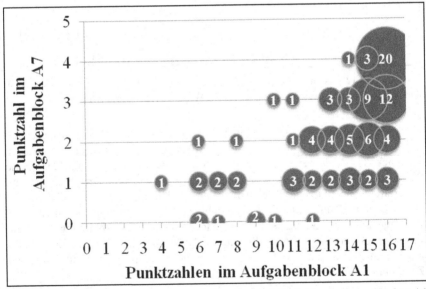

Abbildung 8.14 Zusammenhang der erreichten Punktzahlen in den Aufgabenblöcken A1 und A7 (Anzahlen der Kinder entsprechen den Werten der Blasenmittelpunkte)

Ein ähnliches Bild ergibt sich auch für die Erfolgsquoten beim Lösen der Sachaufgaben (Aufgabenblock A7), bei denen die Kenntnis der Zahlenreihe ebenfalls eine Grundvoraussetzung zum Lösen der Rechnungen im kleinen Zahlenraum darstellt. So gelingt es hier ebenfalls in hohem Maße vor allem den Kindern, die auch in Aufgabenblock A1 ‚Zahlenreihe‘ eine hohe Erfolgsquote erzielen, die Sachaufgaben erfolgreich zu bearbeiten (r = 0,663). Graphisch wird dieser Zusammenhang in Abbildung 8.14 veranschaulicht.

Die aufgeführten Beobachtungen, dass zwischen dem Zählen und Aufgaben zum kardinalen Zahlaspekt erhebliche Zusammenhänge in den jeweils erreichten Punktzahlen der Kinder gegeben sind, stehen in Übereinstimmung mit den in Kapitel 2.2.2 herausgestellten Ergebnissen von Schmidt (vgl. 1982a, 38) und Krajewski (vgl. 2003, 159).

Desweiteren ist die mittelstarke Korrelation (r = 0,629) der erreichten Erfolgsquoten in den Aufgabenblöcken A3 ‚Zehnersystem‘ und A4 ‚Rechenverfahren‘ hervorzuheben. Hierbei geht es jeweils insbesondere um Aufgaben, bei denen mit Zahlen im Hunderterraum und darüber hinaus umgegangen werde muss, was den Kindern meist in gleichem Maße gelingt (vgl. Abbildung 8.15).

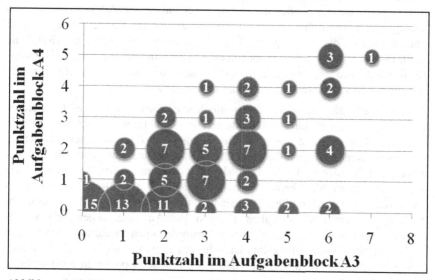

Abbildung 8.15 Zusammenhang der erreichten Punktzahlen in den Aufgabenblöcken A3 und A4 (Anzahlen der Kinder entsprechen den Werten der Blasenmittelpunkte)

Der Aufgabenblock A5 (‚Arithmetische Gesetzmäßigkeiten und Muster') fällt bei den Korrelationsberechnungen insofern auf, dass hier der geringste Zusammenhang mit den Fähigkeiten in anderen Aufgabenblöcken verzeichnet wird (vgl. Tabelle 8.5). Insbesondere vor dem Hintergrund, dass der Inhaltsbereich ‚Muster und Strukturen' als grundlegend für alle Inhaltsbereiche der Mathematik erachtet wird (vgl. Kapitel 3.2), ist dieses Ergebnis erst einmal erstaunlich.

Zum einen ist dieser Befund zumindest ansatzweise damit zu erklären, dass die elementaren Kenntnisse der Zahlenreihe, welche die grundlegende Voraussetzung für die erfolgreiche Bearbeitung der Testaufgaben darstellt, in unterschiedlichem Maße bei den Schulanfängerinnen und Schulanfängern ausgeprägt sind. So kommen Kinder, welche Schwierigkeiten mit dem Umgang mit der Zahlenreihe haben, oft erst gar nicht dazu, arithmetischen Gesetzmäßigkeiten und Mustern nachzugehen und diese für ihre Aufgabenbearbeitungen zu nutzen. Ein Beispiel hierfür kann in Zusammenhang mit der Aufgabe ‚A3b: Zahlen an der Hundertertafel' gegeben werden. Hier können die Schulanfängerinnen und Schulanfänger die Benennung der zweistelligen Zahlen nicht aufgrund ihres Muster- und Strukturverständnisses – welches die Herleitung der gesuchten Zahlen aufgrund ihnen bekannter Zahlwörter (im Zwanziger- und Hunderterraum) erlauben könnte – durchführen, wenn sie über nur geringe Kenntnisse der Zahlsymbole an sich verfügen und womöglich gar keine anderer Zahlen im Hunderterraum kennen und ihnen somit die grundlegende Ausgangsbasis für eine strukturelle Herleitung fehlt. Insgesamt weist der Aufgabenblock A1 ‚Zahlenreihe' somit erheblich höherer Korrelationen mit den anderen Aufgabenblöcken auf als der Aufgabenblock A5 ‚Arithmetische Gesetzmäßigkeiten und Muster'.

Zum anderen kann der Befund vermutlich auch darauf zurückgeführt werden, dass die Fähigkeiten im Bereich Muster und Strukturen so vielfältig zu sein scheinen, dass sie nicht durch die Bearbeitung von drei Aufgaben vollständig abgedeckt werden können, die dann über die allgemeine Kompetenz der Schülerinnen und Schüler in diesem Inhaltsbereich Auskunft geben. So erreichen die Kinder in diesem Aufgabenblock in Zusammenhang mit oftmals *unterschiedlichen* Aufgaben häufig mittlere Punktzahlen, die für besonders differenzierte Anforderung der einzelnen Aufgaben sprechen. Den Aufgaben in den anderen Aufgabenblöcken liegen wiederum weitere Anforderungen in Zusammenhang mit arithmetischen Gesetzmäßigkeiten und Mustern zugrunde, die im Aufgabenblock A5 nicht erfasst werden und sich daher auch nicht in positiven Korrelationen auswirken.

Wie sich in der Detailanalyse der Lernstände der Schulanfängerinnen und Schulanfänger zu Mustern und Strukturen (Kapitel 5) und in der Überblicksanalyse der Aufgabenbearbeitungen des Arithmetiktests (Kapitel 6) herausstellt, zeigen sich die Unterschiede im Umgang mit arithmetischen (und geometrischen) Gesetzmäßigkeiten und Mustern darüber hinaus insbesondere auf qualitativer Ebene in den Vorgehensweisen der Kinder und nicht unbedingt in ihren Erfolgsquoten. So können die Kinder einerseits auch in wenig strukturbezogenen Aufgabenbearbeitungen erfolgreich sein, andererseits können Kinder, die Muster und Strukturen in besonderem Maße nutzen auch Fehler dabei machen, die zu niedrigeren Erfolgsquoten führen. Die Analysen der Aufgabenbearbeitungen der Kinder des Arithmetiktests zeigen insgesamt, dass sich die Vorgehensweisen leistungsschwächerer Kinder weniger an Gesetzmäßigkeiten und Muster orientieren (Beispiel: zählendes Rechnen) als die der leistungsstarken Kinder (Beispiel: Nutzung von Rechenvorteilen). Dieser unterschiedliche Rückgriff auf Gesetzmäßigkeiten und Muster kann dabei teilweise auf die heterogenen arithmetischen Fertigkeiten der Kinder zurückgeführt werden, welche die Nutzung von arithmetischen Strukturen nur bedingt ermöglichen, wie in insbesondere in Zusammenhang mit den Punktermittlungen im Zwanziger- und Hunderterfeld, insbesondere an rechnenden Vorgehensweisen, die teilweise zwar angegeben, aber nicht ausgerechnet werden können, aufgezeigt wird (vgl. Kapitel 5.3).

8.3.2 Aufgabenblöcke des Geometrietests

Zwischen den einzelnen Aufgabenblöcken der Geometrie fallen die Korrelationen der Lernstände der Kinder durchgängig schwächer als im Bereich der Arithmetik aus, auch wenn geringe Zusammenhänge (r < 0.5) statistisch signifikant sind (vgl. Tabelle 8.6). Insgesamt sind die Zusammenhänge jedoch so niedrig, dass es wenig zielführend erscheint, diesbezüglichen Interpretationen nachzugehen.

Auch die Korrelationen der durchschnittlichen Erfolgsquoten der Kinder in den einzelnen Aufgabenblöcken mit denen des Gesamttests fallen etwas niedriger als im Arithmetiktest auch. Dennoch sind wesentliche, signifikante Zusammenhänge zwischen den Erfolgsquoten der Aufgabenblöcke G1 bis G5 und den Erfolgsquoten im Gesamttest gegeben. Der zweite Aufgabenblock G2 ‚Operieren mit Formen' bildet den Gesamttest dabei am besten ab (r = 0,772). Der Zusammenhang der Aufgabenblöcke G6 (‚Formen in der Umwelt') und G7 (‚Kleine Sachsituationen'), die jeweils über die höchsten Erfolgsquoten beim Geometrietest verfügen, stehen in einem eher unerheblichen Zusammenhang mit dem Gesamttest.

Die geringe Korrelation der Fähigkeiten im Aufgabenblock G5 ‚Geometrische Gesetzmäßigkeiten und Muster' mit den Fähigkeiten in anderen Aufgabenblöcken kann mit denselben Argumenten wie im Arithmetiktest begründet werden (1) stark unterschiedliche Anforderungen spezifischer geometrischer Gesetzmäßigkeiten und Muster, welche durch die stark beschränkte Anzahl an Testaufgaben des Aufgabenblocks nicht verallgemeinernd erfasst werden können und 2) gezielter und sachgerechter Rückgriff auf geometrische Gesetzmäßigkeiten und Muster wird insbesondere in den Vorgehensweisen, jedoch nicht immer in den Erfolgsquoten der Kinder ersichtlich).

Tabelle 8.6 Korrelationen der Erfolgsquoten in den Aufgabenblöcken des Geometrietests und dem Gesamttest

		G1	G2	G3	G4	G5	G6	G7	Gesamt-test
G1	r		,466**	,373**	,480**	,335**	,192*	,268**	,737**
	p		,000	,000	,000	,000	,046	,005	,000
	n		108	108	108	108	108	108	108
G2	r	,466**		,406**	,363**	,384**	,101	,130	,772**
	p	,000		,000	,000	,000	,298	,179	,000
	n	108		108	108	108	108	108	108
G3	r	,373**	,406**		,405**	,430**	,149	,182	,681**
	p	,000	,000		,000	,000	,124	,059	,000
	n	108	108		108	108	108	108	108
G4	r	,480**	,363**	,405**		,240*	,156	,252**	,669**
	p	,000	,000	,000		,012	,106	,008	,000
	n	108	108	108		108	108	108	108
G5	r	,335**	,384**	,430**	,240*		,119	,229*	,600**
	p	,000	,000	,000	,012		,218	,017	,000
	n	108	108	108	108		108	108	108
G6	r	,192*	,101	,149	,156	,119		,077	,360**
	p	,046	,298	,124	,106	,218		,427	,000
	n	108	108	108	108	108		108	108
G7	r	,268**	,130	,182	,252**	,229*	,077		,416**
	p	,005	,179	,059	,008	,017	,427		,000
	n	108	108	108	108	108	108		108
G	r	,737**	,772**	,681**	,669**	,600**	,360**	,416**	
	p	,000	,000	,000	,000	,000	,000	,000	
	n	108	108	108	108	108	108	108	

** Die Korrelation ist auf dem Niveau von 0,01 (2-seitig) signifikant.
* Die Korrelation ist auf dem Niveau von 0,05 (2-seitig) signifikant.

8.4 Korrelation der arithmetischen und geometrischen Lernstände

Bei einem Vergleich der Gesamtpunktzahlen der Schulanfängerinnen und Schulanfänger im Arithmetik- und Geometrietest lässt sich eine mittelstarke (vgl. Brosius 2006, 519) Korrelation ($r = 0{,}571$, $n = 108$, $p < 0{,}0001$) feststellen. Die Korrelation wird durch die Abbildung 8.16 graphisch aufgezeigt, indem die jeweils erreichten Testpunktzahlen in der Arithmetik und der Geometrie aller 108 Kinder dargestellt werden.

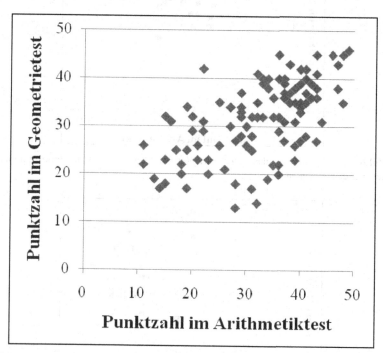

Abbildung 8.16 Zusammenhang der erreichten Punktzahlen der Schulanfängerinnen und Schulanfänger im Arithmetik- und Geometrietest

Es wird deutlich, dass die Schulanfängerinnen und Schulanfänger tendenziell bei beiden Tests etwa ähnlich hohe Punktzahlen erreichen. Doch zeigt die Graphik vereinzelt auch erhebliche Ausreißer auf, die entweder im Bereich der Arithmetik hohe Punktzahlen erreichen, jedoch niedrige Punktzahlen im Geometrietest verzeichnen oder andersherum. Diese Kinder genauer zu betrachten kann im Rah-

men dieser Arbeit leider nicht geleistet werden, doch behält sich die Autorin dies
als einen interessanten Aspekt für weitere Re-Analysen vor.

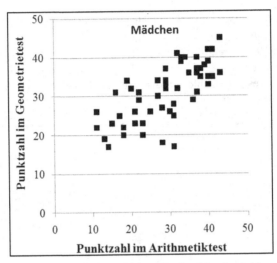

Abbildung 8.17 Zusammenhang der erreichten Punktzahlen im Arithmetik- und Geometrietest bei den Mädchen

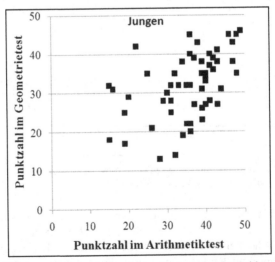

Abbildung 8.18 Zusammenhang der erreichten Punktzahlen im Arithmetik- und Geometrietest bei den Jungen

Wird der Faktor des Geschlechts der Kinder mit in die Korrelationsanalyse einbezogen, so ergibt sich ein differenziertes Bild der Zusammenhänge. Während die Lernstände der Jungen in den beiden Inhaltsbereichen eine mittelstarke Korrelation (vgl. Brosius 2006, 519) verzeichnen (r = 0,484, n = 54, p < 0,0001), weisen die Lernstände der Mädchen eine starke Korrelation (vgl. Brosius 2002, 501) zwischen der Arithmetik und der Geometrie auf (r = 0,712, n = 54, p < 0,0001). Beide Zusammenhänge sind statistisch hoch signifikant. Auf eine aufwändige statistische Prüfung des Vergleichs der Höhe der Korrelationen wird an dieser Stelle verzichtet.

In den Abbildungen 8.17 und 8.18 werden die Zusammenhänge der Testpunktzahlen für die Testgruppe der Mädchen und für die männlichen Probanden getrennt voneinander graphisch dargestellt. Die Abbildungen zeigen, dass die arithmetischen und geometrischen Lernstände der Jungen erheblich mehr streuen als die der Mädchen. Zudem wird an den Graphiken auch noch mal das Ergebnis deutlich, dass die Jungen im Arithmetiktest insgesamt höhere Punktzahlen erreichen als die Mädchen – die Punktwolke in Abbildung 8.18 somit weiter rechts liegt.

Dem strukturellen Aufbaus der Arbeit nach, wurden in diesem letzten Auswertungskapitel die Lernstände der Schulanfängerinnen und Schulanfänger quantitativ analysiert. Somit können allgemeine Aussagen über die (auf interindividueller sowie intraindividueller Basis) heterogenen, insgesamt recht hohen Lernstände der Kinder in den verschiedenen (weiterführenden) Inhaltsbereichen des Anfangsunterrichts aufgezeigt werden. Dabei kann beobachtet werden, dass sich das Geschlecht der Schulanfängerinnen und Schulanfänger und das soziale Einzugsgebiet der besuchten Grundschulen, entgegen dem Alter, in den meisten Inhaltsbereichen in unterschiedlich hohen Lernständen der Schülerinnen und Schüler widerspiegelt. Zusammenhänge zwischen den Lernständen in unterschiedlichen Inhaltsbereichen können insbesondere hinsichtlich der Arithmetik nachgewiesen werden, in einigen Fällen sind diese auch bei geometrischen Inhaltsbereichen zu verzeichnen. Zwischen den Lernständen der Schulanfängerinnen und Schulanfänger in der Arithmetik und der Geometrie insgesamt ergibt sich für die beiden Gesamttestpunktzahlen eine mittelstarke Korrelation (r = 0,571).

Eine Zusammenfassung der Ergebnisse der Untersuchung folgt im nächsten Kapitel, in dem auch diesbezügliche Konsequenzen für Forschung und Unterrichtspraxis diskutiert werden.

9 Zusammenfassung und Diskussion

In diesem Kapitel werden die zentralen Ergebnisse der Arbeit zusammengefasst und Schlussfolgerungen für Forschung und Unterrichtspraxis gezogen. Die Beantwortung der Forschungsfragen bildet dabei den Ausgangspunkt der Diskussion, von dem aus die Lernstände der Schulanfängerinnen und Schulanfänger zu arithmetischen und geometrischen Grundideen in ihren wesentlichen Aspekten dargestellt werden. Die in den vorangehenden Kapiteln herausgearbeiteten Ergebnisse werden in einen Zusammenhang gebracht, welcher die mathematischen Lernstände der Schülerinnen und Schüler aus ganzheitlicher Perspektive betrachten lässt.

Dem Aufbau der Arbeit entsprechend, wird mit der Zusammenfassung und Diskussion der Ergebnisse der Detailanalysen zu den Lernständen der Schulanfängerinnen und Schulanfänger zu Mustern und Strukturen begonnen (Kapitel 9.1). Hierauf folgen die Befunde der Überblicksanalysen der Lernstände zu den Grundideen der Arithmetik und der Geometrie und die Hauptergebnisse der Gesamtauswertung beider Tests (Kapitel 9.2). Zusammenfassung und Diskussion der Auswertungsergebnisse der lernstandbeeinflussenden Faktoren (Kapitel 9.3) und inhaltsbezogenen Korrelationen der Lernstände (Kapitel 9.4) schließen das Kapitel ab.

9.1 Lernstände zu Mustern und Strukturen

Im ersten Auswertungskapitel (Kapitel 5) wird der Umgang der 108 an der Untersuchung beteiligten Schulanfängerinnen und Schulanfänger mit Mustern und Strukturen analysiert. Hiermit wird der Fokus auf einen für die Mathematik besonders fundamentalen Inhaltsbereich gerichtet (vgl. Kapitel 3.2), dem vom Anfangsunterricht an ein hoher Stellenwert zukommt und der den Lernständen der Schülerinnen und Schüler entsprechend aufgegriffen werden sollte.

Zusammenfassung der Ergebnisse

Bei den Detailanalysen der drei ausgewählten Aufgaben („A5a: Plättchenmuster fortsetzen', „G1a: Muster zeichnen' und „A3a: Punktefelder bestimmen') stellen sich die „Teilmusterwahrnehmung', die „Teilmusterstrukturierung' sowie die „Musteranwendung' als drei wesentliche Komponenten eines informativen Betrachtungsschemas der Vorgehensweisen der Kinder bei der Beschäftigung mit

Mustern und Strukturen heraus, wobei der ‚Teilmusterstrukturierung' aufgrund ihrer Komplexität die größte Aufmerksamkeit bei der Auswertung zukommt.

Es zeigt sich, dass die ‚Teilmusterwahrnehmung' den Schulanfängerinnen und Schulanfängern in den meisten Fällen problemlos gelingt. So ist es den Kindern meist schnell möglich, Teilmuster und ihre Zahlenwerte in arithmetischen Mustern und Teilmuster und ihre Form und Lage in geometrischen Mustern zu identifizieren. Auch die Verbindung der beiden Teilmusteraspekte (vgl. Abb. 9.1) ist den Schülerinnen und Schülern in Zusammenhang mit der Punktefeldaufgabe in vielen Fällen möglich.

Einige Kinder identifizieren beispielsweise die in Zweier-Anordnung übereinander liegenden Punkte im Zwanzigerfeld als Teilmuster und berücksichtigen dabei die arithmetischen und geometrischen Strukturen ‚Anzahl' und ‚Lage'.

(Aufgabe ‚A3a: Punktefelder bestimmen')

Abbildung 9.1 Verbindung arithmetischer und geometrischer Strukturen der Teilmuster bei der ‚Teilmusterwahrnehmung' am Beispiel der Aufgabe ‚A3a: Punktefelder bestimmen'

Die ‚Teilmusterstrukturierungen' fallen bei den Schulanfängerinnen und Schulanfängern individuell unterschiedlich aus und entsprechen dabei nur teilweise den Strukturen der Muster. Bei der diesbezüglichen Analyse erweist sich eine Trennung zwischen den ‚Strukturdeutungen' und den ‚Musterdeutungen' der Kinder als sinnvoll:

In Zusammenhang mit den ‚Strukturdeutungen' der Kinder wird sich auf die Aspekte der visuellen Strukturierungsfähigkeit, wie sie Söbbeke (vgl. 2005, 345ff.) herausarbeitet, bezogen, die nicht nur in die arithmetischen, sondern auch in die geometrischen ‚Strukturdeutungen' der Kinder Einblick geben. In den meisten Fällen deuten die Schulanfängerinnen und Schulanfänger *Einzelelemente* oder auch *größere Struktureinheiten mit Bezug zu intendierten Strukturen* der vorliegenden arithmetischen und geometrischen Muster. *Individuellen Strukturen*, bei denen bestimmte Teilmuster aufgrund individueller Deutungen des Betrachters hervorgehoben werden (und nicht aufgrund intendierter Strukturen), gehen eher wenige Schulanfängerinnen und Schulanfänger nach. Ebenfalls in geringer Anzahl an Fällen, liegt *kein oder lediglich ein schwacher Bezug zu den intendierten Strukturen* der Muster in den Deutungen der Kinder vor.

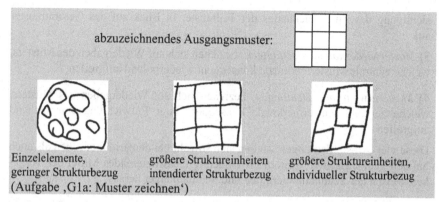

Einzelelemente,   größere Struktureinheiten   größere Struktureinheiten,
geringer Strukturbezug   intendierter Strukturbezug   individueller Strukturbezug
(Aufgabe ‚G1a: Muster zeichnen')

Abbildung 9.2 Unterschiedliche Strukturdeutungen am Beispiel des geometrischen ‚Gittermusters'

An einigen Stellen zeigen die Schulanfängerinnen und Schulanfänger auch verschiedene, flexible ‚Strukturdeutungen' auf. Die Wahl der (letztendlich) verwendeten Strukturierung hängt unter anderem mit den ihnen zur Verfügung stehenden mathematischen Fertigkeiten zusammen, welche die Kinder für die Umsetzung bzw. Nutzung der von ihnen in den Blick genommenen Strukturen benötigen (vgl. Abb. 9.3).

Sönke strukturiert die Punkte in einer Hälfte des Zwanzigerfelds in ‚vier' und ‚sechs' (siehe Abbildung unten) und erkennt in der zweiten Feldhälfte dieselbe Anzahl. Die benötigten rechnerischen Fertigkeiten zur konkreten Anzahlermittlung stehen Sönke im Weiteren jedoch noch nicht zur Verfügung, sodass er die Punkte letztendlich in Einerschritten abzählt.
(Aufgabe ‚A3a: Punktefelder bestimmen')

Abbildung 9.3 Die mathematischen Fertigkeiten der Kinder können die Wahl der ‚Strukturdeutung' beeinflussen

In Zusammenhang mit den ‚Musterdeutungen' der Schülerinnen und Schüler können vier grundlegende Deutungsweisen der Kinder herausgearbeitet werden:

1) *Musterunberücksichtigende Deutungen*: beziehen sich auf keinerlei Merkmale des Musters und sind daher auf musterunabhängige Ausgangspunkte zurückzuführen

2) *Merkmalorientierte Deutungen*: beziehen sich auf einzelne, teilweise oberflächliche Merkmale des Musters und weisen somit keine durchgängige Berück-

sichtigung des Zusammenhangs der Teilmuster in Blick auf das Gesamtmuster auf

3) *Musterwiederholende Deutungen*: beziehen sich auf Wiedergaben des Musters, welche zentrale Mustermerkmale konsequent wiederholend aufgreifen

4) *Mustererweiternde Deutungen*: beziehen sich auf Wiedergaben des Musters, welche zentrale Mustermerkmale konsequent ihrer Entwicklung entsprechend aufgreifen

Diese vier ‚Musterdeutungen' stellen sich sowohl bei den arithmetischen als auch bei den geometrischen Mustern als eindeutig klassifizierendes Mittel der Vorgehensweisen der Schulanfängerinnen und Schulanfänger heraus.

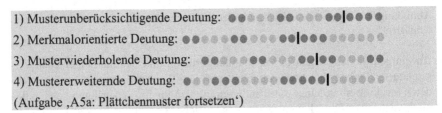

(Aufgabe ‚A5a: Plättchenmuster fortsetzen')

Abbildung 9.4   Unterschiedliche Musterdeutungen am Beispiel der arithmetischen Plättchenmuster

Die einzelnen ‚Struktur- und Musterdeutungen' bedingen sich durch die jeweils zugrunde liegenden Denkweisen gegenseitig, so dass sich die in Tabelle 9.1 dargestellten Bezüge ergeben. So können jeweils nebeneinander angeordnete Deutungen parallel auftreten.

Tabelle 9.1 Struktur- und Musterdeutungen und ihre Abhängigkeit

Strukturdeutung	Musterdeutung
Deutung von Einzelelementen, kein oder nur geringer Bezug zu intendierten Strukturen	Musterunberücksichtigende Deutung
	Merkmalorientierte Deutung
Deutung von Einzelelementen mit Bezug zu intendierten Strukturen	Musterwiederholende Deutung
Deutung von größeren Struktureinheiten mit Bezug zu (mehreren) intendierten Strukturen	Mustererweiternde Deutung
Deutung von größeren Struktureinheiten mit Bezug zu (mehreren) individuellen Strukturen	

Liegt bei den Schülerinnen und Schülern sowohl eine erfolgreiche ‚Teilmuster-wahrnehmung' als auch eine korrekte ‚Teilmusterstrukturierung' vor, ist die ‚Musteranwendung' bei den in dieser Arbeit analysierten Aufgaben auf die Fertigkeiten des Wiedergebens (Aufgabe ‚G1a: Muster zeichnen'), Fortsetzens (Aufgabe ‚A5a: Plättchenmuster fortsetzen') und Nutzens (Aufgabe ‚A3a: Punktefelder bestimmen') der Muster und Strukturen zurückzuführen. Die erfolgreiche ‚Musteranwendung' ist stark abhängig von dem Anforderungsgrad der konkreten Muster und den diesbezüglichen Bewertungskriterien. Dies zeigt sich insbesondere in Zusammenhang mit der Aufgabe ‚G1a: Muster zeichnen', bei der sich die im Detail zeichnerisch korrekte Wiedergabe der Muster für die Kinder als besonders fehleranfällig herausstellt.

Welche konkreten Vorgehensweisen von den Kindern im Umgang mit Mustern und Strukturen verfolgt werden (Beispiel: Nutzung von Mustern und Strukturen für die Anzahlermittlung der Punkte im Zwanzigerfeld), ist weitestgehend aufgabenspezifisch und wird in Zusammenhang mit den Detailanalysen dargestellt und an dieser Stelle aus Platzgründen nicht erneut aufgegriffen.

Diskussion

Die vorliegende Arbeit stellt die erste Untersuchung dar, in der auf einer so breiten Inhaltsebene (Grundideen der Arithmetik und Geometrie) die Lernstände von Schulanfängerinnen und Schulanfängern zu Mustern und Strukturen im Detail analysiert werden. Hierdurch ist es unter anderem möglich, die gewonnenen Erkenntnisse hinsichtlich der verschiedenen Inhaltsbereiche zu vergleichen und zu verallgemeinern.

In Bezug auf die ausgewählten Aufgaben der Detailanalyse (Kapitel 5), aber auch in Zusammenhang mit den restlichen Aufgabenbearbeitungen (Überblicksanalysen, Kapitel 6 und 7) wird deutlich, dass ‚Muster und Strukturen' keinen isolierten Inhaltsbereich der Mathematik darstellen, sondern dass sie in allen Grundideen der Arithmetik und der Geometrie auftauchen (vgl. Kapitel 3.2). Diesbezügliche Fähigkeiten ermöglichen Lernenden teilweise erst einen erfolgreichen Umgang mit den jeweiligen Inhalten, oder aber sind Grundlage besonders effizienter und geschickter Vorgehensweisen. Auch wenn die Korrelation zwischen den Lernständen im Inhaltsbereich ‚arithmetische bzw. geometrische Gesetzmäßigkeiten und Muster' und den Fähigkeiten in den anderen Aufgabenblöcken eher gering ausfällt (vgl. Kapitel 8.3.1, 8.3.2 und 9.4), zeichnet sich auf qualitativer Ebene ein ganz anderes Bild ab. Wie sich in Zusammenhang mit den Aufgabenbearbeitungen zeigt, ist für die meisten Anforderungen des Anfangsunterrichts ein Rückgriff auf Muster und Strukturen grundlegend. Die Förderung des Muster- und Strukturverständnisses der Schülerinnen und Schüler kann daher auch als

Stärkung der Kompetenzen in anderen Inhaltsbereichen der Mathematik gesehen werden, weshalb den diesbezüglichen Fähigkeiten eine besondere Aufmerksamkeit zukommen sollte.

Für arithmetische sowie geometrische Muster und Strukturen und den Umgang mit diesen zeichnet sich das beschriebene Betrachtungsschema mit den Komponenten ‚Teilmusterwahrnehmung', ‚Teilmusterstrukturierung' und ‚Musteranwendung' als konsequent umsetzbar und besonders informativ ab. Darüber hinaus kann beobachtet werden, dass sich die herausgestellten Typen von ‚Struktur- und Musterdeutungen' in den unterschiedlichen Inhaltsbereichen durchgängig decken. Eine entsprechende Betrachtungsweise und Klassifizierung der Vorgehensweisen bei Mustern und Strukturen erscheint für weiterführende Untersuchungen zum Muster- und Strukturverständnis von Lernenden sowie für die Unterrichtspraxis geeignet, um diesbezügliche Schwierigkeiten und Kompetenzen der Kinder verorten und hieran anknüpfen zu können.

Insbesondere wäre es weiterführend denkbar, mittels Fallstudien mehr über den Umgang einzelner Kinder mit Mustern und Strukturen in unterschiedlichen Kontexten zu erfahren, mit dem Ziel, diesbezügliche Schülerportraits zu erstellen, auf Grundlage derer allgemeine, unterrichtliche Fördermaßnahmen entwickelt werden können.

9.2 Lernstände zu den Grundideen der Arithmetik und Geometrie

Ein weiteres Ziel dieser Arbeit besteht darin, die Lernstände der Schulanfängerinnen und Schulanfänger hinsichtlich der verschiedenen Inhaltsbereiche der Arithmetik und der Geometrie herauszuarbeiten. Das sechste und siebte Kapitel bieten in diesem Zusammenhang eine Übersicht der Erfolgsquoten und Vorgehensweisen der Kinder bei der Bearbeitung der verschiedenen Testaufgaben zu den jeweils sieben Grundideen. Die Betrachtung der Gesamtergebnisse beider Tests erfolgt in Kapitel 8.1.

Zusammenfassung der Ergebnisse

Im Arithmetik- sowie im Geometrietest werden im Durchschnitt jeweils etwas mehr als die Hälfte der maximal erreichbaren Testpunktzahlen von den Kindern erzielt. Vor dem Hintergrund, dass die beiden Tests – im Gegensatz zu den meisten anderen Untersuchungsinstrumenten für Schulanfängerinnen und Schulanfänger – einem besonders hohen Anforderungsniveau entsprechen und Lerninhalte des (teilweise weiterführenden) Anfangsunterrichts aufgreifen, unterstreichen und präzisieren die Untersuchungsergebnisse den Befund, dass Kinder (zum Teil erhebliche) mathematische Vorerfahrungen in die Schule mitbringen, die wesentliche Inhalte des ersten Schuljahres umfassen (vgl. Kapitel 2.2.2).

Die Vorerfahrungen der Schulanfängerinnen und Schulanfänger können dabei auf der gesamten inhaltlichen Breite der Aufgabenblöcke nachgewiesen werden, wobei die durchschnittlichen Lernstände der Schülerinnen und Schüler bezüglich der unterschiedlichen Inhaltsbereiche zum Teil auch erheblich variieren. Dies ist insbesondere auf die verschieden hohen Anforderungen der Testaufgaben zurückzuführen, die, um ein besonders prägnantes Beispiel aus dem Arithmetiktest zu geben, beispielsweise in den unterschiedlich hohen Zahlenräume der Testaufgaben begründet liegen (Aufgabenblock A1: Zahlenraum bis 20 vs. Aufgabenblock A4: Zahlenraum bis 1000 und darüber hinaus).

Doch auch bei den beinahe provozierend schweren Testaufgaben, welche die Anforderungen des Anfangsunterrichts weit überschreiten, zeigen einige Kinder die Fähigkeiten auf, diese erfolgreich bearbeiten zu können.

10% der Schulanfängerinnen und Schulanfänger der Untersuchung können mindestens zwei der drei folgenden Aufgaben lösen:

,102 und 1'; ,202 und 202'; ,1002 und 2'

(Aufgabe ,A4b: Rechnen mit Stellenwerten')

Abbildung 9.5 Beispiel extrem hoher Lernstände einiger Schülerinnen und Schüler bei einer Aufgabe aus dem Arithmetiktest

Die Heterogenität der Lernstände der Kinder wird in den einzelnen Aufgabenbearbeitungen, sowie der jeweiligen Punktzahlen in den Aufgabenblöcken und den beiden Gesamttests durchgängig deutlich. Differenzen sind somit zum einen in den Erfolgsquoten, zum anderen aber auch in den Vorgehensweisen der Kinder gegeben, die sich nicht selten gegenseitig bedingen. Abbildung 9.6 gibt hierzu ein Beispiel.

Darüber hinaus ist die Leistungsheterogenität der Kinder sowohl auf *interindividueller* sowie auf *intraindividueller* Ebene zu beobachten. So ist einerseits zwischen den erreichten Testpunktzahlen leistungsschwächerer und leistungsstärkerer Kinder eine erhebliche Spannbreite gegeben, deren Ausprägung in den verschiedenen Inhaltsbereichen variiert (vgl. Abbildung 8.5 und 8.6), andererseits können teilweise auch erhebliche Differenzen zwischen den Fähigkeiten einzelner Kinder in den unterschiedlichen Inhaltsbereichen beobachtet werden (vgl. Abb. 9.7).

Aufgabenstellung: „Kannst du auf dem anderen Feld genau die gleichen Kästchen an der richtigen Stelle anmalen?" (das linke Feld ist vorgegeben)

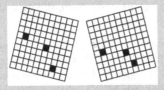
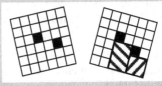

Das Abzeichnen nach „Augenmaß" stellt eine recht fehleranfällige Vorgehensweise dar.

Die Lageermittlung anhand der Größe benachbarter Rechtecke, stellt eine sehr erfolgsversprechende Strategie dar.

(Aufgabe ‚G3: Koordinaten')

Abbildung 9.6 Abhängigkeit des Bearbeitungserfolgs von den Vorgehensweisen der Kinder am Beispiel der Aufgabe ‚Koordinaten'

	A1	A2	A3	A4	A5	A6	A7
Anika	90%	100%	30%	0%	100%	80%	80%
Necile	40%	10%	0%	0%	30%	80%	30%

Abbildung 9.7 Inter- und intraindividuell heterogene Erfolgsquoten zweier Schülerinnen in den verschiedenen Aufgabenblöcken des Arithmetiktests

Diskussion

Die Darstellung der Erfolgsquoten und Vorgehensweisen der Kinder in den verschiedenen Inhaltsbereichen kann als Katalog verstanden werden, der über die arithmetischen und geometrischen Fähigkeiten von Schulanfängerinnen und Schulanfängern Aufschluss gibt. In einer solchen inhaltlichen Breite und gleichzeitig detaillierten Ausführung liegt bisher noch keine systematische Zusammenstellung der Vorerfahrungen von Schulanfängerinnen und Schulanfängern vor. Die fachliche Verankerung der Inhalte durch die Strukturierung der Testinhalte auf Basis der Grundideen der Arithmetik und Geometrie (vgl. Kapitel 3.1.3) wird dabei sowohl der Mathematik in ihren verschiedenen Inhaltsbereichen als auch den Fähigkeiten der Kinder in ihren teilweise unterschiedlichen inter- und intraindividuellen Kompetenzen in verschiedenen mathematischen Bereichen gerecht.

Die Ergebnisse können in diesem Sinne zum einen als Grundlage für weiterführende Untersuchungen richtungsweisend herangezogen werden, um die Befunde weiter auszuschärfen und ein zunehmend präziseres Bild der mathematischen Lernstände von Kindern zu Schulbeginn zu gewinnen. Vergleiche mit den Fähigkeiten älterer Kinder wären ebenfalls denkbar, um entsprechende Entwicklungen aufzuzeigen.

Für die Unterrichtspraxis können die Ergebnisse zum anderen als Wissensbasis zur Gestaltung des Anfangsunterrichts dienen. So kommt dem Wissen über zu erwartende Fähigkeiten und Schwierigkeiten der Kinder sowohl bei der Planung als auch in der Durchführung von Unterricht eine zentrale Bedeutung zu, um den Kindern in ihren Fähigkeiten, Denk- und Vorgehensweisen gerecht werden zu können. Eine kritische, individuelle Erhebung der Fähigkeiten der Kinder der eigenen Klasse durch die Lehrperson wird dadurch jedoch lediglich unterstützt, in keinem Fall ersetzt. Durchschnittliche Richtwerte, wie sie in dieser Arbeit in Form von Erfolgsquoten und Häufigkeiten von Vorgehensweisen vorliegen, können Lehrerinnen und Lehrer bei der Interpretation und Einordnung der selbst erhobenen Lernstände eine Orientierung geben.

Die Bedeutsamkeit der Berücksichtigung der Lernstände der Kinder zu Schulbeginn kann dabei nicht oft genug betont werden. Der Anfangsunterricht wird trotz der heutigen Erkenntnislage noch teilweise bei „Null" begonnen und die Lernstände der Schulanfängerinnen und Schulanfänger hierbei vehement unterschätzt (vgl. Abb. 9.8).

Im Rahmen der Durchführung der Interviews weist eine Lehrerin die Autorin darauf hin, dass der Schüler zur nächsten Unterrichtsstunde rechtzeitig zurückgebracht werden müsse, da dann die Zahl ‚sieben' „eingeführt" wird. Der Schüler zählt im Interview bis über 20, kann Mengen bis ‚zehn' sicher bestimmen und einfache Additionsaufgaben lösen.

Abbildung 9.8 Unterschätzung der Lernstände von Schulanfängerinnen und Schulanfängern in der Praxis

Die Relevanz inhaltlich differenzierter Lernstandfeststellungen wird in der vorliegenden Arbeit durch die teilweise stark abweichenden intraindividuellen Leistungen der Schülerinnen und Schüler deutlich. Somit können unterschiedlich ausgeprägte Kompetenzen der Kinder in den verschiedenen Inhaltsbereichen überhaupt erst aufgedeckt werden. Eine diesbezügliche empirische Datenbasis liegt für Schülerinnen und Schüler des Anfangsunterrichts noch nicht vor. Weiterführende Untersuchungen könnten die Bewusstheit hierfür schärfen und auf Grundlage quantitativer und qualitativer Befunde eine konkrete Darstellung der intraindividuellen Lernstandheterogenität liefern. Welche Chancen und Heraus-

forderungen sich hierdurch für den Unterricht ergeben, müsste weiterführend
geklärt werden.

Ein noch offengebliebenes Interesse der Autorin liegt darin, die verwendeten
Tests ausgehend von der gewonnenen Datenbasis weiterzuentwickeln sowie eine
Kurzversion der Tests zu erstellen, welche sich aus jenen Aufgaben zusammensetzt, die die Lernstände bezüglich der einzelnen Inhaltsbereiche besonders gut
abbilden.

9.3 Lernstandbeeinflussende Faktoren

Die Lernstände der Schulanfängerinnen und Schulanfänger werden in dieser
Arbeit auf quantitativer Ebene hinsichtlich der Faktoren ‚Geschlecht', ‚Alter' und
‚soziales Einzugsgebiet der besuchten Grundschule' untersucht (Kapitel 8.2), um
deren Einfluss auf die Leistungen der Kinder zu erfassen.

Zusammenfassung der Ergebnisse

Zwischen den Lernständen von Jungen und Mädchen ergeben sich hinsichtlich
der erreichten Testpunktzahlen im Arithmetiktest signifikante Unterschiede. Die
Jungen verzeichnen hierbei durchschnittlich 6,4 von 50 Punkten mehr als die
Mädchen. Dieser Befund deckt sich mit den frühen Untersuchungsergebnissen
von Hengartner & Röthlisberger (vgl. 1994, 14f.) und führt diese noch weiter
aus. So ziehen sich die Differenzen in der vorliegenden Untersuchung über fast
alle Inhaltsbereiche der einzelnen Aufgabenblöcke hinweg fort. Eine Ausnahme
bildet der Aufgabenblock A5 ‚Arithmetische Gesetzmäßigkeiten und Muster', in
dem keine diesbezüglichen Differenzen nachgewiesen werden können. Im Bereich der Geometrie liegen in den Testergebnissen der Jungen und der Mädchen
demgegenüber keine signifikanten Unterschiede vor (vgl. Kapitel 8.2.1).

Zwischen dem Alter der Schulanfängerinnen und Schulanfänger und ihren Leistungen im Arithmetik- und Geometrietest kann kein statistischer Zusammenhang
nachgewiesen werden. (vgl. Kapitel 8.2.2).

Der soziale Hintergrund der Kinder kann, wie auch in anderen Untersuchungen
(vgl. Krajewski & Schneider 2009 und Jordan et al. 2006), als signifikanter Einflussfaktor auf ihre Fähigkeiten nachgewiesen werden. Das gilt sowohl für die
arithmetischen sowie die geometrischen Lernstände der Schulanfängerinnen und
Schulanfänger. Kinder aus Schulen mit sozial schwachem Einzugsgebiet verzeichnen die niedrigsten Punktzahlen in den beiden Tests. Schülerinnen und
Schüler aus Schulen mit einem mittleren sozialen Einzugsgebiet lassen durch-

schnittliche Testpunktzahlen beobachten. Die insgesamt höchsten Punktzahlen erreichen die Schulanfängerinnen und Schulanfänger aus Schulen mit einem starken sozialen Einzugsgebiet. Die diesbezüglichen Differenzen erstrecken sich dabei über fast alle Inhaltsbereiche. Auffallend ist der Befund, dass sich die Fähigkeiten dieser Schülergruppen hinsichtlich der drei Aufgabenblöcke mit Umweltbezug, A6 ‚Zahlen in der Umwelt‘, G6 ‚Formen in der Umwelt‘ und G7 ‚Sachsituationen‘, nicht signifikant unterscheiden. Wie auch im Rahmen anderer Untersuchungen aufgezeigt wird (vgl. Hengartner & Röthlisberger 1994, 12ff.; Grassmann et al. 1995, 316f.; Grassmann 1999, 15) unterscheiden sich jedoch nicht nur die Fähigkeiten der Schülerinnen und Schüler aus Schulen mit unterschiedlichem Einzugsgebiet, sonder auch die Kinder der Schulen eines Einzugsgebiets an sich, sowie die Kinder einer einzelnen Schule in zum Teil erheblichem Maße. Auch hier zeigt sich erneut die Notwendigkeit der Ermittlung der konkreten Lernstände der Schülerinnen und Schüler der eigenen Klasse auf, um die hierbei gewonnen Erkenntnisse als Ausgangsbasis individueller Förderung nutzen zu können (vgl. Kapitel 8.2.3).

Diskussion

Hinsichtlich der signifikant höheren Lernstände der Jungen, kann ein wesentlicher Handlungsbedarf in der vorschulischen Bildung gesehen werden. In vorschulischen Bildungseinrichtungen sollten Mädchen demnach ganz bewusst im numerischen Bereich präventiv gefördert werden. Auch bei den Eltern scheint ein Umdenken nötig zu sein, dass insbesondere auch Mädchen zur Auseinandersetzung mit numerischen Inhalten bewusst angeregt werden.

Da es in Zusammenhang mit dem Geometrietest zu keinen geschlechtsspezifischen Unterschieden kommt, kann vermutet werden, dass sich Jungen vor Schulbeginn mehr mit arithmetischen Inhalten auseinandersetzen und als Konsequenz daraus, ihre höheren arithmetischen Lernstände resultieren. Diese Vermutung wird durch den Befund bestärkt, dass im zweiten Schuljahr keine signifikant nachweisbaren Unterschiede zwischen den Geschlechtern mehr festgestellt werden können (vgl. Krajewski 2003, 166) und somit den frühen geschlechtsspezifischen Differenzen soziale und keine kognitiven Einflussfaktoren zugrunde liegen (vgl. Hengartner & Röthlisberger 1994, 15). Weitere Untersuchungen, welche insbesondere den Ursachen für die unterschiedlichen Vorerfahrungen der Jungen und Mädchen nachgehen, könnten genauere Aufschlüsse über den konkreten Förderbedarf geben.

Der Befund, dass keine altersbedingten Leistungsunterschiede bei den Schulanfängerinnen und Schulanfängern vorliegen, bestätigt die Idee, auch schon jüngeren Kindern den Eintritt in die Schule zu gewähren. Leistungsbezogene Faktoren

stellen sich als eine diesbezüglich vielmehr geeignetere Entscheidungsgrundlage
dar (neben emotionaler Faktoren).

Ähnlich wie die Erkenntnis der geschlechtsspezifischen Leistungsunterschiede
der Kinder, zeigen auch die sozialbedingten Differenzen in den Lernständen der
Schülerinnen und Schüler die Notwendigkeit auf, Kindern aus schwächeren sozialen Schichten eine gezielte mathematische Frühförderung zu bieten, sodass sich
auch ihre mathematischen Fähigkeiten von früh an entwickeln können und damit
Benachteiligungen am Schulbeginn vorgebeugt wird. Kindertagesstätten sind
beispielsweise in der Position, den Kindern entsprechende Angebote zu machen.

9.4 Inhaltsbezogene Korrelationen der Lernstände

Der Analyse inhaltsbezogener Korrelationen der Lernstände der Schulanfängerinnen und Schulanfänger wird in den letzten zwei Auswertungsteilkapiteln
nachgegangen. Hier wird einerseits die Frage verfolgt, inwiefern die Lernstände
der Kinder in den einzelnen arithmetischen bzw. geometrischen Inhaltsbereichen
in einem Zusammenhang stehen (vgl. Kapitel 8.3). Andererseits wird die Korrelation der Testleistungen in den beiden Gesamttests verglichen, um den Zusammenhang zwischen den arithmetischen und geometrischen Lernständen der Schülerinnen und Schüler zu erfassen (vgl. Kapitel 8.4).

Zusammenfassung der Ergebnisse

Bezogen auf die verschiedenen Inhaltsbereiche des Arithmetiktests zeigt sich,
dass die erreichten Erfolgsquoten in fast allen Aufgabenblöcken die Leistungen
im Gesamttest jeweils recht gut abbilden, d. h. die Erfolgsquoten der Kinder in
diesen Aufgabenblöcken tendenziell ihren Erfolgsquoten im Gesamttest gleichen.

Auch zwischen den Fähigkeiten der Kinder in jeweils zwei Aufgabenblöcken
sind mittelstarke Korrelationen im Bereich der Arithmetik gegeben. Diese lassen
sich zumindest teilweise darauf zurückführen, dass für die jeweiligen Testaufgaben ähnliche oder dieselben Teilkompetenzen benötigt werden. So liegt beispielsweise die Zahlenreihe (Aufgabenblock A1) dem Rechnen (Aufgabenblock
A2) oder der Anzahlermittlung der Punkte in Punktefeldern bzw. dem Umgang
mit der Hundertertafel (Aufgabenblock A3) zugrunde. Zusammenfassend bedeutet dies, dass Schulanfängerinnen und Schulanfänger im Allgemeinen tendenziell
vergleichbare Lernstände in den unterschiedlichen Inhaltsbereichen der Arithmetik aufzeigen (vgl. Kapitel 8.3.1).

Im Bereich der Geometrie sind keine aussagekräftigen Zusammenhänge zwischen den erreichten Testpunktzahlen in den einzelnen Aufgabenblöcken zu verzeichnen. Doch auch hier bildet die Mehrzahl, fünf der sieben Aufgabenblöcke den Gesamttest recht gut ab (vgl. Kapitel 8.3.2).

Zwischen den Lernständen der Schulanfängerinnen und Schulanfänger in der Arithmetik und der Geometrie kann ein mittelstarker Zusammenhang durch die Testergebnisse nachgewiesen werden ($r = 0{,}571$). In besonderem Maße besteht ein Zusammenhang zwischen den arithmetischen und geometrischen Fähigkeiten der Mädchen ($r = 0{,}712$) (vgl. Kapitel 8.4).

Diskussion

Die Korrelation der Lernstände in unterschiedlichen Inhaltsbereichen der Arithmetik bedeutet für den Unterricht, dass die Förderung von Kindern in den verschiedenen Inhaltsbereichen tendenziell auf vergleichbarem Anforderungsniveau erfolgen kann. Da auf individueller Basis jedoch auch teilweise erhebliche Unterschiede in den Fähigkeiten der Schülerinnen und Schüler in verschiedenen Inhaltsbereichen ausgemacht werden können (vgl. Kapitel 8.1.2 und Kapitel 9.2), sollten als Grundlage individueller Förderung nach Möglichkeit auch die jeweiligen individuellen Fähigkeiten der Kinder in den spezifischen Inhaltsbereichen erfasst und für die Auswahl der Fördermaßnahme herangezogen werden. Die Förderung geometrischer Fähigkeiten ist den Untersuchungsergebnissen nach noch dringlicher an den individuellen, inhaltsspezifischen Lernständen der Schülerinnen und Schüler auszurichten.

Wie in Kapitel 9.1 genauer dargestellt wird, wäre es zu kurz gegriffen, aufgrund der geringeren Korrelation zwischen den Fähigkeiten in den Aufgabenblöcken ‚arithmetische / geometrische Gesetzmäßigkeiten und Muster' und den anderen inhaltlichen Fähigkeiten davon auszugehen, dass Kenntnisse in Bezug auf Muster und Strukturen bei der Bewältigung anderer Inhalte nicht von Bedeutung sind. So zeigen sich auf qualitativer Ebene wesentliche Verbindungen dieser Anforderungen auf.

Mit der Korrelationsberechnung der Leistungen der Kinder in den beiden Gesamttests wird ein erstmaliger systematischer Vergleich zwischen arithmetischen und geometrischen Fähigkeiten von Schulanfängerinnen und Schulanfängern durchgeführt. Die Abhängigkeit der arithmetischen und geometrischen Lernstände der Kinder hat aufgrund des genetischen Zusammenhangs der zwei Inhaltsbereiche (vgl. Bauersfeld 1992, 7) eine wesentliche Aussagekraft für das Mathematiklernen: „Das Ausbilden arithmetischer Begriffe hängt eng mit der Entwicklung geometrischer Grundvorstellungen zusammen" (Bauersfeld 1992, 7), „Zahlen und die mit ihnen durchgeführten Operationen werden bei den Schülern in der Regel durch *bildhaft vorgestellte räumliche Beziehungen* repräsentiert" (Lorenz 1992).

Leistungsschwächere Schulanfängerinnen und Schulanfänger, die den Untersuchungsergebnissen zufolge, tendenziell sowohl in der Arithmetik wie auch in der Geometrie eher niedrige Lernstände aufweisen, sind somit im Anfangsunterricht besonders gefährdet, keinen Zugang zu arithmetischen Fähigkeiten zu erhalten. Dies betrifft unter anderem die Arbeit mit Anschauungsmitteln, die oft geometrischen Strukturen zugrunde liegen und bei diesen Kindern oft unverstanden und ungenutzt bleiben. So haben leistungsschwache Kinder – für die Anschauungsmittel gerade von besonders hoher Bedeutung sind, um die arithmetischen Inhalte zu verstehen – vermehrt Schwierigkeiten bei der Nutzung der Strukturen des Materials, wie es die Befunde von Scherer (vgl. 1995), Rottmann & Schipper (vgl. 2002) und Benz (vgl. 2005) für den Umgang mit dem Hunderterfeld herausstellen.

Als unterrichtliche Konsequenz ergibt sich hieraus, dass eine parallele Förderung arithmetischer und geometrischer Fähigkeiten unabdingbar ist und insbesondere bei leistungsschwachen Kindern parallel zur Förderung arithmetischer Inhalte auch die Förderung geometrischer Inhalte verfolgt werden muss. Diese Forderung kann mit den Befunden aus der Detailanalyse der Aufgabe ‚A3a: Punktefelder bestimmen' qualitativ hinterlegt werden. Auch hier ist es insbesondere den Kindern, welche die geometrischen Strukturen der Punktefelder für ihre Anzahlermittlungen sinnvoll nutzen können, möglich, die entsprechenden Anzahlen zu bestimmen (vgl. Kapitel 5.3).

In Bezug auf weitere Forschungsarbeiten wäre es interessant, qualitative Beobachtungen zur Verzahnung arithmetischer und geometrischer Fähigkeiten zu sammeln, die einen vertiefenden Einblick in dieses Zusammenspiel geben und konkrete Konsequenzen für das Lernen und Lehren (in Zusammenhang mit konkreten Inhalten) liefern könnten.

Literaturverzeichnis

Aebli, H. (1993): *Zwölf Grundformen des Lehrens.* Stuttgart: Klett-Cotta.

Ausubel, D. P. (1968): *Educational psychology: a cognitive view.* New York: Holt, Rinehart & Winston.

Bacon, F. (1971): *Neues Organ der Wissenschaften.* 1. Auflage 1620. Nachdruck der von A. Th. Brück ins Deutsche übersetzten Ausgabe von 1830. Darmstadt: Wissenschaftliche Buchgesellschaft.

Bacon, F. (1986): *The advancement of learning and new atlantis.* Herausgegeben von A. Johnston. Oxford: Clarendon Press.

Battista, M. T.; D. H. Clements; J. Arnoff; K. Battista & C. Van Auken Borrow (1998): Students' spatial structuring of 2D arrays of squares. In: *Journal for Research in Mathematics Education, 29* (5), 503-532.

Bauersfeld, H. (1983): Subjektive Erfahrungsbereiche als Grundlage einer Interaktionstheorie des Mathematiklernens und –lehrens. In: H. Bauersfeld; H. Bussmann; G. Krummheuer; J. H. Lorenz & J. Voigt. *Lernen und Lehren von Mathematik. Analysen zum Unterrichtshandeln II.* Köln: Aulis.

Bauersfeld, H. (1992): Drei Gründe, geometrisches Denken in der Grundschule zu fördern. In: K. P. Müller (Hrsg.). *Beiträge zum Mathematikunterricht.* Hildesheim: Franzbecker, 7-33.

Baumert, J.; E. Klieme; M. Neubrand; M. Prenzel; U. Schiefele; W. Schneider; P. Stanat; K.-J. Tillmann & M. Weiß (2001): *PISA 2000: Basiskompetenzen von Schülerinnen und Schülern im internationalen Vergleich.* Opladen: Leske & Budrich.

Baumert, J. & M. Kunter (2006): Stichwort: Professionelle Kompetenz von Lehrkräften. In: *Zeitschrift für Erziehungswissenschaft, 9 (4),* 469-520.

Beck, Ch. & H. Maier (1993): Das Interview in der mathematikdidaktischen Forschung. In: *Journal für Mathematik-Didaktik, 14 (2),* 147-179.

Benz, Ch. (2005): *Erfolgsquoten, Rechenmethoden, Lösungswege und Fehler von Schülerinnen und Schülern bei Aufgaben zur Addition und Subtraktion im Zahlenraum bis 100.* Hildesheim: Franzbecker.

Binet, A. & T. Simon (1905): Méthodes nouvelles pour le diagnostic du niveau intellectuel des anormaux. *Année Psychologique, 11,* 191-244.

Blevins-Knabe, B. & L. Musun-Miller (1996): Number use at home by children and their parents and its relationship to early mathematical performance. In: *Early Development and Parenting, 5 (1),* 35-45.

Bonsen, M.; W. Bos; C. Gröhlich & H. Wendt (2008): Bildungsrelevante Ressourcen im Elternhaus: Indikatoren der sozialen Komposition der Schülerschaften an Dortmunder Schulen. In: Stadt Dortmund, Der Oberbürgermeister (Hrsg.). *Erster kommuna-*

ler Bildungsbericht für die Schulstadt Dortmund 2007. Münster: Waxmann, 125-149.

Borovcnik, M. (1996): *Fundamentale Ideen als Organisationsprinzip in der Mathematik-Didaktik.* Vortragsmanuskript: www.oemg.ac.at/DK/Didaktikhefte /1997 Band 27/Borovcnik1997.pdf. Abruf am 10.08.2010.

Bortz, J. (1999): *Statistik für Sozialwissenschaftler.* Berlin: Springer.

Bos, W.; M. Bonsen; J. Baumert; M. Prenzel; Ch. Selter & G. Walther (2008): *TIMSS 2007. Mathematische und naturwissenschaftliche Kompetenzen von Grundschulkindern in Deutschland im internationalen Vergleich.* Münster: Waxmann.

Bragg, P. & L. Outhred (2000): Students' knowledge of length units: Do they know more than rules about rulers? In: T. Nakahara & M. Koyama (Hrsg.). *Proceedings of the 24th Conference of the International Group for the Psychology of Mathematics Education. Vol. 2.* Hiroshima: Hiroshima University, 97-104.

Braun, D. & J. Schmischke (2008): *Kinder individuell fördern.* Berlin: Cornelsen Scriptor.

Brosius, F. (2006): *SPSS 14. Fundierte Einführung in SPSS und die Statistik.* Heidelberg: Mitp.

Brügelmann, H. (1994): Macht Unterricht die Kinder dumm? In: *Die neue Schulpraxis, 12,* 5-9.

Brügelmann, H. (2003): Leistungsheterogenität und Begabungsheterogenität in der Primarstufe und in der Sekundarstufe. In: P. Heyer; L. Sack & U. Preuss-Lausitz (Hrsg.). *Länger gemeinsam lernen. Positionen – Forschungsergebnisse – Beispiele. Beiträge zur Reform der Grundschule, Band 115.* Frankfurt: Grundschulverband.

Brügelmann, H. (2005a): Der Karawaneneffekt. Eine Zwischenbilanz des Projekts LUST zum Lesenlernen. In: *Neue Sammlung, 45 (1),* 49-65.

Brügelmann, H. (2005b): *Schule verstehen und gestalten. Perspektiven der Forschung auf Probleme von Erziehung und Unterricht.* Lengwil: Libelle.

Brügelmann, H. (2005c): Mindestniveaus für Fachleistungen und standardisierte Kompetenztests. Lässt sich Unterricht durch Standards und Tests verbessern? In: W. Glatz & A. Kell (Hrsg.). *Lernstandserhebungen und Unterrichtsqualität. Siegener Studien, 63.* Siegen: GFL e. V., 156-170.

Brügelmann, H. (2005d): Wahrheit durch VERA? Anmerkungen zum ersten Durchgang der landesweiten Leistungstests in sieben Bundesländern. In: *Grundschule aktuell, 103,* 4-8.

Bruner, J. S. (1961): Der Akt der Entdeckung. In: H. Neber (Hrsg.). *Entdeckendes Lernen.* Weinheim: Beltz. 1973.

Bruner, J. S. (1970): *Der Prozeß der Erziehung.* Berlin: Berlin Verlag.

Bühner, M. (2004): *Einführung in die Test- und Fragebogenkonstruktion.* München: Pearson Studium.

Caluori, F. (2004): *Die numerische Kompetenz von Vorschulkindern. Theoretische Modelle und empirische Befunde.* Hamburg: Kovač.

Carpenter, T. P.; J. Hiebert & J. M. Moser (1981): Problem structure and first-grade children's initial solution processes for simple addition and subtraction problems. In: *Journal for Research in Mathematics Education, 12 (1)*, 27-39.

Carpenter, T. P.; E. Ansell; M. L. Franke; E. Fennema & L. Weisbeck (1993): Models of problem solving: A study of kindergarten children's problem-solving processes. In: *Journal for Research in Mathematics Education, 24 (5)*, 428-441.

Clark, C. M. & Klonoff, H. (1990): Right and left orientation in children aged 5 to 13 years. In: *Journal of Clinical and Experimental Neuropsychology, 12 (4)*, 459-466.

Clarke, B.; D. Clarke; M. Grüßing & A. Peter-Koop (2008): Mathematische Kompetenzen von Vorschulkindern: Ergebnisse eines Ländervergleichs zwischen Australien und Deutschland. In: *Journal für Mathematik-Didaktik, 29*, 259-286.

Clements, D. & J. Sarama (2008): Experimental evaluation of the effects of a research-based preschool mathematics curriculum. In: *American Educational Research Journal, 45 (2)*, 443-494.

Darling-Hammond, L. & J. Bransford (2005): *Preparing teachers for a changing world. What teachers should learn and be able to do.* San Francisco: Jossey-Bass.

Denzin, N. K. (1978): *The research act. A theoretical introduction to sociological methods.* New York: McGraw-Hill.

Deutscher, Th. & Ch. Selter (2007): Eine Standortbestimmung zur Subtraktion im Hunderterraum. In: J. H. Lorenz & W. Schipper (Hrsg.). *Hendrik Radatz. Impulse für den Mathematikunterricht.* Braunschweig: Schroedel, 19-27.

Devlin, K. (1994): *Mathematics: The science of patterns. The search for order in life, mind, and the universe.* New York: Scientific American Library.

Dewey, J. (1974): The child and the curriculum. In: J. Dewey (Hrsg.). *The child and the curriculum AND The school and society.* 12. Auflage. Chicago: University of Chicago Press, 3-31.

Dornheim, D. (2008): *Prädiktion von Rechenleistung und Rechenschwäche: Der Beitrag von Zahlen-Vorwissen und allgemein-kognitiven Fähigkeiten.* Berlin: Logos.

Duit, R. (1995): Zur Rolle der konstruktivistischen Sichtweise in der naturwissenschaftsdidaktischen Lehr- und Lernforschung. In: *Zeitschrift für Pädagogik, 41 (6)*, 905-923.

Easley, J. (1977): *On clinical studies in mathematics education.* Columbus: Information Reference Center for Science, Mathematics, and Environmental Education.

Ehmke, T.; F. Hohensee; H. Heidemeier & M. Prenzel (2004): Familiäre Lebensverhältnisse, Bildungsbeteiligung und Kompetenzerwerb. In: M. Prenzel; J. Baumert; W. Blum; R. Lehmann; D. Leutner; M. Neubrand; R. Pekrun; H.-G. Rolff; J. Rost & U. Schiefele (Hrsg.). *PISA 2003: Der Bildungsstandard der Jugendlichen in Deutschland – Ergebnisse des zweiten internationalen Vergleichs.* Münster: Waxmann, 225-253.

Eichler, K.-P. (2004): Geometrische Vorerfahrungen von Schulanfängern. In: *Praxis Grundschule, 2*, 12-20.

Eichler, K.-P. (2007): Ziele hinsichtlich vorschulischer geometrischer Erfahrungen. In: J. H. Lorenz & W. Schipper (Hrsg.). *Hendrik Radatz. Impulse für den Mathematikunterricht.* Braunschweig: Schroedel, 176-185.

Ernest, P. (2010a): Reflections on theories of learning. In: B. Sriraman & L. English (Hrsg.). *Theories of mathematics education.* Heidelberg: Springer, 39-47.

Ernest, P. (2010b): Commentary 2 on reflections on theories of learning. In: B. Sriraman & L. English (Hrsg.). *Theories of mathematics education.* Heidelberg: Springer, 53-61.

Erzberger, Ch. (1998): *Zahlen und Wörter. Die Verbindung quantitativer und qualitativer Daten und Methoden im Forschungsprozess.* Weinheim: Deutscher Studien Verlag.

Faust-Siehl, G.; A. Garlichs; J. Ramseger; H. Schwarz & U. Warm (1996): *Die Zukunft beginnt in der Grundschule. Empfehlungen zur Neugestaltung der Primarstufe.* Reinbek bei Hamburg: Rowohlt.

Fischer, R. (1976): Fundamentale Ideen bei den reellen Funktionen. In: *Zentralblatt für Didaktik der Mathematik, 8 (1)*, 185-192.

Flick, U. (1998): *Qualitative Forschung. Theorie, Methoden, Anwendung in Psychologie und Sozialwissenschaften.* Reinbek bei Hamburg: Rowohlt.

Flick, U. (2005): Triangulation in der qualitativen Forschung. In: U. Flick, E. von Kardorff, I. Steinke (Hrsg.). *Qualitative Forschung. Ein Handbuch.* Reinbek bei Hamburg: Rowohlt, 309-318.

Franke, M. (1999): Was wissen Grundschulkinder über geometrische Körper? – eine empirische Studie mit Kindern unterschiedlichen Alters. In: H. Henning (Hrsg.). *Mathematik lernen durch Handeln und Erfahrung.* Oldenburg: Bültmann & Gerriets, 151-163.

Franke, M. (2000): *Didaktik der Geometrie.* Heidelberg: Spektrum.

Franke, M. & A. Kurz (2003): Beim Einkaufen kenne ich mich aus – wirklich? In: *Journal für Mathematik-Didaktik, 24 (3/4)*, 190-210.

Freudenthal, H. (1973): *Mathematik als pädagogische Aufgabe.* Stuttgart: Klett.

Gaidoschik, M. (2010): *Die Entwicklung von Lösungsstrategien zu den additiven Grundaufgaben im Laufe des ersten Schuljahres.* Dissertation. Universität Wien.

Gersten, R.; N. C. Jordan & J. R. Flojo (2005): Early identification and interventions for students with mathematics difficulties. In: *Journal of Learning Disabilities, 38*, 293-304.

Gerstenmaier, J. & H. Mandl (1995): Wissenserwerb unter konstruktivistischer Perspektive. In: *Zeitschrift für Pädagogik, 41 (6)*, 867-888.

Gerster, H.-D. (1982): *Schülerfehler bei schriftlichen Rechenverfahren – Diagnose und Therapie.* Freiburg: Herder.

Ginsburg, H. (1975): Young children's informal knowledge of mathematics. In: *Journal of Children's Mathematical Behavior, 1 (3)*, 63-156.

Ginsburg, H. (1981): The clinical interview in psychological research on mathematical thinking: Aims, rationales, techniques. In: *For the Learning of Mathematics, 3,* 4-10.

Glasersfeld, E. von (1983): Learning as constructive activity. In: J. C. Bergeron & N. Herscovics (Hrsg.). *Proceedings of the 5th annual meeting of the north American group of psychology in mathematics education, 1,* Montreal: PME-NA.

Glasersfeld, E. von (1989): Constructivism in education. In: T. Husén & T. N. Postlethwaite (Hrsg.). *The International Encyclopedia of Education.* Oxford: Pergamon, 162-163.

Glasersfeld, E. von (1995): *Radical constructivism. A way of knowing and learning.* London: The Falmer Press.

Glasersfeld, E. von (2001): Kleine Geschichte des Konstruktivismus. In: A. Müller; K. H. Müller & F. Stadler (Hrsg.): *Konstruktivismus und Kognitionswissenschaft. Kulturelle Wurzeln und Ergebnisse.* Wien: Springer, 53-62.

Goldin, G. (2002): Connecting understandings from mathematics and mathematics education research. In: A. D. Cockburn & E. Nardi (Hrsg.). *Proceedings of the 26th Annual Conference of the International Group for the Psychology of Mathematics Education,* Vol. 1, Norwich, England: Program Committee, 161-166.

Goldstein, E. B. (2008): *Wahrnehmungspsychologie. Der Grundkurs.* Heidelberg: Spektrum.

Grassmann, M.; E. Mirwald; M. Klunter & U. Veith (1995): Arithmetische Kompetenzen von Schulanfängern – Schlussfolgerungen für die Gestaltung des Anfangsunterrichtes. In: *Sachunterricht und Mathematik in der Primarstufe, 23 (7),* 302-321.

Grassmann, M. (1996): Geometrische Fähigkeiten der Schulanfänger. In: *Grundschulunterricht, 43 (5),* 25-27.

Grassmann, M. (1997): Unterschiede zwischen Jungen und Mädchen im Mathematikunterricht der Grundschule – ein Thema, über das es sich lohnt nachzudenken?! In: *Grundschulunterricht, 5,* 5-7.

Grassmann, M. (1999): Förderkultur im mathematischen Anfangsunterricht. In: *Grundschule, 6,* 15-19.

Grassmann, M. & O. Thiel (2003): Kinderleistungen und Lehrererwartungen in Klasse 1. In: H.-W. Henn (Hrsg.). *Beiträge zum Mathematikunterricht.* Hildesheim: Franzbecker, 245-252.

Grassmann, M.; M. Klunter; E. Köhler; E. Mirwald & M. Raudies (2005): *Kinder wissen viel – auch über die Größe Geld? Teil 1.* Potsdamer Studien zur Grundschulforschung, 32. Potsdam: Universitätsverlag Potsdam.

Grassmann, M.; M. Klunter; E. Köhler; E. Mirwald & M. Raudies (2006): *Kinder wissen viel – auch über die Größe Geld? Teil 2.* Potsdamer Studien zur Grundschulforschung, 33. Potsdam: Universitätsverlag Potsdam.

Grassmann, M.; M. Klunter; E. Köhler; E. Mirwald; M. Raudies & O. Thiel (2008): *Kinder wissen viel – auch über die Größe Geld? Teil 3*. Potsdamer Studien zur Grundschulforschung, 34. Potsdam: Universitätsverlag Potsdam.

Griesel, H. (1971): Die mathematische Analyse als Forschungsmittel in der Didaktik der Mathematik. In: *Beiträge zum Mathematikunterricht*. Hannover: Schroedel, 72-81.

Guski, R. (2000): *Wahrnehmung. Eine Einführung in die Psychologie der menschlichen Informationsaufnahme*. Stuttgart: Kohlhammer.

Häsel, U. (2001): *Sachaufgaben im Mathematikunterricht der Schule für Lernbehinderte. Theoretische Analyse und empirische Studien*. Hildesheim: Franzbecker.

Hardy, G. H. (1940): *A mathematician's apology*. Cambridge: University Press.

Harsdörfer. G. P. (1648-1653): *Poetischer Trichter – Die Teutsche Dicht- und Reimkunst/ ohne Behuf der Lateinischen Sprache/ in VI Stunden einzugiessen*. Hildesheim: Georg Olms (Reprografischer Nachdruck 1971).

Hartmann, B. (1896): *Die Analyse des kindlichen Gedankenkreises als die naturgemäße Grundlage des ersten Schulunterrichts*. Leipzig: Kesselringsche Hofbuchhandlung.

Hartung-Beck, V. (2009): *Schulische Organisationsentwicklung und Professionalisierung*. Wiesbaden: Verlag für Sozialwissenschaften.

Hasemann, K. (1998): Die frühe mathematische Kompetenz von Kindergartenkindern und Schulanfängern – Ergebnisse einer empirischen Untersuchung. In: M. Neubrand (Hrsg.). *Beiträge zum Mathematikunterricht*. Hildesheim: Franzbecker, 263-266.

Hasemann, K. (2001): Early numeracy – results of an empirical study with 5 to 7 year-old children. In: H. G. Weigand; A. Peter-Koop; N. Neill; K. Reiss; G. Törner & B. Wollring (Hrsg.). *Developments in mathematics education in German-speaking countries. Selected papers from the annual conference on didactics of mathematics*, Munich,1998. Hildesheim: Franzbecker, 31-40.

Hasemann, K. (2005): Der Osnabrücker Test zur Zahlbegriffsentwicklung. Ein Diagnoseinstrument vor dem Schulbeginn. In: *Grundschule, 10,* 38-39.

Hasemann, K. (2006): Mathematische Einsichten von Kindern im Vorschulalter. In: M. Grüßing & A. Peter-Koop (Hrsg.): *Die Entwicklung mathematischen Denkens in Kindergarten und Grundschule*. Offenburg: Mildenberger, 67-79.

Hefendehl-Hebeker, L. (2004): Beispiele zum Spiralprinzip. In: G. Krauthausen & P. Scherer (Hrsg.). *Mit Kindern auf dem Weg zur Mathematik*. Donauwörth: Auer, 67-73.

Heitele, D. (1975): An epistemological view on fundamental stochastic ideas. In: *Educational Studies in Mathematics, 6,* 187-205.

Helmke, A.; I. Hosenfeld & F.-W. Schrader (2003): Diagnosekompetenz in Ausbildung und Beruf entwickeln. In: *Karlsruher Pädagogische Beiträge, 55,* 15-34.

Helmke, A. (2009): *Unterrichtsqualität und Lehrerprofessionalität*. Seelze: Kallmeyer / Klett.

Hendrickson, A. D. (1979): An inventory of mathematical thinking done by incoming first-grade children. In: *Journal for Research in Mathematics Education, 10 (1),* 7-23.

Hengartner, E. (1992): Für ein Recht der Kinder auf eigenes Denken. In: *Die neue Schulpraxis, 7/8,* 15-27.

Hengartner, E. & H. Röthlisberger (1994): Rechenfähigkeiten von Schulanfängern. In: *Schweizer Schule, 4,* 3-25.

Hengartner, E. (1999): *Mit Kindern lernen. Standorte und Denkwege im Mathematikunterricht.* Zug: Klett.

Hengartner, E. (2004): Lernumgebungen für Rechenschwache bis Hochbegabte: Natürliche Differenzierung im Mathematikunterricht. In: *Grundschulunterricht, 2,* 11-14.

Hesse, I. & B. Latzko (2009): *Diagnostik für Lehrkräfte.* Opladen: Barbara Budrich.

Heuvel-Panhuizen, M. van den (1990a): *Reken-wiskunde toetsen. Groep 3.* Utrecht: OW & OC.

Heuvel, Panhuizen, M. van den (1990b): Realistic arithmetic/mathematics instruction and tests. In: K. Gravemeijer; M. van den Heuvel & L. Streefland (Hrsg.). *Contexts, free productions, tests and geometry in realistic mathematics education.* Utrecht: OW & OC, 179-181.

Heuvel-Panhuizen, M. van den & K. P. E. Gravemeijer (1991): Tests are not so bad. In: L. Streefland (Hrsg.). *Realistic Mathematics Education in Primary School.* Utrecht: Freudenthal Institute, 139-155.

Heuvel-Panhuizen, M. van den (1995): Leistungsmessung im aktiv-entdeckenden Mathematikunterricht. In: H. Brügelmann & H. Balhorn (Hrsg.). *Am Rande der Schrift. Zwischen Sprachenvielfalt und Analphabetismus.* Lengwil: Libelle, 87-107.

Heymann, H. W. (2005): Standards, Tests und Unterrichtsqualität. Versuch einer kritischen Klärung. In: W. Glatz. & A. Kell (Hrsg.). *Lernstandserhebungen und Unterrichtsqualität.* Siegener Studien, 63. Siegen: GFL, 171-184.

Hiebert, J. (1984): Why do some children have trouble learning measurement concepts? In: *Arithmetic Teacher, 31 (3),* 19-24.

Höglinger S. & H.-G. Senftleben (1997): Schulanfänger lösen geometrische Aufgaben. In: *Grundschulunterricht, 5,* 36-39.

Horstkemper, M. (2006): Fördern heißt diagnostizieren. Pädagogische Diagnostik als wichtige Voraussetzung für individuellen Lernerfolg. In: *Diagnostizieren und Fördern. Stärken entdecken – Können entwickeln.* Friedrich Jahresheft XXIV, 4-7.

Hošpesová, A. (1995): Kennen wir die Kenntnisse unserer Schüler? In: K. P. Müller (Hrsg.). *Beiträge zum Mathematikunterricht.* Hildesheim: Franzbecker, 252-254.

Hošpesová, A. & Č. Budějovice (1998): Arithmetische Kenntnisse der Kinder am Beginn des Schulbasuchs. In: M. Neubrand (Hrsg.). *Beiträge zum Mathematikunterricht.* Hildesheim: Franzbecker, 263-266.

Humenberger, J. & H.-Ch. Reichel (1995): *Fundamentale Ideen der Angewandten Mathematik und ihre Umsetzung im Unterricht.* Mannheim: B. I. Wissenschaftsverlag.

Hußmann, S.; T. Leuders & S. Prediger (2007): Schülerleistungen verstehen – Diagnose im Alltag. In: *Praxis der Mathematik in der Schule, 49 (15)*, 1-8.

Ingenkamp, K. (1971): Die Aufgabe der pädagogischen Diagnostik und die Testanwendung in Deutschland. In: K. Ingenkamp (Hrsg.). *Tests in der Schulpraxis. Eine Einführung in Aufgabenstellung, Beurteilung und Anwendung von Tests.* Weinheim: Beltz, 26-42.

Ingenkamp, K. (1990): Pädagogische Diagnostik in Deutschland 1885-1932. In: K. Ingenkamp & H. Laux (Hrsg.). *Geschichte der Pädagogischen Diagnostik.* Weinheim: Deutscher Studien Verlag, Band I.

Ingenkamp, K. & U. Lissmann (2008): *Lehrbuch der Pädagogischen Diagnostik.* Weinheim: Beltz.

Jordan, N. C.; D. Kaplan; L. Olah & M. Locuniak (2006): Number sense growth in kindergarten: A longitudinal investigation of children at risk for mathematics difficulties. In: *Child Development, 77*, 153-175.

Jordan, N. C.; D. Kaplan; M. Locuniak & C. Ramineni (2007): Predicting first-grade math achievement from developmental number sense trajectories. In: *Learning Disabilities Research & Practice, 22 (1)*, 36-46.

Jordan, N. C. & S. C. Levine (2009): Socio-economic variation, number competence, and mathematics learning difficulties in young children. In: *Developmental Disabilities Research Reviews, 15*, 60-68.

Kaufmann, S. (2003): *Früherkennung von Rechenstörungen in der Eingangsklasse der Grundschule und darauf abgestimmte remediale Maßnahmen.* Frankfurt a. M.: Peter Lang.

Kaufmann, S. (2006): Früherkennung von Rechenstörungen und entsprechenden Fördermaßnahmen. In: M. Grüßing & A. Peter-Koop (Hrsg.). *Die Entwicklung mathematischen Denkens in Kindergarten und Grundschule: Beobachten – Fördern – Dokumentieren.* Offenburg: Mildenberger, 160-168.

Kelle, U. & Ch. Erzberger (1999): Integration qualitativer und quantitativer Methoden. Methodologische Modelle und ihre Bedeutung für die Forschungspraxis. In: *Kölner Zeitschrift für Soziologie und Sozialpsychologie, 51*, 509-531.

Kelle, U. & Ch. Erzberger (2005): Qualitative und quantitative Methoden: kein Gegensatz. In: U. Flick, E. von Kardorff, I. Steinke (Hrsg.). *Qualitative Forschung. Ein Handbuch.* Reinbek bei Hamburg: Rowohlt, 299-309.

Keller, K.-H. & P. Pfaff (1998): *Arithmetische Vorkenntnisse bei Schulanfängern.* Offenburg: Mildenberger Verlag.

Kesting, F. (2005): *Mathematisches Vorwissen zu Schuljahresbeginn bei Grundschülern der ersten drei Schuljahre – eine empirische Untersuchung.* Hildesheim: Franzbecker.

Klafki, W. & H. Stöcker (1976): Innere Differenzierung des Unterrichts. In: *Zeitschrift für Pädagogik, 22 (4)*, 497-523.

Klaudt, D. (2005): Struktur und Repräsentation. Zum Verhältnis fachinhaltlicher Strukturen und individueller Wissensrepräsentation. In: J. Engel; R. Vogel & S. Wessolowski (Hrsg.). *Strukturieren – Modellieren – Kommunizieren. Leitbilder mathematischer und informatischer Aktivitäten*. Hildesheim: Franzbecker, 15-25.

Klein, F. (1925/1928/1933): *Elementarmathematik vom höheren Standpunkt aus*. Drei Bände. Berlin: Julius Springer.

Knöß, P. (1989): *Ansätze zur Entwicklung fundamentaler Ideen der Informatik im Mathematikunterricht der Primarstufe*. Wiesbaden: Deutscher Universitäts-Verlag.

Köller, O. (2008): Bildungsstandards in Deutschland: Implikationen für die Qualitätssicherung und Unterrichtsqualität. In: *Zeitschrift für Erziehungswissenschaft, Sonderheft 9/2008*, 47-59.

Köppen, D. (1987): Mathematik am Kind orientiert. In: *Die Grundschulzeitschrift, 10*, 4-9.

Krajewski, K.; P. Küspert & W. Schneider (2002): *Deutscher Mathematiktest für erste Klassen (DEMAT 1+)*. Göttingen: Belz.

Krajewski, K. (2003): *Vorhersage von Rechenschwäche in der Grundschule*. Hamburg: Kovač.

Krajewski, K.; S. Liehm & W. Schneider (2004): *Deutscher Mathematiktest für zweite Klassen. DEMAT 2+*. Göttingen: Beltz.

Krajewski, K. & W. Schneider (2009): Early development of quantity to number-word linkage as a precursor of mathematical school achievement and mathematical difficulties: Findings from a four-year longitudinal study. In: *Learning and Instruction, 19*, 513-526.

Krauthausen, G. (1994): *Arithmetische Fähigkeiten von Schulanfängern. Eine Computersimulation als Forschungsinstrument und als Baustein eines Softwarekonzeptes für die Grundschule*. Wiesbaden: Deutscher Universitäts-Verlag.

Krauthausen, Günter (1995): Die 'Kraft der Fünf' und das denkende Rechnen. Zur Bedeutung tragfähiger Vorstellungsbilder im mathematischen Anfangsunterricht. In: Müller, Gerhard N. & Wittmann, E. Ch.: *Mit Kindern rechnen*. Frankfurt am Main: Arbeitskreis Grundschule, 87-108.

Kretschmann, R. (2006a): Die Zone der aktuellen Leistung ermitteln. In: *Diagnostizieren und Fördern. Stärken entdecken – Können entwickeln*. Friedrich Jahresheft XXIV, 50-53.

Kretschmann, R. (2006b): „Pädagnostik" – Optimierung pädagogischer Angebote durch differenzierte Lernstandsdiagnosen, unter besonderer Berücksichtigung mathematischer Kompetenzen. In: M. Grüßing & A. Peter-Koop (Hrsg.). *Die Entwicklung mathematischen Denkens in Kindergarten und Grundschule*, 29-54.

Krohne, H. W. & M. Hock (2007): *Psychologische Diagnostik. Grundlagen und Anwendungsfelder*. Stuttgart: Kohlhammer.

Kubinger, K. D. (2009): *Psychologische Diagnostik. Theorie und Praxis psychologischen Diagnostizierens.* Göttingen: Hogrefe.

Kühnel, J. (1954): *Neubau des Rechenunterrichts.* 8. Auflage. Bad Heilbrunn: Klinkhardt.

Kultusministerkonferenz (2004a): *Bildungsstandards im Fach Mathematik für den Primarbereich. Beschluss vom 15.10.2004.*
www.kmk.org/fileadmin/veroeffentlichungen_beschluesse/2004/2004_10_15-Bildungsstandards-Mathe-Primar.pdf. Abruf am 10.08.2010.

Kultusministerkonferenz (2004b): *Bildungsstandards der Kultusministerkonferenz. Erläuterungen zur Konzeption und Entwicklung.*
www.kmk.org/fileadmin/veroeffentlichungen_beschluesse/2004/2004_12_16-Bildungsstandards-Konzeption-Entwicklung.pdf. Abruf am 10.08.2010.

Kuøina, F.; M. Tichá & A. Hošpesová (1998): What geometric ideas do the preschoolers have? In: *Journal of the Korea Society of Mathematical Education Series D, Vol. 2 (2),* 57-69.

Lamnek, S. (1988): *Qualitative Sozialforschung. Band 1. Methodologie.* München: Psychologie Verlags Union.

Lamnek, S. (2005): *Qualitative Sozialforschung.* Weinheim: Beltz.

Lienert, G. A. & U. Raatz (1994): *Testaufbau und Testanalyse.* Weinheim: Psychologie Verlags Union.

Lohaus, A.; R. Schumann-Hengsteler & T. Kessler (1999): *Räumliches Denken im Kindesalter.* Göttingen: Hogrefe.

Lorenz, J. H. (1991): Materialhandlungen und Aufmerksamkeitsfokussierung zum Aufbau interner arithmetischer Vorstellungsbilder. In: J. H. Lorenz (Hrsg.): *Störungen beim Mathematiklernen.* Köln: Aulis, 53-73.

Lorenz, J. H. (1993): Veranschaulichungsmittel im arithmetischen Anfangsunterricht. In: N. Knoche & W. Schwirtz (Hrsg.): *Mathematiklernen im Grundschulalter.* Essen: Schriftenreihe des Fachbereichs Mathematik und Informatik, Universität GH Essen, 16-35.

Lorenz, J. H. & H. Radatz (1993): *Handbuch des Förderns im Mathematikunterricht.* Hannover: Schroedel.

Lorenz, J. H. (2002): Mathematisches Vorwissen im Anfangsunterricht. In: *Grundschule, 5,* 24-26.

Lorenz, J. H. (2003): Aufgaben zur Eingangs- und unterrichtsbegleitenden Diagnostik. In: *Praxis Grundschule, 26 (3),* 18-26.

Lorenz, J. H. (2004): Differenzieren im mathematischen Anfangsunterricht. In: *Grundschule, 3,* 25-28.

Lorenz, J. H. (2006): *Hamburger Rechentest: Test zur Früherfassung von Lernschwierigkeiten im Mathematikunterricht. Hamburger Rechentest für die Klasse 1.* Hannover: Schroedel.

Lorenz, J. H. (2008): Diagnose und Förderung zum SCHULANFANG. In: *Grundschulunterricht Mathematik, 3*, 4-7.

Lorenz, J. H. (2009): Zur Relevanz des Repräsentationswechsels für das Zahlenverständnis. In: A. Fritz; G. Ricken & S. Schmidt (Hrsg.). *Handbuch Rechenschwäche*. Weinheim: Beltz, 230-247

Lück, H. E. (1991): *Geschichte der Psychologie. Strömungen, Schulen, Entwicklungen*. Stuttgart: Kohlhammer.

Lüken, Miriam (2009): Muster und Strukturen – Bedeutung für den Schulanfang?!. In: M. Neubrand (Hrsg.). *Beiträge zum Mathematikunterricht*. Münster: WTM, 747-750.

Lüking, J. (1976): *Materialien und Vorschläge zu einer Förderungskonzeption pädagogischer Diagnostik*. (Unveröffentlicht) Hannover: Stiftung VW.

Luit, J. van; B. Rijt & K. Hasemann (2001): *Osnabrücker Test zur Zahlbegriffsentwicklung*. Göttingen: Hogrefe.

Maier, H. (1995): Zum Zahlwissen von Schulanfängern. In: *Pädagogische Welt, 49*, 68-71.

Marsolek, T. (1971): Historische Übersicht über die Testentwicklung in Deutschland – unter besonderer Berücksichtigung der Schultests. In: K. Ingenkamp (Hrsg.). *Tests in der Schulpraxis. Eine Einführung in Aufgabenstellung, Beurteilung und Anwendung von Tests*. Weinheim: Beltz, 11-25.

Mayring, Ph. & B. Jenull-Schiefer (2005): Triangulation und „Mixed Methodologies" in entwicklungspsychologischer Forschung. In: G. Mey (Hrsg.). *Handbuch Qualitative Entwicklungspsychologie*. Köln: Kölner Studien Verlag, 515-527.

Ministerium für Schule und Weiterbildung des Landes Nordrhein-Westfalen (2008): *Richtlinien und Lehrpläne für die Grundschule in Nordrhein-Westfalen*. Frechen: Ritterbach.

Ministerium für Wissenschaft und Forschung des Landes Nordrhein-Westfalen (1985): *Richtlinien und Lehrpläne für die Grundschule in Nordrhein-Westfalen. Mathematik*. Frechen: Ritterbach.

Moor, E. de (1999): *Van Vormleer naar Realistische Meetkunde*. Utrecht: Freudenthal Instituut.

Moser Opitz, E. (2002): *Zählen – Zahlbegriff – Rechnen. Theoretische Grundlagen und eine empirische Untersuchung zum mathematischen Erstunterricht in Sonderklassen*. Bern: Paul Haupt.

Moser Opitz, E.; U. Christen & R. Vonlanthen Perler (2007): Räumliches und geometrisches Denken im Übergang vom Elementar- zum Primarbereich beobachten und deuten. In: U. Graf & E. Moser Opitz (Hrsg.). *Diagnostik und Förderung im Elementarbereich und Grundschulunterricht. Lernprozesse wahrnehmen, deuten und begleiten. Entwicklungslinien der Grundschulpädagogik. Band 4*. Baltmannsweiler: Schneider Verlag Hohengehren, 133-149.

Müller, G. N. & E. Ch. Wittmann (1984): *Der Mathematikunterricht in der Primarstufe.* 3., neubearbeitete Auflage. Braunschweig: Vieweg.

Müller, G. N. & E. Ch. Wittmann (1995): *Mit Kindern rechnen.* Frankfurt a. M.: Arbeitskreis Grundschule.

Müller, G. N. (1997): Vom Einspluseins und Einmaleins zum pythagoreischen Zahlenfeld. In: *mathematiklehren, 83,* 10-13.

Müller, G. N.; H. Steinbring & E. Ch. Wittmann (1997): *10 Jahr „mathe 2000". Bilanz und Perspektiven.* Leipzig: Ernst Klett.

Mulligan, J. & A. Prescott (2003). First graders' use of structure in visual memory and unitising area tasks. In: P. Campbell, L. Bragg, & J. Mousley (Hrsg.). *Mathematics education research: Innovation, networking, opportunity. Proceedings of the 26th Annual Conference of the Mathematics Education Research Group of Australasia.* Sydney: MERGA, 539-546.

Mulligan, J.; A. Prescott & M. Mitchelmore (2004): Children's development of structure in early mathematics. In: M. Høines & A. Fuglestad (Hrsg.). *Proceedings of the 28th Annual Conference of the International Group for the Psychology of Mathematics Education, 3.* Bergen: Bergen University College, 393-401.

Mulligan, J.; A. Prescott; M. Mitchelmore & L. Outhred (2005a): Taking a closer look at young students' images of area measurement. In: *Australian Primary Mathematics Classroom, 10 (2),* 4-8.

Mulligan, J.; M. Mitchelmore & A. Prescott (2005b): Case studies of children's development of structure in early mathematics: A two-year longitudinal study. In: H. L. Chick & J. L. Vincent (Hrsg.). *Proceedings of the 29th Conference of the International Group for the Psychology of Mathematics Education, 4.* Melbourne: PME, 1-8.

Nührenbörger, M. (2001): „Jetzt wird's schwer. Mit Stäben messen, kenn' ich nicht." Messgeräte und Maßeinheiten von Anfang an. In: *Die Grundschulzeitschrift, 141,* 16-19.

Nührenbörger, M. (2002a): "Auch messen will gelernt sein..." – Ansichten von Kindern der zweiten Klasse zum Messen mit dem Lineal. In: *Sache – Wort –Zahl, 30 (44),* 48-54.

Nührenbörger, M. (2002b): *Denk- und Lernwege von Kindern beim Messen von Längen. Theoretische Grundlegung und Fallstudien kindlicher Längenkonzepte im Laufe des 2. Schuljahres.* Hildesheim: Franzbecker.

Nührenbörger, M. (2009). Interaktive Konstruktionen mathematischen Wissens - Epistemologische Analysen zum Diskurs von Kindern im jahrgangsgemischten Anfangsunterricht. *Journal für Mathematikdidaktik, 30 (2),* 147-172.

Nührenbörger, M. & R. Schwarzkopf (2010): Die Entwicklung mathematischen Wissens in sozial-interaktiven Kontexten. In: C. Böttinger, K. Bräuning, M. Nührenbörger, R. Schwarzkopf & E. Söbbeke (Hrsg.). *Mathematik im Denken der Kinder. Anregungen zur mathematik-didaktischen Reflexion.* Seelze: Kallmeyer & Klett, 73-81.

Oehl, W. (1935): Psychologische Untersuchungen über Zahlendenken und Rechnen bei Schulanfängern. In: *Zeitschrift für angewandte Psychologie und Charakterkunde, 49 (5/6)*, 305-351.

Oeveste, H. zur (1987): *Kognitive Entwicklung im Vor- und Grundschulalter*. Göttingen: Hogrefe.

Orton, A. (1999): *Pattern in the teaching and learning of mathematics*. London: Cassell.

Outhred, L. & M. Mitchelmore (2000): Young children's intuitive understanding of rectangular area measurement. In: *Journal for Research in Mathematics Education, 31 (2)*, 144-167.

Padberg, F. (1986): *Didaktik der Arithmetik*. Mannheim: Bibliogr. Institut.

Padberg, F. (2005): *Didaktik der Arithmetik*. München: Elsevier.

Papic, M. & J. Mulligan (2005): Preschoolers' mathematical patterning. In: P. Clarkson; A. Downton; D. Gronn; A. McDonough; R. Pierce & A. Roche (Hrsg.). *Building connections: Theory, research and practice. Proceedings of the 28th Annual Conference of the Mathematics Education Research Group of Australasia*, Melbourne, Vol. 2, Sydney: MERGA, 609-616.

Peter-Koop, A.; B. Wollring; B. Spindeler & M. Grüßing (2007): *ElementarMathematisches BasisInterview*. Offenburg: Mildenberger.

Piaget, J. & B. Inhelder (1971): *Die Entwicklung des räumlichen Denkens beim Kinde*. Stuttgart: Klett.

Pospeschill, M. & F. M. Spinath (2009): *Psychologische Diagnostik*. München: Ernst Reinhardt.

Prengel, A. (2006): *Pädagogik der Vielfalt. Verschiedenheit und Gleichberechtigung in Interkultureller, Feministischer und Integrativer Pädagogik*. Wiesbaden: VS.

Prenzel, M.; J. Baumert; W. Blum; R. Lehmann; D. Leutner; M. Neubrand; R. Pekrun; H.-G. Rolff; J. Rost & U. Schiefele (2004): *PISA 2003: Der Bildungsstand der Jugendlichen in Deutschland – Ergebnisse des zweiten internationalen Vergleichs*. Münster: Waxmann.

Prenzel, M. & D. Burba (2006): PISA-Befunde zum Umgang mit Heterogenität. In: G. Opp, T. Hellbrügge & L. Stevens (Hrsg.). *Kindern gerecht werden. Kontroverse Perspektiven auf Lernen in der Kindheit*. Bad Heilbrunn: Klinkhardt, 23-33.

Prenzel, M.; C. Artelt; J. Baumert; W. Blum; M. Hammann; E. Klieme & R. Pekrun (2007): *PISA 2006. Die Ergebnisse der dritten internationalen Vergleichsstudie*. Münster: Waxmann.

Radatz, H. (1980): *Fehleranalysen im Mathematikunterricht*. Braunschweig: Vieweg.

Radatz, H. (1989): Lernschwierigkeiten und Fördermöglichkeiten im Mathematikunterricht. In: *Die Grundschulzeitschrift, 24*, 4-8.

Radatz, H., Schipper, W., Dröge, R. & Ebeling, A. (1998): *Handbuch für den Mathematikunterricht. 2. Schuljahr*. Hannover: Schroedel.

Rathgeb-Schnierer, E. (2007): Kinder erforschen arithmetische Muster. Zur Gestaltung anregender Forschungsaufträge. In: *Grundschulunterricht, 2,* 11-19.

Rea, R. E. & R. E. Reys (1970): Mathematical competencies of entering kindergarteners. In: *The Arithmetic Teacher, 17,* 65-74.

Reichenbach, C. & C. Lücking (2007): *Diagnostik im Schuleingangsbereich.Diagnostikmöglichkeiten für institutionsübergreifendes Arbeiten.* Dortmund: Borgmann.

Resnick, D. (1982): History of educational testing. In: A. K. Wigdor & W. R. Garner (Hrsg.). *Ability testing: Uses, consequences, and controversies, Part II.* Washington: National Academy Press, 173-194.

Rijt, B. van de & J. van Luit (1998): Effectiveness of the additional early mathematics program for teaching children early mathematics. In: *Instructional Science, 26,* 337-358.

Rinkens, H. (1996): *Arithmetische Fähigkeiten am Schulanfang.* http://www.rinkens-hd.de/_data/AritFaeh.pdf. Abgerufen am: 10.08.2010.

Röhr, M. (2004/2005): Lernzielkontrollen zum Zahlenbuch. In: E. Ch. Wittmann & G. N. Müller (Hrsg.). *Das Zahlenbuch 1 bis 4. Lehrerbände.* Leipzig: Klett.

Roick, T.; D. Gölitz & M. Hasselhorn (2004a): *Deutscher Mathematiktest für dritte Klassen. DEMAT 3+.* Göttingen: Beltz.

Roick, T.; D. Gölitz & M. Hasselhorn (2004b): *Deutscher Mathematiktest für vierte Klassen. DEMAT 4+.* Göttingen: Beltz.

Rosenthal, R. & L. Jacobson (1968): *Pygmalion in the classroom: Teacher expectation and pupils' intellectual development.* New York: Holt, Rinehart & Winston.

Rosin, H. (1995): Zum Vorverständnis von geometrischen Sachverhalten bei Erstklässlern. In: *Grundschulunterricht, 42 (6),* 50-53.

Rottmann, T. & Schipper, W. (2002): Das Hunderter-Feld – Hilfe oder Hindernis beim Rechnen im Zahlenraum bis 100? In: *Journal für Mathematikdidaktik, 23 (1),* 51-74.

Ruf, U. & F. Winter (2006): Qualitäten finden. Der Blick auf die Defizite hilft nicht weiter. In: *Diagnostizieren und Fördern. Stärken entdecken – Können entwickeln.* Friedrich Jahresheft XXIV, 56-59.

Sarama, J. & D. H. Clements (2009): *Early childhood mathematics education research: Learning trajectories for young children.* New York: Routledge.

Saß, H. (1992): Historische Verankerung der Psychologischen Diagnostik. In: R. S. Jäger & F. Petermann (Hrsg.). *Psychologische Diagnostik. Ein Lehrbuch.* Weinheim: Psychologie Verlags Union, 17-22.

Sawyer, W. (1955): *Prelude to mathematics.* Nachdruck 1982. New York: Dover.

Scherer, P. (1995): *Entdeckendes Lernen im Mathematikunterricht der Schule für Lernbehinderte. Theoretische Grundlagen und evaluierte unterrichtspraktische Erprobung.* Heidelberg: Winter, Programm Ed. Schindele.

Schipper, W. (1982): Stoffauswahl und Stoffanordnung im mathematischen Anfangsunterricht. In: *Journal für Mathematik-Didaktik, 2,* 91-120.

Schipper, W. (1996): Kompetenz und Heterogenität im arithmetischen Anfangsunterricht. In: *Die Grundschulzeitschrift, 10,* 11-15.

Schipper, W. (2002): „Schulanfänger verfügen über hohe mathematische Kompetenzen." Eine Auseinandersetzung mit einem Mythos. In: A. Peter-Koop (Hrsg.). *Das besondere Kind im Mathematikunterricht der Grundschule.* Offenburg: Mildenberger, 119-140.

Schipper, W. (2007): Heterogenität. In: J. H. Lorenz & W. Schipper (Hrsg.). *Hendrik Radatz. Impulse für den Mathematikunterricht.* Braunschweig: Schroedel, 79-81.

Schmidt, R. (1982a): *Zahlenkenntnisse von Schulanfängern. Ergebnisse einer zu Beginn des Schuljahres 1981/82 durchgeführten Untersuchung.* Wiesbaden: Hessisches Institut für Bildungsplanung und Schulentwicklung.

Schmidt, R. (1982b): Ziffernkenntnis und Ziffernverständnis der Schulanfänger. In: *Grundschule, 14 (4),* 166-167.

Schmidt, S. & W. Weiser (1982): Zählen und Zahlverständnis von Schulanfängern: Zählen und der kardinale Aspekt natürlicher Zahlen. In: *Journal für Mathematik-Didaktik, 3,* 227-263.

Schmidt, S. & W. Weiser (1986): Zum Maßzahlverständnis von Schulanfängern. In: *Journal für Mathematikdidaktik, 7 (1),* 121-154.

Schmidt, S. (2003): Arithmetische Kenntnisse am Schulanfang – Befunde aus mathematikdidaktischer Sicht. In: A. Fritz; G. Ricken & S. Schmidt (Hrsg.). *Rechenschwäche. Lernwege, Schwierigkeiten und Hilfen bei Dyskalkulie.* Weinheim: Beltz, 26-47.

Schrader, F.-W. & A. Helmke (2001): Alltägliche Leistungsbeurteilung durch Lehrer. In: F. Weinert (Hrsg.). *Leistungsmessungen in Schulen.* Weinheim: Beltz, 45-58.

Schreiber, A. (1983): Bemerkungen zur Rolle universeller Ideen im mathematischen Denken. In: *mathematica didactica, 6,* 65-76.

Schroedel-Verlag (1996): *Arithmetische Fähigkeiten bei Schulanfängern – Eingangstest zum Schuljahresbeginn 1996/97.* Hannover: Schroedel.

Schründer-Lenzen, A. (1997): Triangulation und idealtypisches Verstehen in der (Re-) Konstruktion subjektiver Theorien. In: B. Friebertshäuser, A. Prengel (Hrsg.). *Handbuch Qualitative Forschungsmethoden in der Erziehungswissenschaft.* München: Juventa, 107-117.

Schubring, G. (1978): *Das genetische Prinzip in der Mathematik-Didaktik.* Stuttgart: Klett-Cotta.

Schuster, M. (2000): *Psychologie der Kinderzeichnung.* Göttingen: Hogrefe.

Schweiger, F. (1982): „Fundamentale Ideen" der Analysis und handlungsorientierter Unterricht. In: *Beiträge zum Mathematikunterricht.* Hannover: Schroedel, 103-111.

Schweiger, F. (1992): Fundamentale Ideen. Eine geistesgeschichtliche Studie zur Mathematikdidaktik. In: *Journal für Mathematikdidaktik, 13 (1),* 199-214.

Schwill, A. (1993): Fundamentale Ideen der Informatik. In: *Zentralblatt für Didaktik der Mathematik, 25 (1)*, 20-31.

Selter, Ch. (1990): Klinische Interviews in der Lehrerausbildung. In: K. P. Müller (Hrsg.). *Beiträge zum Mathematikunterricht*. Bad Salzdetfurth, 261-264.

Selter, Ch. (1993): Die Kluft zwischen den arithmetischen Kompetenzen von Erstkläßlern und dem Pessimismus der Experten. In: K. P. Müller (Hrsg.). *Beiträge zum Mathematikunterricht*. Hildesheim: Franzbecker, 350-353.

Selter, Ch. (1994a): *Eigenproduktionen im Arithmetikunterricht der Primarstufe*. Wiesbaden: Dt. Univ.-Verlag.

Selter, Ch. (1994b): Jede Aufgabe hat eine Lösung. Vom rationalen Kern irrationalen Vorgehens. In: *Grundschule, 3*, 20-22.

Selter, Ch. (1995a): Zur Fiktivität der ‚Stunde Null' im arithmetischen Anfangsunterricht. In: *Mathematische Unterrichtspraxis, 2*, 11-19.

Selter, Ch. (1995b): Entwicklung von Bewußtheit – eine zentrale Aufgabe der Grundschullehrerbildung. In: *Journal für Mathematikdidaktik, 16 (1/2)*, 115-144.

Selter, Ch. (1995c): Eigenproduktionen im Arithmetikunterricht. Grundsätzliche Bemerkungen und Unterrichtsbeispiele zum Einmaleins. In: E. Ch. Wittmann & G. N. Müller (Hrsg.). *Mit Kindern rechnen*. Frankfurt: Arbeitskreis Grundschule, 138-150.

Selter, Ch. (1997): Genetischer Mathematikunterricht: Offenheit mit Konzept. In: *mathematiklehren, 83*, 4-8.

Selter, Ch. & H. Spiegel (1997): *Wie Kinder rechnen*. Leipzig: Klett.

Selter, Ch. (1999a): Flexibles Rechnen statt Normierung auf Normalverfahren! In: *Die Grundschulzeitschrift, 125*, 6-11.

Selter, Ch. (1999b): Folgen bereits in der Grundschule! In: *mathematiklehren, 96*, 10-14.

Selter, Ch. & H. Spiegel (2001): Der kompetenzorientierte Blick auf Leistungen. In: *Die Grundschulzeitschrift, 147*, 20-21.

Siegler, R. S. (2009): Improving the numerical understanding of children from low-income families. In: *Child Development Perspectives, 3 (2)*, 118-124.

Simon, M. (1995): Reconstructing mathematics pedagogy from a constructivist perspective. In: *Journal for Research in Mathematics Education, 26 (2)*, 114-145.

Skinner, B. F. (1965): *Science and human behavior*. New York: The Free Press.

Skinner, B. F. (1958): Teaching machines. From the experimental study of learning come devices which arrange optimal conditions for self-instruction. In: *Science, 128*, 969-977.

Söbbeke, E. (2005): *Zur visuellen Strukturierungsfähigkeit von Grundschulkindern – Epistemologische Grundlagen und empirische Fallstudien zu kindlichen Strukturierungsprozessen mathematischer Anschauungsmittel*. Hildesheim: Franzbecker.

Spiegel, H. (1979): Zahlenkenntnisse von Kindern bei Schuleintritt. In: *Sachunterricht und Mathematik in der Primarstufe, 6/7*, 227-244, 275-278.

Spiegel, H. (1992a): Was und wie Kinder zu Schulbeginn schon rechnen können – Ein Bericht über Interviews mit Schulanfängern. In: *Grundschulunterricht, 39 (11),* 21-23.

Spiegel, H. (1992b): Rechenfähigkeiten von Schulanfängern im Bereich von Addition und Subtraktion. In: H. Schumann (Hrsg.). *Beiträge zum Mathematikunterricht.* Hildesheim: Franzbecker, 447-450.

Spiegel, H. & Ch. Selter (2003): Wie Kinder Mathematik lernen. In: M. Baum & H. Wielpütz (Hrsg.): *Mathematik in der Grundschule.* Seelze: Kallmeyer, 47-65.

Spiegel, H. & M. Walter (2005): Heterogenität im Mathematikunterricht der Grundschule. In: K. Bräu & U. Schwerdt (Hrsg.). *Heterogenität als Chance.* Münster: Lit, 219-238.

Starkey P. & A. Klein (2008): *Sociocultural influences on young children's mathematical knowledge. Contemporary perspectives on mathematics in early childhood education.* Charlotte: Information Age Publishing.

Steinbring, H. (1994): Die Verwendung strukturierter Diagramme im Arithmetikunterricht der Grundschule. Zum Unterschied zwischen empirischer und theoretischer Mehrdeutigkeit mathematischer Zeichen. In: *Mathematische Unterrichtspraxis, 4,* 7-19.

Steinweg, A. S. (1995): *Die Übergangsproblematik vom Kindergarten in die Grundschule, aufgezeigt an arithmetischen Vorkenntnissen von Vorschulkindern.* Unveröffentlichte Diplomarbeit. Universität Dortmund.

Steinweg, A. S. (2000): Mit Zahlen spielen. In: *Die Grundschulzeitschrift, 133,* 6-10.

Steinweg, A. S. (2001): *Zur Entwicklung des Zahlenmusterverständnisses bei Kindern. Epistemologisch-pädagogische Grundlegung.* Münster: Lit.

Steinweg, A. S. & Klein, J. (2001): Mathematikunterricht über das 1 + 1 hinaus. Förderung der Kreativität in der Grundschule. In: *mathematiklehren, 106,* 9-13.

Steinweg, A. S. (2003): Gut, wenn es etwas zu entdecken gibt – Zur Attraktivität von Zahlen und Mustern. In: S. Ruwisch & A. Peter-Koop (Hrsg.). *Gute Aufgaben im Mathematikunterricht der Grundschule.* Offenburg: Mildenberger, 56-74.

Stern, E. (1999): Development of mathematical competencies. In: F. Weinert & W. Schneider (Hrsg.). *Individual development from 3 to 12. Findings from the Munich longitudinal study.* Cambridge: Cambridge University Press, 154-175.

Stern, W. (1912): Die psychologischen Methoden der Intelligenzprüfung. In: F. Schumann (Hrsg.). *Bericht über den 5. Kongreß für Experimentelle Psychologie in Berlin.* Leipzig: Barth, 1-109.

Sundermann, B. & Ch. Selter (2006): *Beurteilen und Fördern im Mathematikunterricht.* Berlin: Cornelsen.

Thiel, O. (2008): Mathematisches Denken von Vorschulkindern. In: *Grundschulunterricht Mathematik, 3,* 8-10.

Thomas, N.; J. Mulligan & G. A. Goldin (1994): Children's representations of the counting sequence 1-100: Study and theoretical interpretation. In: *Proceedings of the 18th*

International Conference of the International Group for the Psychology of Mathematics Education. Lissabon: Universität Lissabon, 1-8.

Thomas, N.; J. Mulligan & G. A. Goldin (2002): Children's representations and structural development of the counting sequence 1-100. In: *Journal of Mathematical Behavior, 21*, 117-133.

Thorndike, E. L. (1904): *An introduction to the theory of mental and social measurements.* New York: Teachers College, Columbia University.

Tietze, U.-P. (1979): Fundamentale Ideen der linearen Algebra und analytischen Geometrie – Aspekte der Curriculumsentwicklung im MU der SII. In: *mathematica didactica, 2,* 137-163.

Toeplitz, O. (1927): Das Problem der Universitätsvorlesungen über Infinitesimalrechnung und ihre Abgrenzung gegenüber der Infinitesimalrechnung an den höheren Schulen. In: *Jahresber. Dtsch. Math. Verein, 36,* 90-100.

Trautmann, M. & B. Wischer (2008): Das Konzept der Inneren Differenzierung – eine vergleichende Analyse der Diskussion der 1970er Jahre mit dem aktuellen Heterogenitätsdiskurs. In: *Zeitschrift für Erziehungswissenschaften, Sonderheft 9/2008,* 159-172.

Treffers, A. (1978): *Three dimensions. A model of goal and theory description in mathematics instruction – The Wiskobas Project.* Dordrecht: D. Reidel.

Treffers, A. (1983): Fortschreitende Schematisierung. In: *mathematiklehren, 1,* 16-20.

Verschaffel, L. & De Corte, E. (1997): Teaching realistic mathematical modeling in the elementary school: A teaching experiment with fifth graders. In: *Journal for Research in Mathematics Education, 5,* 577-601.

Voigt, J. (1990): Mehrdeutigkeit als ein wesentliches Moment der Unterrichtskultur. In: *Beiträge zum Mathematikunterricht.* Bad Salzdetfurth: Franzbecker, 305-308.

Vogel, R. (2005): Muster – eine Leitidee mathematischen Denkens und Lernens. In: G. Graumann (Hrsg.). *Beiträge zum Mathematikunterricht.* Hildesheim: Franzbecker, 585-588.

Wagenschein, M. (1956): *Zum Begriff des Exemplarischen Lehrens.* Weinheim: Beltz.

Wagenschein, M. (1970): *Ursprüngliches Verstehen und exaktes Denken. Band II.* Stuttgart: Klett.

Wagenschein, M. (1999): *Verstehen lehren.* Weinheim: Beltz.

Waldow, N. & Wittmann, E. (2001): Ein Blick auf die geometrischen Vorkenntnisse von Schulanfängern mit dem mathe 2000-Geometrie-Test. In: W. Weiser & B. Wollring (Hrsg.). *Beiträge zur Didaktik für die Primarstufe. Festschrift für Siegbert Schmidt.* Hamburg: Kovač, 247-261.

Walther, G. (1985): Rechenketten als stufenübergreifendes Thema des Mathematikunterrichts. In: *mathematiklehren, 11,* 16-21.

Waters, J. (2004): Mathematical patterning in early childhood settings. In: I. Putt, R. Faragher & M. McLean (Hrsg.). *Mathematics education for the third millennium: To-*

wards 2010. Proceedings of the 27th Annual Conference of the Mathematics Education Research Group of Australasia, Vol. 2. Sydney: MERGA, 565-572.

Weinert, B. (1990): Diagnostik – Was ist das eigentlich. In: J. Nauck (Hrsg.). *Schuleingangsdiagnostik. Theoretische Überlegungen und unterrichtliches Handeln. Band 6.* Braunschweig: UNI-DRUCK, 9-24.

Weinert, F. E. & A. Helmke (1993): Wie bereichsspezifisch verläuft die kognitive Entwicklung? In: R. Duit & W. Gräber (Hrsg.). *Kognitive Entwicklung und Lernen der Naturwissenschaften.* Kiel: IPN, 27-45.

Weinert, F. E. & A. Helmke (1997): *Entwicklung im Grundschulalter.* Weinheim: Beltz.

Weinert, F. E. & W. Schneider (1999): *Individual development from 3 to 12. Findings from the Munich longitudinal study.* Cambridge: Cambridge University Press.

Weinert, F. E. (2000): Lehren und Lernen für die Zukunft – Ansprüche an das Lernen in der Schule. In: *Pädagogische Nachrichten Rheinland-Pfalz, 2,* 1-16.

Weißhaupt, S.; S. Peucker & M. Wirtz (2006): Diagnose mathematischen Vorwissens im Vorschulalter und Vorhersage von Rechenleistungen und Rechenschwierigkeiten in der Grundschule. In: *Psychologie in Erziehung und Unterricht, 53,* 236-245.

Whitehead, A. N. (1962): Die Gegenstände des mathematischen Unterrichts. In: *Neue Sammlung 2,* 257-266. (Originalarbeit von 1929)

Winter, H. (1976): Was soll Geometrie in der Grundschule? In: *Zentralblatt für Didaktik der Mathematik 8 (1/2),* 14-18.

Winter, H. (1984): Begriff und Bedeutung des Übens im Mathematikunterricht. In: *mathematiklehren, 2,* 4-16.

Winter, H. (1989): *Entdeckendes Lernen im Mathematikunterricht. Einblicke in die Ideengeschichte und ihre Bedeutung für die Pädagogik.* Braunschweig: Vieweg.

Wittenberg, A. I. (1963): *Bildung und Mathematik. Mathematik als exemplarisches Gymnasialfach.* Stuttgart: Klett.

Wittmann, E. Ch. (1974): *Grundfragen des Mathematikunterrichts.* Braunschweig: Vieweg.

Wittmann, E. Ch. (1981): *Grundfragen des Mathematikunterrichts.* 6., neu bearb. Auflage. Braunschweig: Vieweg.

Wittmann, E. Ch. (1982): *Mathematisches Denken bei Vor- und Grundschulkindern. Eine Einführung in psychologisch-didaktische Experimente.* Braunschweig: Vieweg.

Wittmann, E. Ch. (1995): Aktiv-entdeckendes und soziales Lernen im Rechenunterricht – vom Kind und vom Fach aus. In: G. N. Müller & E. Ch. Wittmann (Hrsg.). *Mit Kindern rechnen.* Frankfurt a. M.: Arbeitskreis Grundschule, 10-41.

Wittmann, E. Ch. (1996): Offener Mathematikunterricht in der Grundschule – vom FACH aus. In: *Grundschulunterricht, 43,* 3-7.

Wittmann, E. Ch. (1997): Vom Tangram zum Satz des Pythagoras. In: *mathematiklehren, 83,* 18-20.

Wittmann, E. Ch. (1999): Konstruktion eines Geometriecurriculums ausgehend von Grundideen der Elementargeometrie. In: H. Henning (Hrsg.). *Mathematik lernen durch Handeln und Erfahrung.* Oldenburg: Bültmann & Gerriets, 205-216.

Wittmann, E. Ch. (2003): Was ist Mathematik und welche pädagogische Bedeutung hat das wohlverstandene Fach auch für den Mathematikunterricht der Grundschule. In: M. Baum & H. Wielpütz (Hrsg.). *Mathematik in der Grundschule. Ein Arbeitsbuch.* Seelze: Kallmeyer, 18-46.

Wittmann, E. Ch. & G. N. Müller (2004): Der GI-Eingangstest Arithmetik. In: E. Ch. Wittmann & G. N. Müller. *Das Zahlenbuch 1. Lehrerband.* Leipzig: Ernst Klett, 222-226.

Wittmann, E. Ch. & G. N. Müller (2004/2005): *Das Zahlenbuch. Band 1-4.* Leipzig: Ernst Klett.

Wittmann, E. Ch. (2005a): Von Plato bis Piaget. Wie kommt die Mathematik in den Kopf? In: R. Voß (Hrsg.). *Unterricht aus konstruktivistischer Sicht. Die Welten in den Köpfen der Kinder.* Weinheim: Beltz, 140-155.

Wittmann, E. Ch. (2005b): Eine Leitlinie zur Unterrichtsentwicklung vom Fach aus: (Elementar)-Mathematik als Wissenschaft von Mustern. In: *Der Mathematikunterricht, 50 (2/3),* 5-22.

Wittmann, E. Ch. & Müller, G. N. (2007): Muster und Strukturen als fachliches Grundkonzept. In: G. Walther, M. van den Heuvel-Panhuizen, D. Granzer & O. Köller (Hrsg.). *Bildungsstandards für die Grundschule: Mathematik konkret.* Berlin: Cornelsen, 42-65.

Wollring, B. (1995): Darstellung räumlicher Objekte und Situationen in Kinderzeichnungen. Teil II. In: *Sachunterricht und Mathematik in der Primarstufe, 23 (12),* 558-563.

Woodworth, R. S. (1918): *Personal data sheet.* Chicago: Stoelting.

Zech, F. (1977): *Grundkurs Mathematikdidaktik. Theoretische und praktische Anleitung für das Lehren und Lernen im Fach Mathematik.* Weinheim: Beltz.

Zeuch, W. (1973): Was spricht gegen die Anwendung von Testverfahren. In: *Die deutsche Schulwarte, 65,* 340-348.